Zr 基非晶合金微小零件制备技术

史铁林 廖广兰 著

科学出版社
北京

内 容 简 介

非晶合金是20世纪材料领域最重大的发现之一，具有许多传统晶态合金所没有的物理、化学性能，如高强度、高硬度、大弹性应变极限、耐磨损、耐腐蚀、优良的软磁性等。尤其是非晶合金在过冷液相区具有类似牛顿流体的特性，这是传统金属所没有的特点，因此非晶合金逐渐应用于微机电系统MEMS零件的热压成形工艺等。本书以Zr基非晶合金为研究对象，介绍Zr基非晶合金微小零件超塑性成形技术、吸铸成形技术、微小零件激光焊接和扩散焊接技术、CuZr非晶合金微成形与焊接的分子动力学模拟，以及Zr基非晶合金微小零件测试。

本书适合从事非晶合金零件制备的研究人员与技术人员参考和阅读。

图书在版编目（CIP）数据

Zr基非晶合金微小零件制备技术 / 史铁林，廖广兰著. —北京：科学出版社，2019.11

ISBN 978-7-03-060483-5

Ⅰ. ①Z… Ⅱ. ①史… ②廖… Ⅲ. ①非晶态合金－机械元件－制造－研究 Ⅳ. ①TH16

中国版本图书馆CIP数据核字(2019)第017866号

责任编辑：吉正霞　陈　琼 / 责任校对：高　嵘
责任印制：彭　超 / 封面设计：苏　波

科学出版社 出版
北京东黄城根北街16号
邮政编码：100717
http：//www.sciencep.com

武汉中科兴业印务有限公司印刷
科学出版社发行　各地新华书店经销

*

2019年11月第　一　版　开本：787×1092　1/16
2019年11月第一次印刷　印张：18 1/2　插页：16
字数：424 000

定价：186.00元

（如有印装质量问题，我社负责调换）

作者简介

Author brief introduction

史铁林，1964 年 1 月生，中共党员，博士，华中科技大学机械科学与工程学院教授，博士生导师，教育部长江学者特聘教授，华中科技大学机械科学与工程学院党委书记。现任中国振动工程学会常务理事，中国振动工程学会动态信号分析专业委员会主任委员，中国振动工程学会故障诊断专业委员会副主任委员，中国微米纳米技术学会理事，*Frontiers of Mechanical Engineering* 副主编，《机械工程学报》《振动工程学报》《中国机械工程》《中国工程机械学报》《振动与冲击》《振动、测试与诊断》等期刊编委。先后获高等学校科学研究优秀成果奖自然科学一等奖、国家教委科技进步奖一等奖、国家教委科技进步奖二等奖，机械工业部科技进步奖一等奖、国家科学技术进步奖三等奖、中国青年科技奖、湖北青年五四奖章、中国机械工程学会青年科技成就奖、首批“新世纪百千万人才工程”国家级人选等荣誉称号。主持完成或承担科研项目 50 多项，包括国家重点基础研究发展计划(973 计划)项目、国家高技术研究发展计划(863 计划)项目、国家自然科学基金重大研究计划项目、国家自然科学基金面上项目、原总装备部国防预研项目等。共发表 SCI 论文近 200 篇，申请国家发明专利 120 多项，获得授权 50 余项。

前言 Foreword

非晶合金又称金属玻璃，是 20 世纪材料科学领域的重大发现之一。非晶合金制备过程中液态金属超急冷凝固，原子来不及有序排列即被“冻住”，在三维空间呈长程无序、短程有序拓扑结构，没有类似晶态合金的晶粒、晶界存在。其中，Zr 基非晶合金是非晶合金中最早被发现和最成熟的体系之一，具有良好的玻璃形成能力和较宽的过冷区间，受到研究人员的广泛关注。

相对于同种材料的晶态合金，非晶合金具有极高的强度、硬度、耐磨等性能。例如，Zr 基块体非晶合金的弹性应变能为 19.0 MJ/m^2，比性能最好的弹簧钢的弹性应变能(2.24 MJ/m^2)高出 7.48 倍。$Mg_{80}Cu_{10}Y_{10}$ 非晶合金在室温下抗拉强度超过 600 MPa，比同成分晶态合金的抗拉强度高出近 3 倍。Zr 基非晶合金的断裂强度超过 2000 MPa，显微硬度高到 6 GPa，接近工程陶瓷材料。块体非晶合金在过冷液相区内表现出良好的超塑性变形行为。$La_{55}Al_{25}Ni_{20}$ 非晶合金在过冷液相区应变率敏感系数达到 1.0，延伸率可达 15000%。非晶合金磁性材料还具有高磁导率、高磁感应强度、低铁损和低矫顽力等特性，在通信、输电等领域有非常良好的应用前景。例如，Fe 基和 Co 基非晶合金具有高的电阻率及优异的软磁性，而且成本非常低廉，可以形成一系列具有优良软磁性能的材料。采用 Fe 基非晶合金作为变压器铁心，可以将能源损耗降为同规格硅钢片变压器能源损耗的 20%～40%。此外，非晶合金的无定形结构使它具备非常强的耐腐蚀性能，而且非晶合金表面能够形成比较致密均匀的氧化膜，这也是它具有耐腐蚀性能的原因之一。研究表明，在非晶合金中加入 Cr、Ni、P 等元素会使非晶合金具有更好的耐腐蚀性能，如 Fe-Cr-C、Fe-Cr-Ni-P 非晶合金在盐酸和 $FeCl_3$ 水溶液中基本不发生点蚀。

随着非晶合金研究的深入，人们越发认识到非晶合金所具有的优异物理、化学、力学及精密成形性能，非晶合金也逐渐成为支撑未来精密机械、信息、航空航天器件、国防工业等高精尖技术的重要材料。非晶合金的开发利用成为研究热点，并已取得许多重要的成果。在微纳加工领域，由于被加工件的几何尺寸非常小，塑性变形区局部尺寸与晶粒尺寸处于同一水平，材料的内部组织对塑性成形有非常明显的影响，流动应力、各向异性、成形极限、延伸率等与宏观尺度的成形有明显的区别。而非晶合金材料内部无晶粒和晶界，各向同性，因此不受材料的晶粒尺寸和方向所带来的尺寸效应影响。非晶合金在过冷液相区具有类似于牛顿流体的特性，在力的作用下可以发生流动充型，而且非晶合金的热膨胀系数非常小，这些都使得非晶合金在微纳制造、MEMS、纳机电系统等方面具有重要的应用前景。

本书主要围绕 Zr 基非晶合金的微小零件加工技术而展开，全书共分为 6 章：第 1 章是非晶合金微小零件制备技术概述，介绍非晶合金发展及应用、非晶合金微成形技术及其仿真技术概况、非晶合金微小零件制备概况；第 2 章介绍 Zr 基非晶合金微小零件超塑性成形技术，具体涉及 Zr 基非晶合金成形过程中的热力学性能、过冷液态区的氧化性能、过冷液态区的晶化性能及过冷液态区的超塑性，并研究热/力特性和变形特性对微小零件超塑性成形的影响；第 3 章介绍 Zr 基非晶合金微小零件吸铸成形技术，包括 Zr 基非晶合金微小零件吸铸成形工艺的有限元仿真、非晶合金吸铸成形能力研究及微小零件吸铸成形；第 4 章介绍 Zr 基非晶合金微小结构焊接技术，包括 Zr 基非晶合金的激光焊接、预处理后的激光焊接及非晶合金与晶态合金的扩散焊接；为进一步研究 Zr 基非晶合金的超塑性成形特性与应用，第 5 章介绍 CuZr 非晶合金成形与焊接分子动力学模拟，采用分子动力学模拟的方法，对非晶合金成形及焊接过程进行仿真，分析工艺过程中材料的应力应变、原子扩散及材料非晶化等过程；第 6 章介绍 Zr 基非晶合金微小零件测试，包括微齿轮的形貌检测、性能检测，及齿轮传动及齿轮啮合运转分析等。

在本书撰写过程中，谭先华做了大量细致的工作。本书是作者及所在团队共同研究的成果结晶，廖广兰教授及许多已毕业的博/硕士研究生（他们包括王栋博士、陈彪博士、朱志靖博士、杨璠博士、朱逸颖博士、王俊硕士、张钊博硕士、文驰硕士等），为本书的出版提供了较多的帮助，在此对他们表示衷心的感谢和崇高的敬意！

由于非晶合金的制备和应用一直是研究的重点与难点，涉及的学科多、发展快，加上作者水平和学识有限，在取材和论述方面难免存在不足之处，敬请广大读者批评指正。

史铁林

2019 年 9 月 10 日

目录 Contents

第 1 章

非晶合金微小零件制备技术概述

微机电系统(micro electro mechanical system，MEMS)及微光机电系统(micro opto electro mechanical system，MOEMS)正逐步应用于机械电子、生物医药、化工、军事等领域[1]。高性能的 MEMS 需要具有高可靠性、高精度、优良的力学性能和耐磨性、耐腐蚀性等性能的执行机构。而传统材料如钢铁等已经很难满足上述要求，必须开发新的材料并研究相应的制备 MEMS 器件的工艺方法。

非晶合金(amorphous alloy)，又名金属玻璃(metallic glass)，是通过快速冷却的方法制备的多组元合金，其内部原子间以金属键结合，具有与液态金属相似的原子堆积结构。金属材料在传统意义上被认为是呈结晶状态的，内部组成原子呈周期性地规则排列。然而，1960 年 Klement 等[2]提出一个革命性的金属概念。他们利用以 10^6 K/s 的速率快速冷却液态的方法，合成了一种含 25%Si 的 AuSi 合金。在 X 射线衍射(X-ray diffraction，XRD)图样和 Debye-Scherrer 衍射图样中均没有观察到晶态结构应有的晶化峰。Duwez 将这种现象直译为金属中的非晶态结构[3]，从此揭开了研究非晶合金的序幕。到现在已经有成百上千种不同组分的非晶态结构合金被制备出来[4]。业内人士将这种非晶态合金称为玻璃态金属(或者金属玻璃、非晶合金)[5]。非晶合金具有高强度(拉伸和压缩)、高弹性极限、极高硬度[6]、耐腐蚀性和很好的软磁性。它在过冷液态区还具有超塑性[7]，在微米甚至纳米尺度表现出超强的复制能力[8]，已引起相关研究领域的极大关注，被认为是极具前途的新材料[9]，在制造高强度、高精度微纳结构等领域中具有广泛的应用前景。

1.1 非晶合金发展、性质及应用

1.1.1 非晶合金的发展

非晶合金是一种内部原子排列短程有序而长程无序的固态金属材料。金属在常温下通常拥有规则的晶格排列结构，即晶体，而非晶合金内部却没有晶格、晶粒和晶界，其原子结构处于类似液态的无定形结构[10]，如图 1-1 所示。

虽然非晶合金原子排列十分特别，但实际上这种内部结构处于非晶态的固体在人们生活中并不少见。玻璃就是最典型、常见的非晶态固体，于是非晶合金也称为金属玻璃。

(a) 非晶合金

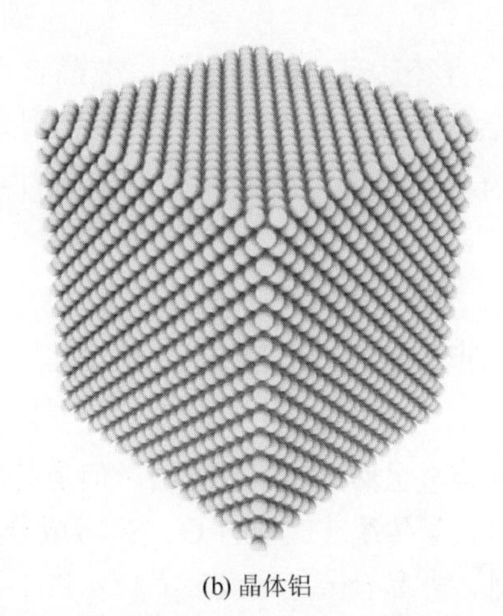
(b) 晶体铝

图 1-1　非晶合金和晶体铝金属内部原子的排布示意图

明胶、松香、橡胶、油脂等物质内部结构也大都是非晶态的，不同之处是金属材料非常容易晶体化，所以早期人们很难得到基于金属材料的非晶态固体。非晶体与晶体最为明显的表象区别就是材料不会在特定温度(熔点)凝固，如水会在冰点转变成冰而动物油脂却没有明确的凝固温度，这种独特的凝固方式在非晶合金出现之前就引起了人们浓厚的兴趣。

凝固过程包括形核和生长两个部分，形核是凝固过程的关键。Volmer 和 Weber[11]提出了早期形核理论，随后 Becker 和 Döring[12]在这基础上建立了形核动力学理论。但这个理论还无法解释非晶合金的形成。直到 1949 年，Turnbull 和 Fisher[13]通过水银过冷实验，发现物质可以过冷到远离熔点却没有形核。他们认为只要冷却速率足够快，可以在晶核形成和长大之前，将液体固化成非晶体。这种思想成为非晶合金形成的理论依据。根据此理论，熔融合金可以通过极高的冷却速率避开晶体形成区间，得到非晶合金。这最终在 1960 年被加州理工学院 Klement、Willens 和 Duwez 证实，他们通过极高速冷却方法得到了 $Au_{75}Si_{25}$ 非晶合金[2]。自此，非晶合金研究的大门被开启，多个团队加入了制备研究非晶合金的行列。这一时期，非晶合金玻璃形成能力有限，所需冷却速率极高，为 10^5～10^6 K/s。由于当时冷却技术限制，非晶合金基本上只能以粉末、薄片和线状等低维材料形式存在，块体厚度通常不会超过 100 μm。随着新冷却方法的开发，新形态且较大尺寸的非晶合金逐渐被制备出来。1974 年，Chen[14]使用吸铸方法，在熔融状态下以 10^3 K/s 的冷却速率制备出了非晶圆柱棒料。1982 年，Drehman 等[15]采用 B_2O_3 对熔体进行处理，制备出 Pb-Ni-P 块体非晶合金，使冷却速率下降到 10 K/s，尺寸达到了厘米级别。随后，非晶合金研究的重点开始从降温技术转变为非晶成分的开发，非晶合金体系研究随即进入蓬勃发展时期。1988 年，两个主要的非晶合金研究团队(Inoue 等[16, 17]、Peker 和 Johnson[18])各自成功地开发出了多种玻璃形成能力非常强的多元非晶合金。目前非晶合金体系已经得到了极大拓展，人们在 Pd、Mg、Ti、Fe、Cu、Ni、Zr、Al 基等十余种合金系中得到了上百个可以制备出块体非晶合金的成分，所制备的块体非晶合金

坯料最大直径达到 100 mm[19]，非晶合金已经成为一个系统的材料种类。近年来，我国在非晶合金体系开发中也取得了重要进展，开发了多种强玻璃形成能力的非晶合金体系，特别是在稀土基非晶合金方面有系统的研究成果，为扩展非晶合金体系做出了贡献[20-22]。

1.1.2 非晶合金的性质及应用

非晶合金虽然是玻璃态材料，但是其性能与传统意义上的玻璃有着显著区别。由于金属元素替代了传统玻璃中的 O、Si 等成分，非晶合金拥有比传统玻璃更好的导电性与导磁性。另外，非晶合金内部没有晶粒，也不存在晶界，是一种各向同性的材料，它不受晶粒尺寸和晶向的影响[23]。非晶合金兼具玻璃与金属、固体与液体等多种材料的特性，具有优异的物理、电磁学和化学性能[8]。以下简单介绍非晶合金主要特性及基于这些特性的应用。

强度是机械零部件的重要力学参数，它衡量材料在外力作用下抵抗破坏的能力。在不考虑其他参数的情况下，人们总是追求更高的强度。非晶合金由于内部不存在位错、晶界等缺陷，其强度接近于理论值，几乎每种非晶合金强度都达到了同合金系晶态材料强度的数倍。例如，Mg 基非晶合金的抗拉强度超过 600 MPa，是同成分晶态材料强度的 3 倍[24]，Fe 基非晶合金和 Zr 基非晶合金的抗拉强度也都高于传统晶态合金。Go 基非晶合金的抗拉强度甚至达到了惊人的 6 GPa，是目前抗拉强度最高的金属材料[25]。虽然材料强度的物理本质一直是一个基础问题，但从抗拉强度定义来看，材料在外力下被破坏的过程包含材料弹性变形过程，所以对于很多材料来说弹性模量和抗拉强度有着不严格的正比关系。图 1-2 是几种常见材料的抗拉强度与杨氏模量的关系[26]。可以看到，在

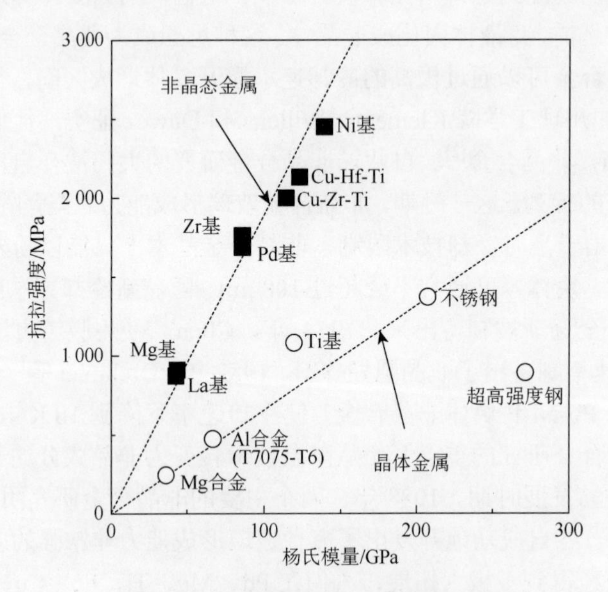

图 1-2　常见材料的抗拉强度和杨氏模量之间的关系

同等杨氏模量前提下，非晶合金的抗拉强度要远高于常规晶态材料。此外，非晶合金还是一种弹性极限极高的材料，其弹性极限可达 2.2%[27]，而普通晶态合金的弹性极限一般不超过 1%[28]。高强度和高弹性的充分结合造就了非晶合金优异的弹性储能性能，如 Zr 基块体非晶合金的弹性应变能为 19.0 MJ/m^3，是弹簧钢的弹性应变能的 8 倍[29]。

基于这些力学性质，非晶合金已应用到体育用品中，如高尔夫球杆、棒球杆、滑雪板和自行车。相比于 Ti 合金球头，使用 Zr 基非晶合金制作的高尔夫球头不仅有更好的强度和硬度，还可以在击球时将近 99%的能量传递给球，击球距离明显高于其他材料球头[30]。在军事上这种性质还应用到复合装甲的夹层。高弹性的非晶合金可以延长子弹和装甲的作用时间，有效削弱冲击和破坏。据报道，美国国防部测试过一种由非晶合金制作而成的穿甲弹头，弹道测试结果表明非晶合金弹头密度高、强度高，在自锐化特性(穿甲弹的重要工作机理)上的表现和贫铀穿甲弹类似，而且没有放射性污染[31]。利用高比强度的性能，非晶合金还应用到航空航天领域，在确保强度前提下可大幅减轻重量。

非晶合金另一个极具应用前景的特点是良好的软磁性，特别是 Fe 基非晶合金，其磁导率、激磁电流和铁损等多个方面都优于硅钢。早在 20 世纪 70 年代，美国通用电气公司就研发了非晶合金变压器，并在 80 年代末期实现了商业化。这种变压器将 Si 钢替换为非晶合金，比 S9 系列变压器的空载损耗下降 74%、空载电流下载 45%[32]。非晶合金变压器若得到普遍采用，将为国家节省大量能源、减少碳排放。基于磁性特点，非晶合金还运用于高级音箱磁头、磁放大器等电子元件中。

非晶合金在化学方面的性质也十分独特。化学稳定性是材料能否在恶劣环境下使用的评价指标。由于非晶合金原子无规则的排列结构，非晶内部没有晶界、孪晶、位错、层错等特征，是一种各向同性的材料。特殊的制备方式又确保了其成分均匀没有偏析。这种结构和成分的高度均匀防止了电位差产生，减弱了电化学腐蚀效果。更重要的是，非晶合金成分中往往含有活性较高的元素，如 Al、Ni、Cr 等，在空气中能形成致密而稳定的氧化膜[33]，所以非晶合金具有非常强的耐腐蚀性能，如 Fe-Cr 基非晶合金在强腐蚀性的 HCl 溶液中放置一个星期之后仍然光泽如新[34]。非晶合金在化工、海洋工程、医疗器械等领域都有巨大潜力。

除了以上优异性能，非晶合金内部原子的不规则排布也造成了其自身明显缺陷，大块非晶合金在常温下几乎没有宏观塑性[35]。在应变时，非晶合金内部原子结构发生局部形变，但无法产生晶体中常见的滑移与位错等释放能量，内部能量聚集产生的微裂纹在没有晶界阻碍的情况下迅速汇集形成剪切带，最终导致材料断裂[36]。此外，非晶合金是一种非稳态的材料，在一定外部条件下容易失稳，丧失其非晶特性，如高温、压力、长时间弛豫等。这些不足极大地制约了非晶合金的应用，也增加了非晶合金的加工难度。非晶合金大规模生产制备和应用的时代还远未到来，目前其使用范围还主要集中在高科技或者奢侈领域，产品也多为平面、棒料等简单结构零件。如何扩大非晶合金的应用领域，使其从特种材料变成普通材料，还需要人们对非晶合金进行深入研究。

1.2 非晶合金成形技术概况

非晶合金相对于其晶态合金具有高强度[37]、高硬度[38]、耐磨、耐腐蚀等力学及物理化学性能，同时由于缺乏空穴、位错、晶界等晶体缺陷及结构，其塑性变形能力差、在变形过程中裂纹容易扩展，在受剪切力情况下十分容易发生脆断[39]。由于以上原因，无法使用常规的车削、铣削等机械切削加工方法加工。非晶合金在动力学上为亚稳态结构，一方面，它在成形过程中需要从液态以极快的速度冷却至固态，以抑制内部原子形核及晶粒长大；另一方面，块体非晶合金在加热至过冷液态区内会发生结构弛豫，转变为亚稳态高黏度过冷流体，随着时间推移，非晶态的过冷流体会向热力学上稳定的晶态结构发生转变，图 1-3 为其时间-温度-转变(time-temperature-transformation，TTT)曲线示意图。图中路线 1 为合金熔液从液态快速冷却至固态形成非晶合金的过程，在这一过程中路线 1 应避免与晶态区域相交；图中路线 2 为非晶合金加热至过冷液相区等温退火，使其转变为亚稳态高黏度过冷流体的过程，为保持其非晶态结构，路线 2 也应在与晶态区域相交之前降至室温。在这两条路线中合金分别转变为液态和高黏度过冷流体状态并最终形成或保留非晶态结构，这为其净成形提供了可能，在此基础上分别开发了非晶合金零件的铸造(die casting)工艺和超塑性成形(即热塑性成形，thermoplastic forming，TPF)工艺[40, 41]。

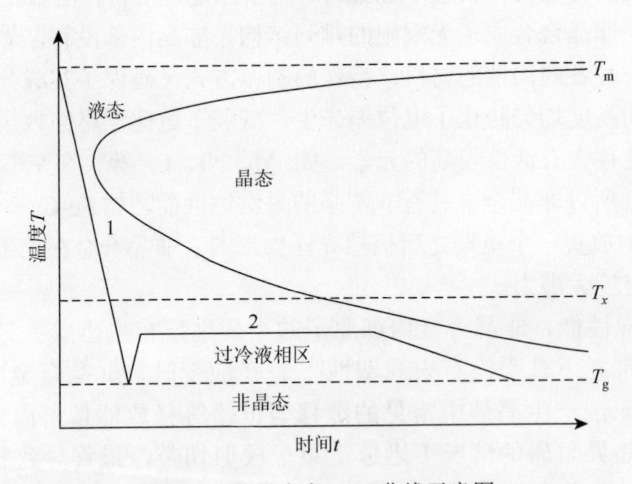

图 1-3 非晶合金 TTT 曲线示意图

线路 1 为铸造工艺；线路 2 为超塑性成形工艺；T_x 为晶化温度；T_g 为玻璃化转变温度；T_m 为熔化温度

1.2.1 非晶合金超塑性微成形技术研究现状

非晶合金的玻璃态结构决定了其像其他玻璃结构物质一样，在加热至过冷液相区内会转变为亚稳态高黏度过冷流体，可以在较低压力下进行超塑性成形，这种超塑性成形工艺也称为非晶合金热塑性成形工艺。

流动特性是决定非晶合金过冷流体超塑性成形能力的重要因素，是研究重点之一。Bakke 等[42]测量了 $Zr_{46.75}Ti_{8.25}Cu_{7.5}Ni_{10}Be_{27.5}$ 非晶合金在其过冷液相区内的牛顿黏度。Chen 等[43]发现非晶合金过冷流体存在非牛顿流动流体特性。Kawamura 等[44]则指出非晶合金过冷流体存在牛顿流动特性区和非牛顿流动特性区。Reger-Leonhard 等[45]证明非晶合金过冷流体的牛顿流动特性和非牛顿流动特性并不矛盾，并在一定条件下可以发生转换。Li 等[46]以 $Zr_{35}Ti_{30}Be_{26.75}Cu_{8.25}$ 非晶合金为研究对象，详细给出了其牛顿流体区与非牛顿流体区，指出非晶合金在牛顿流体区内具有更好的超塑性成形能力，并制成了一张超塑性成形工艺图，为非晶合金超塑性成形提供了全面理论指导。

在非晶合金过冷流体流动特性研究基础上，一些可用于微系统的微小零件及微纳结构采用超塑性成形工艺成功制备出来。Zumkley 等[47]利用 Zr 基块体非晶合金良好的热稳定性，在 653 K、5 MPa 下，用 30 min 热锻造出特征尺寸小于 100 μm 的高精度、高表面质量并带有独特金属光泽的非晶合金微型部件。Saotome 等[48]通过 ZrAlNiCu 块体非晶合金超塑性成形获得精密光学仪器部件，经测试其表面为纳米级镜面，满足精密光学机械系统需求。Schroers 等[49]在非晶合金超塑性成形工艺基础上加入了热切除工艺，方便了超塑性成形工艺中多余飞边的去除，提高了微小零件制备效率，并成功制备了微齿轮、微弹簧等典型的 MEMS 器件。国内许多专家学者也对非晶合金超塑性成形工艺进行了详尽的研究，并取得了大量成果。北京科技大学张志豪等[50]使用 Zr 基块体非晶合金，结合传统精密模锻工艺制造出轮廓清晰、尺寸精密、模数 250 μm 的非晶合金微齿轮。哈尔滨工业大学郭晓琳等[51]使用自行研制的微成形系统，采用闭式模锻方法制造出分度圆直径 1 mm、模数 100 μm 的 Zr 基非晶合金微型直齿圆柱齿轮。华中科技大学 Wu 等[52]采用热挤压工艺制备了壁厚 50 μm 的非晶合金杯形零件。华中科技大学喻强[53]结合仿真和实验系统研究了 Zr 基非晶合金超塑性成形工艺，并制备了微齿轮、微弹簧等一系列微小零件。

1.2.2　非晶合金铸造技术研究现状

目前对应于路线 1 的铸造加工技术主要用来制备非晶合金材料，如吸铸非晶合金棒料及板材，作为非晶合金激光焊接[54]和超塑性成形等其他加工工艺的坯料。但也有少量铸造工艺加工非晶合金微小零件的报道。例如，Nishiyama 等[55, 56]利用反重力吸铸法制造出壁厚为 0.2 mm 的 Ti 基非晶合金管并将其进一步加工为 Coriolis 流量计，这种流量计的精确度比传统流量计高 28.5 倍。他们又用真空压铸方法铸造出 Zr 基非晶合金光圈，代替传统压力传感器的光圈，将压力传感器灵敏性提高了 3.8 倍。Ishida 等[57]采用精密模铸技术制备了表面粗糙度高达 0.19 μm 的 Zr 基非晶合金光纤转换接头，如图 1-4(a) 所示。采用相同设备他们又制备了模数 40 μm 的 Ni 基非晶合金微齿轮[58]，并装配成了微马达[59]，如图 1-4(b)所示。经实验发现，微马达中非晶合金微齿轮的磨损寿命较常规钢材质微齿轮延长了 313 倍[6]。

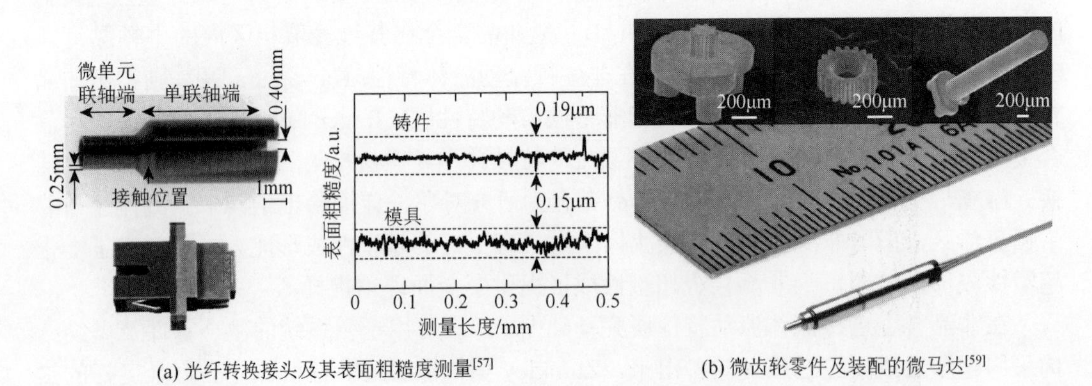

(a) 光纤转换接头及其表面粗糙度测量[57]　　(b) 微齿轮零件及装配的微马达[59]

图 1-4　精密模铸的非晶合金零件

铸造非晶合金微小零件的工艺国内目前还鲜见研究，这是由于非晶合金铸造过程中合金熔液需要极快的速率冷却至固态以抑制结晶，从而导致其流动成形时间极短，工艺可控性不如超塑性成形。但随着玻璃形成能力极强的块体非晶合金系的发现，其非晶态形成过程中临界冷却速率显著降低，合金熔液流动时间得以延长，从而使非晶合金铸造工艺可控性得到改善。相比于非晶合金超塑性成形工艺，铸造工艺制备非晶合金微小零件不需要先成形具有非晶态结构的合金坯料，再加热至其过冷液相区塑性成形微小零件，而是可以从成分均匀的合金锭直接成形具有非晶态组织的微小零件，是一步制备非晶合金微小零件工艺。非晶合金铸造工艺理论上显著缩短了微小零件制备流程，提高了制备效率。

合金熔液在铸造过程中液态原子结构没有重排为晶体结构，而是被快速冻结至固体，其体积和密度变化非常小，从而可以将铸造误差减小至 0.5%，并且铸造零件具有较好的表面质量。因此，非晶合金是一种极具前景的精密铸造合金，其铸造工艺的开发对于促进电子信息、精密机械、国防军工等领域的发展具有重要作用。

对于铸造工艺制备非晶合金复杂三维微纳结构而言，微模具制备、合金熔液填充微型腔及微小零件脱模是其中的关键技术和难题。带有微型腔模具的加工需采用其他微细加工技术完成。采用光刻-电镀-铸造(lithographie，galvanoformung and abformung，LIGA)的工艺成本太高，电化学等微细特种加工工艺实现复杂三维微纳型腔模具的加工也很困难，传统微机械加工方法工艺简便实用，但其加工精度，尤其是表面粗糙度很难保证，而且成本太高。当前在集成电路(integrated circuit，IC)和 MEMS 行业得到了广泛应用的体硅加工技术具备制备高深宽比复杂三维微纳结构能力，其加工的硅微模具在非晶合金超塑性成形技术中得到了大量使用[60]。Wang 等[61]采用典型深反应离子刻蚀(deep reactive ion etching，DRIE)工艺制备硅模具，并基于硅模具超塑性成形得到非晶合金微齿轮。他们先在硅片上镀铝膜并涂光刻胶，然后采用光刻工艺将掩模版图案转移到光刻胶，再将光刻胶图案通过反应离子刻蚀转移至铝膜上，最后以铝膜为掩模，对硅基底进行深反应离子刻蚀，加工出硅微结构，接下来以该 Si 微结构为模具，采用超塑性成形工艺复制非晶合金微齿轮。在此基础上，史铁林等[62]结合 Si-Si 直接键合技术进一步开发了一种复杂三维 Si 微模具制备方法。美国 Bardt 等[63, 64]将多片带有贯穿图案的硅片通过定位堆叠组成了复杂多层硅模具，并用非晶合金超塑性成形工艺加工出了非晶合金多层微结构和闭式微流道。

微模具型腔最小特征尺度一般小于 100 μm，在该尺度下保证合金熔液的完全充型也是铸造领域的难题之一。Kumar 等[65]指出合金熔液在填充微纳尺度型腔过程中存在毛细管作用，型腔尺度越小，毛细管作用对充型的影响越大，合金熔液和模具材料的浸润性是决定毛细管作用是否有利于微纳尺度充型的关键因素。如图 1-5(a) 所示，当合金熔液与模具材料浸润时(θ<90°，θ 为接触角)，毛细管作用会促进合金熔液微纳充型；当不浸润时(θ>90°)，毛细管作用则会阻碍合金熔液微纳充型。如图 1-5(b) 所示，Ding 等[66]考察了 Pt 基非晶合金熔液在不同温度下与各种材料之间的浸润性，发现它与硅在不同温度下存在明显浸润现象，这表明硅较适合作为非晶合金微铸造模具材料。

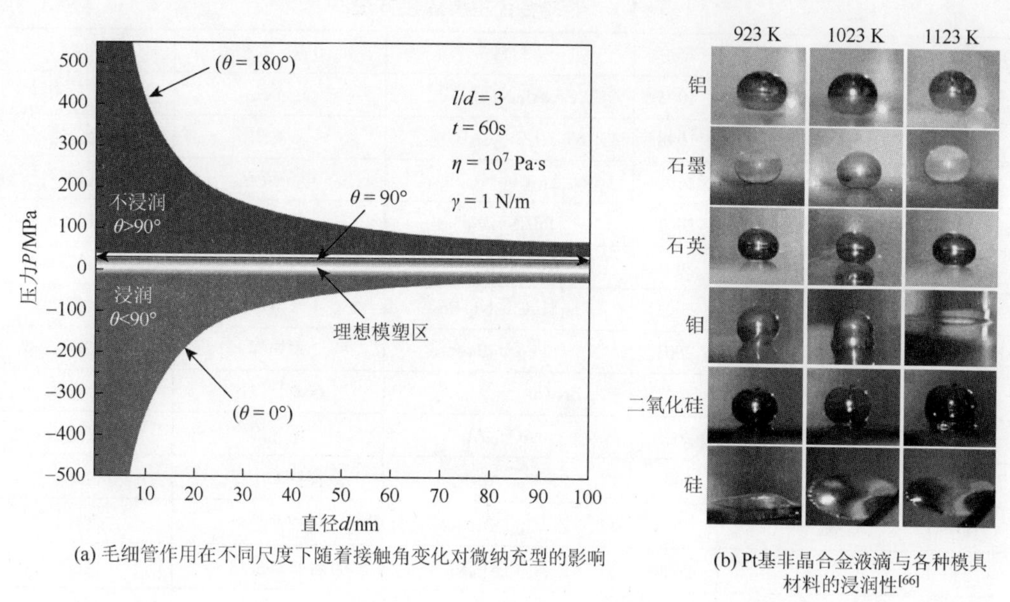

(a) 毛细管作用在不同尺度下随着接触角变化对微纳充型的影响

(b) Pt基非晶合金液滴与各种模具材料的浸润性[66]

图 1-5　毛细管作用及浸润效应对微型腔填充的影响

图中 θ 为接触角，l 为长度，t 为时间，η 为黏度，γ 为表面张力，负号表示吸力[65]

微模具的尺度小，很难像常规尺度净成形工艺一样设计和制造为组合模具，也很难在模具型腔上加工出特定的脱模斜度，而使用脱模剂也会严重影响微小零件表面精度，故微小零件一般通过破坏模具的方法进行脱模，如用腐蚀性溶液将模具材料腐蚀溃散或完全腐蚀掉。对于用飞秒激光、LIGA 技术等微加工工艺制备的金属、复合材料微模具，制造时间较长、过程较复杂，如果采用破坏模具的方法进行脱模，则微小零件制造成本会显著提高。硅工艺可在整片硅片上大批量制备微模具，单一模具制备成本低，故可作为一次性模具，降低微小零件制备成本。同时硅湿法腐蚀技术较成熟，腐蚀速度快，微小零件脱模效率高。这使得硅模具广泛应用于非晶合金超塑性成形工艺。

1.2.3 非晶合金焊接技术研究现状

虽然非晶合金具有许多传统金属无法比拟的性能，有着巨大的科学研究价值和广阔的工程应用前景，但是非晶合金也面临一些问题，如尺寸小、可焊性差、容易脆断失效等。非晶合金制备过程中需要高达 10^4 K/s 的冷却速率，并要求高真空环境，通常制备得到的非晶合金尺寸在毫米至厘米量级，真正大尺寸的块体非晶合金坯料制备比较困难，这极大限制了非晶合金这一新型材料在工程领域的应用。为了解决材料的尺寸及工程应用问题，目前除改进制备工艺外，很多学者对非晶合金的焊接进行了研究，用来增大材料的尺寸以及探索非晶合金焊接机理。常用的焊接方法如表 1-1 所示。

表 1-1　非晶合金主要焊接方法

序号	作者	年份	材料	焊接方法	效果
1	Kawamura 等[67]	1995	$Zr_{65}Al_{10}Ni_{10}Cu_{15}$	压实法	几乎致密
2	Zhou 等[68]	1998	$Ni_{69}Cr_7Fe_{2.5}Si_8B_{13.5}$	压实法	完全致密
3	Kawamura 和 Ohno[69]	2005	$Zr_{41}Ti_{14}Cu_{12}Ni_{10}Be_{23}$	电子束焊	良好
4	Kawamura 和 Ohno[70]	2001	$Pd_{40}Ni_{40}P_{20}$	摩擦焊	良好
5	Kawamura 和 Ohno[71]	2001	$Zr_{55}Cu_{30}Ni_5Al_{10}$	闪光焊	良好
6	Wong 和 Shek[72]	2003	$Zr_{41}Ti_{14}Cu_{12}Ni_{10}Be_{23}$	摩擦焊	良好
7	李晓杰等[73]	2003	$Fe_{78}Si_{13}B_9$	爆炸焊	良好
8	Swiston 等[74]	2003	$Zr_{57}Cu_{20}Ni_8Al_{10}Ti_5$	自蔓延焊接	部分连接
9	Li 等[75]	2006	$Zr_{45}Cu_{48}Al_7$	激光焊	良好
10	Kobata 等[76]	2007	$Zr_{55}Cu_{30}Al_{10}Ni_5$	搅拌摩擦焊	良好
11	Maeda 等[77]	2008	$Zr_{55}Cu_{30}Ni_5Al_{10}$	超声波焊接	良好
12	Wang 等[78]	2009	$Zr_{55}Cu_{30}Al_{10}Ni_5$	搅拌摩擦焊	良好
13	翟秋亚等[79]	2009	$Zr_{55}Cu_{30}Al_{12}Ni_3$	储能焊	良好
14	Makhanlall 等[80]	2012	$Ti_{40}Zr_{25}Ni_3Cu_{12}Be_{20}$	电阻点焊	良好

下面具体介绍非晶合金的主要焊接工艺研究进展及其特点。

1) 压实法

压实法(consolidation)是将非晶合金粉末或者带材等加热至过冷液相区，然后施加一定的压力让材料形成致密的接触并最终成为一个整体的方法。1995 年，Kawamura 等[67]将成分为 $Zr_{65}Al_{10}Ni_{10}Cu_{15}$ 的非晶粉末加热至玻璃化转变温度以上，在过冷液相区对非晶粉末施加 1 GPa 的压力，得到了块体非晶合金。其抗拉强度和弹性模量分别达到 1 520 MPa 和 80 GPa，接近铸造得到的非晶块体及非晶带的强度值。1998 年，Zhou 等[68]利用 $Ni_{69}Cr_7Fe_{2.5}Si_8B_{13.5}$ 非晶条带在过冷液相区各向同性的黏性流动，在 1.5 GPa 的压力下将其压在一起。结果显示条带间非常密实，部分界面消失并产生了合金连接。

2) 爆炸焊

爆炸焊(explosive welding)是以炸药作为能源进行焊接的方法。这种方法利用炸药轰爆的能量，使被焊金属表面发生高速倾斜撞击，在撞击面上造成一层薄层金属的塑性变形、适量熔化和原子间的相互扩散等，在短暂时间内形成结合。1977 年，Cline 和 Hopper[81]采用高爆炸药产生冲击波的能量使 $Ni_{40}Fe_{20}B_{20}$ 非晶合金与 A516-70 钢焊接在一起。焊接后 XRD 检测显示 $Ni_{40}Fe_{20}B_{20}$ 仍为非晶态。2003 年，Keryvin 和 Chiba[82]采用爆炸焊技术将 $Zr_{55}Cu_{30}Ni_{5}Al_{10}$ 非晶合金与普通 Ti 合金进行连接，结果表明焊缝致密，焊接接头仍然保持非晶态，说明爆炸焊可进行非晶材料和晶态材料的焊接。2007 年，Chiba 等[83]用爆炸焊将 $Zr_{41.2}Ti_{13.8}Cu_{10}Ni_{12.5}Be_{22.5}$ 非晶合金及 SUS304 不锈钢焊接在一起，焊后非晶板材仍保持非晶态，力学性能未受影响。

3) 闪光焊

闪光焊(sparking welding)是让电流通过待焊工件的接触表面，通过电弧产生热量，将对接表面加热，在适当时间后，对接头施加压力，使两个对接表面的整个区域牢固结合起来的方法。2001 年，Kawamura 和 Ohno[71]首次采用闪光焊方法将 $Zr_{55}Cu_{30}Ni_{5}Al_{10}$ 块非晶合金焊接在一起。经检测，样品焊接区无明显焊接缺陷，接头内部结构仍保持非晶态结构，试样抗拉强度为 1 540 MPa，几乎与焊前非晶合金相等。但是这种焊接方法相对复杂，后面没有出现更多的相关报道。

4) 电子束焊

电子束焊(electron beam welding)是在真空条件下，电子枪中的阴极由于直接或间接加热而发射电子，电子在高压静电场加速下通过电磁场的聚焦形成能量密度极高的电子束，再轰击工件，巨大的动能转化为热能，使焊接处工件熔化，形成熔池，从而实现对工件焊接的方法。Kawamura 和 Ohno[69]首次采用电子束焊成功地将厚度为 3.5 mm 的 $Zr_{41}Ti_{14}Cu_{12}Ni_{10}Be_{23}$ 非晶合金板材连接在一起。在加速电压为 60 kV，射束电流为 15～20 mA，焊接速度为 33 mm/s 时可获得完全非晶态的接头，其抗拉强度基本接近铸态块体非晶合金。Kagao 等[84]、Yokoyama 等[85]及 Kim 等[86]也分别采用电子束焊方法对同质非晶合金以及非晶合金与晶态合金之间进行了焊接，成功获得了高强度的焊接接头。在电子束焊焊接非晶合金过程中，焊缝处容易析出纳米相[87]，而且接头的内部结构和强度明显受到照射位置影响[88]。

5) 摩擦焊

摩擦焊(friction welding)是在外力作用下，利用被焊工件接触面之间的相对摩擦和塑性流动所产生的热量，使连接面及附近区域的温度上升达到黏塑性状态和宏观塑性变形，通过两侧材料的宏观扩散而形成牢固连接。2001 年，Kawamura 和 Ohno 等[70]首次用摩擦焊技术将 $Pd_{40}Ni_{40}P_{20}$ 非晶合金焊接在一起，增大了非晶棒料的长度。摩擦焊接头经检测没有发现明显焊接缺陷，仍然保持完全非晶态结构，接头抗拉强度与母材相同。2004 年，Shoji 等[89]研究了异种成分的非晶合金摩擦焊，最后 $Pd_{40}Ni_{40}P_{20}$ 与 $Pd_{40}Cu_{30}P_{20}Ni_{10}$、$Zr_{55}Cu_{30}Ni_{5}Al_{10}$ 与 $Zr_{41}Ti_{14}Cu_{12}Ni_{10}Be_{23}$ 这两组不同成分的非晶合金都能够摩擦焊在一起。

6) 搅拌摩擦焊

搅拌摩擦焊(friction stir welding)是由焊接设备的搅拌头插入焊接材料的对接处，边旋转边前进，使前进侧和后退侧的金属产生塑性流动，形成焊接接头，从而实现焊接的方法。搅拌摩擦焊能够焊接板材，可以用于连接非晶合金板材，增加长度或者厚度方向尺寸。2007 年，Kobata 等[76]首次采用搅拌摩擦焊方法焊接 $Zr_{55}Cu_{30}Al_{10}Ni_5$ 非晶合金，检测结果表明焊缝处组织无明显缺陷和裂纹，摩擦区有 10～45 nm 宽的非晶带状结构，附近还有少量纳米晶出现。Sun 等[90]对 $Zr_{55}Cu_{30}Al_{10}Ni_5$ 非晶合金与纯铜的搅拌摩擦焊进行了研究，接头的强度可达纯铜强度的 95%。

7) 激光焊

激光属于高能量密度热源(10^5～10^7 W/cm^2)，激光束可以聚焦在 0～0.5 mm，高度集中的能量可以使被焊工件在极短的时间内熔化甚至局部气化，并快速凝固后实现金属的焊接。激光焊(laser welding)有许多优点，如焊接速度快、热影响区小、焊接应力和变形小、能进行精密焊接、应用范围广等，因此激光焊广泛应用于航空航天、微电子、医疗及核工业等高新技术领域。由于非晶合金尺寸小，工程应用受到限制，而激光焊焊接速度快、效率高，近年来逐渐应用于非晶合金的焊接中。

2006 年，华中科技大学 Li 等[75]首次采用激光焊方法将两块 $Zr_{45}Cu_{48}Al_7$ 非晶合金板材焊接在一起。他们还进一步分析了 $Zr_{48}Cu_{45}Al_7$ 非晶合金在激光点热源加热作用下的接头内部物理冶金过程，通过临界位置处热循环曲线求解出非晶合金的连续加热相变曲线，获得非晶合金接头所需的晶化温度以上停留时间的最大值，进而确定了焊接工艺规范[91]。2008 年，Kawahito 等[92]采用光斑直径为 130 μm 的光纤激光以 72 m/min 的超高速度焊接 1 mm 厚的 $Zr_{55}Al_{10}Ni_5Cu_{30}$ 非晶合金，获得了锁眼状焊缝，焊缝和热影响区均保持非晶态。2012 年，Wang 等[93]研究了 $Ti_{40}Zr_{25}Ni_3Cu_{12}Be_{20}$ 非晶合金的激光焊，结合检测结果对焊接接头的力学性能进行了研究，推导了 $Ti_{40}Zr_{25}Ni_3Cu_{12}Be_{20}$ 非晶合金焊接过程中焊缝和热影响区的临界加热(冷却)速率，结合仿真热循环曲线，能够预测结晶过程发生阶段。由于氧原子的存在，他们计算得到的临界冷却速率比实际的临界冷却速率要大一些。

8) 扩散焊

扩散焊(diffusion welding)是将待焊工件施加一定的温度和压力，经过一定时间后接触面原子之间互相扩散而实现可靠的连接[94]。扩散焊有许多优点，主要包括：①没有熔化焊缺陷及热影响区，工艺参数容易控制，可进行批量生产；②实现大面积的连接，可焊接难焊材料；③能够进行精密焊接；④适合异种材料或难焊材料的连接。由于非晶合金在过冷液相区具有非常好的超塑性变形能力，扩散焊特别适合焊接非晶合金板材或者非晶合金与晶态合金。

2004 年，Somekawa 等[95]首次利用非晶合金过冷液相区的超塑性研究了 $Zr_{65}Al_{10}Ni_{10}Cu_{15}$ 非晶合金的扩散焊，得到了扩散焊样品。力学测试表明，在 673 K-200 MPa-0.9 ks 焊接参数下搭接的扩散焊接头抗剪强度达 155 MPa，证明扩散焊技术可以用于连接非晶合金材料，但是并没有对焊接的扩散机理等进行分析。2010 年，Lin 等[96]针对非晶合金扩散焊提出了扩散模型，认为非晶合金扩散焊分为塑性变形和孔洞消失两个阶段。他们建模和计算得到的最佳扩散时间 1.18 ks 与 Somekawa 等的实验结果 1.2 ks 非常接近，表明建立的模型可以用来预测非晶合金扩散焊的时间和温度。Cao 等[97]采用 Ar 离子辐射方法对待焊工件的表面进行处理，然后进行扩散焊，得到了理想的焊接接头。

9) 其他焊接方法

除了以上提到的焊接方法，还有一些焊接技术也用于非晶合金材料的连接中。2003 年，Swiston 等[74]采用自蔓延焊接方法，用 Ni/Al 薄带作为钎料放在两块 $Zr_{57}Ti_5Cu_{20}Ni_8Al_{10}$ 非晶合金之间，施加一定压力后将薄带点燃，利用燃烧产生的热量使非晶合金软化并在压力作用下实现非晶合金的焊接。焊后工件抗拉强度达到 480 MPa。2009 年，翟秋亚等[79]使用储能焊方法对 $Zr_{55}Cu_{30}Al_{12}Ni_3$ 非晶箔片进行焊接，检测结果表明焊缝组织均匀致密，未发现晶化现象。Maeda 等[77]采用超声波焊接技术对 $Zr_{55}Cu_{30}Ni_5Al_{10}$ 非晶合金进行焊接，样品实现了部分连接但抗拉强度低。2012 年，Makhanlall 等[80]采用电阻点焊方法将 $Ti_{40}Zr_{25}Ni_3Cu_{12}Be_{20}$ 非晶合金板材连接在一起，在 5 kA 的焊接电流下焊接接头保持非晶态，他们还研究了工艺参数对接头结构和力学特性的影响。

1.3　非晶合金微成形仿真技术概况

1.3.1　非晶合金微成形有限元仿真研究现状

铸造工艺本身的封闭性决定了模具型腔内合金熔液的流动过程无法在实验中直接观测到。计算机仿真技术可以通过离散化数值计算很好地模拟铸造工艺中合金熔液的流动过程，通过后处理可以得到合金熔液流动过程中的温度、速度和压力等重要参数的数值及分布情况，并以图表或曲线形式直观地表现出来，从而揭示铸造过程中合金熔液的流动规律及相关机理，为进一步优化工艺参数及模具设计方案提供理论指导，避免或减少铸造缺陷发生，提高铸造成功率。

针对宏观尺度下非晶合金铸造工艺仿真已经有了一部分研究工作。Nishiyama 等[19]在制备直径 80 mm 的 Pt 基非晶合金时用 FLOW-3D 仿真软件计算了铸件的冷却行为，并准确判断了其非晶态结构的形成。铸造仿真过程中，材料物性参数的确定是一个难题。Li 等[98, 99]通过把各元素成分物性参数进行平均加权计算，得到 Zr 基非晶合金物性参数，用于仿真其铸造制备的冷却过程，并将晶核形成及长大的模型耦合到传热模型里，模拟合金熔液凝固过程的晶核形成，发现铸件中心位置形核率最高。以上研究都是针对非晶合金熔液充型后的凝固过程模拟，除此之外宏观尺度下合金熔液充型过程仿真也有一些尝试性研究。郝秋红[100]使用 ANSYS 软件基于不可压缩黏性流体和标准 k-ε 紊流模型，对非晶合金轴承外圈零件的充型及凝固过程进行了模拟。

如上所述，非晶合金熔液铸造仿真都是针对宏观尺度铸件，并且仿真对象大都是合

金熔液充满型腔后铸件的冷却凝固过程，而吸铸成形工艺中微尺度型腔内合金熔液流动规律及铸件冷却过程的仿真研究较少，吸铸成形工艺中合金熔液在模具微型腔内流动规律、流动规律主要影响因素、铸件缺陷形成机制、铸件冷却过程和凝固后铸件及模具铸造应力等问题都不清楚。为解决非晶合金微小零件吸铸成形工艺中的这些问题，需要使用仿真模拟方法对其进行研究，并通过仿真优化吸铸成形工艺参数和模具设计，为吸铸制备高精度、高表面质量的非晶合金微小零件提供理论指导。

1.3.2 非晶合金分子动力学模拟研究现状

虽然对非晶合金的研究已经持续了几十年，但是其特殊形变机理以及原子迁移规律依然没有被完全理解。随着计算机技术的发展，对大尺寸非晶合金材料进行长时间的分子动力学模拟成为可能，模拟研究可以细致入微地观察非晶合金的原子结构和原子迁移规律，探索实验中很难发现的现象，这已经成为研究非晶合金的重要手段。

目前，CuZr 体系是分子动力学模拟中研究最为广泛的非晶合金体系之一，这是因为 CuZr 体系是二元非晶合金体系，结构相对简单，玻璃形成能力很强，容易在实验室制备，而且在早期就得到了充分的研究。1975 年，Vitek 等[101]就通过淬冷方法得到了 $Cu_{40}Zr_{60}$ 非晶合金，并对其晶化行为进行了研究。1982 年，Altounian 等[102]使用甩带法制备了从 $Cu_{25}Zr_{75}$ 到 $Cu_{70}Zr_{30}$ 不同成分非晶合金薄带。CuZr 非晶合金的成分范围比较广泛，该体系下还出现了很多种成熟块体非晶合金，如 $Cu_{46}Zr_{54}$、$Cu_{50}Zr_{50}$、$Cu_{60}Zr_{40}$、$Cu_{64}Zr_{36}$ 和 $Cu_{64.5}Zr_{35.5}$ 等。另外，2009 年，Mendelev 等[103]开发了一种描述 CuZr 的全半经验式势能，能够与实验结果较好地吻合，为该体系在分子动力学模拟中的广泛研究提供了支持。

非晶合金的玻璃化转变过程一直是分子动力学模拟研究的热点。早在 1999 年，Gaukel 等[104]就通过分子动力学模拟方法研究了非晶合金的玻璃化转变过程，发现了非晶合金内原子的移动有两种机制：一种是多原子流动，另一种是单原子跳跃。Mendelev 等[105]使用实验和模拟结合的方法研究了 CuZr 非晶合金体系由液体转化为玻璃态的过程，对体系内不同键对的数量进行了对比分析。Peng 等[106]使用分子动力学模拟方法研究了非晶合金的玻璃形成能力，讨论了体系内多种二十面体在非晶合金内部起到的作用。研究人员对非晶合金剪切带的形成和发展也做了大量研究工作，具有代表性的是 Shi 和 Falk[107]和 Shimizu 等[108]。他们通过对比非晶合金变形后和变形前原子与附近原子位置间关系的差别，使用最小二乘法找出了与之相称的局部应变，成功表征出了非晶合金的剪切区域。在此基础上，研究人员对非晶合金裂纹的形成和扩展进行了大量研究。Sopu 等[109]将非晶合金块体组合起来建立了纳米玻璃模型，研究了它在退火及机械变形后的裂纹扩展规律。

近年来，对于非晶合金分子动力学研究更加注重对其短程和中程有序结构的讨论。早在 1952 年，二十面体就被认为是过冷液体内占主要地位的短程有序结构[110]，非晶合金是一种液态金属，所以二十面体一直以来是描述非晶合金内部结构的重要模型。2006 年，Sheng 等[111]在 *Nature* 上发表文章，指出了非晶合金内部的原子结构并非以简单的二十面体存在，而是由原子构建成有序二十面体后复合在一起形成的中程有序微观结构，这为进一步了解非晶合金的性能打开了新的窗口。在此基础上，Almyras 等[112]利用蒙特卡罗法和分子动力学方法研究了 $Cu_{35}Zr_{65}$、$Cu_{50}Zr_{50}$ 和 $Cu_{65}Zr_{35}$ 的短程有序结构。Sha 等[113]研究了 $Cu_{64}Zr_{36}$ 体系内短程和中程有序结构。Ward 等[114]从原子团簇角度研究了非晶合金的等温弛豫过程。Hao 等[115]发现完美二十面体会制约非晶合金内部原子的运动，这种效果在复合二十面体团簇上更为明显。总的来说，目前大部分针对非晶合金的分子动力学模拟工作都集中于研究非晶合金的本质特性，如内部原子结构、弹塑性及玻璃化转变等，这些研究为理解非晶合金提供了很好的视角。随着非晶合金进一步发展以及对其应用需求的提升，探究非晶合金在外力或者其他材料作用时的变形和变性机理也变得十分迫切。利用分子动力学模拟方法可以很好地揭示非晶合金加工过程中的微观机理，对拓展非晶合金的使用范围有着深远意义。

1.4　非晶合金微小零件制备概况

1.4.1　非晶合金微小零件成形制备研究现状

由于非晶合金具有优异的力学、物理和化学性能，在室温条件下对其进行加工十分困难，这极大程度制约着非晶合金作为工程材料的广泛应用。利用非晶合金的超塑性成形能力，开发出相对应的超塑性精密成形技术，则是解决这一困难的有效方法之一[29, 59, 116, 117]。目前，可以制造出非晶合金精细零件的方法有铸造成形[118]、热锻压成形[119]、热挤压成形[120]、热反挤出成形[121, 122]、热压印成形[123]、吹塑成形[124, 125]等工艺。2001～2007 年，日本群马大学 Saotome 等[48, 125, 126]通过 Zr 基非晶合金超塑性成形制备出精密衍射光栅和其他光学仪器部件，部件表面光洁度达到纳米级，可用作精密光学机械部件和 MEMS 零件。

在热挤压成形方面，2005 年，韩国浦项科技大学 Lee 和 Chang[120]通过热挤出实验研究了 $Zr_{41.2}Ti_{13.8}Cu_{12.5}Ni_{10}Be_{22.5}$ 大块非晶合金在过冷液相区的成形行为。2009 年，丹麦技术大学 Wert 等[127]应用正挤压和反挤压方法制备出了 $Mg_{60}Cu_{30}Y_{10}$ 和 $Zr_{44}Cu_{40}Ag_{8}Al_{8}$ 非晶合金微小零件，并研究了两种非晶合金的成形能力。2009 年，美国耶鲁大学 Chiu 等[128]通过 $Zr_{44}Ti_{11}Cu_{10}Ni_{10}Be_{25}$ 大块非晶合金的挤出实验得出了非晶合金挤压成形过程中工艺参数与挤出长度、几何形貌之间的数学关系，揭示了非晶合金超塑性变形中的尺寸效应、流变特性。

2011 年，美国耶鲁大学 Sarac 等利用吹塑成形技术对 $Zr_{44}Ti_{11}Cu_{10}Ni_{10}Be_{25}$ 和 $Pt_{57.5}Cu_{14.7}Ni_{5.3}P_{22.5}$ 大块非晶合金进行了负压成形和吹塑成形实验，揭示了非晶合金吹塑成形的动力学过程，制备出了半球、圆柱和方柱等形状的三维微小结构，如图 1-6 和图 1-7 所示[123]。

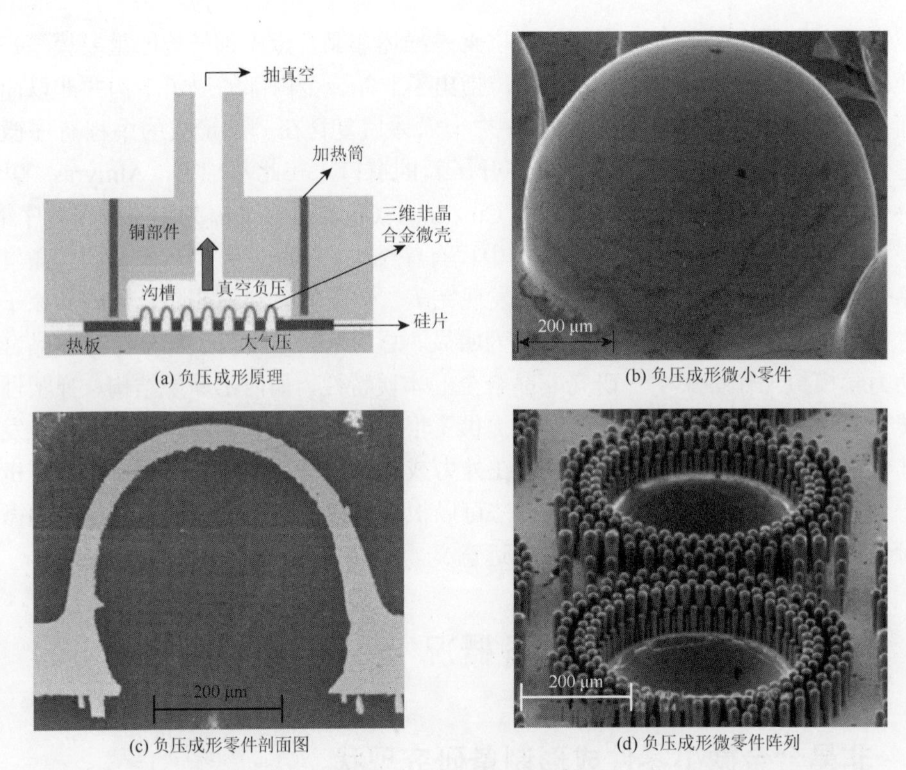

(a) 负压成形原理　(b) 负压成形微小零件

(c) 负压成形零件剖面图　(d) 负压成形微零件阵列

图 1-6　负压成形[123]

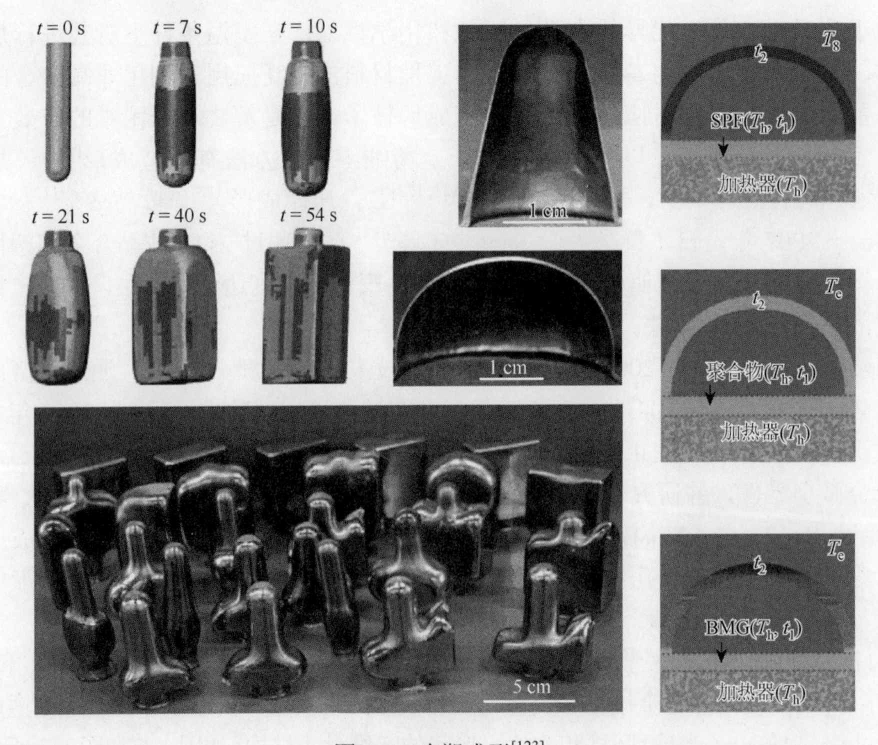

图 1-7　吹塑成形[123]

国内对于非晶合金的成形技术研究开展的时间较短。谢建新、张志豪、吴晓、郭晓琳、史铁林、廖广兰等在 Zr 基非晶合金超塑性成形机理和工艺方面取得了一些研究进展[129-133]。2004 年，北京科技大学张志豪和谢建新等[131, 134]测定了 $Zr_{41.2}Ti_{13.8}Cu_{12.5}Ni_{10}Be_{22.5}$ 块体非晶合金的 TTT 曲线，实验分析其过冷液相区力学行为，讨论了不同温度和应变速率对成形结果的影响，发现过冷液相区中较低的成形温度有利于提供足够的可成形时间，较低的应变速率有利于提供较好的流动性能，他们制备的精密凸轮零件如图 1-8 所示。2005 年，张志豪等[135]采用两阶段冲孔成形法制备了带轮毂的精密直齿轮，零件具有良好的尺寸精度和表面粗糙度，如图 1-9 所示。2008 年，张铁波等[136]采用三维有限元数值模拟及物理模拟等方法，研究了非晶合金在模具中的超塑性流动行为，发现模具结构的不对称性对非晶合金的流动行为会产生显著影响，非晶合金在向齿形尖角等特征尺寸较小部位填充时需要极大的压力且填充缓慢，其制备的精密棘轮零件如图 1-10 所示。

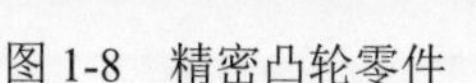

图 1-8　精密凸轮零件

图 1-9　精密直齿轮

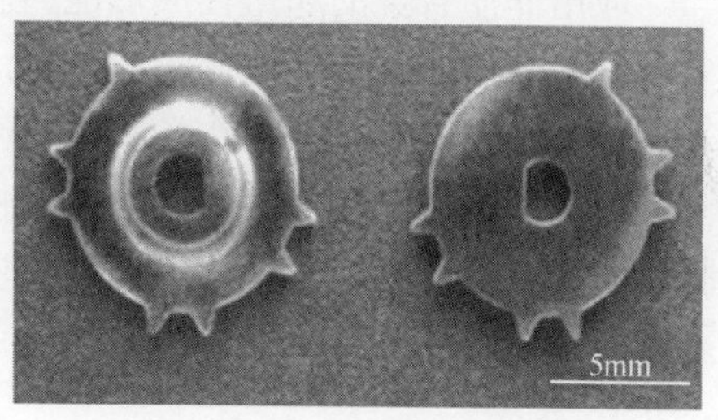

图 1-10　精密棘轮零件

2006 年，哈尔滨工业大学郭晓琳等[51]利用研制的微成形系统，分别研究了成形温度、成形时间、冲头速度及坯料尺寸对 $Zr_{41.2}Ti_{13.8}Cu_{12.5}Ni_{10}Be_{22.5}$ 非晶合金过冷液相区超塑性微成形性能的影响，并采用闭式模锻方法制备出模数为 0.1 mm、分度圆直径为 1 mm 的 Zr 基非晶合金微型直齿圆柱齿轮。2008 年，郭晓琳等[130, 137]研究了 Zr 基非晶合金等温变形及纳米晶化行为，揭示了变形温度和应变速率共同作用下的超塑性变形机制，给出了变形温度和应变速率对纳米晶化行为的影响规律。

综上所述，目前块体非晶合金超塑性成形技术的研究主要集中在以下几个方面。

(1) 研究块体非晶合金材料在过冷液相区进行压缩和拉伸试验时的超塑性流变行为和尺寸效应。在过冷液相区中，非晶合金表现出优越的超塑性，其流动应力随应变速率的变化而发生改变，在最佳应力状态下其流体特性接近牛顿流体[131, 138-140]。同时，非晶合金存在明显的尺寸效应，坯料尺寸越小，其流动性能越好，能精确复制微纳结构[141, 142]。

(2) 研究块体非晶合金在过冷液相区的成形性能(如正反挤压、微型模锻、热压缩等工艺)，确定过冷液相区范围、可加工时间、流体黏度变化及充型能力等。其中，非晶合金的过冷液相区随连续升温中的加热速率变化而改变；开始等温退火至发生晶化的时间为非晶合金的孕育时间，它决定了非晶合金在过冷液相区中进行超塑性成形加工的可加工时间，且孕育时间与退火温度之间关系紧密[131, 143-145]。非晶合金过冷液态流体的黏度也由非晶合金的退火温度决定，温度越高，黏度越小，成形所需的压力和时间越少，对微型腔的填充越容易[146, 147]。

(3) 研究利用块体非晶合金在过冷液相区优良的超塑性成形性能加工微流道模具、微小零件、印刷电路板、光栅、光学镜片模具等制品的加工方法，确定各种工艺中工艺参数的选择、优化与控制[148, 149]。近年来，国内外对于非晶合金超塑性成形工艺参数普遍认同的有成形温度、成形压力和工艺时间。成形温度在数值上等于非晶合金在过冷液相区进行退火的温度，其值决定了超塑性成形过程中非晶合金的黏度和孕育时间[150]。成形压力及其加载过程通常由成形零件设计参数决定，它决定着非晶合金在超塑性成形加工中的充型过程和填充能力[151]。

1.4.2 复杂微小零件成形模具研究现状

应用非晶合金的超塑性成形能力制备复杂微小零件，模具加工是关键和瓶颈。常规方法制备具有复杂微型腔的模具能力有限，而电化学等微细特种工艺加工起来也很困难，成本太高。国际学术界着手将成熟的硅工艺引入了非晶合金的超塑性微成形性能及微小零件制备工艺研究。2007 年美国佛罗里达大学 Bardt 等[63]采用深反应离子刻蚀工艺制备出微型硅模具，并研究了温度、时间、压力对基于硅模具的非晶合金超塑性成形的影响，他们制备出的二维非晶合金复杂结构如图 1-11 所示。

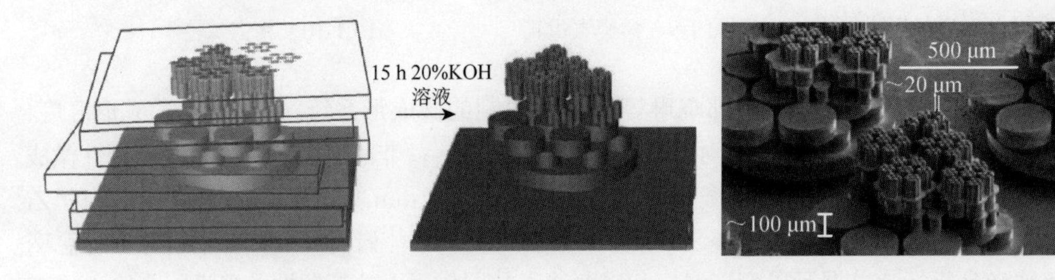

图 1-11　Bardt 等[63]制备的微型硅模具和二维非晶合金复杂架构

2009 年，Bourne 等[64]改进模具设计方法，引入定位孔增加多层堆叠硅模具之间的定位精度，制备非晶态多层微结构。图 1-12(a) 为基于硅工艺的非晶合金压印成形工艺流程。图 1-12(b) 为日本群马大学 Saotome 等[152]通过光刻和各向异性刻蚀在晶向＜100＞硅上制备出不同尺寸的 V 形槽。他们讨论了微纳尺度下 $La_{60}Al_{20}Ni_{10}Co_5Cu_5$ 的超塑性，尝试了结合硅工艺、电子束直写、刻蚀或电铸成形制备非晶合金结构。

2007 年，美国耶鲁大学 Schroers 等[49]利用硅模具研究非晶合金微小零件热压成形工艺，并研发出一种热切除飞边的技术。2009 年，Kumar 等[65]研究了各种模具材料和非晶合金之间的浸润效应以及非晶合金的精密复制能力，讨论了基于 Si、Ni、Al_2O_3、Pt 基非晶合金等材料制备微模具的技术，并且用其制备出非晶合金或其他材料微纳结构，相应成果发表在 *Nature* 上。

综上所述，当前的基于硅模具的非晶合金超塑性微成形研究都停留在使用具有简单

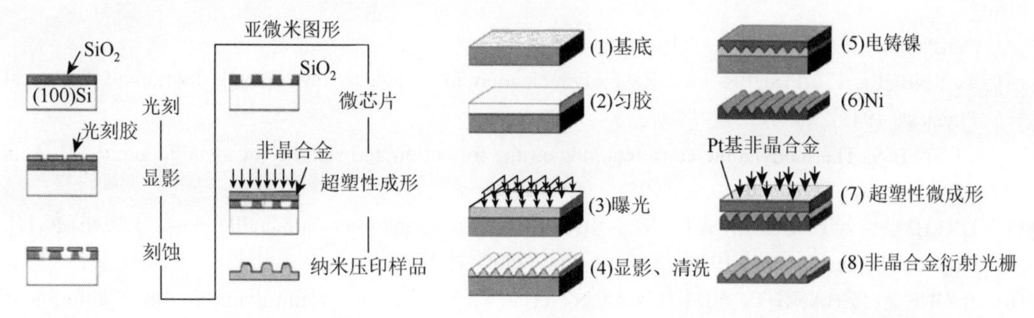

(a) 基于硅工艺的非晶合金压印成形　　(b) 结合硅工艺的Pt基非晶合金超塑性微成形流程

图 1-12　基于硅工艺的非晶合金压印成形和结合硅工艺的 Pt 基非晶合金超塑性微成形流程

微型腔的硅模具，如圆柱体、沟、槽等，这仅能算作二维结构，距离复杂三维微小结构的目标仍有一段距离，因此，合理利用当前日益成熟的硅工艺，开发一种具有复杂三维微型腔的硅模具制备方法是十分有意义的，它能推动复杂微小非晶合金结构的制备向规模化、产业化迈出巨大的一步。

参考文献

[1] 徐泰然. MEMS 和微系统：设计与制造[M]. 北京：机械工业出版社，2004.

[2] KLEMENT W，WILLENS R，DUWEZ P. Non-crystalline structure in solidified gold-silicon alloys[J]. Nature，1960，187：869-870.

[3] DUWEZ P. Metallic glasses-historical background[J]. Glassy Metals I Ionic Structure Electronic Transport and Crystallization，1981，46：19-23.

[4] JONES H，SURYANARAYANA C. Rapid quenching from the melt：An annotated bibliography 1958-72[J]. Journal of Materials Science，1973，8(5)：705-753.

[5] SURYANARAYANA C. Rapidly quenched metals：A bibliography，1973—1979[M]. New York：IFI/Plenum，1980.

[6] ISHIDA M，TAKEDA H，NISHIYAMA N，et al. Wear resistivity of super-precision microgear made of Ni-based metallic glass[J]. Journal of Metastable and Nanocrystalline Materials，2005，24/25(13)：543-546.

[7] SCHROERS J. On the formability of bulk metallic glass in its supercooled liquid state[J]. Acta Materialia，2008，56(3)：471-478.

[8] EL-ESKANDARANY S. Amorphous and nanocrystalline materials：Preparation，properties，and applications[J]. Bundesgesundheitsblatt Gesundheitsforschung Gesundheitsschutz，2001，52(11)：1011-1018.

[9] FUKUSHIGE T，HATA S，SHIMOKOHBE A. A MEMS conical spring actuator array[J]. Journal of Microelectromechanical Systems，2005，14(2)：243-253.

[10] 王玉良，张文泉，姚可夫. 大块非晶合金的研究动态及应用前景[J]. 中国材料科技与设备，2009，(3)：5-8.

[11] VOLMER M，WEBER A. Keimbildung in übersättigten gebilden[J]. Zeitschrift Für Physikalische Chemie，1926，119(1)：277-301.

[12] BECKER R，DÖRING W. Kinetische behandlung der keimbildung in übersättigten dämpfen[J]. Annalen

Der Physik，1935，416(8)：719-752.

[13] TURNBULL D，FISHER J C. Rate of nucleation in condensed systems[J]. Journal of Chemical Physics，1949，17(1)：71-73.

[14] CHEN H S. Thermodynamic considerations on the formation and stability of metallic glasses[J]. Acta Metallurgica，1974，22(12)：1505-1511.

[15] DREHMAN A J，GREER A L，TURNBULL D. Bulk formation of a metallic glass：$Pd_{40}Ni_{40}P_{20}$[J]. Applied Physics Letters，1982，41(8)：716-717.

[16] INOUE A，ZHANG T，NISHIYAMA N，et al. Preparation of 16 mm diameter rod of amorphous $Zr_{65}Al_{7.5}Ni_{10}Cu_{17.5}$ alloy[J]. Materials Transactions JIM，1993，34(12)：1234-1237.

[17] INOUE A，NAKAMURA T，SUGITA T，et al. Bulky La-Al-TM(TM = transition metal) amorphous alloys with high tensile strength produced by a high-pressure die casting method[J]. Materials Transactions JIM，1993，34(4)：351-358.

[18] PEKER A，JOHNSON W L. A highly processable metallic glass：$Zr_{41.2}Ti_{13.8}Cu_{12.5}Ni_{10.0}Be_{22.5}$[J]. Applied Physics Letters，1993，63(17)：2342-2344.

[19] NISHIYAMA N，TAKENAKA K，MIURA H，et al. The world's biggest glassy alloy ever made[J]. Intermetallics，2012，30：19-24.

[20] ZHAO Z F，ZHANG Z，WEN P，et al. A highly glass-forming alloy with low glass transition temperature[J]. Applied Physics Letters，2003，82(26)：4699-4701.

[21] 郭瑶峰，逄淑杰，王寅霄，等. Zr-Al-Co-Er-Cu 系块体非晶合金的形成及其力学性能和腐蚀行为[J]. 稀有金属材料与工程，2008，(a4)：716-719.

[22] 马丽利，李然，逄淑杰，等. (Gd-Tb) AlCo 非晶合金的形成能力与低温磁性[J]. 稀有金属材料与工程，2008，(a4)：798-800.

[23] ASHBY M F，GREER A L. Metallic glasses as structural materials[J]. Scripta Materialia，2006，54(3)：321-326.

[24] INOUE A. High strength bulk amorphous alloys with low critical cooling rates[J]. Materials Transactions JIM，1995，36(7)：866-875.

[25] WANG J，LI R，HUA N，et al. Co-based ternary bulk metallic glasses with ultrahigh strength and plasticity[J]. Journal of Materials Research，2011，26(16)：2072-2079.

[26] INOUE A，TAKEUCHI A. Recent progress in bulk glassy，nanoquasicrystalline and nanocrystalline alloys[J]. Materials Science and Engineering A，2004，375/377(1)：16-30.

[27] ZHANG T，INOUE A. Mechanical properties of Zr-Ti-Al-Ni-Cu bulk amorphou sheets prepared by squeeze casting[J]. Materials Transactions，2010，51(8)：48-71.

[28] JOHNSON W L. Bulk amorphous metal：An emerging engineering material[J]. JOM，2002，54(3)：40-43.

[29] 孙军，张国君，刘刚. 大块非晶合金力学性能研究进展[J]. 西安交通大学学报，2001，35(6)：640-645.

[30] INOUE A. Stabilization of metallic supercooled liquid and bulk amorphous alloys [J]. Acta Materialia，2000，48(1)：279-306.

[31] CONNER R D，DANDLIKER R B，SCRUGGS V，et al. Dynamic deformation behavior of tungsten-fiber/metallic-glass matrix composites[J]. International Journal of Impact Engineering，2000，24(5)：435-444.

[32] 杨中地，武颖. 非晶合金变压器[J]. 变压器，2007，44(7)：1-8.

[33] 杜学山. 块状非晶合金腐蚀行为的研究[D]. 郑州：郑州大学，2005.

[34] LONG Z L，SHAO Y，DENG X H，et al. Cr effects on magnetic and corrosion properties of Fe-Co-Si-B-Nb-Cr bulk glassy alloys with high glass-forming ability[J]. Intermetallics，2007，15(11)：1453-1458.

[35] WANG W H. The elastic properties，elastic models and elastic perspectives of metallic glasses[J]. Progress in Materials Science，2012，57(3)：487-656.

[36] 汪卫华. 非晶态物质的本质和特性[J]. 物理学进展，2013，33(5)：177-351.

[37] AMIYA K，URATA A，NISHIYAMA N，et al. Fe-B-Si-Nb bulk metallic glasses with high strength above 4 000 MPa and distinct plastic elongation[J]. Materials Transactions，2005，45(4)：1214-1218.

[38] RAMAMURTY U，JANA S，KAWAMURA Y，et al. Hardness and plastic deformation in a bulk metallic glass[J]. Acta Materialia，2005，53(3)：705-717.

[39] LEE J G，PARK S S，LEE D G，et al. Mechanical property and fracture behavior of strip cast Zr-base BMG alloy containing crystalline phase[J]. Intermetallics，2004，12(10)：1125-1131.

[40] SCHROERS J，PATON N. Amorphous metal alloys[J]. Advanced Materials amd Processes，2006，1：61-63.

[41] SCHROERS J. Processing of bulk metallic glass[J]. Advanced Materials，2010，22(14)：1566-1597.

[42] BAKKE E，BUSCH R，JOHNSON W L. The viscosity of the $Zr_{46.75}Ti_{8.25}Cu_{7.5}Ni_{10}Be_{27.5}$ bulk metallic glass forming alloy in the supercooled liquid[J]. Applied Physics Letters，1995，67(22)：3260-3262.

[43] CHEN H S，KATO H，INOUE A，et al. Thermal evidence of stress-induced structural disorder of a $Zr_{55}Al_{10}Ni_5Cu_{30}$ glassy alloy in the non-Newtonian region[J]. 华冈工程学报，2001，79(15)：15-24.

[44] KAWAMURA Y，NAKAMURA T，KATO H，et al. Newtonian and non-Newtonian viscosity of supercooled liquid in metallic glasses[J]. Materials Science and Engineering A，2001，304(1)：674-678.

[45] REGER-LEONHARD A，HEILMAIER M，ECKERT J. Newtonian flow of $Zr_{55}Cu_{30}Al_{10}Ni_5$ bulk metallic glassy alloys[J]. Scripta Materialia，2000，43(5)：459-464.

[46] LI N，CHEN Y，JIANG M Q，et al. A thermoplastic forming map of a Zr-based bulk metallic glass[J]. Acta Materialia，2013，61(6)：1921-1931.

[47] ZUMKLEY T，SUZUKI S，SEIDEL M，et al. Superplastic forging of ZrTiCuNiBe-bulk glass for shaping of microparts[J]. Journal of Metastable and Nanocrystalline Materials，2002，13：541-546.

[48] SAOTOME Y，FUKUDA Y，YAMAGUCHI I，et al. Superplastic nanoforming of optical components of Pt-based metallic glass[J]. Journal of Alloys and Compounds，2007，434(2)：97-101.

[49] SCHROERS J，NGUYEN T，O'KEEFFE S，et al. Thermoplastic forming of bulk metallic glass：Applications for MEMS and microstructure fabrication[J]. Journal of Microelectromechanical Systems，2007，16(2)：240-247.

[50] 张志豪，刘新华，谢建新. Zr 基非晶合金精密直齿轮超塑性成形试验研究[J]. 机械工程学报，2005，41(3)：151-154.

[51] 郭晓琳，王春举，周健，等. Zr 基块体非晶合金的微塑性成形性能[J]. 中国有色金属学报，2006，16(7)：1190-1195.

[52] WU X，LI J J，ZHENG Z Z，et al. Micro-back-extrusion of a bulk metallic glass[J]. Scripta Materialia，2010，63(5)：469-472.

[53] 喻强. Zr 基非晶合金超塑性成形仿真与实验研究[D]. 武汉：华中科技大学，2013.

[54] CHEN B，SHI T，LI M，et al. Laser welding of $Zr_{41}Ti_{14}Cu_{12}Ni_{10}Be_{23}$ bulk metallic glass：Experiment and temperature field simulation[J]. Advanced Engineering Materials，2013，15(5)：407-413.

[55] NISHIYAMA N，AMIYA K，INOUE A. Novel applications of bulk metallic glass for industrial products[J]. Journal of Non-Crystalline Solids，2007，353(32/40)：3615-3621.

[56] NISHIYAMA N，AMIYA K，INOUE A. Recent progress of bulk metallic glasses for strain-sensing devices[J]. Materials Science and Engineering A，2007，449(12)：79-83.

[57] ISHIDA M，UEHARA T，ARAI T，et al. Precision die-casting of optical MU/SC conversion sleeve[J]. Intermetallics，2002，10(11/12)：1259-1263.

[58] ISHIDA M，TAKEDA H，WATANABE D，et al. Fillability and imprintability of high-strength Ni-based bulk metallic glass prepared by the precision die-casting technique[J]. Materials Transactions，2004，45(4)：1239-1244.

[59] INOUE A. New bulk metallic glasses for applications as magnetic-sensing，chemical，and structural materials[J]. MRS Bulletin，2007，32(8)：651-658.

[60] BARDT J，MAUNTLER N，BOURNE G，et al. Metallic glass surface patterning by micro-molding[C]. ASME 2005 International Mechanical Engineering Congress and Exposition，2005：1123-1129.

[61] WANG D，LIAO G，PAN J，et al. Superplastic micro-forming of $Zr_{65}Cu_{17.5}Ni_{10}Al_{7.5}$ bulk metallic glass with silicon mold using hot embossing technology[J]. Journal of Alloys and Compounds，2009，484(1)：118-122.

[62] 史铁林，廖广兰，王栋，等. 一种三维微型模具的制造方法：中国，200810047229.5[P]. 2010-08-04.

[63] BARDT J A，BOURNE G R，SCHMITZ T L，et al. Micromolding three- dimensional amorphous metal structures[J]. Journal of Materials Research，2007，22(2)：339-343.

[64] BOURNE G R，BARDT J，SAWYER W G，et al. Closed channel fabrication using micromolding of metallic glass[J]. Journal of Materials Processing Technology，2009，209(10)：4765-4768.

[65] KUMAR G，TANG H X，SCHROERS J. Nanomoulding with amorphous metals[J]. Nature，2009，457(7231)：868-872.

[66] DING S，KONG J，SCHROERS J. Wetting of bulk metallic glass forming liquids on metals and ceramics[J]. Journal of Applied Physics，2011，110(4)：043508.

[67] KAWAMURA Y，KATO H，INOUE A，et al. Full strength compacts by extrusion of glassy metal powder at the supercooled liquid state[J]. Applied Physics Letters，1995，67(14)：2008-2010.

[68] ZHOU F，ZHANG X H，LU K. Synthesis of a bulk amorphous alloy by consolidation of the melt-spun amorphous ribbons under high pressure[J]. Journal of Materials Research，1998，13(3)：784-788.

[69] KAWAMURA Y，OHNO Y. Successful electron-beam welding of bulk metallic glass[J]. Materials Transactions，2005，42(11)：2476-2478.

[70] KAWAMURA Y，OHNO Y. Superplastic bonding of bulk metallic glasses using friction[J]. Scripta Materialia，2001，45(3)：279-285.

[71] KAWAMURA Y，OHNO Y. Spark welding of $Zr_{55}Al_{10}Ni_5Cu_{30}$ bulk metallic glasses[J]. Scripta Materialia，2001，45(2)：127-132.

[72] WONG C H，SHEK C H. Friction welding of $Zr_{41}Ti_{14}Cu_{12.5}Ni_{10}Be_{22.5}$ bulk metallic glass[J]. Scripta Materialia，2003，49(5)：393-397.

[73] 李晓杰，闫鸿浩，王金相，等. 爆炸焊接技术回顾与展望[J]. 襄阳职业技术学院学报，2003，2（2）：17-21.

[74] SWISTON A J，HUFNAGEL T C，WEIHS T P. Joining bulk metallic glass using reactive multilayer foils[J]. Scripta Materialia，2003，48(12)：1575-1580.

[75] LI B，LI Z Y，XIONG J G，et al. Laser welding of $Zr_{45}Cu_{48}Al_7$ bulk glassy alloy[J]. Journal of Alloys and Compounds，2006，413(1)：118-121.

[76] KOBATA J，TAKIGAWA Y，CHUNG S W，et al. Nanoscale amorphous “band-like” structure induced by friction stir processing in $Zr_{55}Cu_{30}Al_{10}Ni_5$ bulk metallic glass[J]. Materials Letters，2007，61(17)：

3771-3773.
[77] MAEDA M，TAKAHASHI Y，FUKUHARA M，et al. Ultrasonic bonding of $Zr_{55}Cu_{30}Ni_5Al_{10}$ metallic glass[J]. Materials Science and Engineering B，2008，148(1)：141-144.
[78] WANG D，XIAO B L，MA Z Y，et al. Friction stir welding of ZrCuAlNi bulk metallic glass to Al-Zn-Mg-Cu alloy[J]. Scripta Materialia，2009，60(2)：112-115.
[79] 翟秋亚，徐锦锋，张兴，等. $Zr_{55}Cu_{30}Al_{12}Ni_3$ 非晶超薄箔材的快速凝固焊接[J]. 金属学报，2009，45(3)：374-377.
[80] MAKHANLALL D，WANG G，HUANG Y J，et al. Joining of Ti-based bulk metallic glasses using resistance spot welding technology[J]. Journal of Materials Processing Technology，2012，212(8)：1790-1795.
[81] CLINE C F，HOPPER R W. Explosive fabrication of rapidly quenched materials[J]. Scripta Metallurgica，1977，11(12)：1137-1138.
[82] KERYVIN V K Y，CHIBA A. Explosive welding of bulk metallic glass[J]. Memoirs of the Faculty of Engineering kumamoto University，2003，47(2)：41-46.
[83] CHIBA A，KAWAMURA Y，NISHIDA M. Explosive welding of ZrTiCuNiBe bulk metallic glass to crystalline metallic plates[J]. Materials Science Forum，2007，566：119-124.
[84] KAGAO S，KAWAMURA Y，OHNO Y. Electron-beam welding of Zr-based bulk metallic glasses[J]. Materials Science and Engineering A，2004，375/377(1)：312-316.
[85] YOKOYAMA Y，ABE N，FUKAURA K，et al. Electron-beam welding of $Zr_{50}Cu_{30}Ni_{10}Al_{10}$ bulk glassy alloys[J]. Materials Science and Engineering A，2004，375/377(10)：422-426.
[86] KIM J，KAWAMURA Y. Electron beam welding of the dissimilar Zr-based bulk metallic glass and Ti metal[J]. Scripta Materialia，2007，56(8)：709-712.
[87] LOUZGUINE-LUZGIN D V，XIE G Q，TSUMURA T，et al. Structural investigation of Ni-Nb-Ti-Zr-Co-Cu glassy samples prepared by different welding techniques[J]. Materials Science and Engineering B，2008，148(1)：88-91.
[88] KIM J，KAWAMURA Y. Electron beam welding of Zr-based BMG/Ni joints：Effect of beam irradiation position on mechanical and microstructural properties[J]. Journal of Materials Processing Technology，2008，207(1)：112-117.
[89] SHOJI T，KAWAMURA Y，OHNO Y. Friction welding of bulk metallic glasses to different ones[J]. Materials Science and Engineering A，2004，375/377(12)：394-398.
[90] SUN Y，JI Y，FUJII H，et al. Microstructure and mechanical properties of friction stir welded joint of $Zr_{55}Cu_{30}Al_{10}Ni_5$ bulk metallic glass with pure copper[J]. Materials Science and Engineering A，2010，527(15)：3427-3432.
[91] 李波，夏春，何可龙，等. 非晶合金晶化曲线的研究[J]. 稀有金属材料与工程，2009，38(3)：447-450.
[92] KAWAHITO Y，TERAJIMA T，KIMURA H，et al. High-power fiber laser welding and its application to metallic glass $Zr_{55}Al_{10}Ni_5Cu_{30}$[J]. Materials Science and Engineering B，2008，148(1)：105-109.
[93] WANG G，HUANG Y J，SHAGIEV M，et al. Laser welding of $Ti_{40}Zr_{25}Ni_3Cu_{12}Be_{20}$ bulk metallic glass[J]. Materials Science and Engineering A，2012，541(9)：33-37.
[94] 李亚江，王娟，夏春智. 特种焊接技术及应用[M]. 2版. 北京：化学工业出版社，2008.
[95] SOMEKAWA H，INOUE A，HIGASHI K. Superplastic and diffusion bonding behavior on Zr-Al-Ni-Cu metallic glass in supercooled liquid region[J]. Scripta Materialia，2004，50(11)：1395-1399.
[96] LIN J G，WANG X F，WEN C. Theoretical study on behaviour of superplastic forming/diffusion bonding of bulk metallic glasses[J]. Metal Science Journal，2010，26(3)：361-366.

[97] CAO J，CHEN H Y，SONG X G，et al. Effects of Ar ion irradiation on the diffusion bonding joints of $Zr_{55}Cu_{30}Ni_5Al_{10}$ bulk metallic glass to aluminum alloy[J]. Journal of Non-Crystalline Solids，2013，364(4)：53-56.

[98] LI H Q，YAN J H，WU H J. Modelling and simulation of bulk metallic glass production process with suction casting[J]. Metal Science Journal，2013，25(3)：425-431.

[99] LI H Q，YAN J H，XU J G. Numerical simulation of $Zr_{66}Al_8Cu_7Ni_{19}$ preparation process[J]. Advanced Manufacturing Processes，2008，23(5)：533-538.

[100] 郝秋红. Zr 基块体非晶合金铸造凝固过程的数值模拟[D]. 秦皇岛：燕山大学，2010.

[101] VITEK J M，SANDE J B V，GRANT N J. Crystallization of an amorphous Cu-Zr alloy[J]. Acta Metallurgica，1975，23(2)：165-176.

[102] ALTOUNIAN Z，TU G H，STROM-OLSEN J O. Crystallization characteristics of Cu-Zr metallic glasses from $Cu_{70}Zr_{30}$ to $Cu_{25}Zr_{75}$[J]. Journal of Applied Physics，1982，53(7)：4755-4760.

[103] MENDELEV M I，KRAMER M J，OTT R T，et al. Development of suitable interatomic potentials for simulation of liquid and amorphous Cu-Zr alloys[J]. Philosophical Magazine，2009，89(11)：967-987.

[104] GAUKEL C，KLUGE M，SCHOBER H R. Diffusion mechanisms in under-cooled binary liquids[J]. Solid State Communications，1999，107(1)：664-668.

[105] MENDELEV M I，KRAMER M J，OTT R T，et al. Experimental and computer simulation determination of the structural changes occurring through the liquid-glass transition in Cu-Zr alloys[J]. Philosophical Magazine，2010，90(29)：3795-3815.

[106] PENG H L，LI M Z，WANG W H，et al. Effect of local structures and atomic packing on glass forming ability in Cu_xZr_{100-x} metallic glasses[J]. Applied Physics Letters，2010，96(2)：21901.

[107] SHI Y，FALK M L. Structural transformation and localization during simulated nanoindentation of a noncrystalline metal film[J]. Applied Physics Letters，2005，86(1)：11914.

[108] SHIMIZU F，OGATA S，LI J. Theory of shear banding in metallic glasses and molecular dynamics calculations[J]. Materials Transactions，2007，48(11)：2923-2927.

[109] ŞOPU D，RITTER Y，GLEITER H，et al. Deformation behavior of bulk and nanostructured metallic glasses studied via molecular dynamics simulations[J]. Physical Review B，2011，83(10)：100202.

[110] FRANK F C. Supercooling of liquids[J]. Proceedings of the Royal Society A Mathematical Physical and Engineering Sciences，1952，215(215)：43-46.

[111] SHENG H W，LUO W K，ALAMGIR F M，et al. Atomic packing and short-to-medium-range order in metallic glasses[J]. Nature，2006，439(7075)：419-425.

[112] ALMYRAS G A，PAPAGEORGIOU D G，LEKKA C E，et al. Atomic cluster arrangements in reverse Monte Carlo and molecular dynamics structural models of binary Cu-Zr metallic glasses[J]. Intermetallics，2011，19(5)：657-661.

[113] SHA Z D，FENG Y P，LI Y. Statistical composition-structure-property correlation and glass-forming ability based on the full icosahedra in Cu-Zr metallic glasses[J]. Applied Physics Letters，2010，96(6)：61903.

[114] WARD L，DAN M，WINDL W，et al. Structural evolution and kinetics in Cu-Zr Metallic Liquids[J]. Physical Review B，2013，88(13)：134205.

[115] HAO S G，WANG C Z，LI M Z，et al. Dynamic arrest and glass formation induced by self-aggregation of icosahedral clusters in $Zr_{1-x}Cu_x$ alloys[J]. Physical Review B，2011，84(6)：1855-1866.

[116] KAWAMURA Y，SHIBATA T，INOUE A，et al. Workability of the supercooled liquid in the $Zr_{65}Al_{10}Ni_{10}Cu_{15}$ bulk metallic glass[J]. Acta Materialia，1998，46(1)：253-263.

[117] XIE J. Superplastic forming techniques for fine precision amorphous alloy parts[J]. Materials Review，2003，17（2）：8-11.
[118] KUMAR G，SCHROERS J. Write and erase mechanisms for bulk metallic glass[J]. Applied Physics Letters，2008，92(3)：31901.
[119] OTTO T. Fabrication of micro-optical components by high-precision embossing[J]. Proceedings of SPIE-The International Society for Optical Engineering，2000，4179：96-107.
[120] LEE K S，CHANG Y W. Extrusion formability and deformation behavior of $Zr_{41.2}Ti_{13.8}Cu_{12.5}Ni_{10}Be_{22.5}$ bulk metallic glass in an undercooled liquid state after rapid heating[J]. Materials Science and Engineering A，2005，399(1)：238-243.
[121] 白彦. 非晶合金微反挤实验分析研究[D]. 武汉：华中科技大学，2009.
[122] BURGESS T，FERRY M. Nanoindentation of metallic glasses[J]. Materials Today，2009，12(1/2)：24-32.
[123] SARAC B，KUMAR G，HODGES T，et al. Three-dimensional shell fabrication using blow molding of bulk metallic glass[J]. Journal of Microelectromechanical Systems，2011，20(1)：28-36.
[124] SCHROERS J，HODGES T M，KUMAR G，et al. Thermoplastic blow molding of metals[J]. Materials Today，2011，14(1/2)：14-19.
[125] SAOTOME Y，ITOH K，ZHANG T，et al. Superplastic nanoforming of Pd-based amorphous alloy[J]. Scripta Materialia，2001，44(8)：1541-1545.
[126] SAOTOME Y，IMAI K，SHIODA S，et al. The micro-nanoformability of Pt-based metallic glass and the nanoforming of three-dimensional structures[J]. Intermetallics，2002，10(11/12)：1241-1247.
[127] WERT J A，THOMSEN C，JENSEN R D，et al. Forming of bulk metallic glass microcomponents[J]. Journal of Materials Processing Technology，2009，209(3)：1570-1579.
[128] CHIU H M，KUMAR G，BLAWZDZIEWICZ J，et al. Thermoplastic extrusion of bulk metallic glass[J]. Scripta Materialia，2009，61(1)：28-31.
[129] 张志豪，周成，谢建新. $Zr_{55}Al_{10}Ni_5Cu_{30}$ 大块非晶合金的超塑性挤压成形性能[J]. 中国有色金属学报，2005，15(1)：33-37.
[130] 郭晓琳. Zr 基块体非晶合金等温变形及纳米晶化行为研究[D]. 哈尔滨：哈尔滨工业大学，2008.
[131] 李春燕，寇生中，赵燕春，等. 块体非晶合金微成形技术的研究进展及发展趋势[J]. 功能材料，2013，44(15)：2133-2137.
[132] 吴晓，李建军，郑志镇，等. Zr 基非晶合金过冷液态区的微反挤压实验研究[J]. 中国机械工程，2010，(15)：1864-1868.
[133] 杨璠，史铁林，廖广兰. 基于多层硅模具的 Zr 基非晶合金双层微小齿轮制备工艺研究[J]. 中国机械工程，2015，26(10)：1399-1402.
[134] 张志豪，刘新华，周成，等. Zr 基大块非晶合金的超塑性成形性能[J]. 中国有色金属学报，2004，14(7)：1073-1077.
[135] 张志豪，徐华阳，刘新华，等. Zr 基大块非晶合金齿轮超塑性模锻成形工艺研究[C]. 全球华人先进塑性加工技术研讨会，2005.
[136] 张轶波，张志豪，谢建新. 块体非晶合金精密模锻成形流动行为[J]. 塑性工程学报，2008，15(5)：37-41.
[137] 郭晓琳，马明臻，单德彬，等. Zr 基非晶合金微塑性成形工艺研究[J]. 稀有金属材料与工程，2008，(a4)：769-772.
[138] BLETRY M，GUYOT P，BRECHET Y，et al. Homogeneous deformation of Zr-Ti-Al-Cu-Ni bulk metallic glasses[J]. Intermetallics，2004，12(10)：1051-1055.

[139] PI D H，LEE J K，LEE M H，et al. Role of heterogeneity on deformation behavior of bulk metallic glasses[J]. Journal of Alloys and Compounds，2009，486(1)：233-236.

[140] MEI J N，SOUBEYROUX J L，BLANDIN J J，et al. Homogeneous deformation of $Ti_{41.5}Cu_{37.5}Ni_{7.5}Zr_{2.5}Hf_5Sn_5Si_1$ bulk metallic glass in the supercooled liquid region[J]. Intermetallics，2011，19(1)：48-53.

[141] MASUHR A，WANIUK T A，BUSCH R，et al. Time scales for viscous flow，atomic transport，and crystallization in the liquid and supercooled liquid states of $Zr_{41.2}$ $Ti_{13.8}$ $Cu_{12.5}$ $Ni_{10.0}$ $Be_{22.5}$[J]. Physical Review Letters，1999，82(11)：2290-2293.

[142] VOLKERT C A，DONOHUE A，SPAEPEN F. Effect of sample size on deformation in amorphous metals[J]. Journal of Applied Physics，2008，103(8)：83539.

[143] XU F，JIANG J，CAO Q. Isothermal crystallization kinetics analysis of melt-spun $Pd_{42.5}Cu_{30}Ni_{7.5}P_{20}$ amorphous ribbons[J]. Journal of Alloys and Compounds，2005，392(1)：173-176.

[144] LUO Q，WANG W H. Rare earth based bulk metallic glasses[J]. Journal of Non-Crystalline Solids，2009，355(13)：759-775.

[145] 梁维中，王振玲，党振乾. NiTiZrAlCuSiB 块体非晶合金等温晶化动力学[J]. 黑龙江科技大学学报，2010，20(1)：7-9.

[146] BUSCH R，BAKKE E，JOHNSON W L. Viscosity of the supercooled liquid and relaxation at the glass transition of the $Zr_{46.75}Ti_{8.25}Cu_{7.5}Ni_{10}Be_{27.5}$ bulk metallic glass forming alloy[J]. Acta Materialia，1998，46(13)：4725-4732.

[147] JANG J S C，CHANG C F，HUANG J C，et al. Viscous flow and microforming of a Zr-base bulk metallic glass[J]. Intermetallics，2009，17(4)：200-204.

[148] NA Y S，KANG S G，JEON J E，et al. Effects of the process conditions on the micro-formability of $Zr_{62}Cu_{17}Ni_{13}Al_8$ bulk metallic glass[J]. Materials Science and Engineering A，2007，449(12)：215-219.

[149] HUANG Y，ZHENG W，FAN H，et al. The effects of annealing on the microstructure and the dynamic mechanical strength of a ZrCuNiAl bulk metallic glass[J]. Intermetallics，2013，42(11)：192-197.

[150] BUSCH R，MASUHR A，JOHNSON W L. Thermodynamics and kinetics of Zr-Ti-Cu-Ni-Be bulk metallic glass forming liquids[J]. Materials Science and Engineering A，2001，304：97-102

[151] LEE K S，JUN H J，PAULY S，et al. Thermomechanical characterization of $Cu_{47.5}Zr_{47.5}Al_5$ bulk metallic glass within the homogeneous flow regime[J]. Intermetallics，2009，17(1)：65-71.

[152] SAOTOME Y，HATORI T，ZHANG T，et al. Superplastic micro/nano-formability of $La_{60}Al_{20}Ni_{10}Co_5Cu_5$ amorphous alloy in supercooled liquid state[J]. Materials Science and Engineering A，2001，304(1)：716-720.

第 2 章

Zr 基非晶合金微小零件超塑性成形

超塑性成形是热塑性材料加热软化后在模具或者夹具的作用下进行塑性变形最终成形的一种加工方法，它是聚合物材料等非晶态物质的传统加工手段。非晶合金作为一种热塑性材料也可以使用这种方式进行加工。相比于聚合物材料，非晶合金的流变单元尺寸更小，没有分子尺寸限制，而且在过冷液相区间有着良好的流动性，在复制高精度微纳米图形时拥有独特优势。$Zr_{65}Cu_{17.5}Ni_{10}Al_{7.5}$ 的大块非晶合金作为最早发现的非晶合金之一，其过冷液态区的温度范围非常大(>100 ℃)，该性能非常有利于对其进行超塑性成形加工。

目前，国内外学者对 $Zr_{65}Cu_{17.5}Ni_{10}Al_{7.5}$ 大块非晶合金各项性能进行了研究工作。例如，德国 Dittmar 等[1]利用 Co 正电子存在寿命方法对 $Zr_{65}Cu_{17.5}Ni_{10}Al_{7.5}$ 的大块非晶合金在玻璃化转变温度前后的结构以及过冷液态区的范围进行了具体分析；德国 Sharma 等[2]利用 X 射线光电子能谱对 $Zr_{65}Cu_{17.5}Ni_{10}Al_{7.5}$ 大块非晶合金在室温时的初始氧化和原生氧化行为进行了试验研究；俄罗斯 Djakonova 等[3]利用机械合金化方法成功制备了 $Zr_{65}Cu_{17.5}Ni_{10}Al_{7.5}$ 大块非晶合金，并将其与用熔体淬火方法制备的 $Zr_{65}Cu_{17.5}Ni_{10}Al_{7.5}$ 大块非晶合金的过冷液态区范围进行了比较。印度 Dhawan 等[4]对 $Zr_{46.75}Ti_{8.25}Cu_{7.5}Ni_{10}Be_{27.5}$ 和 $Zr_{65}Cu_{17.5}Ni_{10}Al_{7.5}$ 大块非晶合金在 H_2SO_4、HNO_3、HCl 和 NaOH 溶液中的腐蚀行为进行了对比分析，结果发现 $Zr_{46.75}Ti_{8.25}Cu_{7.5}Ni_{10}Be_{27.5}$ 大块非晶合金中含有大量 Be 元素，导致其在酸碱腐蚀溶液中的耐腐蚀性能明显降低。华中科技大学 Liu 等[5]对 $Zr_{65}Cu_{17.5}Ni_{10}Al_{7.5}$ 大块非晶合金在 37℃不同腐蚀液中的腐蚀行为进行了研究分析；西安交通大学 He 等[6]对利用氧掺杂方法增强 $Zr_{65}Cu_{17.5}Ni_{10}Al_{7.5}$ 大块非晶合金在接近玻璃化转变温度时的热稳定性进行了研究；西安交通大学 Han 等[7]研究了 $Zr_{65}Cu_{17.5}Ni_{10}Al_{7.5}$ 大块非晶合金在室温压缩塑性的尺寸效应。在应用方面，由于 $Zr_{65}Cu_{17.5}Ni_{10}Al_{7.5}$ 大块非晶合金具有高的弹性和硬度等特性，用这种大块非晶合金制作高尔夫球头[8]，使球更容易控制，并可将球击出更远。

本章选取 $Zr_{65}Cu_{17.5}Ni_{10}Al_{7.5}$、$Zr_{55}Cu_{30}Al_{10}Ni_5$ 等大块非晶合金，对其非晶合金棒状坯料进行常温压缩性能、热力学性能、过冷液态区的氧化性能、过冷液态区的晶化性能以及过冷液态区的超塑性进行详细试验研究，为下一步进行超塑性成形工艺研究提供相应的理论基础指导。

2.1　Zr 基非晶合金微成形性能

2.1.1　试验设备与试验样品制备

在制备大块非晶合金时，除合金成分的配比非常重要外，冷却速率也直接影响合金非晶态的形成状况。因此，制备大块的非晶合金，一般需要很高的冷却速率。本章选用的 Zr 基非晶合金全部采用铜模吸铸法制备而成，即熔融前将各组成成分按照原子比配好，用无水乙醇超声 3 min 去除表面杂质(所采用母材均为块体)。熔配前首先将整个系统的真空抽至低于 6.6×10^{-3} Pa，然后充入高纯 Ar(Ar 纯度为 99.97%)，再将 Ti 球熔炼 2 min，以吸收熔炼室内可能存在的氧化性气体，为了得到均匀的合金成分，将母合金反复熔炼 4～5 次，以确保合金的成分趋于均匀。最终利用铜模吸铸成形所需形状尺寸的非晶合金坯料。试验所需设备为北京物科光电技术有限公司生产的 WK-ⅡD 型真空吸铸设备，如图 2-1 所示。

非晶合金常温力学性能比相对应的晶体材料高出数十倍，并且在其过冷液态区具有牛顿流体的流动性能，因此本章采用 Zwick 公司生产的 Z20 型万能材料试验机对 Zr 基非晶合金常温的力学压缩性能和过冷液态区的超塑性进行试验研究，图 2-2 为 Z20 型万能材料试验机。其中为了满足高温超塑性试验要求，万能材料试验机带有控温精度达±3 K 的加热箱。

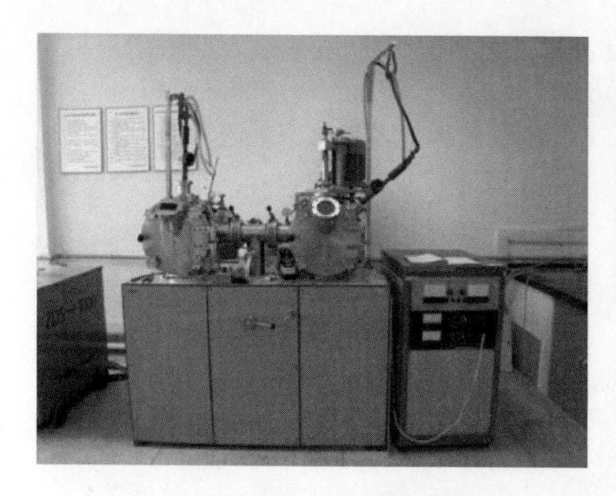

图 2-1　WK-ⅡD 型真空吸铸设备

设备参数：
最大输出载荷为10 000 N
温度范围为室温～873 K
控温精度为±3 K

图 2-2　Z20 型万能材料试验机

非晶合金在其过冷液态区表现出惊人的超塑性，因此采用差示扫描量热法(differential scanning calorimetry，DSC)测定 Zr 基非晶合金过冷液态区的温度范围。图 2-3 为珀金埃尔默仪器(上海)有限公司生产的 Diamond DSC 型差示扫描量热仪设备图。

由于 Zr 基非晶合金在其过冷液态区具有很强的氧化行为，为了进一步分析非晶合

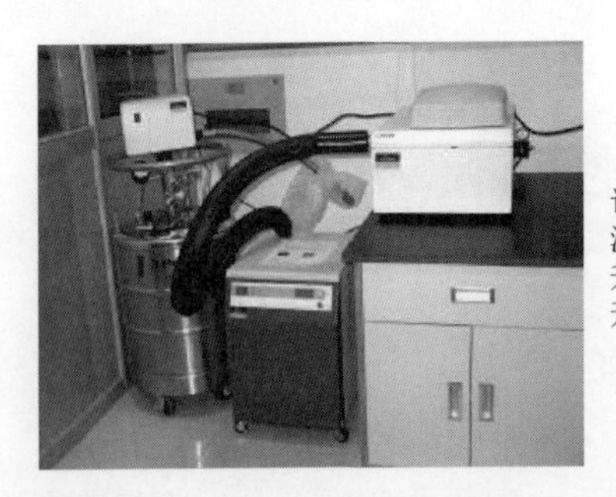

设备参数：
温度范围为103～1003 K
升温精度为±0.01 K
升降温速度为0.01～500 K/min

图 2-3　Diamond DSC 型差示扫描量热仪

金在此温度区域的热氧化性能，采用珀金埃尔默仪器(上海)有限公司生产的 Pyris1 TGA 型热重分析仪(图 2-4)对 Zr 基非晶合金进行热氧化增重试验分析。

设备参数：
升降温速度为0.1～200 K/min
最大称重量为1 300 mg
称量精度为10 ppm(1 ppm = 10^{-6})
温度范围为室温～1273 K
温度精度为等温±1 K，扫描±2 K

图 2-4　Pyris1 TGA 型热重分析仪

为方便进行各项试验，采用沈阳科晶设备制造有限公司生产的 EC400 型切片机将 ϕ3 mm×100 mm 的棒材切为 ϕ3 mm×6 mm、ϕ3 mm×3 mm、ϕ3 mm×1 mm 和 ϕ3 mm×0.6 mm 的试验用样品。图 2-5 为 EC400 型切片机设备图，图 2-6 为利用该设备制备的试验样品图片。

图 2-5　EC400 型切片机

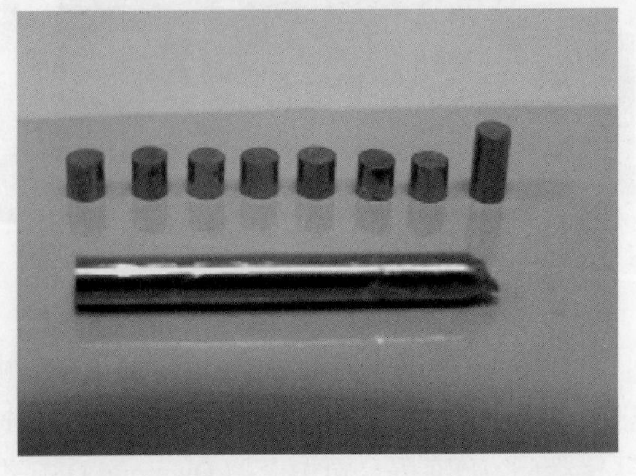

图 2-6　切制而成的不同尺寸的非晶合金试验样品

2.1.2　Zr 基非晶合金室温压缩强度测试

采用 Z20 型万能材料试验机对直径为 3 mm、高径比为 2∶1 的 $Zr_{65}Cu_{17.5}Ni_{10}Al_{7.5}$ 大块非晶合金室温压缩强度性能进行试验分析，首先利用 EC400 型切片机将直径为 3 mm 的坯料制备成高度为 6 mm 的试验样品，并将试验样品的两个端面进行研磨抛光处理，使两个端面尽量平行。在进行压缩试验前，先将万能材料试验机调制到压缩程序进行三次空压，选择平均空压数值，再将试验坯料放置于万能材料试验机上进行压缩试验。应变速率为 $1.0\times10^{-4}\ s^{-1}$，直至坯料屈服断裂，分析应力-应变曲线。压缩试验结束后，利用 YR-2010 型影像仪对试验断口形貌进行观察，测量压缩断裂角。

进行了三次重复试验，试验结果重复性较好。图 2-7 为直径 3 mm、高径比为 2∶1 的 $Zr_{65}Cu_{17.5}Ni_{10}Al_{7.5}$ 大块非晶合金在应变速率 $1.0\times10^{-4}\ s^{-1}$ 条件下的室温压缩工程应力-应变曲线，图中可以发现当应力达到 1 550 MPa 时开始屈服，并产生“锯齿”状塑性变形，但马上发生断裂，该结果与文献[7]试验结果基本相符。压缩试验结束后，采用 YR-2010 型影像仪对断裂试样的断口形貌进行观测。发现断口区域出现典型的非晶合金断裂特征，如图 2-8(a)所示。样品压缩断裂角如图 2-8(b)所示为 40°左右。

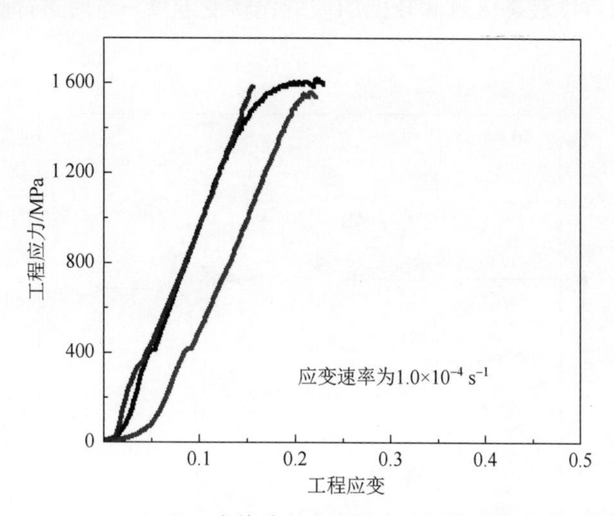

图 2-7　$Zr_{65}Cu_{17.5}Ni_{10}Al_{7.5}$ 大块非晶合金的室温压缩工程应力-应变曲线

2.1.3　Zr 基非晶合金热分析试验

将试样用乙醇或丙酮超声清洗其表面杂质并烘干存放 24 h，将其放入差示扫描量热仪中，首先以 500 K/min 的加热速率加热至 573 K 再空冷至室温，以去除机械加工时的残余应力；然后以 20 K/min 的加热速率对其进行加热，观察试样的吸热和放热状况得到 DSC 曲线，从而确定其过冷液态区的温度范围。

(a) 压缩断口表面形貌

(b) 压缩断裂角测量

图 2-8 $Zr_{65}Cu_{17.5}Ni_{10}Al_{7.5}$ 大块非晶合金影像仪图

利用 Diamond DSC 型差示扫描量热仪对 Zr 基非晶合金热分析的结果如图 2-9 所示，即以 20 K/min 的加热速率获得 DSC 曲线。经过分析得出，Zr 基非晶合金的玻璃化转变开始温度 T_g^{onset} 、玻璃化转变结束温度 T_g^{end} 和晶化温度 T_x 分别为 634 K、667 K 和 739 K，则过冷液态区的温度范围 $\Delta T = T_x - T_g^{onset} = 105$ K。由 DSC 曲线表明 $Zr_{65}Cu_{17.5}Ni_{10}Al_{7.5}$ 非晶合金具有很宽的过冷液态区域和较低的玻璃化转变温度，这对进行超塑性成形加工极为有利[9]。

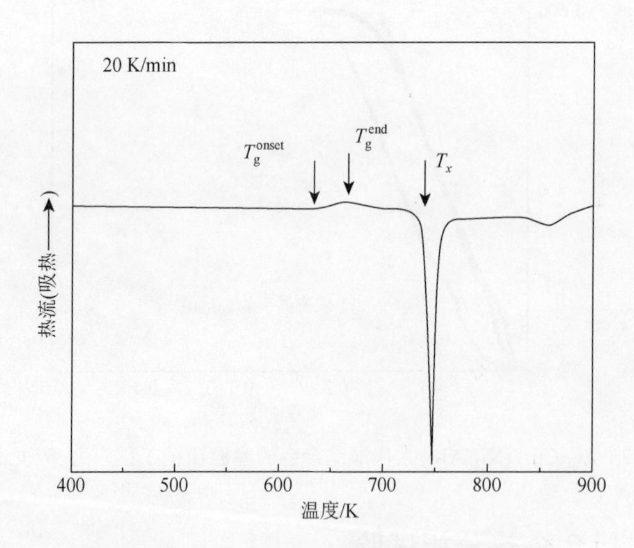

图 2-9 $Zr_{65}Cu_{17.5}Ni_{10}Al_{7.5}$ 非晶合金的 DSC 曲线

2.1.4 Zr 基非晶合金过冷液态区氧化性能

由于试验设备的限制，不能在无氧或者真空条件下进行超塑成形加工，而非晶合金在其过冷液态区进行超塑性微成形加工时存在高温氧化行为，对非晶合金在高温时的氧化行为进行试验研究，为进一步的超塑性试验提供必要的试验指导。首先，利用热重分析仪对不同温度保温氧化增重情况进行分析，根据 2.1.3 节中的热分析试验得出的结果，选取试验温度为 668 K、683 K 和 703 K 分别进行热重试验分析，即将制备好的高径比为 1∶1、直径为 3 mm 的非晶合金试样经过丙酮超声清洗后，分别放入热重分析仪中均以 20 K/min 的加热速率进行加热，由于 20 min 足以完成非晶合金的超塑成形，达到相应温度后保温设定为 20 min，观察非晶合金在该温度下保温氧化增重情况，然后利用扫描电子显微镜(scanning electron microscope，SEM)观测不同温度下非晶合金氧化层的厚度，最后将产生的氧化层除去后利用 XRD 分析非晶合金内部的组织结构变化情况。

在不同温度下保温氧化增重的试验结果如图 2-10 所示，从图中可以明显发现，随着温度的升高，氧化增重增大，说明非晶合金在高温情况下随着温度的升高氧化行为加重。668 K 和 683 K 时相对于 703 K 时氧化增重曲线的斜率较小，而随着温度的升高氧化增重曲线的斜率逐渐增加。

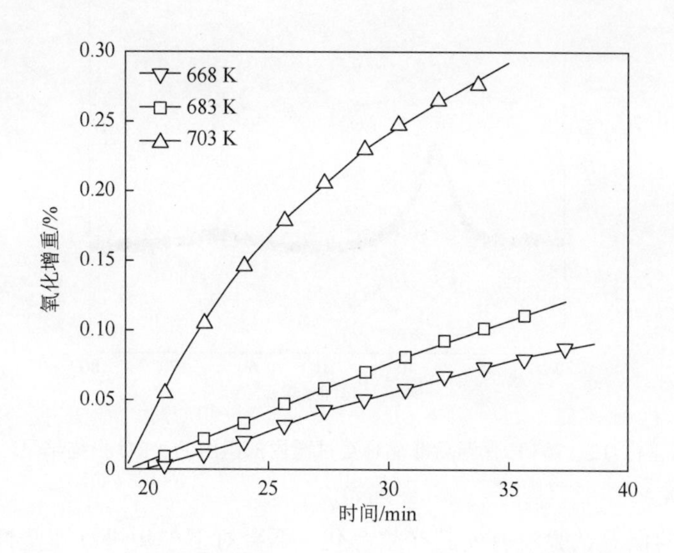

图 2-10　非晶合金不同温度下的保温 20 min 的氧化增重曲线图

利用 SEM 对保温氧化后的试样横截面进行观测，并利用线扫功能对横截面进行了扫描，结果如图 2-11(a)所示，可以明显发现，在试样界面边缘部位氧元素的含量非常高，而经过边缘薄层后氧元素的含量突然降低到几乎为零，表明边缘薄层为氧化层。经过测量得出在 703 K 时的氧化层厚度大约为 2 μm，如图 2-11(b)所示。而随着试验温度的降低，氧化层的厚度逐渐减小，与氧化增重试验结果相符合。

为了进一步分析高温氧化对非晶合金的组织结构的影响，将 703 K 保温氧化形成的氧化层去除后利用 XRD 分析非晶合金氧化层内部的组织变化情况，XRD 结果如图 2-12 所示，XRD 曲线在 36°处为明显的非晶胞，没有明显的晶化峰，说明非晶合金在该温

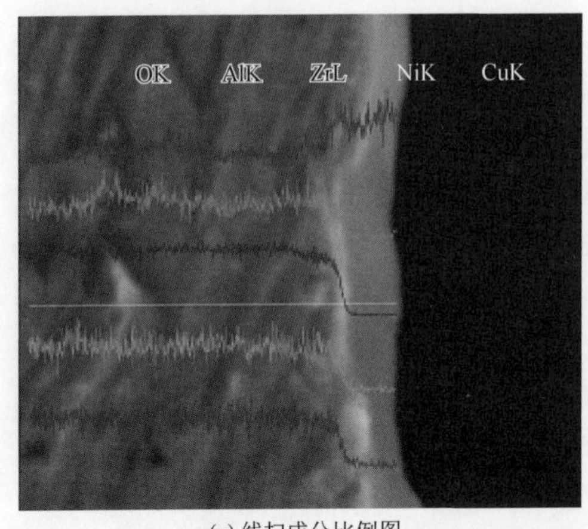

(a) 线扫成分比例图

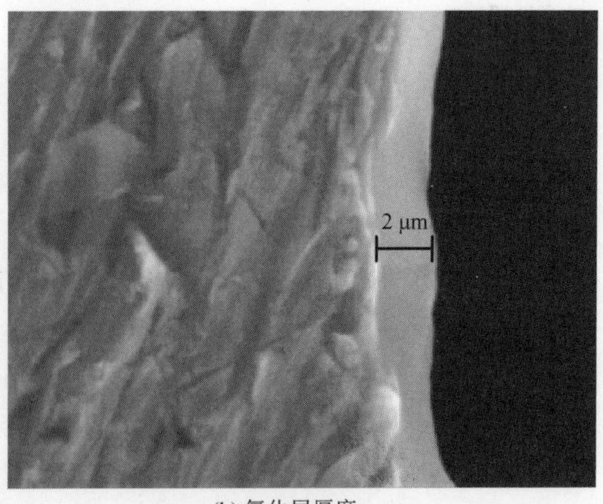

(b) 氧化层厚度

图 2-11　非晶合金保温氧化后的氧化层 SEM 图形

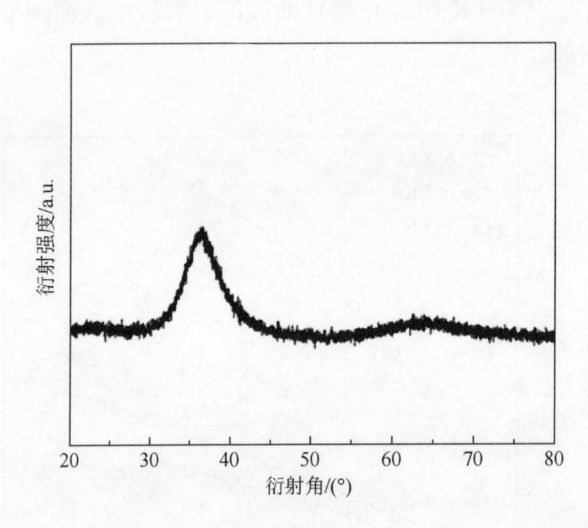

图 2-12　703 K 保温后非晶合金试验内部组织的 XRD 扫描结果

度经过 20 min 的保温试验没有使其产生晶化，不会对下一步进行超塑性微成形加工产生影响。

2.1.5　Zr 基非晶合金过冷液态区保温晶化

由于非晶合金具有亚稳态结构，在一定温度下会发生结构弛豫现象，甚至由于温度过高或者保温时间过长导致晶化。而对非晶合金进行超塑性微成形加工时，所需的温度一定要在其过冷液态区内，同时需要一定的加工时间才能完成，为了防止大块非晶合金在进行超塑性加工过程中产生晶化而导致微小零件性能降低，掌握大块非晶合金在一定温度条件下的孕育期(即从等温试验开始到试样发生晶化时间差)是非常必要的。本章采用 DSC 分析方法，对 $Zr_{65}Cu_{17.5}Ni_{10}Al_{7.5}$ 大块非晶合金在过冷液态区不同温度点的保温晶化时间进行试验研究。首先将 $Zr_{65}Cu_{17.5}Ni_{10}Al_{7.5}$ 大块非晶合金以 150 K/min 的加热速率加热至设定温度(分别为 683 K、693 K、703 K、713 K、723 K 和 733 K)，然后在该温度条件下等温，直至试样发生晶化，获得孕育期。

试验结果如图 2-13(a)所示。从图中可以看出，随着温度的升高，孕育期不断缩短，如在等温温度为 683 K 时，其晶化孕育期为 2776 s，而在等温温度为 723 K 时，其晶化孕育期仅为 100 s，在等温温度为 733 K 时的晶化孕育期只有 54 s。根据不同温度等温晶化孕育期的数据，绘制出了 TTT 曲线，如图 2-13(b)所示。该曲线为下一步在不同温度进行超塑性微成形试验提供了可靠的时间控制依据。

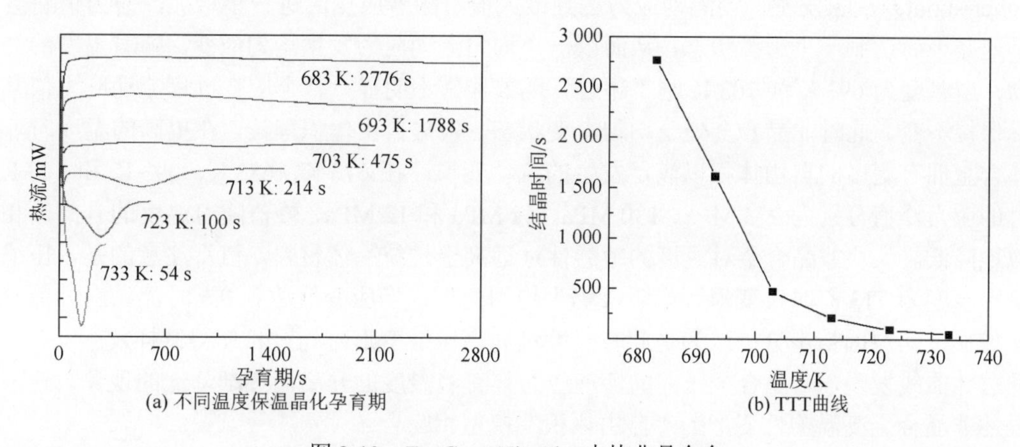

(a) 不同温度保温晶化孕育期　　(b) TTT曲线

图 2-13　$Zr_{65}Cu_{17.5}Ni_{10}Al_{7.5}$ 大块非晶合金

2.1.6　Zr 基非晶合金过冷液态区的超塑性

为了利用大块非晶合金的超塑性成形微型器件，对大块非晶合金的超塑性参数进行试验研究。由于非晶合金的应变速率状态受温度的影响非常大，在其过冷液态区内流动应力敏感指数能够达到 1，在某种条件下具有牛顿流体的性能。根据 $Zr_{65}Cu_{17.5}Ni_{10}Al_{7.5}$ 大块非晶合金热力学分析结果，其过冷液态区的温度为 634～739 K，因此选取 673 K、683 K、693 K、703 K 和 713 K 进行压缩试验，试验样品的高径比分别为 1∶1 和 1∶5，直径为 3 mm。在试验之前将万能材料试验机所带的加热箱加热至试验温度并保温 2 min 以便使箱内温度均匀。为了减去万能材料试验机本身变形对试验结果的影响，先对压缩试验模具空载压缩 3 次得到工程应力-应变曲线。

对高径比为 1∶1 的大块非晶合金坯料进行压缩试验时，首先在不同温度和应变速率为 $1.0\times10^{-3}\ s^{-1}$ 条件下进行压缩试验研究，得到工程应力-应变曲线，用该曲线减去模具空载时的曲线，再进行数据处理得到非晶合金的真实应力-应变曲线。压缩试验结束后，为了判断被压缩样品的内部组织结构，采用 XRD 对压缩的样品进行分析。与此同时，非晶合金的应力状态不仅受温度的影响，应变速率也对流动应力具有直接的相

关性，为此选取温度为 703 K，对不同应变速率条件下的真实应力-应变状态进行试验分析。

高径比为 1∶5 的大块非晶合金坯料压缩试验与 1∶1 试验方案基本相似，在不同温度和不同应变速率条件下进行压缩试验研究，得到工程应力-应变曲线。所不同的是，在不同温度条件下分别对各应变速率也进行具体的试验分析，同时利用所获得的真实应力-应变数据对非晶合金的应变速率敏感指数 m 值的变化情况也进行具体分析。

图 2-14 为高径比为 1∶1 的坯料在应变速率为 $1.0\times10^{-3}\ s^{-1}$ 条件下不同温度压缩获得的 $Zr_{65}Cu_{17.5}Ni_{10}Al_{7.5}$ 大块非晶合金真实应力-应变曲线，所有的曲线都呈现出明显的压缩峰值。与其他成分的非晶合金压缩试验类似，在 673 K 和 683 K 时有明显“超射”（over-shoot）现象发生，当流动应力达到最大值后随着应变的进一步增加，应力值将会迅速减小而达到一个平衡状态，从而以一个均匀流动应力发生均匀应变。随着温度的升高，当温度为 693 K 和 703 K 时“超射”现象非常不明显，整个应变过程流动应力值几乎保持不变，此时非晶合金处于均匀流变状态。根据自由体积理论，在更高的温度时非晶合金拥有更多的自由体积以满足发生的流动变形。在 673 K、683 K、693 K 和 703 K 时的应力峰值分别为 273 MPa、130 MPa、42 MPa 和 12 MPa，峰值随着温度的升高而相应地降低。大块非晶合金对温度的敏感性远远高于传统晶体材料。值得注意的是，压缩变形温度为 713 K 时，变形开始阶段仍为均匀变形，当应变值达到 0.6 时流动应力值突然增加，其原因初步分析认为是此时温度过高，压缩变形时间过长使得试样发生晶化。从总体曲线发现，非晶合金压缩的流动应力具有随温度的升高而逐渐降低的现象。这与描述非晶合金高温塑性变形的“自由体积”模型相吻合。

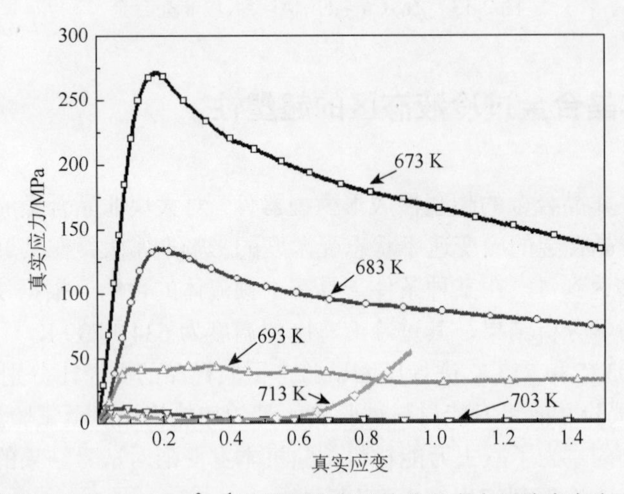

图 2-14　应变速率为 $1.0\times10^{-3}\ s^{-1}$ 时不同温度下的非晶合金压缩真实应力-应变曲线

图 2-15 为采用 XRD 分析得到的压缩样品的 XRD 曲线。从曲线中可以发现，温度在 703 K 和低于 703 K 时，压缩样品的 XRD 曲线没有晶化峰出现；然而在温度为 713 K 时的压缩样品的 XRD 曲线中出现了明显的晶化峰，说明该样品已经产生晶化，这与温度为 713 K 时的真实应力-应变曲线的预测结果基本相符。

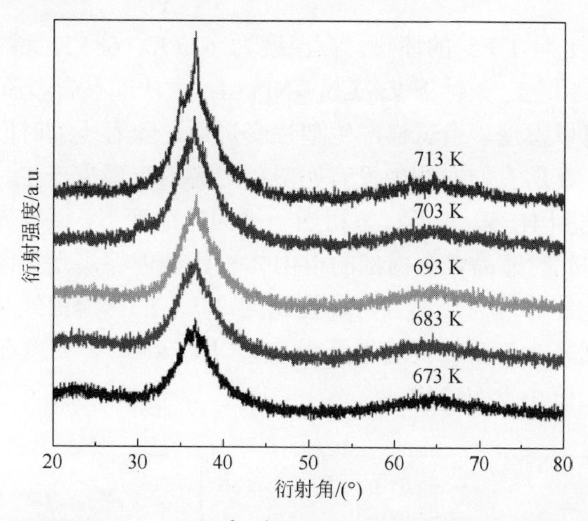

图 2-15 应变速率为 $1.0\times10^{-3}\ s^{-1}$ 条件下不同温度压缩样品的 XRD 曲线

温度对非晶合金超塑性成形的流动应力具有很大影响的同时，应变速率也对其流动应力具有很大影响。因此，根据以上的试验结果，选取压缩成形温度为 703 K，对不同应变速率的压缩性能进行试验研究分析。试验结果如图 2-16 所示，即高径比 1∶1 的坯料在成形温度为 703 K 时，不同应变速率下的真实应力-应变曲线。

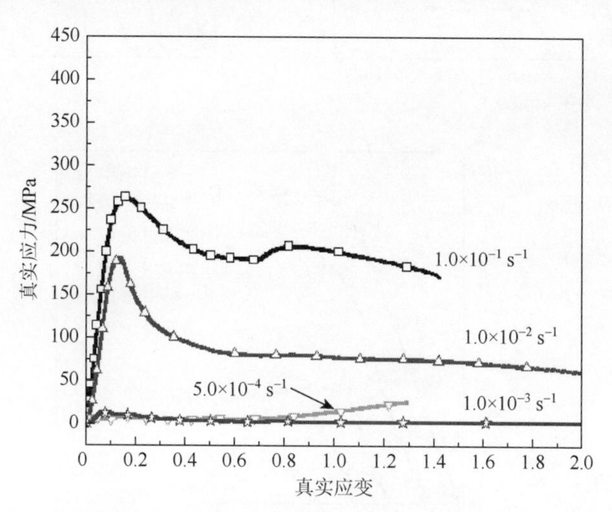

图 2-16 成形温度为 703 K 时不同应变速率下的真实应力-应变曲线

图 2-16 所选取的应变速率分别为 $5.0\times10^{-4}\ s^{-1}$、$1.0\times10^{-3}\ s^{-1}$、$1.0\times10^{-2}\ s^{-1}$ 和 $1.0\times10^{-1}\ s^{-1}$，由图可以得出，在 $1.0\times10^{-2}\ s^{-1}$ 和 $1.0\times10^{-1}\ s^{-1}$ 的应变速率下，应力-应变曲线有明显的“超射”现象发生，随后进入均匀流变状态。而在 $5.0\times10^{-4}\ s^{-1}$ 和 $1.0\times10^{-3}\ s^{-1}$ 应变速率下发生均匀流变。同时发现在应变速率为 $5.0\times10^{-4}\ s^{-1}$、应变值达到 1.0 时流动应力值迅速增大，主要原因是应变速率太低，导致变形时间过长而使得试样产生晶化，从而使得流动应力值迅速增加。以上的压缩试验结果表明，大块非晶合金在过冷液态区以一定的应变速率压缩变形时具有很好的超塑性成形能力。

图 2-17 为高径比为 1∶5 的坯料，在温度为 673 K、683 K 和 693 K，应变速率从 $5.0\times10^{-4}\ s^{-1}$ 到 $1.0\times10^{-1}\ s^{-1}$ 条件下 $Zr_{65}Cu_{17.5}Ni_{10}Al_{7.5}$ 大块非晶合金压缩变形的真实应力-应变曲线。从图中可以发现，当试样产生塑性变形后，随着压缩时间的延长其流动应力始终保持恒定的值，在所有的曲线中没有明显的“超射”现象产生，原因可能是本次压缩试验的样品高径比为 1∶5，变形状态相当于平面压缩变形，试样内部的结构弛豫能够满足变形的需求，即此时非晶合金内部的自由体积比例能够满足压缩变形时空位的需求量，从而使内部结构能够均匀变形。与高径比为 1∶1 的压缩曲线相似，随着温度的升高其流动应力值逐渐减小。在应变速率低于 $1.0\times10^{-3}\ s^{-1}$ 时，温度在 683 K 和 693 K 时其压缩变形流动应力值小于 50 MPa。

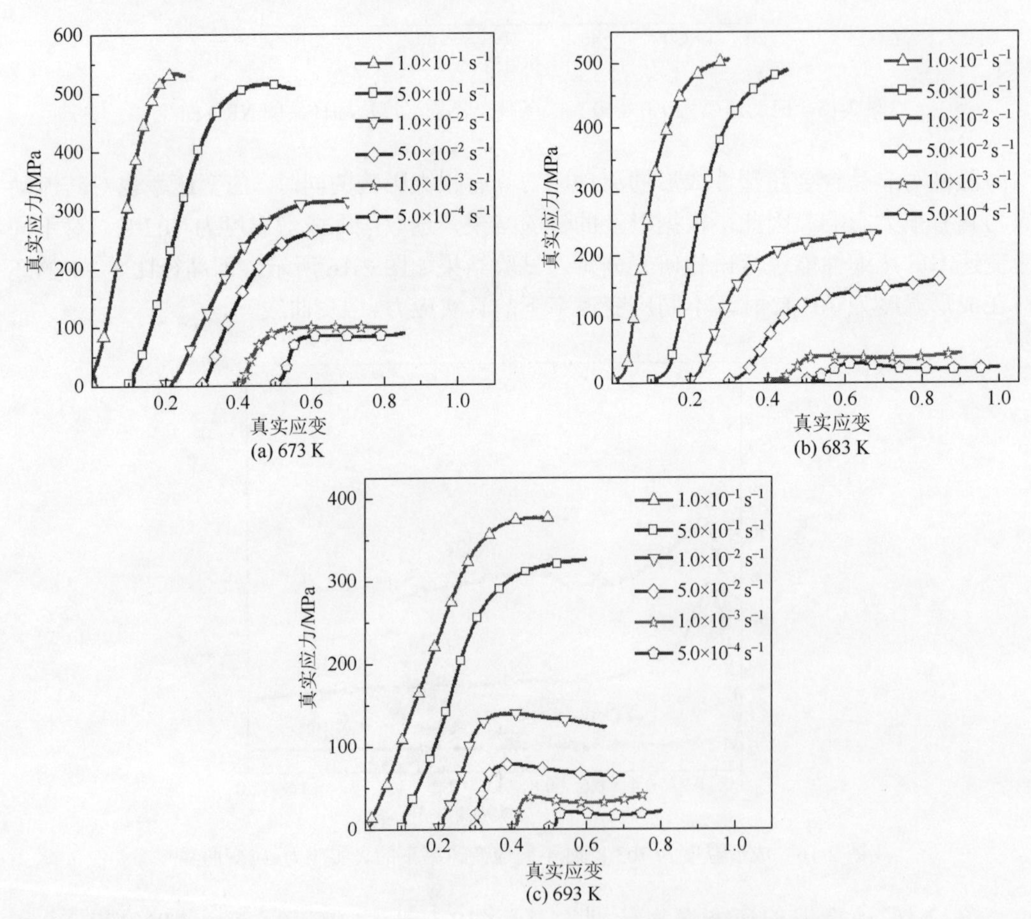

图 2-17 直径为 3 mm、高径比为 1∶5 的 $Zr_{65}Cu_{17.5}Ni_{10}Al_{7.5}$ 大块非晶合金在温度为 673 K、683 K 和 693 K 时，不同应变速率条件下的压缩真实应力-应变曲线

对以上曲线中的流动应力和应变速率进行处理，讨论应变速率对流动应力的影响，得到如图 2-18 所示的不同温度时的流动应力和应变速率之间的对数曲线。图中可以发现，在温度为 683 K 和 693 K 时随着应变速率值的增加，流动应力值单调增加；然而，在温度为 673 K 时，随着应变速率值的增加，流动应力值呈现“S”形曲线变化。同时

发现在温度为 673 K、683 K 和 693 K，应变速率在 $5.0\times10^{-2}\ s^{-1}$ 时对数曲线出现了明显的挠曲点，在挠曲点以下曲线的斜率大约为 0.8，这与日本学者 Kawamura 等[10]研究的结果基本一致。根据式(2-1)，应变速率敏感指数 m 值就是该曲线的斜率值。

$$m = \partial \log \sigma_{flow} / \partial \log \dot{\varepsilon} \tag{2-1}$$

式中：m 为应变速率敏感指数；σ_{flow} 为流动应力；$\dot{\varepsilon}$ 为应变速率。

$Zr_{65}Cu_{17.5}Ni_{10}Al_{7.5}$ 大块非晶合金在温度为 683 K 和 693 K，应变速率值低于 $5.0\times10^{-2}\ s^{-1}$ 时的应变速率敏感指数值为 0.8 左右，其流动性能近似于牛顿流体。从曲线中仍然可以发现在温度为 673 K、683 K 和 693 K，应变速率高于 $5.0\times10^{-2}\ s^{-1}$ 时其 m 值突然降至 0.3。这对非晶合金热压微成形工艺非常不利。

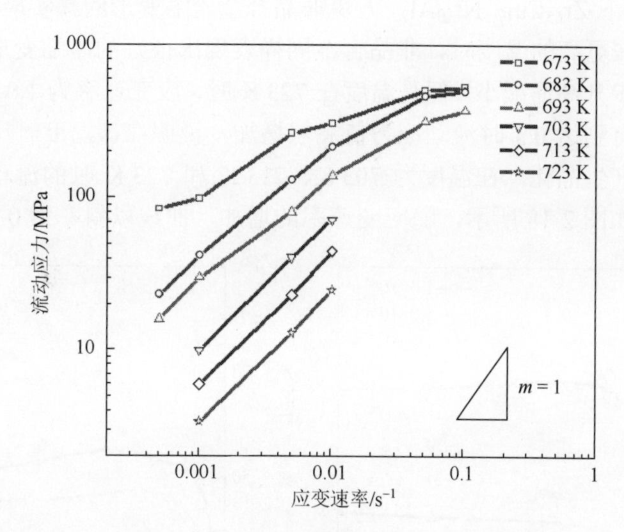

图 2-18　$Zr_{65}Cu_{17.5}Ni_{10}Al_{7.5}$ 大块非晶合金不同温度时的流动应力和应变速率之间的对数曲线

利用 XRD 分析压缩试样的内部组织结构，图 2-19 为在温度为 673 K、683 K 和 693 K

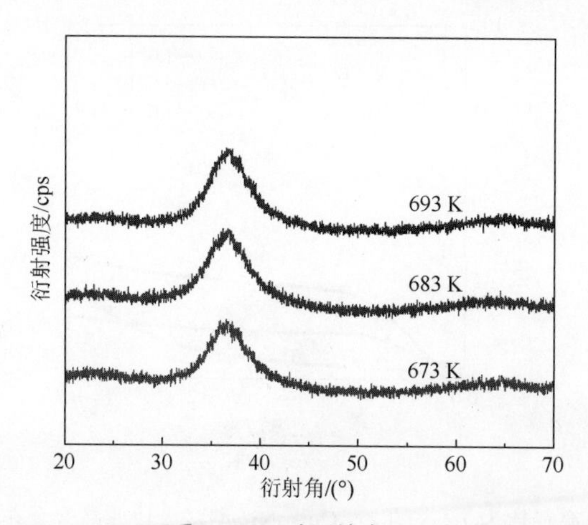

图 2-19　温度为 673 K、683 K 和 693 K 时压缩变形后的非晶合金试样的 XRD 曲线

时压缩变形后的非晶合金试样的 XRD 曲线，每条曲线没有出现明显的晶化峰，表明压缩变形后的试样仍然为非晶态。

为了分析非晶合金的成形能力，在热压成形工艺参数优化中应该保证在避免晶化产生的前提下温度尽可能高[11]。$Zr_{65}Cu_{17.5}Ni_{10}Al_{7.5}$ 大块非晶合金高温 TTT 曲线的绘制结果(图 2-13)表明，在 733 K 时的等温晶化孕育期只有 54 s，在该温度下热压成形还没有来得及执行非晶合金便快速产生晶化，无法对其进行成形加工。

依据上述分析，分别对温度在 703 K、713 K 和 723 K，应变速率在 1.0×10^{-3} s^{-1}、5.0×10^{-3} s^{-1} 和 1.0×10^{-2} s^{-1} 条件下进行压缩变形试验，观察此时的流动应力变化情况。图 2-20 为温度在 703 K、713 K 和 723 K，应变速率在 1.0×10^{-3} s^{-1}、5.0×10^{-3} s^{-1} 和 1.0×10^{-2} s^{-1} 条件下 $Zr_{65}Cu_{17.5}Ni_{10}Al_{7.5}$ 大块非晶合金压缩变形的真实应力-应变曲线。从图中可以看出，在更高的温度时，非晶合金同样表现出很好的压缩变形能力，流动应力值随温度的进一步升高而减小。但是温度在 723 K 时，应变速率为 1.0×10^{-3} s^{-1} 条件下，真实应变量还没有到达 0.3 时流动应力值突然增加，说明在该温度时压缩变形时间过长使非晶合金内部产生晶化。在温度为 703 K、713 K 和 723 K 时的流动应力和应变速率之间的对数曲线如图 2-18 所示，随应变速率的增加，曲线以斜率为 0.8 单调上升。

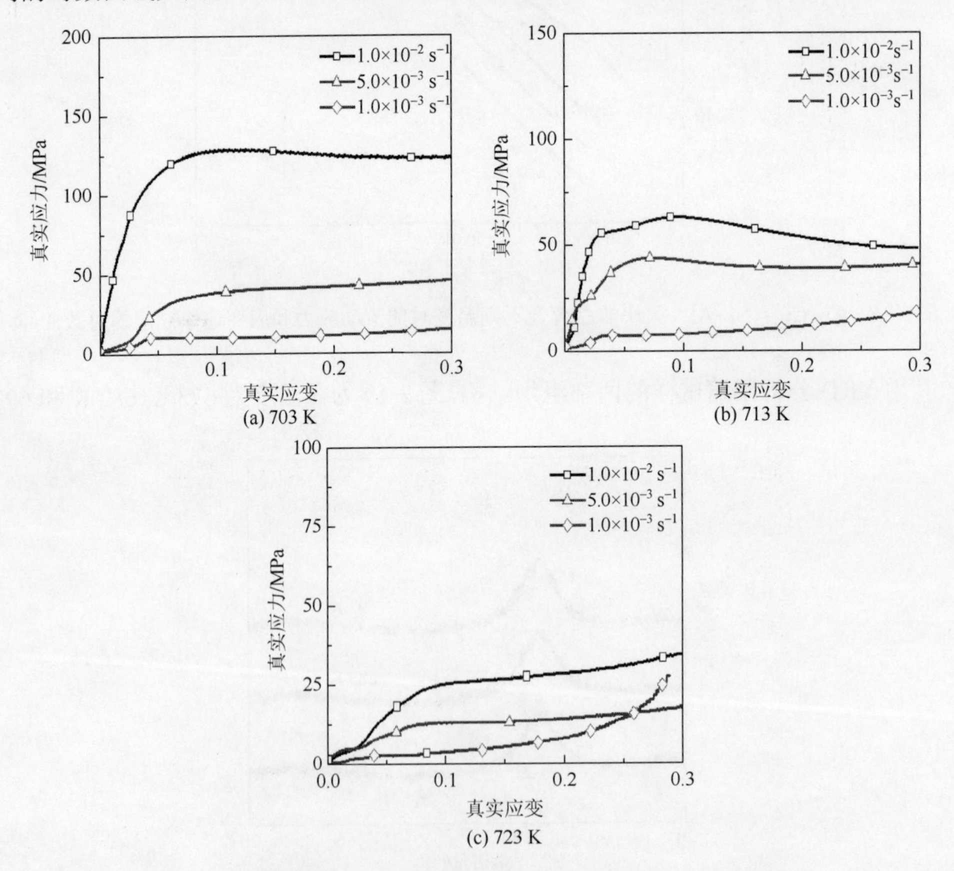

图 2-20　直径为 3 mm、高径比为 1∶5 的 $Zr_{65}Cu_{17.5}Ni_{10}Al_{7.5}$ 大块非晶合金在温度为 703 K、713 K 和 723 K 时，不同应变速率条件下的压缩真实应力-应变曲线

2.2　Zr 基非晶合金微成形工艺

2.3.1　基于硅模具单层非晶合金微小零件成形工艺设计与试验

1. 非晶合金在硅模具中的充型能力和成形试验

利用电感耦合等离子体(inductively coupled plasma，ICP)体硅加工工艺制备的微型硅模具对 $Zr_{65}Cu_{17.5}Ni_{10}Al_{7.5}$ 大块非晶合金在硅模具中的充型能力进行试验研究。首先，采用 ICP 干法刻蚀技术制备微型硅模具。具体制备工艺如下。

(1)在厚度为 500 μm 的硅片表面溅射一层 Al 膜作为干法刻蚀时的保护层。

(2)在 Al 膜表面旋涂一层光刻胶。

(3)利用光刻机进行曝光处理，经过显影后将设计制作的掩模版上的图形转移到硅片上。

(4)利用腐蚀液去除多余的 Al 膜。

(5)利用等离子体对硅片进行干法刻蚀得到成形所需硅模具。

微型硅模具制备工艺过程如图 2-21 所示。

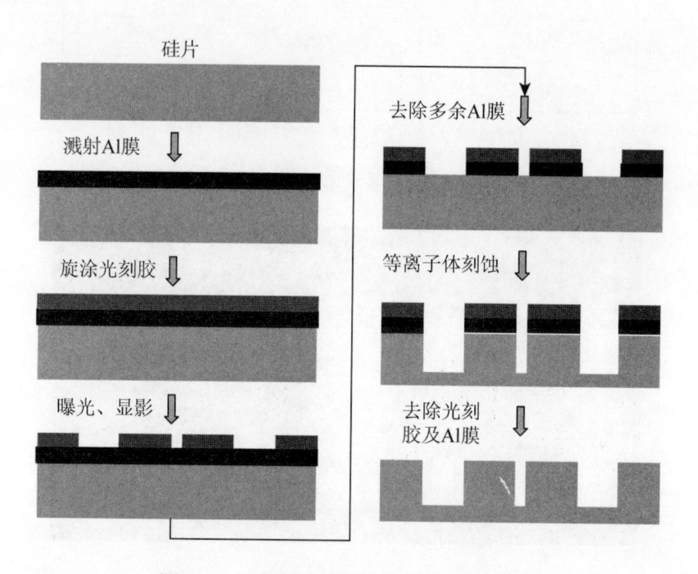

图 2-21　微型硅模具制备工艺过程图

图 2-22(a)为设计的不同直径尺寸的微型孔阵列 AutoCAD 图形，其中微型孔的直径分别为 0.05 mm、0.10 mm、0.15 mm、0.20 mm、0.25 mm 和 0.30 mm；图 2-22(b)为模数为 0.03 mm、不同齿数的微型直齿圆柱齿轮阵列 AutoCAD 图形，其中微齿轮的齿数分别为 10、

12、14、15、16、20、21、22、24 和 26。图 2-23 为利用 ICP 体硅加工工艺制备的微型直齿圆柱齿轮阵列硅模具的 SEM 图片。利用微型模具判断 $Zr_{65}Cu_{17.5}Ni_{10}Al_{7.5}$ 大块非晶合金在相同热压成形参数条件下对不同尺寸和结构的充型能力。

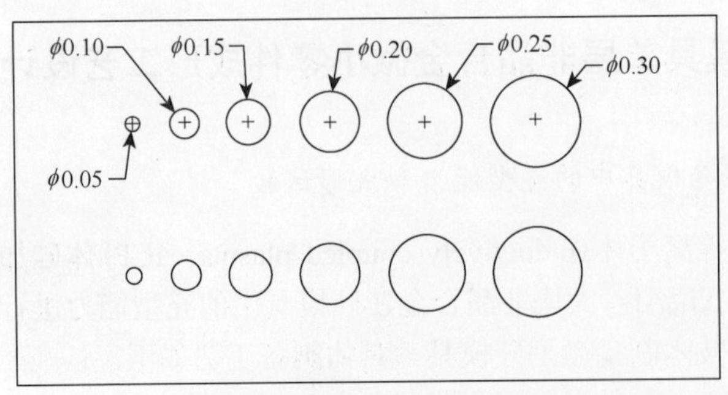

(a) 不同直径尺寸的微型孔阵列(单位：mm)

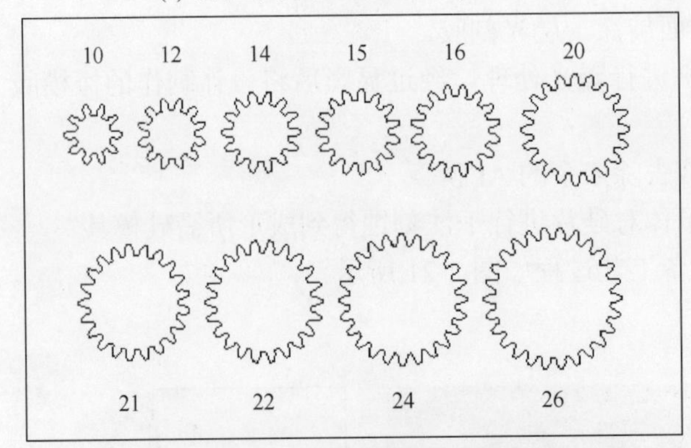

(b) 模数为0.03 mm、不同齿数的微型直齿圆柱齿轮阵列

图 2-22　模具设计的 AutoCAD 图形

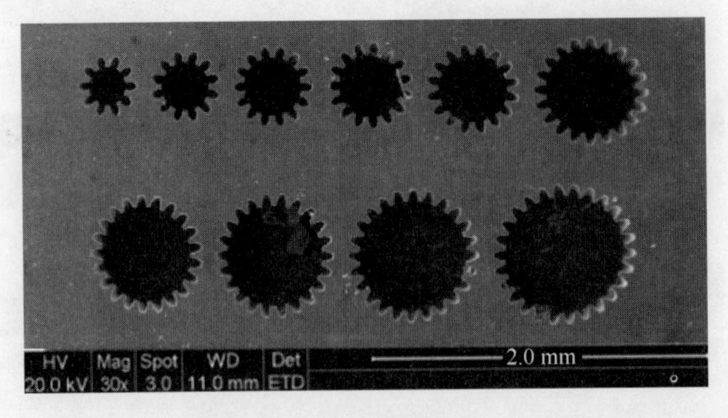

图 2-23　微型直齿圆柱齿轮阵列硅模具的 SEM 图片

根据压缩试验，结合 $Zr_{65}Cu_{17.5}Ni_{10}Al_{7.5}$ 大块非晶合金 TTT 曲线分析，首先确定直径为3 mm、高径比为1∶5的坯料利用微型硅模具热压成形的工艺参数：成形温度为683 K，成形应变速率为 $1.0\times10^{-3}\ s^{-1}$，最终成形施加载荷为 3 000N。图 2-24 为 $Zr_{65}Cu_{17.5}Ni_{10}Al_{7.5}$ 大块非晶合金利用硅模具热压成形的微柱阵列和微齿轮阵列的 SEM 图。图中可以发现，

在相同成形参数条件下，微型孔的直径越小，填充能力越差，在施加载荷为 3 000 N 时直径为 0.25 mm 和 0.30 mm 的微型孔可以完全充满，而直径为 0.05 mm 的孔仅仅填充了一半，而从图 2-24(b) 中可以发现，非晶合金在填充微齿轮模具时同样表现出对于不同尺寸的齿轮模具其填充能力不尽相同，对于齿数较大的微齿轮模具可以很好地填充，然而齿数为 10 的硅模具型腔就没有填充完整(此时微齿轮的外径大于 0.3 mm)。可以得出，非晶合金的填充能力同时受模具型腔的影响很大，这与金属材料的成形能力非常相近。

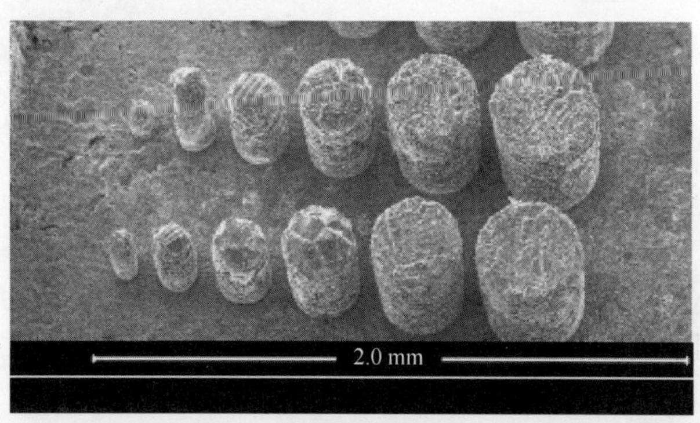

(a) 微柱阵列SEM图

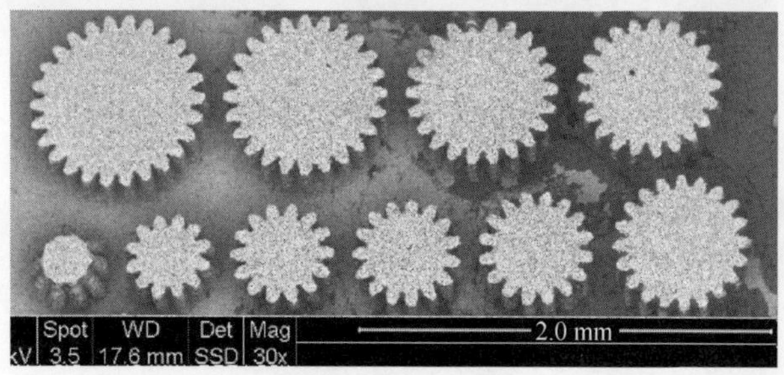

(b) 微齿轮阵列SEM图

图 2-24　利用硅模具热压成形的 $Zr_{65}Cu_{17.5}Ni_{10}Al_{7.5}$ 微型结构

2. 微型直齿圆柱齿轮成形工艺方案设计

针对齿数 $z = 20$、模数 $m = 0.1$ mm 的典型微型直齿圆柱齿轮成形工艺过程进行研究，微型直齿圆柱齿轮的零件图如图 2-25 所示，齿轮外径为 2.2 mm，在齿轮的中心部位有 8 个齿的花键，其中每个键槽的宽度为 0.1 mm。因此用一般的模具加工工艺很难保证加工精度。

图 2-26 为利用 ICP 体硅加工工艺制备的微型直齿圆柱齿轮硅模具。为研究非晶合金在过冷液态区的超塑性成形性能，结合硅模具进行热压成形试验研究，具体试验方案如下。

(1) 非晶合金在硅模具中的超塑性热压工艺研究过程。依据压缩试验的分析结果，首先将万能材料试验机的加热箱加热至成形温度并保温 2 min 使坯料内部温度均匀，将非晶合金和硅模具(非晶合金粘在硅模具的上表面)一同放入加热箱，以一定应变速率进行压缩，观察施加载荷与成形时间的曲线变化，待施加载荷达到一定数值后停止压缩，立即将硅模具和坯料从加热箱中取出空冷至室温。

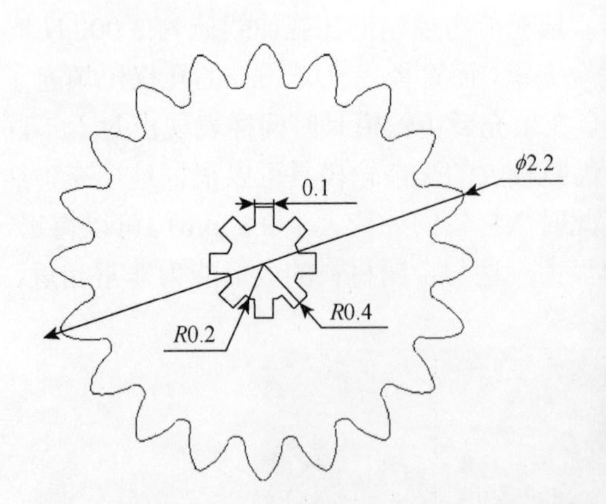

图 2-25　微型直齿圆柱齿轮零件图(单位：mm)

图 2-26　微型直齿圆柱齿轮硅模具图片

(2) 采用 UNIPOL-1202 型减薄抛光机去除非晶合金飞边。经过热压成形，非晶合金镶嵌在硅模具中，同时多余坯料在硅模具的上表面形成非晶合金的飞边。

(3) 采用 KOH 溶液腐蚀去除硅模具。

(4) 采用 XRD 对成形微小零件样品的内部组织结构进行分析。

热压成形工艺过程如图 2-27 所示。

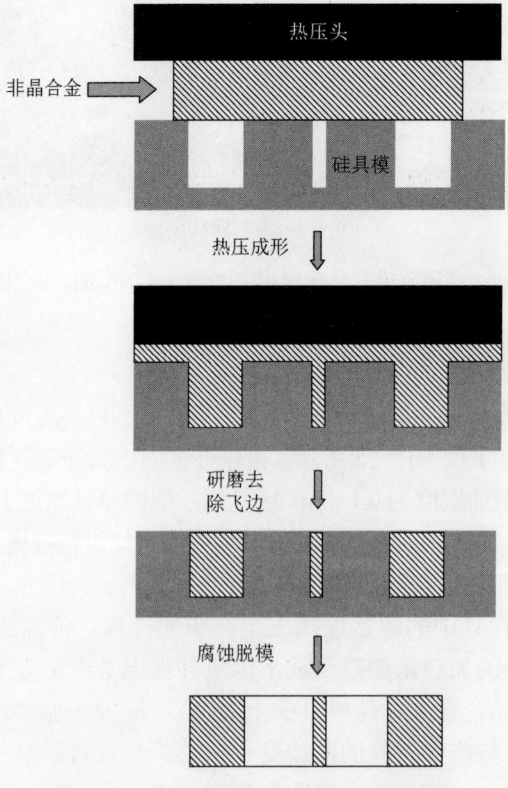

图 2-27　非晶合金热压成形工艺过程图

3. 非晶合金微齿轮在硅模具中的热压成形过程有限元模拟

有限元模拟在材料成形加工中起到非常重要的作用，利用有限元模拟能够在节省成本和时间的前提下对加工成形的工艺参数进行优化分析，例如，坯料形状尺寸、模具结构设计、成形所需载荷、成形温度以及成形时间等各项参数都能通过有限元模拟软件进行相应的数值模拟。利用技术非常成熟的商业通用有限元模拟软件 DEFORM-3D 对制备典型非晶合金微型直齿圆柱齿轮的热压成形工艺过程进行数值分析，对不同压头下压速率(即不同应变速率)时的成形时间及成形施加载荷进行数值模拟分析，为下一步的试验研究提供理论依据，进而节省试验时间和费用。

图 2-28 为微齿轮热压成形模型图，其中硅模具的具体参数为齿数为 20、模数为 0.1 mm、模具深度为 300 μm；非晶合金坯料直径为 3 mm、高度为 0.6 mm。在模拟时，非晶合金坯料放置在硅模具的上表面，压头放置于坯料的上表面，将压头和硅模具设置为刚性体，而非晶合金坯料设置为塑性体；热压过程中，硅模具位置始终保持固定不变，压头以设定的速率沿坯料的轴向向下移动，将坯料压入硅模具中。模拟时坯料和热压工具的几何模型采用三维设计软件 Pro/Engineer 设计，并将其转化成 STL 格式，最终将三维模型输入 DEFORM-3D 软件中，进行数值模拟。

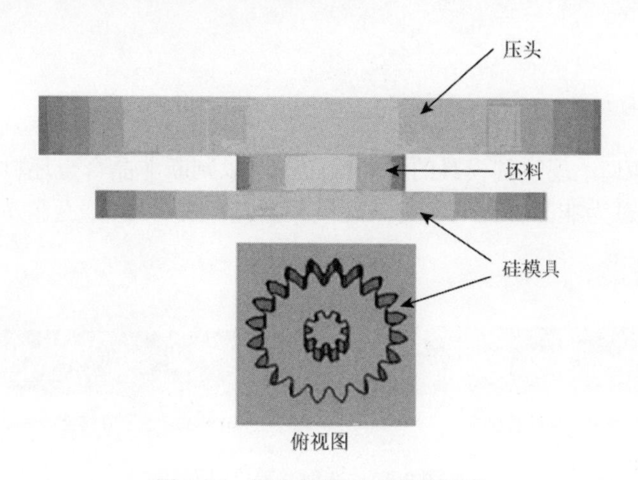

图 2-28　微齿轮热压成形模型图

$Zr_{65}Cu_{17.5}Ni_{10}Al_{7.5}$ 大块非晶合金在硅模具中的微成形能力试验研究表明，如图 2-25 所示形状尺寸的微齿轮在硅模具中成形完全没有问题，因此有限元模拟所选取的温度为 683 K。首先将温度为 683 K、不同应变速率下的 $Zr_{65}Cu_{17.5}Ni_{10}Al_{7.5}$ 大块非晶合金压缩真实应力-应变曲线输入 DEFORM-3D 有限元软件的材料库中，图 2-29 为温度在 683 K，应变速率分别为 5.0×10^{-4} s^{-1}、1.0×10^{-3} s^{-1}、3.0×10^{-3} s^{-1}、5.0×10^{-3} s^{-1}、7.0×10^{-3} s^{-1} 和 1.0×10^{-2} s^{-1} 时的真实应力-应变曲线。对非晶合金热压成形微型直齿圆柱齿轮在不同压头下压速率进行数值分析。模拟初始阶段，对非晶合金坯料进行网格划分，自动网格重新划分功能适应超塑性成形产生大变形量的情况。在超塑性成形时，由于非晶合金比

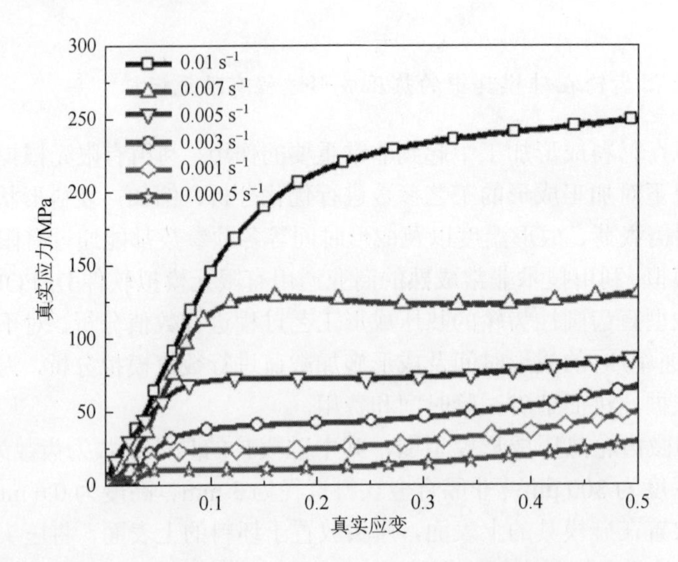

图 2-29 $Zr_{65}Cu_{17.5}Ni_{10}Al_{7.5}$ 大块非晶合金在温度 683 K，应变速率在 $5.0\times10^{-4}\ s^{-1}$、$1.0\times10^{-3}\ s^{-1}$、$3.0\times10^{-3}\ s^{-1}$、$5.0\times10^{-3}\ s^{-1}$、$7.0\times10^{-3}\ s^{-1}$ 和 $1.0\times10^{-2}\ s^{-1}$ 的压缩真实应力-应变曲线

传统金属材料的表面摩擦阻力大，在模拟时选取坯料和硅模具以及坯料和压头之间的表面摩擦系数为 0.4[12]。

4. 模拟结果与讨论

模拟最终结束时，观察硅模具的轴向截面图可以判断非晶合金坯料是否将硅模具完全填充。图 2-30(a)为非晶合金未填充满硅模具型腔，图 2-30(b)为非晶合金刚好完全填充硅模具型腔。

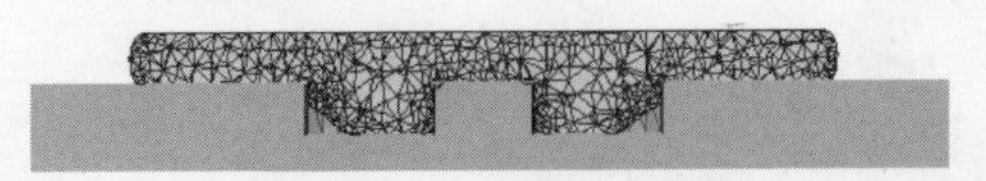

(a) 非晶合金未填充满硅模具型腔

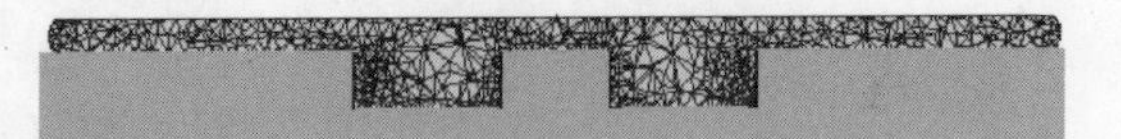

(b) 非晶合金刚好完全填充硅模具型腔

图 2-30 充型过程模拟

图 2-31 为压头下压速率分别为 3.0×10^{-3} mm/s、1.8×10^{-3} mm/s、6.0×10^{-4} mm/s 和 3.0×10^{-4} mm/s，温度为 683 K 条件下有限元模拟的热压成形时施加载荷与成形时间曲线。从图中可以得出，热压成形时压头分别以 3.0×10^{-3} mm/s、1.8×10^{-3} mm/s、6.0×10^{-4} mm/s 和 3.0×10^{-4} mm/s 速率下压移动，非晶合金坯料刚好完全填充满硅模具型腔时的预测载荷分别为 25 000 N、13 000 N、1 460 N 和 1 000 N，而相应的成形时间分别为 130 s、250 s、700 s 和 1 200 s。依据成形载荷较小时不会导致硅模具破碎，同时成形时间较短时不会导致非晶合金内部产生晶化的原则，在温度为 683 K 条件下，压头下压速率为 6.0×10^{-4} mm/s(即应变速率为 $1.0\times10^{-3}\ s^{-1}$)为非晶合金热压成形微齿轮的最佳成形

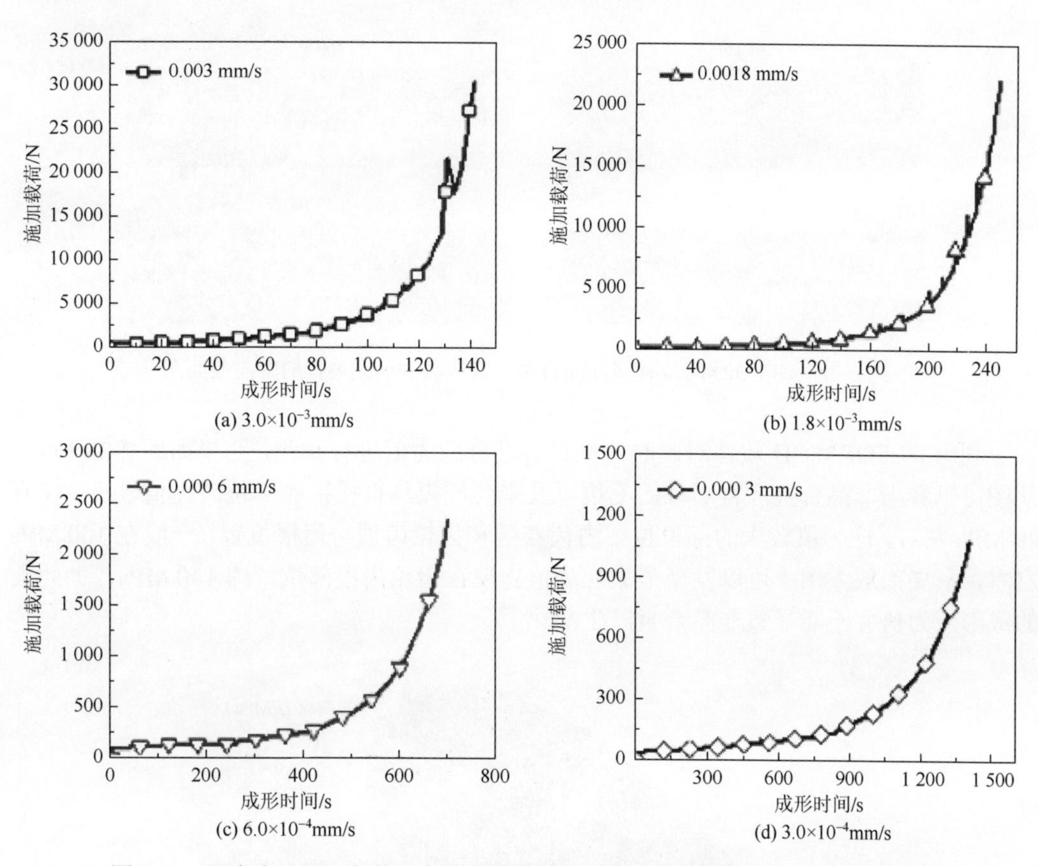

图 2-31　温度为 683 K 条件下有限元模拟的热压成形时施加载荷与成形时间曲线

参数。图 2-32 为在该条件下利用 DEFORM-3D 模拟非晶合金在硅模具中填充过程的轴向截面图。模拟进行到 690 步时非晶合金刚好填充硅模具型腔，此时的预测载荷为 1 460 N。

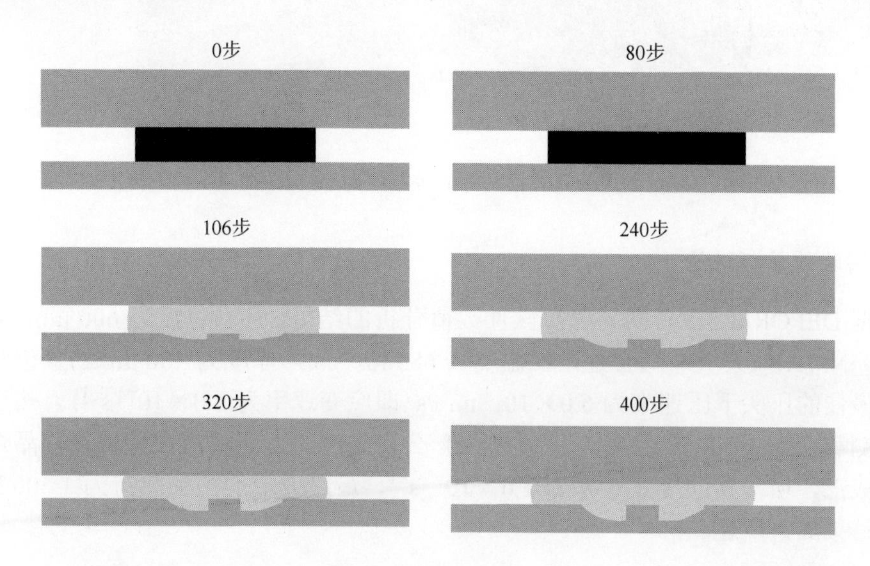

图 2-32　DEFORM-3D 模拟非晶合金在硅模具中填充过程的轴向截面图

利用 DEFORM-3D 软件对此时的坯料各部分应力值进行预测，结果如图 2-33 所示，从图可以看出非晶合金坯料形成的毛边以及未与硅模具直接接触部位应力值较小，仅有 29 MPa 左右，应力值较大的部位位于内齿花键和齿轮齿顶与齿根位置，一般在 100 MPa 左右，从局部放大图中可以发现最大应力值出现在齿轮齿根部位，约 140 MPa，如此大的成形应力值并不能导致非晶合金产生晶化[13]。

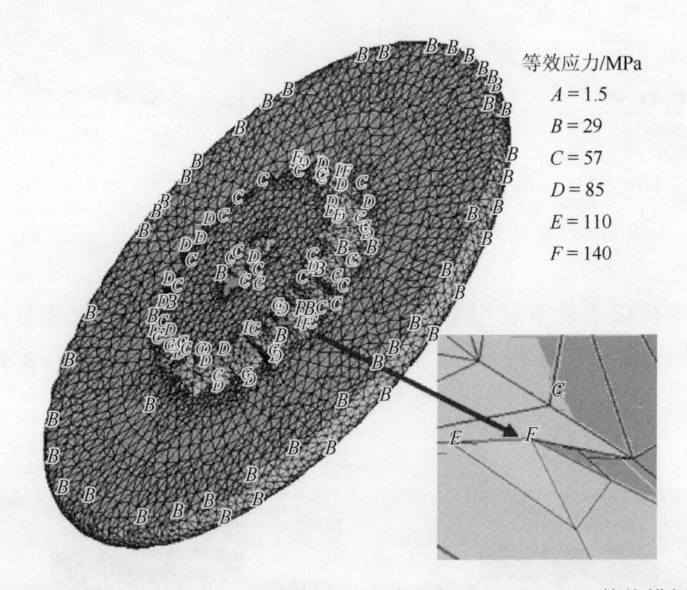

图 2-33　微齿轮完全填充硅模具时的等效应力 DEFORM-3D 数值模拟图

5. 实验结果与讨论

根据 DEFORM-3D 有限元模拟软件数值分析的结果，坯料厚度为 600 μm，成分为 $Zr_{65}Cu_{17.5}Ni_{10}Al_{7.5}$ 大块非晶合金，在温度为 683 K 下成形厚度为 300 μm 的直齿圆柱齿轮时，最佳的压头下压速率为 6.0×10^{-4} mm/s（即应变速率为 1.0×10^{-3} s^{-1}），热压成形时的预测载荷为 1 500 N 左右。利用 Zwick 公司生产的万能材料试验机对非晶合金进行热压成形，所设置的应变速率为 1.0×10^{-3} s^{-1}，最终成形的施加载荷为 1 500 N。具体试验结果如下所述。

图 2-34 为在温度为 683 K、压头下压速率为 6.0×10^{-4} mm/s 时热压成形微齿轮试验的施加载荷与成形时间关系图，同时为了便于与数值模拟结果比较，将模拟的成形预测载荷与成形时间关系图放在一起。从图中可以发现，整个填充过程可以分为四个阶段：在非晶合金坯料与硅模具的上表面接触时，载荷开始增加并且非晶合金开始发生变形为阶段Ⅰ，在施加载荷升到一定值后非晶合金开始出现屈服；在阶段Ⅱ，随着时间的增加，施加载荷没有明显升高，呈现水平趋势发展，根据非晶合金变形的自由体积理论[14, 15]，此时非晶合金正在发生超塑性变形，在非晶合金成形齿顶、齿根以及芯部八齿花键根部的难填充部位时，施加载荷迅速增加，此时成形过程进入阶段Ⅲ，直至非晶合金完全填充硅模具型腔；当非晶合金完全填充硅模具型腔后，留在硅模具外面的多余坯料在冲头压力载荷的作用下继续发生变形，此时的变形几乎完全类似于压缩墩粗变形状态即阶段Ⅳ(在数值模拟的曲线中非常明显，试验时最终的载荷为 1 500 N，因此几乎没有发生)。比较试验与有限元数值模拟的施加载荷和成形时间的曲线结果可以发现，两条曲线的变化趋势几乎一致。由此可以初步得出，通过将试验压缩曲线代入软件库中形成非晶合金材料的原始数据，利用 DEFORM-3D 有限元模拟软件对具体零件热压成形过程进行模拟是可行的。

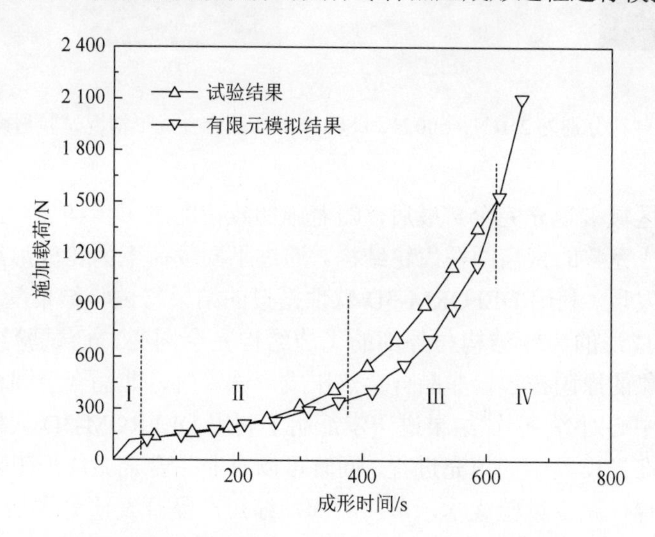

图 2-34　热压成形微齿轮试验与模拟的施加载荷与成形时间关系图

为了进一步研究非晶合金在硅模具中的填充过程，同时进一步分析数值分析对实际试验结果模拟的真实可信性，采用试验方法对模拟结果做进一步的研究对比分析。具体按照相同的试验条件对非晶合金进行热压成形试验，分别取施加载荷为 250 N、500 N 和 800N 时停止对非晶合金坯料进一步热压，将硅模具去除后分别与相同载荷作用下数值模拟的成形结果进行对比分析，对比结果如图 2-35 所示。图 2-35(a1)～(f1)均为试验结果的 SEM 图片，而图 2-35(a2)～(f2)均为数值模拟结果的截图；图 2-35(a)～(c)分别为成形微齿轮结构试验与模拟结果的侧视图，图 2-35(d)～(f)分别为成形微齿轮结构试验与模拟结果的俯视图。在热压成形时芯部坯料区域首先接触硅模具的底部(图 2-35(a)和(d))，从图 2-35(c)和(f)可以发现，施加载荷为 800 N 左右时芯部的八齿

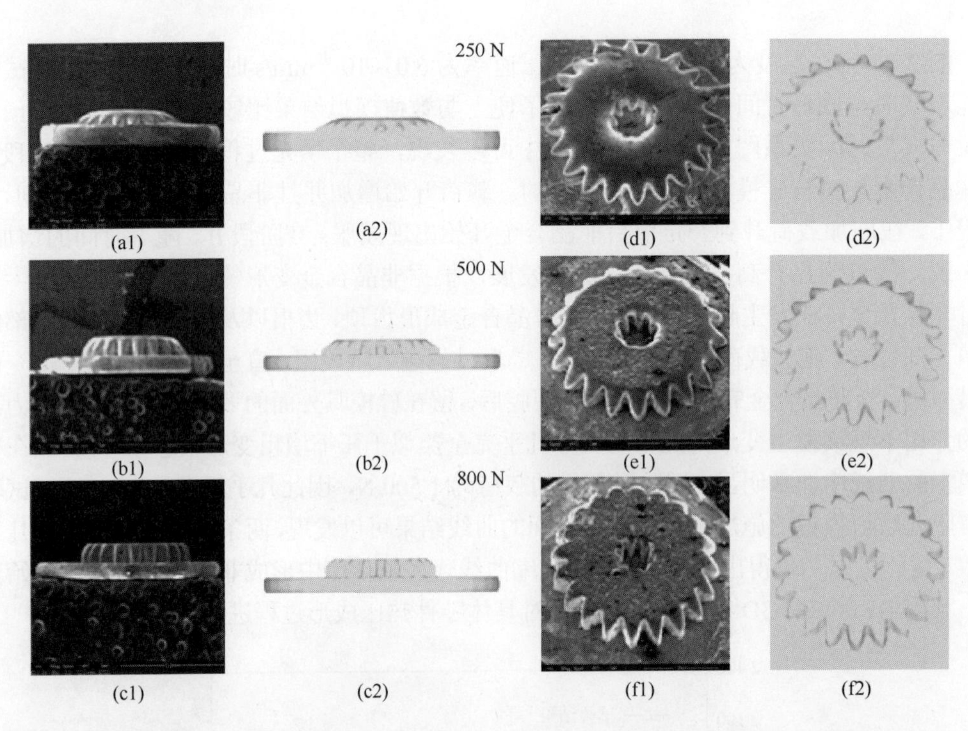

图 2-35　施加载荷分别为 250 N、500 N 和 800 N 时非晶合金成形情况试验与模拟结果比较

花键结构硅模具区域被填充完全。最后，随着施加载荷的进一步增加，齿顶硅模具区域被填充完全，形成完整的直齿圆柱齿轮结构。通过不同载荷下齿轮成形结构的试验与数值模拟结果可以发现，利用 DEFORM-3D 软件模拟的结果与试验结果基本吻合，不同点在于模拟结果中成形的齿轮结构与外部的飞边结构完全同心，而试验结果几乎都不同心。造成这种现象的原因在于，非晶合金热压成形试验时，非晶合金圆柱形坯料圆心没有与微型硅模具中心对齐。上述结果进一步证明了利用 DEFROM-3D 软件能够比较真实地再现非晶合金在硅模具中的填充过程，同时可以对非晶合金微成形工艺中的各项工艺参数进行优化选择，减少试验成本，节约时间，缩短产品开发研究周期。

非晶合金利用硅模具热压成形时在硅模具外部形成多余飞边，图 2-36 为将硅模具去除后保留飞边的微小零件 SEM 图片，经过测量，多余飞边的厚度为 200 μm 左右。为了去除热压成形过程中产生的飞边，保证微成形零件的尺寸精度，采用 UNIPOL-1202 型减薄抛光机去除飞边，转速为 15 r/min，所用研磨抛光颗粒为 1.4 μm 的条件下减薄速度为 10 μm/min，该方法可使微成形零件的厚度方向控制精度达到 1 μm。图 2-37 为经减薄抛光后的非晶合金填充在硅模具中的轴向截面图，可以发现，硅模具没有明显的破碎痕迹，且非晶合金能够很好地填充硅模具的型腔结构，表现出极强的复制能力。

非晶合金具有很好的耐腐蚀性[5]，而单晶硅能迅速被强碱溶液腐蚀，因此利用 KOH 溶液将硅模具腐蚀去除是有效的脱模方法。本试验所用的 KOH 溶液的质量分数为 40%，腐蚀所需温度为 80 ℃，所需时间约 10 min。最终获得如图 2-38 所示的非晶合金微型直齿圆柱齿轮。从图中可以看出，成形齿轮的外轮廓清晰，尤其是芯部的 8 个齿的花键槽

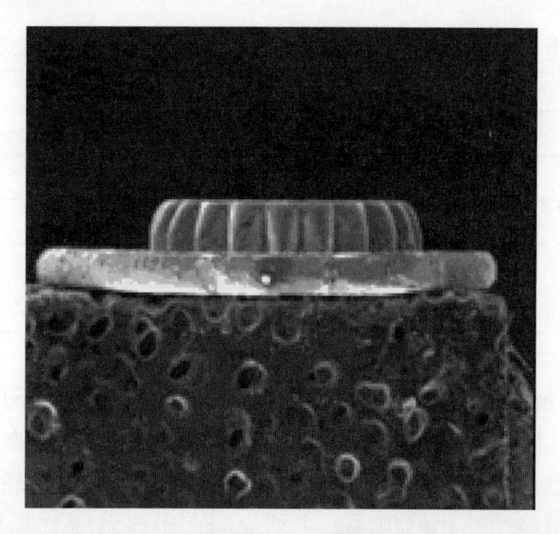

图 2-36　非晶合金热压成形后形成的多余飞边示意图

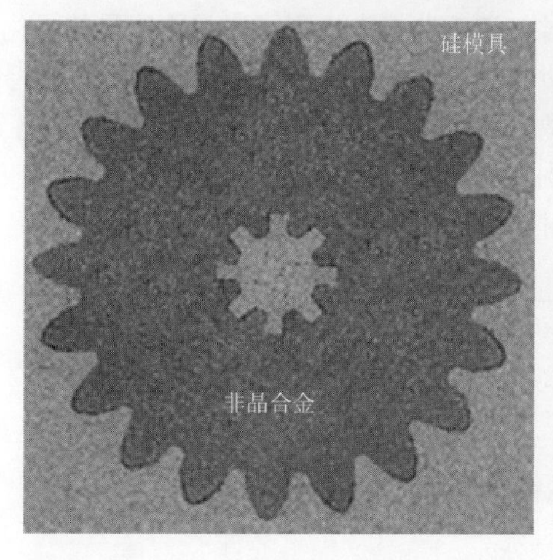

图 2-37　去除飞边非晶合金填充硅模具图

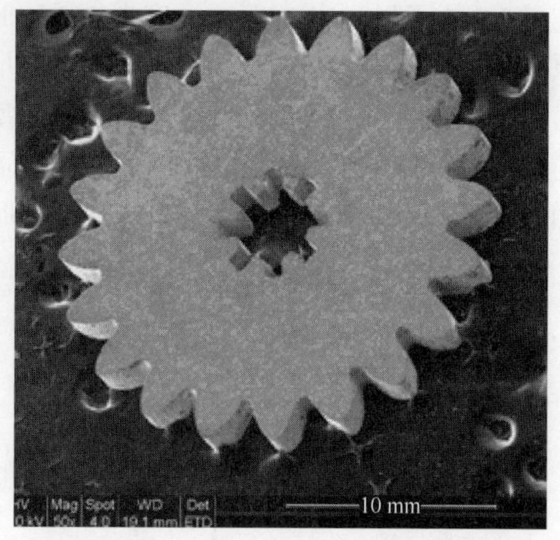

图 2-38　最终获得非晶合金微型直齿圆柱齿轮 SEM 图

结构，由此可知非晶合金在其过冷液态区具有极强的复制能力，能够成形与微型硅模具型腔几乎完全一致的结构，同时由于硅的热膨胀系数很低，体硅加工工艺成熟，制备的微小零件尺寸精度很高。

根据美国耶鲁大学 Schroers 等的研究报告[11]，在非晶合金热压成形工艺过程中，保证非晶合金内部不产生晶化的前提下，其成形工艺参数中的成形温度应尽量高。因此，依据前期工作中对 $Zr_{65}Cu_{17.5}Ni_{10}Al_{7.5}$ 大块非晶合金热性能试验分析得出的 TTT 曲线，即在不同温度等温保温时的晶化孕育期的时间曲线，以及前期工作中对 $Zr_{65}Cu_{17.5}Ni_{10}Al_{7.5}$ 大块非晶合金在不同温度和应变速率下的压缩试验结果，对 $Zr_{65}Cu_{17.5}Ni_{10}Al_{7.5}$ 大块非晶合金在过冷液态区选取不同温度进行热压成形试验研究，具体热压成形试验的工艺参数如表 2-1 所示。

表 2-1 非晶合金微型直齿圆柱齿轮热压成形工艺参数表

成形温度/K	成形应变速率/s^{-1}	成形坯料尺寸/mm	成形施加载荷/N
683	0.001	ϕ 3×0.6	1 500
693	0.001	ϕ 3×0.6	1 500
703	0.005	ϕ 3×0.6	1 500
713	0.005	ϕ 3×0.6	1 500
723	0.01	ϕ 3×0.6	1 500

热压成形结束后将多余飞边去除并将硅模具腐蚀最终得到不同温度成形非晶合金微型直齿圆柱齿轮，利用 XRD 对内部组织结构进行分析，获得的 XRD 曲线如图 2-39 所示。图中可以发现，温度为 683 K 和 693 K 时微型直齿圆柱齿轮的 XRD 曲线呈现明显的非晶胞，没有明显的晶化峰出现。主要原因在于该温度对非晶合金热压加工时所需的成形时间远远小于其相应温度时的保温晶化时间(具体成形时间和保温晶化时间将在表 2-2 中予以列出)。而在温度为 703 K 时，XRD 曲线中出现了少量不明显的晶化峰，其原因在于在该温度对非晶合金热压加工时所需的成形时间与保温晶化时间比较接近。然而温度在 713 K 和 723 K 成形的非晶合金微型直齿圆柱齿轮，其 XRD 曲线中却出现了明显的晶化峰，表明其内部组织结构产生了明显晶化现象，其原因在于该温度对非晶合金热压加工时所需的成形时间远远大于保温晶化时间，从而导致非晶合金内部组织产生晶化。

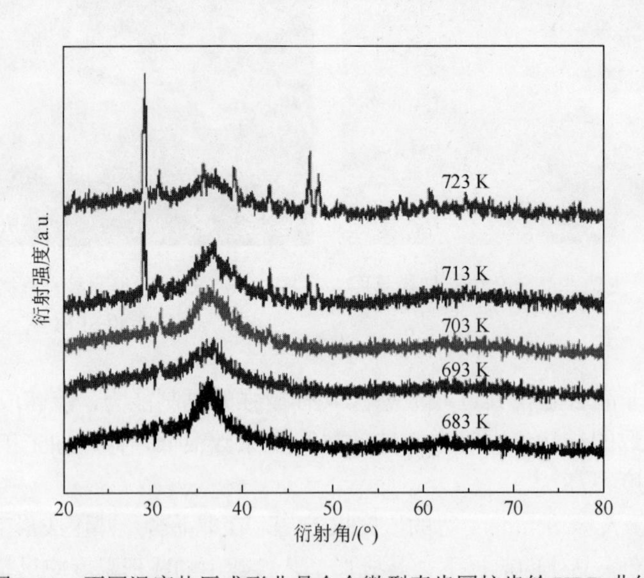

图 2-39 不同温度热压成形非晶合金微型直齿圆柱齿轮 XRD 曲线

表 2-2 列出了在不同温度热压成形非晶合金微型直齿圆柱齿轮的工艺参数和 XRD 分析结果。其中 T_{cryst} 为 $Zr_{65}Cu_{17.5}Ni_{10}Al_{7.5}$ 大块非晶合金保温晶化时间，$T_{forming}$ 为 $Zr_{65}Cu_{17.5}Ni_{10}Al_{7.5}$ 大块非晶合金利用硅模具热压成形微型直齿圆柱齿轮时间(包括热压成形之前将非晶合金坯料放入万能材料试验机加热箱的保温时间 120 s)。

表 2-2　不同温度热压成形非晶合金微型直齿圆柱齿轮的工艺参数和 XRD 分析结果表

成形温度/K	T_{cryst}/s	成形应变速率/s^{-1}	$T_{forming}$/s	晶化情况
683	2 776	0.001	880	没有
693	1 788	0.001	895	没有
703	475	0.005	233	不明显
713	214	0.005	263	明显
723	100	0.01	192	明显

由以上的试验与有限元数值模拟分析可以得出，$Zr_{65}Cu_{17.5}Ni_{10}Al_{7.5}$ 大块非晶合金利用硅模具超塑性热压成形工艺加工模数为 0.01 mm、齿数为 20 的微型直齿圆柱齿轮的最佳成形温度为 683～693 K，在采用坯料尺寸为 ϕ 3 mm×0.6 mm 时其应变速率为 $1.0\times10^{-3}\ s^{-1}$，最终所需的成形载荷为 1 500 N。根据该工艺参数，在成形温度为 683 K 时所加工的 $Zr_{65}Cu_{17.5}Ni_{10}Al_{7.5}$ 大块非晶合金微型直齿圆柱齿轮图 2-40 所示。图 2-41 为利用非晶合金热压成形工艺制备出的其他非晶合金微型结构及汉字图形。

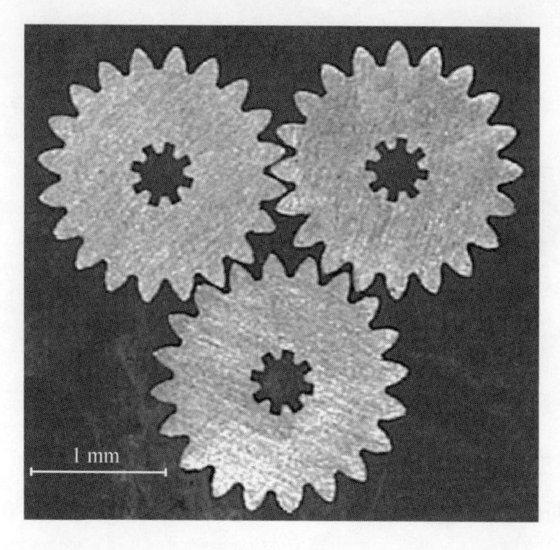

图 2-40　成形温度为 683 K 时所加工的 $Zr_{65}Cu_{17.5}Ni_{10}Al_{7.5}$ 大块非晶合金微型直齿圆柱齿轮

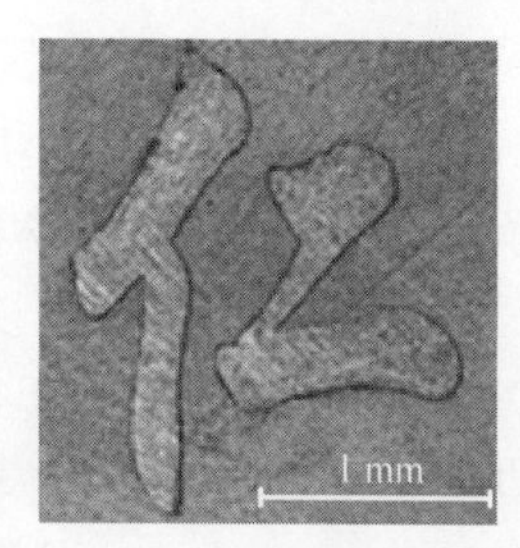

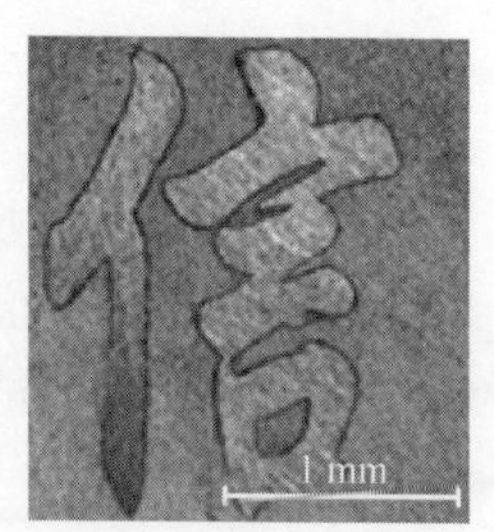

图 2-41　非晶合金热压成形工艺制备的微型结构及汉字图形

2.2.2 一模多件的微小零件成形工艺设计与试验

硅模具一次只成形一个微小零件，生产效率很低，同时，由于每次用热压成形后要将硅模具放入 KOH 溶液中腐蚀掉才能完成脱模工艺步骤，每个硅模具只能使用一次，对于没有模具型腔的硅片部分造成极大浪费，导致每个微小零件的生产成本显著提高。为了进一步提高微小零件的生产率和硅模具的利用率，本节将在原本设计了一个微小零件相同面积的硅片上设计多个微小零件，对其进行优化组合，从而在一次热压成形工艺过程时能够一次成形尽可能多的微小零件。

前期掩模设计方案如图 2-42 所示，在尺寸为 5 mm×5 mm 的硅片正中间设计一个微型直齿圆柱齿轮结构，在其周围存在大量的空间被浪费掉。经过重新设计优化组合后的掩模设计方案如图 2-43 所示。该掩模设计可以利用相同面积的硅模具一次性成形 4 个微型直齿圆柱齿轮。图 2-44 为利用影像仪拍摄的利用该掩模设计制作的硅模具结构。

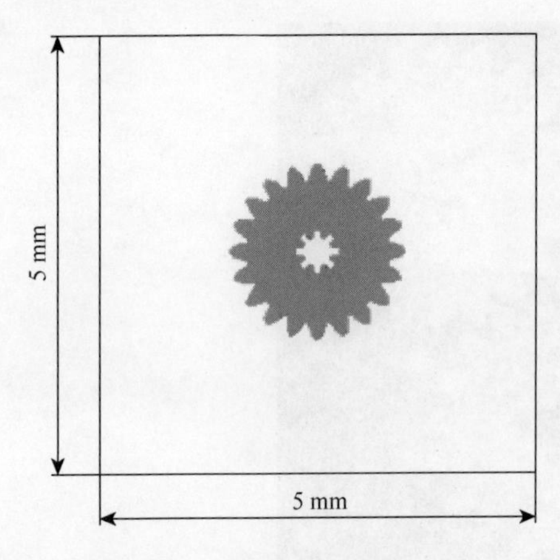

图 2-42 前期掩模设计方案图

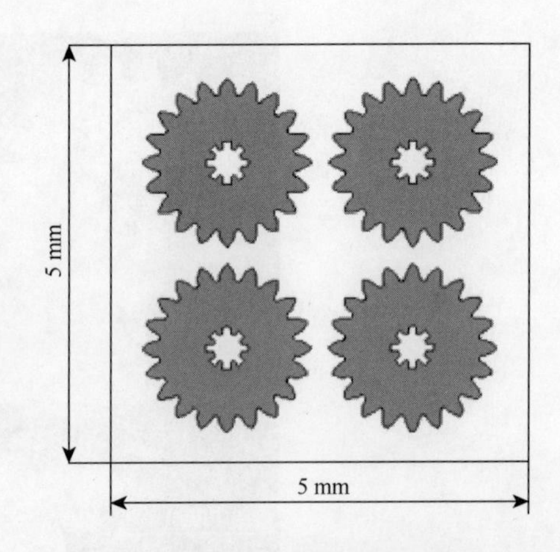

图 2-43 重新设计的掩模设计方案图

在相同面积的硅片上存在 4 个微型直齿圆柱齿轮模具型腔，在进行热压成形时所需要的坯料尺寸相对要大得多才能将所有硅模具型腔填充完全，因此利用这种硅模具对 $Zr_{65}Cu_{17.5}Ni_{10}Al_{7.5}$ 大块非晶合金进行热压成形时，初步选取的非晶合金坯料尺寸为 ϕ3 mm×1.5 mm。热压成形的温度仍然选择为 683 K，应变速率为 1.0×10^{-3} s^{-1}，而相应的成形载荷为 3000 N。在热压成形前的保温时间延长至 3 min 以便于非晶合金坯料能够温度均匀。然而试验结果并不理想，4 个微型直齿圆柱齿轮硅模具芯部的八齿花键结构都发生了断裂，同时在齿顶与硅模具边缘最接近的部位也发生了断裂现象，导致所成形的微型直齿圆柱齿轮芯部的八齿花键结构完全不在中心位置，而且所形成的微型直齿圆柱齿轮外轮廓完全变形。对产生该现象的原因进行如下分析：如图 2-45 所示，

图 2-44　在一个硅模具上存在 4 个微型直齿圆柱齿轮结构图片

非晶合金坯料未能完全覆盖硅模具的所有型腔。在进行热压成形时，非晶合金首先产生塑性变形，部分坯料流入硅模具的型腔中，与硅模具在轴向方向直接接触的那一部分坯料会首先接触硅模具的底部区域，进一步热压变形时，非晶合金坯料会产生横向流动，填充剩余的硅模具型腔，此时非晶合金坯料正好对硅模具中八齿花键结构产生一个横向力，当横向力大于八齿花键的结合力时，八齿花键结构产生断裂，进而被非晶合金坯料冲到直齿圆柱齿轮硅模具的其他位置。图 2-46 为非晶合金填充硅模具型腔过程的示意图。

图 2-45　非晶合金坯料置于硅模具上边面实物图

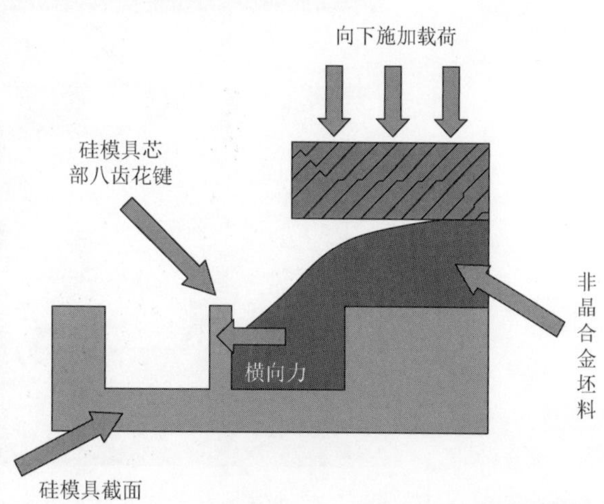

图 2-46　非晶合金填充硅模具型腔过程的示意图

根据上述分析，为了避免这种断裂现象的发生，下一步试验采用 4 mm×4 mm×1 mm 的方形非晶合金坯料，目的在于能将所有的硅模具型腔全部覆盖。齿顶与硅模具边缘最接近的部位也发生了断裂现象，具体分析如图 2-47 所示。由于硅模具齿顶区域与硅模具边缘非常接近，在非晶合金坯料填充硅模具时不可避免地会对侧壁产生一个横向力，当横向力大于硅模具侧壁的承受力时，在侧壁最薄处(即齿顶与硅模具边缘接近区域)发生断裂。为了避免断裂现象的发生，在硅模具的外围设置一个受力夹具，图 2-48 为将硅模具放入夹具中进行热压成形的示意图。利用外部夹具以及采用方形非晶合金坯料，在温度为 683 K、应变速率为 $1.0\times10^{-3}\ s^{-1}$、成形载荷为 3 000 N 条件下，一次性成功热压成形了 4 个微型直齿圆柱齿轮，如图 2-49 所示。

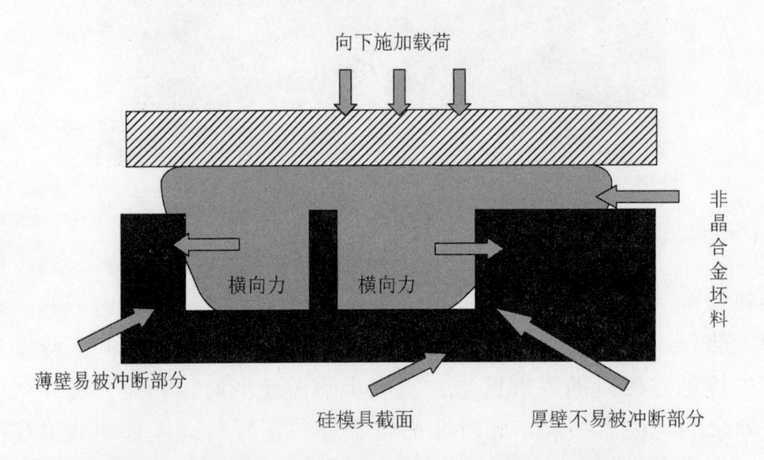

图 2-47　非晶合金填充硅模具型腔过程横向力示意图

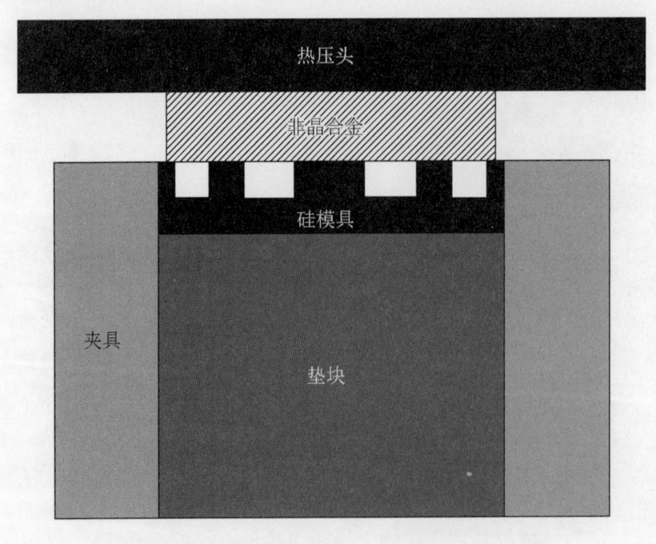

图 2-48　硅模具放入夹具中热压成形示意图

图 2-49　一次性热压成形的微齿轮影像仪图片

2.3　Zr 基非晶合金复杂微小双联齿轮超塑性微成形制备

国内外的研究人员已经能熟练使用硅模具超塑性微成形单层非晶合金三维微小结构，但是也仅停留在使用硅模具制备平面结构更复杂的三维微小零件。当三维微小零件的轴向结构变得更加复杂，尺寸降低到 2 mm 以下时，现有的模具设计和制造方法都将存在较大的困难，亟待改进。2009 年，佛罗里达大学 Bourne 等[16]使用堆叠方法研究了多层硅模具制备复杂微结构的工艺，表明非晶合金的成形能力可以满足在复杂型腔的硅模具中充型的需要，但是他们加工的微结构缺乏精确的定位，无实用价值。本节将进一步改进多层型腔硅模具的设计和制备方法，优化 Zr 基非晶合金精密齿轮超塑性微成形工艺，制备复杂三维微小非晶合金零件，并对零件质量进行分析。

2.3.1　微小双联齿轮硅模具设计

1. 零件建模

王栋等[17, 18]的前期研究结果表明：典型复杂三维微小结构(如联轴齿轮，即存在两头大中间小或中间大两头小结构)利用非晶合金超塑性微成形一次性制备成功存在极大困难。图 2-50 为王栋等针对该类结构设计开展的仿真探索，图 2-50(a)为采用 DEFORM-3D 仿真得到的两头大中间小的非晶合金联轴齿轮保压成形结果，为保护硅模具，在限定的保压压力范围内上层齿轮已经成形，但下层结构则完全没有成形，图 2-50(b)为其超塑性微成形试验结果，与仿真结果吻合较好，显示该类结构成形困难。

图 2-51 为 Pro/Engineer 绘制的典型复杂三维微小结构及其复杂型腔硅模具设计示意图。其中复杂型腔硅模具采用常规方法很难加工制造，需由光刻、刻蚀、减薄、对准、

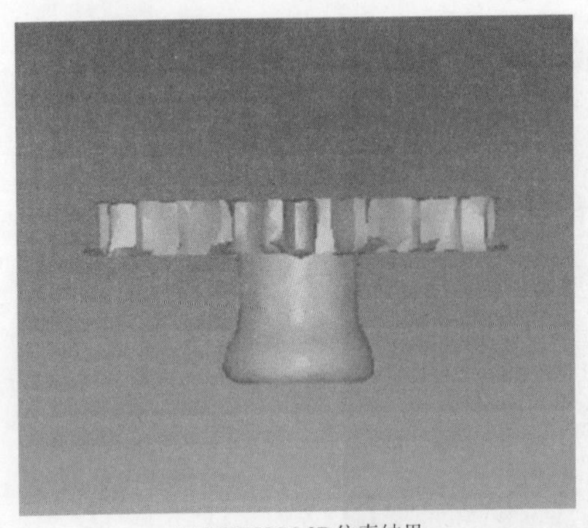

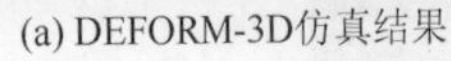

(a) DEFORM-3D仿真结果

(b) 超塑性微成形结果

图 2-50　王栋等[17, 18]对典型复杂三维微小非晶合金结构的成形研究

键合、检测、组合共七道工艺联合制备。然而对于其中的减薄、键合两道工序，硅片粗/精减薄过程的材料去除机制、多层硅硅直接键合及键合对准方法均存在关键性难题：硅片减薄难以精确控制，键合方式难以适应高温环境，对准精度误差难以控制。成形过程中硅模具受力情况复杂，型腔中部突出部位会产生悬臂梁式的受力情况，可承受应力极限大为降低，极容易产生硅模具损坏，致使零件失效。假如更换其他材料制备模具，则极难达到较小尺寸，且脱模困难。

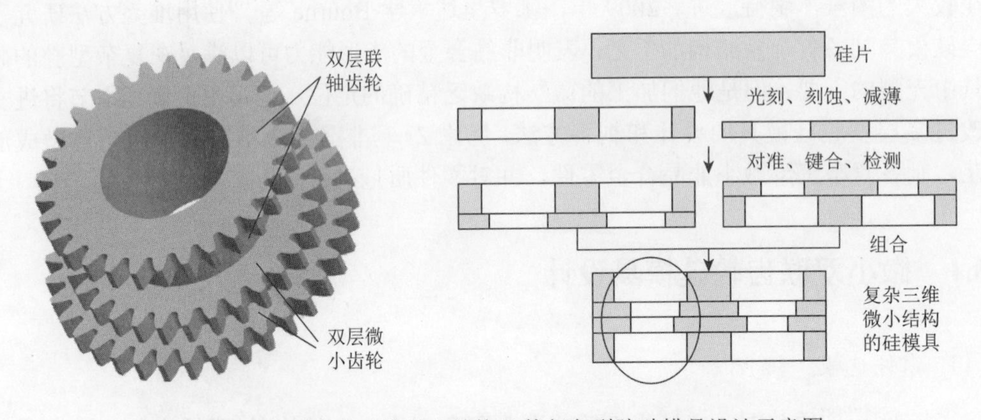

图 2-51　典型复杂三维微小结构及其复杂型腔硅模具设计示意图

与此同时，随着 Chen 等[19]对非晶合金焊接性能的研究进展，利用摩擦焊[20]、激光焊[21]、扩散焊[22]等方法将微小非晶合金零件连接成形状复杂的三维微小结构成为可能。因此，为了充分利用非晶合金的填充能力，首先制备自上而下逐渐变小的多层微小零件(图 2-52)，然后通过键合或连接工艺制备出更为复杂的非晶态三维微小结构是积极可行的。虽然工序复杂，但有利于非晶合金在硅模具中的顺利填充。实际试验中，为了增加零件的实用性，本书中零件设计了轴孔。

图 2-52　自上而下逐渐变小的多层微小零件

2. 充型仿真

图 2-53 为自上而下逐渐变小的多层微小零件的超塑性成形过程仿真模型，为便于调整仿真参数，零件各层对应的模具均由 Pro/Engineer 单独设计，最后在 DEFORM-3D 中组合使用。图 2-53(a)是上层大齿轮模具，齿轮模数为 0.05 mm，齿数为 36，厚度为 150 μm，图 2-53(b)是下层小齿轮模具，齿轮模数为 0.05 mm，齿数为 32，厚度为 150 μm，图 2-53(c)是底层模具，外径为 10 mm，中心圆柱的直径为 0.8 mm，高度为 300 μm，图 2-53(d)是装配后的模具，含外径 10 mm 的压头和直径 3 mm、厚度 0.5 mm 的坯料。仿真中坯料用的是 $Zr_{65}Cu_{17.5}Ni_{10}Al_{7.5}$ 的材料库，其余模具和压头设定为刚体。

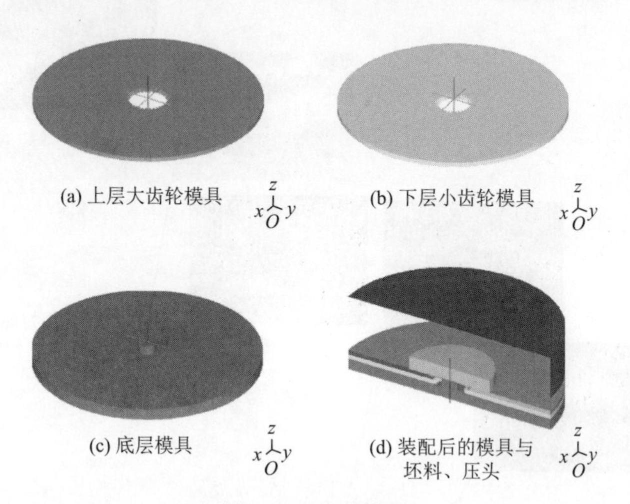

图 2-53　仿真模型

为了仿真中坯料充型能尽可能反映充型过程，并且节约计算资源，加快计算速度，本书对坯料进行局部网格细分。如图 2-54 所示，细分范围是由点 $C_1(x=0, y=0, z=0.1)$、$C_2(x=0, y=0, z=-0.42)$ 和 $R=1$ 确定的圆柱，其完全包含需要充型的区域，并且包含一部分靠近模具的坯料位置，以利于仿真程序的运行。细分后大小栅格比例为 2.5∶1，未细分部分最小栅格尺寸为 0.07 mm，细分部分最小栅格尺寸为 0.02 mm，共划分为 95 972 个单元，能较为精确地反映出非晶合金对模具微小尺寸部位的充型情况，并节省计算资源。

图 2-54　坯料网格划分

仿真中采用的压头加载方式为恒速度模式，设定为 0.003 mm/s，步长为 0.1 s，步数为 1 600 步(当非晶合金完成对硅模具的充型时立刻停止仿真)。图 2-55 为 DEFORM-3D

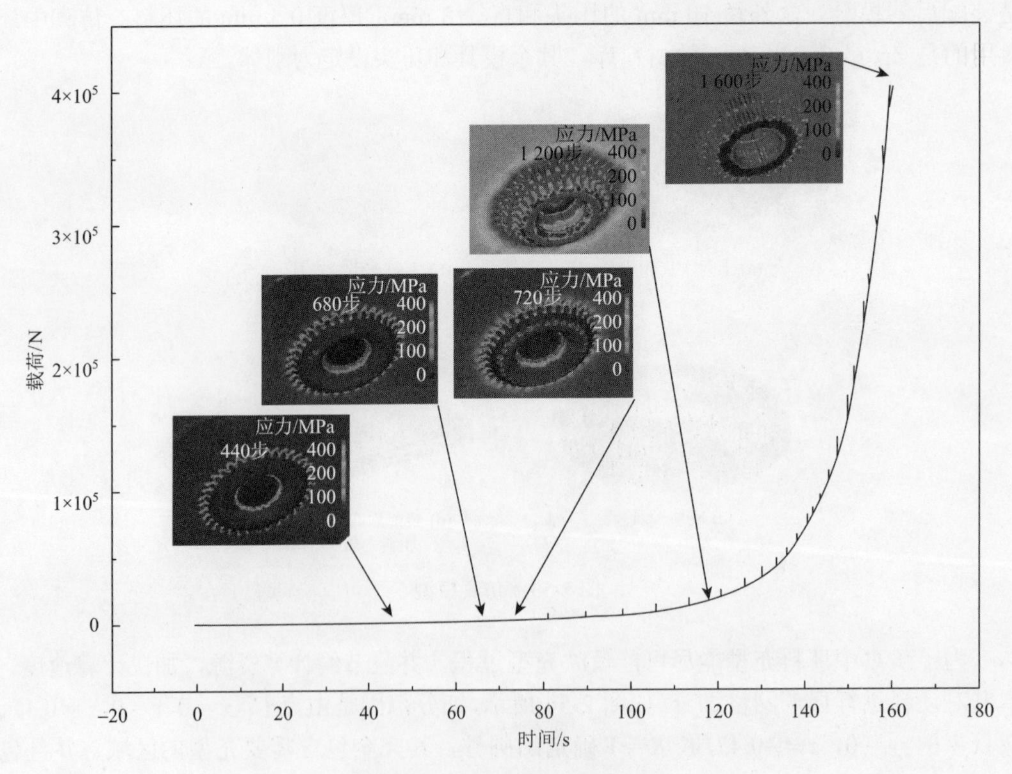

图 2-55　充型过程载荷曲线

仿真运算得到的充型过程载荷曲线，曲线上的小峰为 DEFORM-3D 运算中网格重划分带来的波动误差。随着加载过程的推进，压头将非晶合金压入型腔所需载荷急剧增加。在 440 步时，非晶合金流体初步压入大齿轮模具的过程中，模具承受的应力值首次达到硅模具的可承受应力极限，如图 2-56(a1)和(a2)所示，此时的载荷为 978 N。在 680～720 步，非晶合金流体开始从上层大齿轮型腔逐渐向下层小齿轮型腔充型，型腔中尺寸较大部位的填充速度远大于齿形部位的填充速度，如图 2-56(b1)、(b2)、(c1)和(c2)所示，此时的载荷为 2 140～2 474 N，齿形部位的局部应力已超过硅模具承受能力。在 1 200 步时，

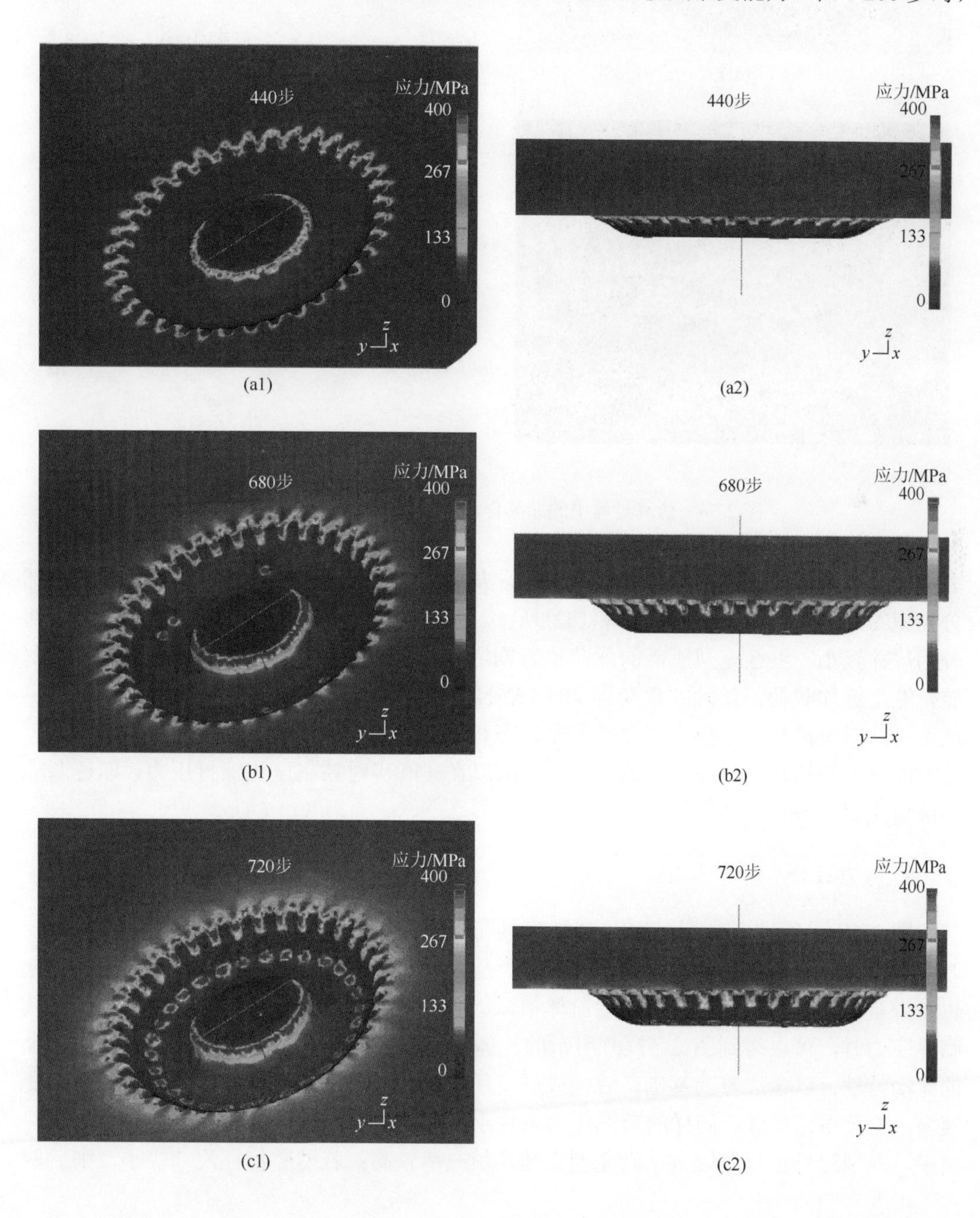

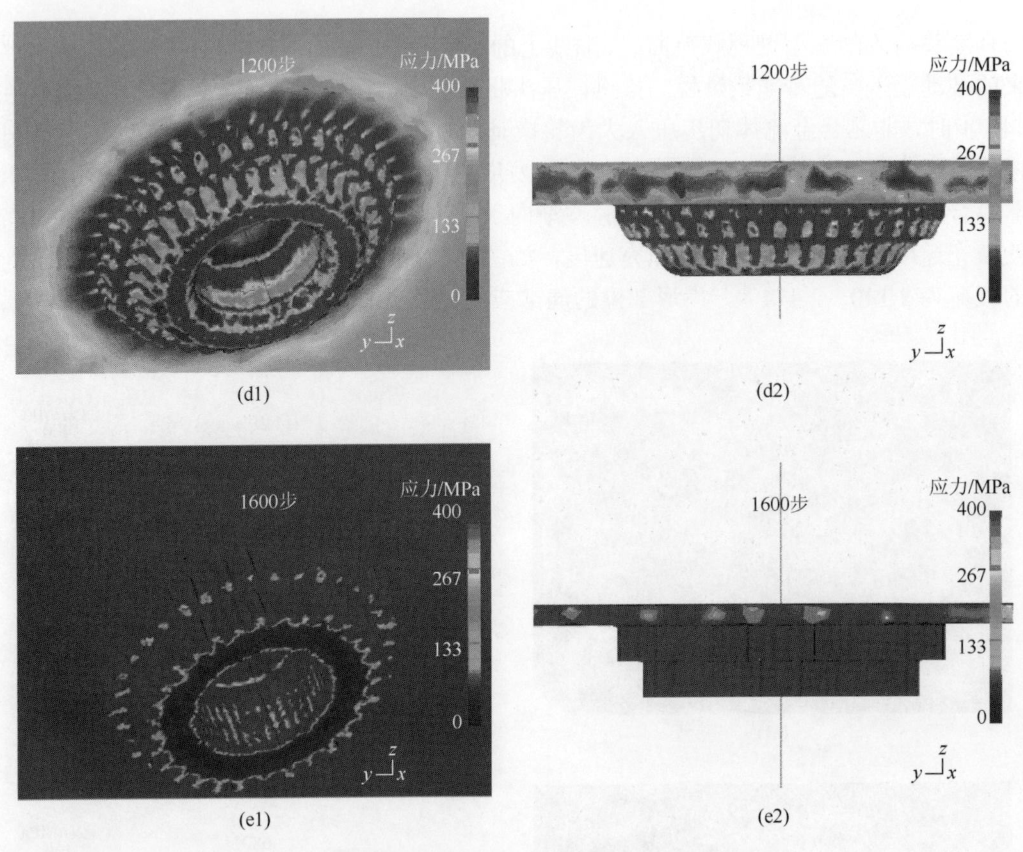

图 2-56　仿真过程中的非晶合金流体应力分布图(见彩图)

非晶合金流体对轴孔型腔的充型几近完成，大齿轮轮齿部分充型达 60%，小齿轮轮齿部分充型约为 20%，如图 2-56(d1)和(d2)所示，此时的载荷为 18 435 N，由于剩余充型部分的尺寸较小，继续充型所需的载荷也急剧增加。在 1 600 步时，非晶合金充满模具型腔，停止施加载荷，此时的载荷为 405 167 N，远超现有模具制造材料的承受极限。由此可见，对于模具尺寸微小部分的充型，在相同的加载速率条件下，需要的载荷极大，现有的设备和模具材料均无法满足。但是可以在 440 步时控制压头保持压力，即逐渐减小应变速率，进行填充。

3. 分层设计

图 2-57(a)为非晶合金坯料和充型模具在 440 步的仿真截图。当流体持续压入型腔时，其应力值逐渐增加，并且流体优先对上层齿轮部分进行填充，上层齿轮的轮齿部分也有少量填充，流头形状与高黏度流体相似。当非晶合金流体的应力第一次接近硅模具临界应力时，可以得到图 2-57(b)所示的流体边界。根据前期的研究结果[23]和非晶合金的流动特性，以该边界为基础，后续成形是保持压力填充型腔的过程，即逐渐减小应变速率，直至填充完成。同样的填充压力条件下，型腔结构直接影响非晶合金流体的充型结果。若型腔特征尺寸较大，则充型迅速，填充率较高；若型腔特征尺寸较小，则后期

充型缓慢，填充率低，非晶合金对特征尺寸较小部位的填充不完全。因此，微小双联齿轮的轴向尺寸和设计参数存在三种调整方式，按照方案①、②和③可以得到三种微小双联齿轮。方案①中大齿轮厚度较小，小齿轮厚度较大、齿顶圆直径较大，因此模具型腔特征尺寸较大，所需保压时间较短，填充率较高，但是由于大齿轮较薄，去除飞边过程中对零件夹持、定位及精确减薄机制要求高，且小齿轮尺寸较大，传动比范围较小；方案②中大齿轮厚度较大，小齿轮厚度较小、齿顶圆直径较小，因此模具型腔特征尺寸较小，大齿轮部分填充迅速且厚度合适，有利于精确去除飞边，小齿轮部分填充缓慢，且由于压力限制，小齿轮轮齿特征尺寸较小部分的填充率较低，零件完整度较差，磨去不完整部分后小齿轮较薄，容易因低填充率导致零件失效，但是该方案的传动比可选范围广，尤其适用于超塑性更强的非晶合金成形；因而，实际研究中的硅模具采用方案③进行分层设计：大齿轮模数为 0.05 mm，齿数为 36，厚度为 150 μm；小齿轮模数为 0.05 mm，齿数为 30，厚度为 150 μm；中心轴孔直径为 0.8 mm。

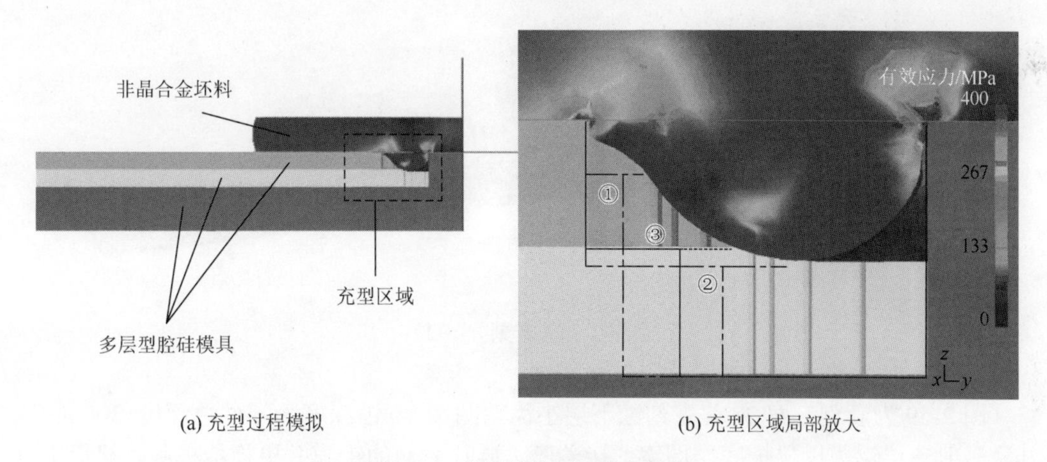

(a) 充型过程模拟　　(b) 充型区域局部放大

图 2-57　分层设计原理(见彩图)

2.3.2　微小双联齿轮硅模具制备

1. 硅模具刻蚀工艺方案分析

依据仿真确定的硅模具设计参数，按照 2.2 节的硅模具制备工艺过程，设计两种多层型腔硅模具制备方案，分别为：第一，使用两套掩模版对同一块硅片分别进行光刻和刻蚀工艺，即使用套刻方法，制备出整体性的多层型腔硅模具；第二，利用多块掩模版分别在不同规格的硅片上制备分层图形，然后进行装配，制备出组合性的多层型腔硅模具。

套刻的硅模具制备流程简图如图 2-58 和图 2-59 所示。图 2-58 为套刻方案 1：先在单层硅片上刻蚀出上层大齿轮型腔，然后更换掩模版，重复光刻及 ICP 刻蚀工艺，在上层齿轮图案基础上继续刻蚀下层小齿轮图案。该方案刻蚀总深度较小，为 300 μm，节省刻蚀时间，第二次刻蚀时由于有溅射铝膜的保护，上层图案受影响较小，但是第二次光刻时光刻胶旋涂后大齿轮已刻蚀部分的光刻胶厚度大，所需曝光时间要求极长，本来不需要曝光的区域也可能会被曝光，那么显影的时候就会把多曝光的这部分也显影掉，易导致下层图案损坏。

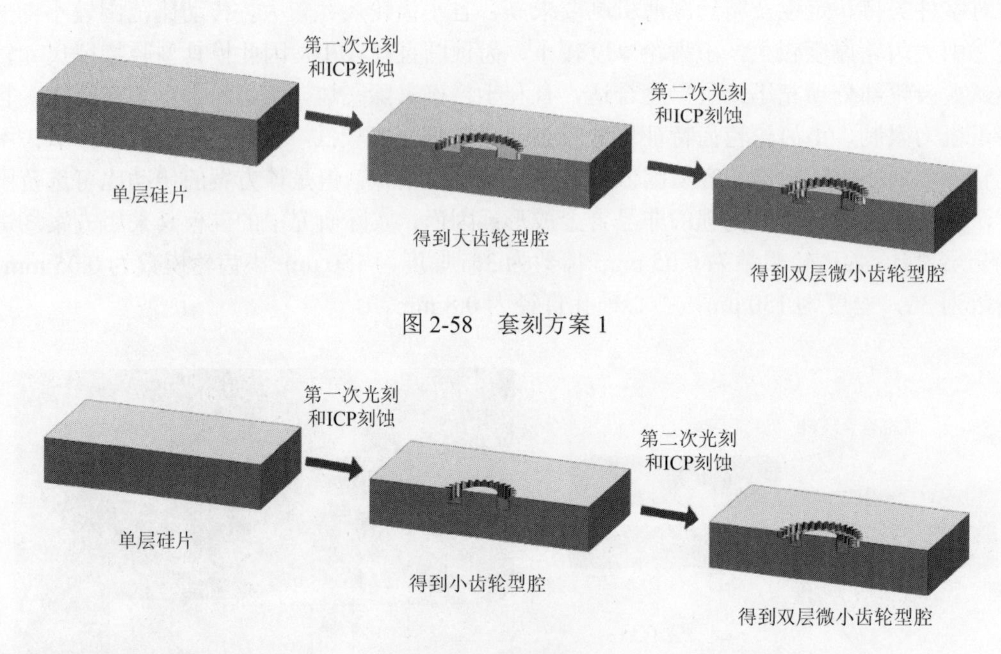

图 2-58　套刻方案 1

图 2-59　套刻方案 2

图 2-59 为套刻方案 2：首先刻蚀下层小齿轮图案，刻蚀深度为零件总深度（300 μm），其次溅射一层铝膜以保护底层图案，接着磨去硅片表面的铝膜并更换掩模版，然后重复光刻及 ICP 刻蚀工艺，在硅片上刻蚀上层齿轮图案。该方案刻蚀深度较深，约为 450 μm，所需刻蚀时间约为套刻方案 1 的 1.5 倍，而且增加溅射和去除铝膜工艺，增加了工艺难度，费时较长，但是套刻方案 2 在光刻胶旋涂时易于操作，各层图案准确率高。

上述两种方案充分利用了光刻和刻蚀工艺的优势，能够在单片硅片上完成多层型腔硅模具制备，保护了硅模具强度。但是其缺点是图案设计有限制，上下层图案图形复杂、图形之间通孔数量多、图形尺寸较小都易在制备过程中受系统误差和操作误差影响导致硅模具失效。套刻用于批量制备时也存在以下三个问题：第一，由于掩模版上有一部分为齿轮结构，该部分需要刻蚀的面积比较小，另一部分的刻蚀面积比较大，而 ICP 在刻蚀大面积的暴露区域时速率比较慢，具体的深度与暴露的面积有关，因此在深刻蚀 4 in（1 in = 2.54 cm）硅片过程中，这两种结构存在明显的刻蚀速率差异，造成刻蚀深度分布不均现象；第二，不同刻蚀宽度的刻蚀速率也是不一样的，刻蚀深槽后期的速率与前期是有差别的，因此刻蚀深度无法精确计算；第三，ICP 刻蚀的侧壁不会很理想，当刻蚀到 150 μm 以上的深度时就会出现明显的竖条纹，这是设备本身原理带来的问题，无法根除，刻蚀深度超过 150 μm 的硅模具侧壁表面质量较差。

图 2-60 为多层型腔硅模具分层制备组合使用的方案。为减少硅片精密减薄工艺，各分层硅片均采购于合肥科晶材料技术有限公司，底层硅片厚度为 1 mm，直径为 4 in，上层硅片厚度按 150 μm 定制，直径为 2 in。由于设计中上层大齿轮厚度和下层小齿轮厚度相同，两种型腔图形可以共用一块掩模版，减少了掩模版制作数量。各分层硅片经光刻和 ICP 刻蚀获得相应的图形结构，然后经硅片分割、清洗获得独立的分层硅模具，最后将三层硅模具对准装配得到具有多层型腔的组合性硅模具。该方法优点是各分层模具制作简单，曝光、刻蚀均不易造成图案误差，无掩模版重复对准产生的操作误差；各分层硅模具型腔深度由分层硅片厚度决定，无 ICP 刻蚀速率不同产生的深度差异；各分层硅模具深度均在 150 μm 左右，刻蚀深度对模具侧表面的表面质量影响较小；功能多样，图形可按设计要求自由调整。缺点是装配要求高，装配时易产生定位误差，夹持的力度过大易导致厚度较小的硅模具脆裂；模具小批量制备时用料多；总刻蚀深度超过 600 μm，所需刻蚀时间长；由于没有键合，硅模具的应力极限相对整体模具有所降低。综合分析可知，多层型腔硅模具分层制备组合使用方案比套刻方法更有利于精密硅模具的批量制备，而其缺点可以考虑通过优化设计进行改善。

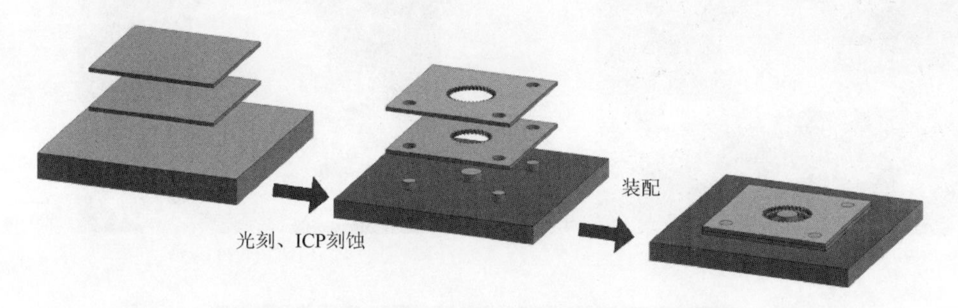

图 2-60　多层型腔硅模具分层制备组合使用方案

2. 掩模版设计与硅模具制备

图 2-61 为多层硅模具掩模版设计图 1。在该设计图中，考虑利用轴孔的加强图形定位精度，考虑装配方便、定位准确、图案对中性以及硅模具的脆性，轴孔间隙必须为间隙配合。参考 GB/T 1800.1—2009 和 GB/T 1800.2—2009 中的基孔制配合 H11/h11，定位

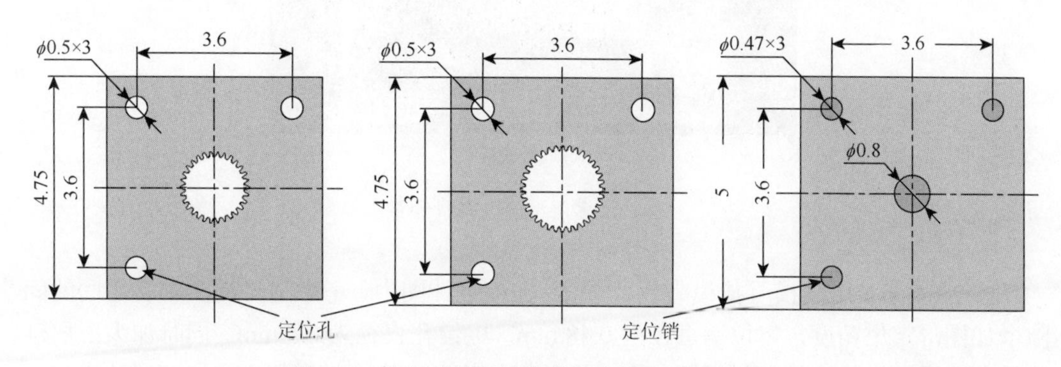

图 2-61　多层硅模具掩模版设计图 1（单位：mm）

销直径为 0.47 mm，定位孔直径为 0.5 mm。同时利用上层硅模具和下层硅模具之间边框的嵌套为上层硅模具提供支撑，提高上层硅模具在受水平力挤压过程中的承受能力，确保部分定位销或定位孔发生破碎时图形定位精度不受大的影响，设计的上层硅模具外框的边长为 4.75 mm，底层硅模具内框的边长为 5 mm。

图 2-62 是在武汉光电国家研究中心通过光刻和 ICP 刻蚀得到的硅模具样品，图片由基恩士超景深三维显微系统 VHX-1000 拍摄。从图中测量得到的尺寸来看，通孔在刻蚀中尺寸有所放大，半径增加量为 6～9 μm，轴的尺寸有所减小，半径减少量为 20～35 μm，考虑到立体图形在光学显微观察中存在的测量误差，减少量为 10～15 μm。因此配合间隙由设计的 0.03 mm 增加至 0.06 mm。图 2-63 中上下层模具的边框配合较为紧密，基本达到设计要求，模具装配也比较方便，装配完成后硅模具不易松动。

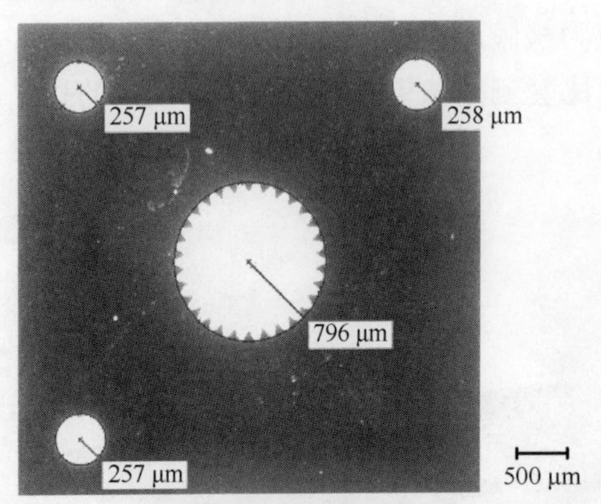

(a) 小齿轮模具

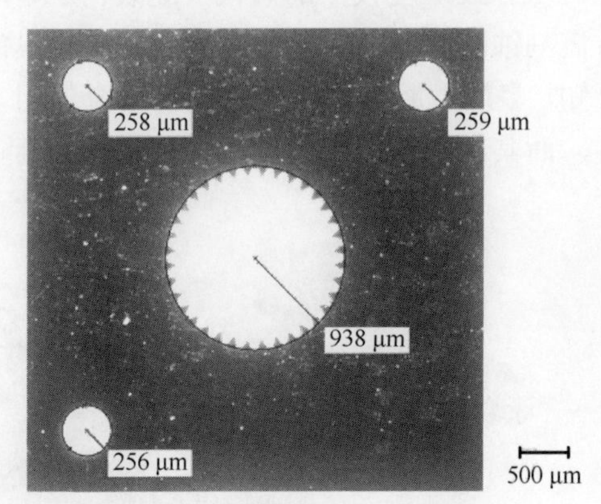

(b) 大齿轮模具

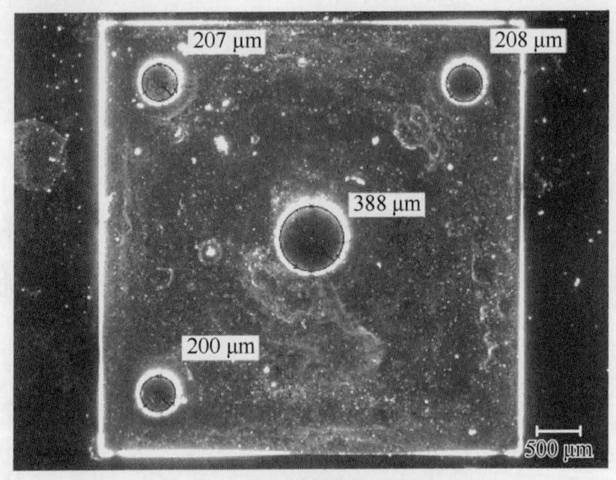

(c) 底层模具

图 2-62　多层型腔硅模具测量

图 2-64 为多层硅模具掩模版设计图 2。在该设计图中，考虑通过减少轴孔之间的间隙增加图形定位精度，定位销直径为 0.48 mm，定位孔直径为 0.5 mm。同时加大上层硅模具和底层硅模具之间边框间隙，为上层硅模具装夹定位提供空间，增加底层硅模具平

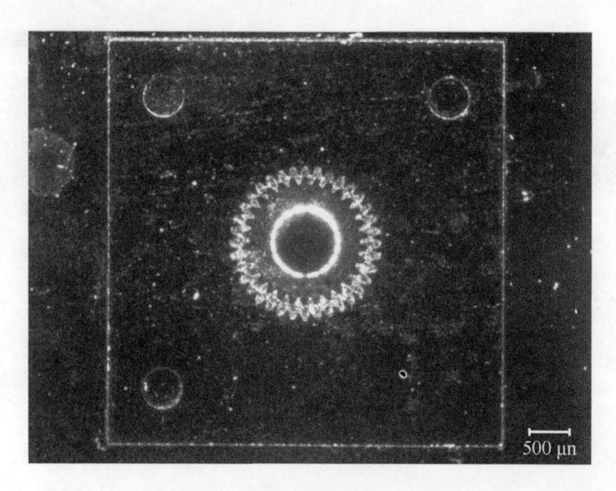

图 2-63　多层型腔硅模具装配 1

面的面积，确保底面刻蚀后的平整度，设计的上层硅模具外框的边长为 5 mm，底层硅模具内框的边长为 6 mm。

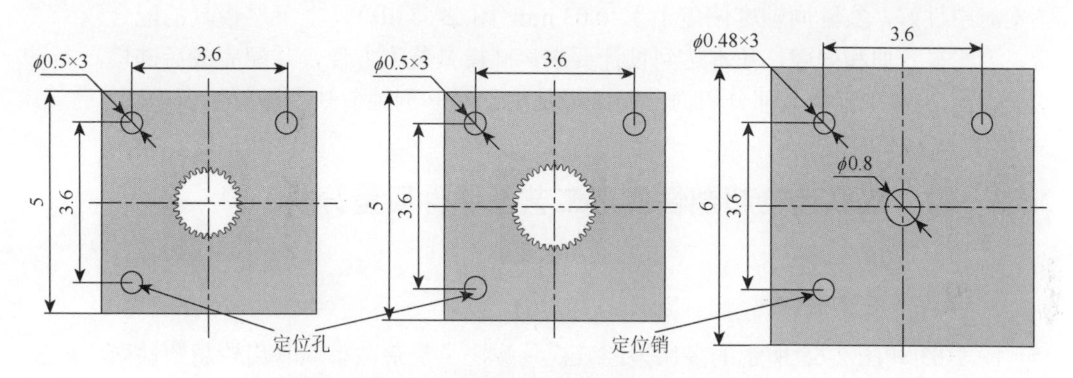

图 2-64　多层硅模具掩模版设计图 2(单位：mm)

图 2-65 为西安励德微系统科技有限公司按照图 2-64 要求代为加工制备得到的各分

(a) 底层结构

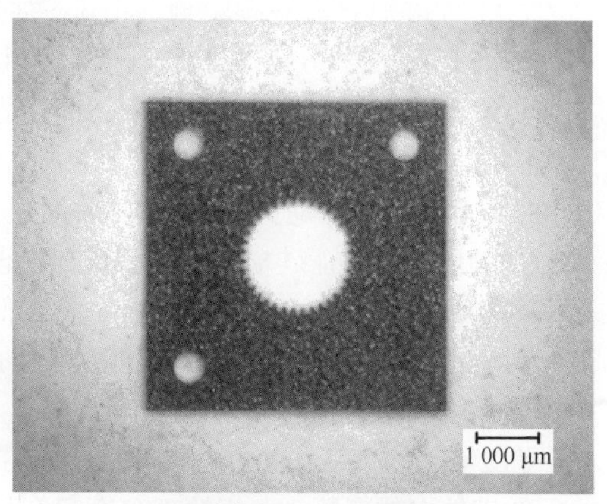

(b) 齿数为36的大齿轮模具

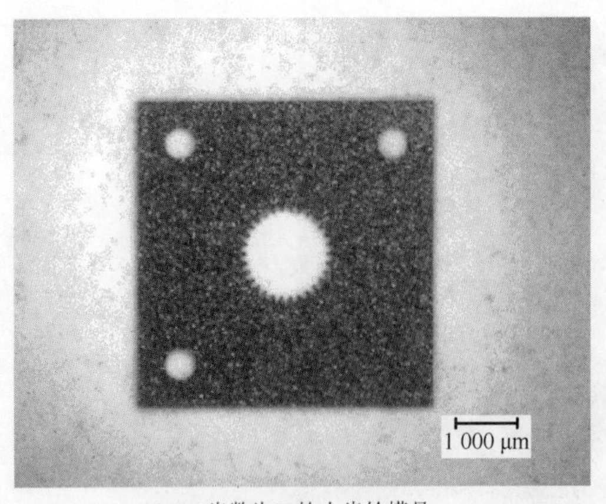

(c) 齿数为32的小齿轮模具

(d) 装配图

图 2-65　多层型腔硅模具装配 2

层硅模具及其装配图，图片由 VHX-1000 拍摄。图 2-65(a)～(c)所示的分层硅模具质量完好，齿形完整，孔/销边界清晰，装配后层与层之间结合紧密，孔与销之间配合良好，图案对中性好，实际同轴度偏差小于 0.03 mm(图 2-65(d))，上下层模具的配合较为紧密，无明显翘曲和间隙，基本达到设计要求，硅模具装配方便，装配完成后硅模具不易松动。图 2-65 中硅模具部分表面凸凹不平是由于 ICP 刻蚀前缺少溅射铝保护。

2.3.3　微小双联齿轮超塑性成形工艺及零件质量分析

1. 超塑性微成形试验

图 2-63 和图 2-65 所示的多层型腔硅模具解决了复杂微小双联齿轮超塑性微成形的模具设计与制备难题，同时为分辨两种模具的性能，成形加工实验分两个批次展开。根据试验平台的特性，实验选取 $Zr_{41.2}Ti_{13.8}Cu_{12.5}Be_{22.5}Ni_{10}$(Vit1)棒材(比亚迪股份有限公司制造)作为非晶合金坯料，该材料具有优良的抗氧化能力，同时具备良好的超塑性成形能力，经 DSC 连续升温实验测试，其在加热速率为 200 K/min(实验平台的加热速率)时的过冷液相区间为 663～780 K，成形试样切割为直径 3 mm、厚度 0.8 mm 的小块。同时在加热速率为 200 K/min 的条件下，选择适中的退火温度 698 K 作为加工温度，既保证足够的加工时间，又保证较好的流动性能，经 DSC 等温退火实验测得该温度下孕育时间达 850 s。由于是一次退火加工，加工时间短于孕育时间即可。设定保压压力分别为 400 N、500 N、600 N 以保证硅模具不发生破碎；设定初始压头加载速率为 3 μm/s，即等效应变速率为 0.00 375 s^{-1}，以促使非晶合金在较低应变速率下呈现良好的流动性能，同时较好地利用充足的加工时间；设定保压时间为 180 s，既避免长时间保压造成非晶合金晶化，也提高保压成形过程的效率。

图 2-66 为 VHX-1000 拍摄的采用图 2-63 所示硅模具加工得到的带飞边零件。图 2-66(a)所示的零件大体完整，小齿轮部分有三个齿形发生变形，飞边部分有少量因模具破碎产

生的隆起线条，且部分线条有错位现象，说明成形过程中上层硅模具边缘发生破碎，但中心部分基本完整，该零件的保压压力为 400 N。图 2-66(b)所示的零件发生明显变形，飞边部位有大量与零件相连接的隆起线条，说明成形过程中较大的压力波动或保压压力导致上层硅模具破裂，零件中小齿轮断面有大量凹陷，证实底层硅模具也发生了破碎，该零件的保压压力为 500 N。图 2-66(c)所示的零件发生严重破损，从破损痕迹分析，应该是底层硅模具在成形过程中首先破碎，虽然部分上层硅模具得到了保护，但底层硅模具的损坏导致部分上层硅模具破裂，并在非晶合金的挤压下发生滑移，导致零件失效，该零件的保压压力为 600 N。

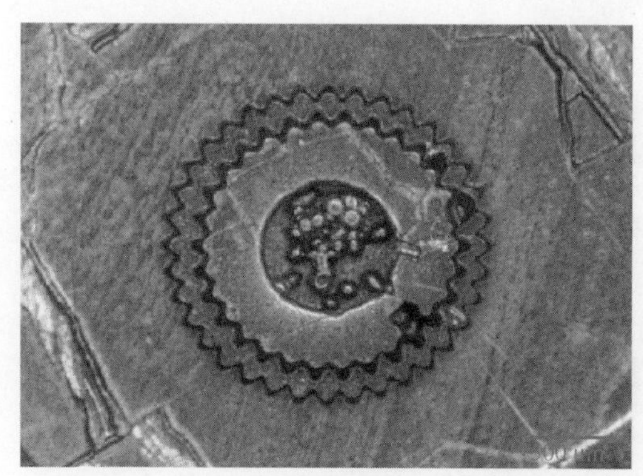

(a) 载荷400 N

(b) 载荷500 N

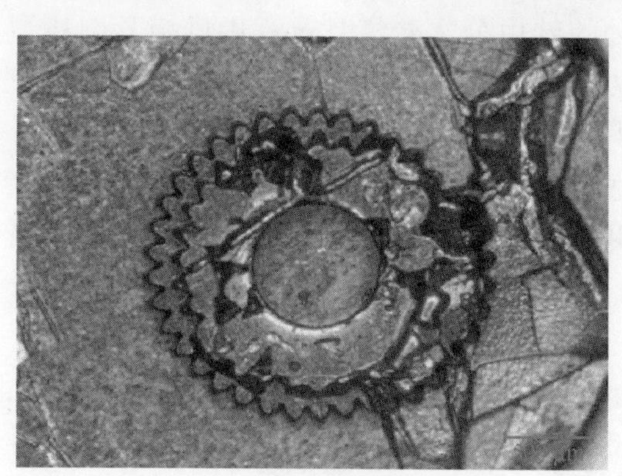

(c) 载荷600 N

图 2-66　应用图 2-63 所示硅模具进行超塑性微成形试验制备得到的带飞边零件

分析发现，大量的模具破碎是由于根据多层硅模具掩模版设计图 1 刻蚀的硅片存在某些缺陷。如图 2-67 所示，虚线框①表示的缺陷是上层硅模具经刻蚀分割后存在的边界瑕疵，其原因是在掩模版设计中两个模具图形之间的分割线宽仅为 50 μm，与零件图形面积差异较大，导致刻蚀速率存在差异，刻蚀深度不够，未完全刻穿而造成分割模具时产生毛边。虚线框②表示的缺陷是底层硅模具的边框在深刻蚀时产生根切现象，其侧面与底面形成锐角，当侧面受挤压力作用时，该区域易断裂，造成模具失效。虚线框③表示的缺陷指如图 2-62(c)所示的底层硅模具刻蚀后的粗糙底面，它使底层硅模具与上层硅模具的配合存在间隙，并且使得局部产生较大应力集中现象，当底层硅模具或上层硅模具无法承受较大的局部应力时就会发生破碎，导致零件失效。因此，由分层设计制备的多层型腔硅模具并不适合采用夹具夹紧，底层硅模具应当改变设计方案或更换材质以增加强度。

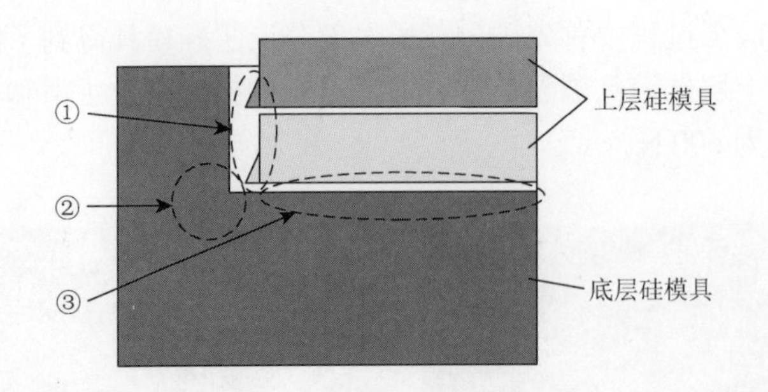

图 2-67 硅模具破碎机理分析

图 2-68 为 VHX-1000 拍摄的采用图 2-65(d)所示硅模具加工得到的带飞边零件。图 2-68(a)所示的零件大体完整，小齿轮部分有少量瑕疵，飞边部分没有因模具破碎产生的隆起线条，说明成形过程中上层硅模具未发生破碎，该零件的保压压力为 400 N。图 2-68(b)所示的零件完整，齿形填充程度比图 2-68(a)高，同样未发生硅模具破碎，中心轴孔处的硅由分离硅模具过程中硅模具圆柱被非晶合金紧密包裹造成，该零件的保压压力为 500 N。图 2-68(c)所示的零件发生严重变形，从破损痕迹分析，飞边部分因模具破碎产生的隆起线条呈放射状，是由于非晶合金与上层硅模具之间较大的挤压力使模具沿着轮齿齿尖等薄弱部位产生破碎，导致零件失效，观察小齿轮断面可以发现底层硅模具在成形过程中并未发生破碎，该零件的保压压力为 600 N。

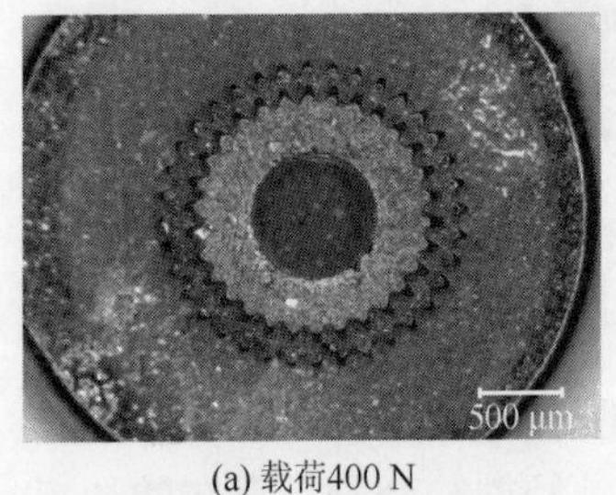

(a) 载荷400 N

(b) 载荷500 N

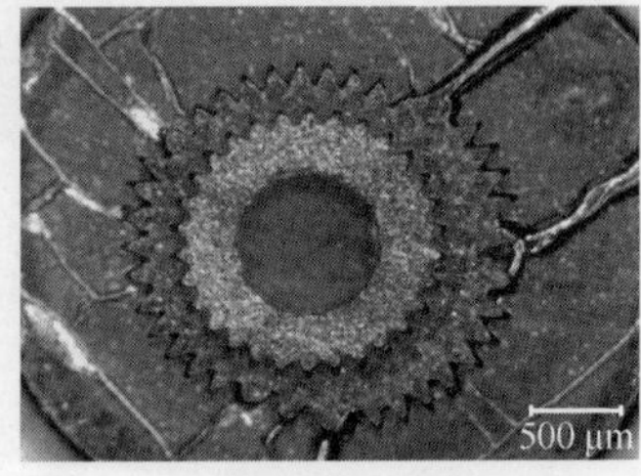

(c) 载荷600 N

图 2-68 应用图 2-65(d)所示硅模具进行超塑性微成形试验制备得到的带飞边零件

2. 飞边去除工艺

图 2-69 为本书开发的单层微小零件飞边去除工艺。当成形完成后，硅模具未与零

件分离且未发生破碎，使用该方法可以通过研磨去除零件飞边，采用 UNIPOL-1202 型减薄抛光机去除飞边，转速为 15 r/min，所用研磨抛光颗粒为 1.4 μm 的条件下减薄速度为 10 μm/min，此方法可使微成形零件的厚度方向控制精度达到 1 μm。但是该方法要求零件与硅模具之间必须结合紧密，以避免研磨过程中的振动导致零件脱离硅模具。图 2-70 为图 2-66(a)所示的带飞边零件利用该工艺去除飞边后获得的双层微小零件，照片由 VHX-1000 拍摄。观察发现研磨后得到的零件依然存在大量毛刺，零件中心轴孔未磨穿。

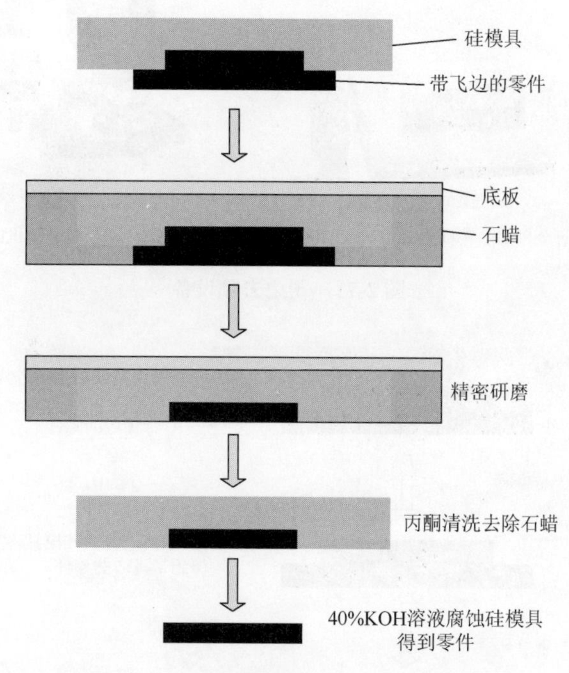

图 2-69　单层微小零件飞边去除工艺流程图

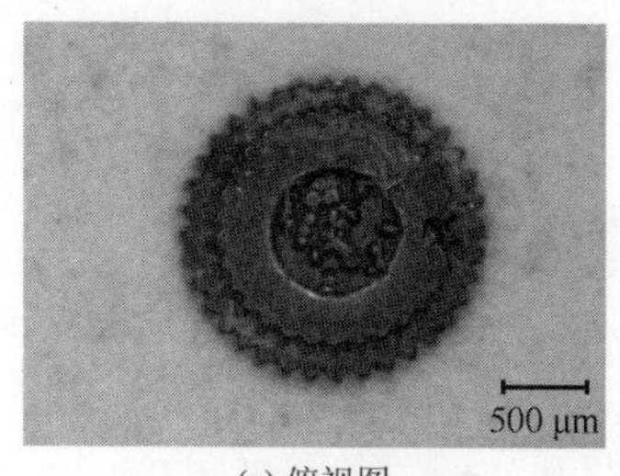

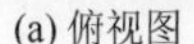

(a) 俯视图

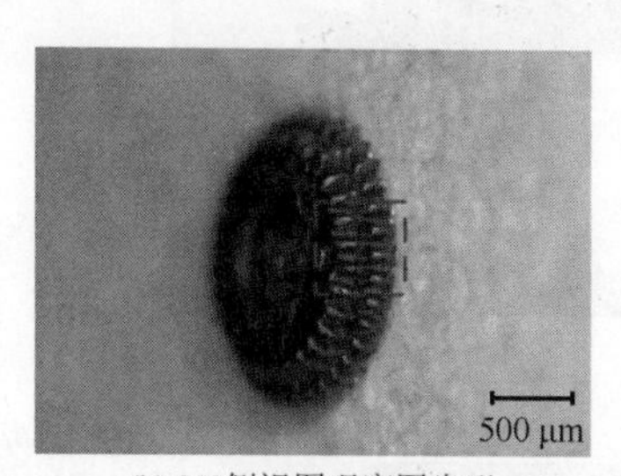

(b) 30°侧视图观察图齿形

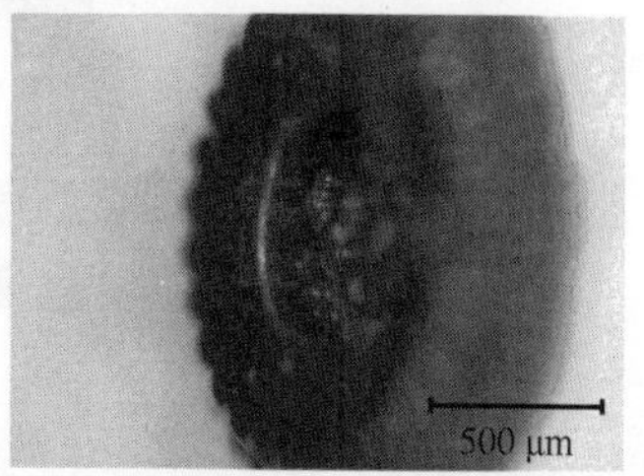

(c) 30°侧视图观察轴孔侧表面

图 2-70　图 2-66(a)所示零件去除飞边后获得的双层微小零件

分析发现，由于双层微小零件成形中硅模具容易受损，即使未受损，采用石蜡粘连研磨去除飞边过程中也容易导致零件松脱，研磨失效。为此，本书开发了新的精确去除飞边和腐蚀脱模工艺流程：首先采用环氧树脂复合物(TransOptic powder 20-3400-080)

将零件进行镶嵌，该镶嵌料可溶解于丙酮，镶嵌机为 Buehler 全自动热镶样机 SimpliMet 1000（图 2-71（a）），镶嵌温度为 180 ℃，加热时间为 5 min，冷却时间为 5 min；其次使用 Buehler 手/自动金相磨抛机 EcoMet 300（图 2-71（b））逐步磨去飞边；然后样品经丙酮浸泡同时超声波清洗 40 min 可去除镶嵌料取出零件；最后由乙醇浸泡同时超声波清洗 20 min 后进一步去除杂质获得洁净的完整零件。工艺流程如图 2-72 所示。

(a) Buehler全自动热镶样机SimpliMet 1000　(b) Buehler手/自动金相磨抛机EcoMet 300

图 2-71　飞边去除设备

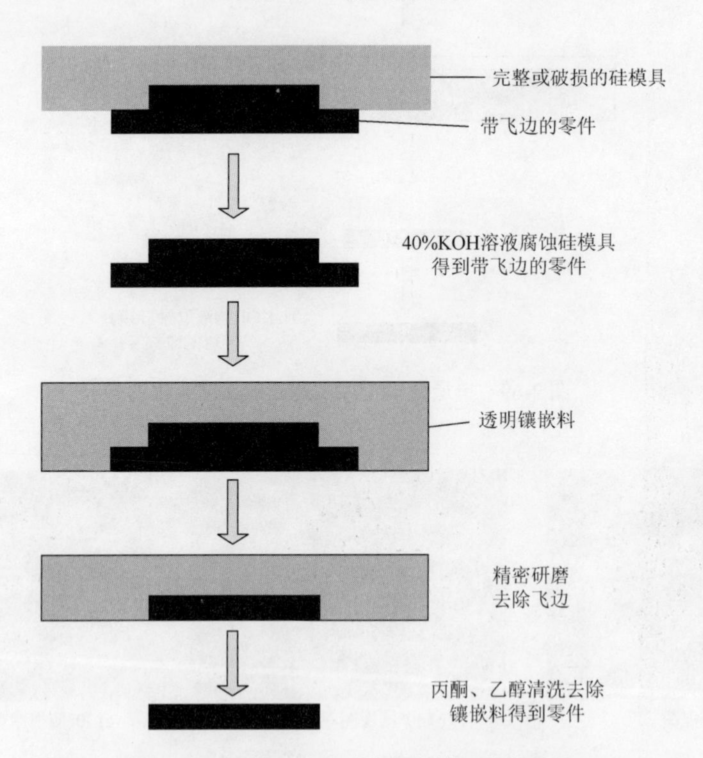

图 2-72　新的飞边去除腐蚀脱模工艺流程图

图 2-73 为图 2-68（b）所示的带飞边零件利用该工艺去除飞边后获得的双层微小零件。观察发现采用新方法研磨后得到的零件没有毛刺，零件中心轴孔已磨穿。新方法去除飞边可以减少振动对零件的影响，减少布置不均衡造成研磨零件端面的偏转。

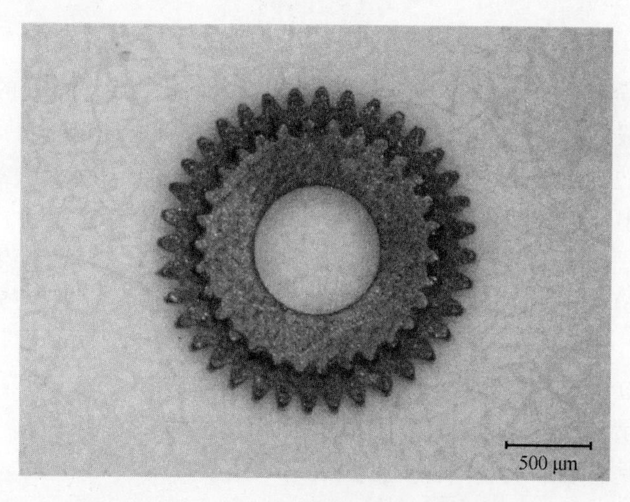

图 2-73　双层微小零件的光学显微图像

3. 零件性能分析

1) 加工时间分析

本书经过多次试验证实，若非晶合金超塑性微成形时总加工时间短于孕育时间，则零件材质能较好保持非晶特性。图 2-74 为图 2-73 中双层微小零件的加工过程曲线，图中的载荷波动由试验平台加载过程不稳定以及控制精度较低所致。整个成形工艺中总加工时间由三个部分组成：一是操作时间，包括加载开始前的加热过程、达到目标温度后保温使设备恢复热平衡的时间以及加工完成后取出零件及硅模具的时间，共 120 s；二是加载时间，即压头持续下压，载荷逐渐增大的时间，为 380 s(图 2-74)；三是保压时间，即图 2-74 中保压阶段所占用的时间，约为 180 s。因而，总加工时间共 680 s，约为孕育时间的 80%，基本满足非晶合金超塑性微成形加工的前提条件，零件可以保持非晶特性。

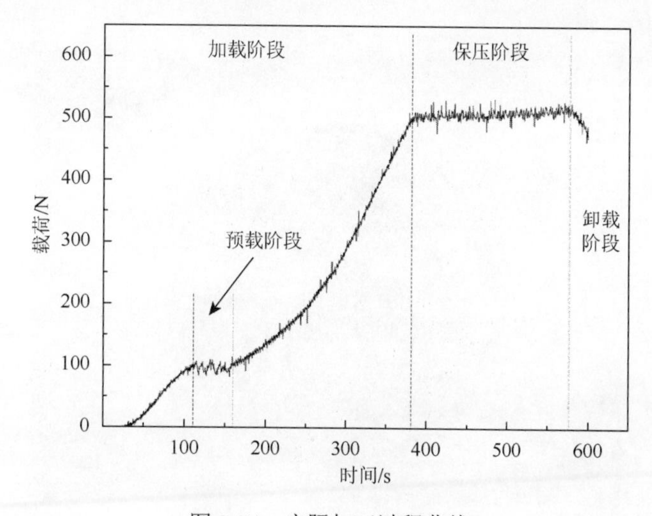

图 2-74　实际加工过程曲线

2) 零件形状质量分析

由于非晶合金对于硅模具具有精确复制能力，理论上尺寸精确的硅模具未发生破碎，则超塑性微成形得到的非晶合金形状质量也会完好。针对这一特点，可以将硅模具破碎情况和带飞边零件的飞边表面质量作为评价指标，衡量非晶合金零件形状质量。

图 2-75 是利用图 2-65(d) 所示硅模具成形后非晶合金与硅模具的图片，图 2-75(a) 中上层硅模具和底层硅模具均质量完好，未发生明显破裂。将上层硅模具与底层硅模具分离后(图 2-75(b))，观察可知中间层的硅模具也未发生破裂。图 2-75(c) 为上层硅模具发生破碎的情况，观察发现零件飞边部分存在放射带状隆起，结合试验加载过程曲线分析，说明在成形过程中较大的载荷波动导致上层硅模具发生破裂，非晶合金继而对裂纹进行填充，并记录硅模具破碎情况。采用 40%KOH 溶液腐蚀脱模后，得到如图 2-68(c) 所示的带飞边零件，明显发现零件变形失效。

(a) 完好硅模具与零件俯视图

(b) 去掉底层硅模具之后的俯视图

(c) 成形过程中硅模具破碎

图 2-75　成形零件与硅模具

另一种情况是硅模具在成形完成后取出过程中发生破碎，此时并不能直接判定零件失效。需首先腐蚀脱去硅模具后，依据飞边表面质量判定零件形状质量。图 2-76 为硅模具轻微破碎的带飞边零件，大量放射状的轻微隆起从零件延伸至飞边边缘，说明硅模

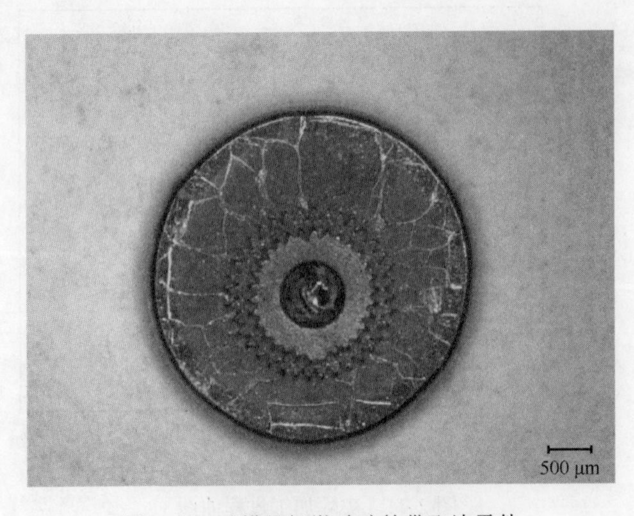

图 2-76　硅模具轻微破碎的带飞边零件

具的破碎在成形过程中发生，而不是由零件取出操作导致。图 2-66(a)和图 2-68(a)、(b)中所示的零件飞边部分没有放射状裂纹，因此零件形状质量相对完好，可以进行飞边去除工艺以获得多层微小零件。

因此，零件形状质量分析可按以下步骤进行。

(1)超塑性微成形完毕，取出零件与硅模具。

(2)采用 80 ℃的 40%KOH 溶液浸泡 30 min 腐蚀脱去硅模具。

(3)观察成形后零件形状，若明显变形则零件失效。

(4)若无明显变形，则观察零件飞边，若有从零件边缘出发呈明显放射状的隆起，则零件失效。

(5)若零件飞边光滑，则零件形状质量基本完好，可进行飞边去除工艺。

3)零件填充率分析

根据图 2-56 所示的零件充型仿真过程显示，非晶合金对多层型腔硅模具的填充率是自上而下逐层减小的。实际加工得到的零件也符合这一规律，图 2-70(b)中的虚线框部分可用填充率分析。

图 2-77 为基恩士 VK-X100/X200 形状测量激光显微系统，用它的激光共聚焦模式拍摄的零件齿形部分图片评估零件填充率。图 2-78 为微小双联齿轮的激光共聚焦图片，比较图 2-78(a)和(c)，齿轮尖端尺寸微小部分均未完全填充，大齿轮硅模具型腔的填充率高于小齿轮硅模具型腔。图 2-78(b)和(d)分别为大齿轮和小齿轮的高度分析，其中大齿轮部分最大高度为 160.05 μm，最小高度为 18.56 μm，高度差(最大-最小)的差值为 141.49 μm；小齿轮部分最大高度为 302.30 μm，最小高度为 156.36 μm，高度差(最大-最小)的差值为 145.94 μm。达到 90%填充率时上层齿轮齿形完整部分的厚度约为 80 μm，下层齿轮的约为 130 μm。采用增加压力(如保压压力增至 550 N 或 600 N)和加载速率(如加载速率增至 4 μm)等方法提高填充率，但受限于试验平台性能和模具刻蚀质量，较大的压力或

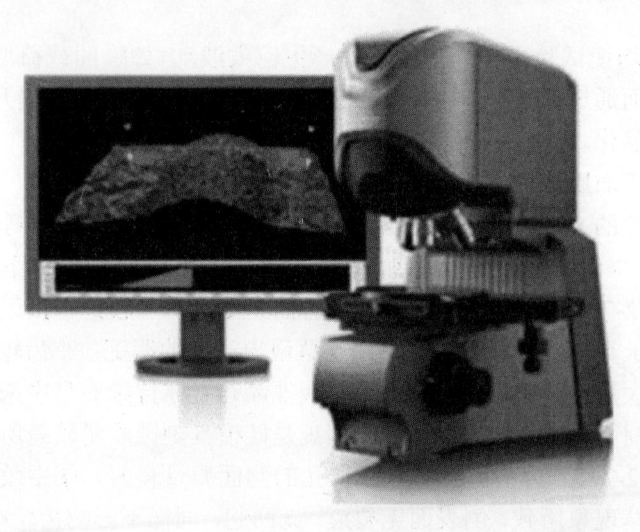

图 2-77　基恩士 VK-X100/X200 形状测量激光显微系统

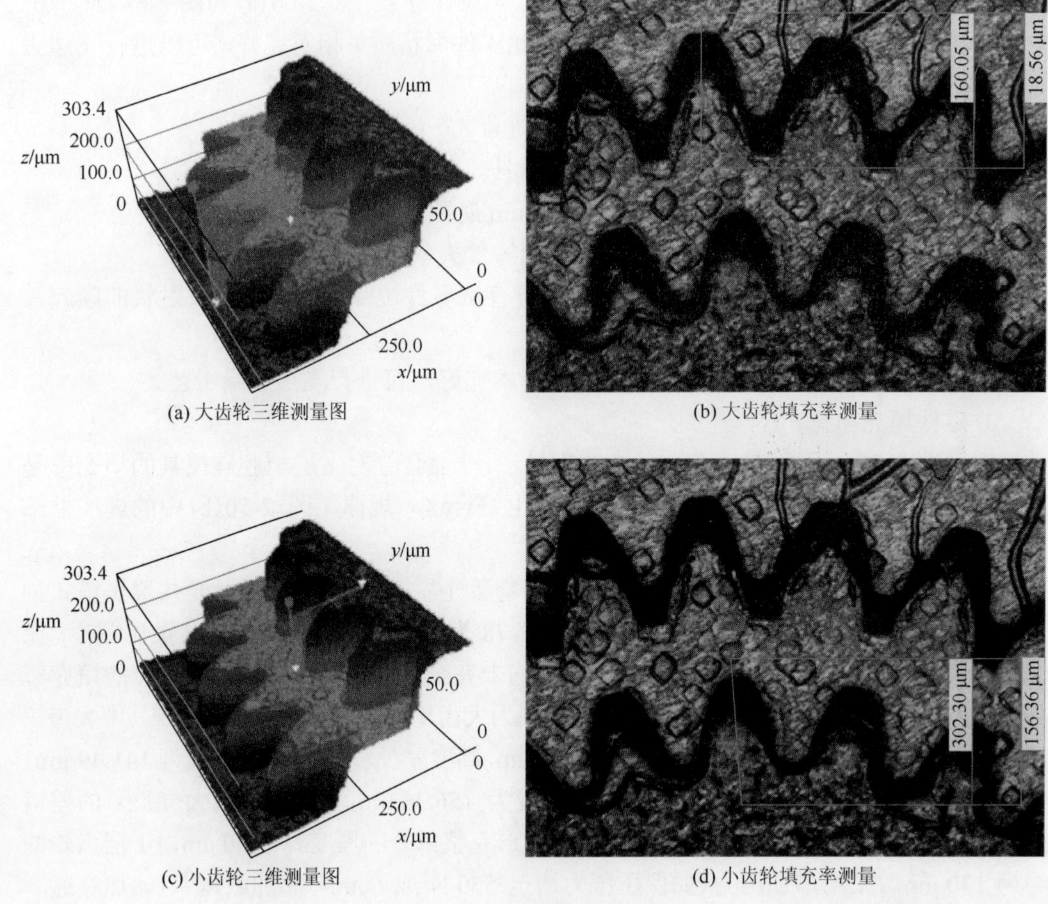

(a) 大齿轮三维测量图　(b) 大齿轮填充率测量

(c) 小齿轮三维测量图　(d) 小齿轮填充率测量

图 2-78　激光共聚焦图(见彩图)

过快的加载速率均使试验平台的加载过程产生巨大波动(如瞬间载荷增幅超过 100 N)，导致模具破碎，而通过延长保压时间(180 s 增至 240 s)对填充率的提升仅为 2%左右，且极易导致试样晶化。

4)零件微观表面质量分析

双层微小零件的 SEM 图如图 2-79 所示。其中，图 2-79(b)为 30°侧视图，图 2-79(c)为图 2-79(b)右上虚线框部分的放大图片，图 2-79(d)为图 2-79(b)左下虚线框部分的放大图片。根据图 2-79(c)分析可知，大齿轮齿面光滑，质量较好，接近分界面部分有少量微条纹，是源于复制硅片深刻蚀后侧面长草现象产生的瑕疵；小齿轮齿面有少量相对孤立的瑕疵，无大量连续裂痕，无凸起，说明非晶合金在持续充型中未对多层模具造成破坏，良好地复制了硅模具结构，齿面的瑕疵是硅模具刻蚀质量较差所致，不影响齿轮的使用。根据图 2-79(d)分析可知，中心轴孔的侧面质量良好，图中纹路同样为硅模具深刻蚀后侧面长草现象所致，侧表面无裂痕、无凸起，同样不影响齿轮中心轴孔的使用。上层大齿轮和下层小齿轮的分界面清晰。

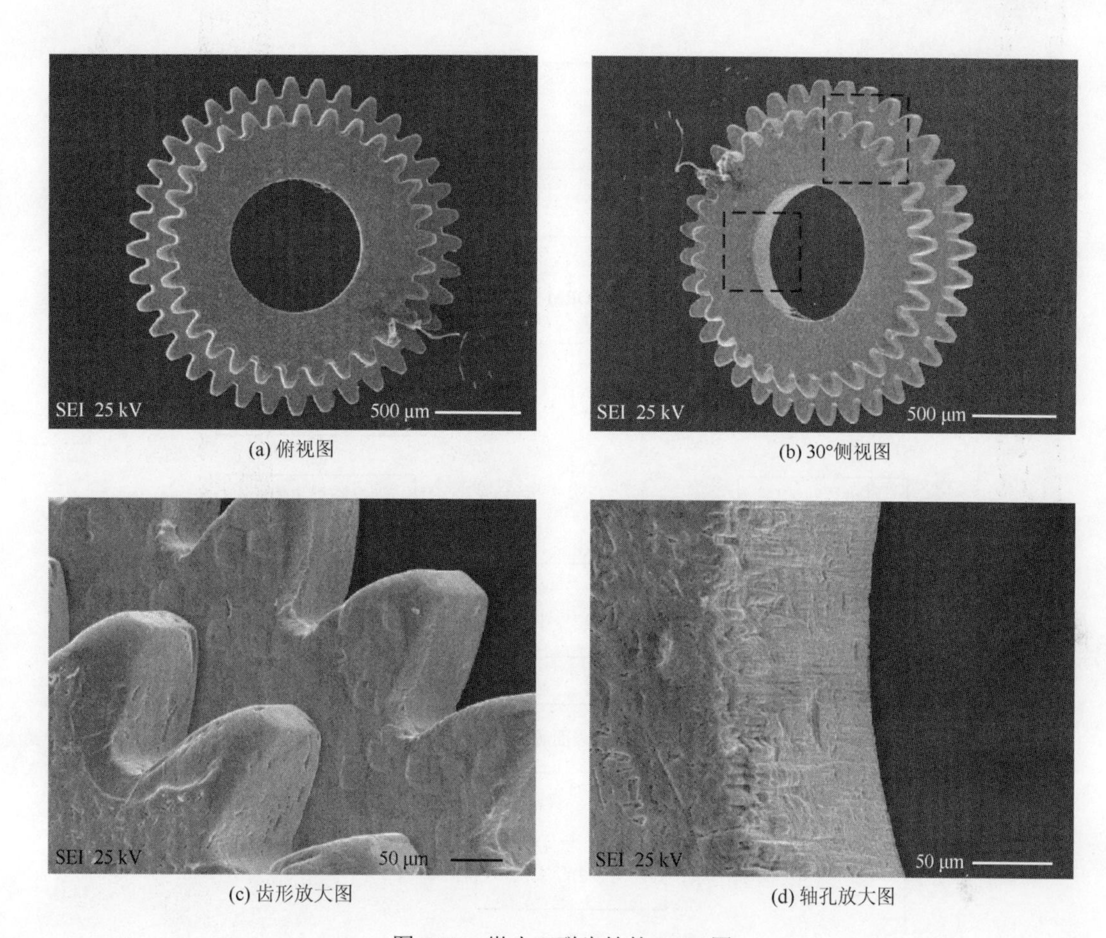

(a) 俯视图　(b) 30°侧视图

(c) 齿形放大图　(d) 轴孔放大图

图 2-79　微小双联齿轮的 SEM 图

2.3.4　总体工艺流程

图 2-80 为微小双联齿轮的总体工艺流程。其中根据硅模具材质特点和刻蚀工艺，在模具设计与制备工艺时采用分层设计、制备、装配等方法可以减小多层型腔硅模具制备难度，扩大硅模具的使用范围，增加零件设计自由度。但同时硅模具强度有所降低，可以考虑今后将各分层硅片键合以增加强度。当非晶合金材质选定后，可以根据工艺参数选取方法确定非晶合金超塑性微成形过程中的热力学参数、本构关系以及保压成形工艺参数，拟定超塑性微成形工艺路线，并指导成形仿真。

DEFORM-3D 成形仿真接受初步设定的工艺参数，并在零件成形模拟仿真后对工艺参数及模具设计提出改进建议，优化后的参数将用于模具加工和零件成形。成形后的零件首先经过形状质量分析，判断零件在成形过程中是否发生变形，未发生变形的零件将会腐蚀脱模和精确去除飞边，最终进行零件性能分析。通过加工时间分析、填充率分析及微观表面质量分析，得到成形零件的外观结构、材质性能、填充率和微观质量四个方面的性能分析，既检测了零件的有效性，也为零件使用提供了必要的数据支持。

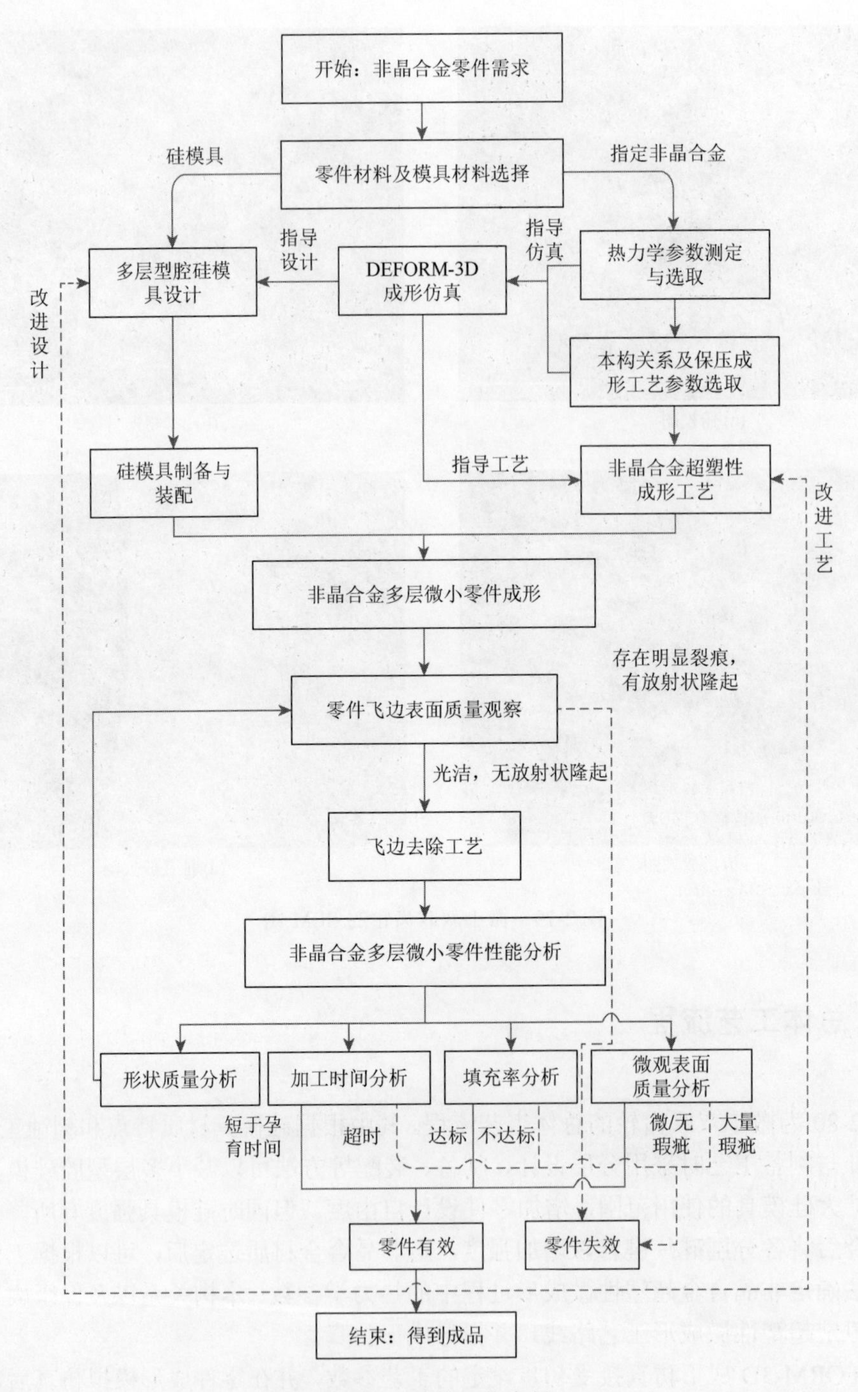

图 2-80　总体工艺流程

参考文献

[1]　DITTMAR R，WÜRSCHUM R，ULFERT W，et al. Structure and glass transition of amorphous

$Zr_{65}Cu_{17.5}Ni_{10}Al_{7.5}$ studied by positron lifetime[J]. Solid State Communications，1998，105(4)：221-224.

[2] SHARMA S K，STRUNSKUS T，LADEBUSCH H，et al. Surface oxidation of amorphous $Zr_{65}Cu_{17.5}Ni_{10}Al_{7.5}$ and $Zr_{46.75}Ti_{8.25}Cu_{7.5}Ni_{10}Be_{27.5}$[J]. Materials Science and Engineering A，2001，304(1)：747-752.

[3] DJAKONOVA N P，SVIRIDOVA T A，ZAKHAROVA E A，et al. On the synthesis of Zr-based bulk amorphous alloys from glass-forming compounds and elemental powders[J]. Journal of Alloys and Compounds，2004，367(1)：191-198.

[4] DHAWAN A，ROYCHOWDHURY S，DE P K，et al. Potentiodynamic polarization studies on bulk amorphous alloys and $Zr_{46.75}Ti_{8.25}Cu_{7.5}Ni_{10}Be_{27.5}$ and $Zr_{65}Cu_{17.5}Ni_{10}Al_{7.5}$[J]. Journal of Non-Crystalline Solids，2005，351(10)：951-955.

[5] LIU L，QIU C L，CHEN Q，et al. Corrosion behavior of Zr-based bulk metallic glasses in different artificial body fluids[J]. Journal of Alloys and Compounds，2006，425(1)：268-273.

[6] HE L，WU Z G，JIANG F，et al. Enhanced thermal stability of $Zr_{65}Cu_{17.5}Ni_{10}Al_{7.5}$ metallic glass at temperature range near glass transition by oxygen impurity[J]. Journal of Alloys and Compounds，2008，456(1)：181-186.

[7] HAN Z H，HE L，ZHONG M B，et al. Dual specimen-size dependences of plastic deformation behavior of a traditional Zr-based bulk metallic glass in compression[J]. Materials Science and Engineering A，2009，513：344-351.

[8] TELFORD M. The case for bulk metallic glass[J]. Materials Today，2004，7(3)：36-43.

[9] CHAN K C，LIU L，WANG J F. Superplastic deformation of $Zr_{55}Cu_{30}Al_{10}Ni_5$ bulk metallic glass in the supercooled liquid region[J]. Journal of Non-Crystalline Solids，2007，353(32/40)：3758-3763.

[10] KAWAMURA Y，SHIBATA T，INOUE A，et al. Superplastic deformation of $Zr_{65}Al_{10}Ni_{10}Cu_{15}$ metallic glass[J]. Scripta Materialia，1997，37(4)：431-436.

[11] SCHROERS J，NGUYEN T，O'KEEFFE S，et al. Thermoplastic forming of bulk metallic glass：Applications for MEMS and microstructure fabrication[J]. Journal of Micro- electromechanical Systems，2007，16(2)：240-247.

[12] ZHANG Z，XIE J. A numerical simulation of super-plastic die forging process for Zr-based bulk metallic glass spur gear[J]. Materials Science and Engineering A，2006，433(1)：323-328.

[13] LIU J，QIU K，WANG A，et al. Pressure effect on crystallization of $Zr_{55}Cu_{30}Al_{10}Ni_5$ bulk metallic glass[J]. Journal of materials Science and Technology，2002，18(2)：184-186.

[14] ASHBY M F，SPAEPEN F，WILLIAMS S. The structure of grain boundaries described as a packing of polyhedra[J]. Acta Metallurgica，1978，26(11)：1647-1663.

[15] ARGON A S. Plastic deformation in metallic glasses[J]. Acta Metallurgica，1979，27(1)：47-58.

[16] BOURNE G R，BARDT J，SAWYER W G，et al. Closed channel fabrication using micromolding of metallic glass[J]. Journal of Materials Processing Technology，2009，209(10)：4765-4768.

[17] WANG D，LIAO G，PAN J，et al. Superplastic micro-forming of $Zr_{65}Cu_{17.5}Ni_{10}Al_{7.5}$ bulk metallic glass with silicon mold using hot embossing technology[J]. Journal of Alloys and Compounds，2009，484(1)：118-122.

[18] 王栋. Zr 基非晶合金超塑性微成形工艺研究[D]. 武汉：华中科技大学，2010.

[19] CHEN B，SHI T L，LI M，et al. Laser welding of annealed $Zr_{55}Cu_{30}Ni_5Al_{10}$ bulk metallic glass[J]. Intermetallics，2014，46(3)：111-117.

[20] WONG C H，SHEK C H. Friction welding of $Zr_{41}Ti_{14}Cu_{12.5}Ni_{10}Be_{22.5}$ bulk metallic glass[J]. Scripta

Materialia，2003，49(5)：393-397.

[21] WANG G，HUANG Y J，SHAGIEV M，et al. Laser welding of $Ti_{40}Zr_{25}Ni_3Cu_{12}Be_{20}$ bulk metallic glass[J]. Materials Science and Engineering A，2012，541(9)：33-37.

[22] CHEN H Y，CAO J，SONG X G，et al. Pre-friction diffusion hybrid bonding of $Zr_{55}Cu_{30}Ni_5Al_{10}$ bulk metallic glass[J]. Intermetallics，2013，32(2)：30-34.

[23] 吴晓，李建军，郑志镇，等. Zr 基非晶合金过冷液态区的微反挤压实验研究[J]. 中国机械工程，2010，(15)：1864-1868.

第 3 章

Zr 基非晶合金微小零件吸铸成形

块体非晶合金在理论上具有极强的净成形微纳零件及结构的能力，同时它在力学、化学、电磁学等方面的优异性能，尤其在微纳尺度脆性缺点的改善，使其成为一种十分有前景的 MEMS 器件材料。但将块体非晶合金应用到 MEMS 中却有一些实际技术难题，如净成形工艺需要的高精度复杂微结构型腔模具的制备、块体非晶合金复杂三维精密微小零件高效制备工艺的开发等。

目前科学家主要关注的块体非晶合金微小零件制备方法为超塑性成形法。这种方法的优点是成形温度低、成形时间较长，过程可控性较好。但块体非晶合金超塑性成形方法的缺点也非常明显，即其加工的合金坯料必须为非晶态。这就需要先制备出具有玻璃态结构的块体非晶合金，再通过超塑性微成形将其加工成微小零件。而另一种方法，模具铸造法则可将块体非晶合金的形成过程和微小零件的成形过程合二为一，是一种高效制备非晶合金微小零件的方法。尤其是结合铜模具水冷的吸铸方法，广泛地用于快速制备块体非晶合金棒料、板料等，而将吸铸成形工艺用于制备块体非晶合金微小零件，尤其是复杂三维结构微小零件的实验还没有报道。

块体非晶合金净成形复杂三维微小零件的另一个难题是微模具制备。超精密机械加工、微细电火花加工等工艺加工精度不足；飞秒激光加工效率低，LIGA 技术昂贵，都不适用于大批量制备高精度微模具。硅工艺作为一种成熟的半导体工艺，较适合大批量加工带有高精度微型腔的净成形用模具，并且已有将硅模具用于块体非晶合金超塑性成形工艺中的报道。但关于带有复杂三维微型腔的硅模具制备却鲜有报道，且在块体非晶合金模具微铸造过程中还没有应用。

为此，本章采用硅工艺制备单层型腔、一模多型腔及复杂三维型腔的硅模具，制备成分均匀的 $Zr_{55}Cu_{30}Al_{10}Ni_5$ 非晶合金母合金锭，使用有限元方法对 Zr 基非晶合金吸铸成形工艺过程进行仿真，基于硅微模具研究了块体非晶合金吸铸成形工艺微复制能力，并进一步采用吸铸成形工艺制备多种非晶合金微小零件。

3.1　Zr 基非晶合金微小零件吸铸成形工艺有限元仿真

有限元仿真是计算铸造型腔内部流场、温度场和应力场的数值模拟方法，其可有效反映铸造工艺中合金熔液在封闭型腔内流动规律，为优化铸造参数提供理论指导。吸铸制备非晶合金微小零件有硅模具与入口距离、吸铸温度和吸铸压力等重要工艺参数。其中硅模具与入口距离通过改变型腔及铸件尺寸影响合金熔液流动规律和微铸件与硅模具铸造应力；吸铸温度决定合金熔液流动黏度影响合金熔液流动的黏性力；吸铸压力则影响合金熔液的吸入速度，决定合金熔液流动的惯性力，从而影响其填充微型腔。本节采用有限元方法对非晶合金微小零件吸铸成形工艺进行数值模拟，进一步研究硅模具与入口距离、吸铸温度和吸铸压力等工艺参数对合金熔液充型过程的影响，分析铸件凝固过程中的冷却速率及凝固后微小零件和硅模具铸造应力，以揭示合金熔液在吸铸过程中的流动规律和非晶态形成规律，优化吸铸成形工艺参数，为后续吸铸非晶合金微小零件实验提供理论指导。

3.1.1　有限元吸铸仿真模型建立

1. 非晶合金微小零件吸铸成形工艺数学模型

一个完整的有限元仿真数学模型中包含合金熔液内部的控制方程及对应的边界条件。在吸铸成形过程中，一般对合金熔液的流动充型过程进行以下适当的假设。

(1) 合金熔液在流动过程中为连续的不可压缩流体。

(2) 合金熔液为黏度不随应变速率改变的牛顿流体。

(3) 熔液表面张力系数不随温度变化。

1) 控制方程

在铸造过程中，描述合金熔液流动充型的控制方程主要有质量守恒方程(又称连续性方程)、动量守恒方程(Navier-Stokes 方程)、能量守恒方程(热传导方程)及控制其表面形状的体积函数方程。

(1) 质量守恒方程：

$$\frac{\partial u}{\partial x}+\frac{\partial v}{\partial y}+\frac{\partial w}{\partial z}=0 \tag{3-1}$$

(2) 动量守恒方程：

$$\begin{cases}\dfrac{\partial u}{\partial t}+u\dfrac{\partial u}{\partial x}+v\dfrac{\partial u}{\partial y}+w\dfrac{\partial u}{\partial z}=\dfrac{1}{\rho}\dfrac{\partial p}{\partial x}+\dfrac{\mu}{\rho}\left(\dfrac{\partial^2 u}{\partial x^2}+\dfrac{\partial^2 u}{\partial y^2}+\dfrac{\partial^2 u}{\partial z^2}\right)+g_x\\[2ex]\dfrac{\partial v}{\partial t}+u\dfrac{\partial v}{\partial x}+v\dfrac{\partial v}{\partial y}+w\dfrac{\partial v}{\partial z}=\dfrac{1}{\rho}\dfrac{\partial p}{\partial y}+\dfrac{\mu}{\rho}\left(\dfrac{\partial^2 v}{\partial x^2}+\dfrac{\partial^2 v}{\partial y^2}+\dfrac{\partial^2 v}{\partial z^2}\right)+g_y\\[2ex]\dfrac{\partial w}{\partial t}+u\dfrac{\partial w}{\partial x}+v\dfrac{\partial w}{\partial y}+w\dfrac{\partial w}{\partial z}=\dfrac{1}{\rho}\dfrac{\partial p}{\partial x}+\dfrac{\mu}{\rho}\left(\dfrac{\partial^2 w}{\partial x^2}+\dfrac{\partial^2 w}{\partial y^2}+\dfrac{\partial^2 w}{\partial z^2}\right)+g_z\end{cases} \tag{3-2}$$

(3) 能量守恒方程：

$$\rho C_p\left(\frac{\partial T}{\partial t}+u\frac{\partial T}{\partial x}+v\frac{\partial T}{\partial y}+w\frac{\partial T}{\partial z}\right)=\lambda\left(\frac{\partial^2 T}{\partial x^2}+\frac{\partial^2 T}{\partial y^2}+\frac{\partial^2 T}{\partial y^2}\right)+\dot{q} \tag{3-3}$$

(4) 体积函数方程：

合金熔液自由表面形状由 VOF 模型控制，

$$\frac{\partial F}{\partial t}+u\frac{\partial F}{\partial x}+v\frac{\partial F}{\partial y}+w\frac{\partial F}{\partial z}=0 \tag{3-4}$$

上述各式中，u、v、w 为合金熔液流动速度在 x、y、z 方向分量(m/s)；t 为时间(s)；ρ 为合金熔液密度(kg/m^3)；μ 为动力黏度(Pa·s)；g_x、g_y、g_z 为重力加速度在各方向分量(m/s^2)；p 为流场中点(x, y, z)的压力(Pa)；C_p 为合金熔液比热容(J/(kg·℃))；T 为流体温度(℃)；λ 为导热系数(W/(m·℃))；$\dot{q}$ 为热源项；F 为体积函数(%)。

2) 边界条件

边界条件为合金熔液在边界上应该满足的流动条件及换热条件，包括运动边界条件及能量边界条件两类。传统的铸造成形充型及凝固过程数值模拟中的边界条件已十分成熟，其具体的描述如下。

(1) 运动边界条件。吸铸成形充型过程中较重要的运动边界条件包括入口处的吸铸压力及型腔的壁面边界条件。入口处的吸铸压力为吸铸型腔内与熔炼池内气压的差值，由于吸铸型腔内气体被瞬间吸走，可以认为吸铸压力为熔炼池内的气压值，一般约为 0.1 MPa。壁面边界一般采用无滑移边界条件，即在模具壁面处，有

$$u_{\mathrm{w}}=v_{\mathrm{w}}=w_{\mathrm{w}}=0 \tag{3-5}$$

式中，u_{w}、v_{w}、w_{w} 为壁面处流体速度在 x、y、z 三个方向上的分量。

(2) 能量边界条件。能量边界条件包括入口处的吸铸温度和壁面的热传导条件。其中吸铸温度为合金熔液被加热的初始温度，壁面热传导条件则有三种情况。第一种为边界温度值已知；第二种为边界上的热流密度值已知；第三种为边界上物体与周围流体间的对流换热系数和周围流体的温度已知。这三类条件分别表示为

$$T_{\mathrm{w}}=f(x,y,z,t) \tag{3-6}$$

$$q_{\mathrm{w}}=-\lambda\left.\frac{\partial T}{\partial n}\right|_{\mathrm{w}}=f(x,y,z,t) \tag{3-7}$$

$$-\lambda\left.\frac{\partial T}{\partial n}\right|_{\mathrm{w}}=h_c(T_{\mathrm{w}}-T_\infty) \tag{3-8}$$

式中，n 为边界的法向；q_{w} 为边界的热流密度(W/m^2)；h_c 为边界上的对流换热系数(W/(m^2·℃))；T_∞为外界环境的温度(℃)。针对铸造过程中较复杂的传热过程，通常采用第三类边界条件加以计算。

2. 非晶合金微小齿轮零件吸铸成形工艺三维物理模型及网格划分

1) 三维物理模型

如图 3-1(a) 所示，非晶合金微小零件吸铸成形工艺的物理模型简化为非晶合金铸件、铜模具及带有微型腔的硅模具三个部分。非晶合金铸件按部位不同可以分为三个部分(图 3-1(b))，即入口部分、中心部分和微铸件部分，其中入口部分和中心部分都是

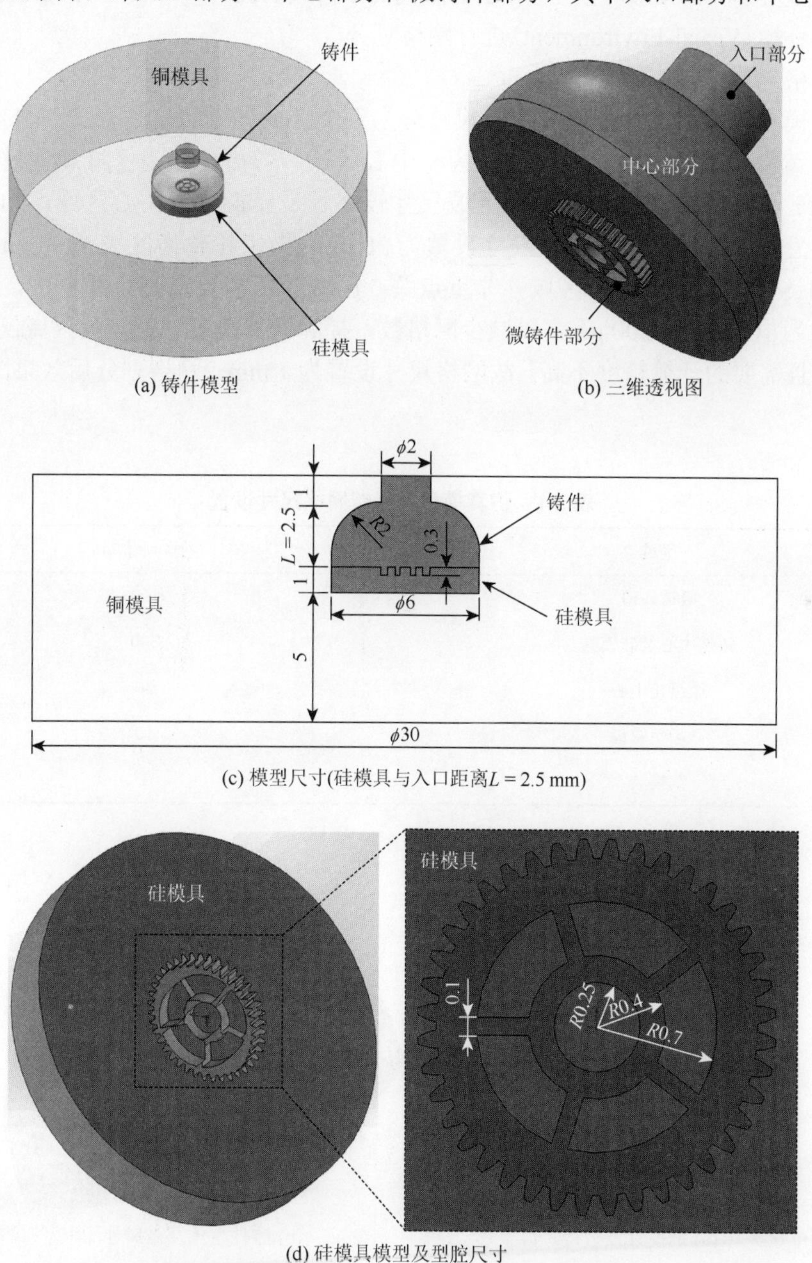

图 3-1　非晶合金微小零件吸铸成形工艺三维仿真模型(单位：mm)

工艺后期要去除的多余材料，微铸件部分则是吸铸成形工艺最终要得到的部分。非晶合金铸件中心部分直径为 6 mm，长度由硅模具与入口距离决定，如图 3-1(c)所示，模型中铸件中心部分长度为 2.5 mm。铜模具外径为 30 mm，其型腔入口直径为 2 mm，长为 1 mm，和型腔主体通过半径为 2 mm 的圆角过渡。硅模具型腔图案如图 3-1(d)所示，为模数 50 μm、齿数 40、分度圆直径 2 mm 的复杂微小齿轮图案，型腔深度为 300 μm。三维装配模型用 SolidWorks 建立后导出后缀为.x_t 格式的文件，以便于导入 ProCAST 软件可视化环境(Visual-Environment)进行网格划分。

2)网格划分

三维模型依照各部位位置及形状尺寸分为五个区域进行网格划分(表 3-1)：吸铸入口区域、铸件中心及硅模具区域、微齿轮中心区域、微齿轮轮齿区域和铜模具区域。其中微齿轮中心区域和微齿轮轮齿区域尺寸较小且是模拟重点关心区域，为保证仿真精度，微齿轮中心区域最小网格尺寸设置为 30 μm，微齿轮轮齿区域为 10 μm。吸铸入口区域和铸件中心及硅模具区域并非重点关心区域，不需要很高计算精度，网格尺寸分别设置为 100 μm 和 300 μm，以减少网格数，提高计算速度。铜模具区域仅进行热传导计算，且需要的计算精度不高，故网格尺寸设置为 1 mm。网格划分后效果图如图 3-2 所示。

表 3-1　仿真模型各区域网格尺寸设置

区域	网格尺寸/μm
吸铸入口	100
铸件中心及硅模具	300
微齿轮中心	30
微齿轮轮齿	10
铜模具	1

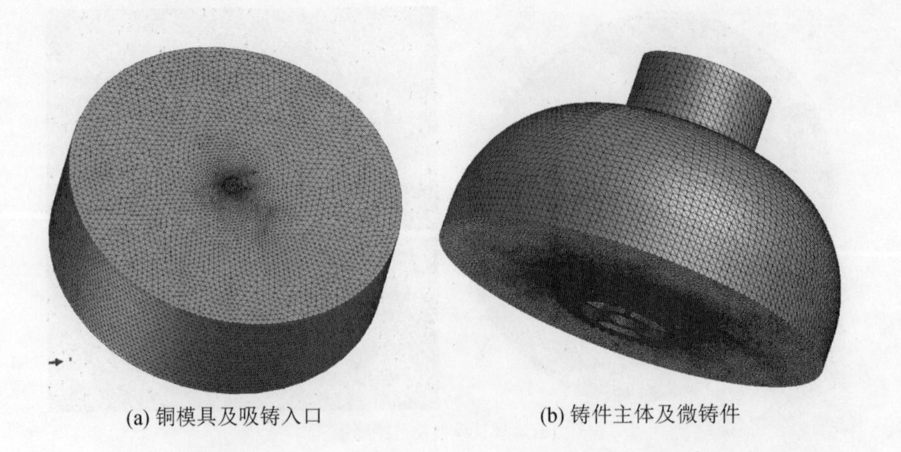

(a) 铜模具及吸铸入口　　(b) 铸件主体及微铸件

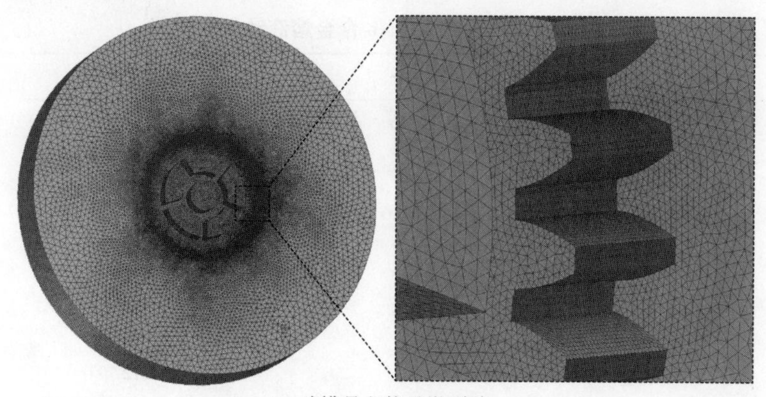

(c) 硅模具主体及微型腔

图 3-2　三维模型网格划分效果图

3. 仿真参数设定

1) 物性参数

铸造仿真过程中，铸造合金和模具材料物性参数(如铸造合金的固液相线、动力黏度、比热容、导热系数、热膨胀系数等)对仿真计算的过程和结果具有重要影响。如果物性参数的设置与实际材料不相符，将导致仿真结果与试验结果出现较大偏差。基于硅模具吸铸制备非晶合金微小零件模型中涉及了三种材料：铸造金属 $Zr_{55}Cu_{30}Al_{10}Ni_5$ 块体非晶合金、模具材料纯铜和微模具材料硅。

$Zr_{55}Cu_{30}Al_{10}Ni_5$ 块体非晶合金物性参数可通过查阅相关文献得到。其在铸态、弛豫态及晶态的密度变化不大，分别为 6 820 kg/m^3、6 830 kg/m^3 和 6 850 kg/m^3。非晶合金熔液凝固过程中没有相转变发生，收缩率低于 0.5%[1]，故可认为其密度为常数，即 6 820 kg/m^3。合金熔液的相线温度为 806 ℃[2]，其在冷却过程中没有明显的固相线，在此认为其玻璃化转变温度为固相线温度，即 411 ℃。非晶合金的杨氏模量、泊松比及热膨胀系数等参数设定为常数，具体值见表 3-2。合金熔液流动充型及冷却过程计算需要设置其动力黏度、比热容及导热系数。这些值是随温度而变化的，具体值通过文献[2]～[4]查阅得到，列于表 3-3～3-5 中。铜为通用材料，在 ProCAST 软件内部材料库有其相关物性参数，直接调用即可。硅的物性参数通过查阅文献[5]设置，如表 3-6 所示。

表 3-2　$Zr_{55}Cu_{30}Al_{10}Ni_5$ 非晶合金物性参数

参数名称	数值
密度/(kg/m^3)	6 820
液相线/℃	806
固相线/℃	411
杨氏模量/GPa	90
泊松比	0.37
热膨胀系数/℃$^{-1}$	3.39×10^{-5}

表 3-3　$Zr_{55}Cu_{30}Al_{10}Ni_5$ 合金熔液动力黏度

温度/℃	黏度/(Pa·s)
327	1.13×10^{13}
427	4.60×10^{7}
527	72 181.62
627	1 377.684
727	94.899 79
827	13.788 66
927	3.212 79
1 027	1.028 58
1 127	0.411 98
1 227	0.194 39

表 3-4　$Zr_{55}Cu_{30}Al_{10}Ni_5$ 非晶合金导热系数

温度/℃	导热系数/(W/(m·℃))
27	5
127	7
227	9.2
327	11.8
427	15.5
527	16.2
1 227	16.2

表 3-5　$Zr_{55}Cu_{30}Al_{10}Ni_5$ 非晶合金比热容

温度/℃	比热容/(kJ/(kg·m^3))
127	0.343 4
177	0.355 42
227	0.372 11
277	0.381 6
327	0.398 29
352	0.410 18
377	0.424 6
390	0.443 57
402	0.476 96
427	0.658 34
437	0.620 14
492	0.446 11
851	0.414 05

表 3-6　硅的物性参数

参数名称	数值
密度/(kg/m^3)	2 330
比热容/(kJ/(kg·m^3))	700
导热系数/(W/(m·℃))	148
杨氏模量/MPa	1.86×10^5
泊松比	0.27
热膨胀系数/℃$^{-1}$	2.6×10^{-6}

2)初始及边界条件设定

初始条件为铜模具、硅模具和铸造型腔内部的初始温度。其中铜模具和硅模具初始温度为室温，设定为 20 ℃，而铸造型腔内部初始温度等于型腔入口处的吸铸温度。吸铸温度由合金熔液在不同电流值氩弧加热下的温度决定，需要通过实验测量。

(1)吸铸温度测量。吸铸温度在合金吸铸成形工艺中是一个重要参数，其决定了合金熔液的动力黏度等特性，直接影响合金熔液流动充型能力。真空氩弧熔化炉熔化合金锭过程是将超大电流(超过 300 A)通过合金锭，利用合金锭本身电阻将电能迅速转化为热能，使合金由固态熔化为液态并形成均匀的合金熔液。受表面张力限制，相同质量的合金锭熔化后形状也相似，熔液电阻值几乎相同，故合金本身发热量基本由熔化电流决定，从而可以假定合金熔液温度在相同电流下基本相同。

针对氩弧熔化手段，常规热电偶接触式测温方法无法很好地测量合金熔液温度。因为大电流容易对导电的热电偶产生影响，可能会将热电偶一起加热熔化。另外，在封闭炉子内部加入热电偶测温，信号传输也是一个问题，处理不好则会影响炉子气密性。红外线非接触式测温方法在这两个方面则具有较明显的优势。图 3-3(a)为实验中红外热像仪通过红外视窗测量炉内合金熔液温度的照片。其中红外热像仪为德国 InfraTec 公司生

(a) 实物图

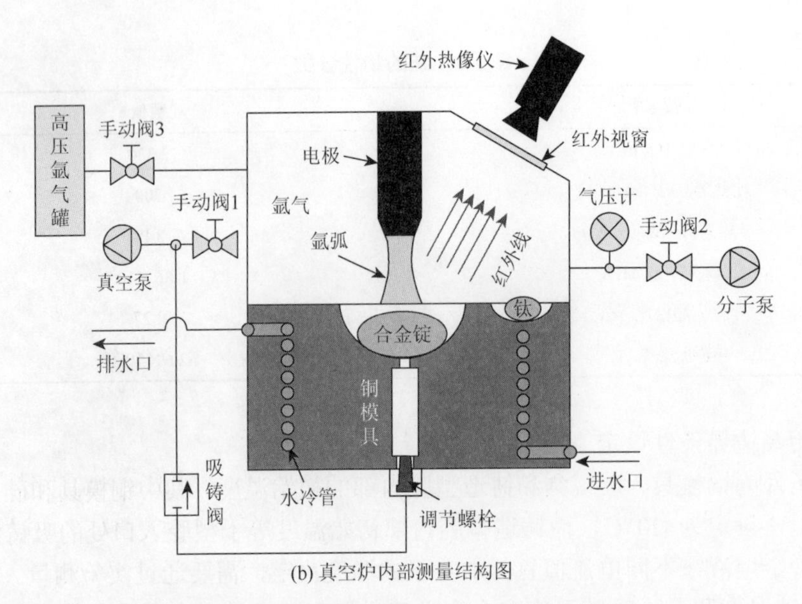

(b) 真空炉内部测量结构图

图 3-3　红外热像仪测量炉内合金熔液温度

产的 VarioCAM head 680，其接收红外线波长为 7.5～14 μm，属于远红外线范围，其测量温度为−40～1 200 ℃。图 3-3(b)为采用红外热像仪测量合金熔液温度的示意图。为了测量密闭炉内合金熔液温度，首先要在炉体上安装一个红外视窗，在保证炉腔密封的前提下，使高温合金熔液发出的红外线能被炉体外部的红外热像仪接收。通过调节，在氩弧加热下的高温熔液发出的红外线透过红外视窗被红外热像仪接收，随温度不同呈现出不同颜色的直观影像，后续对影像的像素点进行处理可得到合金熔液特征温度。

图 3-4 为红外热像仪测量得到的型腔内合金熔液在大电流氩弧加热下的温度分布图。

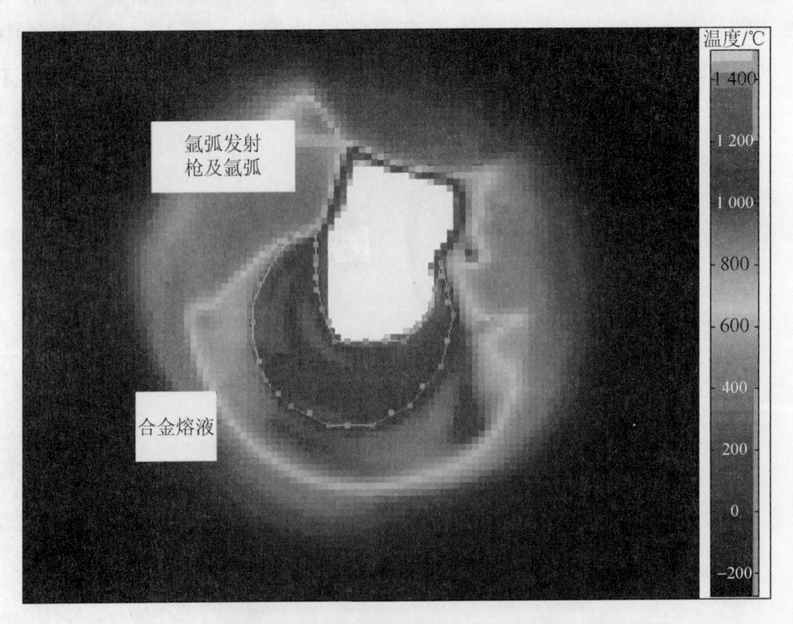

图 3-4　氩弧加热下合金熔液的红外热成像(见彩图)

图中白色区域为耐高温金属钼材制的氩弧发射枪及其产生的氩弧，这部分温度高于 2 000 ℃，超出了红外热像仪的有效量程，但不是本书关心的区域，所以可以忽略。图中被曲线所围的区域为合金熔液，其内部温度受氩弧加热和其与铜模具接触散热的影响有一定不均匀性，但温度基本在 1 200 ℃以下，属于红外热像仪的有效量程。合金熔液与铜模具的边缘部位温度梯度明显，较易通过肉眼识别。

为了测量及表征合金熔液的吸铸温度，选取整体合金熔液的平均温度作为其在该氩弧电流下的特征温度，并选取多组特征温度进行统计分析，得出其平均吸铸温度。如表 3-7 所示，在 360 A、380 A、400 A、420 A 电流下进行合金熔液温度测量实验，其中每个电流值测量 5 次，并计算出各电流下的吸铸温度值及其标准差。经计算，360 A、380 A、400 A、420 A 电流下合金熔液的吸铸温度平均值分别为 1 055.2 ℃、1 116.2 ℃、1 167.6 ℃、1 202.4 ℃。把电流值作为横坐标，各电流下合金熔液的吸铸温度及标准差作为纵坐标，绘制了图 3-5。从图 3-5 中可以直观地看出，吸铸温度和氩弧电流值之间接近线性关系，尤其是在 360～400 A，这种关系更明显。因此，可以通过调节氩弧电流来改变吸铸温度。一般铸造工艺中的经验铸造温度约高于合金熔化温度 300 ℃，对 $Zr_{55}Cu_{30}Al_{10}Ni_5$ 非晶合金来说为 1 100 ℃左右，即氩弧电流值约为 380 A。

表 3-7　不同电流下合金熔液温度的红外热像仪测量结果

电流/A	温度 1/℃	温度 2/℃	温度 3/℃	温度 4/℃	温度 5/℃	平均值/℃	标准差/℃
360	1 058	1 063	1 040	1 056	1 059	1 055.2	8.9
380	1 082	1 110	1 119	1 136	1 134	1 116.2	21.9
400	1 167	1 180	1 177	1 159	1 155	1 167.6	10.9
420	1 191	1 193	1 220	1 214	1 194	1 202.4	13.5

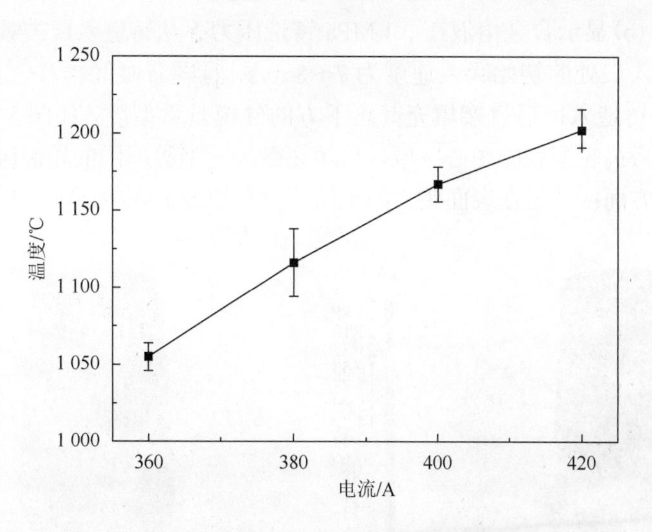

图 3-5　不同电流下合金熔液的吸铸温度及测量偏差

(2) 界面换热系数设定。界面换热系数的设定对边界间传热效果有重要的影响，但其测量较困难，一般多依据经验加以设定。本仿真中各界面换热系数的具体设定如表 3-8 所示。

表 3-8　边界条件设定

界面位置	换热系数/(W/(m^2·℃))
水冷条件下铜模具外壁	2 000
合金熔液与铜模具的界面	1 000
合金熔液与硅模具的界面	750
硅模具与铜模具的界面	500

3.1.2　Zr 基非晶合金微小零件吸铸成形工艺三维仿真分析

ProCAST 有限元铸造仿真模拟软件可从多个方面分析合金熔液在型腔内的流动过程，如合金熔液的温度分布、流动速度分布以及内部压力分布。合金熔液吸铸过程模拟也可以计算铸件各位置填充时间，以及预测铸件中易生成气孔的部位。

三维模型包括铸件、硅模具及铜模具三个部分，模拟过程也将硅模具和铜模具模型考虑在计算仿真中，但在结果分析中主要关心铸件部分，可以将硅模具及铜模具进行隐形处理。图 3-6 为铸件长度 L 为 2.5 mm 的模型在吸铸压力 0.1 MPa、吸铸温度 1 100 ℃条件下三维合金熔液流动速度的模拟结果，其中不同颜色代表不同合金熔液流动速度值，下部浅灰色部分则为尚未被合金熔液填充的型腔。

图 3-6(a) 和 (b) 显示合金熔液在 0.1 MPa 铸造压力下从铸造入口被吸入形成液柱的过程。合金熔液在入口处的初始吸入速度为 7～8 m/s，且随着时间推移，速度在不断增加。合金熔液被吸入铸造入口后直接填充其正下方的硅模具微型腔，如图 3-6(b) 和 (c) 所示。它先填充硅模具微齿轮型腔的中心区域，后填充微齿轮型腔周围的轮齿区域。造成这一现象的原因有两个方面：一是在表面张力的作用下合金熔液进入铸造入口后形成了具有一定

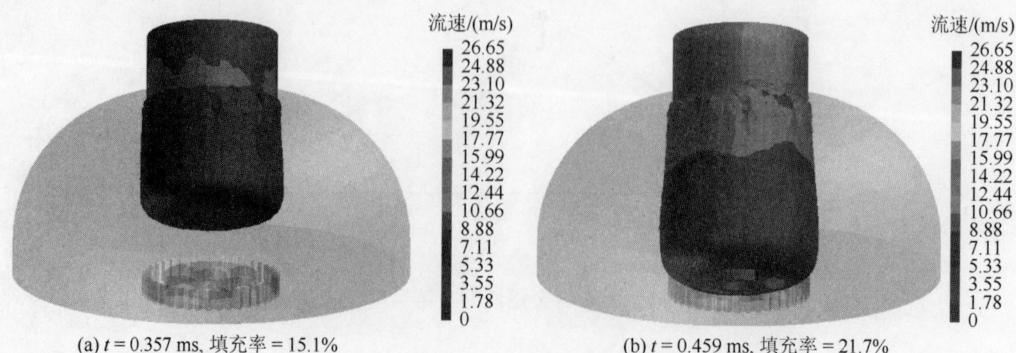

(a) t = 0.357 ms, 填充率 = 15.1%　　(b) t = 0.459 ms, 填充率 = 21.7%

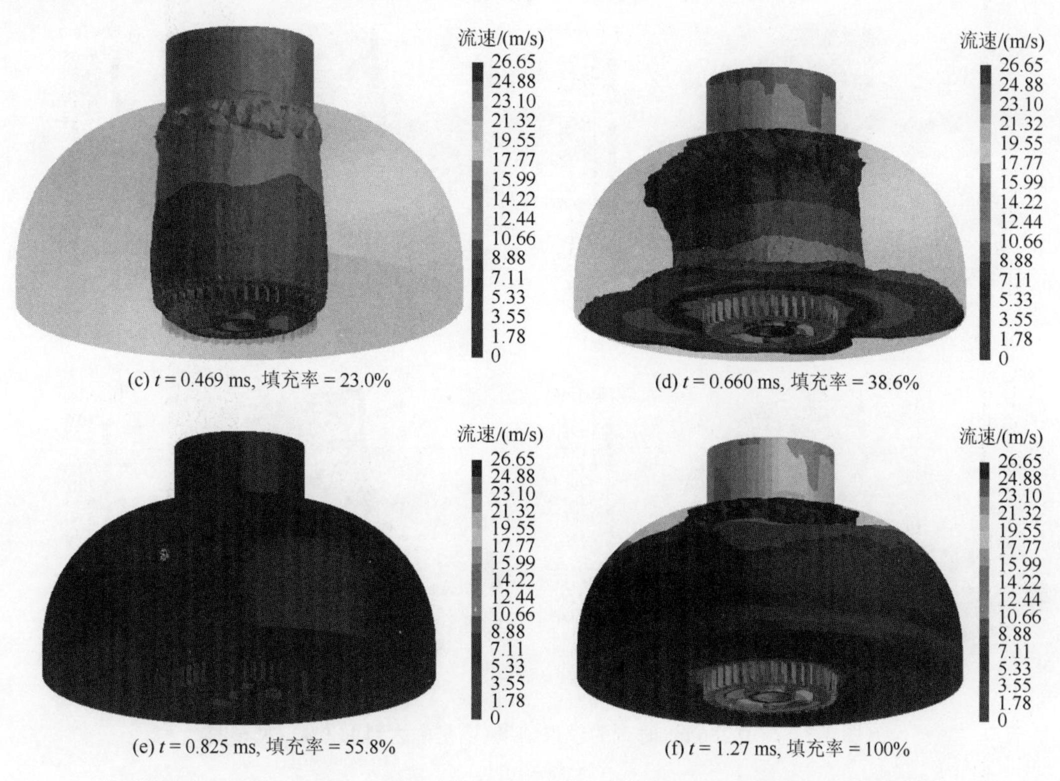

(c) t = 0.469 ms, 填充率 = 23.0%　　(d) t = 0.660 ms, 填充率 = 38.6%

(e) t = 0.825 ms, 填充率 = 55.8%　　(f) t = 1.27 ms, 填充率 = 100%

图 3-6　铸件尺寸长度 L = 2.5 mm 模型的合金熔液流动过程三维模拟结果(见彩图)

弧度的流动前沿，从而会先填充铸造入口正下方中心位置的模具微型腔，并且整个填充顺序也是呈弧形分布的，即中心最快、边缘较慢；二是齿轮微型腔各部位形状尺寸不同，型腔中心区域结构尺寸较大，边缘齿形结构尺寸较小，导致合金熔液在不同区域的充型速度也有差别。当合金熔液填充完铸造入口下方的硅模具微型腔后，即向四周流动，并反向填充整个型腔，如图 3-6(d)和(e)所示。最终，合金熔液在 1.27 ms 时刻充满整个型腔，并停止流动，如图 3-6(f)所示。

三维模拟结果立体、直观，但其只能反映合金熔液表面的流动情况，无法看到其内部单元更多的流动信息，以及铸件内部的铸造缺陷等，所以需要在三维模型上选取二维剖面进行进一步分析。

3.1.3　Zr 基非晶合金微小零件吸铸仿真剖面分析

1. 充型过程分析

图 3-7～图 3-13 为对合金熔液三维流动仿真结果在 z 轴上选取的一个二维剖面上的不同时刻流动速度和其 z 方向、x 方向上分量以及内部压力的分布图。合金熔液由入口加速吸入铸造型腔，直接填充位于铸造入口正下方的硅模具微型腔，后沿型腔底部向四周横向流动并反向填充整个铸造型腔。如图 3-7 和图 3-8 所示，合金熔液在吸力作用下

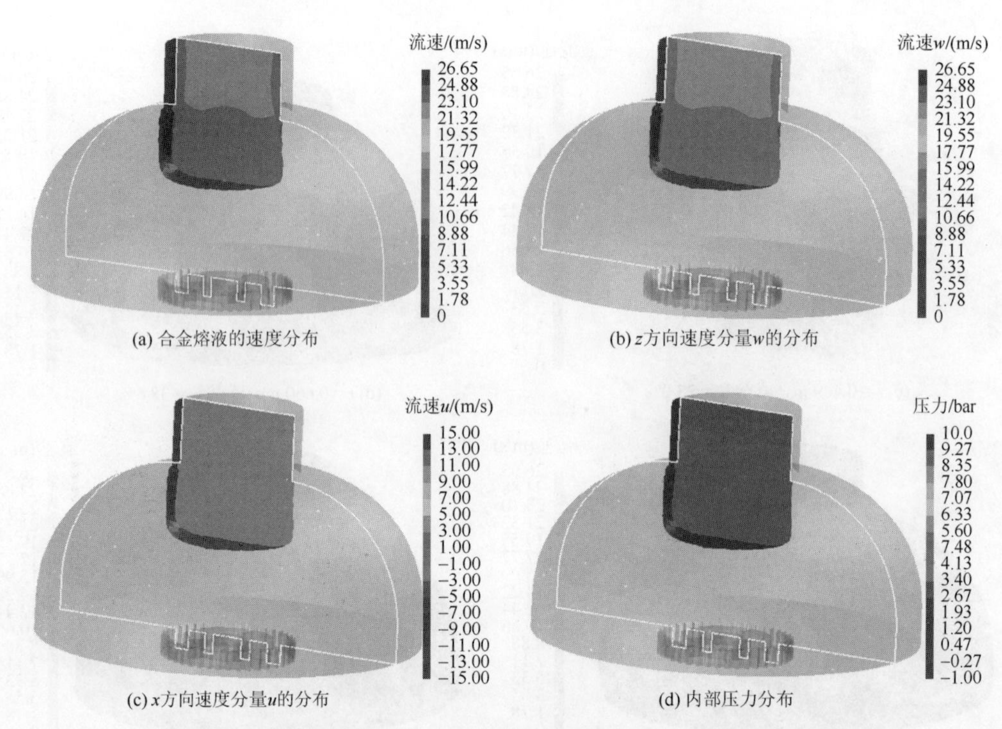

(a) 合金熔液的速度分布 (b) z方向速度分量w的分布

(c) x方向速度分量u的分布 (d) 内部压力分布

图 3-7 $t = 0.286$ ms 时刻的模拟结果(填充率达到 11.0%)(见彩图)

1 bar = 10^5 Pa

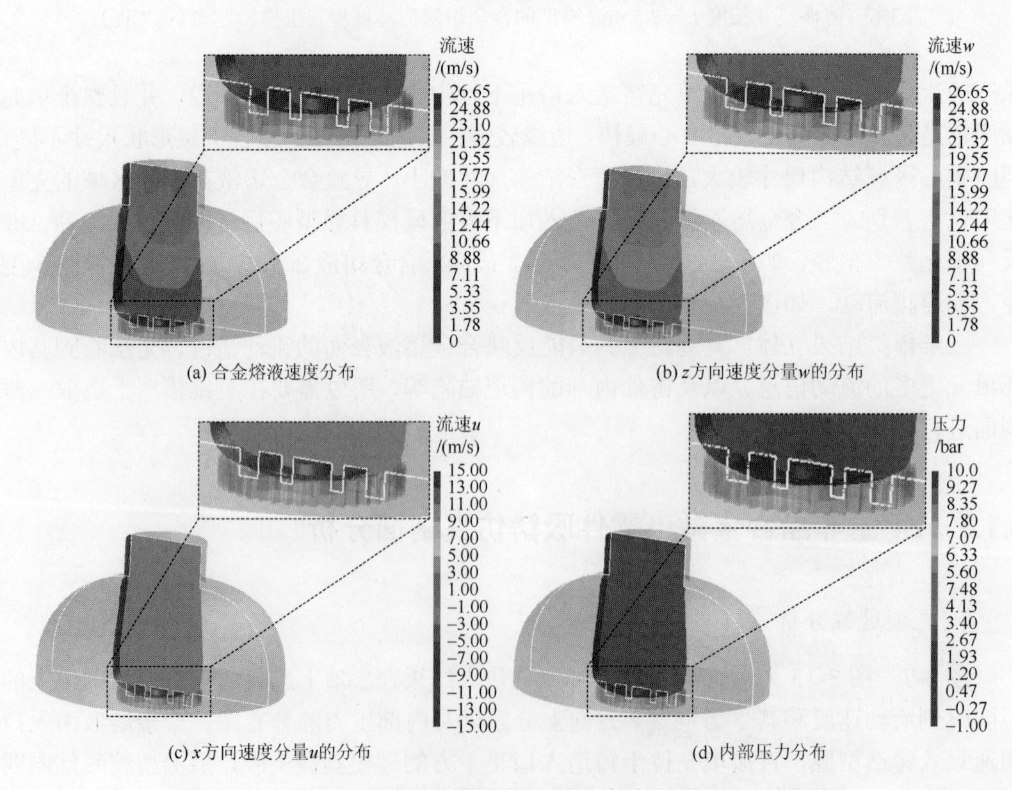

(a) 合金熔液速度分布 (b) z方向速度分量w的分布

(c) x方向速度分量u的分布 (d) 内部压力分布

图 3-8 $t = 0.455$ ms 时刻的模拟结果(填充率达到 21.4%)(见彩图)

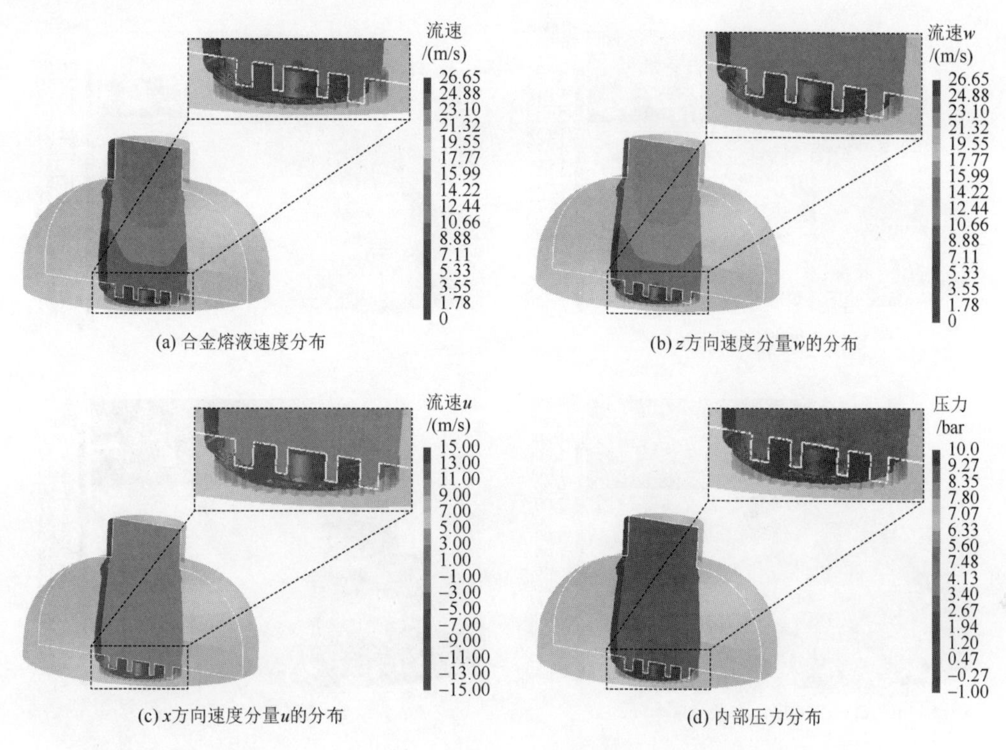

图 3-9　$t = 0.477$ ms 时刻的模拟结果(填充率达到 23.0%)(见彩图)

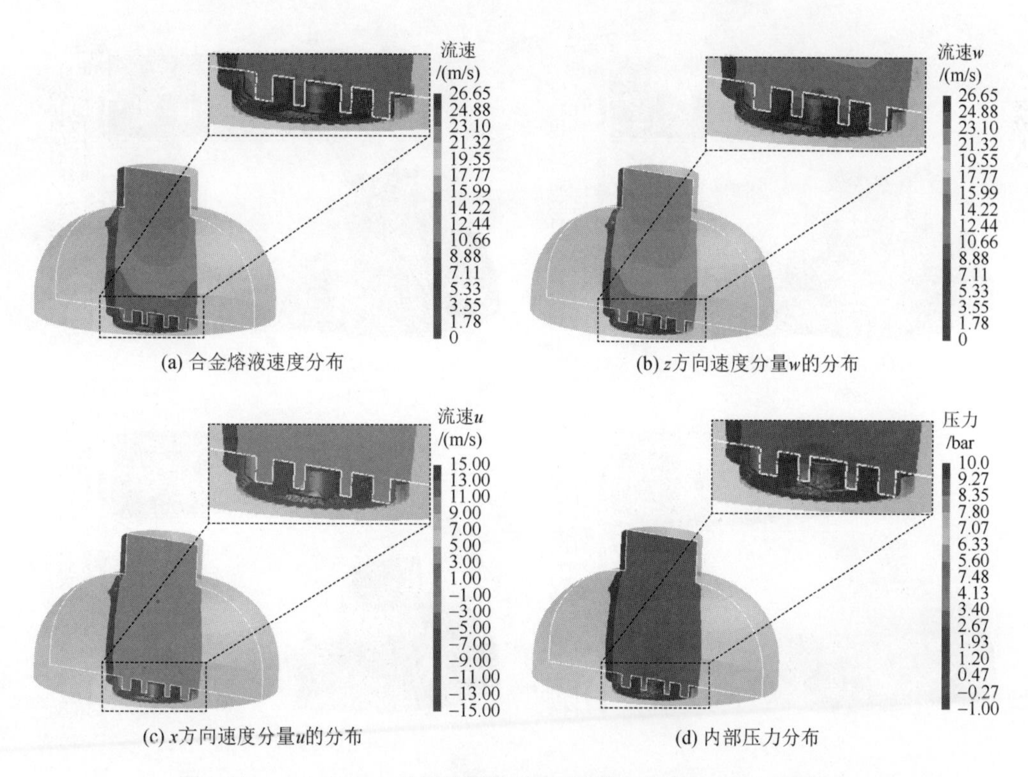

图 3-10　$t = 0.505$ ms 时刻的模拟结果(填充率达到 25.1%)(见彩图)

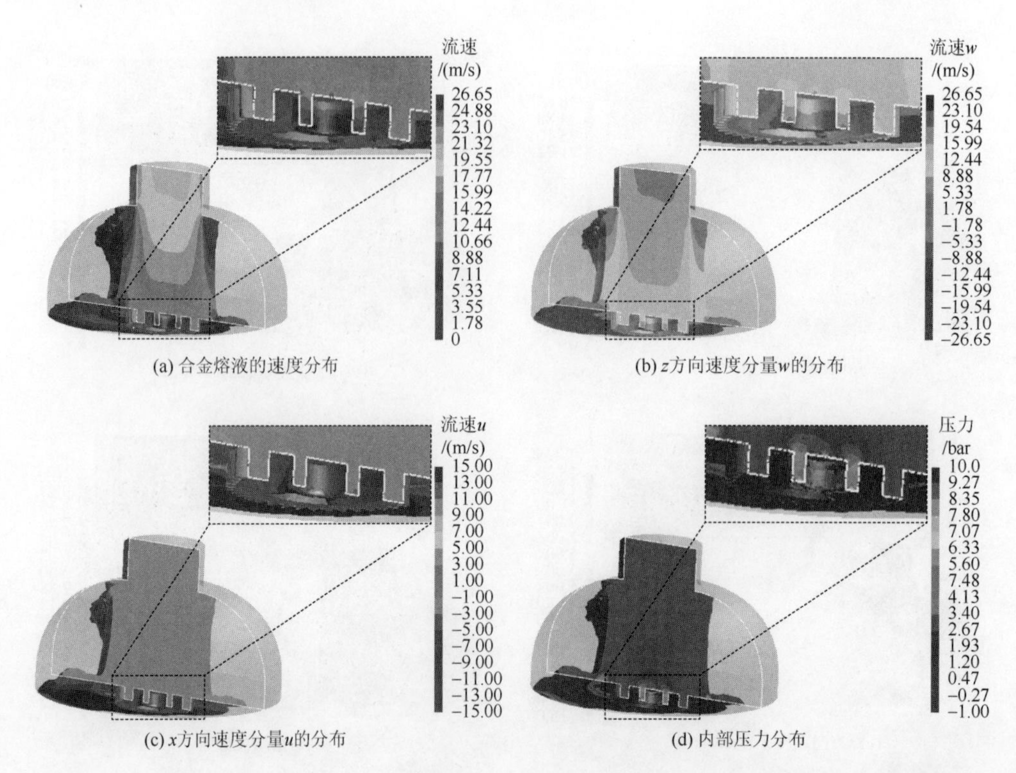

图 3-11 $t = 0.673$ ms 时刻的模拟结果(填充率达到 39.7%)(见彩图)

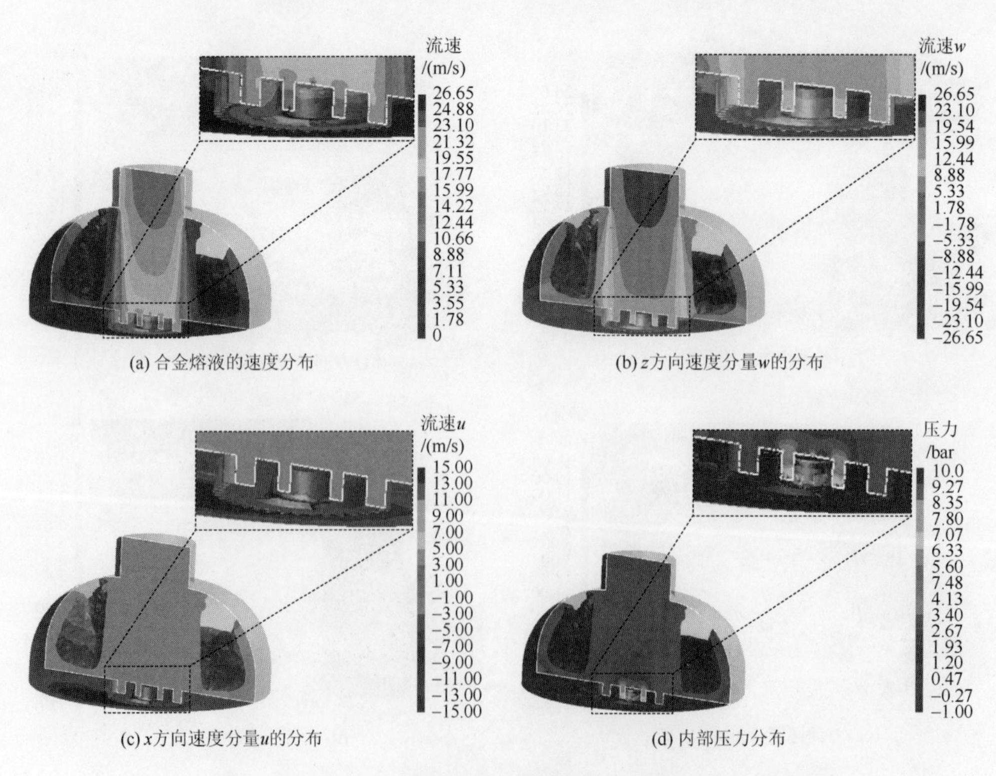

图 3-12 $t = 0.844$ ms 时刻的模拟结果(填充率达到 57.8%)(见彩图)

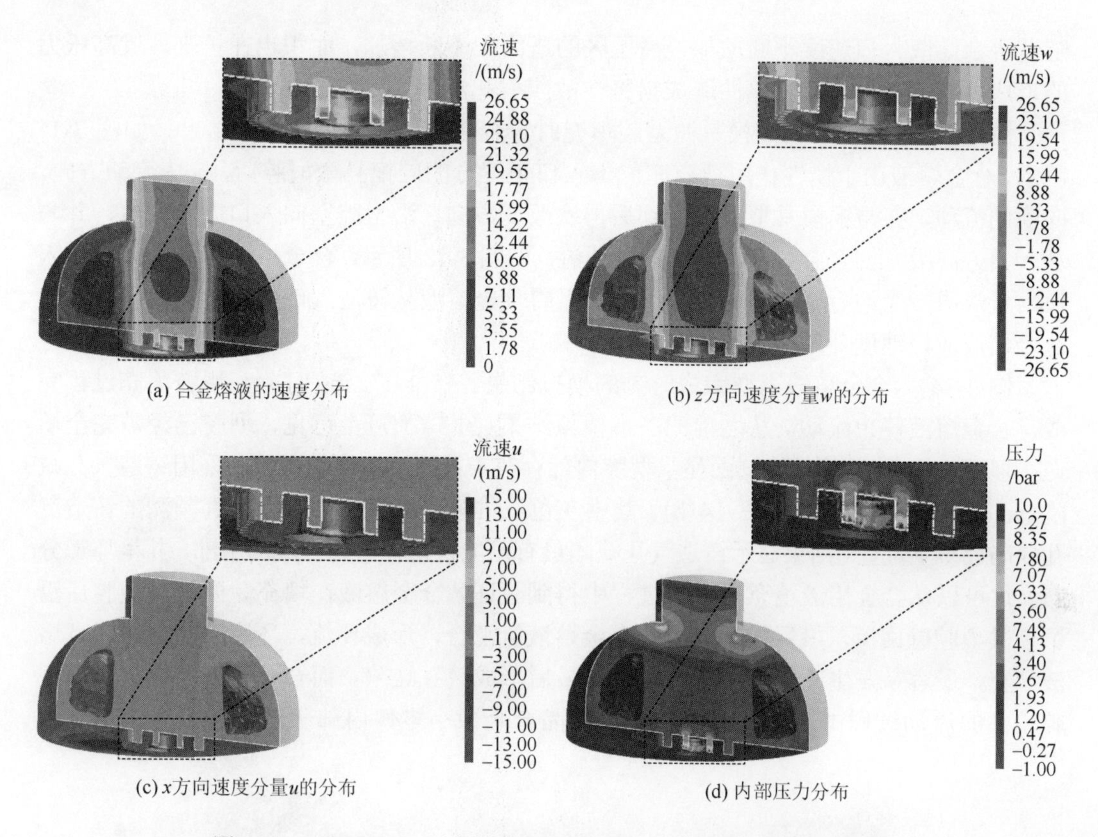

(a) 合金熔液的速度分布　(b) z方向速度分量w的分布

(c) x方向速度分量u的分布　(d) 内部压力分布

图 3-13　$t = 0.948$ ms 时刻的模拟结果(填充率达到 70.0%)(见彩图)

以高达 8 m/s 的速度从入口被吸入型腔，并且速度在不断增加，至合金熔液接触硅模具时已经增加至约 15 m/s。在高速流动状态下，合金熔液由于惯性作用，进入型腔后虽然脱离了入口的束缚，但基本上沿着 z 方向流动(图 3-7(b)和图 3-8(b))，而在 x 方向上几乎没有速度分量(图 3-7(c)和图 3-8(c))。压力分布图显示合金熔液在入口处附近压力较大，被吸入后压力减小。

如图 3-8 所示，在 0.455 ms 时刻，合金熔液刚刚接触硅模具。由于表面张力的作用，熔液前沿中心区域先接触并填充硅模具。在反作用力下，合金熔液与硅模具接触的位置附近形成局部高压区。如图 3-9 所示，在 0.477 ms 时刻，合金熔液进一步填充硅模具型腔，并且已经完成型腔中心部位的填充，正在填充模具边缘的轮齿位置。如图 3-10 所示，至 0.505 ms 时刻，硅模具微型腔大部分都已经被合金熔液充满，只剩下轮齿齿尖位置还未被填充。从仿真结果看，这些位置是齿轮微型腔中最难填充的部位。一方面由于合金熔液前沿在表面张力的作用下形成弧形，接触远离轴心位置的齿形型腔较晚，填充这些位置也较晚；另一方面边缘位置的轮齿尺寸较小，尤其是齿顶部位，其宽度约 30 μm，合金熔液在填充这些微尺度的型腔时流动速度较慢。

从图 3-8～图 3-10 可以看出，合金熔液基本上沿 z 方向填充齿轮微型腔，其速度在 x 方向上的分量十分小。合金熔液也由于与硅模具的接触而形成一个局部高压区，并且随着合金熔液入口速度不断增加，高压区的压力在不断增加，面积也在扩张。过高压力的形成可能会对硅模具完整性造成损害，故应引起注意。

图 3-11～图 3-13 为硅模具微型腔填充时合金熔液的流动过程模拟结果。如图 3-11 所示，合金熔液由于惯性作用填充完位于入口正下方的硅模具微型腔后，改变流动方向，向横向流动，在与铜模具型腔壁碰到后再次改变方向，沿型腔壁向入口方向回流，并与从入口方向吸入的合金熔液汇合，形成环流。如图 3-13 所示，合金熔液的汇合使吸铸入口附近形成一个约有 0.3 MPa 的高压区，阻碍合金熔液从铸造入口的继续吸入，从而使合金熔液入口速度开始慢慢降低。

图 3-14 为合金熔液充型完成时刻的模拟结果。在 1.272 ms 时刻，型腔填充过程完成，合金熔液停止流动。从之前的三维模拟结果(图 3-6(f))上可见，型腔已经被完全填充，但图 3-14(a)中的二维剖面显示型腔内部存在未被熔液填充的区域。采用铸造气孔缺陷(void)观察模式，得到图 3-14(b)，其中灰色三维模型中深色网格为仿真预测的铸造气孔缺陷最易生位置。结果显示铸造气孔缺陷最有可能在铸件中心区域的中部，并呈环形分布。这可以从合金熔液填充型腔的过程中得到验证。合金熔液在填充完微模具型腔后沿铜模具型腔壁回流，最后和入口处的合金熔液流汇合，形成环流，环流的中部最后被熔液填充，最容易发生充型不足的情况，并最后形成气孔缺陷。而合金熔液在硅模具微型腔内部的流动过程中不存在环流，所以非晶合金微小零件内部一般不会带有铸造气孔

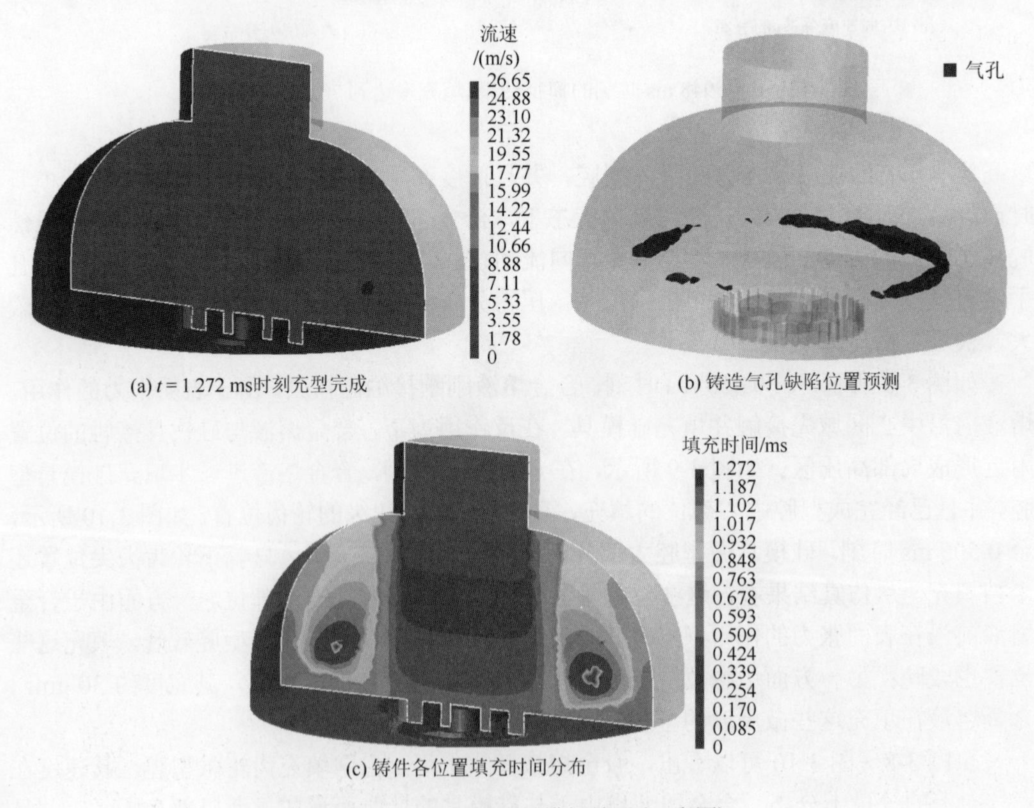

图 3-14　充型完成时刻模拟结果(见彩图)

缺陷。图3-14(c)为铸件各部位填充时间分布。其显示整个铸件在1.272 ms时刻完成填充，最后填充位置为环流中心位置，也是最易发生气孔缺陷部位。硅模具微型腔完成填充较快，约0.509 ms即被充满。其中，微型腔边缘轮齿部位填充时间比微型腔其他部位较长，这与合金熔液流动模拟结果吻合。

充型过程模拟结果显示在0.1 MPa吸铸压力下，合金熔液的吸入速度非常快，其在惯性作用下沿吸入方向对硅模具微型腔迅速完成填充。同时，受表面张力、黏性力和型腔尺寸的影响，微齿轮型腔中心区域首先完成填充，而边缘轮齿部位填充则略慢。铸造气孔缺陷预测结果显示，合金熔液在硅模具微型腔内不易产生气孔，微铸件具有较好的致密性。

2. 冷却过程分析

非晶合金是亚稳态结构，其微观组织结构的形成需要用极高的冷却速率将合金熔液迅速凝固，从而抑制晶核形成和长大，将杂乱无章的液态原子结构冻结在固态。因此，吸铸非晶合金微小零件模拟仿真中，对合金熔液在完成填充后冷却过程的分析十分必要。一方面通过模拟整个铸件冷却过程可以预测其非晶态微观组织结构的形成与否，另一方面通过分析铸件各部位冷却速率，可以推测冷却过程中各部位的凝固收缩顺序，预测微小零件的补缩情况。

图3-15给出了充型完成后不同时刻铸件及模具(铜模具及硅模具)温度分布的二维剖面图。图3-15(a)为充型完成时($t=1.272$ ms)铸件的温度分布。此时，铸件大部分部位的温度都高于1 095 ℃，只有边缘位置温度降低了不到10 ℃。这说明在非常短的吸铸充型过程中，合金熔液和模具之间的热交换非常少，几乎可以忽略不计。从图3-15(b)～(h)

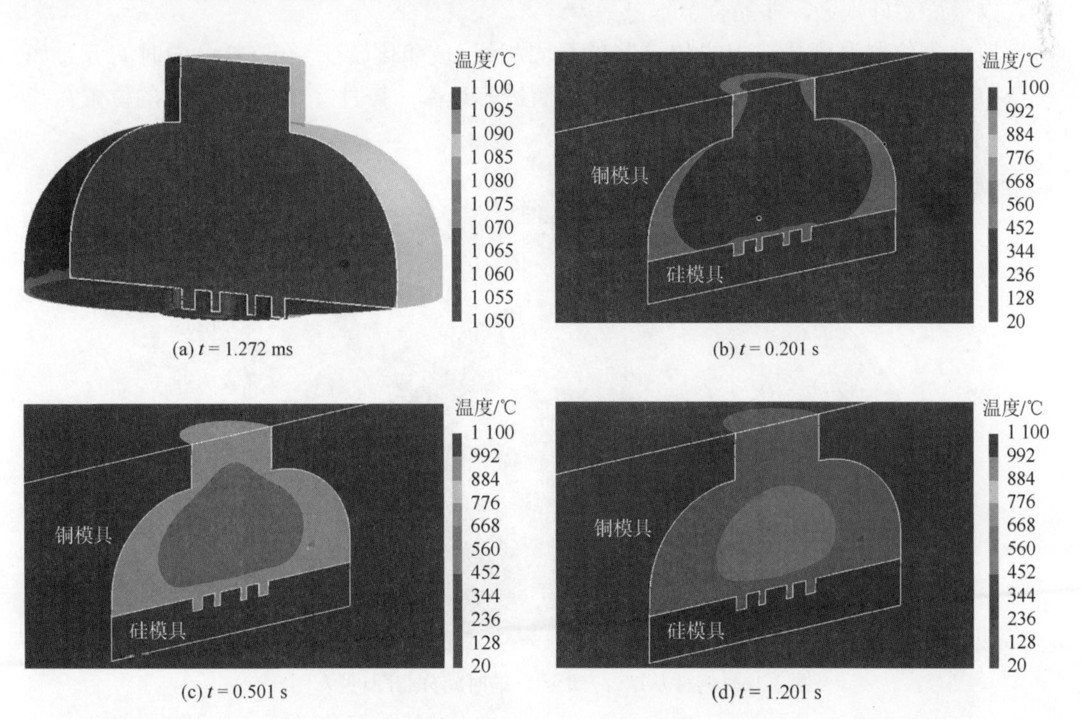

(a) $t=1.272$ ms　(b) $t=0.201$ s

(c) $t=0.501$ s　(d) $t=1.201$ s

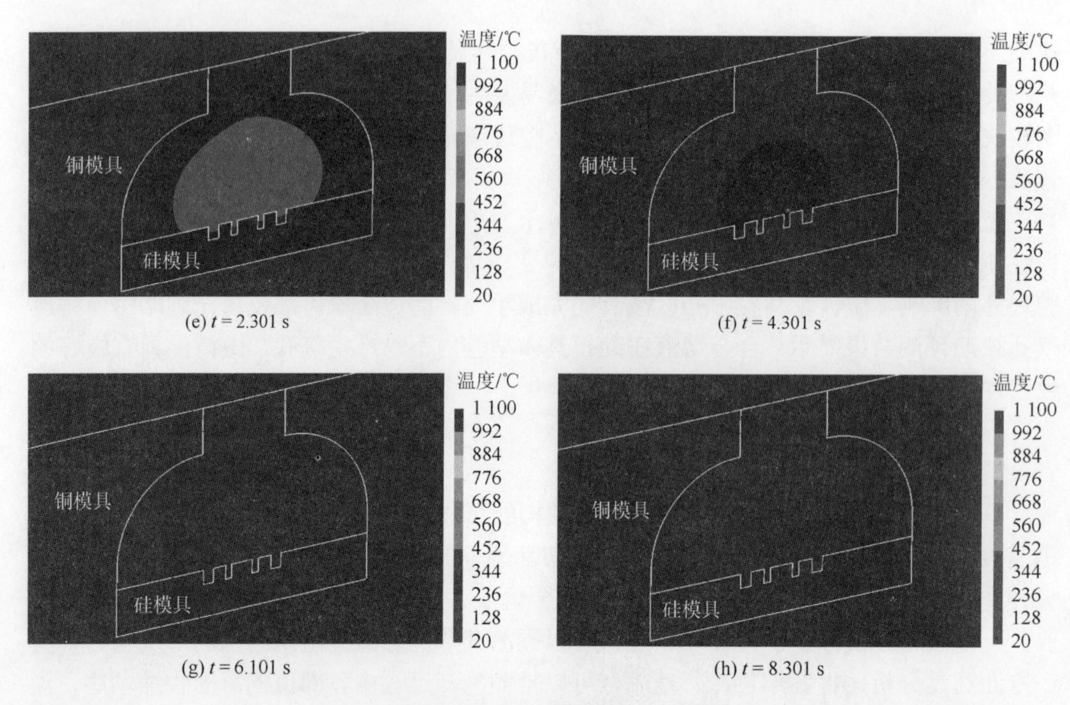

图 3-15　不同时刻铸件及模具温度分布二维剖面图(见彩图)

可以观察到，铸件的热量通过其与模具的接触面传导出去，铸件的温度也是从与模具接触面处开始降低的。不同时刻下，铸件与铜模具相接触的部位温度最低，与硅模具相接触的微铸件位置次之，铸件中心部位的温度最高。这是由不同材料热传导性能不同造成的，铜最好，硅次之，非晶合金本身最差。

铸件各位置温度从液相线(T_m)降低至固相线(玻璃化转变温度(T_g))的时间分布如图 3-16 所示，其直观地显示了铸件不同位置冷却速率。铸件冷却至 T_g 最快的位置在其

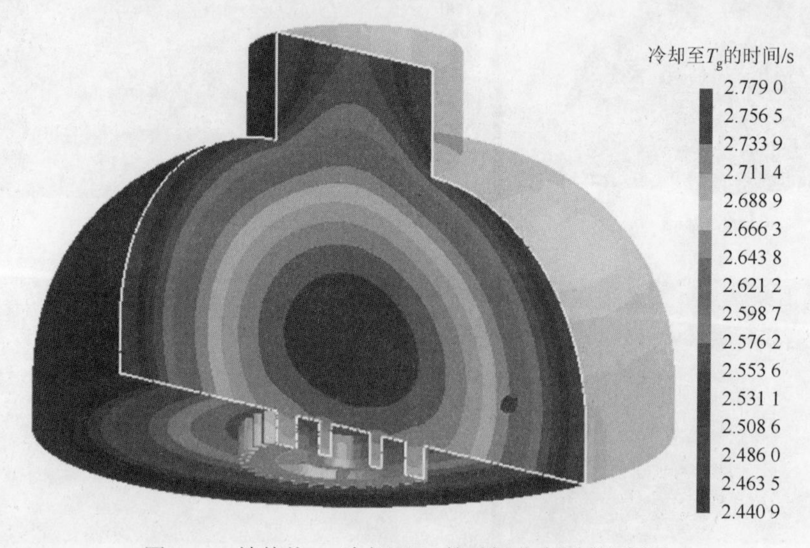

图 3-16　铸件从 T_m 冷却至 T_g 的时间分布图(见彩图)

与铜模具接触的边缘部位，需要 2.44 s，而距离铜模具越远的位置，其冷却至 T_g 的时间越长。冷却至 T_g 时间最长的位置在铸件中心区域，所需时间为 2.78 s，比边缘位置慢了 0.34 s。微铸件边缘位置冷却速率较铸件中心位置略快。在微齿轮凝固后，铸件中心位置可以对其进行一定补缩，这保证了其形状尺寸在冷却过程中不会被破坏，但是如果对铸件中心位置进行补缩，则会影响微铸件最终形状。

为进一步分析冷却过程中铸件及模具温度变化，在铸件和模具上各提取一些关键点，将其温度随时间的变化记录下来，并进行对比。图 3-17 为铸件关键位置的温度随时间变化曲线，其中 P_1、P_2、P_3、P_4、P_5 分别为铸件中心位置、微齿轮中心位置、微齿轮轮齿位置、硅模具中心位置和铜模具与铸件邻近位置。在冷却过程中，P_1 点温度一直略高于 P_2 点和 P_3 点，这也反映了铸件中心冷却速率最慢，温度最高。同时 P_2 点和 P_3 点温度几乎相等，说明微齿轮内部温度较均匀，其凝固后的微观组织结构和力学性能也会基本一致。P_4 点温度在冷却开始阶段有一个上升过程，大约在 1.2 s 后升高至 300 ℃，随后其温度缓慢降低。P_5 点温度则在整个冷却过程中几乎不变，这与实验中铜模具的温度变化基本相吻合。

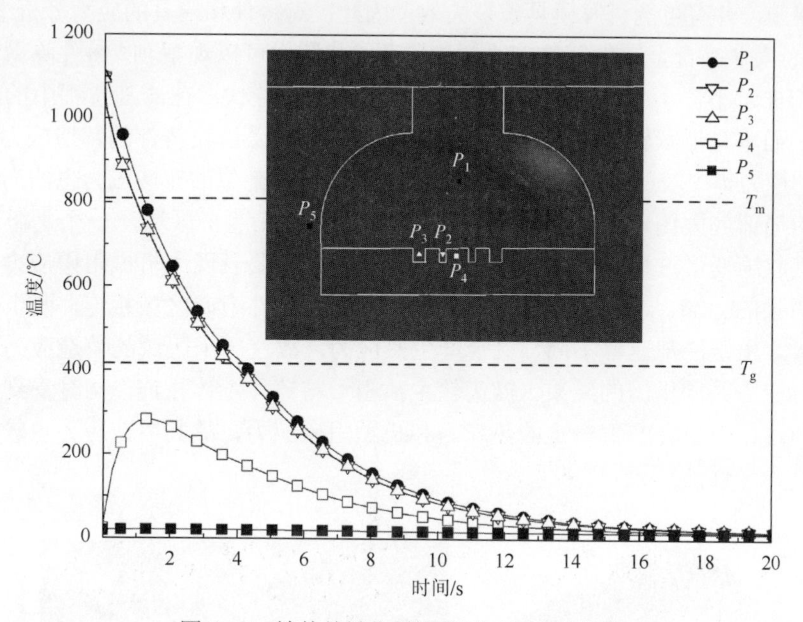

图 3-17 铸件关键位置温度随时间变化曲线

铸件的冷却速率可由 $(T_m-T_g)/t_{solid}$ 计算得出，其中 t_{solid} 为合金熔液从 T_m 冷却至 T_g 所用的时间。结合图 3-16，算出铸件中心与微齿轮位置的冷却速率分别为 142.1 ℃/s 和 146.9 ℃/s。可以断定如果铸件中心位置为非晶态，则微铸件也会形成非晶态结构。实际上 $Zr_{55}Cu_{30}Al_{10}Ni_5$ 非晶合金的形成能力很强，目前可铸造成形最大直径 32 mm 非晶态棒料[6]，而采用铜模水冷吸铸方法制备的直径 6 mm 棒料都可形成非晶态结构，故结合仿真的结果可以断定微铸件的微观组织结构是非晶态结构。

铸件冷却过程模拟结果说明：微铸件位置冷却速率较快，而铸件中心位置冷却速率

较慢，一方面，使得凝固过程中铸件中心位置会对微铸件位置进行补缩，保证微铸件最终成形精度；另一方面，只要铸件中心位置形成非晶态结构，则微铸件必为非晶态，这使得只要对尺寸较大的铸件中心位置进行非晶态结构测定即可，方便了微铸件非晶态结构的测定。

3. 铸造应力分析

合金熔液在凝固和冷却过程中由于体积变化受到外界或本身的制约，变形受阻，从而产生铸造应力。铸造应力按形成的原因分为三种：热应力、相变应力和机械阻碍应力。热应力是铸件各部分尺寸不同，在冷却过程中的冷却速率不同，导致同一时刻各部分收缩不一致，铸件各部分彼此制约而产生的应力。相变应力为凝固过程中发生相变的合金由于铸件各部分达到相变温度的时刻不同，且相变程度也不同而产生的应力。机械阻碍应力是铸件收缩受到模具阻碍而产生的应力。由于非晶合金在凝固过程中没有相变发生，铸造应力主要包含热应力和机械阻碍应力。铸造应力的产生对铸造结果有很大影响：一方面会影响微铸件力学性能；另一方面，铸件收缩受阻的同时会对模具产生作用力，导致模具内部也会有应力集中，并有可能引发模具破裂失效。因此，对铸件和模具的应力分析十分必要。

图 3-18 为非晶合金铸件铸造应力模拟结果。从图中可以观察到，铸件除微齿轮位置外的应力都非常小，不超过 10 MPa。这是因为铸件为柱状，在冷却过程中的收缩不受模具制约，而本身形状较规则，产生的热应力也较小。微齿轮铸件的铸造应力较明显。轮齿齿顶的应力集中较严重，最大值约为 900 MPa，其他部位的铸造应力也约为 150 MPa (图 3-18 的局部放大图)。其中，齿顶位置的应力集中在两个区域，一个是微齿轮齿顶的下端，其收缩变形过程中受到模具约束，铸造应力主要表现为机械阻碍应力；另一个是微齿轮齿顶的上端，不仅受机械阻碍应力，同时与铸件中心区域相连，两个部分的尺寸相差较大，由于冷却速率不同，又会产生热应力，故这一个区域的铸造应力为机械阻碍应力和热应力共同作用的结果。微齿轮主体由于与铸件主体相连，同时受到硅模具约束，在冷却过程中也会产生一定的热应力和机械阻碍应力，故其铸造应力也较大，这势必会影响其力学性能。

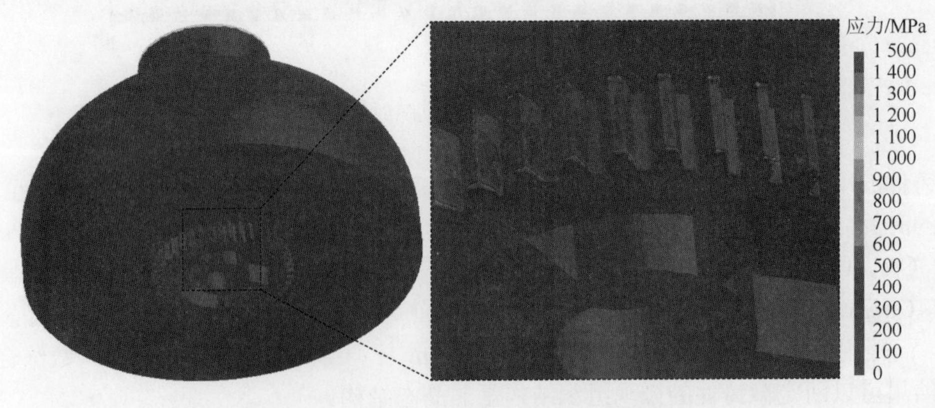

图 3-18　铸件铸造应力模拟结果(见彩图)

模具在冷却过程中阻碍铸件收缩变形，反过来则会受到来自铸件的作用力，从而在内部产生应力，并有可能引起破裂失效。图 3-19 为硅模具应力模拟结果，其中应力主要分布在微齿轮型腔的轮齿位置。这是由于铸件收缩变形过程中，轮齿位置的变形最大，其对模具产生的作用力也最大，而模具在齿顶位置的结构又较薄弱，故易产生应力集中。从图 3-19 的局部放大图中可以观察到，应力主要集中在轮齿型腔的顶部和根部两个位置，硅模具最有可能在这两个位置发生断裂失效。

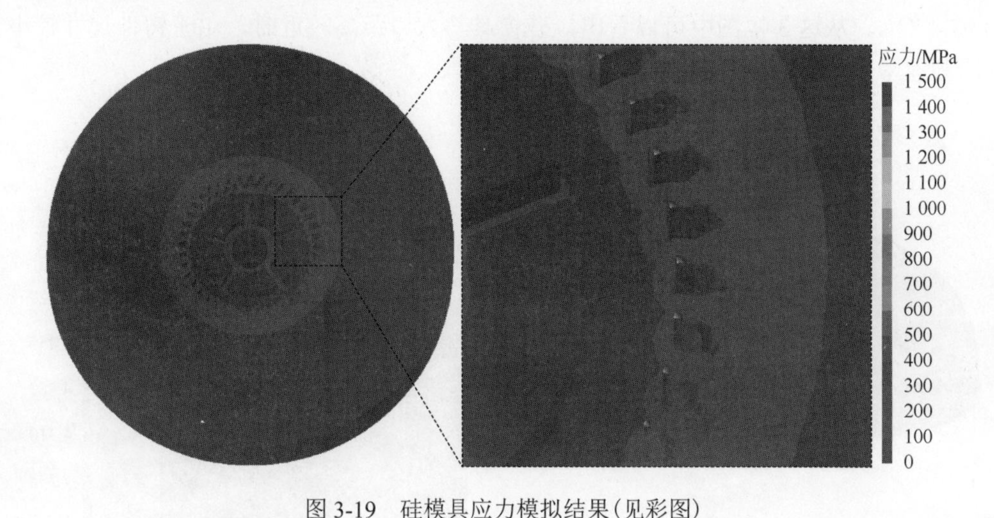

图 3-19　硅模具应力模拟结果(见彩图)

3.1.4　工艺参数影响分析

吸铸非晶合金微小零件过程中，硅模具与入口距离、吸铸温度和吸铸压力等参数都会对合金熔液的填充过程、冷却过程和铸件及硅模具的应力等产生影响。模拟分析结果虽然在数值上无法完全精确地反映实际工艺参数下的试验结果，但是其可以预测试验中各工艺参数对试验结果的影响趋势，指导人们发现规律，优化试验参数。在较理想工艺参数下，合金熔液应能够完全填充硅模具的微型腔，并且在填充后其冷却速率满足非晶态结构形成条件，同时微铸件和硅模具应力集中能够尽量减小。

1. 硅模具与入口距离的影响

硅模具与入口距离决定了整个铸造型腔尺寸和铸件尺寸。由于有效的微铸件为填充硅模具微型腔获得，硅模具距离吸铸入口越远，则整个铸件尺寸越大，需要去除的多余材料越多，材料利用率也越低。故从经济角度考虑，硅模具应距离入口较近为宜。另外，铸件尺寸影响各部位冷却速率和凝固时间，进一步影响微铸件和硅模具的铸造应力。

1) 对冷却过程的影响

图 3-20(a)～(c)分别为硅模具与入口距离 L 等于 2.5 mm、5 mm 和 10 mm 情况下铸件冷却至 T_g 的时间分布图。由于铸件的尺寸不同，冷却过程有些差别。尺寸越大，铸件

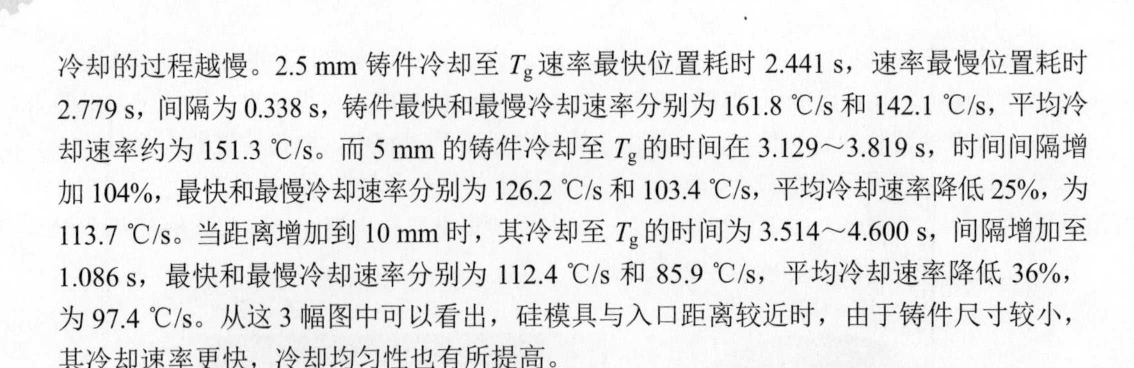

冷却的过程越慢。2.5 mm 铸件冷却至 T_g 速率最快位置耗时 2.441 s，速率最慢位置耗时 2.779 s，间隔为 0.338 s，铸件最快和最慢冷却速率分别为 161.8 ℃/s 和 142.1 ℃/s，平均冷却速率约为 151.3 ℃/s。而 5 mm 的铸件冷却至 T_g 的时间在 3.129～3.819 s，时间间隔增加 104%，最快和最慢冷却速率分别为 126.2 ℃/s 和 103.4 ℃/s，平均冷却速率降低 25%，为 113.7 ℃/s。当距离增加到 10 mm 时，其冷却至 T_g 的时间为 3.514～4.600 s，间隔增加至 1.086 s，最快和最慢冷却速率分别为 112.4 ℃/s 和 85.9 ℃/s，平均冷却速率降低 36%，为 97.4 ℃/s。从这 3 幅图中可以看出，硅模具与入口距离较近时，由于铸件尺寸较小，其冷却速率更快，冷却均匀性也有所提高。

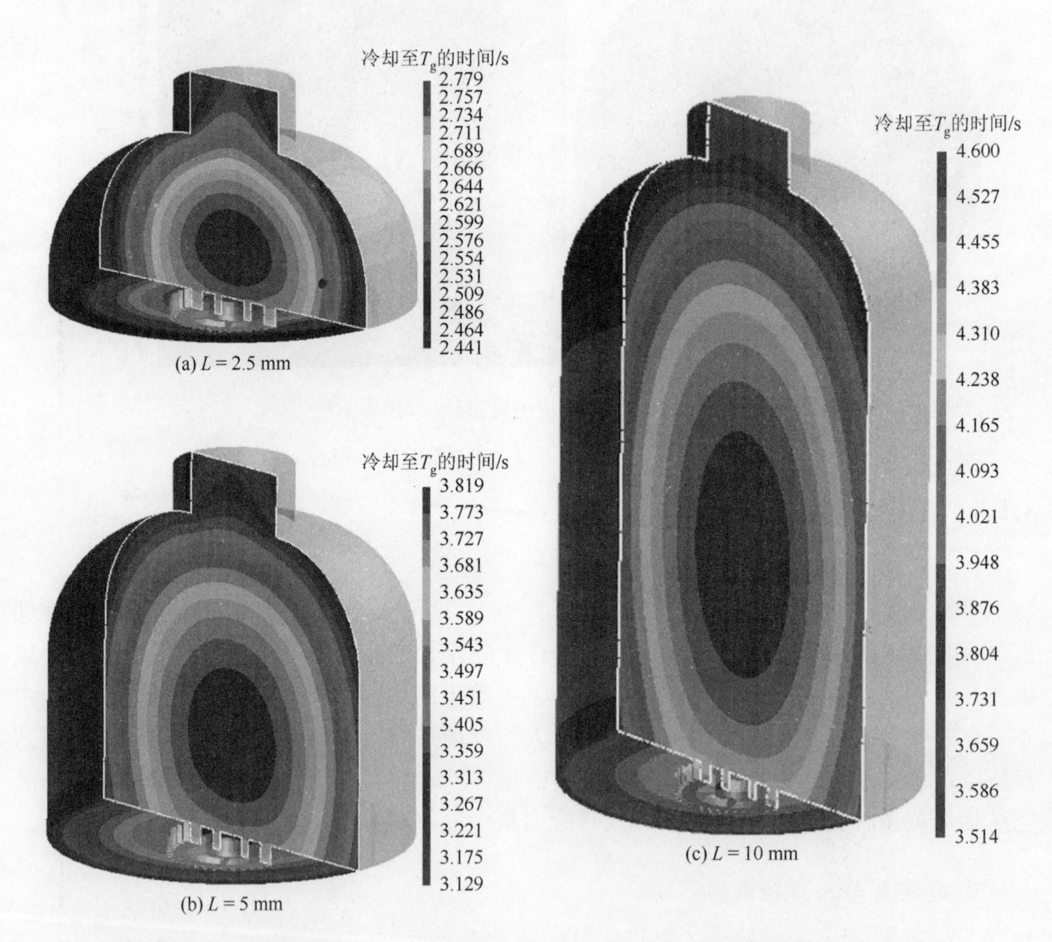

图 3-20　不同硅模具与入口距离情况下铸件从 T_m 冷却至 T_g 的时间分布图（见彩图）

2）对铸造应力的影响

硅模具与入口距离越远，则铸件纵向尺寸越长，在冷却过程中纵向收缩变形量越大，且冷却不均匀性越大，从而会影响微铸件与硅模具的铸造应力。图 3-21（a）～（f）分别为不同硅模具与入口距离下微齿轮零件及硅模具的应力仿真结果。当硅模具与入口距离为 10 mm 时（图 3-21（e）和（f）），微铸件与硅模具微型腔边缘齿顶位置的集中应力值比距离为 2.5 mm 与 5 mm 的情况较高，说明硅模具与入口距离较远时，较大的铸件收缩变形会造成硅模具的应力集中现象更明显，使其易破碎失效。不同硅模具与入口距离情况下微铸件内部铸造应力值基本相同，为 100～200 MPa，可见铸件纵向尺寸对微铸件内部的铸造应力影响较小。

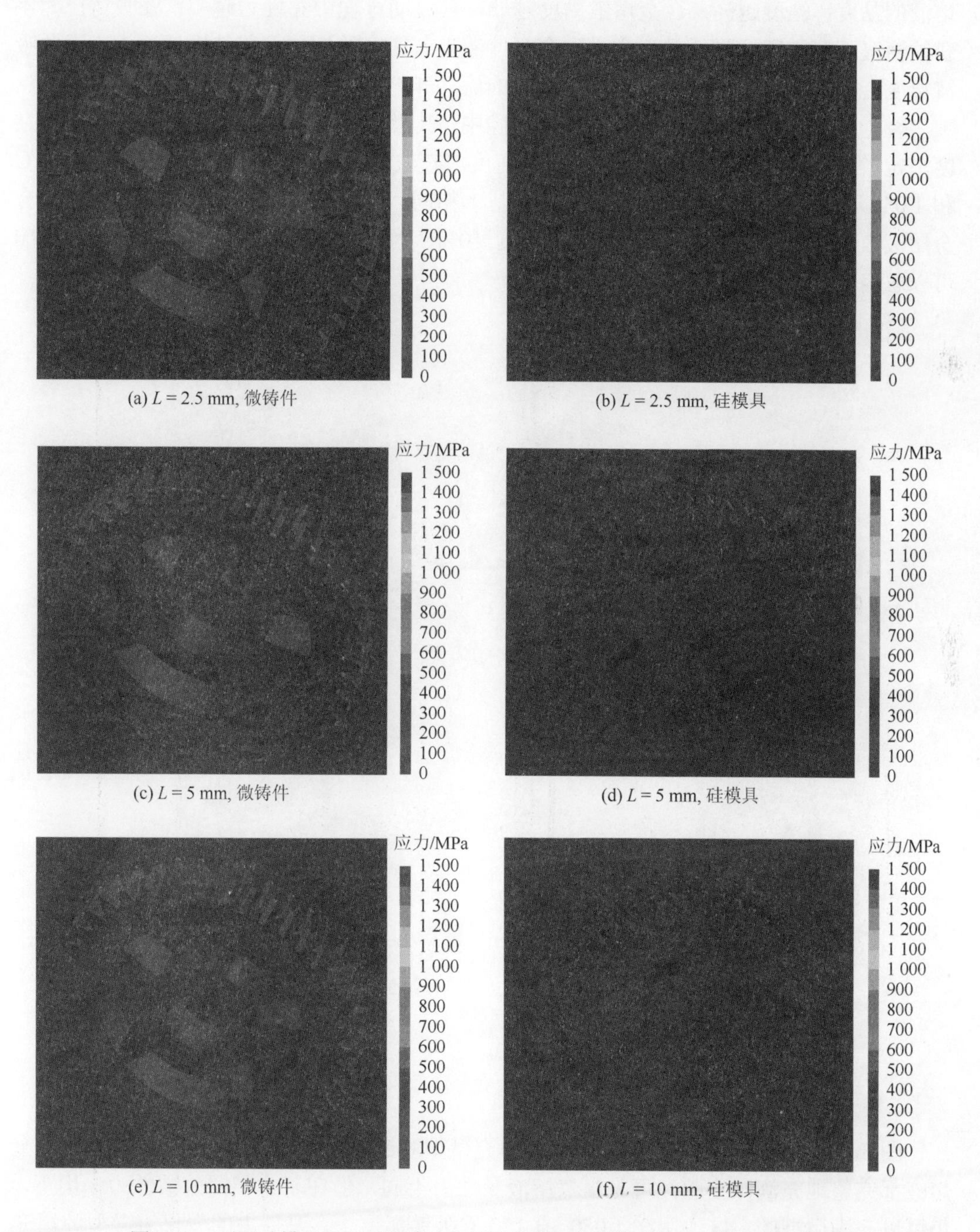

(a) L = 2.5 mm, 微铸件

(b) L = 2.5 mm, 硅模具

(c) L = 5 mm, 微铸件

(d) L = 5 mm, 硅模具

(e) L = 10 mm, 微铸件

(f) L = 10 mm, 硅模具

图 3-21　不同硅模具距入口距离 (L) 下微小零件及硅模具的应力分布 (见彩图)

2. 吸铸温度的影响

1)对充型过程的影响

合金熔液吸铸填充微型腔是惯性力和黏性力共同作用的过程。吸铸温度决定了合金熔液的黏度，温度越高，合金熔液黏度越低，其流动过程中黏性力越小。在吸铸压力不变的情况下，黏度的降低又将会导致合金熔液吸入速度的增加，使其惯性增大。因此吸铸温度会影响合金熔液在吸铸成形工艺中的流动和充型。

合金熔液在负压作用下被吸入模具型腔中，其吸入速度由吸铸负压力和熔液本身黏度决定。在高温下，熔液黏度较低，其吸入速度应较快。如图 3-22 所示，吸铸温度 1 100 ℃和 1 050 ℃情况下，合金熔液的吸入速度基本相同，当吸铸温度提高到 1 170 ℃时，合金熔液吸入速度增加约 1 m/s，增加量不到 10%，因此吸铸温度对合金熔液的惯性影响可以忽略不计。

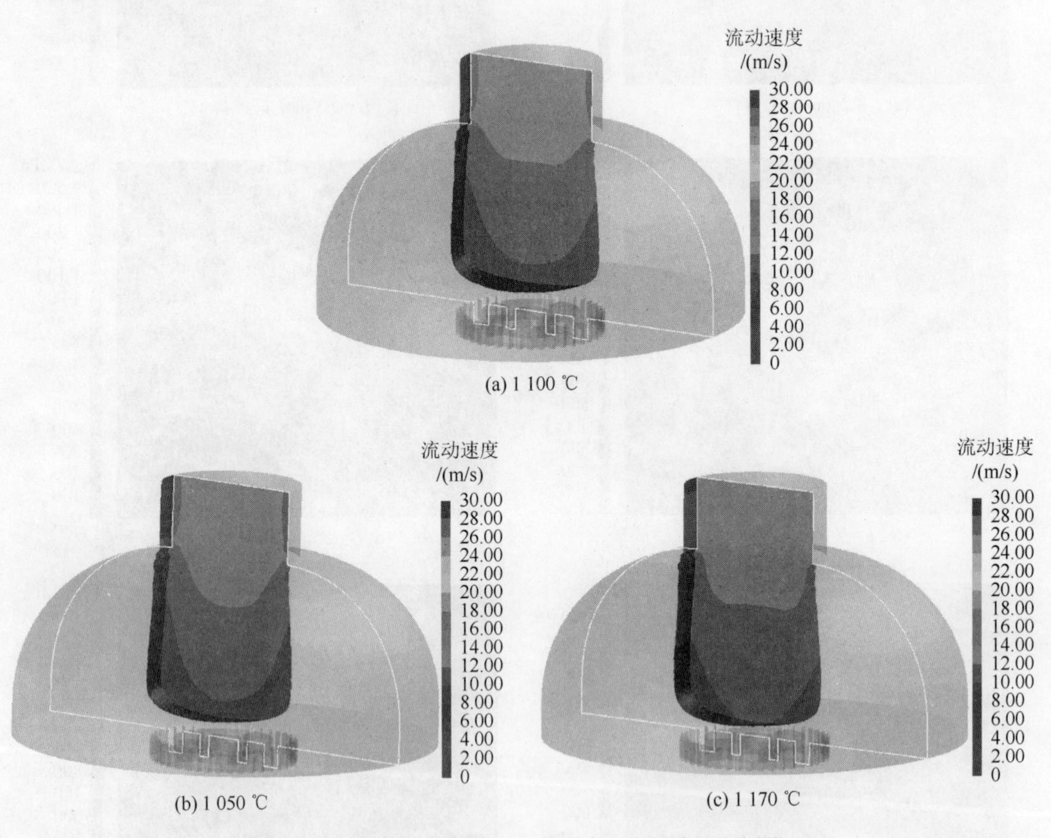

图 3-22　不同吸铸温度下合金熔液吸入速度(见彩图)

图 3-23 为不同吸铸温度下合金熔液填充微型腔速度分布。在不同吸铸温度下，合金熔液都完整地充满微型腔。可见虽然熔液黏性力不同，但在基本相同的惯性力作用下，仍可以充满微型腔。这说明在 1 050～1 170 ℃吸铸温度下，黏性力的变化对微型腔填充的影响并不明显。

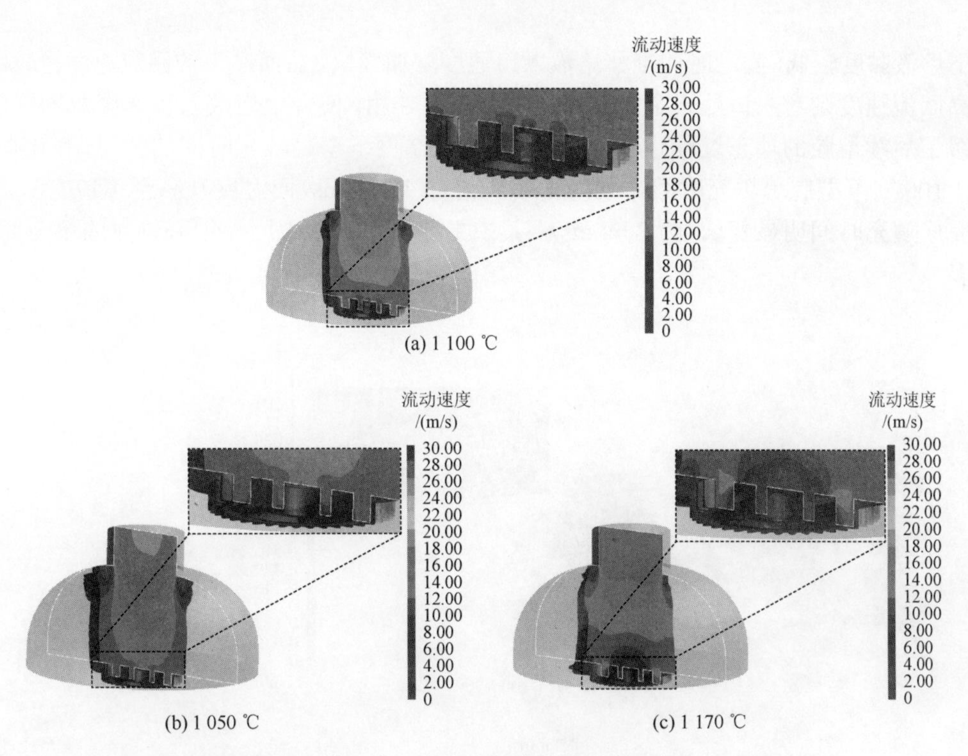

图 3-23　不同吸铸温度下合金熔液填充微型腔速度分布(见彩图)

图 3-24 为不同吸铸温度下合金熔液在型腔内产生回流速度分布。在 1 170 ℃吸铸温

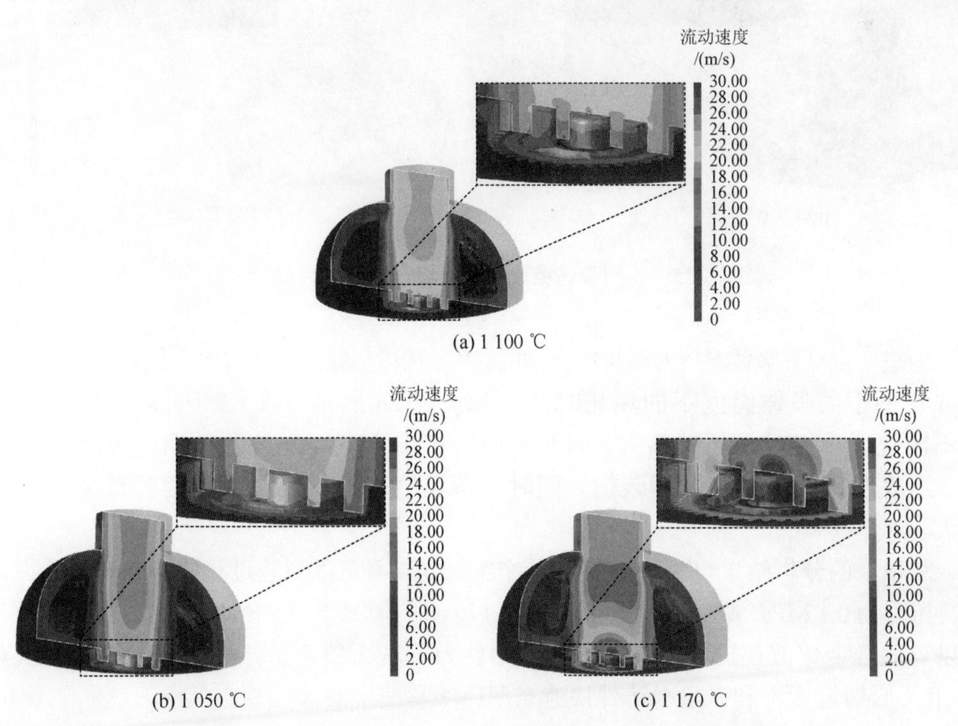

图 3-24　不同吸铸温度下合金熔液回流速度分布(见彩图)

度下熔液黏度较低，随着时间推移熔液入口速度增加较快，从而产生的回流速度也较高。较高回流速度则对入口处合金熔液产生较强阻断作用，使合金熔液入口速度急剧降低，延缓了后续型腔的填充过程。图 3-25 为各吸铸温度下型腔填充时间的分布，1 050 ℃和 1 100 ℃下型腔总填充时间分别为 1.255 ms 和 1.287 ms，而温度升高至 1 170 ℃时型腔完成填充时间明显变长(约 2.64 ms)，其中主要是合金熔液回流中心位置的填充耗时较多。

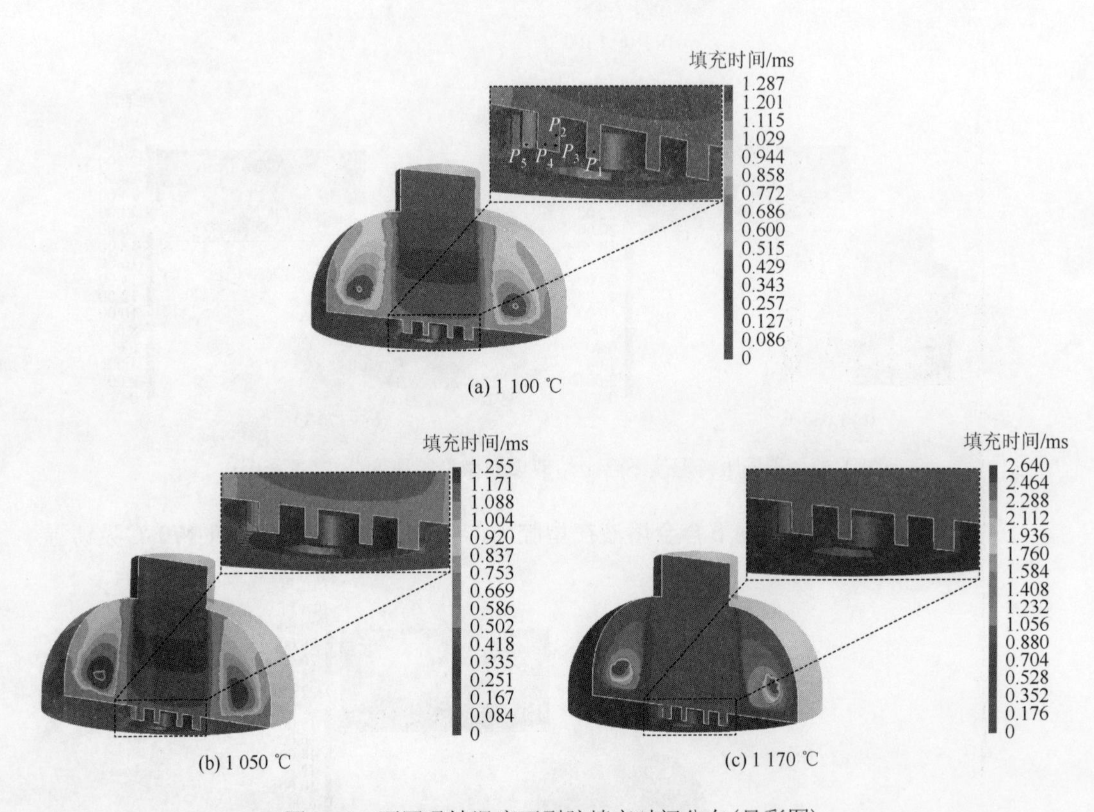

图 3-25　不同吸铸温度下型腔填充时间分布(见彩图)

为进一步研究吸铸温度对微型腔充型的影响，在微型腔内部选取 5 个位置(图 3-25(a))，提取它们不同吸铸温度下的填充时间，如图 3-26 所示。在同一吸铸温度下微型腔内不同位置填充时间相差不大，而在不同吸铸温度下同一位置的填充时间也几乎相同，这表明微型腔填充过程较短，同时吸铸温度小范围变化对微型腔充型过程影响不大。

从以上的分析结果可见，吸铸温度对合金熔液填充微型腔过程的影响并不明显。在吸铸压力为 0.1 MPa、吸铸温度为 1 050～1 170 ℃的情况下，合金熔液惯性力起主导作用，足以克服合金熔液在这一温度区间内的黏性力，从而使合金熔液完成微型腔的填充。1 170 ℃吸铸温度不利于整个铸件快速充型，并易使中心部位卷入气泡。

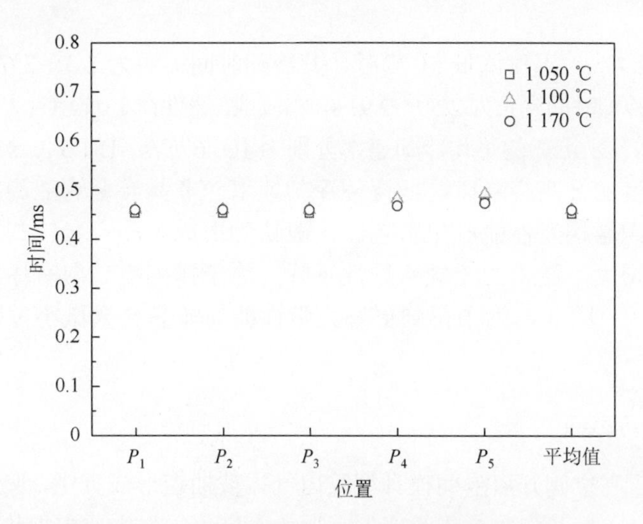

图 3-26　不同吸铸温度下微型腔各位置填充时间

2) 对冷却过程的影响

吸铸温度的不同使铸件冷却的起始温度也不同，这会对铸件冷却过程产生一定的影响。图 3-27 为不同吸铸温度下铸件从熔化温度(T_m)冷却至玻璃化转变温度(T_g)的时间分布。随着吸铸温度的升高，铸件从 T_m 冷却至 T_g 的时间也相应延长。在 1 100 ℃下，铸件冷

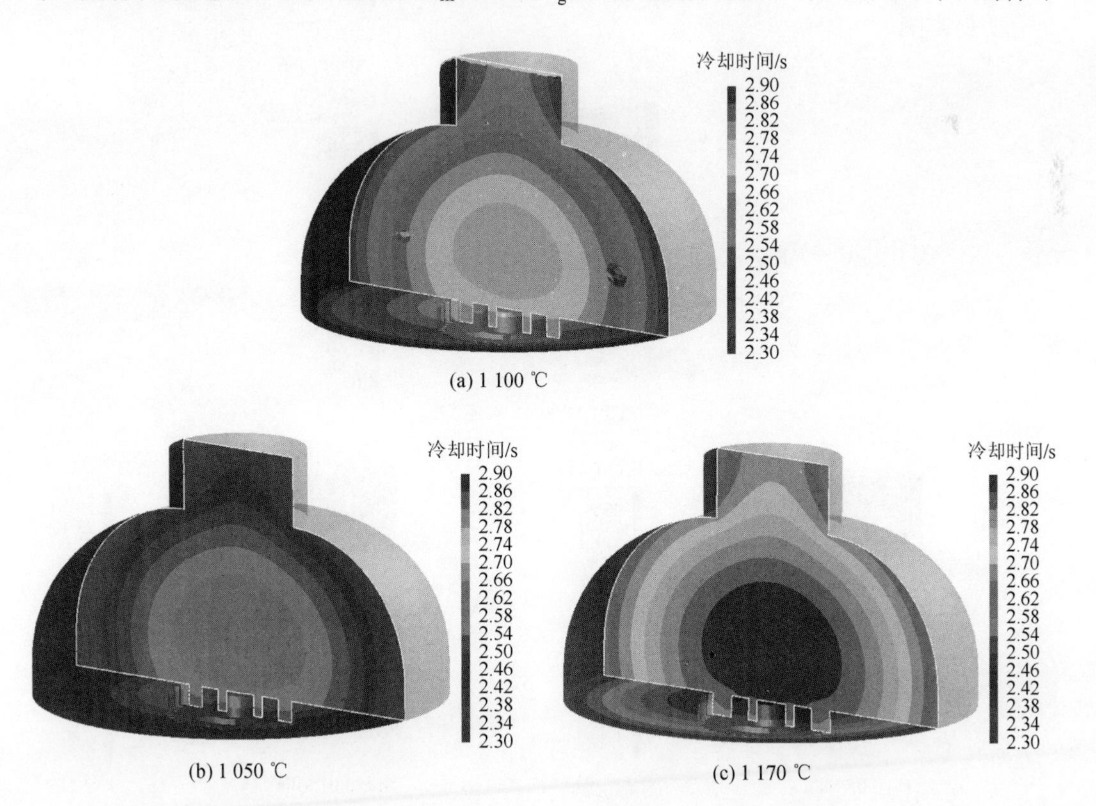

图 3-27　不同吸铸温度下铸件从 T_m 冷却至 T_g 的时间(见彩图)

却时间为 2.44～2.77 s。温度降低 50 ℃时，其冷却时间缩短为 2.3～2.62 s，当温度升高至 1 170 ℃时，其冷却时间延长为 2.59～2.91 s。相应地，铸件在 1 050 ℃、1 100 ℃和 1 170 ℃吸铸温度下从 T_m 冷却至 T_g 的平均冷却速率分别为 160.6 ℃/s、151.3 ℃/s 和 143.6 ℃/s。由此可见，吸铸温度的升高会略微降低铸件冷却速率。非晶合金为亚稳态材料，热历程会对材料微观组织结构及性能产生影响。一般认为形成非晶合金冷却速率的降低会使其短程有序范围增大，结构的无规密堆性下降，原子排列更趋向有序结构，导致其强度和硬度的降低[7]。因此，为了得到更好力学性能的非晶合金微小零件，宜采用较低的吸铸温度。

3. 吸铸压力的影响

吸铸过程中，真空阀开启瞬间模具型腔内气体被抽走形成真空，吸铸入口处形成负压，合金熔液被吸入模具型腔内进行充型。吸铸入口负压力主要由熔化炉内氩气压力与模具型腔内真空之间的压差决定，调节氩气压力则可以改变吸铸压力，从而影响合金熔液入口速度及填充过程。图 3-28 为在吸铸压力为 0.1 MPa、0.05 MPa 和 0.01 MPa 情况下合金熔液的吸入速度，压力越小，其吸入速度越慢。在 0.1 MPa 压力下，合金熔液的前沿速度约为 9 m/s，当压力降至 0.05 MPa 时，熔液前沿速度降至约 5.4 m/s，进一步降至 0.01 MPa 时，熔液前沿速度约为 1.8 m/s。可见吸铸压力的改变对合金熔液吸入速度具有明显影响。

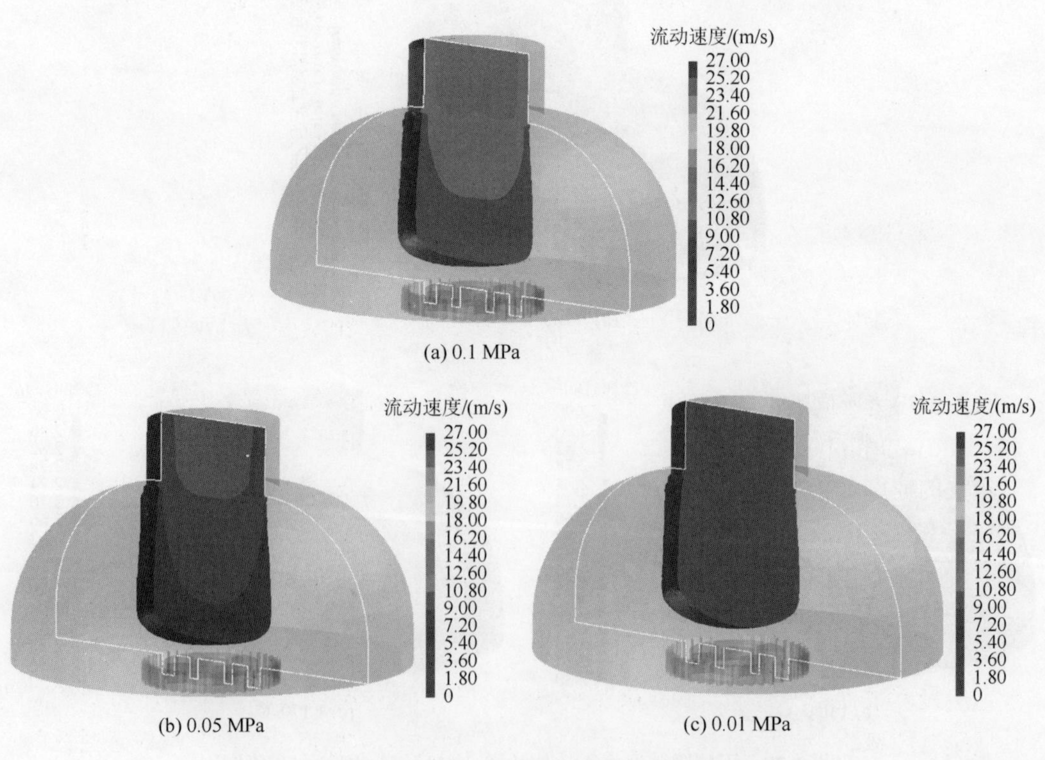

图 3-28　不同吸铸压力下合金熔液的吸入速度分布（见彩图）

图 3-29 为不同吸铸压力下合金熔液填充硅模具微型腔的速度分布。合金熔液基本上以吸入速度填充微型腔，所以吸铸压力决定了合金熔液填充微型腔的速度和惯性力。压力过小，则合金熔液惯性力无法克服其黏性力，不能完成微小尺度型腔的填充；吸铸压力大，则合金熔液惯性力较大，较易克服其本身黏性力，完成微模具的填充，但过大的惯性力会对硅模具微型腔造成冲击破坏，从而无法得到完整的微铸件。如图 3-29(c) 所示，在 0.01 MPa 吸铸压力下，由于合金熔液填充微型腔的速度太低(约 1.8 m/s)，微型腔中心部分在黏性力阻碍下填充缓慢，而在 0.1 MPa 和 0.05 MPa 吸铸压力下，这部分微型腔的填充过程则较顺利。

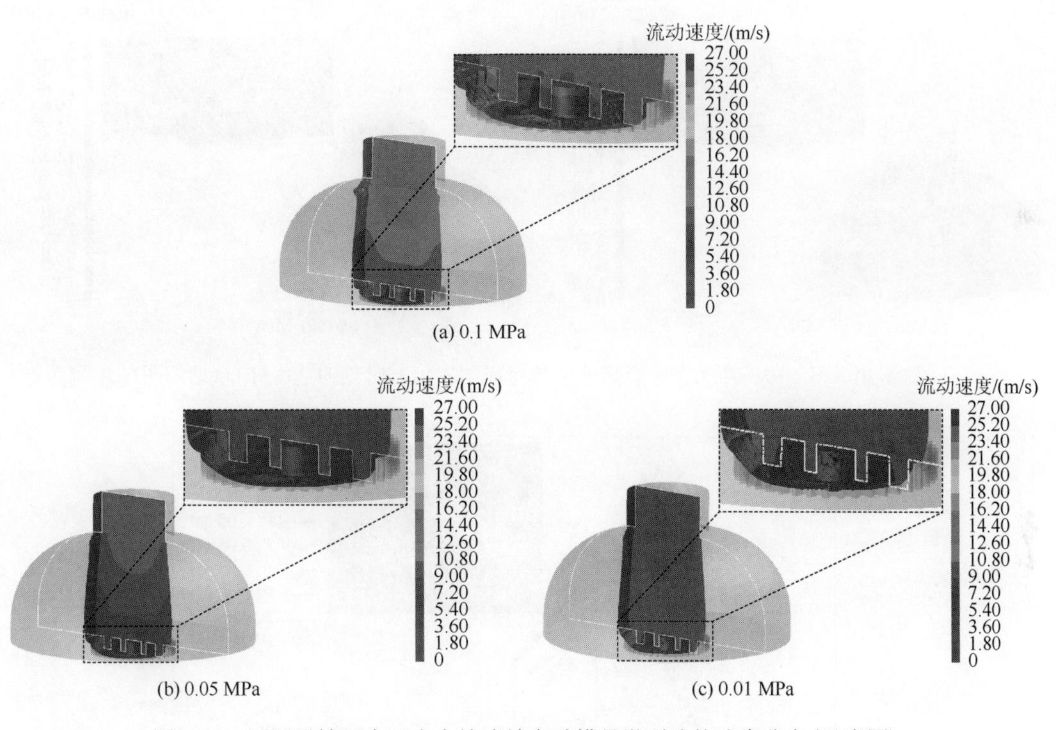

图 3-29　不同吸铸压力下合金熔液填充硅模具微型腔的速度分布(见彩图)

图 3-30 为不同吸铸压力下整个型腔即将完成填充时刻的合金熔液速度分布。在 0.1 MPa (图 3-30(a))和 0.05 MPa(图 3-30(b))吸铸压力下，微型腔已经完成填充且合金熔液仍然以较快的速度(约 19 m/s 和 16 m/s)流动。在 0.01 MPa 的吸铸压力下，微型腔齿箭头所示位置(图 3-30(c))没有完成填充，而此时微型腔内合金熔液流动速度也较慢(约 9 m/s)，由于无法克服黏性力的阻碍，合金熔液很难填充满微型腔。

图 3-31 为不同吸铸压力下合金熔液在型腔入口位置(P_1)及微型腔入口位置(P_2、P_3)的流动速度随时间的变化曲线。从这些曲线中可以直观地看出吸铸压力对合金熔液的流动速度及其惯性力的影响。随着吸铸压力的降低，合金熔液在 P_1、P_2 和 P_3 位置的流动速度都有所减小，尤其是 P_2、P_3 位置的流动速度较小，大幅降低了合金熔液充型微型腔的惯性力。流动速度的降低也使得合金熔液流动填充时间延长。图 3-32 为不同吸铸压力

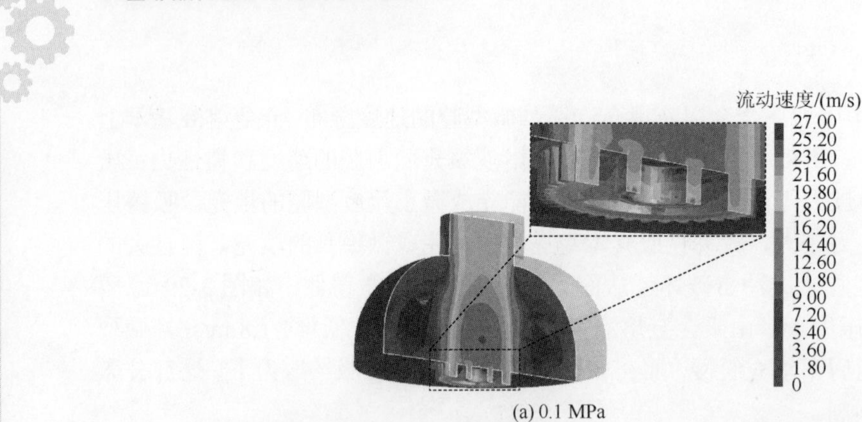

(a) 0.1 MPa

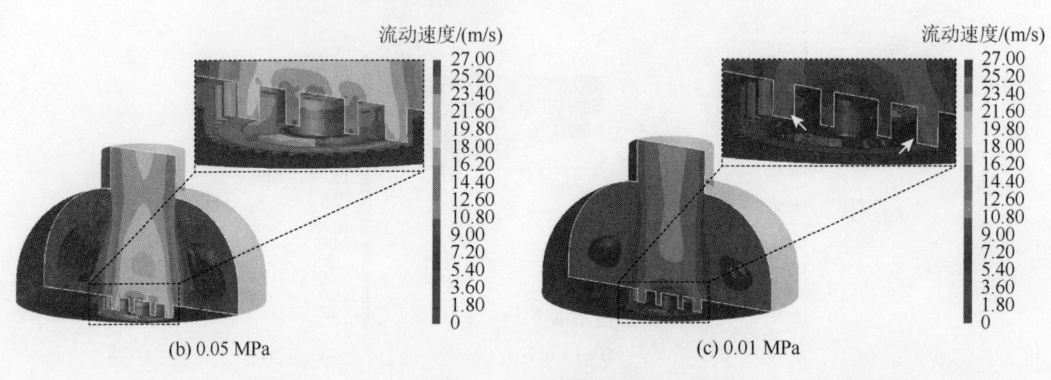

(b) 0.05 MPa　　(c) 0.01 MPa

图 3-30　不同吸铸压力下合金熔液即将完成型腔填充时刻的速度分布(见彩图)

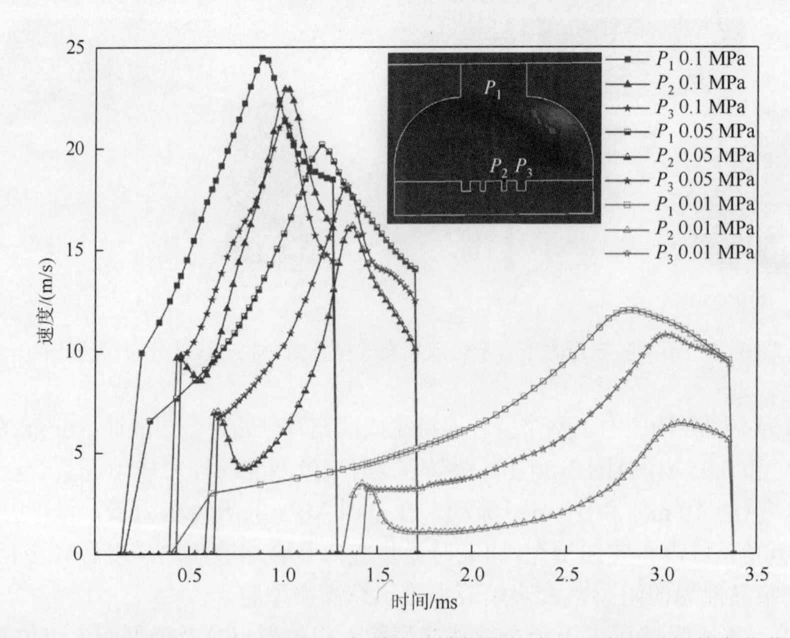

图 3-31　不同吸铸压力下合金熔液在型腔关键位置的流动速度随时间的变化曲线

下合金熔液型腔的填充时间分布。在 0.1 MPa 和 0.05 MPa 吸铸压力下，合金熔液填充型腔的顺序基本相同，即合金熔液从入口吸入直接填充硅模具微型腔后产生回流，再充满型腔，且填充时间也相差不大，分别为 1.287 ms 和 1.714 ms。当入口压差降低至 0.01 MPa

时，整个型腔的填充时间延长至 3.381 ms，同时合金熔液填充型腔的顺序也发生了变化。在没有充满硅模具微型腔情况下合金熔液即产生回流填充型腔其他部分，使得一部分微型腔在整个型腔充型的最后阶段被充满(图 3-32(c)中白色箭头所指)。故在较低吸铸压力下，合金熔液的惯性力较低，导致微型腔较难被填充满。

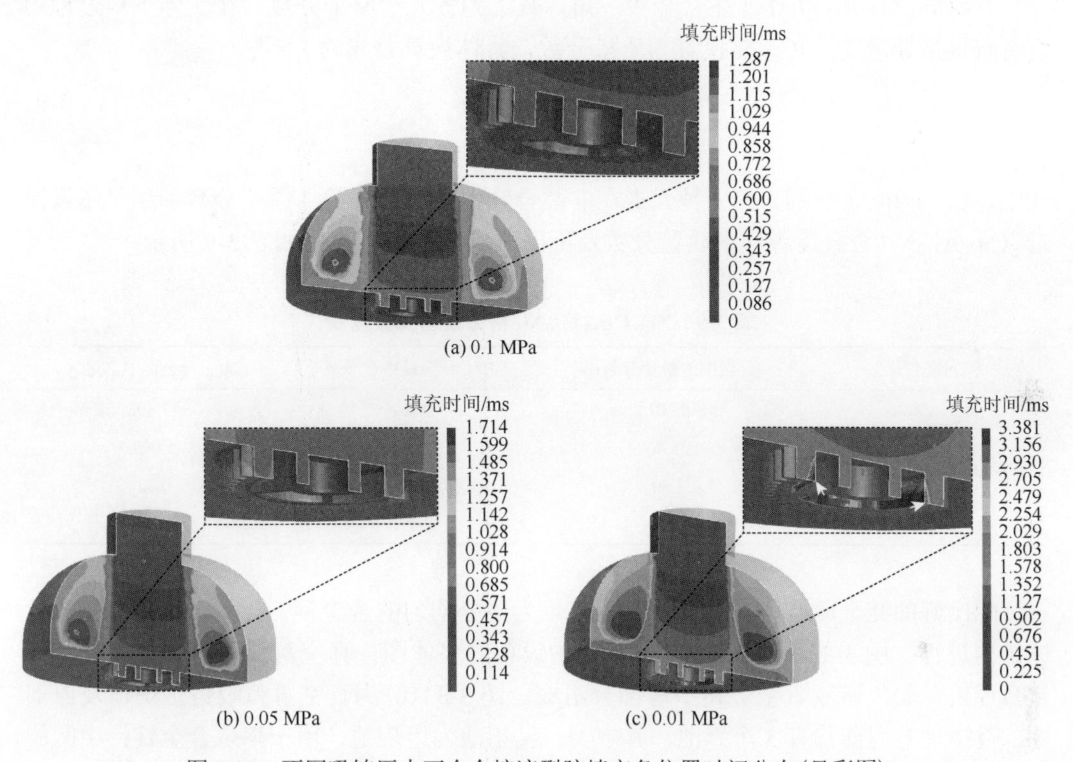

(a) 0.1 MPa

(b) 0.05 MPa　　(c) 0.01 MPa

图 3-32　不同吸铸压力下合金熔液型腔填充各位置时间分布(见彩图)

从上述分析可知，吸铸压力对合金熔液填充硅模具微型腔及整个型腔具有较大影响。吸铸压力通过影响合金熔液吸入速度，影响合金熔液的惯性力。当压力较大时，合金熔液具有较大吸入速度，在惯性起主导作用的情况下，其较易填充满入口下方的硅模具微型腔。但当吸铸压力较小时，合金熔液吸入速度较低，惯性力不足以克服黏性力，导致微型腔的充型较困难，甚至不能完全充满。在实验中应该主要控制吸铸压力，使合金熔液在适当的吸入速度下完成微型腔的充型，从而得到形状完整、表面质量良好的微小零件。

3.2　Zr 基非晶合金吸铸成形能力研究

3.2.1　Zr 基非晶合金母合金锭熔炼

非晶合金由其母合金经吸铸及快速冷却而形成，而母合金是由各金属或非金属元素按比例混合而成的晶态合金锭。母合金成分的均匀性对最终形成的非晶合金的一致性具有很大的影响，其制备过程分为两个步骤：首先配比各元素材料，即按成分比例对各纯金属或非金属材料进行切割下料；其次将各纯金属或非金属材料反复熔炼，使它们互相混合扩散形成均匀的合金锭。

$Zr_{55}Cu_{30}Al_{10}Ni_5$ 块体非晶合金中下角标数字为各元素原子分数，在实际下料过程中没有直接指导意义，必须要换算为质量分数，具体换算公式为

$$k_i = \frac{n_i \cdot M_i}{\sum_j n_j \cdot M_j} \tag{3-9}$$

式中，k_i、n_i 和 M_i 分别为第 i 种元素在非晶合金中的质量分数、原子分数和摩尔质量。$Zr_{55}Cu_{30}Al_{10}Ni_5$ 合金锭各元素质量分数及不同质量中各元素含量如表 3-9 所示。

表 3-9　$Zr_{55}Cu_{30}Al_{10}Ni_5$ 合金锭各元素含量

元素名称	合金中的质量分数/%	10 g 合金锭中含量/g	20 g 合金锭中含量/g
Zr	67.01	6.701	13.402
Cu	25.46	2.546	5.092
Al	3.60	0.36	0.72
Ni	3.92	0.392	0.784

配比好的纯金属材料在吸铸前需要熔炼为成分均匀的合金锭，此操作在真空氩弧吸铸炉内进行。图 3-33(a)为真空氩弧吸铸炉设备的整体图，真空氩弧吸铸炉由控制柜、氩弧焊机、氩气瓶及真空吸铸炉等部分组成。图 3-33(b)为真空氩弧吸铸炉炉体及内部图。吸铸炉腔内部共有 5 个熔池，其中①～④熔池为熔炼池，用于熔炼合金锭；中间的⑤熔池与模具相连，为吸铸池，用于吸铸非晶合金。

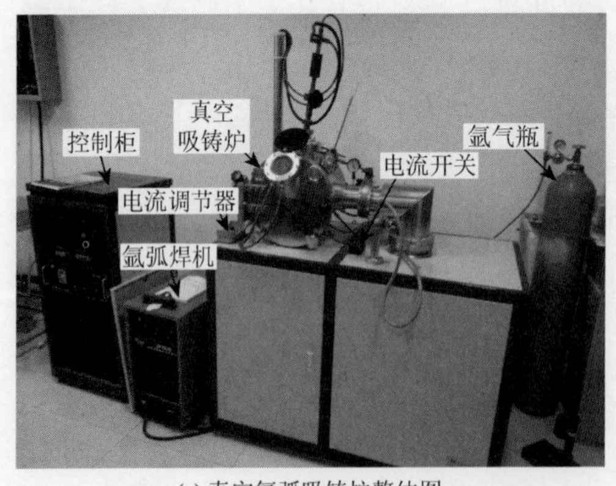

(a) 真空氩弧吸铸炉整体图

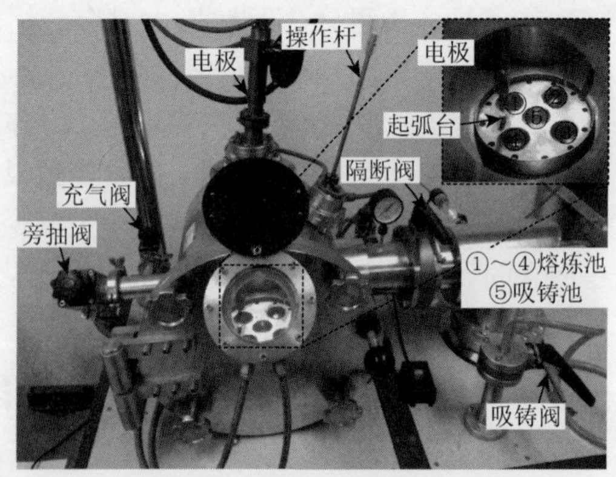

(b) 炉体及内部图

图 3-33　真空氩弧吸铸炉

为防止合金锭中掺杂入其他元素(如氧元素)，整个熔化过程在稳定的保护气氛下进

行。合金锭采用氩弧熔炼，氩气也满足保护气氛要求。图 3-34 为真空氩弧吸铸炉内的气路图，为在真空氩弧吸铸炉内制造高纯度的氩气氛围，需要进行以下几步操作。

(1) 抽低真空。打开旁抽阀，用真空泵将真空氩弧吸铸炉内空气抽走，至气压为 5 Pa 以下，然后关闭旁抽阀。

(2) 抽高真空。开启隔断阀，用分子泵将真空氩弧吸铸炉内空气进一步抽走，至真空计气压为 5×10^{-3} Pa 以下后关闭隔断阀。

(3) 充纯氩气。打开充气阀，将氩气瓶内的氩气充入真空氩弧吸铸炉内，至真空氩弧吸铸炉内充满 0.1 MPa 的氩气后关闭该阀门。

(4) 洗气。重复上述步骤 2 次，使真空氩弧吸铸炉内空气被氩气冲洗干净。

(5) 起弧。将电极尖部放在起弧台上方约 1 cm 处，打开电流开关，等待 5 s 至设备稳定后开始起电弧。起弧时将电极向下移动接触起弧台后迅速抬高，与起弧台脱离，看到电弧生成后，则起弧成功。

(6) 熔炼钛金属吸收剩余氧气。移动电极至②熔炼池内钛金属锭正上方，使其尖部距金属锭约 1 cm。增加电流至 300 A，将金属锭全部熔化，并持续约 1 min，以吸收真空氩弧吸铸炉内剩余微量氧气。

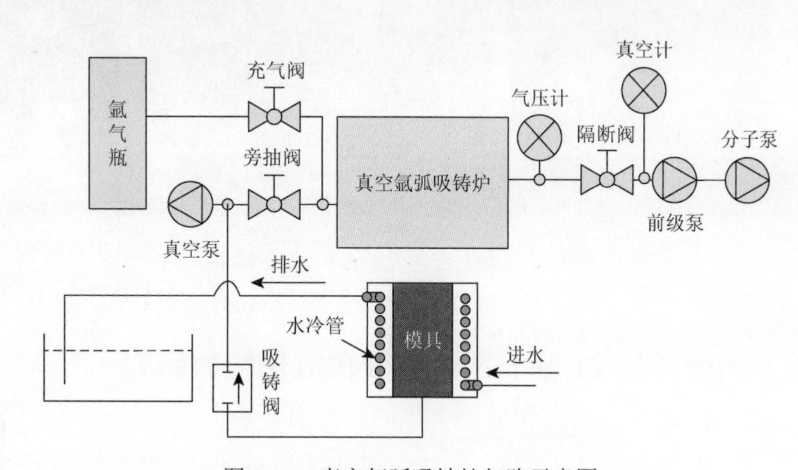

图 3-34　真空氩弧吸铸炉气路示意图

经过上面的步骤后，真空氩弧吸铸炉内达到了较纯的氩气氛围，此时将电极移动到旁边熔炼池内配好的金属堆上方，用氩弧熔化各金属。在高电流下，由自身电阻引起的欧姆效应产生的高温使各金属块迅速熔化为液态并混合在一起。金属熔炼 1 min 后可关闭电流，待其冷却后翻面继续熔炼 1 min，如此反复翻面熔炼 6 次，使合金锭内部各金属原子充分扩散，混合均匀(图 3-35)。

合金锭成分的均匀性对最终吸铸的非晶合金微小零件性能的一致性具有重要影响。采用能谱仪(energy dispersive spectrometer，EDS)对合金锭内部随机微小面积内各元素含量分析的结果如图 3-36 所示，其中各元素原子分数分别为：Zr 元素 55.7%，Cu 元素 29.01%，Al 元素 9.36%，Ni 元素 4.55%，另外还含有 1.38%的 Fe 元素杂质。EDS 结果显示反复熔炼 6 次的合金锭内各成分含量均匀，基本符合 $Zr_{55}Cu_{30}Al_{10}Ni_5$ 非晶合金元素比例。

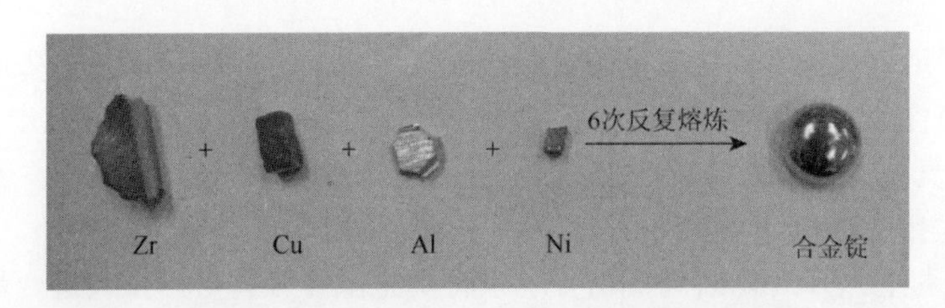

图 3-35　Zr、Cu、Al、Ni 金属块及合金锭

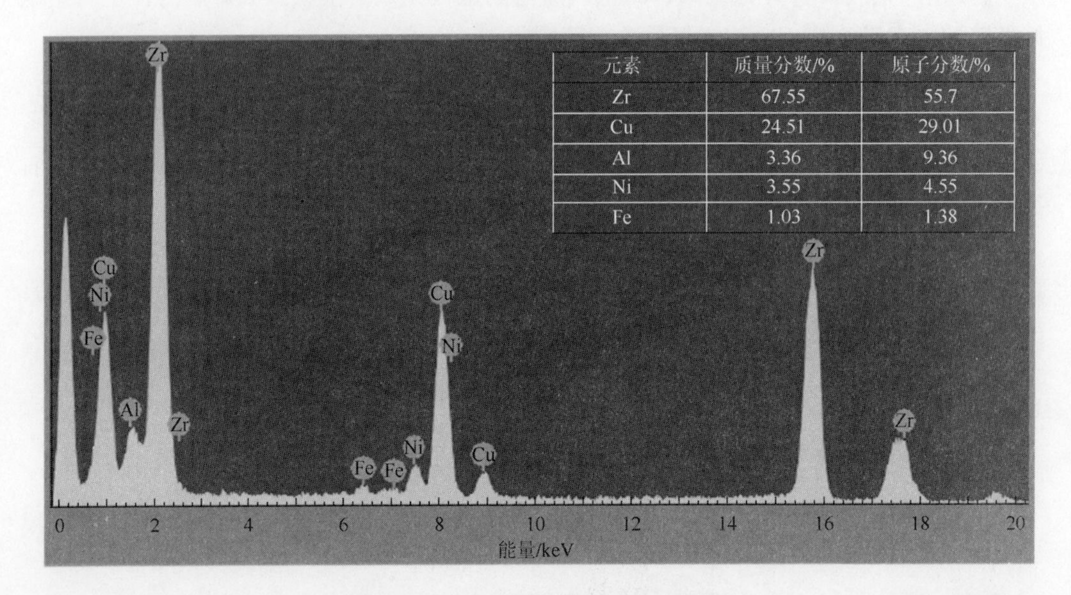

元素	质量分数/%	原子分数/%
Zr	67.55	55.7
Cu	24.51	29.01
Al	3.36	9.36
Ni	3.55	4.55
Fe	1.03	1.38

图 3-36　合金锭各元素含量 EDS 结果

3.2.2　基于硅模具的 Zr 基非晶合金吸铸成形能力研究

非晶合金由于没有晶粒及晶界限制，理论上具有优异的微纳成形能力，但在实际工艺中，由于其他因素限制，不同工艺成形能力往往不尽相同。为了研究非晶合金吸铸硅模具微成形能力，本节设计和基于 ICP 刻蚀工艺在硅片上制备了微方形槽，槽宽 3 μm、深 3 μm，槽与槽之间间隔 3 μm(图 3-37(a))，并使用其作为模具在不同的工艺参数下进行非晶合金吸铸成形实验。

图 3-37(b)～(d)为吸铸压力 0.1 MPa、不同吸铸温度下非晶合金吸铸成形工艺复制微方形槽结构结果的 SEM 照片。在吸铸压力 0.1 MPa、吸铸温度 1 055 ℃工艺参数下可以观察到成形的非晶合金表面具有规则的微结构，但进一步放大观察则可看到非晶合金微结构的高度不到 1 μm，并没有完全复制微结构。当吸铸温度提高到 1 116 ℃时，吸铸成形的非晶合金表面微结构轮廓更加清晰，并呈现出了明显的立体感。从侧面的放大图可见成形的微结构为明显的方形结构，并且高度达到 3 μm，说明在 1 116 ℃的吸铸温度下，合金熔液具有较好的吸铸微成形硅模具能力，其完全充满截面尺寸为 3 μm×3 μm

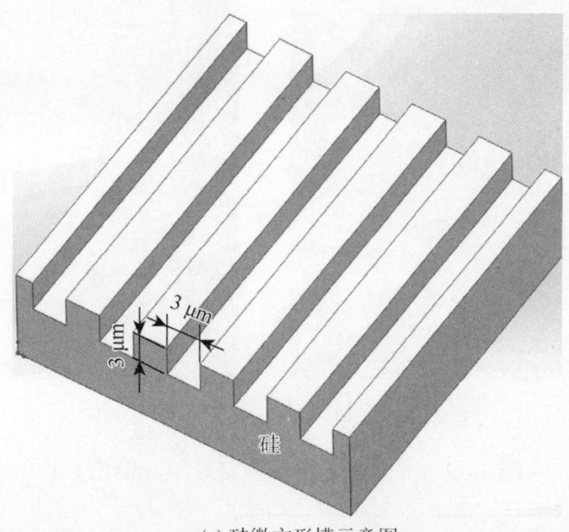

(a) 硅微方形槽示意图

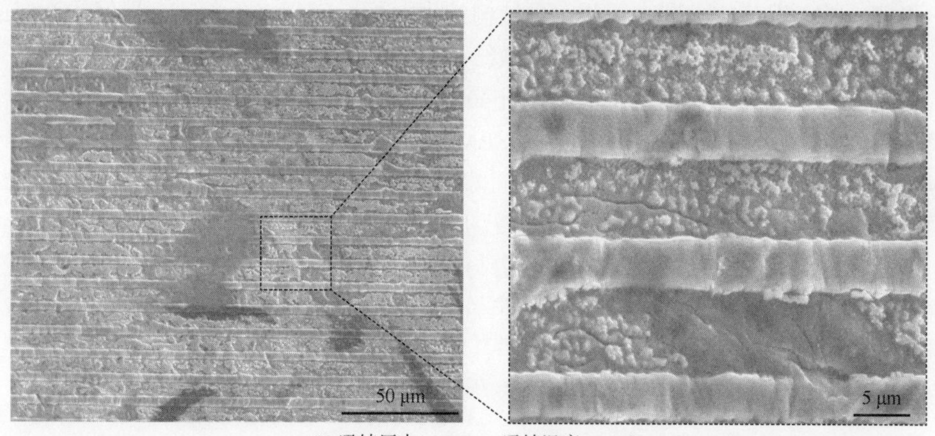

(b) 吸铸压力0.1 MPa、吸铸温度1 055 ℃

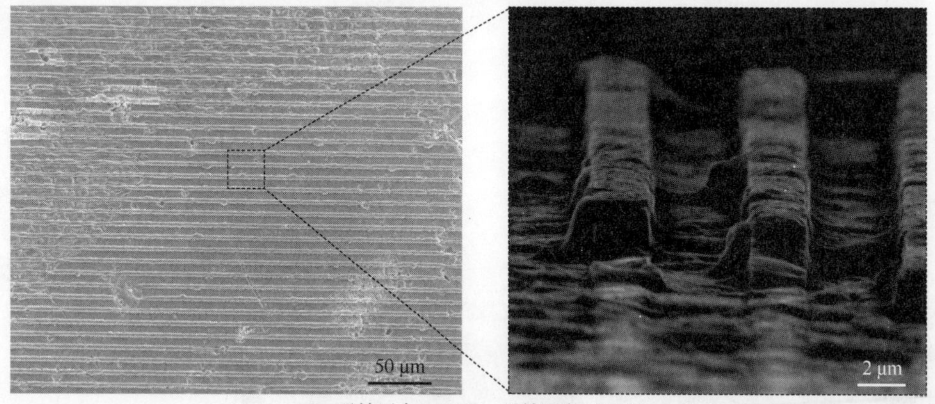

(c) 吸铸压力0.1 MPa、吸铸温度1 116 ℃

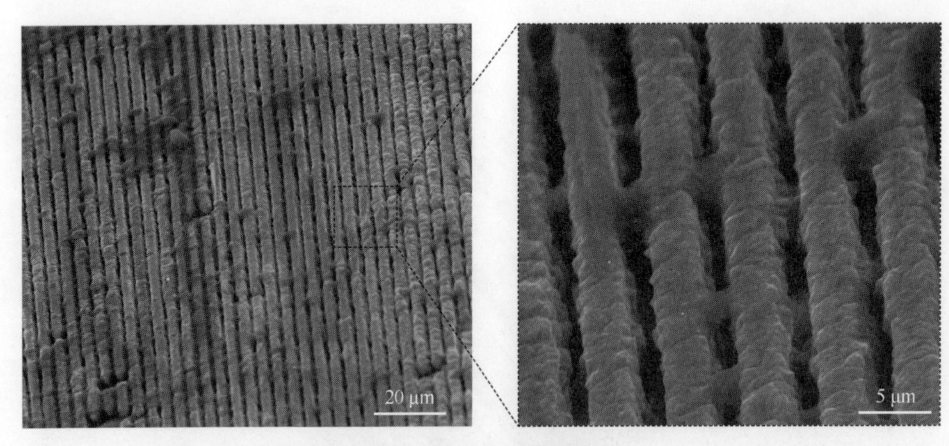

(d) 吸铸压力0.1 MPa、吸铸温度1 167 ℃

图 3-37　非晶合金吸铸复制硅微方形槽模具

的硅微方形槽结构。当吸铸温度进一步升高至 1 167 ℃时，非晶合金也大面积复制了硅微方形槽结构，但从放大图中可见，微结构的表面形貌有很多不规则、尺度约 0.5 μm 的凹凸缺陷，并不如 1 116 ℃吸铸温度下微结构表面那样平整。

为进一步研究 1 116 ℃吸铸温度下非晶合金吸铸复制微结构的情况，制备非晶合金填充硅微方形槽后未脱模的截面，并用 SEM 进行细致观察。如图 3-38 所示，非晶合金充满硅模具上的微方形槽且看不到任何间隙。换用高倍率镜头对其中一个微方形槽进行观察后发现，非晶合金和硅之间的界限较为模糊，出现了介于非晶合金的亮色和硅模具的暗色之间的颜色，这有可能是非晶合金与硅发生扩散现象形成的，而扩散有可能导致熔液对模具产生浸润效应。在高温下，非晶合金熔液与硅之间有可能发生浸润效应，这有利于非晶合金填充硅模具上的微结构[8]。但是，浸润效应的发生受温度影响很大，当温度低于临界温度时，浸润现象并不会发生，这使得合金熔液较难填充微米级以下的结

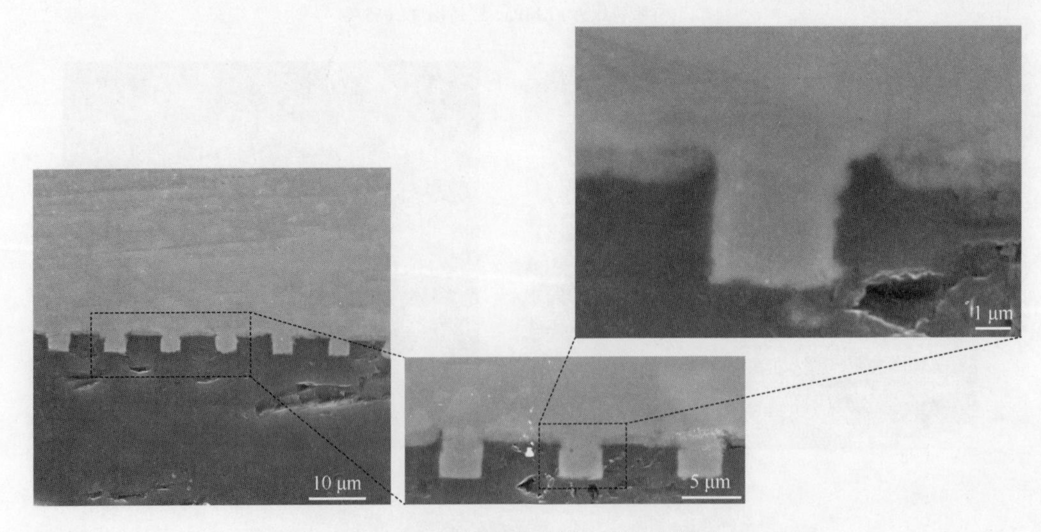

图 3-38　非晶合金吸铸填充硅微方形槽的截面 SEM 图

构；当温度升高时，浸润效应使得模具中微米及以下结构的填充变得容易，但随着温度进一步升高，浸润层也会加厚。故浸润效应导致在较低吸铸温度下(1 055 ℃)非晶合金无法完全复制 3 μm×3 μm 的硅微方形槽结构；而在较高吸铸温度下(1 167 ℃)，扩散作用较强烈，使得非晶合金与硅之间的扩散层较厚，导致腐蚀掉硅微结构后，剩下的非晶合金微结构表面较粗糙。因此，在较适中的吸铸温度下(1 116 ℃)非晶合金能达到较优的吸铸复制硅模具微结构能力。

从吸铸复制硅微方形槽可以看出，非晶合金吸铸成形工艺具有较好的微复制能力。尤其是模具材料为硅时，非晶合金在合适的吸铸温度下会适当浸润硅模具材料，使其可以很好地复制尺度 3 μm、深宽比为 1∶1 的硅微结构。

3.3　Zr 基非晶合金微小零件吸铸成形

体硅深刻蚀工艺能够制备高尺寸精度、较好表面粗糙度的单层单型腔硅微模具，并能制备带有多型腔及双层型腔的复杂硅模具。这些硅模具已应用于非晶合金热压成形工艺，并成功制备了一些非晶合金微小零件，但尚未用于非晶合金微小零件吸铸成形工艺。吸铸成形工艺中，合金熔液对硅模具的填充率、成形零件的表面形貌、合金熔液与硅模具之间界面的结合性以及吸铸成形工艺参数对零件成形的影响等问题，都需要进行实验研究。之前的实验发现非晶合金熔液具有极强的硅微纳结构吸铸复制能力，在 1 116 ℃吸铸温度、0.1 MPa 吸铸压力下可以完整地复制特征尺寸 3 μm×3 μm 的硅微方形槽结构，验证了基于硅模具的非晶合金微小零件吸铸成形方法的可行性，为后续的非晶合金微小零件吸铸制备提供了实验指导。

本节将在现有非晶合金吸铸成形设备上设计抽气孔中心设置及两边设置两个吸铸方案，并分别进行实验研究。对实验结果，从吸铸成形工艺参数对零件成形的影响、模具的填充率、微小零件的表面形貌和致密性、非晶合金与模具之间界面的结合性等方面进行分析，并对最终成形的非晶合金微小零件进行微观组织结构及力学性能的测试与评价，进一步研究与验证基于硅模具的非晶合金微小零件吸铸成形方法。

3.3.1　基于硅模具吸铸成形 Zr 基非晶合金微小零件实验方案

真空氩弧吸铸炉一般用于吸铸非晶合金棒料，其铜模具型腔为直径 6 mm 的圆柱体。采用真空氩弧吸铸炉进行吸铸成形 Zr 基非晶合金微小零件的研究，需要考虑的是硅模具放置和抽气孔预留问题。本节设计的硅模具外形尺寸为 4 mm×4 mm×1 mm，可以放置于圆柱形的型腔中。为了将硅模具固定在铜模具的型腔中，本节设计一个形状尺寸为 ϕ6 mm×5 mm 圆柱形铜质垫块，在装配时垫块能和铜模具型腔进行过盈配合，从而为硅模具提供安放位置，并可通过调整垫块的位置来调整硅模具与吸铸入口的距离。对于吸铸成形工艺，抽气孔是必须要预留的，并且其位置对吸铸过程有较大影响。抽气孔可

以通过对铜垫块进行进一步加工而设置在吸铸入口正下方的中心位置或在正下方的两边位置。下面对这两个方案进行详细介绍和说明。

1. 抽气孔中心设置方案

1) 模具安装

针对贯通型腔硅模具，可将抽气孔设置在模具型腔正下方。为此需在铜垫片上加工一个直径 1 mm 的中心孔，作为抽气孔，并用线切割方法将铜垫块沿中心轴一分为二，以便充型完成后的脱模。如图 3-39 所示，在模具安装前先将两瓣铜垫块用胶水粘在一起，然后将硅模具粘到垫块上(需保证模具型腔和抽气孔相对)，最后将粘有模具的垫块放入铜模具型腔距入口约 2.5 mm 处，合并铜模具，安装入吸铸设备中。

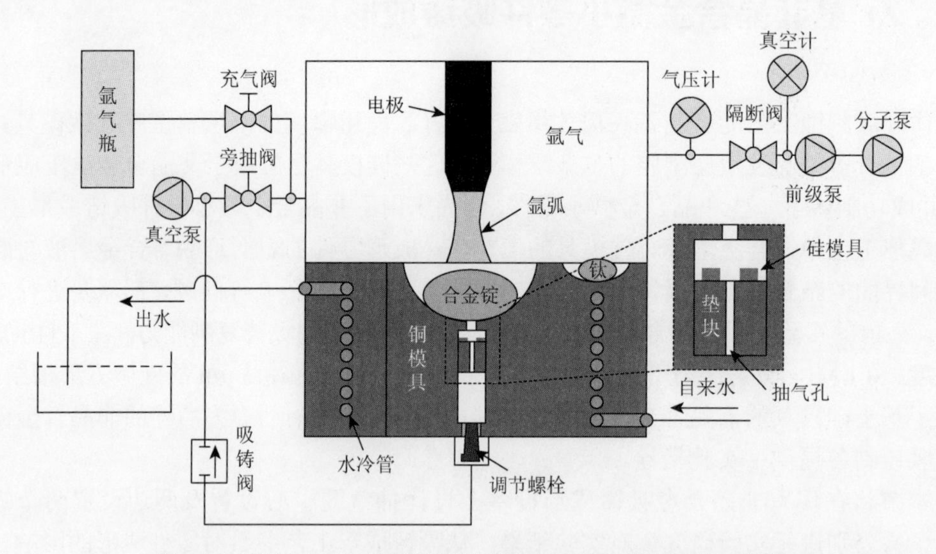

图 3-39　抽气孔中心设置的吸铸成形非晶合金微小零件方案图

将重 10 g 的均匀合金锭放入吸铸熔池，并将真空氩弧吸铸炉密闭。当真空氩弧吸铸炉内充满氩气保护气氛后，则可进行吸铸非晶合金微小零件的操作。

(1) 起弧。将电极顶部放在起弧台上方约 1 cm 处，打开电流开关，等待 5 s 至设备稳定后开始起电弧。起弧时将电极向下移动接触起弧台后迅速抬高，与起弧台脱离，看到电弧生成后，则起弧成功。

(2) 熔化合金锭。移动电极至吸铸池内合金锭正上方，使其尖部距离合金锭约 1 cm。合金锭在电弧作用下开始局部熔化，此时增加电流至 380 A(合金熔液温度约为 1 116 ℃)，将合金锭全部熔化。

(3) 吸铸合金熔液。在合金锭完全熔化 5 s 后，快速打开并快速闭合吸铸阀(快速闭合吸铸阀可避免多余材料从抽气孔中吸出)，使模具型腔内氩气瞬间被抽走形成真空。合金熔液在压力差作用下，被快速吸入铸造入口填充铜模具和硅模具型腔，并从抽气孔流出少量。闭合吸铸阀后即可关闭氩弧电流，使合金熔液快速冷却。

(4) 取模具及铸件。在水冷作用下，合金熔液快速冷却而凝固堵塞抽气孔，充型过程完成。2～3 min，待非晶合金铸件冷却至室温后，则可开启真空氩弧吸铸炉，将铜模具取出并打开得到铸件。

2) 脱模

图 3-40 为得到铸件后多余材料去除及微小零件脱模的过程。首先沿图中虚线所示位置将多余铸件材料进行切割及研磨，至露出硅模具。将两个半圆柱形的垫块分开，再将多余材料通过切割研磨去除，最后将包含零件的硅模具放入质量分数 40%的 KOH 溶液中，加热至 80 ℃进行腐蚀脱模，并辅以超声波加快反应速度。通过腐蚀脱模后，将得到的非晶合金微小零件放入无水乙醇中进行超声清洗，最终得到清洁的微小零件。

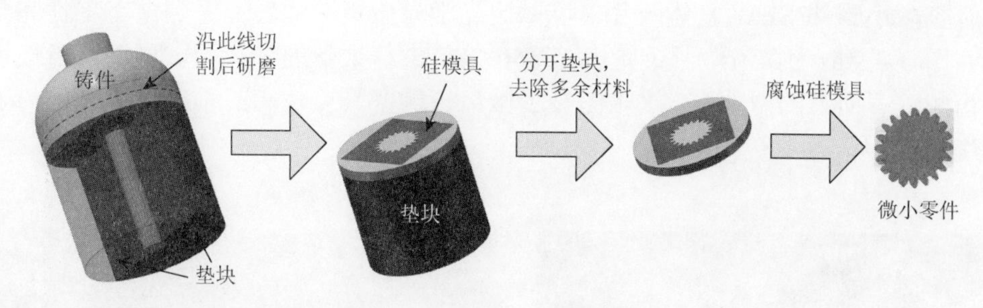

图 3-40　抽气孔中心设置的非晶合金微小零件多余材料去除及脱模流程图

3) 结果及分析

抽气孔中心设置方案将抽气孔与模具型腔相连，使合金熔液在充型过程中必然要穿过硅模具微型腔，从而提高了微模具的填充率。图 3-41 为在 1 116 ℃吸铸温度、0.1 MPa 吸铸压力下抽气孔中心设置方案吸铸成形的非晶合金微齿轮零件，其模数为 100 μm，齿

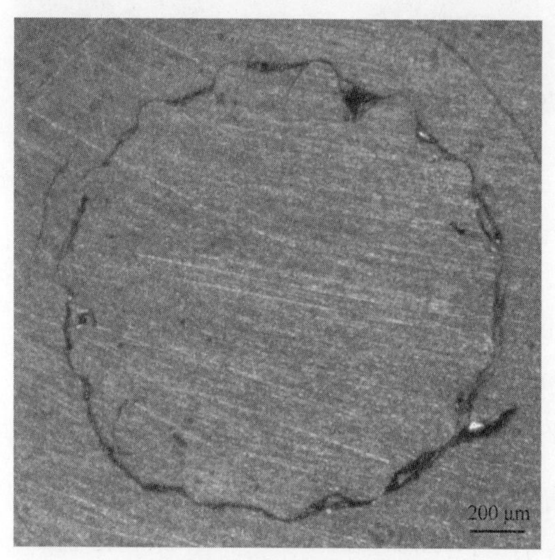

(a) 非晶合金填充硅模具情况

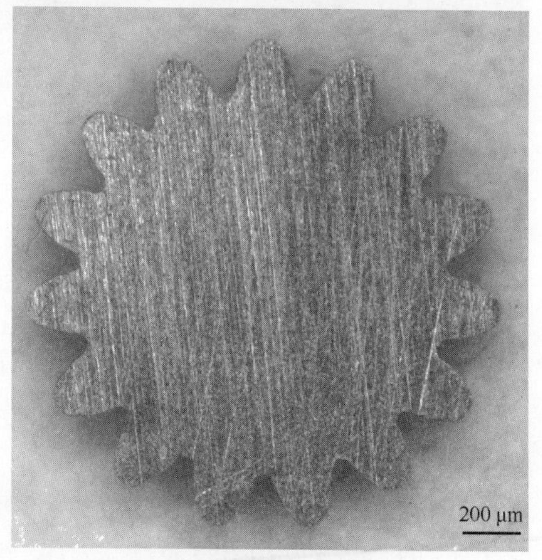

(b) 非晶合金微小零件

图 3-41　非晶合金微小零件光学显微镜照片

数为 15。其中，图 3-41(a)为微小零件通过机械切割和研磨方式除掉多余材料后的照片。从这幅照片中可以看到硅模具微型腔已完全被非晶合金充满，且由于两者的颜色相近，很难分清楚它们的边界。同时在围绕微齿轮齿顶位置有一圈环形分布的微裂纹，微裂纹的位置与有限元仿真结果显示的硅模具应力集中位置相吻合，表明硅模具在应力集中情况下有可能发生脆裂。随后通过腐蚀方法完成微小零件的脱模，并用光学显微镜对形貌进行初步的观察，结果如图 3-41(b)所示。可以观察到除去表面留下的研磨过的痕迹外零件齿形较完整，没有明显缺陷。

光学显微镜受放大倍数和景深限制，对微小零件形貌无法进行细致观察。SEM 则具有更大的放大倍数和景深，是观测微小零件结构和形貌的常用工具。图 3-42(a)为非晶合金微小零件 SEM 整体照片，可以比光学显微镜更清楚地看到微小零件完整的轮廓。图 3-42(b)为微齿轮一个轮齿在 350 倍放大倍数下的细节图，可以清晰地观察到轮齿侧壁表面上的微结构。这张图显示微齿轮侧壁具有较高的垂直度和较好的表面粗糙度。

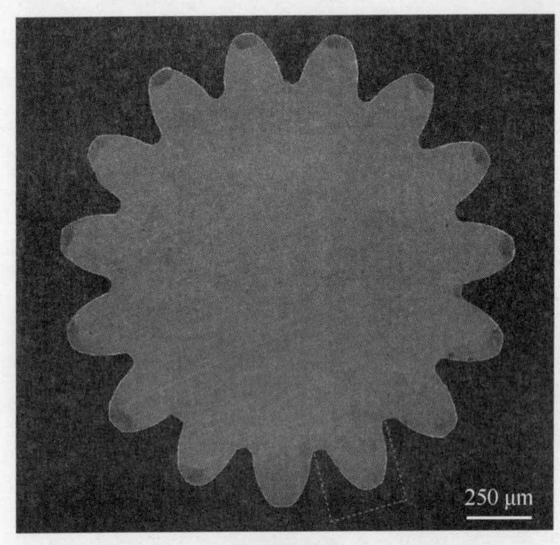

(a) 整体形貌

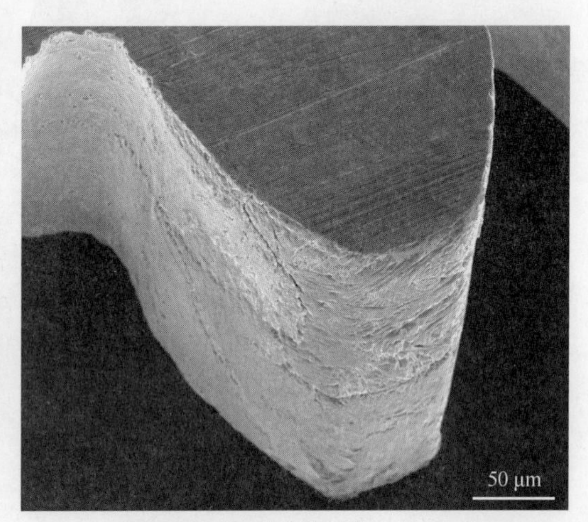

(b) 轮齿放大图

图 3-42　非晶合金微小零件 SEM 照片

通过光学显微镜和 SEM 的观察，当抽气孔中心设置时，非晶合金熔液在 1 116 ℃吸铸温度、0.1 MPa 吸铸压力的工艺参数下可以很好地填充硅模具，并且和硅模具之间没有明显的间隙。微小零件也具有较好的轮廓和较好的表面粗糙度。

(1)吸铸温度对微小零件成形的影响。仿真研究显示，吸铸温度在 1 050～1 170 ℃的变化对合金熔液填充硅模具微型腔的影响不大，在这一温度区间内、0.1 MPa 的吸铸压力下合金熔液都可以很好地完成微小零件的充型。为验证这一仿真结果，调整电流强度，分别在 360 A(约 1 055 ℃)和 400 A(约 1 167 ℃)的加热电流下进行吸铸实验，吸铸压力不变，为 0.1 MPa。吸铸成形的微小零件 SEM 图如图 3-43 所示。在 1 055 ℃和 1 167 ℃吸铸温度下，非晶合金微小零件成形的形状都很完整，且齿形也没有缺陷(微小零件未清洗干净，表面留有些许杂质），说明温度在 1 055～1 167 ℃的略微变化并不会对模数为 100 μm 的齿轮型硅模具型腔的充型有太大影响，这很好地验证了上述有限元仿真的结论。

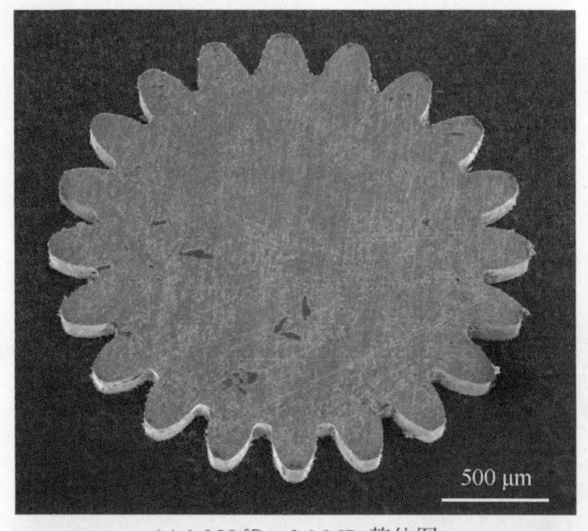

(a) 1 055 ℃、0.1 MPa整体图

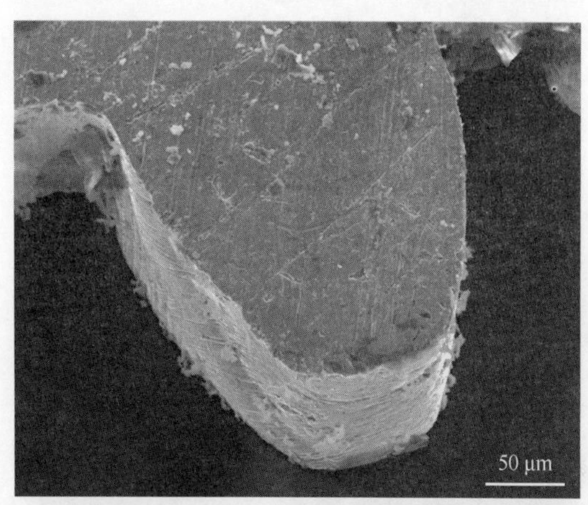

(b) 1 055 ℃、0.1 MPa齿形图

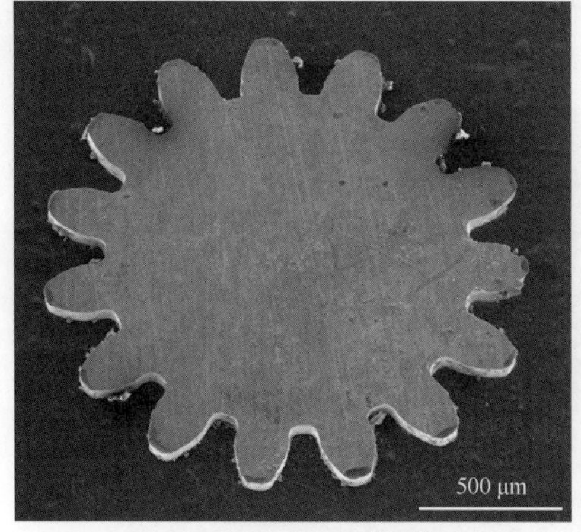

(c) 1 167 ℃、0.1 MPa整体图

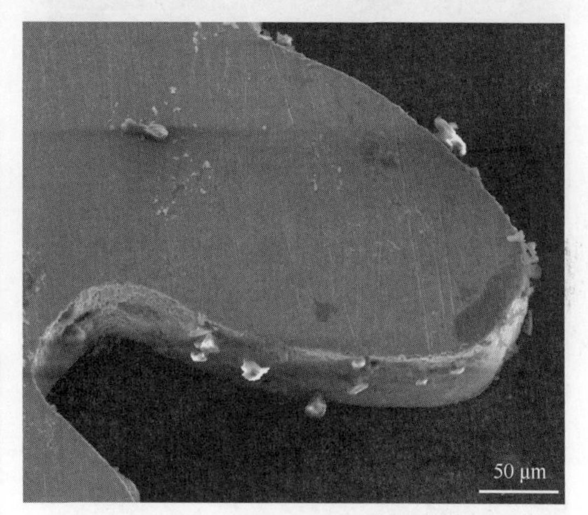

(d) 1 167 ℃、0.1 MPa齿形图

图 3-43　1 055 ℃(360 A)和 1 167 ℃(400 A)吸铸温度、0.1 MPa 吸铸压力下的成形微小零件 SEM 图

(2) 吸铸压力对微小零件成形的影响。有限元仿真揭示吸铸压力对非晶合金微小零件的充型影响较大，当吸铸压力过低时，合金熔液的惯性力较低，无法完全填充硅模具微型腔。为验证吸铸压力对微小零件吸铸成形的影响，在 1 116 ℃的吸铸温度下分别用吸铸压力 0.05 MPa 和 0.01 MPa 对模数为 100 μm 的齿轮型硅模具进行非晶合金吸铸填充实验，得到的微小零件 SEM 照片如图 3-44 所示。图 3-44(a) 及 (b) 为吸铸温度 1 116 ℃、吸铸压力 0.05 MPa 下非晶合金吸铸填充模数 100 μm、齿数 15 的微齿轮模具所得到的微小零件结果，图片显示在这个工艺参数下吸铸成形的微小零件具有较好的形貌且各齿形完整，说明合金熔液完全充满了硅模具的微型腔。图 3-44(c) 及 (d) 为吸铸温度 1 116 ℃、

吸铸压力 0.01 MPa 下非晶合金吸铸填充模数 100 μm、齿数 20 的微齿轮模具所得到的微小零件结果，图片显示在这个工艺参数下吸铸成形的微小零件形状缺陷明显，齿形没有完全充型。说明在 0.01 MPa 吸铸压力下，合金熔液的惯性力较小，不足以克服黏性力以完成微尺度型腔的填充。

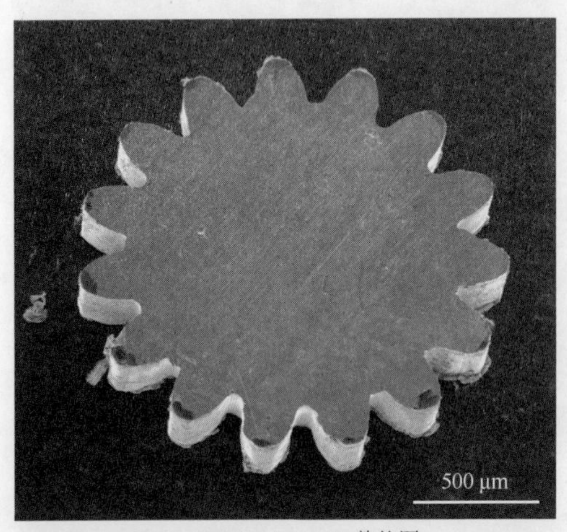

(a) 1 116 ℃、0.05 MPa整体图

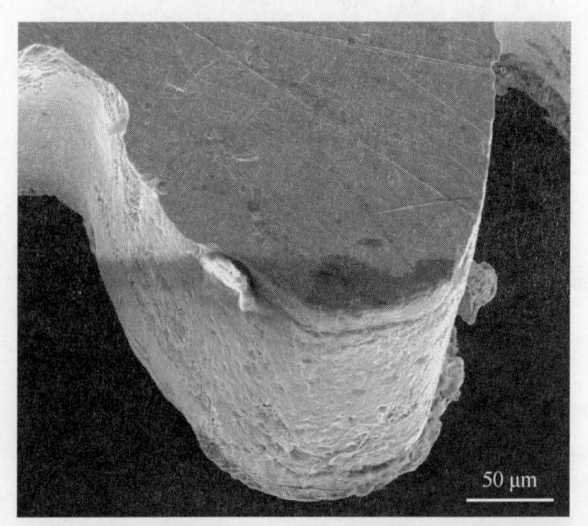

(b) 1 116 ℃、0.05 MPa齿形图

(c) 1 116 ℃、0.01 MPa整体图

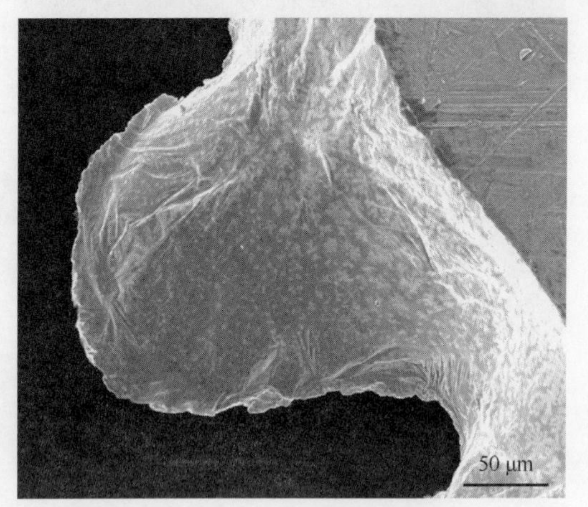

(d) 1 116 ℃、0.01 MPa齿形图

图 3-44　1 116 ℃(380 A)吸铸温度、0.05 MPa 和 0.01 MPa 吸铸压力下的成形微小零件 SEM 图

在 1 116 ℃吸铸温度下，通过改变吸铸压力发现，当吸铸压力较大时(0.05 MPa、0.1 MPa)，合金熔液可以很容易充满硅模具的微型腔，而当吸铸压力过小(0.01 MPa)时，合金熔液无法完全充满型腔中的微米尺度部分，从而会造成吸铸成形的微小零件有严重的缺陷，这一结果和有限元仿真的结论相符。故在基于硅模具的非晶合金微小零件吸铸成形工艺中吸铸压力是起主导作用的工艺参数，对吸铸成形微小零件成功与否影响较大。

2. 抽气孔两边设置方案

1) 模具安装

具体方案如图 3-45 所示。将圆柱形铜垫块用机械研磨方法进行加工，以便其卡在铜模具型腔中时在两边形成两个扇形抽气孔。硅模具可直接粘在垫块上表面，并和垫块一同安置在铜模具型腔内部。抽气孔两边设置的微小零件吸铸成形工艺操作过程和抽气孔中心设置方案相同，不再叙述。

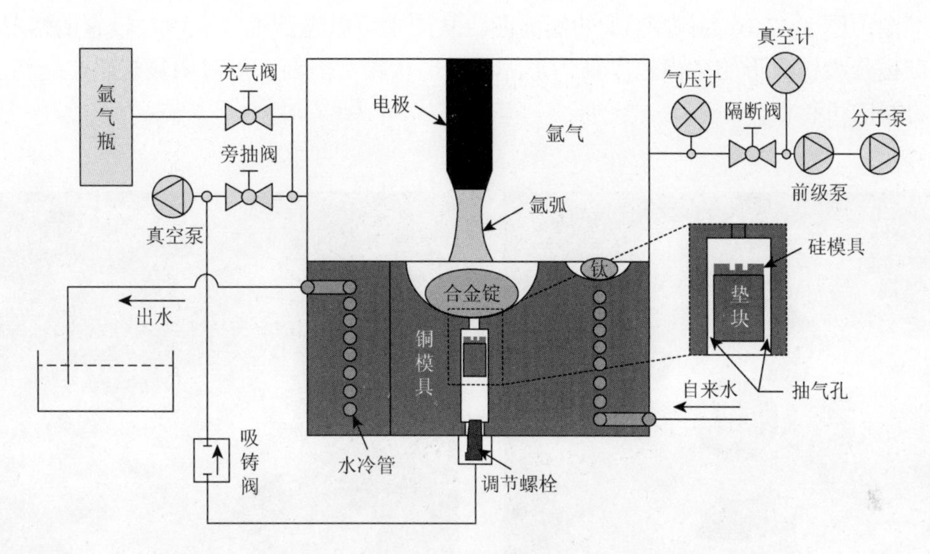

图 3-45　抽气孔两边设置的吸铸成形非晶合金微小零件方案图

2) 脱模

图 3-46 为将抽气孔设置在型腔边角时得到铸造合金后其多余合金的去除及零件的脱模过程。此时先通过机械切割及研磨工艺将硅模具上方的多余材料进行精密的去除，随后将包含零件的硅模具用 KOH 溶液中进行腐蚀，即可得到脱落的微小零件。同样需要对得到的非晶合金微小零件用无水乙醇进行超声清洁。

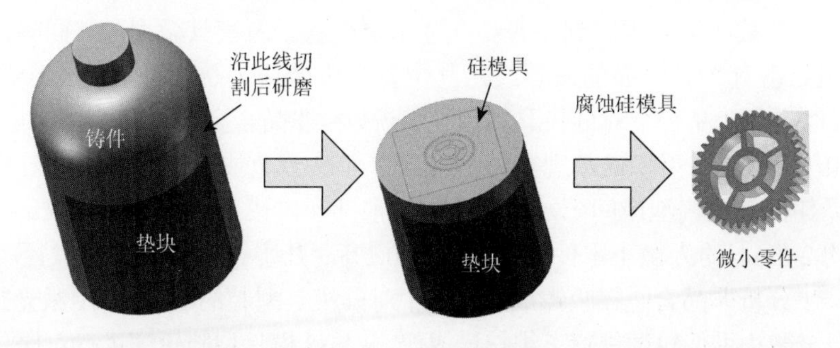

图 3-46　抽气孔两边设置的非晶合金微小零件多余材料去除及脱模流程图

3) 结果及分析

抽气孔设计在型腔的两边，其与硅模具型腔不需要连通，使得合金熔液不经过微型腔即可从抽气孔流出，这一方面增加了硅模具微型腔充型的难度，但另一方面使得硅模具微型腔的形状设计较自由，可以不用考虑抽气孔的影响，从而使得这种方案可成形的零件种类更多，形状更为复杂。

在吸铸温度 1 116 ℃、吸铸压力 0.1 MPa 工艺参数下，首先使用单层单型腔硅模具进行非晶合金微小零件吸铸实验。脱模后的微小零件整体形貌 SEM 图如图 3-47 所示，微齿轮零件的模数为 50 μm，齿数为 40，分度圆直径为 2 mm。图 3-47(a) 为微小零件形貌正面图，图 3-47(b) 为倾斜 30°的侧面图。从图中可以看到抽气孔两边设置的情况下，基于硅模具吸铸成形的微齿轮零件齿形完整，形状轮廓清晰，没有明显缺陷，这初步验证了方案的可行性。

(a) 正面图

(b) 侧面图

图 3-47　非晶合金微小齿轮零件 SEM 图

(1) 模具填充率分析。为更好地评价抽气孔两边设置方案的可行性，研究合金熔液对硅模具微型腔的填充率。图 3-48(a) 为去除多余材料后非晶合金填充硅模具型腔的 SEM 图。从这一横向截面可以观察到，非晶合金完全充满了硅模具微型腔，同时在围绕微齿轮零件齿顶处也有一圈明显的微裂纹，其位置和铸造应力仿真中应力集中的位置相吻合。为更好地观察非晶合金对硅模具的填充情况，将非晶合金微齿轮轮齿部位进行放大，如图 3-48(b) 所示。在更大倍数观察的情况下，非晶合金依然紧密填充了硅模具，并且它们之间无任何可见气泡或间隙，除了在轮齿顶部和硅模具之间的微裂纹。经测量微裂纹的宽度约 2 μm，约为微小零件整体尺寸的 0.1%，几乎可以忽略。

为进一步分析非晶合金在吸铸成形工艺中对硅模具型腔的填充率，用激光共聚焦显微镜对非晶合金微小零件轮廓进行三维扫描成像，并与硅模具型腔轮廓进行对比。图 3-49(a)

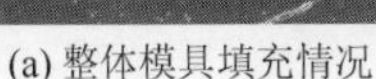
(a) 整体模具填充情况

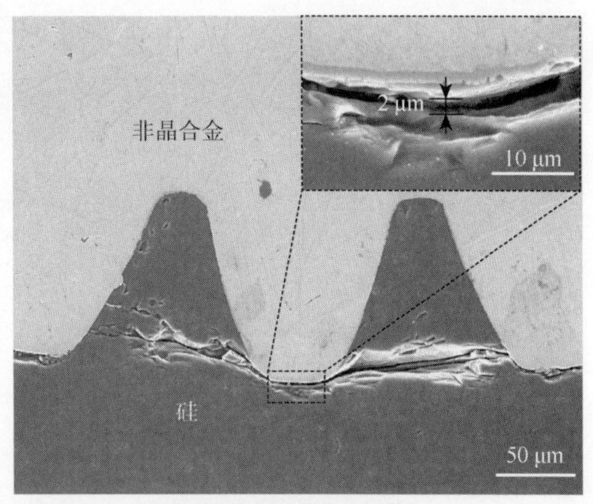

(b) 轮齿型腔部分细节

图 3-48　去除多余材料后非晶合金微小零件填充硅模具的 SEM 照片

和(b)分别为图 3-48(a)中虚线框所示部位的硅模具微型腔和非晶合金微小零件轮廓的激光共聚焦三维数字成像图。从图 3-49(a)中可以看到硅模具微型腔底部并非是一个绝对平面，而是有一些轻微下凹的弧度，而微小零件上表面是上凸的相反弧度(图 3-49(b))。经测量硅模具型腔最大深度为 314 μm，微小零件最大厚度为 271 μm。在用研磨方法去除多余材料时，微小零件难免会被减薄一些。从测量结果看，微小零件厚度比模具型腔的深度少了 40 μm。图 3-49(c)中的两条曲线为图 3-49(a)和(b)中截面所示位置的硅模具和微小零件轮廓线对比情况。在将两者轮廓进行对比之前，进行一定的前处理，将零件减薄的部分忽略掉，即将微小零件和硅模具型腔的轮廓贴近。将两条轮廓线进行积分运算，求出它们各自的面积，发现微小零件轮廓面积约为硅模具型腔轮廓面积的 99.4%，这表明微小零件填充率高达 99.4%，也就是说非晶合金熔液在吸铸过程中几乎完全充满了硅模具的微型腔。

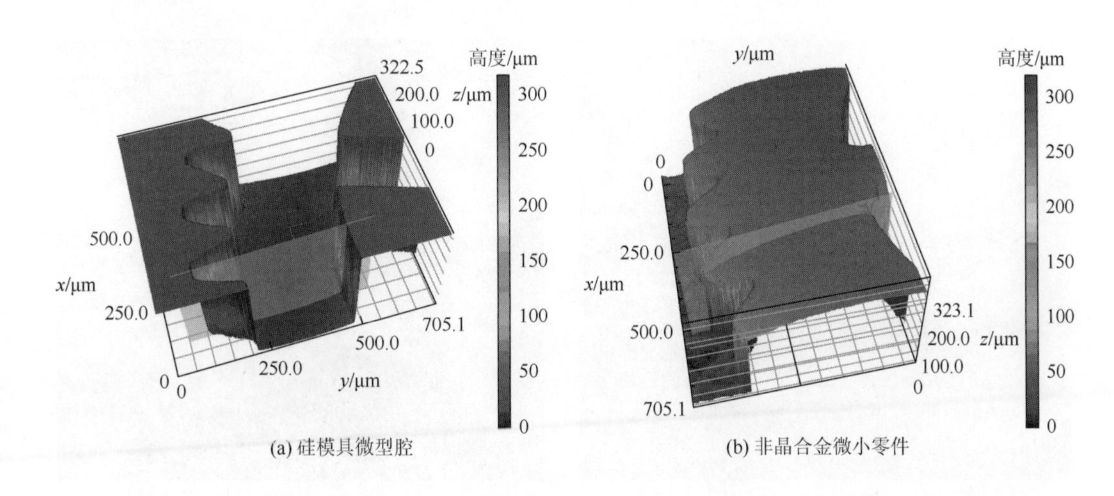

(a) 硅模具微型腔　　(b) 非晶合金微小零件

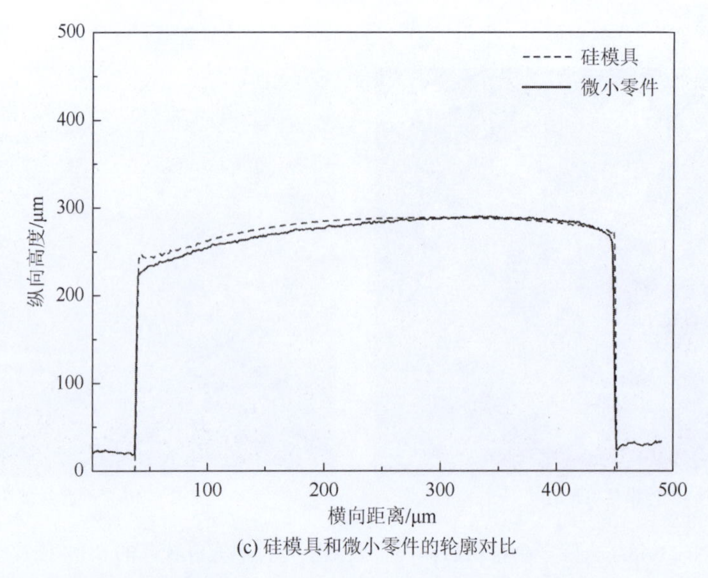

(c) 硅模具和微小零件的轮廓对比

图 3-49 激光共聚焦显微镜照片

(2) 微小零件表面形貌分析。非晶合金由于本身没有传统晶态合金的晶粒尺寸限制，理论上可以复制原子尺度微纳结构。之前的基于硅微结构吸铸成形能力研究中，非晶合金也展现了这种超常的微结构复制能力。此处主要观测吸铸成形工艺中非晶合金微小零件的表面形貌及其复制硅模具表面形貌的情况。图 3-50 为硅模具和非晶合金微小零件细节的 SEM 图对比，其中图 3-50(a) 和 (c) 为硅模具型腔，图 3-50(b) 和 (d) 为非晶合金微小零件。硅模具型腔侧壁具有较高的垂直度和较好的表面粗糙度，其侧壁上具有由 ICP 刻蚀工艺留下的一粗一细两条曲线形微结构(白色箭头所示)，其中较粗的曲线特征尺寸约为 3 μm。对比微小零件侧壁，可发现其表面形貌和硅模具型腔形貌极其相似。尤其是非晶合金微小零件相应位置也有类似的两条微曲线。这很好地验证了非晶合金在吸铸成形工艺中具有极好的表面微形貌复制能力，其微小零件表面粗糙度与硅模具型腔表面粗糙度相同。

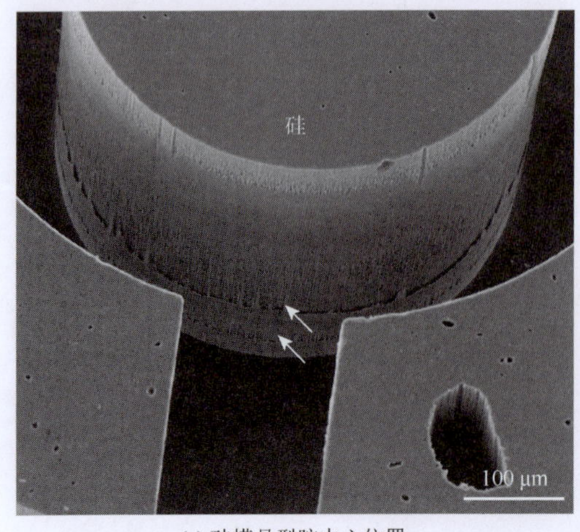

(a) 硅模具型腔中心位置

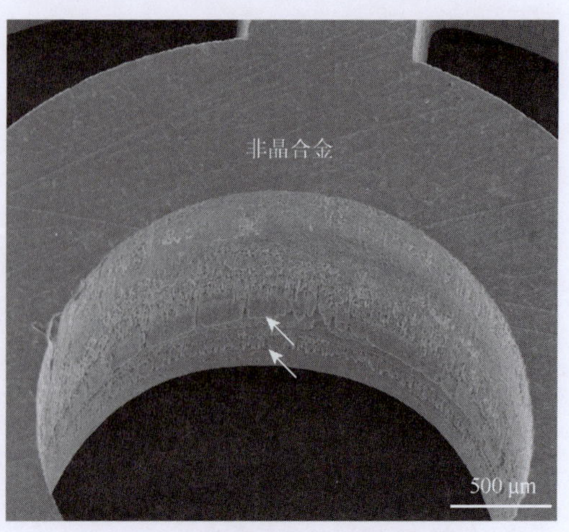

(b) 微小零件中心位置

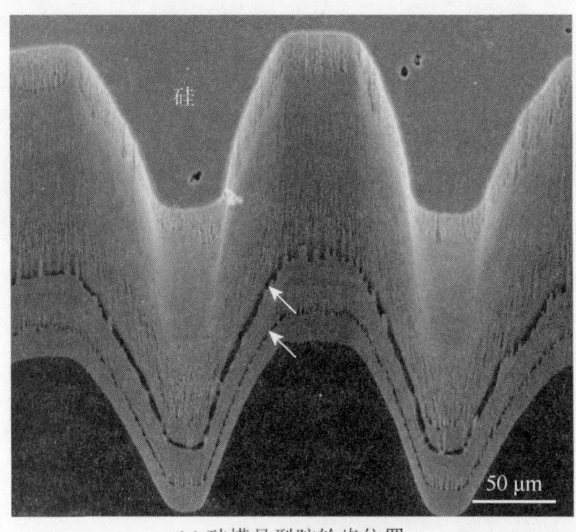

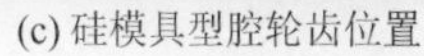
(c) 硅模具型腔轮齿位置

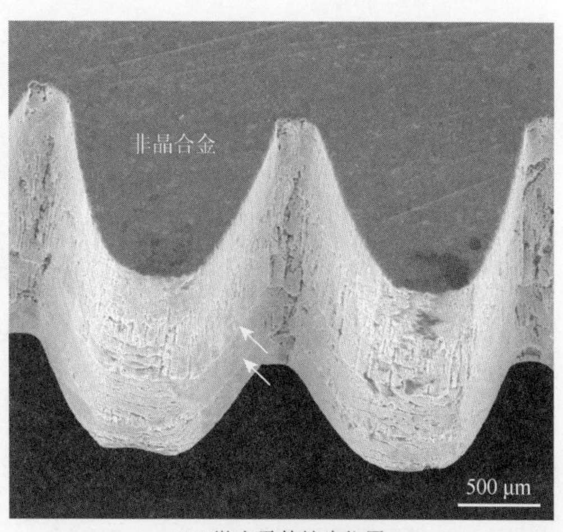

(d) 微小零件轮齿位置

图 3-50　硅模具与非晶合金微小零件细节的 SEM 照片对比

(3) 微小零件与硅模具之间界面分析。在非晶合金热压成形工艺中，其与硅模具形成了紧密的结合界面，Bardt 等[9]解释为由于非晶合金原子与硅原子可能产生了反应，从而导致两者的界面结合紧密，而 Sarac 等[10]则将两者的紧密结合归因为非晶合金微小零件与硅模具关于表面粗糙度的铆合作用。在吸铸成形微小零件过程中合金熔液与硅模具之间也具有十分紧密的界面。吸铸成形工艺中，非晶合金成形的温度更高，其与硅模具的作用机理有可能有别于热压成形工艺，这一作用可能会影响合金熔液吸铸填充率及微小零件的成形精度等。

为观察非晶合金微小零件吸铸过程中合金熔液与硅模具的相互作用，将吸铸有非晶合金的硅模具从侧面切开、镶样，并对其进行研磨和抛光，采用 SEM 对非晶合金与硅模具的截面进行观察。图 3-51 为非晶合金与硅模具的截面 SEM 照片，其中深颜色的为硅模具，浅颜色的为非晶合金。可以观察到非晶合金与硅模具的侧面结合紧密，且从右

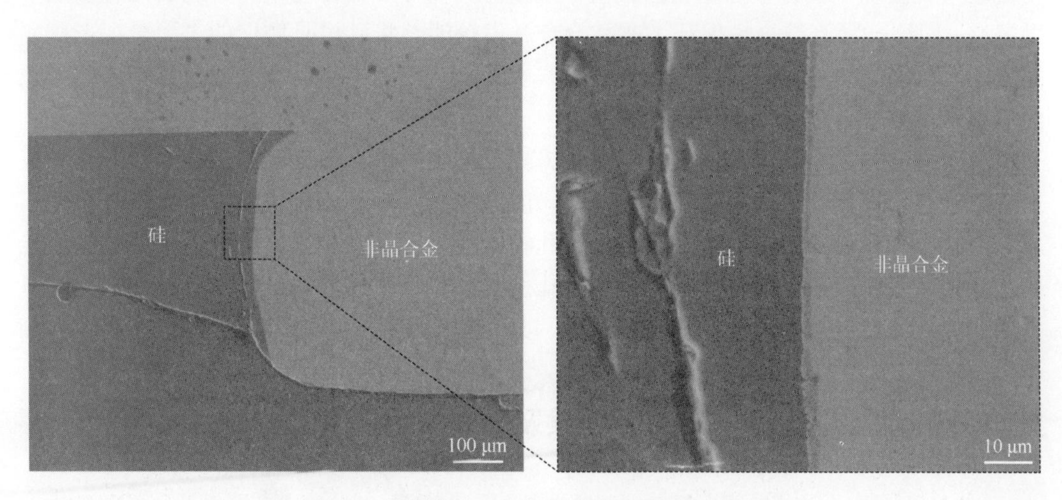

图 3-51　非晶合金与硅模具的截面 SEM 照片

边的放大图能够清楚地看到结合处有一条约 2 μm 宽的颜色在深浅之间的界面。另外，非晶合金与硅模具底面之间有一道裂痕，这条裂痕向外延伸并与图 3-48 中所观察到的环形裂纹相交。

图 3-52 为对非晶合金与硅模具界面进行的 EDS 扫描结果。从 EDS 分析中，可以明显观测到非晶合金和硅模具界面的元素含量变化。硅元素的含量在界面内从硅模具区域向非晶合金方向快速从 100%降低至接近于 0，而非晶合金中含量最高的锆元素含量也沿着相反的方向以较快速度降低至 0，经测量，硅与锆元素含量变化的区间厚度约为 3 μm。这一现象说明在基于硅模具的非晶合金微小零件吸铸成形工艺中，合金熔液与硅之间确实发生了元素扩散，扩散带宽度约为 3 μm，证明了在 1 116 ℃吸铸温度下，非晶合金熔液与硅模具具有浸润效应。

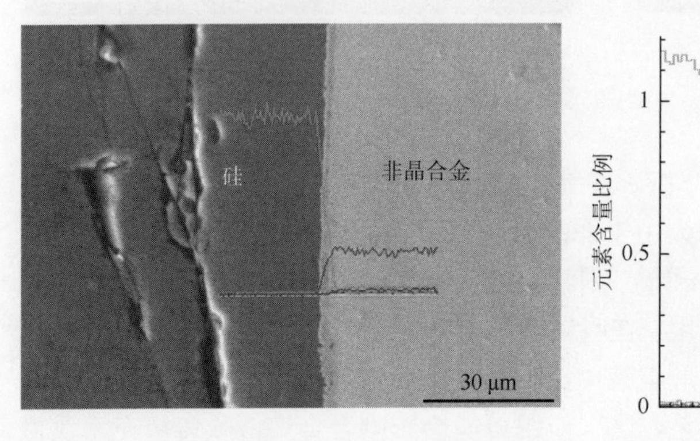

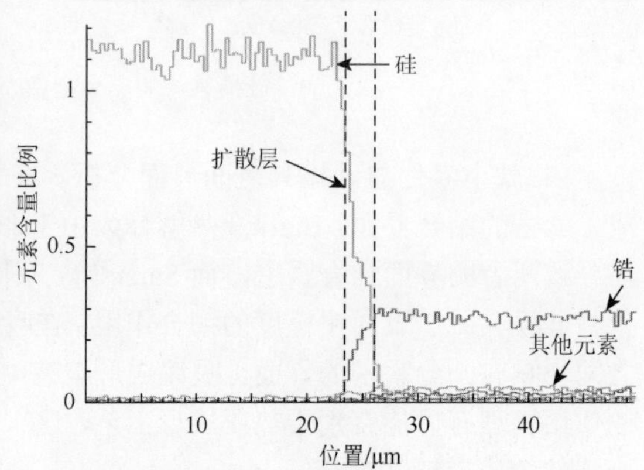

图 3-52　非晶合金与硅模具界面的 EDS 扫描（见彩图）

扩散现象使得吸铸成形工艺中非晶合金熔液与硅模具产生了紧密的结合界面，并能够承受一定力的作用。因此在非晶合金凝固收缩的过程中，其与硅模具侧壁的紧密结合使得硅模具围绕非晶合金齿轮轮齿位置产生了应力集中，并在硅模具薄弱的位置发生了微裂纹。而这一紧密结合也保证了非晶合金微齿轮能够将硅模具侧壁的表面微观形貌复制下来。但厚度约 3 μm 的扩散层是一把双刃剑，其限制了非晶合金吸铸复制硅模具表面亚微米和纳米尺度微观形貌的能力。

对比抽气孔中心设置及两边设置两种方案，不难发现它们在可加工零件的形状和成形零件的难易程度等方面各有优劣。方案一能够成形带有中心轴类的微小零件，而无法成形带有中心孔类的零件，但由于其抽气孔和硅模具的型腔相连，可以最大限度保证硅模具型腔充型。方案二则可以成形有中心孔的复杂微小零件，并且可以吸铸充型具有多个微型腔以及多层复杂微型腔的硅模具等，具有范围更广的成形能力。

3.3.2　多型腔硅模具吸铸成形结果及分析

采用多型腔硅模具成形可极大地提高非晶合金微小零件吸铸制备效率。尤其是对外形尺寸较小的零件，在一次吸铸成形工艺中可以制备多个微小零件。另外，对于半导体工艺加工硅模具而言，多型腔硅模具的制备充分发挥了其工艺优势。半导体工艺加工硅模具的过程可以理解为图案的两次转移，第一次为通过光刻工艺将掩模版图案转移到光刻胶，第二次为通过 ICP 刻蚀工艺将光刻胶图案转移到硅基底上。因此相比单型腔模具制备，加工多型腔硅模具仅仅是掩模版设计的图案不同，加工工艺的难易程度和加工时间并无差别。半导体工艺的这一优势也为基于多型腔硅模具批量吸铸制备非晶合金微小零件提供了极大的便利。

本节针对之前制备的两种多型腔硅模具分别进行吸铸实验。图 3-53(a)为 380 A 氩弧电流(约 1 116 ℃吸铸温度)、0.1 MPa 吸铸压力工艺参数下非晶合金填充带有设计图案 1 的多型腔硅模具情况。从图片中可以看到非晶合金充满了硅模具上四个微齿轮零件型腔(齿轮模数为 50 μm、齿数为 20，其中一个型腔在模具分割过程中破损)。在每个微齿轮零件齿顶周围有一圈微裂纹，这些微裂纹也是为阻碍微齿轮铸件变形而在模具轮齿位置产生应力集中所引起的。用 KOH 溶液腐蚀方法脱模后的微齿轮零件形貌如图 3-53(b)所示。可见微齿轮齿形完整，并且很好地复制了硅模具微型腔的表面形貌。图中白色箭头所指微齿轮侧表面上的曲线为复制硅模具上的曲线所得。

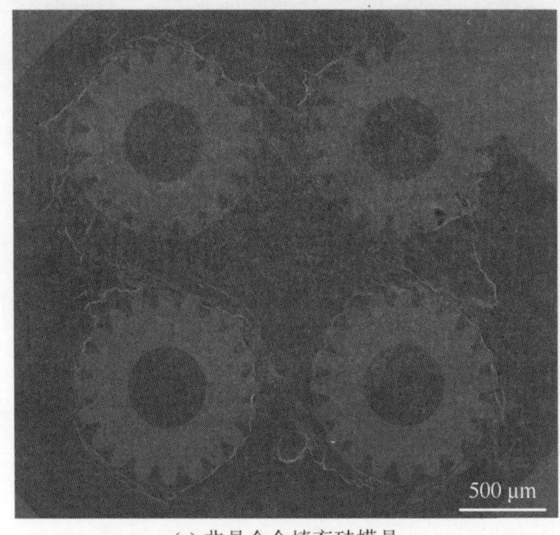

(a) 非晶合金填充硅模具

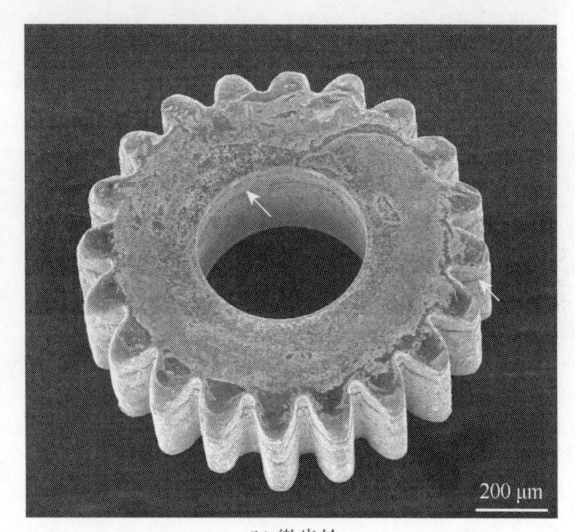

(b) 微齿轮

图 3-53　一模多件吸铸成形 SEM 照片(图案 1)

图 3-54(a)为 380 A 氩弧电流(约 1 116 ℃吸铸温度)、0.1 MPa 吸铸压力工艺参数下非晶合金填充带有设计图案 2 的多型腔硅模具情况。从图片中可以观察到其中模数为 50 μm、齿数为 17 的大齿轮型腔基本被非晶合金填充满，而模数为 20 μm、齿数为 17 的小齿轮型腔则部分齿形位置没有被非晶合金填充。脱模后的非晶合金大齿轮如图 3-54(b)所示，中心孔成形较好，且复制了模具上由 ICP 刻蚀工艺造成的曲线，但个别轮齿的底部齿顶位置则充型欠佳，体现了吸铸成形工艺在吸铸复杂的多型腔硅模具时的不稳定性。图 3-54(c)和(d)分别为模数为 20 μm 的小齿轮型腔被非晶合金填充的情况及脱模后的非晶合金小齿轮。从这两幅图片中可以观察到小齿轮型腔的填充情况较好，且

最终成形的小齿轮的齿形也较完整，尤其明显的是小齿轮也将硅模具上的曲线复制了下来。

(a) 非晶合金填充大齿轮

(b) 脱模后的大齿轮

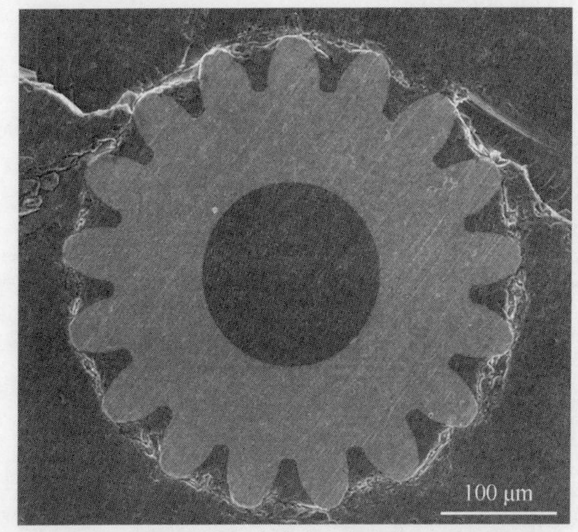

(c) 非晶合金填充小齿轮

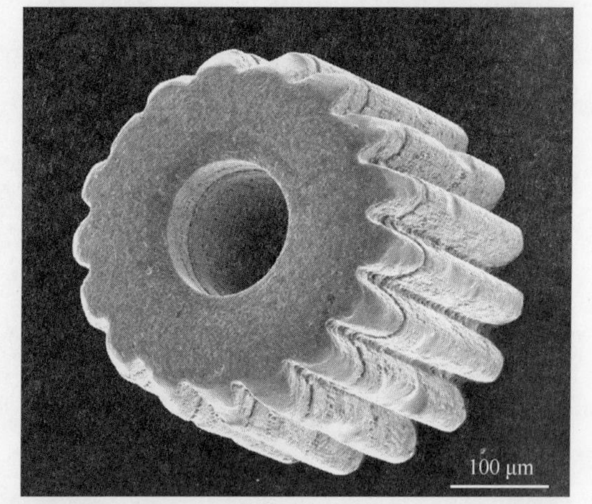

(d) 脱模后的小齿轮

图 3-54　一模多件吸铸成形 SEM 照片(图案 2)

基于多型腔硅模具的非晶合金微小零件实验结果初步证明了这一方法的可行性，成形的微小零件形状较完整，表面形貌也较好，但在相同的工艺参数下，带有更复杂设计图案 2 模具的充型相对不理想，其中模数为 50 μm 的大齿轮个别齿形有些许瑕疵，模数为 20 μm 的小齿轮则有个别没有完全充型，这反映了充型小尺寸多型腔复杂硅模具时非晶合金工艺可控性欠佳的情况，还需要后续对工艺的进一步改进。

3.3.3　双层型腔硅模具吸铸成形结果及分析

之前的实验都是针对单层型腔硅模具进行的，成形的都是单层的非晶合金微小零件，而在微系统中，双层甚至是多层零件的制造更具有吸引力。本节对采用套刻工艺制备的双层型腔硅模具进行双层零件的吸铸成形实验，实验也采用抽气孔两边设置方案完成，吸铸温度为 1 116 ℃，吸铸压力为 0.1 MPa。

图 3-55 为非晶合金填充双层硅模具情况。从图中可见，双层硅模具上层微齿轮型腔的各个轮齿填充完整，没有明显气泡或间隙。围绕微齿轮齿顶周围的模具位置由于铸造应力也生成了环形裂纹。但从齿形位置放大图可见，非晶合金和硅模具的接触面没有间隙，十分紧密，保证了微齿轮轮齿具有较好的尺寸及形状精度。

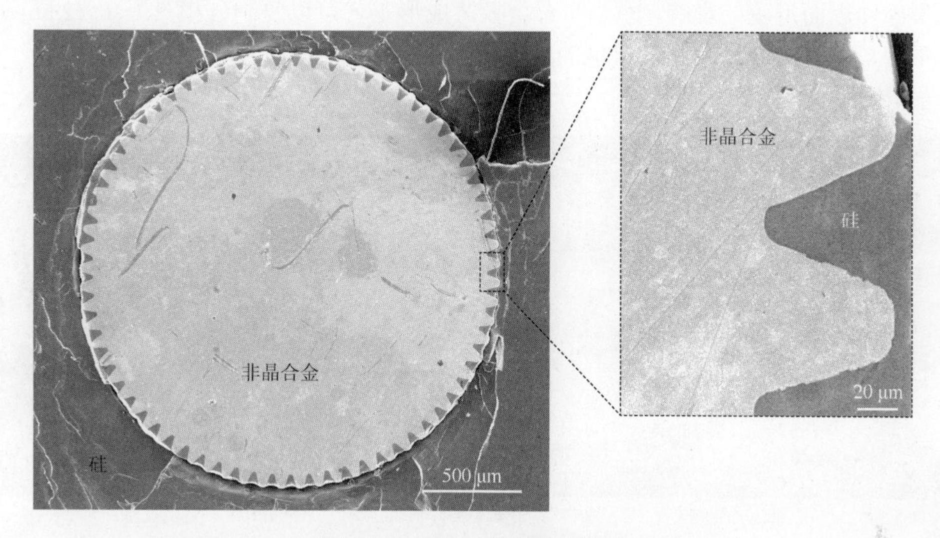

图 3-55　双层硅模具填充情况

图 3-56 为将硅模具腐蚀脱模后的非晶合金双层微齿轮表面形貌 SEM 照片。联轴齿

图 3-56　非晶合金双层微齿轮

轮设计模数为 50 μm，齿数为 60，轴直径为 1 mm，图中可见非晶合金双层微齿轮成形较好，其轮廓清晰，齿形完整，没有明显缺陷。

接下来对吸铸成形的非晶合金双层微齿轮的表面形貌与硅模具进行对比。图 3-57(a)和(b)为双层微齿轮第一层——齿轮轴侧表面及其对应硅模具位置。可见非晶合金双层微齿轮的齿轮轴较好地复制了硅模具表面 2 μm 左右的微观形貌。图 3-57(c)和(d)分别为微齿轮齿形部位及对应硅模具位置。此处硅模具表面形貌特征尺度小于 1 μm，非晶合金对其复制的效果不是很好。这一结果验证了吸铸成形工艺中非晶合金与硅的界面对最终成形零件表面形貌的影响，即非晶合金吸铸成形工艺可以复制硅模具上 1～2 μm 的微尺度形貌，但对亚微米和纳米尺度的表面形貌则无法复制。

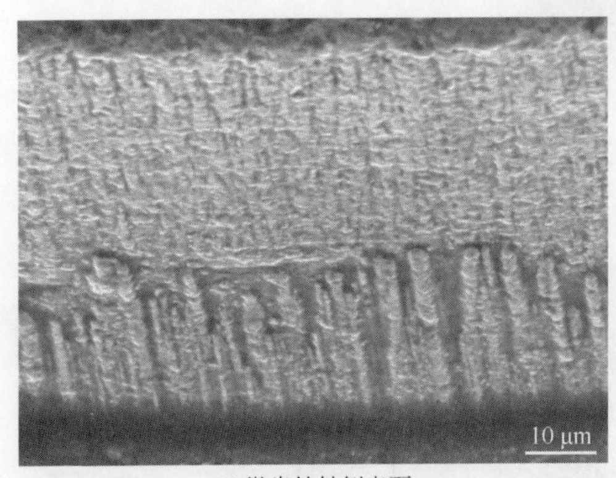

(a) 微齿轮轴侧表面

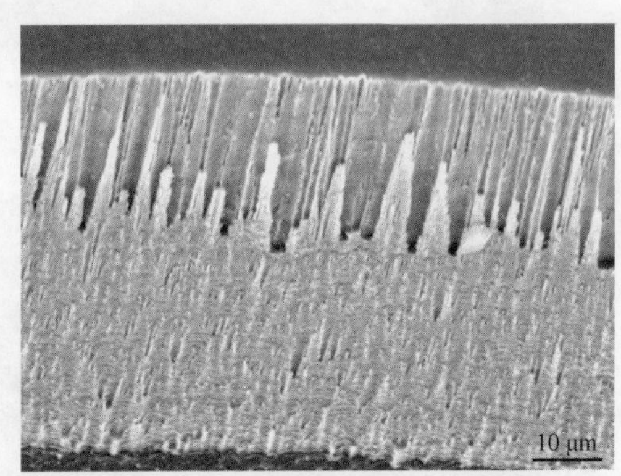

(b) 硅模具轴孔侧表面

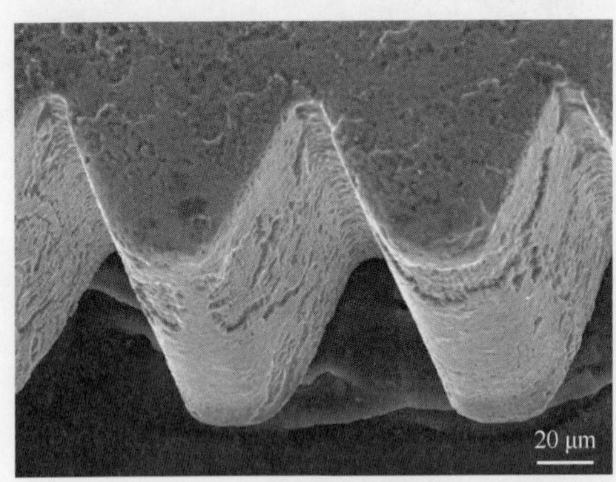

(c) 微齿轮齿形位置

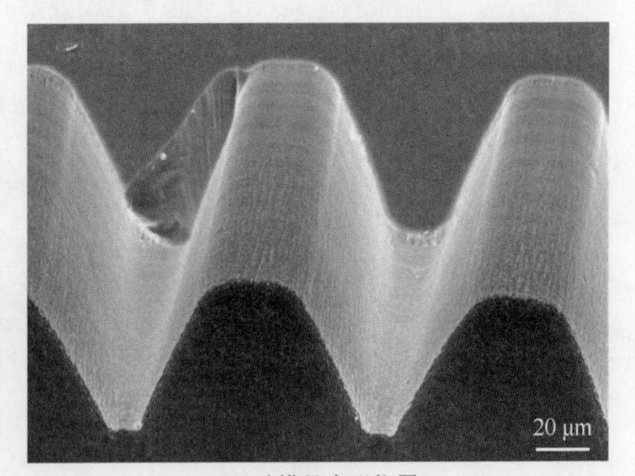

(d) 硅模具齿形位置

图 3-57　非晶合金双层微齿轮及硅模具表面形貌 SEM 图

双层型腔硅模具的吸铸实验结果显示，针对相对简单的模数为 50 μm 的双层联轴齿轮型腔硅模具，非晶合金在吸铸温度为 1 116 ℃、吸铸压力为 0.1 MPa 工艺参数下可以很好地填充成形，且通过 SEM 观察，成形的微小零件具有较好的表面形貌，表明结合套刻工艺制备的双层型腔硅模具，利用非晶合金吸铸成形工艺可以成功制备双层微小零件。这为微系统中高精度的双层及多层微小零件制备提供了一种新方法。

参考文献

[1] SCHROERS J，PATON N. Amorphous metal alloys from like plastics[J]. Advanced Materials and Processes，2006，164(1)：61-63.

[2] YAMASAKI T，MAEDA S，YOKOYAMA Y，et al. Viscosity measurements of $Zr_{55}Cu_{30}Al_{10}Ni_5$ supercooled liquid alloys by using penetration viscometer under high-speed heating conditions[J]. Intermetallics，2006，14(8)：1102-1106.

[3] YAMASAKI M，KAGAO S，KAWAMURA Y. Thermal diffusivity and conductivity of $Zr_{55}Al_{10}Ni_5Cu_{30}$ bulk metallic glass[J]. Scripta Materialia，2005，53(1)：63-67.

[4] OKAI D，FUKAMI T，YAMASAKI T，et al. Temperature dependence of heat capacity and electrical resistivity of Zr-based bulk glassy alloys[J]. Materials Science and Engineering A，2004，375/377(1)：364-367.

[5] EL-ACT INC. Properties of silicon and silicon wafers[EB/OL]. [2019-02-20]. http://www.el-cat.com/silicon-properties.htm.

[6] YOKOYAMA Y，MUND E，INOUE A，et al. Cap casting and enveloped casting techniques for $Zr_{55}Cu_{30}Ni_5Al_{10}$ glassy alloy rod with 32 mm in diameter[C]. Journal of Physics：Conference Series. IOP Publishing，2009，144(1)：012043.

[7] 赵燕春，寇生中，袁小鹏，等. 冷却速度对 $Cu_{46}Zr_{44}Al_5Nb_5$ 块体非晶合金组织和力学性能的影响[J]. 稀有金属，2014，38(2)：171-175.

[8] DING S，KONG J，SCHROERS J. Wetting of bulk metallic glass forming liquids on metals and ceramics[J]. Journal of Applied Physics，2011，110(4)：043508.

[9] BARDT J A，BOURNE G R，SCHMITZ T L，et al. Micromolding three-dimensional amorphous metal structures[J]. Journal of Materials Research，2007，22(2)：339-343.

[10] SARAC B，KUMAR G，HODGES T，et al. Three-dimensional shell fabrication using blow molding of bulk metallic glass[J]. Journal of Microelectromechanical Systems，2011，20(1)：28-36.

第 4 章

Zr 基非晶合金微小结构焊接

非晶合金的优异特性引起了世界范围内研究人员的极大兴趣，并针对非晶合金材料的制备、材料性能、晶化动力学、材料应用等展开了多方面的研究。然而到目前为止，大尺寸非晶合金的制备依然是一个难题，主要是因为制备工艺对条件有较高的要求，除需要高达 10^6 K/s 的冷却速率外，还需高真空环境。尽管人们不断尝试选择合适的元素及配比来优化成分，提高非晶合金的玻璃形成能力，以便制备更大尺寸的非晶合金材料。然而目前制备的非晶合金依然以薄带(板)、粉末、丝材或者小直径棒材等居多，或者在某个方向具有较小的尺寸，这显然远不能够满足工程应用的要求。为了解决这个问题，人们开始采用焊接的方法来连接非晶合金材料，以增大非晶合金的尺寸[1, 2]。然而，非晶合金内部原子处于亚稳态这一特性导致可焊性差，容易在焊接过程中发生晶化，从而失去非晶合金的优异性能。此外非晶合金在承受剪切作用时若形成裂纹，则剪切带会沿单一方向迅速扩展并导致材料脆断。这些问题都极大地降低了非晶合金作为一种具有优异性能的新材料在工程应用中的实际价值。

因此，研究适合非晶合金的焊接技术，增大非晶合金尺寸，制备非晶合金与晶态合金复合材料以改善非晶合金抗剪切性能，对于大批量、低成本生产制造非晶合金及其复合材料，拓展非晶合金应用范围和提高其工程应用价值具有十分重要的意义。

4.1 Zr 基非晶合金激光焊接

激光焊接作为一种先进的焊接方法，具有高能量密度、深熔深等优点，在焊接过程中可以实现快速熔化和冷却，这恰好有利于非晶合金在焊接过程中保持非晶特性，因此激光焊接技术也逐渐用到非晶合金的连接中。2006 年，Li 等[3]首次采用激光焊接技术连接非晶合金并取得了成功，在 1.5 kW 和 8 m/min 的条件下激光焊接接头仍然保持良好的非晶特性。随后，陆续有学者采用激光焊接技术焊接非晶合金薄带、薄板以及棒料等，并相继取得成功。

本章以 $Zr_{41}Ti_{14}Cu_{12}Ni_{10}Be_{23}$ 和 $Zr_{55}Cu_{30}Ni_5Al_{10}$ 非晶合金为研究对象，采用低速、低功率以及高功率等模式对材料实施激光焊接研究，增大非晶合金的尺寸，拓展非晶合金的工程应用范围。同时分析非晶合金在不同焊接工艺下的焊接质量与晶化情况，进一步探索焊接机理。此外，还开展 $Zr_{41}Ti_{14}Cu_{12}Ni_{10}Be_{23}$ 和纯锆的激光焊接实验，探索激光焊接制备 Zr 基非晶合金与晶态合金复合材料。

4.1.1 非晶合金激光焊接机理与理论依据

非晶合金激光焊接是一种连续非平衡加热过程，在这个过程中焊接熔化区材料在激光热作用下熔化，非晶合金在极短时间内从固态经过冷液相区最后成为液态金属，再由液态急冷后得到固态非晶合金。图 4-1 为激光焊接过程中焊接熔化区过冷熔体中晶粒生长的 TTT 曲线示意图[4]。从示意图可知，当过冷熔体冷却到熔化温度 T_m 以下时，晶化速率不再继续增加，而是在鼻子温度 T_n 时达到最大值。因此，当接头内的熔体在激光扫过后从高于 T_m 冷却到低于 T_n 所需的时间短于对应的鼻子时间 t_{min} 时(对应曲线 1)，焊缝区中的原子被“冻住”，最终仍然保持非晶态结构。若熔体在冷却到 T_n 以下的某一温度后保温一段时间(对应曲线 2)，则非晶合金会发生结晶现象。若对非晶合金缓慢加热(对应曲线 3)，则非晶合金将在温度达到 T_x 后开始发生晶化，其中 T_x 随加热速率变化而变化，研究表明加热速率越高则 T_x 也越高，加热速率越低 T_x 也越低。

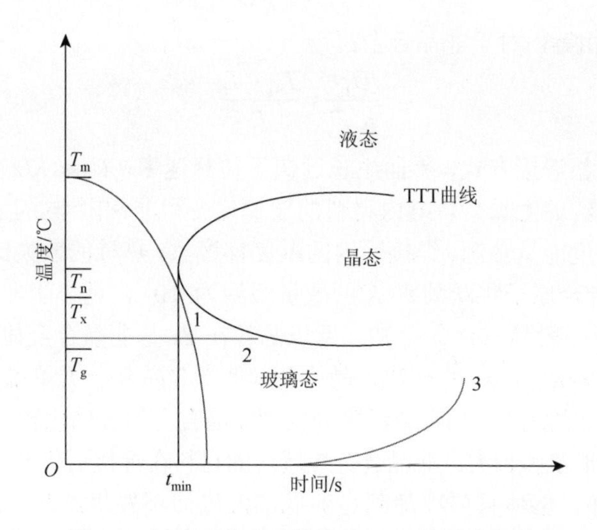

图 4-1 过冷熔体中晶粒生长 TTT 曲线示意图

过冷熔体形成玻璃的能力等价于在过冷熔体中抑制结晶的能力。李波[4]对激光焊接非晶合金的动力学进行了分析。假设焊接熔化区金属是稳态形核的，形成速率由热力学和动力学因素共同决定。晶体的生长速率可以表示为[4, 5]

$$U = fK'\lambda'\frac{\Delta G_c}{RT_i} \tag{4-1}$$

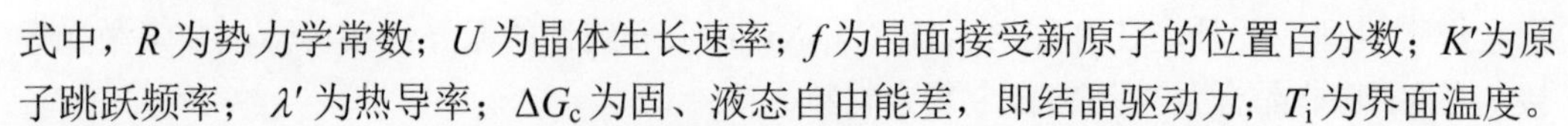

式中，R 为势力学常数；U 为晶体生长速率；f 为晶面接受新原子的位置百分数；K'为原子跳跃频率；λ' 为热导率；ΔG_c 为固、液态自由能差，即结晶驱动力；T_i 为界面温度。

对于式(4-1)中的ΔG_c，Spaepen[6]研究发现当 T_i 与 T_m 相差不大时，摩尔晶态与液态熵差可认为不因温度变化而变化，对非晶合金晶化起驱动作用的自由能可表达为

$$\Delta G_c = \Delta S_c (T_m - T_i) \tag{4-2}$$

将式(4-2)代入式(4-1)中，可以得到晶体生长速率为

$$U = fK'\lambda' \frac{\Delta S_c}{R} \frac{T_m - T_i}{T_i} \tag{4-3}$$

因为焊接材料为非晶合金，所以可认为$f \approx 1$，$\Delta S_c \approx R$。晶体生长速率 U 取决于每摩尔结晶潜热ΔH_c被传走的速率，晶体生长速率 U 对应的热通量和在熔化区晶液交界面的温度梯度 V_iT 下被传走的热量对应式(4-4)与式(4-5)：

$$Q = \frac{U \Delta H_c}{V} \tag{4-4}$$

$$Q = \lambda' V_i T \tag{4-5}$$

式中，V 为摩尔体积；λ' 为热导率。由式(4-4)与式(4-5)可以得到导热所限的晶体生长速度 U_h 为

$$U_h = \frac{\lambda' V V_i T}{\Delta H_c} \tag{4-6}$$

式(4-6)与式(4-3)相等，对于非晶合金：

$$\frac{U_h}{K'\lambda'} = \frac{T_m - T_i}{T_i} \tag{4-7}$$

对于常规的液相焊接方式，界面生长远快于传热速率，$U_h \ll K'\lambda'$，T_m 与 T_i 接近，晶体生长是受导热制约的生长，焊缝内材料的玻璃化变得非常困难。当采用激光焊接时，由于激光属于高密度能量热源，焊接区内的温度梯度大，热量的散失比晶体生长快得多。此外，Zr 基非晶合金原子跳跃频率 K'的数量级约为 10^{12}，远小于非晶形成能力较差的K'($10^{18} \sim 10^{23}$)以及一般晶态合金的 K'，所以晶粒在 Zr 基非晶合金体系中生长速率慢。由于以上原因，$U_h \gg K'\lambda'$，则 $T_i \ll T_m$，晶体在远低于非晶合金 T_m 的温度下进行生长，由于生长速率受到界面的制约，当合金温度降低到非晶合金的玻璃化转变温度以下时，晶粒可能没有足够时间形核和长大，非晶合金焊缝内的材料在焊接后仍然可能保持非晶特性。

由图 4-1 可知，熔体只要冷却到足够低的温度而不发生结晶，就会形成非晶态。Barandiarán 和 Colmenero[7]提出了一种非常简单有效的计算非晶合金临界冷却速率的方程，即 Johnson-Mehl-Avrami(JMA)方程：

$$x = 1 - \exp(-K_t t^n) \tag{4-8}$$

式中，x 为晶化体积分数；K_t 为与温度有关的反应速率常数；n 为转变方式指数；t 为相生长时间。

当非晶合金从熔化温度 T_m 以一定的冷却速率冷却到某一温度 T 时，晶化体积分数可以表达为[8, 9]

$$x = 1 - \exp\left[-\frac{1}{R}\int_0^{\Delta t} K_t \mathrm{d}(\Delta t)^n\right] \tag{4-9}$$

对式(4-9)中的 x 取导数，并采用差示扫描量热仪和热重分析仪测量得到非晶合金的特征温度，如晶化温度、玻璃化转变温度、熔点、凝固点等，可以通过计算和拟合得到非晶合金的临界冷却速率计算公式：

$$\ln R_t = \ln R_c - \frac{b}{(T_l - T_{xc})^2} \tag{4-10}$$

式中，R_c 为非晶合金的临界冷却速率(℃/min)；T_l 为非晶合金熔化结束时的温度(℃)；T_{xc} 为非晶合金开始凝固时的温度(℃)；R_t 为冷却速率(℃/min)；b 为材料常数，与非晶合金的成分及热分析过程有关。将非晶合金在不同冷却速率下得到的 T_l 与 T_{xc} 值代入式(4-10)中，即可得到非晶合金的临界冷却速率 R_c 值。

对于非晶合金激光焊接，当改变焊接条件时，R_t、T_l 与 T_{xc} 都会发生变化，这也导致非晶合金在焊接过程中的临界冷却速率发生变化，所以选择合适的焊接参数可以使熔化区中材料的冷却速率高于计算得到的临界冷却速率，有利于非晶材料在焊接后继续保持非晶态结构。由于 Zr 基非晶合金具有很强的玻璃形成能力，大量研究表明 Zr 基非晶合金的临界冷却速率通常为十几开每秒。对于激光焊接，激光最大冷却速率可达到 10^4 K/s，远大于计算得到的临界冷却速率。因此，采用激光焊接非晶合金可以使焊接熔化区的材料保持玻璃结构，当焊接速度足够大时，还能使焊接区与热影响区都保持非晶特性。

非晶合金激光焊接的热影响区在热作用下保持非晶态结构与非晶合金本身的稳定性有关，而焊接区内非晶合金保持非晶特性与玻璃形成能力有关。研究表明[10]，非晶合金的最大晶粒生长速率所对应的温度(即最大生长速率温度 T_{gro})远大于最大形核率所对应的温度(即最大形核温度 T_{cry})。热影响区内靠近母材区一侧的材料所经历的热循环是图 4-2 中加热方式 1 对应的曲线。此时晶化反应会在比较低的温度区间内产生，离最大形核温度比较近，有利于生成大量的晶核，但不利于非晶形核的长大，导致产生较多的

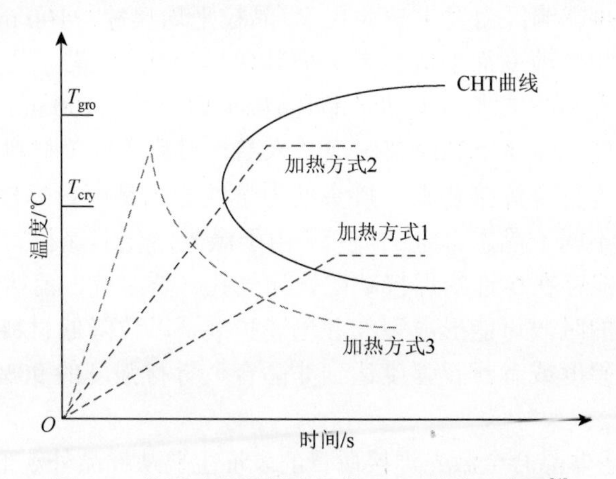

图 4-2　热影响区晶粒生长的 CHT 曲线示意图[4]

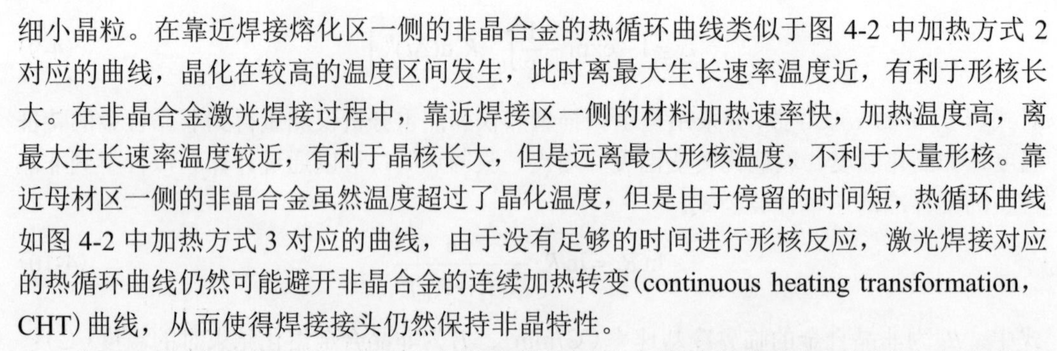

细小晶粒。在靠近焊接熔化区一侧的非晶合金的热循环曲线类似于图 4-2 中加热方式 2 对应的曲线，晶化在较高的温度区间发生，此时离最大生长速率温度近，有利于形核长大。在非晶合金激光焊接过程中，靠近焊接区一侧的材料加热速率快，加热温度高，离最大生长速率温度较近，有利于晶核长大，但是远离最大形核温度，不利于大量形核。靠近母材区一侧的非晶合金虽然温度超过了晶化温度，但是由于停留的时间短，热循环曲线如图 4-2 中加热方式 3 对应的曲线，由于没有足够的时间进行形核反应，激光焊接对应的热循环曲线仍然可能避开非晶合金的连续加热转变(continuous heating transformation，CHT)曲线，从而使得焊接接头仍然保持非晶特性。

从以上分析可以知道，非晶合金激光焊接过程中影响焊接的主要因素包括加热速率、晶化温度停留时间、冷却速率等。而这些因素又与激光焊接功率和焊接速度有关，调整合适的焊接参数能够得到非晶态的焊接接头。

4.1.2 焊接质量评价及检测装置

1. 非晶合金激光焊接接头质量评价与表征

由于非晶合金属于亚稳态材料，在焊接热作用下可能会发生相偏析或者生成大尺度晶粒，这对非晶合金的焊接质量和性能会产生明显的影响。因此，对焊接后的非晶合金接头进行检测、表征、分析、评价显得非常重要。

目前，针对非晶合金激光焊接接头的焊接质量主要从三个方面进行评价，即①接头是否焊透；②样品是否发生晶化现象；③接头的力学性能。对于样品接头是否焊透，主要以是否得到理想的焊缝为参考。接头部分焊接会显著降低接头的力学性能，可以认定为焊接不成功。另外，在高功率或者低焊接速度下，虽然待焊样品连接在一起，但如果发生严重的变形或者样品烧毁，也属于焊接不成功。在样品焊透的情况下，需要对非晶合金内部结构进行检测，以确定样品的焊接区和热影响区是否发生结晶现象。若焊接区或者热影响区内发生较大尺度(晶粒平均尺寸＞100 nm)的结晶，则非晶合金会因为内部结构的改变而削弱或者失去其优异的性能。若热影响区与焊接区金属材料仍然保持完全非晶态或者出现纳米晶(晶粒平均尺寸＜100 nm)，则非晶合金仍然能够保持优异的性能。即使接头内部出现纳米晶，因其能改善材料的韧性和增加材料的强度，所以也认为符合焊接要求。接头的力学性能也是衡量焊接质量的标准之一，非晶合金激光焊接不同于晶态合金的焊接，由于激光熔化非晶材料后在接头表面会形成焊缝，当然也可能存在少许的焊接缺陷，如气孔、裂纹等，而接头焊缝和焊接缺陷区域在受到剪切力的时候可能形成裂纹并迅速扩展，以致降低材料的强度。因此焊接接头在焊接后的微硬度或者断裂强度达到非晶合金母材强度的 90%以上，可认为满足焊接要求。

目前国内外对于非晶合金激光焊接质量的表征主要从样品外观形貌、截面形貌、热学特性以及内部结构等方面开展检测，从而判断焊接接头是否满足上述三个方面的评价标准。观察接头的外观形貌可以判断焊接变形以及是否焊透等，从而确定焊接参数对焊缝几何形貌的影响。接头焊缝区域属于观察的主要对象，通过观察接头截面焊缝区域的形貌，可以判断是否存在常见的焊接缺陷，如气孔、裂纹等。在特殊情况下需要表征晶体形状时，可采用试剂对接头进行腐蚀，然后在 SEM 下观察截面上是否出现晶体或者晶体的具体形状。但是由于非晶合金耐腐蚀能力很强，目前很少有人采用腐蚀的方式去观察是否结晶以及晶体类型。热学特性是非晶合金焊接样品常见的检测项目之一，通常采用差示扫描量热仪测量接头的特征温度以及晶化焓等参数，通过测量热学特性可以推算晶化过程，从而研究晶化过程中的动力学过程和热力学性质。表征非晶合金的内部结构常用 XRD 以及透射电子显微镜(transmission electron microscope，TEM)等，二者各有优点。XRD 能够检测样品接头是否会发生晶化，以及晶相的成分，但是由于 XRD 本身的限制，不能够准确地判断非晶合金中是否有纳米晶以及晶体的形貌尺寸等。为了得到晶体的具体尺寸和形貌，可采用 TEM 进一步详细观察。焊接接头力学性能一般采用维氏硬度和三点弯曲等方式进行检测，通常非晶合金尺寸较小，而且不易加工成标准的拉伸样品，所以根据样品的尺寸可采用维氏硬度测量焊接接头热影响区和焊接区的硬度值，或者采用三点弯曲测量焊接接头的最大抗弯强度，从而评价非晶合金激光焊接接头的力学性能。

2. 制样和检测装置介绍

对焊接结果的检测和分析是研究环节中最重要的工作之一，涉及材料的内部结构、热学性能、力学性能等指标，所以需要使用各种检测装置及辅助制样设备。图 4-3 为实验过程中常用的设备实物图，主要包括 XRD 分析仪、热重分析仪(或差示扫描量热仪)、

(a) XRD分析仪

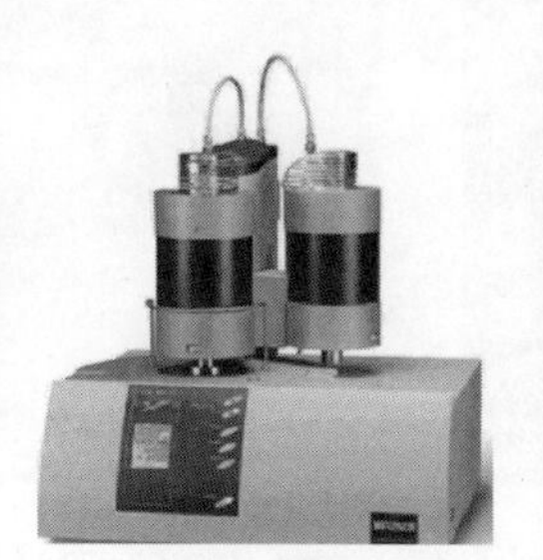

(b) 差示扫描量热仪

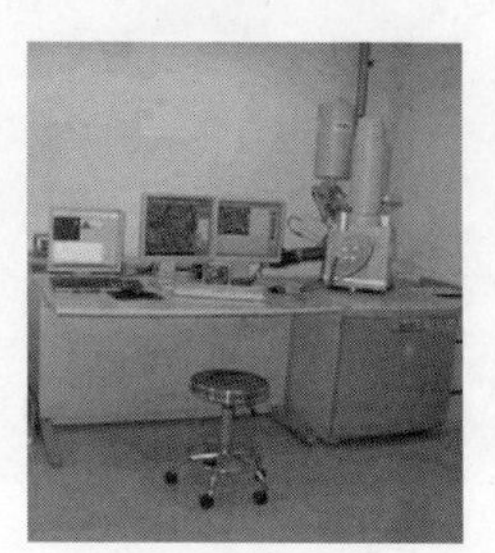

(c) 场发射扫描电镜

(d) TEM

(e) 精密切割机

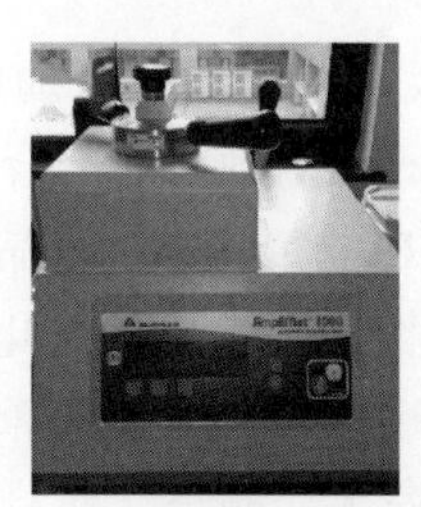

(f) 镶样机

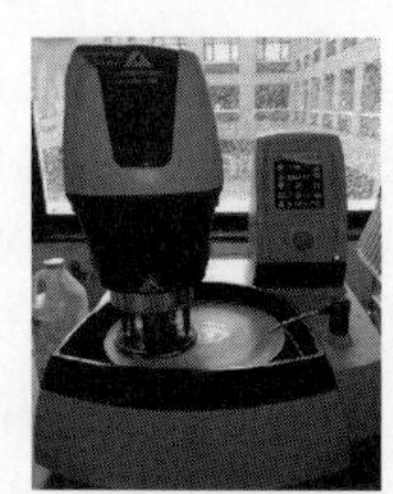

(g) 研磨机

(h) 万能材料试验机

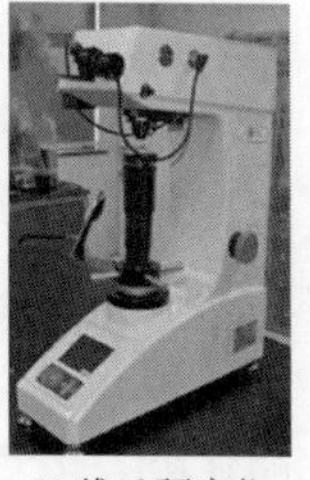

(i) 维氏硬度仪

图 4-3　制样和检测装置

场发射扫描电镜、TEM、精密切割机、镶样机、研磨机、万能材料试验机、维氏硬度仪等。

4.1.3 Zr 基非晶合金低速激光焊接研究

焊接实验所用的 $Zr_{41}Ti_{14}Cu_{12}Ni_{10}Be_{23}$ 和 $Zr_{55}Cu_{30}Ni_5Al_{10}$ 非晶合金主要来自比亚迪股份有限公司中央研究院和本课题组自主研制的吸铸非晶合金坯料。非晶合金坯料吸铸制备过程为：①将纯度为 99.9%的各金属组分严格按照比例进行配料；②对配好的非晶合金母合金进行超声清洗，去除表面附着的杂质等；③将母合金放入电弧炉中进行熔炼，为保证制备的非晶合金材料的均匀性，将母合金重复熔炼 3～4 次；④用铜模吸铸成形非晶合金板材。非晶合金材料制备设备及得到的样品如图 4-4 所示。

$Zr_{41}Ti_{14}Cu_{12}Ni_{10}Be_{23}$ 非晶合金低速激光焊接实验所使用的设备为武汉法利莱(Farley Laserlab)切割系统工程有限公司的 DF3015 型激光切割/焊接装置，装置实物如图 4-5 所示。该装置采用龙门结构，双边齿轮齿条同步驱动，横梁采用高强度铸铝合金，配有横向补偿机构；具有结构稳定、刚性好、高动态响应的特点，加速度可达 2g，最高定位速度可达 210 m/min。机床电气控制系统采用西门子 840D 数控系统和伺服电机，集成 Laserlab-Sim 专用激光切割操作系统；配有高速、双边同时驱动的交换工作台，双工作台同时交换，完成一次交换只需 8 s，极大提高生产效率。

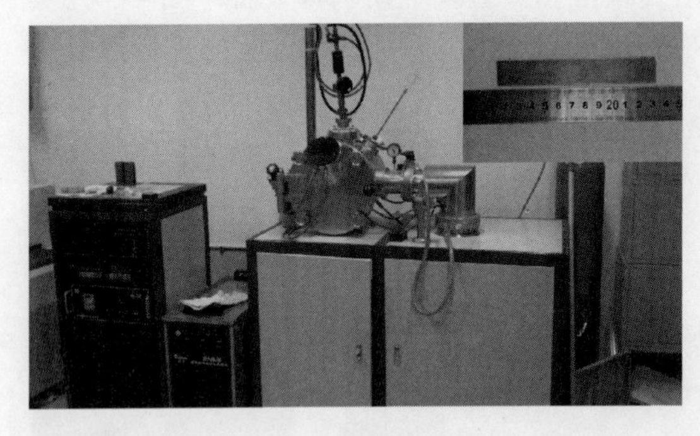

图 4-4　非晶合金熔炼炉及制备的非晶合金板材

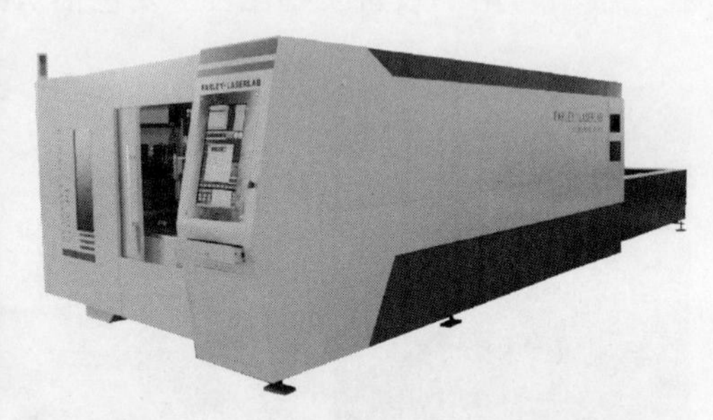

图 4-5　DF3015 型激光切割/焊接装置

焊接用的 $Zr_{41}Ti_{14}Cu_{12}Ni_{10}Be_{23}$ 非晶合金板材购买自比亚迪股份有限公司中央研究院，采用吸铸的方法制备。在焊接实验开始前，为了确定非晶合金材料是否为完全非晶态结构以及测量非晶合金的特征温度，采用 XRD 及 DSC 对非晶合金进行检测，结果如图 4-6 所示。XRD 检测扫描速度为 8 °/min，步长为 0.02°，工作电压和电流分别为 40 kV 及 120 mA，Cu 靶 K_a 辐射。图 4-6(a)中只有一个典型的馒头峰，没有出现明显尖锐的晶化峰，表明 $Zr_{41}Ti_{14}Cu_{12}Ni_{10}Be_{23}$ 非晶板材为完全非晶态。检测结果表明非晶坯料符合要求，可以用于激光焊接实验。此外，利用 DSC 检测 $Zr_{41}Ti_{14}Cu_{12}Ni_{10}Be_{23}$ 非晶合金的玻璃化转变温度 T_g 及晶化温度 T_x，加热速率为 10 ℃/min。图 4-6(b)显示 $T_g = 366$ ℃，

$T_x = 420$ ℃，过冷液相区宽度ΔT_x($\Delta T_x = T_x - T_g$)为 54 ℃，特征温度可为后面的结果分析提供参考。

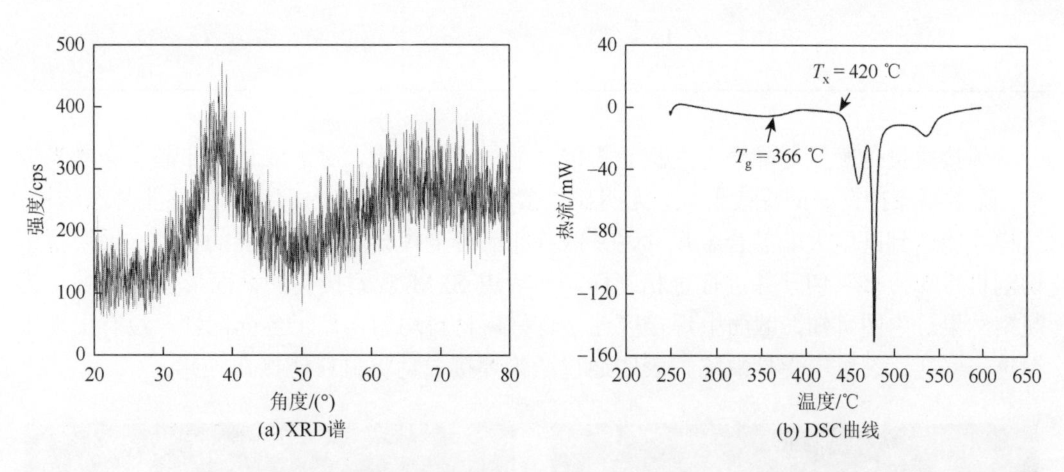

(a) XRD谱　　(b) DSC曲线

图 4-6　$Zr_{41}Ti_{14}Cu_{12}Ni_{10}Be_{23}$ 非晶合金 XRD 谱及 DSC 曲线

考虑到实验用的非晶合金板材尺寸较小，为了在焊接过程中保持好的形状和接头形貌，设计了如图 4-7(a)所示的夹具，用于激光焊接过程中夹持待焊接样品，防止焊接过程中产生大的焊接变形。$Zr_{41}Ti_{14}Cu_{12}Ni_{10}Be_{23}$ 非晶合金板被切割成 5 mm×30 mm×1.3 mm 的块体，固定在夹具上。焊接过程中采用氩气保护焊缝金属不受有害气体的侵袭，防止氧化污染，还能够抑制等离子云的形成，也能够对焊接接头起到一定的冷却作用，有利于非晶材料保持晶态结构。

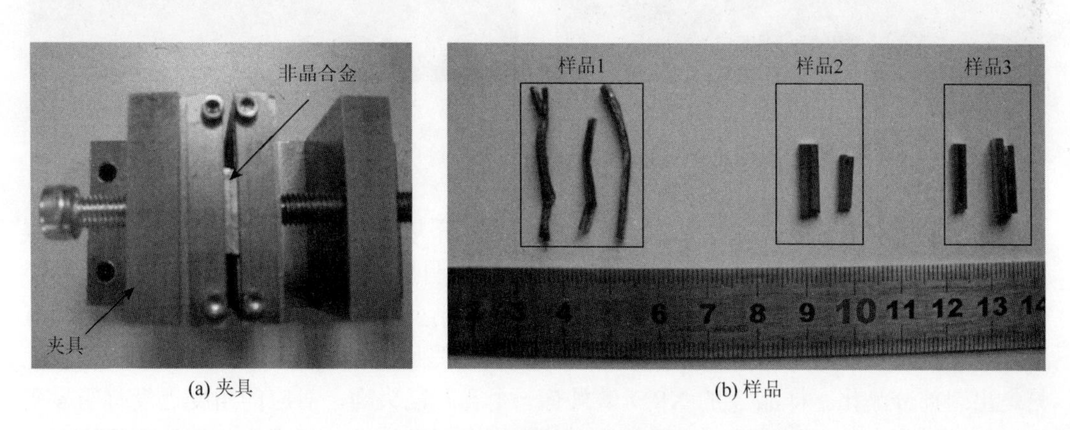

(a) 夹具　　(b) 样品

图 4-7　非晶合金激光焊接

根据表 4-1 中的焊接参数进行实验，得到如图 4-7(b)所示的焊接结果。样品 1 焊接速度太低，导致热流密度过大，样品因受热变形严重而烧坏，没有形成焊接接头，而样品 2 及样品 3 因为选择焊接速度比较合适，成功实现连接，并得到了外观良好的焊接接头。

表 4-1 $Zr_{41}Ti_{14}Cu_{12}Ni_{10}Be_{23}$ 非晶合金低速激光焊接参数

样品序号	焊接功率/kW	焊接速度/(m/min)	氩气流量/(×10^3 L/h)
1	1.3	2	10
2	1.3	5	15
3	1.3	7	15

焊接质量是衡量非晶合金焊接是否成功的最重要标准，对于成功的非晶合金激光焊接，除了要保持良好的焊接形貌，无明显焊接缺陷，焊接接头内部还要保持非晶态结构，这样才能达到既增大非晶合金尺寸，又保持非晶合金优异的力学性能的目的。采用精密切割机将焊接接头切开并进行金相制样，然后用 SEM 观察接头的截面形貌，图 4-8 为观察结果。由图可知，截面上焊接区连接良好，材料均匀，显示各向同性，没有出现未焊透、气孔、裂纹等焊接缺陷，表明通过激光焊接成功将材料连接在一起。

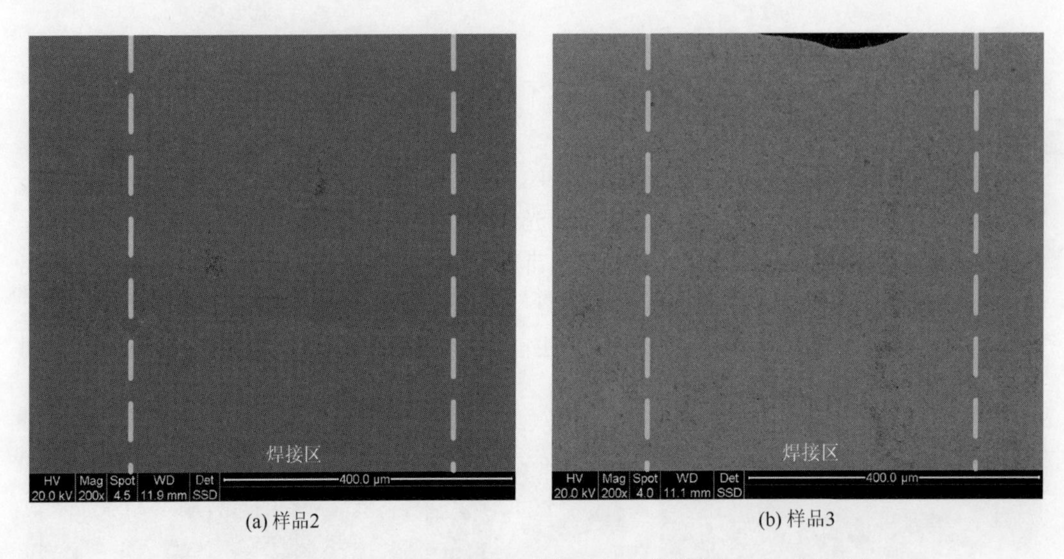

(a) 样品2　(b) 样品3

图 4-8 $Zr_{41}Ti_{14}Cu_{12}Ni_{10}Be_{23}$ 非晶合金激光焊接接头截面 SEM 检测结果

为了判断非晶合金焊接后是否保持非晶特性，采用 XRD 对激光焊接接头进行检测(图 4-9)。和非晶母材 XRD 谱对比，样品 2 中出现明显的强衍射峰，角度在 35°～38°，表明该样品在焊接过程中出现了一定程度的晶化。衍射峰的数量较少，且馒头峰并没有消失，馒头峰对应的角度对比非晶母材并没有发生明显变化，表明接头晶化程度不高，只是出现部分晶化。样品 3 的 XRD 谱只有一个宽的馒头峰，对应的角度也没有明显变化，表明样品 3 仍然保持非晶态结构。对比样品 2 及样品 3，低焊接速度导致热流密度大，样品受到更强的热作用后内部结构变化明显，最后导致非晶合金发生部分晶化。在这种情况下，显然相对高的焊接速度有利于得到非晶态的接头。

为了定量分析非晶合金焊接前后热特性的变化，采用 DSC 对焊接接头进行检测。在接头处切下 10 mg 左右的样品，从室温开始以 10 ℃/min 的加热速率升温至非晶合金完全晶化，测量结果如图 4-10 所示。由结果可知非晶合金在激光焊接热作用下，两个样品

的 T_g 都向右发生了偏移，其中样品 2 的 T_g 相对于非晶母材偏移了 4 ℃，说明样品 2 内部结构变化较大，也就是接头内部发生了明显的晶化现象，这与前面 XRD 结果相符。样品 3 的 T_g 只偏移了 1 ℃，在测量误差范围内与母材对比变化不明显，说明保持了较好的非晶特性。

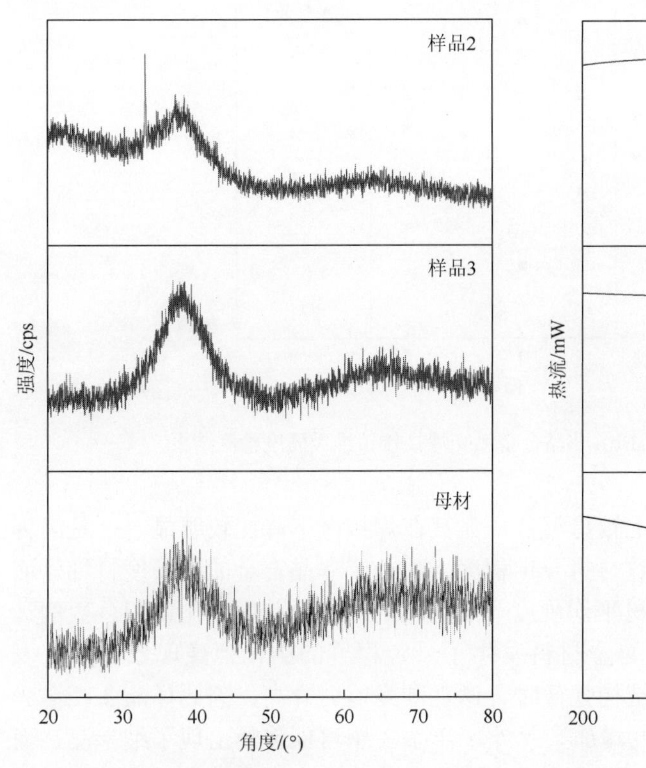

图 4-9　$Zr_{41}Ti_{14}Cu_{12}Ni_{10}Be_{23}$ 非晶合金激光焊接接头 XRD 检测结果

图 4-10　$Zr_{41}Ti_{14}Cu_{12}Ni_{10}Be_{23}$ 非晶合金激光焊接接头 DSC 检测结果

使用 TA Universal Analysis 软件测量 DSC 曲线的晶化焓值，得到 $Zr_{41}Ti_{14}Cu_{12}Ni_{10}Be_{23}$ 非晶合金母材、样品 2 及样品 3 的晶化焓 H_{cryst} 分别为−76.1 J/g、−71.8 J/g、−75.8 J/g。根据式(4-11)可以求得样品的晶化体积分数：

$$x = \Delta H_{cryst} / H_{cryst} \tag{4-11}$$

式中，ΔH_{cryst} 为焊接样品与母材的晶化焓差值(J/g)；H_{cryst} 为母材的晶化焓值(J/g)。

根据 DSC 测试结果及式(4-11)，得到样品 2 的晶化体积分数为 6%，样品 3 的晶化体积分数为 0.3%。由于使用软件测量晶化焓的方式有一定的误差，可以认为样品 3 保持较好的非晶特性，或者只是出现了极少量的纳米晶，而样品 2 则出现了明显的结晶现象。计算结果与图 4-9 及图 4-10 检测结果基本相符。

由于实验得到的样品尺寸较小，不便于进行拉伸或者剪切试验，所以将焊接样品镶嵌在制样材料中，采用维氏硬度仪进行检测，得到的硬度值将作为焊接前后样品的力学

性能指标之一。检测过程中每个样品任意选择 8 个点，其中 4 个点落在焊接区域，此外在靠近焊接区两侧各取 2 个点，得到如图 4-11 所示结果。

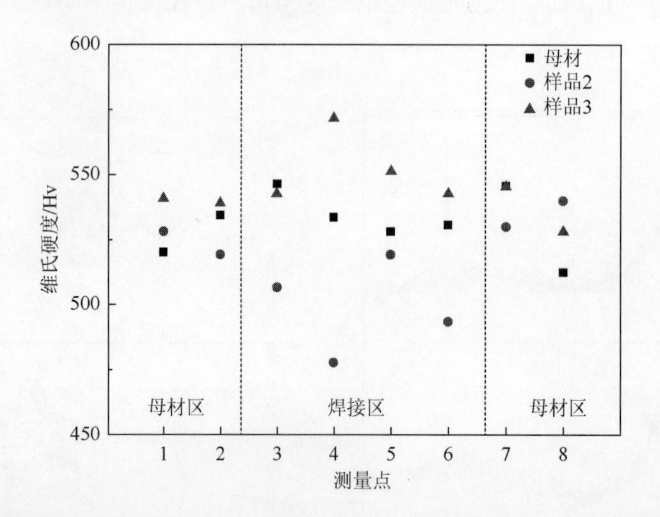

图 4-11　$Zr_{41}Ti_{14}Cu_{12}Ni_{10}Be_{23}$ 非晶合金激光焊接接头维氏硬度检测结果

测量显示样品 2 的硬度整体上较母材低，尤其在焊接区下降比较明显，这是因为样品 2 内部发生了晶化现象，导致材料一定程度上失去了非晶合金的高硬度特性。而样品 3 平均硬度为 550 Hv，较母材平均硬度(530 Hv)高，结合前面晶化体积分数的计算结果，可以推断样品 3 中非晶合金材料发生了一定程度的结构弛豫现象。研究表明[11]，非晶合金在热作用下发生结构弛豫时，微观硬度值会升高。因此样品 3 在激光束作用下发生结构弛豫，导致硬度增加。此外，样品 3 中可能伴随出现了纳米晶，而纳米晶能够增强材料的力学性能[12]，非晶合金激光焊接接头中出现纳米晶是符合焊接要求的。

对 $Zr_{41}Ti_{14}Cu_{12}Ni_{10}Be_{23}$ 块体非晶合金进行低速激光焊接实验研究，得到焊接接头。结果表明，在很低的焊接速度下，激光焊接接头严重变形，即样品被烧坏。提高激光移动速度，能够获得较好的焊接接头。经过检测，在焊接速度为 7 m/min 时，接合面连接良好，没有发现明显的焊接缺陷，此外接头内部基本保持非晶态，没有发生明显的晶化现象。采用维氏硬度仪检测接头的力学性能，发现样品 3 的硬度较母材略高，这是因为在焊接热循环作用下接头内部发生了一定程度的结构弛豫，导致材料的硬度有所增加。此外结合 DSC 进行晶化体积分数分析，认为样品中可能伴随有纳米晶产生。纳米晶有利于改善材料的力学性能，符合焊接的要求。通过低速激光焊接实验，认为较高的速度焊接有利于得到理想的焊接接头。

由于在 1.5 kW-5 m/min 的焊接参数下，接头内部发生了晶化，不符合实验要求。为了降低对非晶合金材料施加的热流密度，避免其在焊接过程中发生晶化，尝试采用低焊接功率对 $Zr_{41}Ti_{14}Cu_{12}Ni_{10}Be_{23}$ 非晶合金进行焊接，焊接参数见表 4-2。

表 4-2　$Zr_{41}Ti_{14}Cu_{12}Ni_{10}Be_{23}$ 非晶合金低功率激光焊接参数

样品序号	焊接功率/kW	焊接速度/(m/min)	氩气流量/($\times10^3$ L/h)
1	0.5	4	10
2	0.5	3	15
3	0.5	2	15

在低焊接功率作用下，可以肉眼观察到非晶合金没有完全焊透，所以在焊接实验中临时采用双面焊接方式。在焊接速度为 2 m/min 时，样品 3 烧毁，没有形成焊接接头。但样品 1 和样品 2 连接成功，得到了双面焊接接头。用 SEM 对样品 1 和样品 2 的截面形貌进行观察，结果如图 4-12 所示。尽管采用双面焊接，但是低焊接功率导致熔深非常小，约为 300 μm，样品中心部分并没有焊接在一起，可以观察到 5～15 μm 的缝隙。焊接面上材料表现出各向同性，没有观察到不均匀区域，说明低功率焊接没有引起非晶材料的明显结构变化。

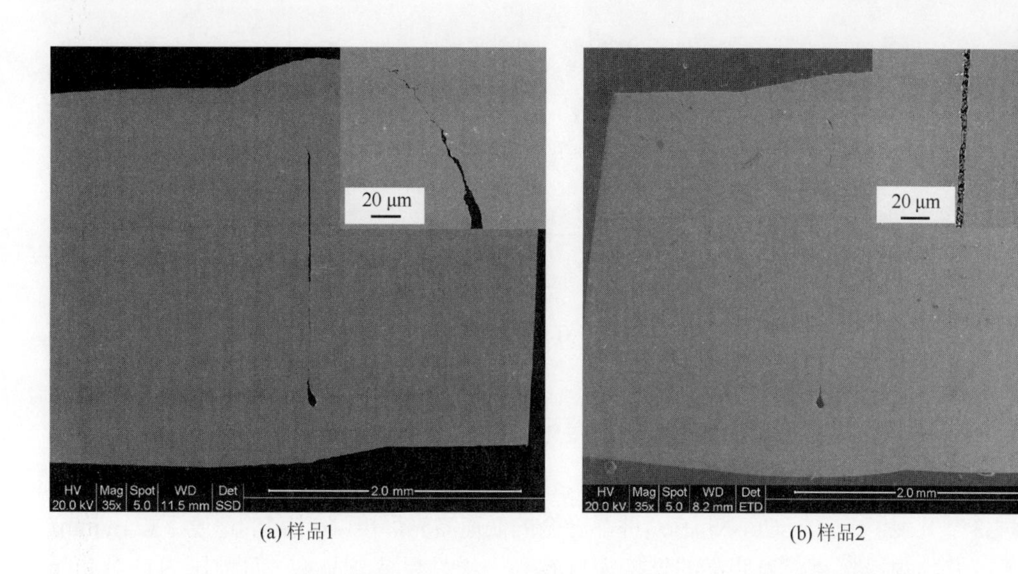

(a) 样品1　　(b) 样品2

图 4-12　低功率激光焊接 $Zr_{41}Ti_{14}Cu_{12}Ni_{10}Be_{23}$ 非晶合金样品 SEM 图

图 4-13 为样品的 XRD 检测结果。对比两个样品与母材的 XRD 谱可以看出，曲线的形状和母材基本相同，非晶衍射峰的角度也没有发生明显变化，在约 38°处，XRD 谱上也没有观察到任何强衍射峰，这些都表明样品仍然保持良好的非晶特性。从以上结构可以看出，低功率低速激光焊接工艺尽管没有让样品发生晶化现象，但是熔深小，不适合用来连接非晶合金板材，可作为非晶箔片之间的连接，这样既可以穿透待焊材料，还能使焊接接头保持良好的非晶态。

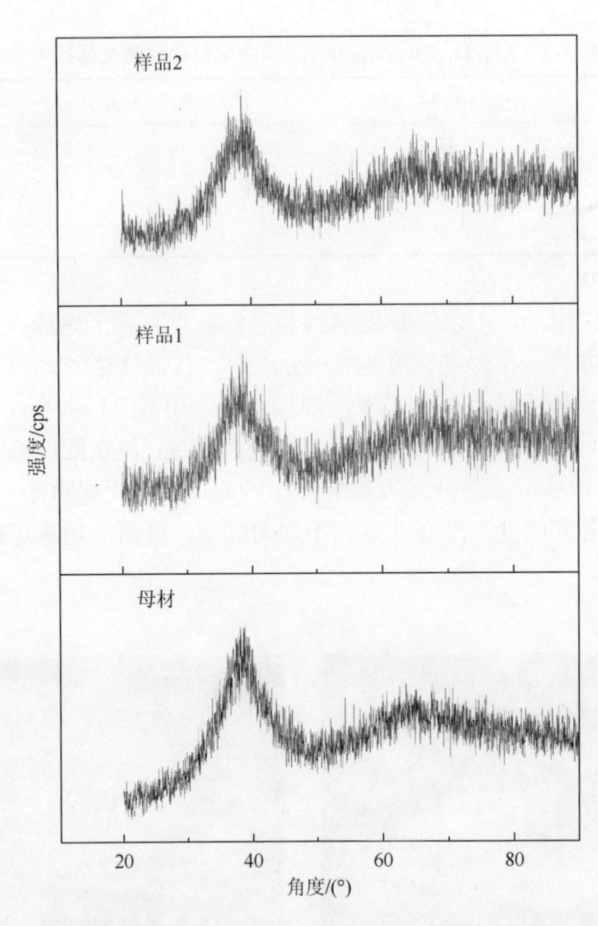

图 4-13　低功率激光焊接 $Zr_{41}Ti_{14}Cu_{12}Ni_{10}Be_{23}$ 非晶合金样品 XRD 谱

4.1.4　Zr 基非晶合金高速激光焊接研究

4.1.3 节开展了 $Zr_{41}Ti_{14}Cu_{12}Ni_{10}Be_{23}$ 非晶合金的低速激光焊接，在较高的速度下（7 m/min）得到了较好的焊接接头，表明高的焊接速度有利于样品保持非晶态。目前国内针对非晶合金开展的激光焊接实验，焊接速度一般在 10 m/min 下。而国外 Kawahito 等[13]也仅仅在焊接不锈钢板时对非晶合金简单开展了高速激光焊接实验，并没有深入研究高速激光焊接的特点。为了分析高焊接速度对非晶合金接头的影响，采用 IPG 公司的 YLR-4000 光纤激光焊接系统对尺寸为 3 mm×18 mm×1.2 mm 的 $Zr_{55}Cu_{30}Ni_5Al_{10}$ 非晶合金进行焊接研究。

YLR-4000 光纤激光焊接系统主要有激光器、机器人等，如图 4-14 所示。激光器最大输出功率为 4 kW，激光波长为 1.07 μm，聚焦光斑直径为 0.3 mm，透镜焦距为 250 mm。运动执行机构采用的是 ABB IRB4400 型机器人（图 4-14（b）），最大承载 60 kg，重复定位精度可达 0.07 mm，由机械手和控制柜两个部分组成，控制柜具备完善的通信功能，可以通过安装数据输入/输出（input/output，I/O）模块实现与外界的通信。

(a)

(b)

图 4-14　(a) YLR-4000 光纤激光焊接系统与 (b) ABB IRB4400 型机器人

焊接开始前对样品的非晶特性进行检测，图 4-15 为测得的 XRD 谱，可以看出衍射曲线中没有任何晶化峰，判断焊接坯料为完全非晶态结构，符合焊接要求。

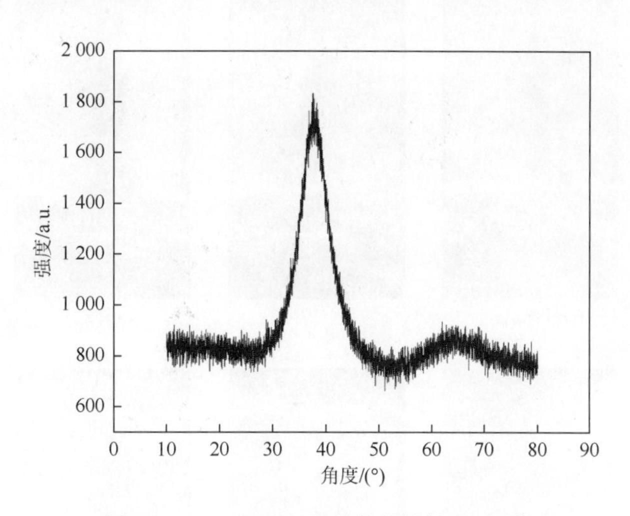

图 4-15　$Zr_{55}Cu_{30}Ni_5Al_{10}$ 非晶板材 XRD 谱

焊接过程中熔化材料所吸收的能量与 $\frac{Pd}{v}$ 呈正比例关系，其中 P、d、v 分别代表激光功率、激光光斑直径以及焊接速度，可以调整这三个参数来得到满意的焊接接头。本实验中由于实验设备本身的限制，激光光斑大小不可调，直径 d 约为 0.4 mm，激光器功率 P 最大为 4 kW。根据经验取离焦量 $\Delta f = 0$。正式焊接实验开始前，取一块非晶合金板材进行速度调试试验，在肉眼大致观察板材是否焊透的情况下，初步确定最大焊接速度为 24 m/min 左右。为了分析焊接参数对接头内部结构的影响，选择焊接参数如表 4-3 所示。

表 4-3 $Zr_{55}Cu_{30}Ni_5Al_{10}$ 非晶合金高速激光焊接参数

样品序号	激光焊接		氩气流量/(L/min)
	焊接功率/kW	焊接速度/(m/min)	
1	3.8	20	33
2	3.8	22	33
3	3.8	24	33
4	4.0	20	33
5	4.0	22	33
6	4.0	24	33

图 4-16 为用基恩士光学显微镜观察到的接头外观及截面形貌。从图中可以看出，所有的非晶合金表面均形成了一道明显的焊缝，且焊接功率及焊接速度的不同导致焊缝外观也有一定的区别。在相同的焊接速度下，大功率产生的热流密度大，导致焊缝较宽，同时熔深较深，工件容易焊透。而在相同功率下，较快的焊接速度缩短了热源的作用时

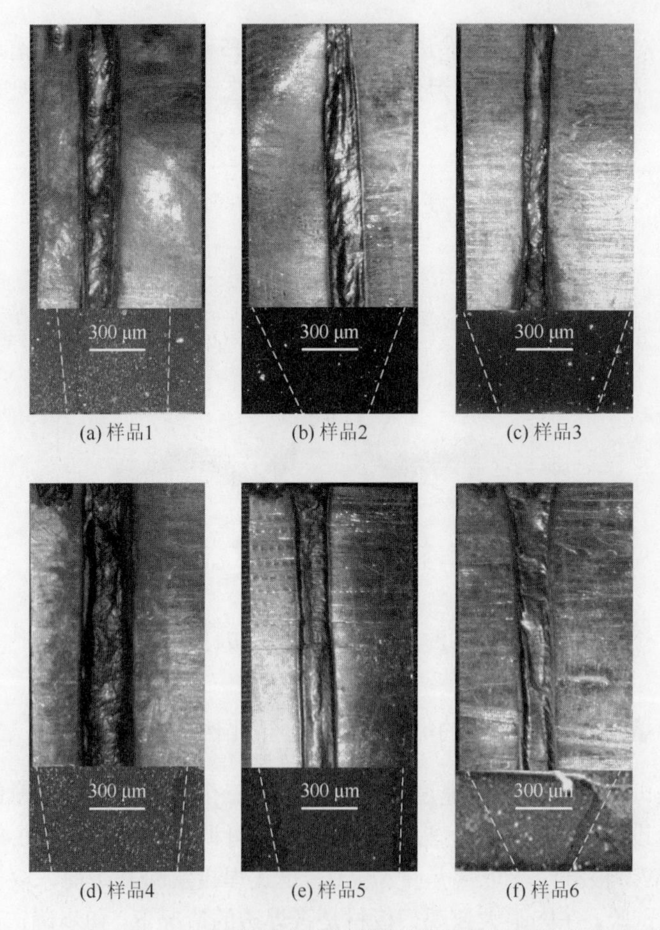

(a) 样品1　(b) 样品2　(c) 样品3

(d) 样品4　(e) 样品5　(f) 样品6

图 4-16 $Zr_{55}Cu_{30}Ni_5Al_{10}$ 非晶合金高速激光焊接接头外观及截面形貌

间，导致较快的冷却速率，形成的焊缝也较窄，这有利于非晶合金板材在焊接后仍然保持非晶态结构。每个样品的截面上都形成了明显的“钉子头”形状的焊接痕迹，即激光焊接后形成的焊缝形状。而接头主要由三个部分组成，即焊接熔化区、热影响区以及母材区。在焊接熔化区和热影响区之间有一个临界区域，即熔合线[14]。在截面上，两条虚线为深色热影响区边界，形成一定大小的夹角，一般情况下夹角在 30°～80°，随焊接参数变化而变化。焊接功率越大或者焊接速度越小，夹角就越小。在未焊透的情况下，夹角通常较大，超过 90°，从接头外观形貌及截面的焊缝所形成的夹角可以看出以上 6 组样品均已焊透。

激光焊接常见的缺陷有气孔、裂纹等。为了观察样品的焊接质量，将接头焊缝外表面上突起的金属和毛刺采用机械研磨的方法进行简单去除，以便得到比较整齐的截面形貌。图 4-17 为激光焊接接头截面的 SEM 检测结果。每幅图中都对整个截面和放大后的焊接区进行观察，结果显示接头截面上没有出现常见的焊接缺陷，截面上没有颜色明显的不均匀区域，截面整体表现出各向同性。放大后的焊接区 SEM 图也没有发现明显的缺陷，表明非晶合金高速激光焊接形成了高质量的接头。

为了分析非晶合金板材高速激光焊接前后内部微结构的变化，选择样品 1、样品 3、样品 4 及样品 6 为对象，对它们的母材区和热影响区进行观察及比较，分析焊接参数对内部结构的影响。其中对母材区采用高分辨透射电镜（high resolution transmission electron

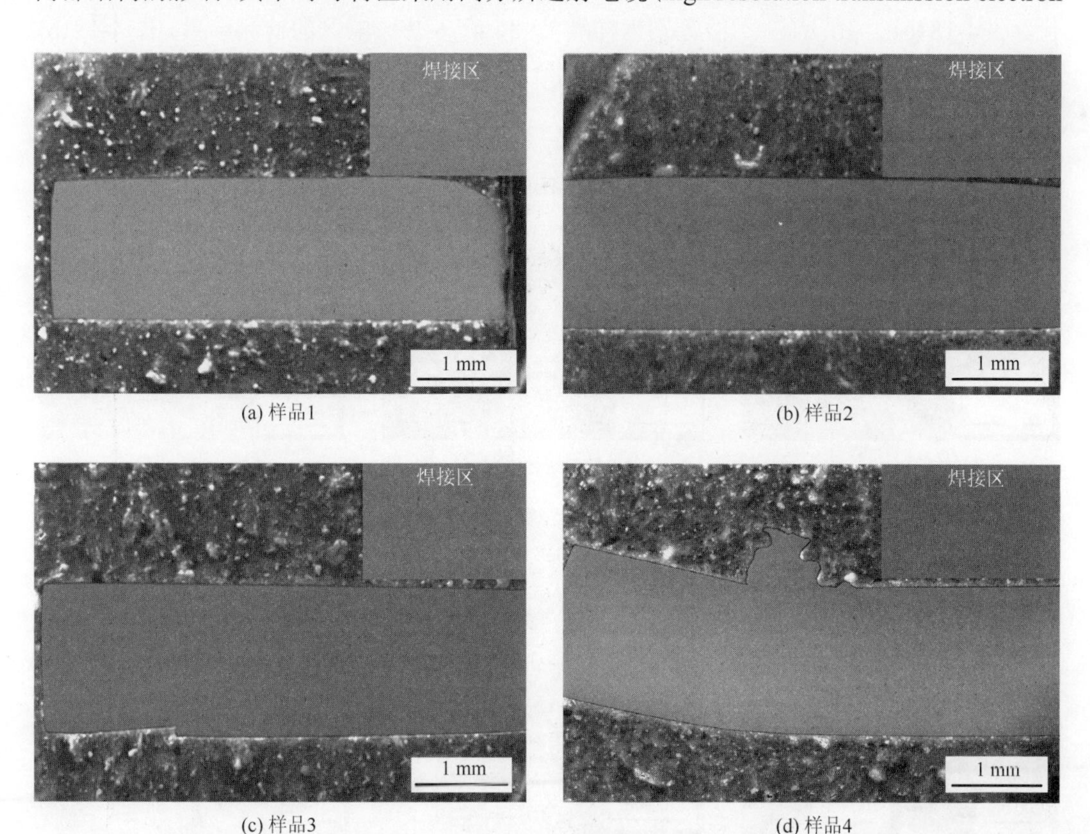

(a) 样品1　(b) 样品2

(c) 样品3　(d) 样品4

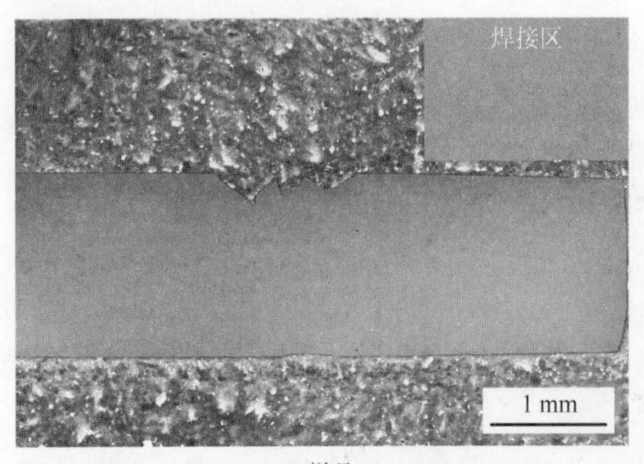

(e) 样品5

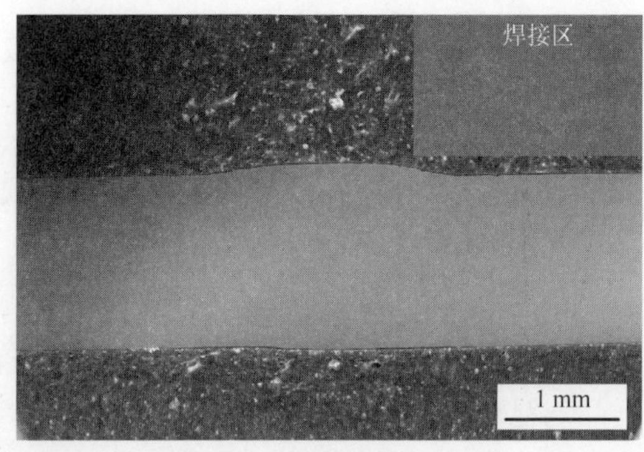

(f) 样品6

图 4-17　$Zr_{55}Cu_{30}Al_{10}Ni_5$ 非晶合金高速激光焊接接头截面 SEM 结果

microscope，HRTEM）及选区电子衍射（selected area electron diffraction，SAED）进行检测，对热影响区采用 SEM、HRTEM 及 SAED 来进行观察，检测结果如图 4-18 所示。

图 4-18（a）、（c）、（e）、（g）分别对应样品 1、3、4、6 母材区的 HRTEM 及 SAED 结果。4 组 HRTEM 图像结果中原子排列杂乱无章、没有规律，没有观察到原子团簇或明显的规则分布，且 SAED 花样只有一个明亮的衍射环，这说明样品母材区均为完全的非晶态结构，没有受到焊接区传递过来的激光热能量的影响而导致内部结构发生有序变化。图 4-18（b）、（d）、（f）、（h）分别为样品 1、3、4、6 热影响区的检测结果。图 4-18（b）显示样品 1 的热影响区内非晶材料发生了部分晶化，晶粒的尺寸在 200 nm 左右，而夹在

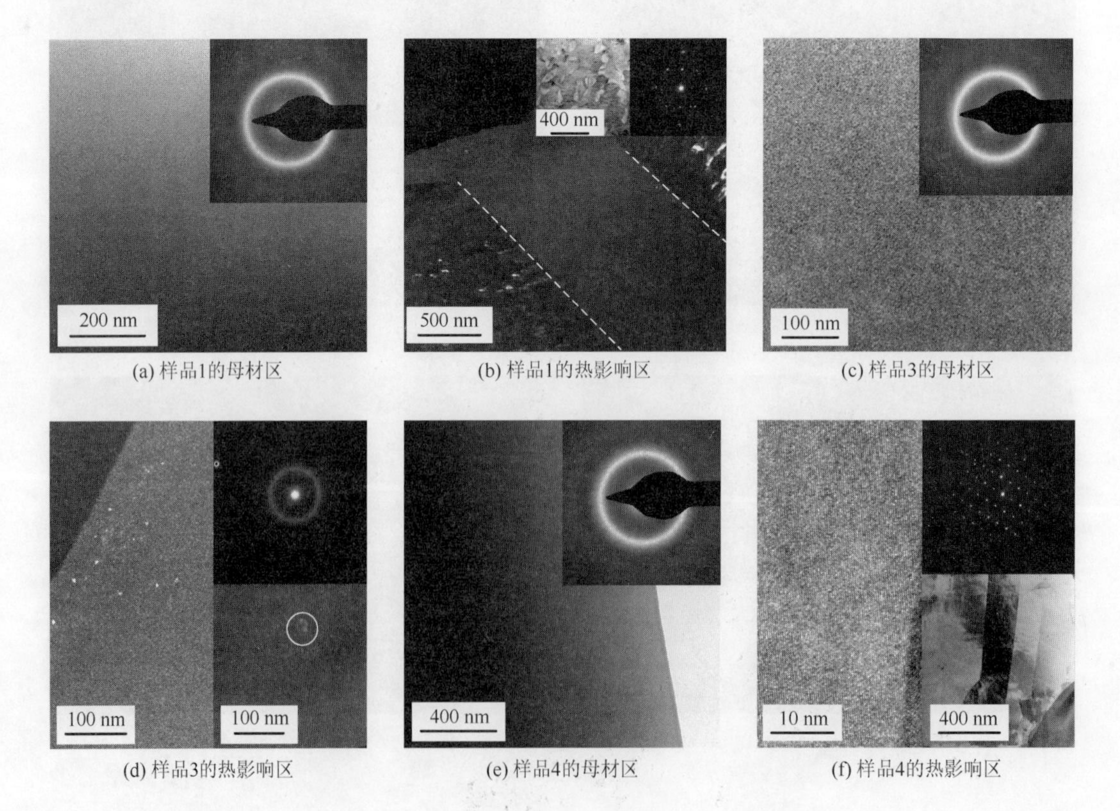

(a) 样品1的母材区　(b) 样品1的热影响区　(c) 样品3的母材区

(d) 样品3的热影响区　(e) 样品4的母材区　(f) 样品4的热影响区

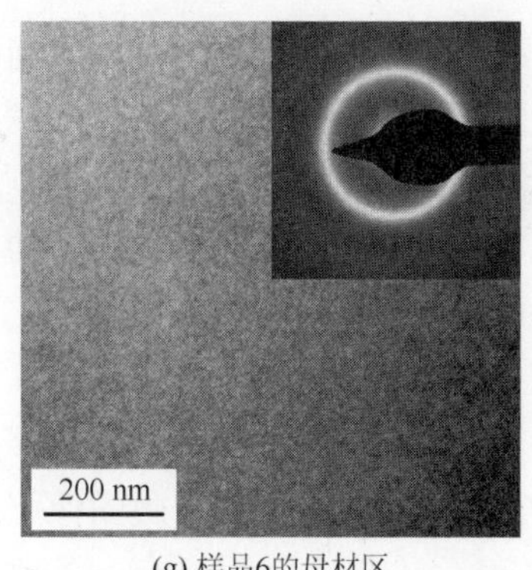

(g) 样品6的母材区

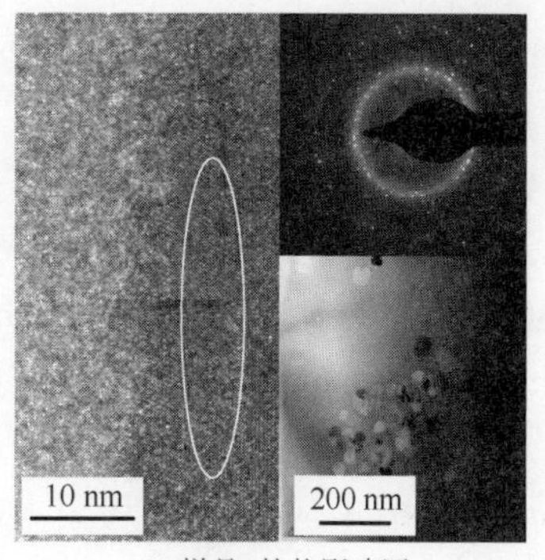

(h) 样品6的热影响区

图 4-18 $Zr_{55}Cu_{30}Ni_5Al_{10}$ 非晶合金高速激光焊接接头 TEM 结果

虚线之间的材料却仍然为非晶态。这说明 3.8 kW-20 m/min 的参数组合使接头内部发生了部分晶化。因此，可以适当提高焊接速度或者降低焊接功率来获得非晶态的焊接接头。图 4-18(d)是将焊接速度增至 24 m/min 后的检测结果，HRTEM 显示样品 3 热影响区没有明显的晶化现象，原子无规则排列，SEM 检测发现在非晶材料中嵌入极少量 50 nm 左右的粒子。SAED 中也只有一个明亮的非晶衍射环。这些检测结果说明在保持功率不变的情况下提升焊接速度，有利于样品保持非晶态结构。4.0 kW-20 m/min 焊接条件对应的焊接结果如图 4-18(f)所示，HRTEM 显示原子排列比较有规律，SEM 结果显示出现了带状晶体，SAED 中得到了规则的点阵分布，三项检测结果一致表明接头内部材料基本上完全结晶。对比样品 1，焊接功率对接头内部结构影响非常大，高能量输入显著增强了原子的活跃程度，从而导致原子向稳态结构移动及发生结晶。图 4-18(h)显示的是焊接参数为 4.0 kW-24 m/min 时接头热影响区的微结构。HRTEM 中标定的区域内原子排列有序，而 SAED 结果显示除了衍射环，还分布有不规则的亮斑，衍射环亮度比样品 3 热影响区的低，进一步利用 SEM 进行观察，发现在非晶材料中分布有较小的晶体，尺寸在 50 nm 左右，即纳米晶。纳米晶可以使材料强度高于相同成分的普通材料，塑性低于同成分普通材料[12]，因此样品 6 也认为是理想的焊接接头。综合以上对 $Zr_{55}Cu_{30}Ni_5Al_{10}$ 非晶合金高速激光焊的形貌观察以及热影响区微结构的结果分析可知，在激光功率相同时提高焊接速度能够降低材料晶化的可能性，但同时会减少接头焊缝的熔深。在速度相同的情况下，提高焊接功率能够获得深熔深，但是材料由于受热程度增加而发生晶化。激光焊接功率和焊接速度在非晶合金的激光焊接过程中相互制约又相辅相成，合理选择焊接速度和焊接功率才能获得理想的焊接接头。高速激光焊接和低速激光焊接一样，焊接条件不合适都能使样品发生晶化，因此找到一种方法能够比较容易地选择合适的激光焊接参数或者确定参数区域将是以后需要做的一项非常重要和有意义的工作。

4.1.5 Zr 基非晶合金与纯 Zr 激光焊接研究

非晶合金内部没有晶界、位错和晶体学取向效应[15]，所以展现出与晶态合金完全不

同的力学特性，如高弹性极限、高强度和高硬度。但是非晶合金在发生断裂失效时样品表面通常只有 1 或 2 条剪切带，且剪切带一旦形成就会迅速扩展，以致发生准脆性断裂行为[16, 17]。为了增强材料的抗剪切能力，探索非晶合金与金属焊接制备复合材料的可能性，本书首次尝试采用激光焊接 $Zr_{41}Ti_{14}Cu_{12}Ni_{10}Be_{23}$ 非晶合金与纯锆(99.9%)。焊接实验选择 YLR-4000 光纤激光焊接系统，激光功率为 1.0 kW，焊接速度为 7 m/min，光斑直径为 0.4 mm，离焦量$\Delta f = 0$，氩气流量为 1.25×10^3 L/h，待焊工件的尺寸为 10 mm×2 mm×1 mm。

接头截面形貌如图 4-19 所示。从图 4-19(a)所显示的光学显微图像照片可以看出，$Zr_{41}Ti_{14}Cu_{12}$ $Ni_{10}Be_{23}$ 非晶合金与锆显示不同的颜色，接头截面上有一条比较明显的焊接线，没有观察到未熔合现象，表明两种金属已经完全焊透并成功连接在一起。截面上没有发现明显焊接缺陷，焊接质量良好。然而，非晶合金与锆在熔化后混合不够均匀，在焊接线两边的区域呈现出的颜色也不完全相同。图 4-19(b)为样品的 SEM 观察结果，进一步清晰显示在焊接区非晶合金与锆混合不均匀导致颜色差别很明显，这是由于激光焊接过程中温度场梯度较大，并且液态金属快速冷却，导致非晶合金与锆没有充分混合便开始凝固直至形成接头。此外还可以看出随着激光的移动，液态金属在焊缝内流动方向具有一定的规律。

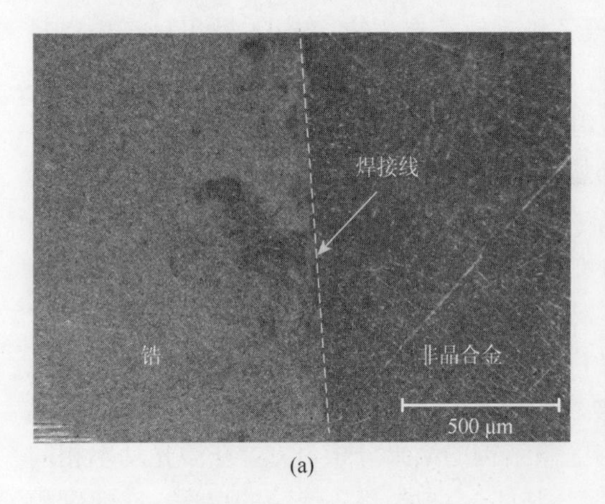

(a)

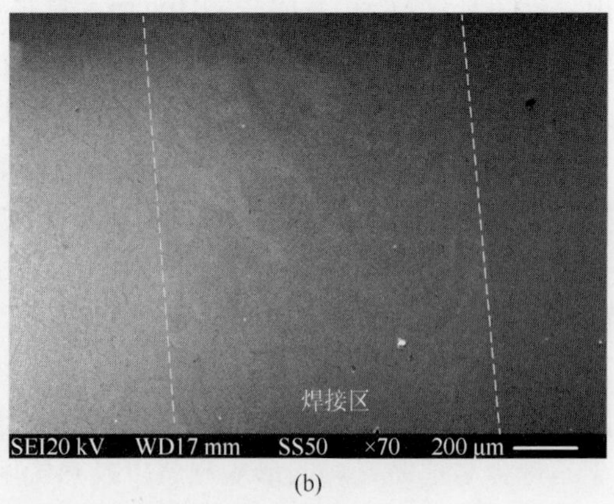

(b)

图 4-19 $Zr_{41}Ti_{14}Cu_{12}Ni_{10}Be_{23}$ 非晶合金与锆金属激光焊接接头截面形貌

图 4-20 为非晶母材与焊接接头的 XRD 结果，焊接前非晶母材 XRD 谱中只有一个宽的衍射峰，证明材料为完全非晶态结构。焊接后 XRD 谱中出现了明显的晶化峰，这是因为锆的微观特性在衍射中表现出来，但是最高峰依然可见部分馒头峰轮廓，且峰的角度没有发生明显变化。

为了进一步观察焊接接头的内部结构，采用 TEM 对样品进行检测，结果如图 4-21 所示。在图 4-21(a)中，HRTEM 图显示原子排列无规则，SAED 花样中只有一个明亮的衍射环，表明非晶合金母材区没有受到焊接热的影响，仍然保持非晶态。图 4-21(b)显示纯锆的晶态结构。而在焊接区，图 4-21(c)中显示有较多的原子规则排列，但是有部

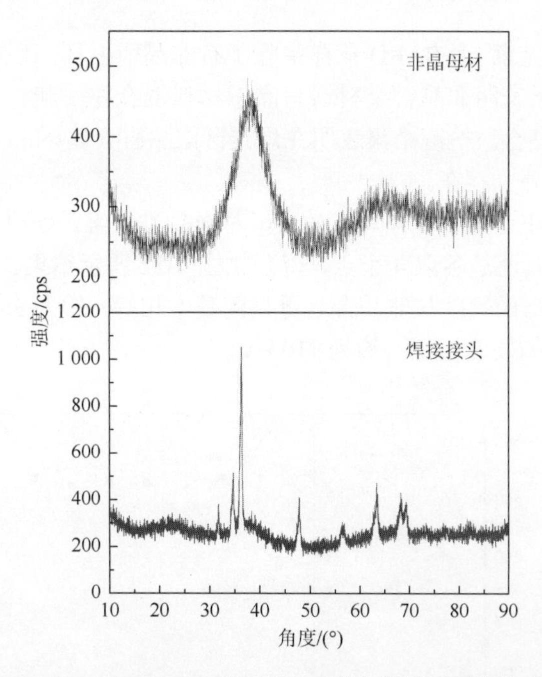

图 4-20　$Zr_{41}Ti_{14}Cu_{12}Ni_{10}Be_{23}$ 非晶合金及其与锆激光焊接接头 XRD 谱

(a) 非晶合金母材区HRTEM及SAED结果　(b) 纯锆母材区HRTEM及SAED结果

(c) 接头HRTEM及SAED结果　(d) 接头内部形貌

图 4-21　$Zr_{41}Ti_{14}Cu_{12}Ni_{10}Be_{23}$ 非晶合金与锆激光焊接接头 TEM 检测结果

分原子排列呈现杂乱无章，而SAED花样中除了有非晶衍射环，还有不规则的亮斑出现。图4-21(d)中形貌结果表明非晶合金材料与晶态材料混合在一起，且晶态材料的形貌与图4-21(b)中纯锆相符合。检测结果表明在焊接区 $Zr_{41}Ti_{14}Cu_{12}Ni_{10}Be_{23}$ 非晶合金与纯锆混合在一起且区域性独立存在。

由于接头尺寸较小，为了验证焊接效果，对样品进行维氏硬度检测。接头分为三个部分，分别在焊缝及其两边各取4个点，得到如图4-22所示结果。在焊接区，由于非晶合金的存在，接头的维氏硬度与非晶合金母材区基本相等，约为550 Hv，显示出较好的性能。而纯锆母材区的硬度较低，约为110 Hv。

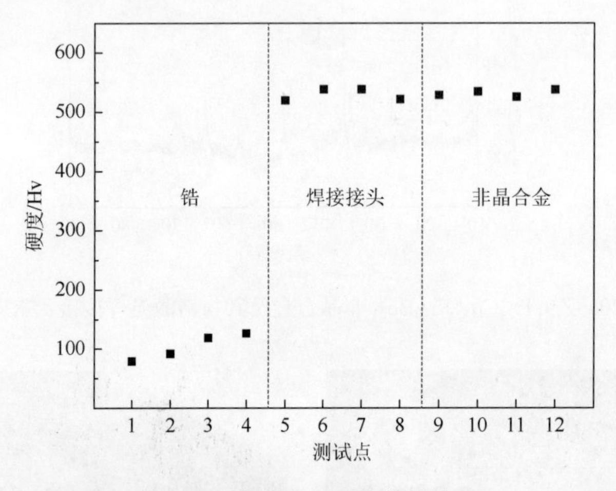

图4-22 接头维氏硬度检测结果

采用激光焊接的方法能够将 $Zr_{41}Ti_{14}Cu_{12}Ni_{10}Be_{23}$ 非晶合金与纯锆焊接在一起，焊接界面无明显焊接缺陷，焊接质量良好。由于激光焊接过程中具有较大的冷却速率和温度梯度，非晶合金与纯锆在熔化区内混合并不均匀，在局部区域内分别单独存在。接头熔化区具有与非晶合金几乎相等的高硬度，保持了良好的性能。由于本书首次尝试采用激光焊接制备非晶合金与晶态合金复合材料，后续工作还有待进一步深入开展。

4.2 Zr 基非晶合金预处理后激光焊接

目前非晶合金成形零件或者结构主要采用模具热压成形的方法，这种成形工艺较简单，成形效果好。但是成形用的硅模具或者金属模具受到一些因素的限制，制约了非晶合金零件的成形能力。例如，采用ICP刻蚀技术制备微型硅模具，得到的零件型腔深度通常只有几百微米，整体上看属于简单的准三维模型，而且硅模具在热压过程中容易破碎，以致采用硅模具热压成形的方法在制备复杂三维零件时还受到很多制约。对于金属模具来讲，微小零件形状的加工难度很大，尤其是对于复杂零件型腔显得尤为困难。这些因素都显著制约了采用模具热压成形制备复杂非晶合金零件或者结构。

激光技术飞速发展，已经广泛用于复杂零件或结构的精密加工成形等，采用激光技术制备复杂非晶合金零件或者结构，将会成为人们以后努力的又一个方向。非晶合金零件或者结构成形时经历了一次保温过程，可以近似认为经历了一次退火处理，若再施加激光热源作用，其内部结构可能会发生变化，一旦结晶则成形的零件将失效。目前对非晶合金的退火处理已经进行了大量研究，但是退火预处理对激光焊接的影响还未见报道。为了模仿激光焊接制备多层非晶合金零件或者复杂结构，本书首次对 Zr 基非晶合金开展先退火后激光焊接实验研究，分析非晶合金经历两次不同热作用下内部结构的变化以及退火预处理对焊接结果的影响，以期为以后的激光焊接非晶合金复杂零件及结构提供一定的指导。

4.2.1　Zr 基非晶合金退火处理实验

非晶合金是亚稳态材料，退火温度和时间不同，对内部结构的变化产生的作用也不同。为了研究不同退火条件对激光焊接的影响，结合 Zr 基非晶合金零件成形的热压保温条件，对尺寸为 3 mm×18 mm×1.2 mm 的 $Zr_{55}Cu_{30}Ni_5Al_{10}$ 非晶合金进行退火处理，为研究后面的激光焊接做前期工作。表 4-4 为退火处理实验参数。

表 4-4　$Zr_{55}Cu_{30}Ni_5Al_{10}$ 非晶合金退火处理实验参数

样品序号	退火温度/℃	退火时间/min
1	415	10
2	415	10
3	415	10
4	415	10
5	415	10
6	415	10
7	415	30
8	430	10
9	430	30
10	—	—

退火处理完成后，采用机械研磨的方法去掉样品表面黑色的氧化层，然后根据不同的退火参数，采用 XRD 对样品 2、样品 7～9 以及母材进行检测，结果如图 4-23 所示。在 XRD 谱中，没有观察到明显尖锐的强衍射峰，表明退火后的非晶合金没有发生明显的晶化，仍然保持非晶态。显然表 4-4 所列的退火参数还不足以使退火样品的非晶态结构发生明显变化，但是可能会发生一定的结构弛豫。

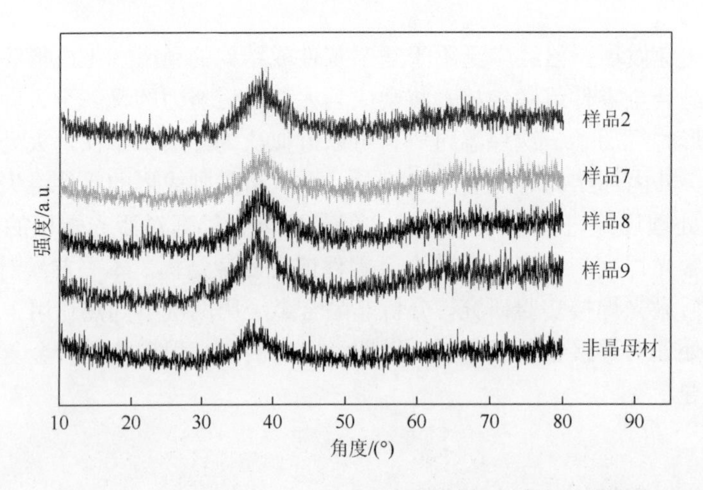

图 4-23　退火 $Zr_{55}Cu_{30}Ni_5Al_{10}$ 非晶合金 XRD 检测结果

4.2.2　Zr 基非晶合金退火处理后激光焊接研究

针对退火处理后的 $Zr_{55}Cu_{30}Ni_5Al_{10}$ 非晶合金样品，采用 YLR-4000 光纤激光焊接系统进行焊接实验，激光光斑直径约为 0.4 mm，离焦量 $\Delta f = 0$，焊接过程中采用氩气保护以抑制等离子云。焊接参数如表 4-5 所示，其中样品分为两组，第一组(样品 1～6)具有相同的退火处理条件及不同的焊接参数，第二组(样品 7～9)的退火处理条件不同但焊接参数相同，此外为了进行对比，样品 10 没有进行退火处理。

表 4-5　退火 $Zr_{55}Cu_{30}Ni_5Al_{10}$ 非晶合金激光焊接参数

样品序号	焊接功率/kW	焊接速度/(m/min)	气体流量/($\times 10^3$ L/min)
1	1.5	8	1.25
2	1.5	10	1.25
3	1.8	8	1.25
4	1.8	10	1.25
5	2.1	8	1.25
6	2.1	10	1.25
7	1.5	10	1.25
8	1.5	10	1.25
9	1.5	10	1.25
10	1.5	10	1.25

焊接实验完成后，得到如图 4-24 所示的退火处理后非晶合金激光焊接接头及截面形貌。不同的焊接参数导致了不同的接头外观形貌，例如，高焊接功率或者低焊接速度对应的样品的焊缝较大。由图可知，焊缝截面显示样品被完全焊透，所有退火处理后非晶

合金样品都成功地焊接在一起。颜色较深的热影响区所形成的夹角一般为 30°～80°，具体由焊接参数决定。对于没有穿透的样品，其夹角一般会大于 90°。

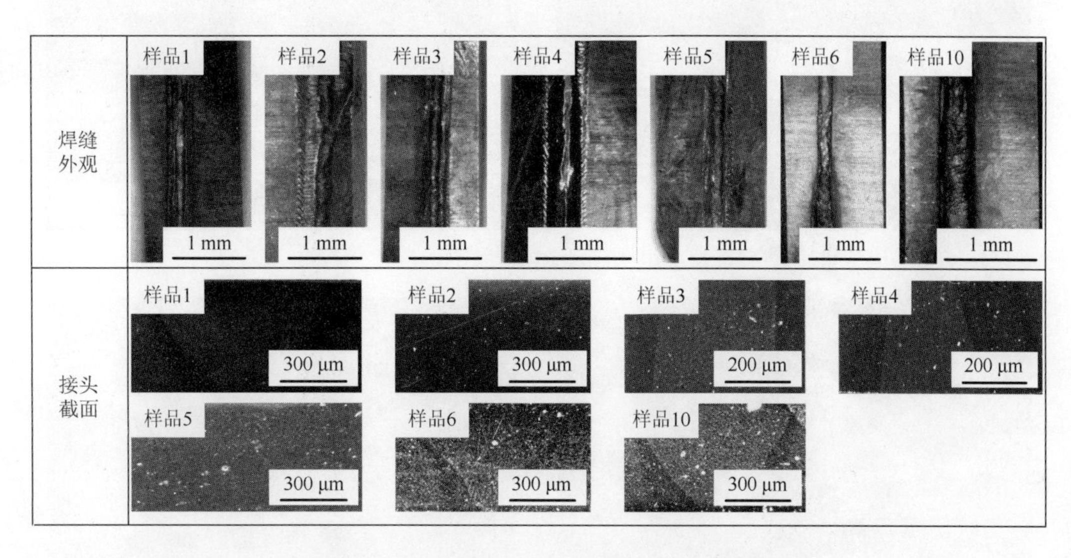

图 4-24　退火处理后非晶合金焊接接头及截面形貌

为了检测焊接质量，分析退火处理及激光热作用对接头的影响，采用 SEM、XRD、TEM、维氏硬度以及三点弯曲等测试手段对样品进行检测。样品截面的 SEM 图及 XRD 谱如图 4-25 所示，截面 SEM 图结果显示焊接质量良好，在焊接区及母材区均没有出现明显的焊接缺陷。图 4-25(h) 中谱线形状相似，呈现相同的漫散射峰，未见尖锐的强衍射峰，表明接头在 XRD 检测范围内未见明显晶化现象，无大尺寸的晶体出现。衍射谱中非晶衍射峰的角度没有发生偏移，但是衍射峰的高度发生了变化，这是因为退火处理后非晶内部发生了一定程度的短程偏析[18]。

焊接过程中，焊接功率提供能量使得工件能够被完全焊透，从而形成牢固的连接，而焊接速度决定了激光作用的时间，能够使得熔化区内的材料迅速冷却到晶化温度以下，从而抑制非晶合金发生晶化。从图 4-24 知所有的非晶合金样品已经完全焊透，因此，

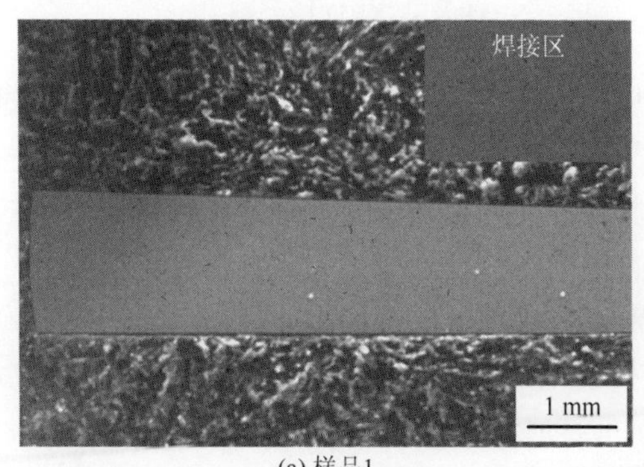

(a) 样品1

(b) 样品2

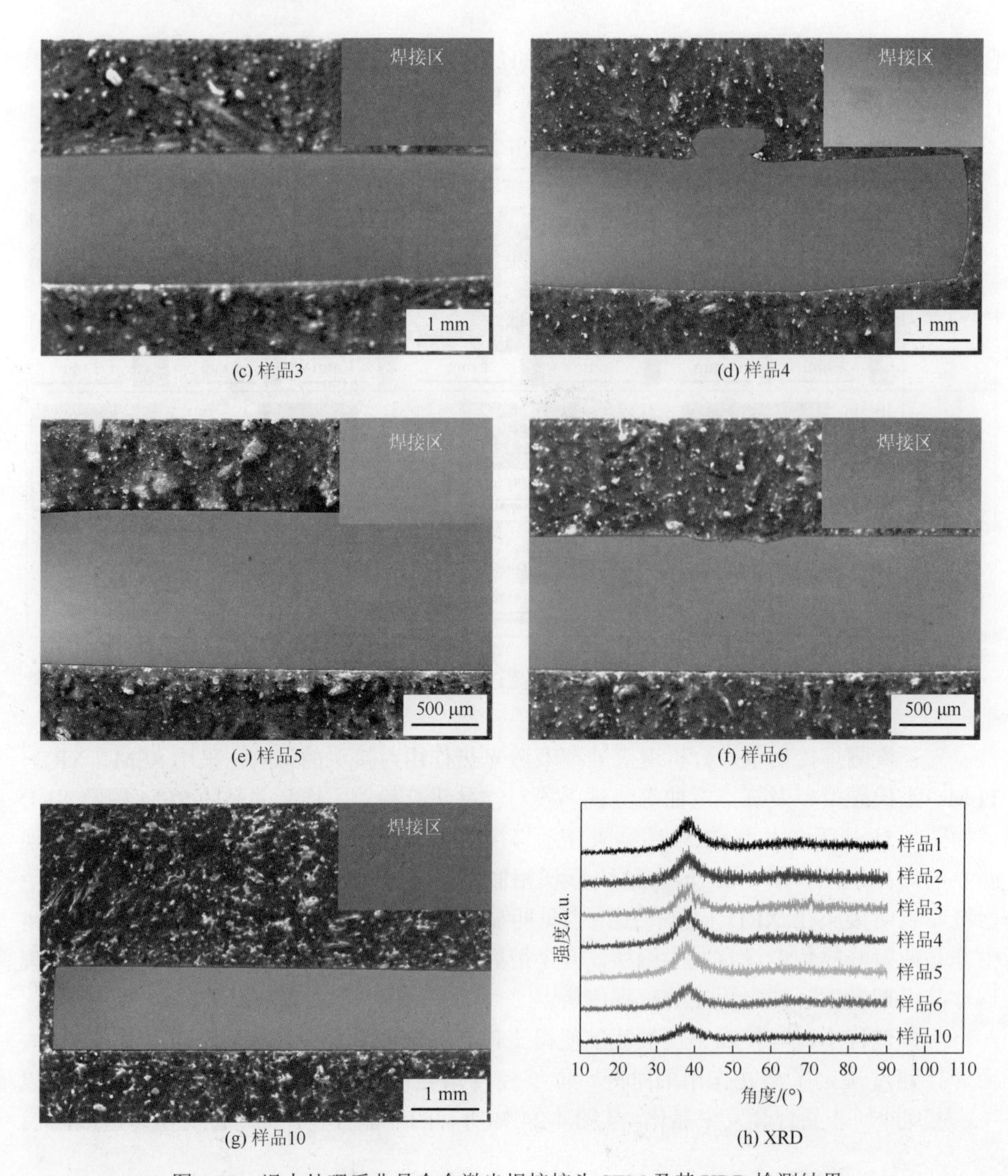

(c) 样品3　(d) 样品4

(e) 样品5　(f) 样品6

(g) 样品10　(h) XRD

图 4-25　退火处理后非晶合金激光焊接接头 SEM 及其 XRD 检测结果

在此主要讨论焊接速度对样品内部结构的影响。而研究表明[4, 19]，非晶合金激光焊接过程中，焊接区非晶合金材料从熔化状态凝固成非晶态是由该非晶合金的玻璃形成能力决定的，而热影响区受热后能否保持非晶态是由非晶合金的热稳定性决定的，相比于焊接区，热影响区更容易发生结晶现象。因此下面将测试的区域选定在热影响区。

样品 1～2 及样品 7～10 的 TEM 检测结果分别如图 4-26(a)～(f)所示。在图 4-26(a)和(b)中，焊接速度的不同导致样品内部微结构有较大的差异。对于样品 1(图 4-26(a))，热影响区的 HRTEM 结果显示原子有规则地排列，标记的 A 区只有少量原子无规则排列，大部分原子呈有序排列，表明材料已经大部分发生晶化。插图中的 SAED 花样中没有出

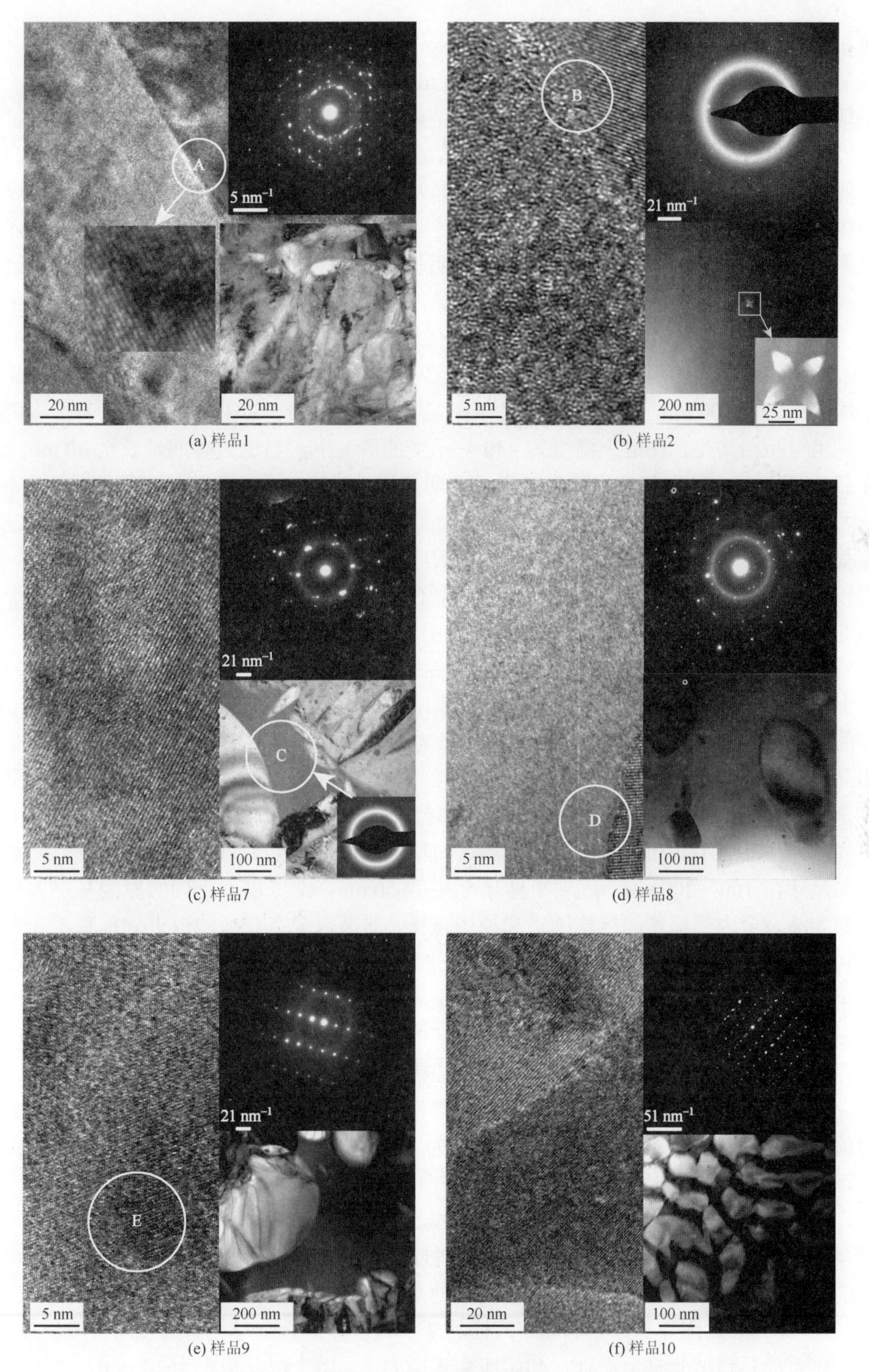

(a) 样品1

(b) 样品2

(c) 样品7

(d) 样品8

(e) 样品9

(f) 样品10

图 4-26 非晶合金退火激光焊接接头热影响区 TEM 检测结果

现非晶衍射环，也证明接头内部发生了晶化。形貌观察表明晶体形状似羽毛，并伴有极少量的非晶。然而随着焊接速度增加至 10 m/min，样品 2(图 4-26(b))中大部分原子呈无规则排列，只是标记的 B 区有少量原子呈规则分布，说明接头主要为非晶态结构，只有极少量材料发生结晶。SAED 花样有非晶衍射环，并有少量亮斑分布。通过形貌观察，发现有极少数 50 nm 左右的晶体分布在非晶基底中，形状像花瓣。根据以上观察可以认为样品 2 中除了极少量纳米晶，基本上保持非晶态。随着退火时间延长至 30 min，样品 7(图 4-26(c))中 HRTEM 和 SAED 结果表明材料为非晶态与晶态共存，在形貌观察结果中，可以明显看到 C 区的材料仍然保持非晶态结构，而周围部分材料已经发生了晶化并呈层状分布。图 4-26(d)显示样品 8 的内部结构，相比于样品 2，退火温度升高至 430 ℃，导致原子比较明显的规则排列，标记的 D 区周围结晶现象比较明显，形貌结果显示晶粒平均尺寸大于 100 nm，但是内部依然存在大量的非晶成分，SAED 花样也证明接头内部非晶相与晶相共存。在退火温度为 430 ℃不变的情况下，当退火时间延长至 30 min 时，样品 9(图 4-26(e))内部晶化程度较样品 8 明显增大，HRTEM 显示大量原子规则分布，E 区有较明显的结晶，SAED 出现了点阵排列的亮斑，非晶衍射环不够明显。通过进一步观察微观形貌，发现热影响区中有少量的非晶合金材料被尺寸不规则的晶体包围，说明较长的退火时间促进了经退火处理的非晶合金激光焊接接头中材料的晶化，不利于得到非晶相及纳米晶。图 4-26(f)显示的是没有进行退火处理的非晶合金焊接样品微结构检测结果，可以看出在热影响区非晶合金已经完全发生了晶化，晶粒的平均尺寸在 100 nm 以上。形貌观察显示晶体的颜色不一样，表明在热影响区存在共晶组织。相比于以上样品的内部微结构，未经退火处理而只进行激光焊接得到的样品 10 的 TEM 检测结果有着明显的不同。首先，在所有退火激光焊接样品中，接头内部均存在非晶相，也就是没有完全结晶，而未经退火处理的样品 10 在焊接热作用下完全晶化。其次，晶相形状明显不同，如样品 2 中晶相组织形貌像花瓣，而样品 10 中晶体为多边形。此外，样品 10 中晶粒尺寸在 100～200 nm，远大于样品 2 中的 50 nm。造成以上不同的原因是退火处理引起非晶合金内部原子的结构弛豫和原子重排，非晶合金在合适的退火处理和激光焊接后转变成非晶-纳米晶复合材料。此外，还对接头的母材区进行检测，样品母材区保持完全非晶态结构，没有观察到任何结晶现象，说明激光焊接对母材区微结构没有产生明显影响，由于母材区检测结果基本相同，在此就不给出相关的 TEM 图片，后面将在有限元仿真中进一步解释母材区不曾晶化的原因。

为了评价退火处理激光焊接样品的力学性能，检测样品 1、2、10 以及非晶合金母材的维氏硬度，测试力为 1 kgf，保压时间为 15 s。每个样品任意选择 8 个测试点，其中 4 个点分布在焊接区，另外 4 个点分别分布在焊接区两侧的母材。从图 4-27(a)中可以看出，与非晶合金母材相比，样品 10 的硬度较低，而退火处理后的样品 1 和样品 2 硬度整体上较母材高，这说明焊接前的退火处理能够在一定程度上增加接头的硬度。结合前面的分析表明退火处理对样品产生了结构弛豫，所以接头硬度也有所增加，此外还有纳米晶存在的原因。图 4-27(b)为样品 2、样品 7～10 及非晶合金母材的三点弯曲测试结果。实验在万能材料试验机上进行，初始应变速率为 $1\times10^{-3}\ s^{-1}$，跨距为 14 mm。由抗弯强度-应变结果可知，非晶合金母材的抗弯强度达 2 940 MPa，而样品 2 和样品 10 的抗弯强度分别为 2 667 MPa 和 2 568 MPa，与非晶合金母材相比有一定的降低，分别为母材抗弯强度的 90.7%、87.3%，这个结果与 Wang 等[2]的类似研究结果基本相符。而由于样品 2 中有纳米晶存在，所以抗弯强度比样品 10 略高。然而随着退火温度的升高及退火时间的延长，样品内部发生了比较明显的结晶现象，对应的焊接样品 7、样品 8、样品 9 的抗弯强度明显降低，其杨氏模量也变大，说明在弯曲力作用下较小的变形就使得材料发生断裂，基本上失去了非晶合金材料的优异性能。

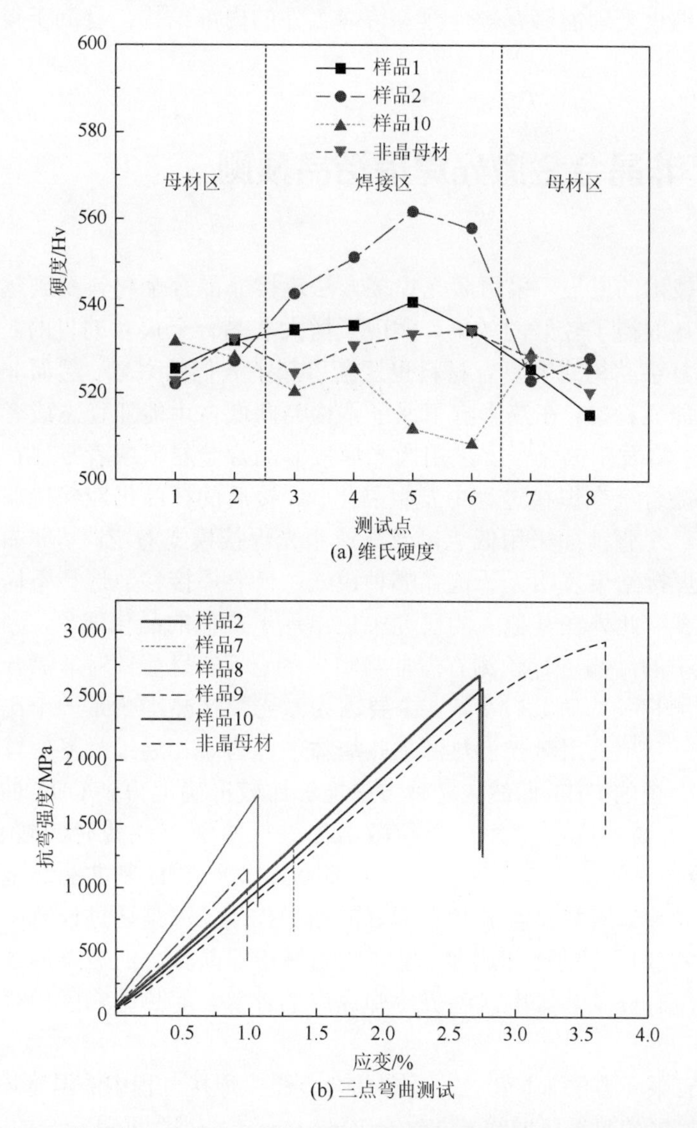

图 4-27 非晶合金退火处理后激光焊接接头维氏硬度及三点弯曲测试结果

根据对 Zr 基非晶合金退火预处理后进行的激光焊接实验研究可知，在合适的退火条件和焊接条件下，能够得到更为理想的非晶合金焊接接头，其非晶态结构和力学性

能均十分理想。此外微观分析表明，在焊接前对非晶合金进行退火处理，由于结构弛豫现象的发生和原子激活能的共同作用，焊接过程中的晶化现象能够在一定程度上得到抑制。研究表明[20-22]，非晶合金在 T_g 附近进行短时退火时会发生低温弛豫，材料的平均有效原子作用势增加，内部微结构向一种更稳定的近短程有序原子团簇转变，而这种团簇能阻止非晶发生明显的晶化，使得短时退火后的材料处于比淬态更稳定的非晶状态。因此在非晶合金退火预处理后的激光焊接中，焊接接头能够保持良好的非晶态结构或者仅出现少量晶化，而未经退火处理的非晶合金块体在焊接后却完全结晶。对非晶合金的退火处理能够有效地改善待焊工件的内部结构，有助于得到更加理想的焊接接头。

4.3　Zr 基非晶合金激光焊接结晶预测

随着激光技术的发展，采用激光焊接方法连接非晶合金材料受到越来越多研究人员的关注，并且取得了较好的效果，实现了增大非晶合金尺寸的目的。采用激光焊接制备非晶合金复杂结构或者复合材料也逐渐引起了人们的兴趣。然而非晶合金中的原子处于高自由能亚稳态，在热影响下原子结构会向低自由能亚稳态或者平衡结晶态转变，一定程度上将发生晶化[23]。采用激光焊接非晶合金材料或者零件首先要解决的问题就是避免非晶合金在焊接过程中发生晶化，焊接后的样品仍应保持非晶态结构或者仅存在纳米晶。尽管前面采用低速以及高速激光焊接模式对 Zr 基非晶合金进行了焊接实验，然而焊接结果表明无论选择哪种模式，只要焊接参数选择不恰当都不可避免会产生结晶现象。此外在其他人的研究中也出现了类似的晶化现象，因此对非晶合金激光焊接过程中的结晶进行预测有着非常重要的意义。目前针对非晶合金激光焊接过程中结晶和预测相关的研究较少，这主要因为激光焊接热影响是一个比较复杂的动态非平衡过程。Li 等[3]采用激光点热源加热块体非晶合金，通过临界位置处的热循环曲线来得到非晶合金的 CHT 曲线，这种方法能够比较准确地得到 CHT 曲线，但过程显得相对复杂，需要多次实验并对样品微结构进行检测，耗费时间较长。王刚[19]用 Rosenthal 实验推导的接头熔化区的冷却速率公式来计算 Ti 基非晶合金激光焊接过程中的临界冷却速率，对焊接实验具有很好的指导作用，但是通过计算所得到的临界冷却速率远低于实验所需的冷却速率，主要因为氧对非晶合金的玻璃形成能力产生了阻碍作用，此外没有提及热影响区临界冷却速率的计算，而热影响区相对熔化区更容易发生晶化。

本章采用有限元方法来模拟 Zr 基非晶合金激光焊接过程中的温度场分布以及样品热影响区和焊接区的热循环曲线，并结合 Kissinger 方法得到非晶合金的 CHT 曲线，对非晶合金激光焊接过程进行晶化预测。此外结合公式计算 Zr 基非晶合金的临界加热速率，判断晶化过程所处的阶段。对非晶合金进行结晶预测和计算临界加热速率，有利于优化非晶合金激光焊接工艺和指导焊接实验。

4.3.1　Zr 基非晶合金 CHT 曲线拟合研究

非晶合金在激光焊接过程中受到热作用，原子获得能量后激活成为原子团簇，克服结晶壁垒进行原子长程重排，参与晶化反应。非晶合金焊接过程中的晶化与非晶合金的玻璃形成能力以及热稳定性密切相关。尤其对于非晶合金激光焊接的热影响区，要了解焊接过程中是否发生晶化需要获得非晶合金的 CHT 曲线。丁鼎等[24]以 $Cu_{50.3}Zr_{49.7}$ 非晶合金为研究对象，采用 DSC 获得了非晶合金的特征温度，然后结合 Kissinger 方程进行线性拟合得到了 CHT 曲线，通过与实验结果进行对比，发现 CHT 曲线与之高度吻合。Kissinger 方法具有较好的可操作性和可行性，且计算过程相对简单，为此本节采用 Kissinger 拟合来获得 $Zr_{55}Cu_{30}Ni_5Al_{10}$ 非晶合金的 CHT 曲线。

非晶合金晶化动力学研究过程中，Kissinger 方程的常用形式为[23]

$$\ln\frac{T^2}{\alpha}=-\frac{E}{RT}+C \tag{4-12}$$

式中，α 为加热速率(℃/min)；R 为气体常数(J/(mol·K))；E 为激活能(kJ/mol)；T 为特征温度(℃)；C 为常数。

根据文献[25]中 DSC 测试结果，$Zr_{55}Cu_{30}Ni_5Al_{10}$ 非晶合金的特征温度如表 4-6 所示。

表 4-6　$Zr_{55}Cu_{30}Ni_5Al_{10}$ 非晶合金特征温度

加热速率 /(℃/min)	玻璃化转变温度 T_g/℃	晶化温度 T_x/℃	峰值温度 T_p/℃	过冷液相区 ΔT_x/℃	晶化焓 ΔH_x/(J/g)
10	405.2	481.5	486.0	76.3	51.2
20	407.5	490.7	493.8	83.1	55.4
40	409.9	501.9	505.8	92.0	56.0
60	412.0	507.9	512.9	95.8	60.7
80	413.1	519.2	524.3	106.2	56.5
160	415.3	528.6	533.6	113.3	54.8

根据表 4-6 中 $Zr_{55}Cu_{30}Ni_5Al_{10}$ 非晶合金的 T_g 和 T_x 值，以 $1/T$ 及 $\ln(T^2/\alpha)$ 分别为横、纵坐标得到 T_g 和 T_x 在坐标系中的分布，如图 4-28(a)所示。由于这些点的分布基本上在直线的两侧，对分布的点进行直线拟合，得到式(4-13)以及式(4-14)：

$$\ln\frac{T_g^2}{\alpha}=-153.5+\frac{111300}{T_g} \tag{4-13}$$

$$\ln\frac{T_x^2}{\alpha}=-27.5+\frac{28900}{T_x} \tag{4-14}$$

式中，T_x 拟合的确定系数为 0.94，T_g 拟合的确定系数为 0.98，表明它们都具有较好的拟合度，拟合后的直线如图 4-28(a)所示。式(4-13)及式(4-14)描述了非晶合金特征温度随

加热速率的变化关系。显然，当加速速率不同时，非晶合金的特征温度也会相应地发生变化。进一步将 $\alpha=(T-293)/t$ 代入式(4-13)和式(4-14)中，可以得到式(4-15)：

$$\ln\frac{T^2t}{T-293}=-153.5+\frac{111300}{T} \tag{4-15}$$

使用 MATLAB 软件解析式(4-15)可以得到晶化温度与时间的关系，如图 4-28(b)所示。通过对特征温度进行 Kissinger 拟合，得到 $Zr_{55}Cu_{30}Ni_5Al_{10}$ 非晶合金的 CHT 曲线，而 DSC 测试得到的实验数据紧密地分布在 CHT 曲线附近，说明采用 Kissinger 拟合方法得到的 CHT 曲线具有较高的准确度。

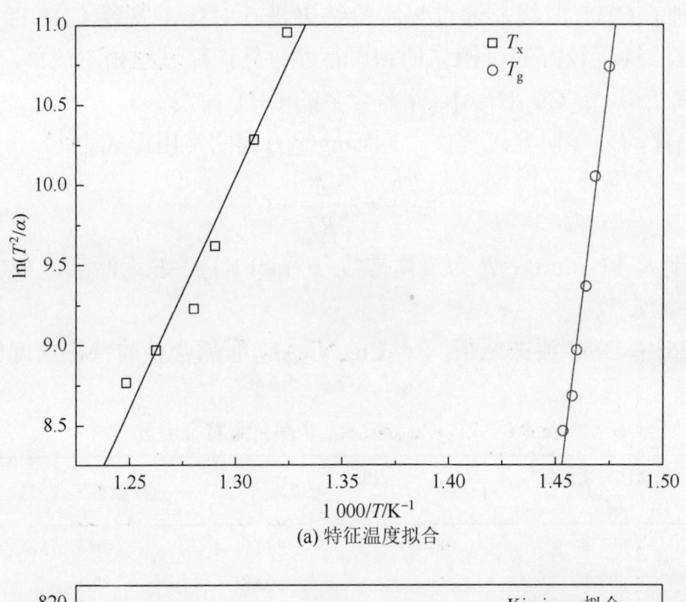

(a) 特征温度拟合

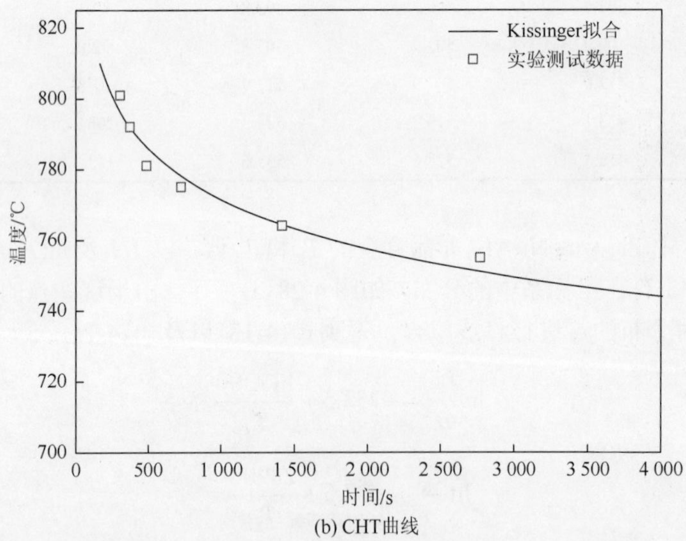

(b) CHT曲线

图 4-28　$Zr_{55}Cu_{30}Ni_5Al_{10}$ 非晶合金特征温度拟合及 CHT 曲线

Kissinger 拟合方法能够比较简单地得到非晶合金在热影响区的 CHT 曲线，相比李波等[26]采用的激光点热源加热非晶合金获得 CHT 曲线的方法要简单得多，且避免了重复检测和人为误差造成的影响。

4.3.2 Zr 基非晶合金激光焊接仿真与结晶预测研究

非晶合金激光焊接是一个动态的热作用过程，要研究非晶合金激光焊接晶化现象必须了解非晶合金在焊接过程中的温度场分布和获取热循环曲线，但是目前还没有很好的实验方法来测量焊接过程中非晶合金不同区域的温度变化情况。为了优化非晶合金激光焊接工艺，采用有限元仿真的方法来模拟非晶合金激光焊接过程，得到温度场的分布和不同单元或者节点的热循环曲线，有助于简化非晶合金激光焊接机理分析过程。本节采用 SYSWELD 软件模拟非晶合金激光焊接过程的温度场以及热循环曲线特征，为后面进行结晶预测提供相关数据。

对于非晶合金激光焊接来讲，做好激光热源校核至关重要，准确的热源模型才能够较好地反映整个激光焊接的过程。常用的热源有 2D 高斯热源模型、双椭球热源模型、3D 高斯热源模型。下面分别简单介绍各个热源模型。

1) 2D 高斯热源模型

其热流按高斯函数分布，表达式如下[27]：

$$q(r)=\frac{3Q}{\pi r^2}\exp\left(-\frac{3r^2}{r_0^2}\right) \tag{4-16}$$

式中，$q(r)$ 为半径 r 处的表面热流密度 (W/m^2)；Q 为输入的激光功率 (kW)；r_0 为热流分布特征半径 (m)；r 为距热源中心的距离 (m)。

2D 高斯热源模型能够很好地模拟二维空间的热流变化，在早期的薄板类材料焊接温度场模拟中使用较多，在较高的焊接速度条件下就不再适用。

2) 双椭球热源模型

由于高斯面热源不能用于深熔焊的模拟，1984 年 Goldak 等[28]在半球状热源分布函数的基础上考虑熔池前后的不对称性，提出了一种新的双椭球热源模型，其热流分布函数分为两部分，前半部分椭球内部热源密度为

$$q(x,y,z)=\frac{6\sqrt{3}f_{\mathrm{f}}Q}{abc_1\pi\sqrt{\pi}}\exp\left\{-\frac{3x^2}{a^2}-\frac{3z^2}{b^2}-\frac{3[y+v(\tau-t)]^2}{c_1^2}\right\} \tag{4-17}$$

后半部分椭球内部热源密度为

$$q(x,y,z)=\frac{6\sqrt{3}f_{\mathrm{r}}Q}{abc_2\pi\sqrt{\pi}}\exp\left\{-\frac{3x^2}{a^2}-\frac{3z^2}{b^2}-\frac{3[y+v(\tau-t)]^2}{c_2^2}\right\} \tag{4-18}$$

式中，a、b、c_1、c_2 为热源形状参数；Q 为热输入功率 (W)；v 为焊接速度 (m/s)；t 为焊接时间 (s)；τ 为时间延迟因子；f_{f}、f_{r} 为模型前后部分的能量分布系数[29]。

3) 3D 高斯热源模型

3D 高斯热源模型可以认为是一系列 2D 高斯热源模型沿工件厚度方向叠加而成，每个截面的热流分布半径 r''沿厚度方向呈线性衰减[30]：

$$q(r,z)=\frac{9e^3Q}{\pi(e^3-1)}\frac{1}{(z_e-z_i)(r_e^2+r_er_i+r_i^2)}\exp\left(-\frac{3r^2}{r_0^2}\right) \tag{4-19}$$

式中，z_e、z_i 为工件上、下表面的 z 轴坐标；r_e、r_i 为工件上、下表面的热流分布半径(m)；Q 为热源有效功率(kW)；e 为自然常数。

后面将采用 SYSWELD 软件分别对 $Zr_{41}Ti_{14}Cu_{12}Ni_{10}Be_{23}$ 非晶合金低速激光焊接和 $Zr_{55}Cu_{30}Ni_5Al_{10}$ 非晶合金高速激光焊接进行模拟，分析激光焊接过程中非晶合金温度场的分布和热循环曲线特征，从而进一步对非晶合金晶化进行预测。

1. $Zr_{41}Ti_{14}Cu_{12}Ni_{10}Be_{23}$ 低速激光焊接仿真研究

$Zr_{41}Ti_{14}Cu_{12}Ni_{10}Be_{23}$ 非晶合金低速激光焊接实验中，在焊接速度为 7 m/min 时非晶合金基本保持非晶态，没有发生明显晶化。下面将对 $Zr_{41}Ti_{14}Cu_{12}Ni_{10}Be_{23}$ 非晶合金激光焊接的过程进行模拟，结合仿真分析解释激光焊接实验结果。为了简化几何模型和仿真计算，特给出以下假设：

(1) 焊接起始温度为 20 ℃；

(2) 母材内部均匀，各向同性；

(3) 空气对流换热系数设为 25 W/(m^2·K)；

(4) 不考虑熔池内金属的流动过程；

(5) 忽略等离子云对焊接过程的影响。

按照下列顺序进行激光焊接的温度场仿真。

1) 建立非晶合金三维模型

使用 Visual-Enviroment 软件建立 $Zr_{41}Ti_{14}Cu_{12}Ni_{10}Be_{23}$ 非晶合金激光焊接模型，并用 Visual Mesh 模块对模型进行网格划分。选择网格类型为规则的六面体，确定焊接线和参照线，得到如图 4-29 所示的有限元模型。由于激光热源的能量主要作用在焊接区，为了得到更加准确的结果，焊接区域的网格尺寸较母材区内的网格尺寸小。

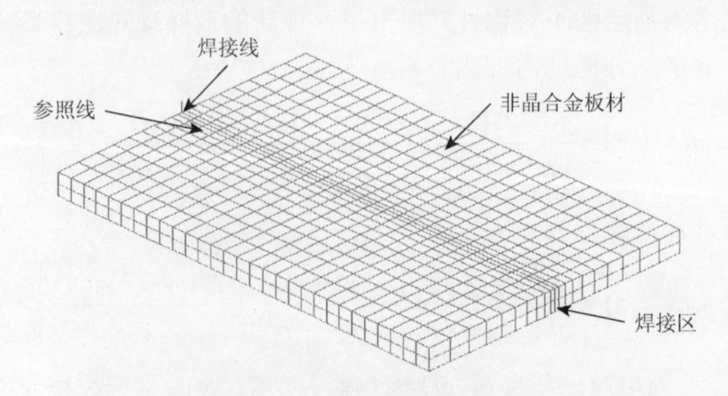

图 4-29　$Zr_{41}Ti_{14}Cu_{12}Ni_{10}Be_{23}$ 低速激光焊接有限元模型

2) 建立材料库

在 SYSWELD 软件中没有附带非晶合金材料的数据库，因此必须新建材料库用于仿真计算。而非晶合金是一种比较特殊的材料，在过冷液相区内比热容、导热系数等参数值都与 T_g 以下的数值明显不同，因此必须将非晶合金材料在不同区域内的参数进行细分，才能得到更加准确的结果。$Zr_{41}Ti_{14}Cu_{12}Ni_{10}Be_{23}$ 非晶合金是一种比较成熟的材料，世界上很多学者都对其各方面的性能进行了研究，温度场模拟中涉及的比热容、导热系数以及密度等可以直接参考文献[31]中的数据，需要注意的是在过冷液相区材料各方面的物理量数值均有所变化，如表 4-7 所示。采用软件自带的材料库编辑软件 Materials Database 工具，建立 $Zr_{41}Ti_{14}Cu_{12}Ni_{10}Be_{23}$ 非晶合金温度场仿真材料库文件。

表 4-7　$Zr_{41}Ti_{14}Cu_{12}Ni_{10}Be_{23}$ 热物理参数表

温度/K	比热容/(J/(mol·K))	导热系数/(W/(m·K))	密度/(g/cm³)
300	22.8	4.5	6.12
580	31.2	10.8	6.12
650	43.2	14.6	6.13
700	32.4	17	6.19
900	32.4	17	6.19

3) 热源校核

热源校核是非晶合金激光焊接仿真过程中一个非常重要的环节，需要根据焊接参数，反复地校核和优化各个过程，得到比较合适的热源效果，然后将校核热源保存起来。根据低速激光焊接的特点以及文献[32]报道，在校核过程中选择双椭球热源模型，最后校核得到的热源模型界面如图 4-30 所示。

图 4-30　校核的热源模型(见彩图)

完成以上步骤之后，根据焊接向导逐步完成各项设置工作，然后开始运行焊接仿真。图 4-31 为非晶合金在不同时刻焊接表面的温度场分布，图中显示激光焊接过程中最高温度出现在光斑处，这是由于光斑区域是激光能量密度最高的地方。在激光刚开始接触待焊工件时，起始位置的温度低于非晶合金的熔化温度(约 1 000 ℃)，焊接起始点并没有熔化，这是由于热源准稳态的温度场还没有完全形成，接触时温度还没有达到非晶合金的熔点以上。随着激光在非晶合金上移动，焊缝处温度迅速升高，非晶合金熔化后凝固形成接头。温度场沿焊接线呈椭圆形对称分布，高温区域逐渐向外发散。对比图 4-31(c)

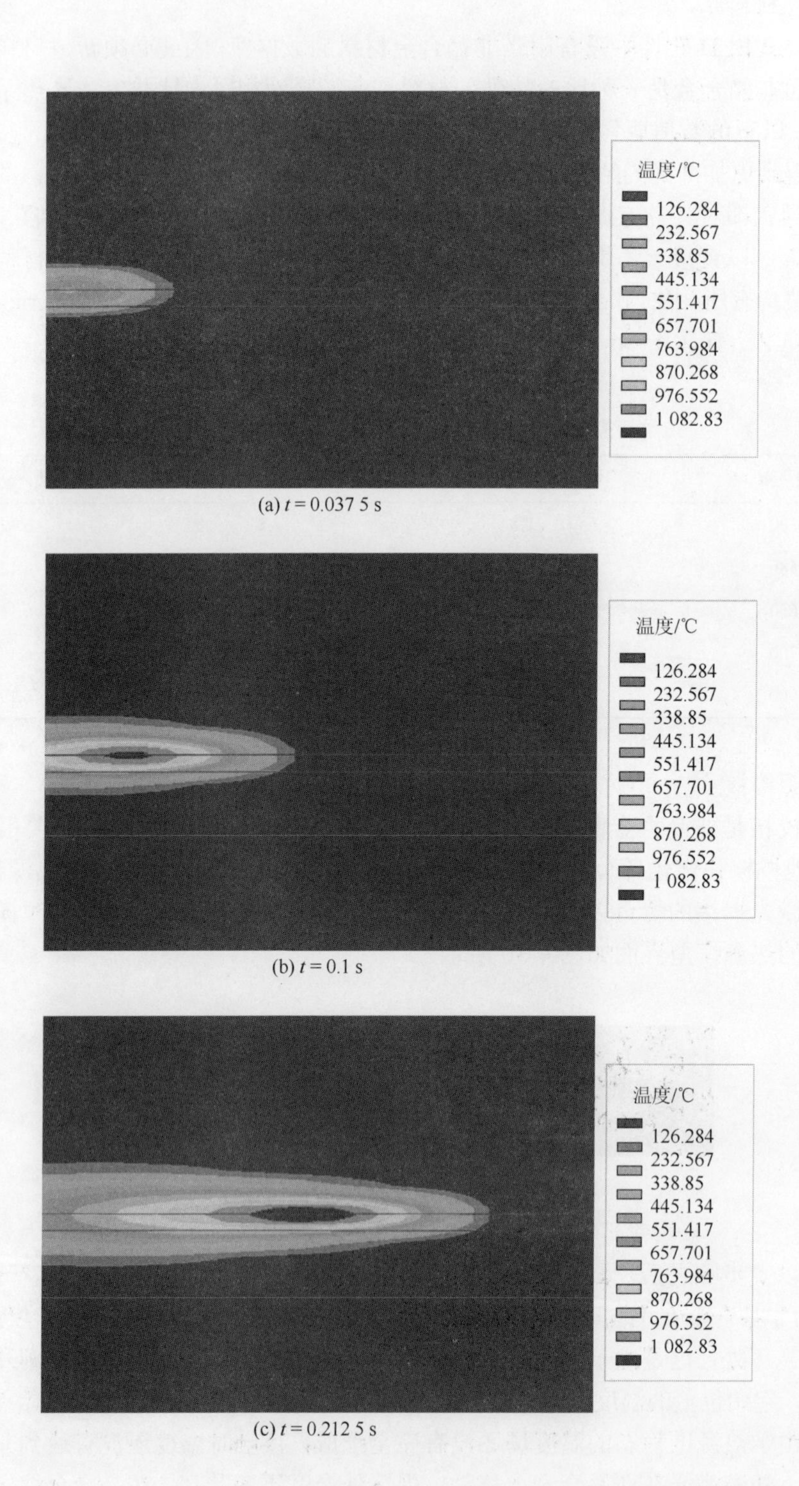

(a) $t = 0.037\ 5$ s

(b) $t = 0.1$ s

(c) $t = 0.212\ 5$ s

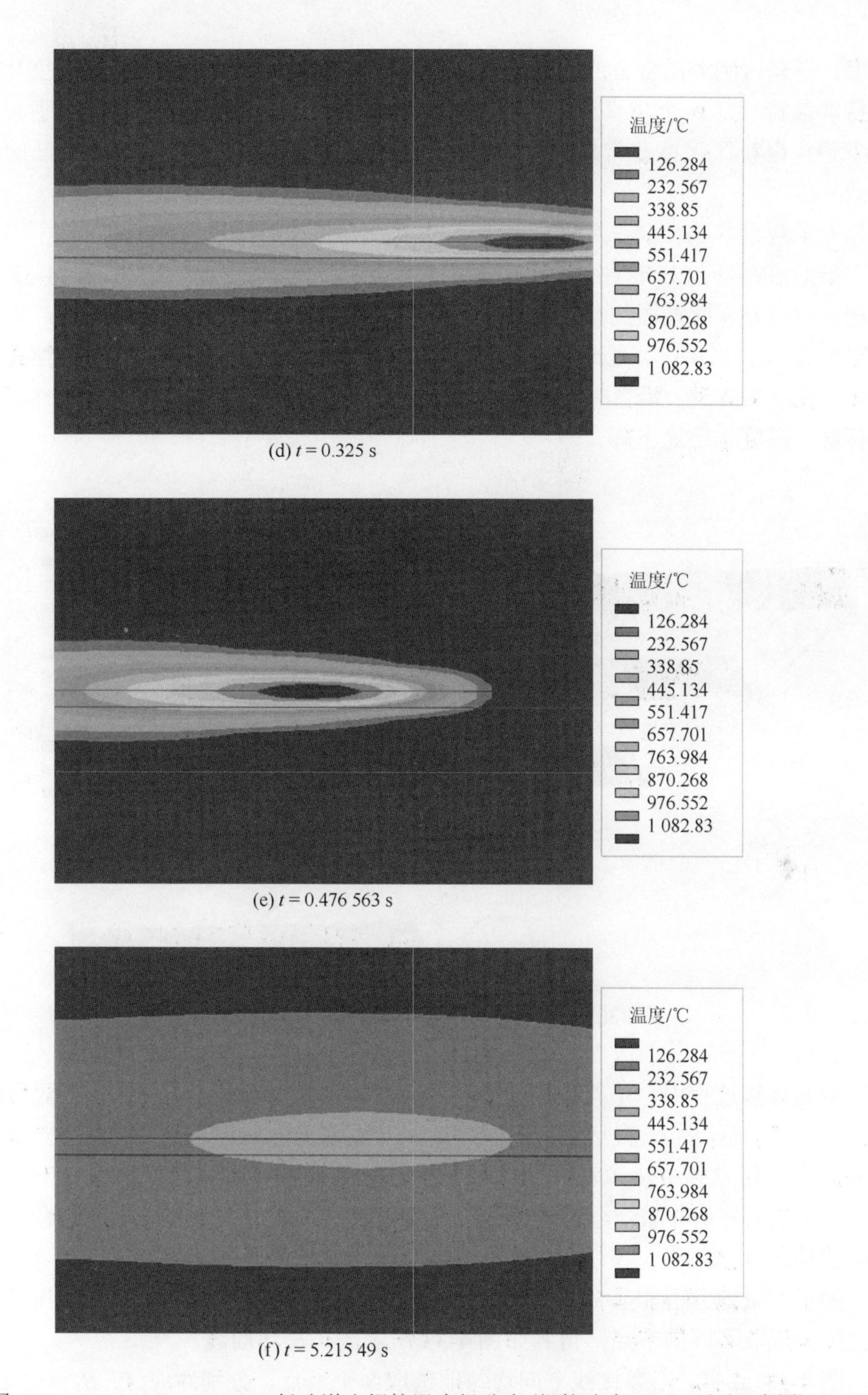

(d) $t = 0.325$ s

(e) $t = 0.476\,563$ s

(f) $t = 5.215\,49$ s

图 4-31　$Zr_{41}Ti_{14}Cu_{12}Ni_{10}Be_{23}$ 低速激光焊接温度场分布(焊接速度 7 m/min)(见彩图)

与(d)可知，随着激光的移动，前面扫描过的位置已经降温并发生凝固。在激光热源离开非晶合金后，工件上高温区域温度逐渐下降，以非晶合金工件的中间位置为中心逐步降温。非晶合金边缘部分在整个焊接过程中温度并不高，一般为几十摄氏度到一百多摄

氏度，没有达到非晶合金的晶化温度，所以母材区内部结构一般没有发生变化，仍然会保持非晶特性。这个仿真结果也能够很好地解释前面非晶合金低速和高速激光焊接过程中接头母材区保持非常好的非晶特性的原因，其 DSC 检测结果为非常低的晶化体积分数。

为了观察非晶合金在焊接功率为1.5 kW及焊接速度为7 m/min的条件下是否能够焊透，借助 SYSWELD 软件得到非晶合金焊缝截面的温度场分布云图。图 4-32 为焊接样品在 $t = 0.375$ s 时截面的温度场分布情况，其中最高温度达到了 1 189 ℃，焊缝处的外围温度达到了 870 ℃。光斑处的温度高于 $Zr_{41}Ti_{14}Cu_{12}Ni_{10}Be_{23}$ 非晶合金的熔化温度，表明接头完全被焊透。沿着焊接线的熔化区温度比其他位置的温度高得多，然而随着光斑的移动，温度也迅速下降。

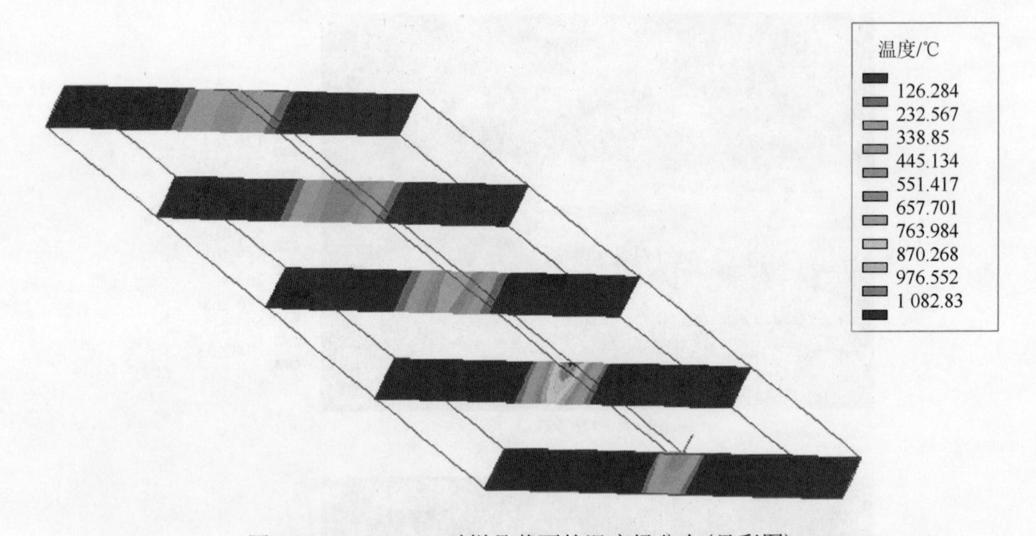

图 4-32　$t = 0.375$ s 时样品截面的温度场分布(见彩图)

激光焊接过程中，光斑沿着焊接线移动，非晶合金板材上不同节点的温度随时间变化，经历了由低到高，在达到最高温度后又开始降温的过程，整个过程即热循环。热循环描述了焊接过程中热源对样品的热作用，对热影响区内的组织结构有十分重要的影响。因此下面将从非晶合金不同位置的温度和时间的变化关系来分析非晶合金在焊接过程中的晶化问题。

为了定量地分析非晶合金激光焊接过程中各处的温度变化，在沿着焊接线及垂直焊接线部分选取不同的节点，得到如图 4-33 所示的热循环曲线。

图 4-33(a)中，沿焊接线方向均匀地选取 8 个节点，分别对应 A、B、C、D、E、F、G、H。这些节点热循环曲线具有相似的轮廓。其中节点 A 的最高温度为 880 ℃，低于其他节点的温度，这是由于在焊接起始点准稳态的温度场还没有完全建立起来。在这种情况下，激光热源的能量还不足以穿透非晶合金板材，导致在起始位置有未焊透的情况出现，这也与实验过程中的实际情况相符。随着焊接的进行，节点的温度将由低向高转

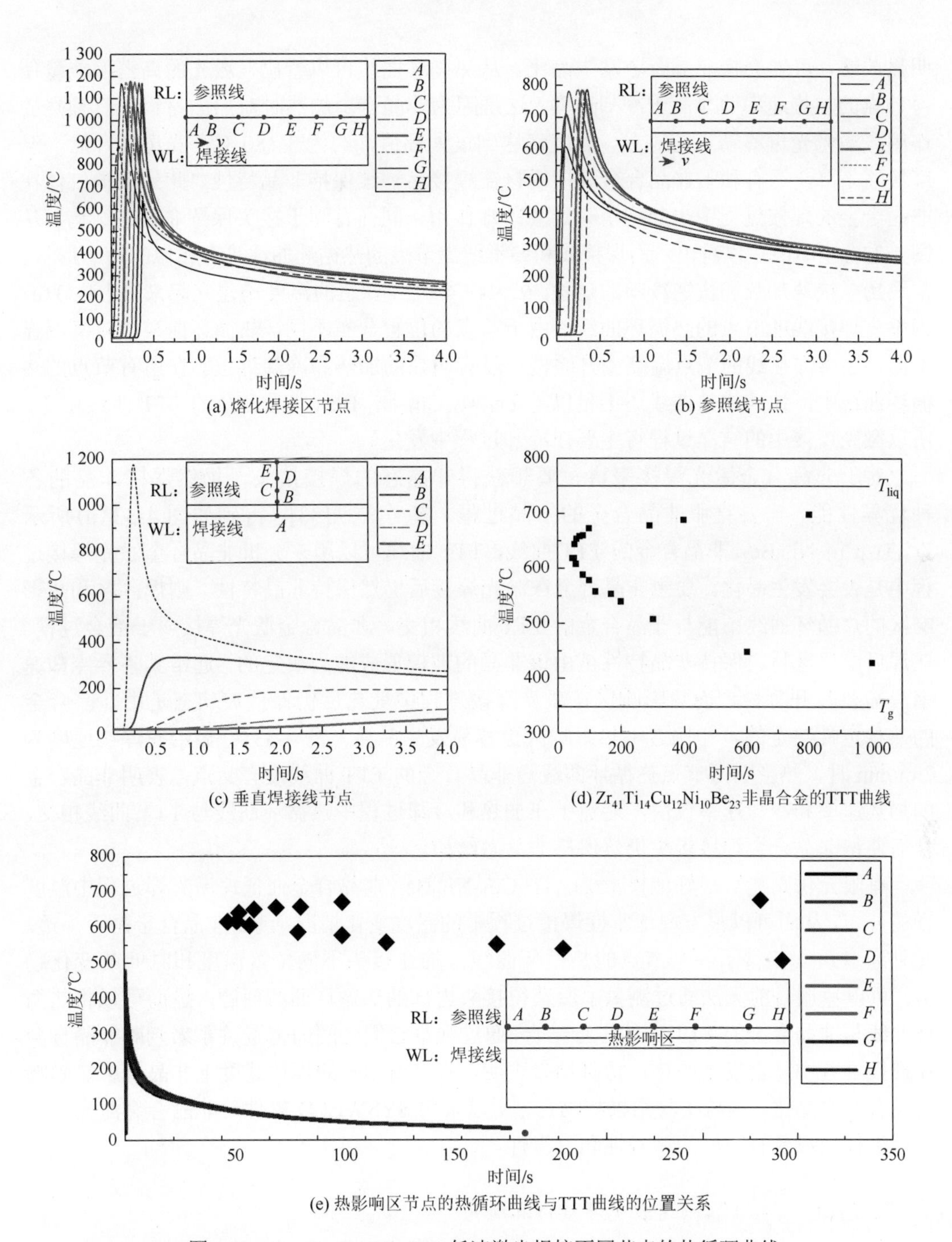

图 4-33　$Zr_{41}Ti_{14}Cu_{12}Ni_{10}Be_{23}$ 低速激光焊接不同节点的热循环曲线

变，直至达到最高温度，加热过程的曲线非常陡，温度在极短的时间内即从室温上升到熔点以上温度，完成焊接熔化过程。接下来就是非晶合金的冷却过程，首先温度会从高温迅速降至 550 ℃左右，然后冷却速率变缓，温度逐渐下降，这是因为导热系数、热扩散系数也随之不断降低，导致能量损失速度下降。很显然在后一个冷却过程中冷却速率

明显放缓，可能会使非晶合金发生晶化。从热循环曲线可以看出，激光的高密度能量使得节点的加热速率明显高于冷却速率，这是因为非晶合金加热时对后面材料也有预热的作用。激光光斑移动到的地方，温度将达到最大幅值，约为 1 180 ℃，光斑离开后，温度快速下降，这有利于非晶合金焊接板材在焊接后继续保持非晶特性。此外保护气体在非晶合金的焊接过程中也起到了一定的冷却作用，同样有利于接头保持非晶态结构。从图 4-33(a)和(b)可以看出，沿焊接线和参考线上节点的热循环曲线具有相似的轮廓形状，都经历了快速加热和快速冷却的过程。在大约 4 s 后，稳态的温度场建立起来。图 4-33(c)为垂直焊接线的节点的热循环曲线，由于节点的位置分布不同，热循环曲线的轮廓明显不同，远离焊接线的节点温度上升缓慢，没有明显的加热和冷却过程。在所有节点的热循环曲线中，快速加热曲线还不足以与 $Zr_{41}Ti_{14}Cu_{12}Ni_{10}Be_{23}$ 非晶合金的 TTT 曲线相交，所以激光焊接中的结晶过程将主要在冷却过程中发生。

对于非晶合金激光焊接来讲，要想获得非晶态的焊接接头，仍然保持非晶的各种优异性能，需要克服非晶合金的结晶过程。参考文献[33]，得到如图 4-33(d)所示 $Zr_{41}Ti_{14}Cu_{12}Ni_{10}Be_{23}$ 非晶合金的 TTT 曲线，TTT 曲线可以用来分析非晶合金激光焊接过程中是否会发生晶化。要想非晶合金在激光焊接后仍然保持非晶特性，则焊接区和热影响区的热循环曲线不能与非晶合金的 TTT 曲线相交。非晶合金激光焊接属于冶金过程，在焊后熔化区材料保持非晶特性是由该非晶的玻璃形成能力决定的，通常其临界冷却速率只需要几开每秒。而热影响区在激光焊接过程中受热后仍保持玻璃态是由非晶合金的热稳定性决定的，相比之下热影响区更容易发生晶化。图 4-33(e)显示在焊接速度为 7 m/min 时，热影响区节点热循环曲线与非晶合金的 TTT 曲线没有交点，表明非晶合金的加热速率和冷却速率较快，避免了在加热和冷却过程中热循环曲线与 TTT 曲线相交，从而使得非晶合金焊接接头仍然保持非晶态结构。

有限元仿真能够很好地模拟 $Zr_{41}Ti_{14}Cu_{12}Ni_{10}Be_{23}$ 非晶合金在低速激光焊过程中温度场的分布，从而可以很方便地掌握焊接过程中的温度变化情况，判断非晶合金是否焊透。此外通过仿真获得了各个节点的热循环曲线，描述接头不同位置温度和时间的变化趋势，可以克服目前无法通过测量手段获得接头内部的热循环曲线问题，进而可以将热循环曲线与非晶合金的 TTT 曲线进行结合，通过观察它们之间的位置关系来判断非晶合金在焊接过程中是否发生晶化。仿真结果表明，在 7 m/min 的焊接速度下非晶合金热影响区没有发生晶化，这与实验结果相吻合，所以采用 SYSWELD 软件对非晶合金激光焊接过程进行模拟具有较好的精确性和可靠性。

2. $Zr_{55}Cu_{30}Ni_5Al_{10}$ 高速激光焊接仿真研究

尽管人们采用激光焊接非晶合金已经取得成功，通过改变焊接参数能够得到非晶态的焊接接头，但是这种重复试验的方法显著降低了非晶合金激光焊接的效率和效果。激光焊接过程是一个非平衡的动态加热过程，非晶合金激光焊接过程中需要解决两个问题，即焊透和保持非晶特性(或接头只出现纳米晶)。解决这两个问题后，就能够得到理想的焊接接头，增大非晶合金的尺寸或者制备复杂的非晶合金零件和结构。非晶合金接头是否焊透可以在实验过程中肉眼直接观察，但是非晶合金在焊接过程中是否发生晶化却是一个相对复杂的检测过程，涉及 SEM、XRD、DSC、TEM 等测试工作，需要耗费的时间较长。一旦非晶合金发生明显晶化现象，焊接接头将失去非晶合金在物理、化学等方面的优异性能。$Zr_{55}Cu_{30}Ni_5Al_{10}$ 非晶合金高速激光焊接实验表明，在非晶合金可以焊透的情况下，选择较高的焊接速度或者较低的焊接功率有利于获得非晶态的接头。然而实验表明非晶合金在激光焊接过程中对参数比较敏感，需要反复调试焊接参数后再确定比较合适的参数组合，一旦选择不恰当的焊接功率或者焊接速度，非晶合金很容易发生剧烈的变形从而烧掉，或者因为能量不足而不能形成完全焊透的焊接接头。即使得到了较好的接头形貌，若接头内部发生明显的晶化现象则意味着没有得到理想的焊接接头。若能对非晶合金激光焊接过程中的晶化现象进行预测，将会显著提高焊接质量和成功率，有利于优化焊接工艺，指导非晶合金的焊接实验。下面对 $Zr_{55}Cu_{30}Ni_5Al_{10}$ 非晶合金高速激光焊接进行温度场仿真，分析焊接过程中的温度场分布和热循环曲线，预测非晶合金的晶化现象，为以后的焊接实验提供一定的指导。

按照前面介绍的 SYSWELD 温度场仿真步骤，建立如图 4-34 所示的有限元模型，该模型的尺寸为 3 mm×18 mm×1.2 mm，网格为规则的长方体，长为 0.4 mm，宽为 0.2～0.4 mm，高为 0.6 mm。为了获得准确的计算结果和缩短仿真计算时间，焊接区和热影响区的网格尺寸比母材区较小。按照软件的要求，设定焊接线、参照线、焊接起点(start node，SN)、焊接终点(end node，EN)、起始单元(start element，SE)、结束单元(end element，EE)等。由于是高速激光焊接模式，采用 3D 高斯热源模型进行热源校核，得到的熔池截面和实验结果基本相符。然后根据高速激光焊接的条件，分别校核六个热源模型。图 4-34 中插图是焊接参数为 3.8 kW-20 m/min 时的热源截面。其中中心“钉子头”部分属于焊接熔化区，两侧边缘部分为非晶母材区，在焊接熔化区和母材区之间的彩色部分为热影响区，热影响区与熔化区过渡的一个很薄的层(线)称为熔合线。从热源截面可以看出，在激光焊接工艺条件下，热影响区较窄，而且温度场梯度较多，说明热影响区温度场的分布较熔化区和母材区复杂。

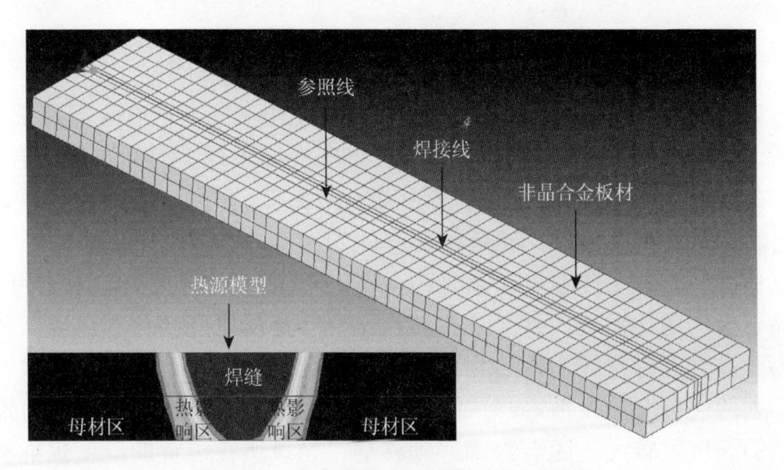

图 4-34 仿真模型和热源校核(见彩图)

根据文献[4]，使用 Materials Database 工具建立 $Zr_{55}Cu_{30}Ni_5Al_{10}$ 非晶合金的材料库，如图 4-35 所示。密度随温度变化的趋势显示，在低于 T_x 时非晶合金的密度没有明显的变化，但是当非晶合金开始结晶后材料的密度有所增加，内部结构改变了非晶合金的密度。非晶合金在过冷液相区的导热系数也有变化，刚达到 T_g 时的数值相对常温下急剧增加，在过冷液相区略有减小，一旦非晶合金发生晶化，导热系数将迅速减小。对于材料的比热容，随着结构弛豫的影响，比热容有所减小，但是一旦发生玻璃化转变，非晶合金的比热容迅速增加，材料进入过冷液相区[4]。当温度上升至 T_x 后，比热容开始减小。材料参数的变化必须要在材料库中体现出来，这样便于得到更加准确的结果。

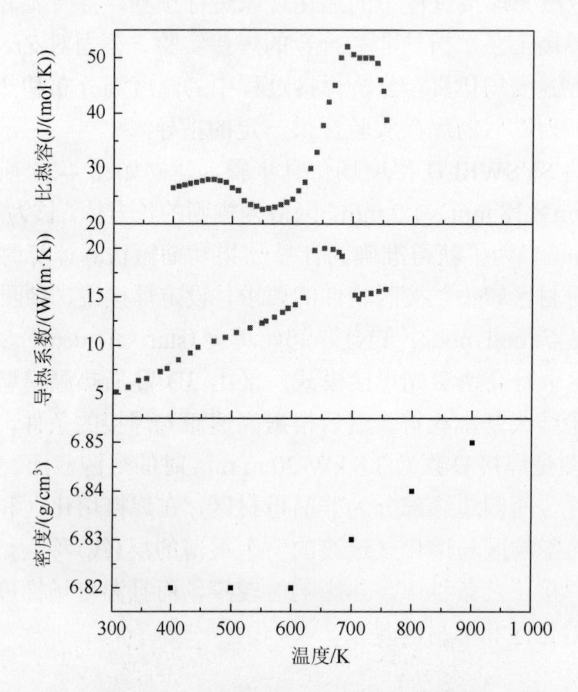

图 4-35　$Zr_{55}Cu_{30}Ni_5Al_{10}$ 非晶合金材料库物理参数

通过仿真计算，得到在六组焊接条件下 $Zr_{55}Cu_{30}Ni_5Al_{10}$ 非晶合金高速激光焊接温度场分布云图。图 4-36 是在焊接参数为 3.8 kW-20 m/min 条件下得到的仿真结果。从图中可以看出，在 $t = 0.002$ s 时，激光热源刚接触待焊工件，由于准稳态的温度场还没有建立，焊接起始位置的温度较低，最高温度只有 778 ℃，最低温度仅为 96 ℃。随着光斑向右边逐渐移动，工件上的温度逐渐升高，在 $t = 0.02$ s 时，最高温度达到 2 062 ℃，远高于非晶合金的熔化温度，甚至焊接熔化区内的金属已经熔化和局部气化，而最低温度区域为非晶合金母材区，也达到了 224 ℃，比前面明显升高。高温区域以焊接线为对称轴，朝两边椭圆形发散，形成阶梯式的等温区和等温线。从云图可以看出，等温线所表示的温度差较大。随着热源继续移动，光斑所在位置的温度也继续升高，达到 2 116 ℃以上，但是通过比较图 4-36(b) 和 (c) 可以看出非晶合金母材区的温度基本上比较稳定，在 220 ℃波动。在 $t = 0.05$ s 后，激光光源离开非晶合金板材，焊接过程完成，板材上的温度开始下降。在 $t = 0.088$ s 时，由于激光光斑刚离开非晶板材，从云图可以看出最高温度为 1 397 ℃，仍然高于非晶合金的熔化温度，焊缝内的部分金属仍然没有凝固。热源离开后，板材开始冷却，但是高温部分仍然向低温部分进行热传递，从图 4-36(e)可知，此时焊接工件四个角的温度最低，由于高温部分热传递的作用，板材边缘部分温度反而较焊接过程中高，达到 340 ℃。在焊接过程中，焊接速度很快，导致非晶合金边缘部分温度还来不及升高。在激光光斑离开焊接工件后，由于没有激光加热作用，此时非晶合金母材内部高温区域和低温区域进行热传导，高温区域温度降低，而低温区域温度升高，最后以非晶合金中心进行对称的降温，直到焊接样品完全冷却下来。

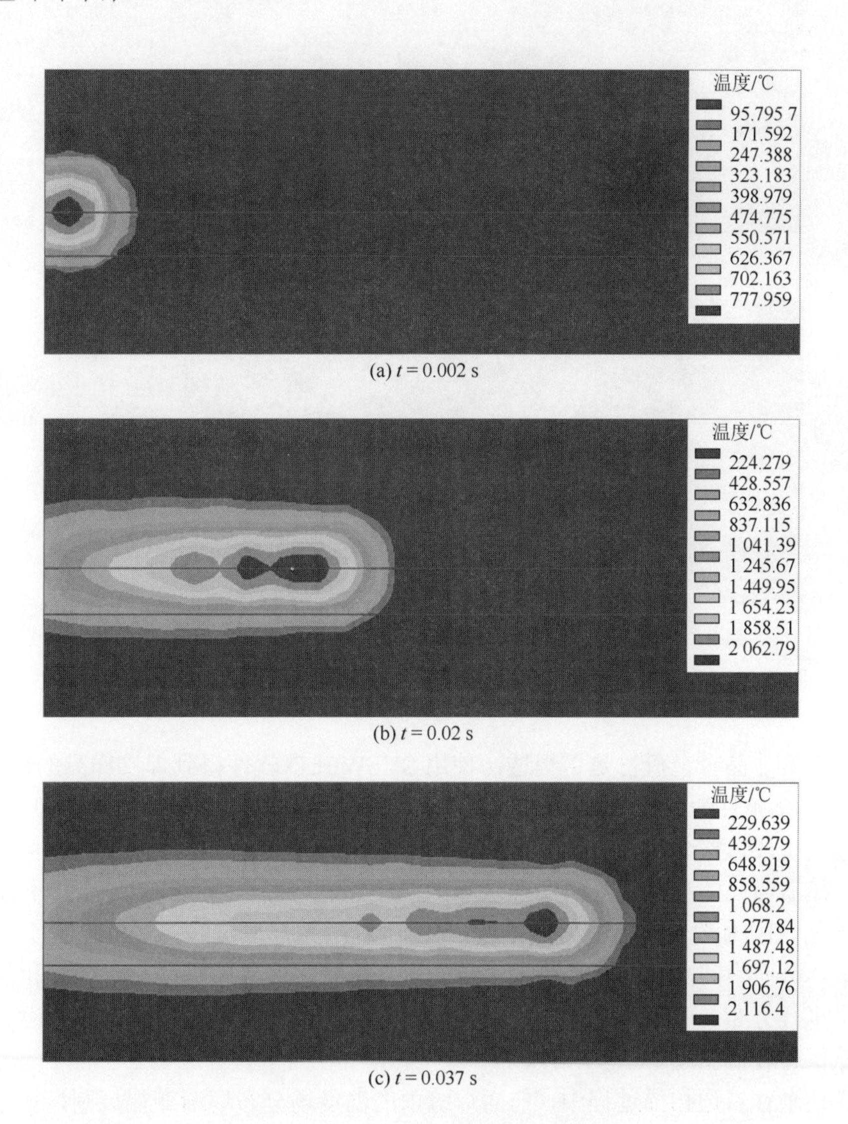

(a) $t = 0.002$ s

(b) $t = 0.02$ s

(c) $t = 0.037$ s

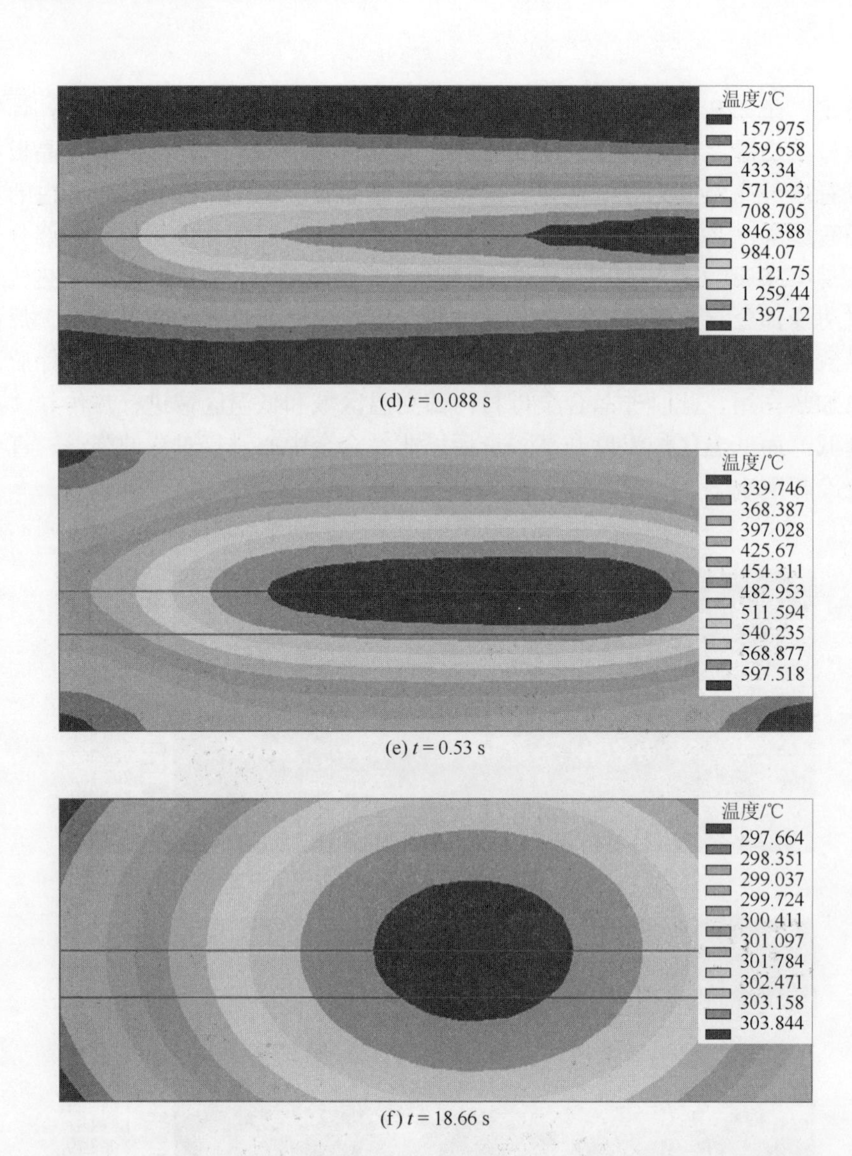

图 4-36　焊接条件为 3.8 kW-20 m/mim 时非晶合金平面温度场云图(见彩图)

为了观察非晶合金板材是否焊透，使用 SYSWELD 软件得到焊接样品的截面云图。图 4-37 为焊接条件为 3.8 kW-20 m/min 时样品截面的温度场分布云图。从图中可以看出，在焊接起始阶段，整个截面上的温度低于 800 ℃，在焊接起始位置激光没有穿透非晶合金板材。随着激光的移动，光斑所在区域的温度迅速升高至 2 000 ℃以上，非晶板材被穿透和熔化。因为激光焊接的离焦量$\Delta f = 0$，所以激光与焊接线接触的位置宽度比中间和背面大，截面中间高温区呈典型的“钉子头”形状。而热影响区与母材区相邻部位的等温线呈平行分布。由于激光扫描速度快，而非晶合金导热系数不高，激光没有扫到的地方仍然保持较低温度。

激光逐渐往右边扫描过程中，前面焊缝内的温度场分布逐渐变得规则，基本上是平行的等温线，呈层状分布。而整个焊接样品的温度随着激光离开焊接表面而迅速降低，

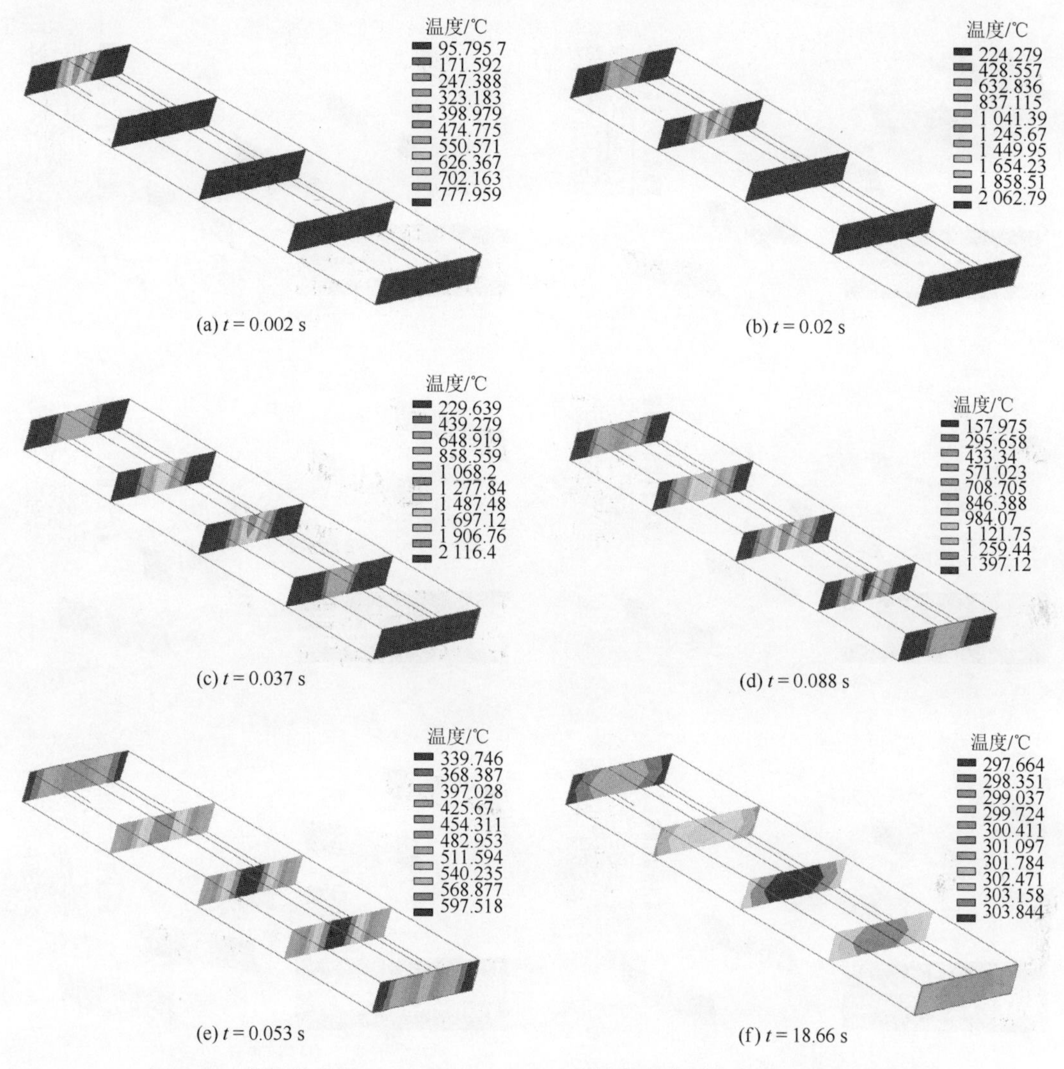

(a) $t = 0.002$ s　(b) $t = 0.02$ s

(c) $t = 0.037$ s　(d) $t = 0.088$ s

(e) $t = 0.053$ s　(f) $t = 18.66$ s

图 4-37　焊接条件为 3.8 kW-20 m/mim 时非晶合金截面温度场云图(见彩图)

工件表面与空气进行热交换，焊接样品焊缝心部温度比截面外围温度高，前面低温的母材区温度也因为热传递所以温度升高，在自然冷却一段时间后，整个样品的温度比较均匀，直至最后冷却到室温。通过截面的温度场云图可以看出，焊接样品在焊接功率为 3.8 kW 以及焊接速度为 20 m/min 时，样品能够完全焊透，这与实验观察和检测结果完全相一致。

图 4-38 为 $Zr_{55}Cu_{30}Ni_5Al_{10}$ 非晶合金在六组焊接条件下 $t = 0.65$ s 时样品截面的温度场分布云图。在这六个样品中，最高温度超过了 2 000 ℃，而最低温度也高达 1 545 ℃，它们都比 $Zr_{55}Cu_{30}Ni_5Al_{10}$ 非晶合金的熔化温度($T_m = 1\,000$ ℃)要高，表明这些样品都完全被激光穿透。两侧低温区域为非晶合金的母材区，对应的温度远低于 $Zr_{55}Cu_{30}Ni_5Al_{10}$ 非晶合金的晶化温度($T_x = 489$ ℃)，非晶合金母材区材料在激光焊接过程中保持非晶特性。在功率不变的情况下，随着焊接速度的增加，对应非晶合金相同部位的温度明显降低，

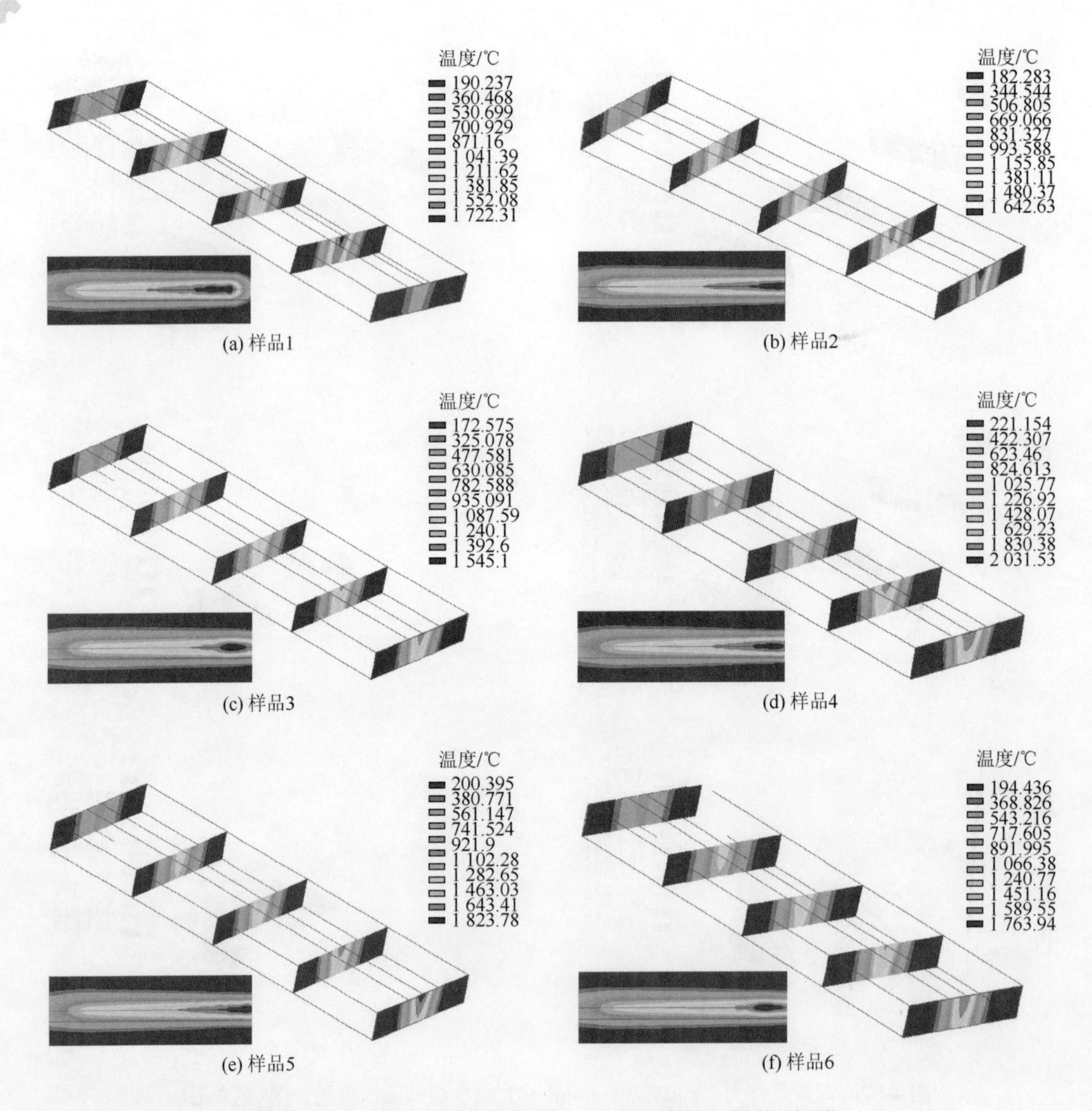

图 4-38　$t = 0.65$ s 时焊接样品 1～6 的温度场云图(见彩图)

说明焊接速度越高，对应的冷却速率越快，有利于非晶合金焊接熔化区和热影响区的热循环曲线避开非晶合金的相变曲线，抑制非晶合金在激光热作用下发生晶化，从而使得焊接后的样品仍然保持非晶态结构。此外，在焊接速度不变的情况下，提高焊接功率导致样品内部温度升高，如图 4-38(d)～(f)所示。焊接功率增大，焊接区的温度也升高，导致焊缝的宽度增加，同时熔深增加，有利于获得完全焊透的非晶合金接头。但是焊接功率越高，焊缝的变形也越大，容易导致焊接工件烧掉。此外因为温度较高，需要冷却的时间也较长，容易导致热循环曲线与非晶合金的 TTT 曲线或者 CHT 曲线相交，从而使非晶合金发生晶化，所以选择合适的焊接参数对于获得理想的焊接接头非常重要。

通过对非晶合金激光焊接温度场仿真，可以看出非晶合金母材区在焊接过程中温度较低，一直没有超过其晶化温度 T_x，此外整个焊接过程时间较短，所以非晶合金母材区仍然保持非晶态。对于非晶合金焊接区及热影响区而言，由于温度较高，在不合适的焊接条件下可能会发生晶化。因此，对非晶合金激光焊接过程中的晶化现象进行预测，可以避免反复试验而浪费大量的资源，同时确保非晶合金在激光焊接后仍然保持非晶态结构或者得到纳米晶，这对于优化焊接工艺、提高焊接质量起到非常重要的作用。

对于非晶合金激光焊接来讲，焊接样品要在焊接后仍然保持非晶态，则热影响区的热循环曲线不能与 TTT 曲线或者 CHT 曲线相交，否则将会发生晶化，其中在热影响区采用 CHT 曲线会更加准确。为了预测在 6 组焊接参数下进行激光焊接是否会发生晶化，在每个样品的热影响区选择 6 个节点，然后用 SYSWELD 获得每个节点的热循环曲线，如图 4-39 所示。因为热循环曲线非常密集，所以对时间进行取对数处理，便于在图中清晰地显示出来。从图中显示曲线的位置关系可以看出，在低的焊接速度下，热循环曲线与 CHT 曲线位置较近。其中在图 4-39(a)、(d)、(e)中，热循环曲线与 CHT 曲线相交，表明焊接样品 1、样品 4 和样品 5 热影响区内部发生晶化，晶化过程发生在非晶合金热影响区开始降温的过程中，因此不适合在对应的焊接参数下开展焊接实验。在图 4-39(b)、(c)、(f)中，热循环曲线与 CHT 曲线没有交点，说明样品 2、样品 3 和样品 6 的热影响区内部仍然保持非晶态。通过分析可知，大的焊接功率以及低的焊接速度可能会导致非晶合金热影响区发生晶化。因此，在确保激光能够完全穿透非晶合金焊缝的前提下，应该选择高的焊接速度或者低的焊接功率，这样才能使得非晶合金内部保持非晶特性。从

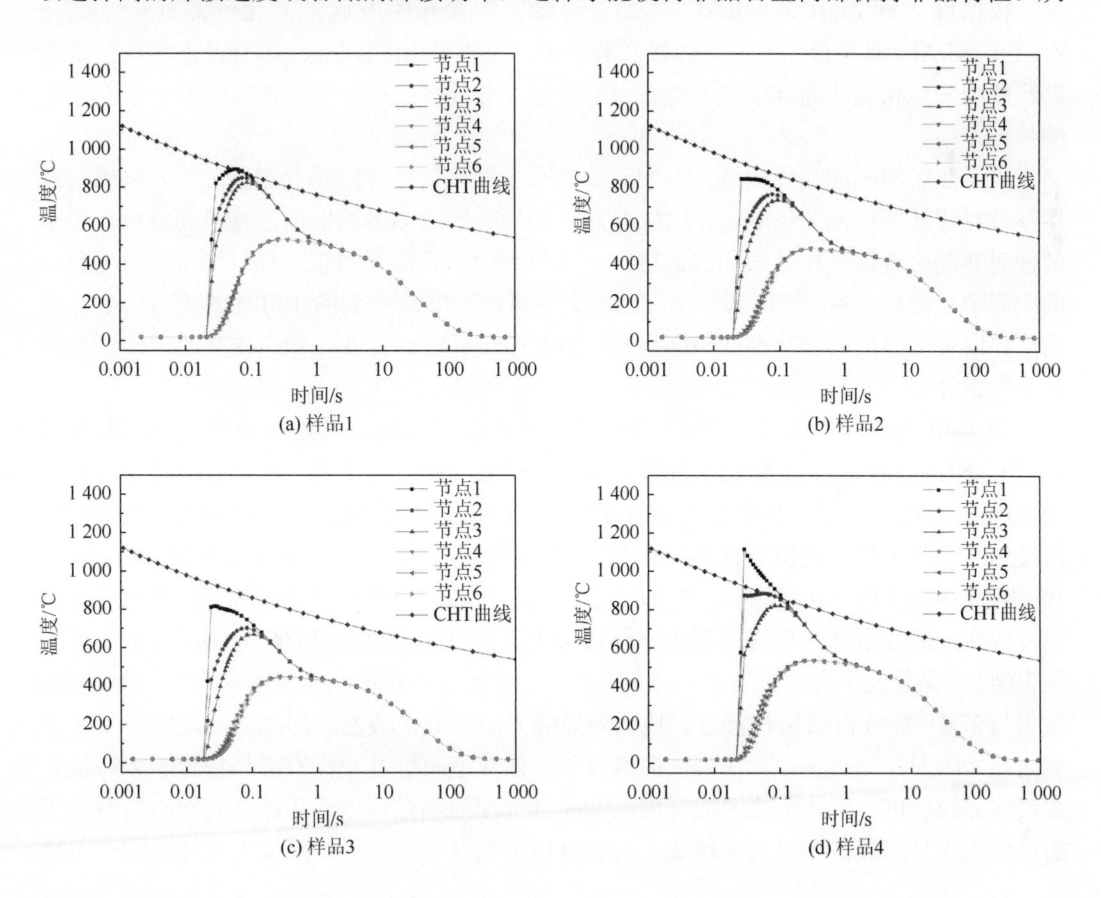

(a) 样品1

(b) 样品2

(c) 样品3

(d) 样品4

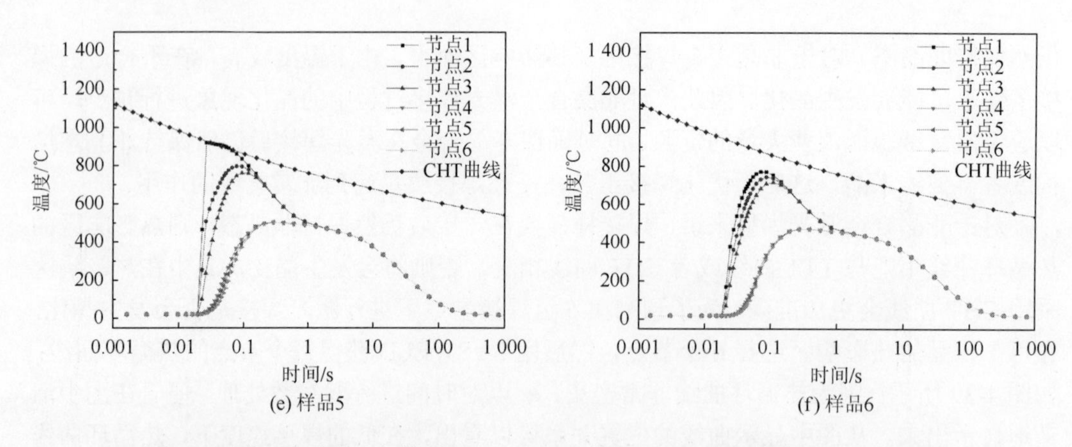

图 4-39　非晶合金激光焊接样品 1～6 热影响区节点的热循环曲线及 CHT 曲线

$Zr_{55}Cu_{30}Ni_5Al_{10}$ 非晶合金高速激光焊接实验的 TEM 观察结果可以看出，样品 1、样品 4 的热影响区出现了明显的晶化现象，与仿真结果相符合；样品 3 的热影响区中除了极少量尺度为 50 nm 左右的纳米晶，基本上为非晶态；样品 6 中在非晶合金基底中嵌入了部分 50～100 nm 的纳米晶，而纳米晶能够改善非晶合金材料的性能，不同于常规意义上的晶化，也符合实验要求。

根据前面对 $Zr_{55}Cu_{30}Ni_5Al_{10}$ 非晶合金激光焊接热影响区的晶化预测分析，结合 $Zr_{55}Cu_{30}Ni_5Al_{10}$ 非晶合金的激光焊接实验结果，表明采用 Kissinger 拟合及温度场仿真能够比较准确地预测非晶合金激光焊接过程中的晶化现象，这对于焊接实验具有非常重要的指导作用。

除了热影响区的晶化预测，下面对非晶合金焊接熔化区的结晶进行分析，以确定焊接参数对焊接区结晶的影响，并比较非晶合金焊接区和热影响区的晶化难易程度。根据前面对非晶合金焊接样品截面的温度场分布得到的仿真结果可以知道，样品中间界面上的中间节点散热最慢，所以其热循环曲线最有可能与非晶合金的 TTT 曲线相交，为此只需要提取该节点的热循环曲线，然后结合 TTT 曲线进行比较即可知道样品的焊接区是否会发生结晶。

图 4-40 为六个样品中间截面中间节点的热循环曲线，又根据参考文献[34]得到 $Zr_{55}Cu_{30}Ni_5Al_{10}$ 非晶合金的 TTT 曲线。通过比较它们的位置关系，可以看到在焊接速度为 20 m/min 的情况下，热循环曲线与 TTT 曲线相交，这说明样品 1 和样品 4 的焊接区内发生了结晶，相交的位置在热循环曲线的冷却部分。而当焊接速度高于 20 m/min 时，热循环曲线与 TTT 曲线没有交点，即对应的样品焊接区仍然保持非晶特性。通过分析可以发现在非晶合金激光焊接过程中不仅热影响区内可能会发生晶化，焊接区内也有可能发生结晶，晶化发生在非晶合金的冷却过程中。相比之下热影响区更容易发生结晶现象，这也与李波[4]的分析结果相符合。他认为焊缝内的合金由液态冷却凝固的过程中，由于凝固起始阶段晶核数量少，在最大晶粒线生长温度值附近几乎没有晶核快速长大，没有大尺寸晶粒析出。而处于热影响区内的非晶合金在加热过程中，从过冷液态向晶态转变的过程中容易形核，在最大晶粒线生长温度值附近易长大，最终形成大尺寸晶粒。通常

Zr 基非晶合金的玻璃形成能力较强，从液态金属冷却成非晶态仅需要几开每秒。图 4-40 中热循环曲线的冷却速率较大，那么到底是什么原因让非晶合金在冷却的过程中发生晶化呢？王刚[19]和 Gebert 等[35]针对这个问题进行了分析，认为氧元素削弱了非晶合金的玻璃形成能力。激光焊接实验在非真空环境中进行，空气中的氧含量很丰富，氧诱发了亚稳态纳米晶 $NiZr_2$ 的析出，成为后续稳态金属间化合物的异质形核质点，最终导致大量晶化相生成，对焊接熔化区的液态金属形成玻璃结构起到了严重的阻碍作用。

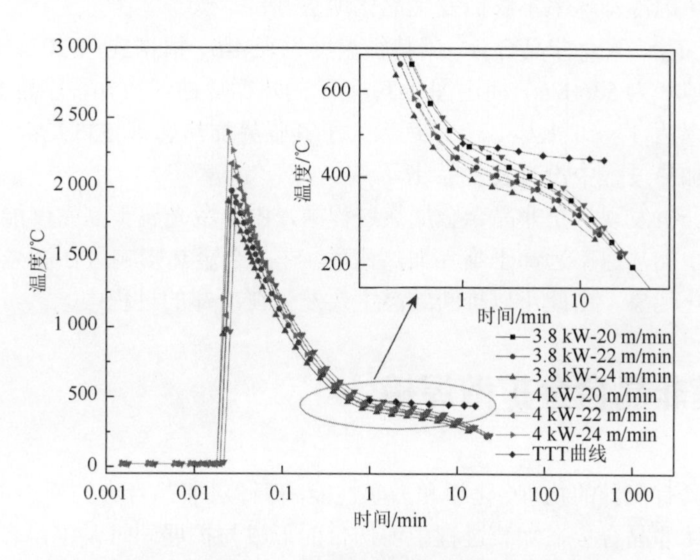

图 4-40　样品 1～6 焊接区热循环曲线及 TTT 曲线

4.3.3　Zr 基非晶合金临界加热速率计算

从 $Zr_{41}Ti_{14}Cu_{12}Ni_{10}Be_{23}$ 和 $Zr_{55}Cu_{30}Ni_5Al_{10}$ 非晶合金焊接区与热影响区的热循环曲线可以看出，非晶合金在激光作用过程中主要经历了三个阶段，即快速加热阶段、快速冷却阶段、缓慢冷却阶段。研究表明[19]，在这三个阶段非晶合金可能发生晶化现象，即存在临界加热速率和临界冷却速率。在快速加热阶段若加热速率大于临界加热速率，热影响区将仍然保持非晶态，那么可能的晶化现象则发生在冷却过程中。反之，若加热速率小于临界加热速率，则热影响区将会发生晶化现象。同理，在冷却过程中非晶合金是否保持非晶态结构取决于材料的冷却速率。当冷却速率很大时，热循环曲线将避过非晶合金的 CHT 曲线从而继续保持无序结构。本节将结合 SYSWELD 仿真结果，对 $Zr_{41}Ti_{14}Cu_{12}Ni_{10}Be_{23}$ 和 $Zr_{55}Cu_{30}Ni_5Al_{10}$ 非晶合金的临界加热速率进行分析，探讨非晶合金在激光焊接过程中的晶化发生阶段。

非晶合金的临界加热速率计算公式可表述为

$$\frac{T_{x1}-T_{x2}}{V_1^{1/3}-V_2^{1/3}}V^{1/3}+T_{x1}-\frac{T_{x1}-T_{x2}}{V_1^{1/3}-V_2^{1/3}}V_1^{1/3}=T_m \tag{4-20}$$

式中，V_1、V_2为加热速率；T_{x1}、T_{x2}为非晶合金不同加热速率下对应的晶化温度；T_m为非晶合金的熔点。

王刚[19]根据 Waniuk 等[36]研究的 $Zr_{41}Ti_{14}Cu_{12}Ni_{10}Be_{23}$ 相关数据，得到它的临界加热速率为 170 K/s。而由图 4-33 中热影响区节点的热循环曲线可知，节点的加热速率达 1 500 K/s 以上，很显然接头热影响区内的非晶材料在加热过程中没有发生晶化，由此可以推测出样品 2 在 5 m/min 时发生晶化是在冷却过程中。对于这种情况，可以采用冷却等辅助手段避免因冷却速率不够而发生晶化现象。

对于 $Zr_{55}Cu_{30}Ni_5Al_{10}$ 非晶合金，其特征温度见表 4-6，根据式(4-20)计算得到非晶合金的临界加热速率为 535 K/s，而由图 4-39 所示的热循环曲线可知，样品 1～6 热影响区的平均加热速率达 1×10^4 K/s 以上，远远大于其临界加热速率 535 K/s，所以样品的热影响区材料在加热过程中没有发生晶化。

通过以上分析发现，在非晶合金加热过程中，由于激光属于高密度能量热源，非晶合金焊接过程中加热速率远高于临界加热速率，非晶合金热影响区在激光扫描过程中一般没有发生晶化现象，由此可以推断结晶主要发生在冷却的过程中。

4.4　Zr 基非晶合金扩散焊接

非晶合金具有优异的物理、化学和力学性能，但针对非晶合金的断裂机制研究表明，在室温下，块体非晶合金在加载过程中剪切带的形成与扩展同时发生，容易发生脆断，这种断裂机制限制了非晶合金的实际工程应用。而传统的晶态合金如铜、铝合金虽然没有非晶合金那么优异的力学性能，但具有优良的延展性能和抗剪切能力。若将高强度、高硬度的非晶合金与延展性良好的晶态合金连接在一起制备成复合材料，该材料将不仅具有非晶合金优异的高强度、高硬度等力学性能，其延展性也将因晶态材料的加入而改良，具有重要的科学研究和实际工程应用价值。

为了解决非晶合金的尺寸和非晶合金与晶态合金复合使用的问题，人们开始使用材料焊接的方式来连接非晶合金材料。在这些焊接方法中，扩散焊接拥有其独特的特点，是制备大尺寸的块体非晶合金的途径，特别是针对非晶合金板材的连接；另外扩散焊接可焊接不同类型的材料，更是连接非晶合金与晶态合金这两种不同类型的材料的不二选择。2004 年，日本的 Somekawa 等[37]利用扩散焊接在 Zr 基非晶合金的过冷液相区将 Zr 基非晶合金超塑性连接在一起，证明了扩散焊接的可行性。但是目前针对 Zr 基非晶合金的扩散焊接还不多见，特别是 Zr 基非晶合金与晶态合金的扩散焊接研究，扩散焊接的层数一般只有两层，而且大多研究集中在样品表面氧化层的去除，对扩散焊接的工艺参数对扩散焊接效果的影响分析较少。

为此，本节采用真空扩散焊接技术对 $Zr_{55}Cu_{30}Al_{10}Ni_5$ 非晶合金连接进行分析，分别进行 $Zr_{55}Cu_{30}Al_{10}Ni_5$ 非晶合金与 $Zr_{55}Cu_{30}Al_{10}Ni_5$ 非晶合金连接、$Zr_{55}Cu_{30}Al_{10}Ni_5$ 非晶合金与铝合金的连接，以及 $Zr_{55}Cu_{30}Al_{10}Ni_5$ 非晶合金与铜合金的连接，讨论扩散焊接的机理，分析工艺参数对扩散焊接的影响，为非晶合金的复合材料的制备提供实验和理论指导。

4.4.1 扩散焊接机理与理论概述

扩散焊接是将待焊材料在一定的温度和压力下，使原子相互扩散而形成牢固的冶金结合的一种连接方法。一般晶态合金扩散焊接的过程分为三个阶段：①接触变形阶段，在一定温度下微观不平的表面，在外加应力的作用下发生塑性变形，接触面由点接触变为面接触，最终达到可靠的面接触；②界面推移阶段，通过接触界面原子间的相互扩散，界面变形而形成牢固的结合层，界面逐渐消失，孔洞生成，这个阶段一般要持续几分钟到几十分钟；③界面和孔洞消失阶段，在接触部位形成的结合层逐渐变厚，扩大牢固连接面，消除界面孔洞，形成可靠连接接头。以上的三个阶段相互交叉进行，连接过程中伴随固溶体和共晶体的生成，通过扩散和再结晶等过程形成牢固结合，达到可靠连接。然而非晶合金由于没有结构的特殊性：①没有晶粒、晶界和位错等晶体缺陷，通常没有足够的原子扩散通道；②非晶合金的表面非常稳定，不易发生反应，而且洁净表面容易自动形成稳定的钝化膜。因此非晶合金的扩散过程不同于晶态合金的扩散过程，非晶合金的扩散过程一般分为两个阶段：①塑性变形阶段，非晶合金扩散焊接的温度一般都是在非晶合金的过冷液相区，在过冷液相区非晶合金在压力下发生塑性变形，塑性变形使待焊界面发生变形，由点接触扩大为稳定的面接触，同时钝化膜破碎，新鲜表面露出来形成原子的扩散；②孔洞收缩阶段，在该阶段原子进行持续的扩散，并在塑性变形的辅助下，待焊界面的孔洞收缩消失。

总而言之，相对于晶态合金，由于非晶合金的特殊结构，其扩散焊接更加困难。因此选择合适的焊接参数尤为重要，影响非晶合金扩散焊接的工艺因素有以下几个方面。

1. 焊接温度

在影响扩散焊接效果的所有因素中，温度是最为重要的一个。原子的扩散系数 $D=D_0\exp[-H/(k_BT)]$[38]，其中，D_0、H、k_B、T 分别为指前因子、活化焓、玻尔兹曼常量以及温度。由公式可知温度越高，原子的扩散系数越大，原子扩散越快，在一定的时间内形成的接头越稳定。但是温度越高，对设备的要求就越高，晶态合金焊接时其焊接温度 $T=(0.6\sim0.8)T_m$，T_m 为晶态合金的熔化温度，单位为℃。针对非晶合金，扩散焊接的温度应该选取在其过冷液相区，当温度低于过冷液相区时，原子的扩散系数低，扩散能不够，难以形成牢固的接头；当温度在过冷液相区时，原子的扩散能力增强，同时非晶合金在外力下将发生塑性变形，塑性变形有利于扩散焊接；当温度高于过冷液相区时，非晶合金将发生晶化，内部结构改变，焊接没有意义。但某些非晶合金的过冷液相区比较宽，这个时候就需要慎重地选取焊接温度，使非晶合金能在一定时间内形成牢固的接头，同时避免晶化。

2. 保压压力

保压压力是指当待焊件的焊接温度达到额定温度后，对焊件施加垂直于界面的压

力。主要作用是使待焊界面紧密接触，达到原子接触的尺寸，为原子的扩散创造条件。同时压力还能使待焊界面的钝化膜破碎，露出新鲜的表面，有利于扩散焊接的进行。一般来说，扩散焊接时，压力并不是越高越好，压力大，有利于原子的扩散，但当压力过于大时，将使待焊件变形严重，甚至会在内部产生裂纹。由于非晶合金的扩散焊接能力弱，其所需压力比晶态合金扩散所需压力大，但压力不宜过大，否则会导致工件变形，同时压力也将影响非晶合金的内部结构，有可能造成非晶合金的晶化。

3. 焊接时间

焊接时间是指待焊工件在加热到额定温度后再加压的保持时间，不包括工件的加热时间和冷却时间，在焊接时间内扩散焊接整个过程都应该完成。原子的扩散是一个缓慢的过程，形成一个牢固的接头需要一定的时间。一般扩散焊接的焊接时间有数十分钟，甚至有些材料的扩散焊接时间需要持续数小时甚至数十小时。针对非晶合金的扩散焊接，由于非晶合金的特殊结构，如果在一定温度下保温时间过长，可能造成非晶合金内部结构变化，从而导致晶化，所以非晶合金的扩散焊接时间一般都限定在 1 h 之内。

4. 表面处理

扩散焊接是一个原子扩散的过程，而样品表面的氧化膜和钝化膜都会阻碍原子的扩散，导致焊接失败。因此对扩散焊接来说，除了以上三个工艺参数的影响，样品的表面处理也非常重要，可以说是决定焊接成败的一个先决条件。最常用的表面处理的方法是对样品表面研磨、抛光，将其表面的氧化膜或钝化膜去除，在研磨、抛光后需要再对样品进行清洗，利用丙酮、乙醇和去离子水依次清洗样品，以除去研磨、抛光后附在样品表面的杂质，清洗后的样品需及时放置在乙醇中保存，防止表面二次氧化。随着技术手段的进步，表面处理的方法越来越多，哈尔滨工业大学的 Chen 等[39, 40]利用电子辐射与预摩擦的方法对样品表面进行处理，成功焊接上了非晶合金。表面处理不但在准备样品的阶段进行，也可以延伸到扩散焊接的过程中。扩散焊接一般都在高于 300 ℃的温度下进行，在高温下样品的表面很容易氧化，这个时候为了防止样品表面氧化，扩散焊接通常在真空环境或者保护气体(如惰性气体 Ar 气)下进行。

4.4.2 扩散焊接材料与设备

扩散焊接实验中所用的 $Zr_{55}Cu_{30}Al_{10}Ni_5$ 非晶合金来自比亚迪股份有限公司，其玻璃化转变温度(T_g)为 412 ℃，其晶化起始温度(T_x)为 489 ℃，过冷液相区宽，达 77 ℃(T_x–T_g)。实验中的铝合金为 2A12 合金，铜合金为无氧铜(oxygen-free copper，OFC)，2A12 合金的主要成分为铝元素(质量分数≥95%)，OFC 的主要成分为铜元素(质量分数≥99.9%)。

扩散焊接实验在武汉理工大学材料复合新技术国家重点实验室进行，扩散焊接设备是锦州航星集团有限公司生产的真空扩散焊接试验机(ZRY-40)。该装置主体是真空炉，里面有炉体、真空系统、电气水冷系统、液压加压系统等。图 4-41 为扩散焊接设备实物图和真空炉示意图，主要工艺参数如下：工作电压为 0～46 V；最高温度为 1 300 ℃；真空炉尺寸为 ϕ150 mm×150 mm；压机吨位为 15 t；工作真空度为 4×10^{-3} Pa。由示意图可知，真空炉内的主要部件有基座、压头，以及定位样品的夹具。另外，辅助制样设备和检测装置有 XRD 分析仪、热重分析仪（或差示扫描量热仪）、场发射扫描电镜、TEM、切片机、镶样机、研磨机等。

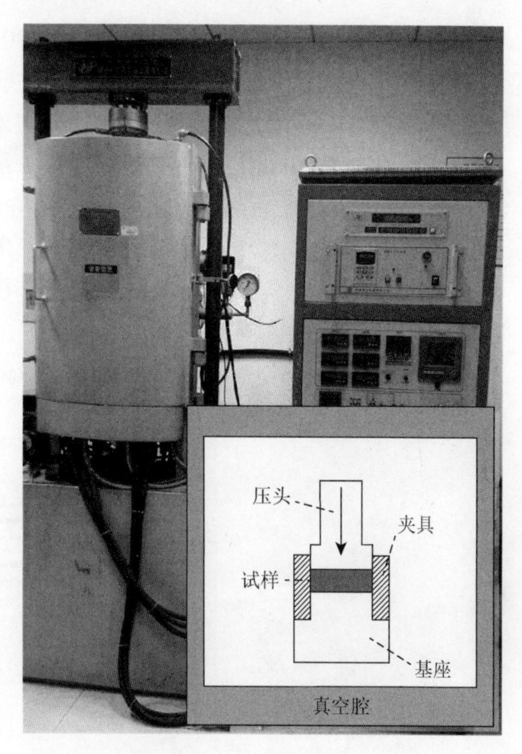

图 4-41　扩散焊接设备实物图和真空炉示意图

4.4.3　Zr 基非晶合金扩散焊接工艺参数选取实验与分析

非晶合金是亚稳态，扩散焊接过程中可能会发生晶化，因此选取合适的工艺参数非常重要。为了选取合适的保温温度，首先对非晶合金进行等温退火实验，实验过程中使用差示扫描量热仪进行检测。$Zr_{55}Cu_{30}Al_{10}Ni_5$ 非晶合金被切成 15 mg 的块体，在 20 K/min 的加热速率下，加热到额定温度并保温一定时间，整个过程用 DSC 检测非晶合金的放热情况，判断非晶合金是否晶化，保温退火实验参数如表 4-8 所示。

表 4-8　$Zr_{55}Cu_{30}Al_{10}Ni_5$ 非晶合金保温退火实验参数

样品编号	保温温度/℃	保温时间/min
1	410	120
2	415	120
3	420	120
4	425	120
5	430	90
6	435	90
7	440	90
8	450	90

DSC 检测结果如图 4-42 所示，样品 1～4 分别为 410 ℃、415 ℃、420 ℃和 425 ℃，保温时间均为 120 min，在保温过程中热流均没有出现明显变化，没有出现放热峰，说明非晶合金在 410 ℃、415 ℃、420 ℃和 425 ℃下能保持 120 min 而不晶化；保温温度逐

渐升高，样品 5～7 的保温温度分别为 430 ℃、435 ℃和 440 ℃，样品在保温 90 min 内热流未出现变化，说明非晶合金在相应的温度下 90 min 后仍然是非晶合金；当温度达到 450 ℃时，DSC 检测到样品 8 在 60 min 左右出现完整的放热峰，说明非晶合金在 450 ℃条件下，将会在 60 min 左右晶化，如果扩散焊接在 450 ℃下进行，在样品加热和保温总时间为 60 min 时样品可能就会晶化，而这个 60 min 对应的保温时间可能只有 30 min 左右，而且是在不考虑冷却时间的情况下，所以 450 ℃对 $Zr_{55}Cu_{30}Al_{10}Ni_5$ 非晶合金的扩散焊接是不合适的。从图中可得知，当温度在 440 ℃及以下时，非晶合金都有较为充裕的扩散焊接保温时间，特别在 440 ℃条件下，非晶合金在 90 min 内仍能保持非晶特性。因此将非晶合金的扩散焊接保温温度定在 440 ℃及以下。

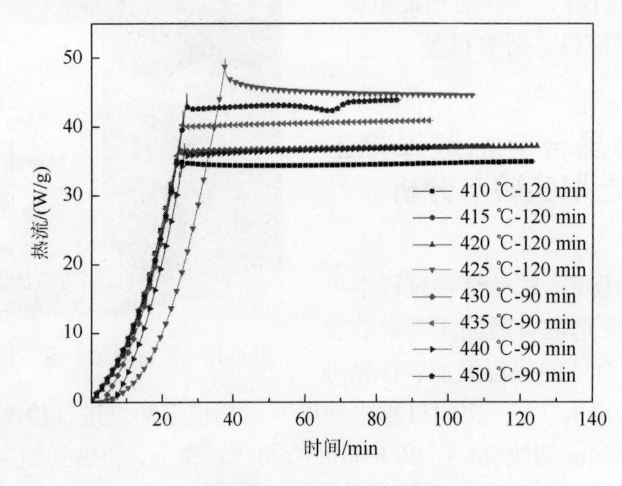

图 4-42 DSC 检测结果

初步确定扩散焊接的保温温度和保温时间后，对扩散焊接的保压压力进行分析。一方面，扩散焊接过程中，压力使氧化膜破碎，促使原子紧密接触，有利于非晶合金的扩散。但另一方面，非晶合金如果晶化，其体积将会缩小 1%[41]，压力无疑将使非晶合金体积缩小，也就是说在一定温度条件下，压力将促使非晶合金晶化，所以选取一个合适的保压压力非常重要。因此，进行针对压力的保压退火实验，非晶合金扩散焊接比较困难，其保压压力一般是数百兆帕，而晶态合金的保压压力一般小于 10 MPa，以防止其变形，在本实验中取 70 MPa 和 90 MPa。$Zr_{55}Cu_{30}Al_{10}Ni_5$ 非晶合金被切成 4 mm×4 mm×1.2 mm 尺寸的 9 个块体，然后放入真空扩散焊接试验机（ZRY-40）内，按照表 4-9 中的参数进行保压保温实验。

表 4-9 保压保温实验参数

样品编号	保温温度/℃	保温时间/min	保压压力/MPa
1	410	70	90
2	415	70	90
3	420	70	90

续表

样品编号	保温温度/℃	保温时间/min	保压压力/MPa
4	425	70	90
5	430	50	70
6	430	50	90
7	435	50	70
8	440	50	70
9	440	50	90

实验完成后，将样品取出自然冷却，磨去表面的氧化层，对其进行 XRD 分析，分析结果如图 4-43 所示。从图中可知，当压力为 90 MPa 时，样品 1～4 分别在 410 ℃、415 ℃、420 ℃、425 ℃保温 70 min，其 X 射线为漫反射衍射峰，表明没有晶化，同时样品 6 和样品 9 在 430 ℃和 440 ℃保温 50 min 后，其 X 射线衍射峰没有出现尖锐的晶化峰，表明样品 6 和样品 9 同样没有晶化；当压力为 70 MPa 时，样品 5、样品 7 和样品 8 分别在 430 ℃、435 ℃和 440 ℃下保温了 50 min，对其样品的 XRD 检测结果同样表明这些样品没有晶化。同时从图中可以得知，当保温温度和保压压力增大时，样品的衍射峰出现的角度有向右轻微偏移的趋势，这是因为温度和压力增大时非晶合金内部发

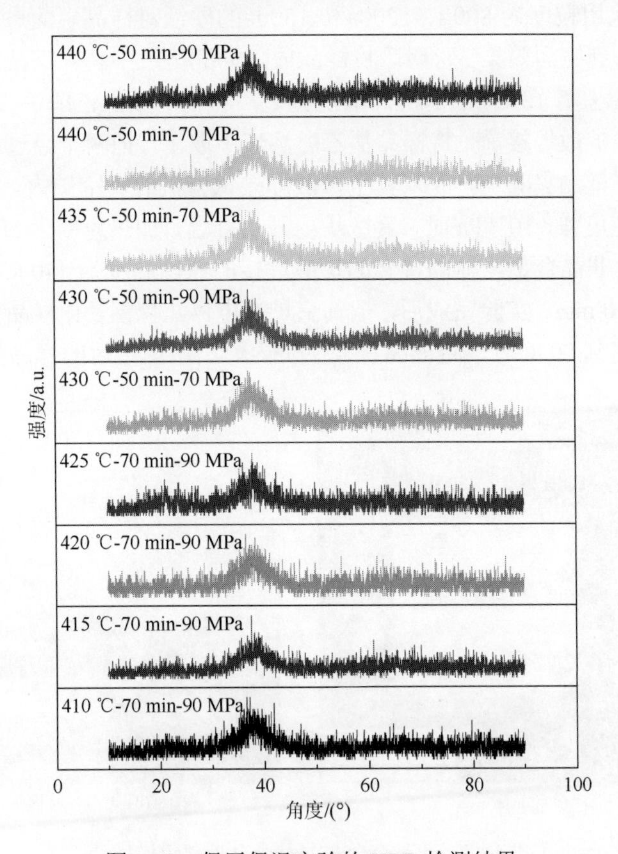

图 4-43　保压保温实验的 XRD 检测结果

生结构弛豫的现象更加明显。此外，对实验后每个样品的厚度进行测量时发现，425 ℃及以下的样品(即样品 1～4)的厚度没有发生变化，这是因为这些样品的保温温度在 T_g (412 ℃)附近，温度比较低，非晶合金没有发生塑性变形。在扩散焊接过程中，非晶合金的塑性变形有助于非晶合金的氧化层破碎，促使样品中的新鲜原子紧密接触，是一个成功的扩散焊接中不可缺少的部分。

综上所述，扩散焊接的温度应该在 425 ℃以上、450 ℃以下，压力 70 MPa 和 90 MPa 对非晶合金扩散焊接是合适的，另外扩散焊接的时间最好能控制在 50 min 以内。

4.4.4 Zr 基非晶合金与 Zr 基非晶合金的扩散焊接研究

非晶合金的扩散焊接有非晶合金与非晶合金的连接、非晶合金与铝合金的连接、非晶合金与铜合金的连接。由于目前已有较多的关于非晶合金与非晶合金的连接研究，本节把重点放置在非晶合金与晶态合金连接的研究上，特别是非晶合金与铝合金的连接。

首先研究 $Zr_{55}Cu_{30}Al_{10}Ni_5$ 非晶合金扩散焊接的可行性，将 $Zr_{55}Cu_{30}Al_{10}Ni_5$ 非晶合金与同类非晶合金进行扩散焊接研究。利用 Loadpoint 公司生产的 MicroAce66 切片机将非晶合金切成 18 mm×18 mm×0.5 mm 尺寸，首先对样品进行表面处理，在 UNIPOL-1202 型减薄磨抛机上依次用粒度为 800#、1200#和 1500#的砂纸对样品表面进行研磨，去掉样品表面的氧化层，达到镜面效果。研磨后将样品放入丙酮溶液中超声清洗除去表面附着的杂质，然后用乙醇和去离子水彻底清洗，清洗完之后将样品放入乙醇溶液中隔绝空气保存，防止二次氧化。在扩散焊接前，将样品从乙醇溶液中取出，把两个经过处理后的样品表面相对接触，放置在样品夹具内，放入真空扩散焊接试验机的真空炉内。接着抽真空，当真空度达到工作真空度 4×10^{-3} Pa 时，真空炉内开始升温，加热速率为 20 K/min。根据前面的参数选取实验，非晶合金与非晶合金的扩散焊接的保温温度为 440 ℃，压力为 80 MPa，扩散焊接时间为 30 min。实验完成后，把真空炉断电停止保温，让样品在真空炉内自然冷却，当冷却温度达到 80 ℃时，将样品从真空炉内取出，焊接后的样品如图 4-44 所示。

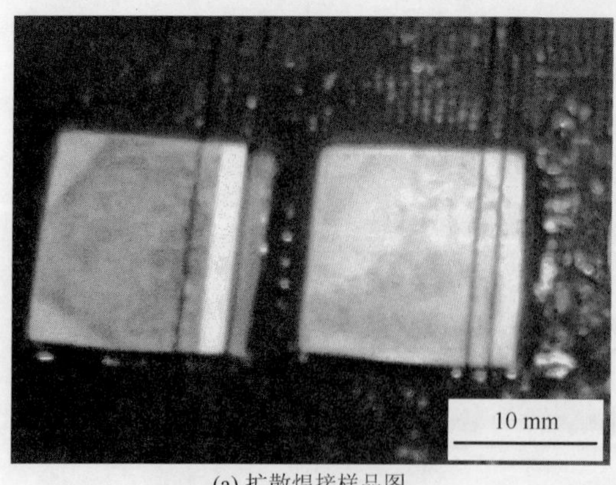

(a) 扩散焊接样品图

(b) 扩散焊接区局部放大图

图 4-44 非晶合金与非晶合金扩散焊接样品

为了分析样品接头的质量，将扩散焊接样品在 100 ℃下贴放涂有石蜡的样品板上，冷却后样品即粘贴在样品板上，利用切片机将正方形的样品切成尺寸为 2 mm×18 mm 的长条状，再进行镶样，将焊接接头面镶在表面，为后续检测做准备，在磨抛机上依次用粒度为 800#、1200#和 1500#的砂纸对样品表面进行研磨，研磨时间为 2 min，然后依次用粗糙度为 9 μm、3 μm 和 0.5 μm 的抛光布对研磨后的表面进行抛光处理，抛光时间为 3 min，最后使样品表面达到镜面效果。采用 SEM 对焊接样品的接头进行检测，检测结果如图 4-45(a)中，白色箭头所指的区域为 $Zr_{55}Cu_{30}Al_{10}Ni_5$ 非晶合金与 $Zr_{55}Cu_{30}Al_{10}Ni_5$ 非晶合金的扩散焊接接头界面，在该区域没有明显的界面线，说明焊接效果良好，两者的扩散比较充分，从图 4-45(b)也可以看出，焊接界面没有焊接缺陷，如孔洞和空隙，图中的斜纹为在制样研磨中砂纸粒度较大导致研磨不是很光滑而造成的，并不是焊接缺陷。

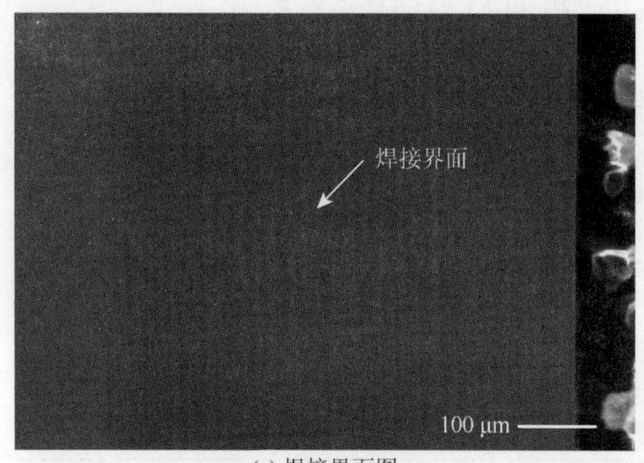

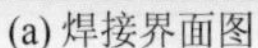
(a) 焊接界面图

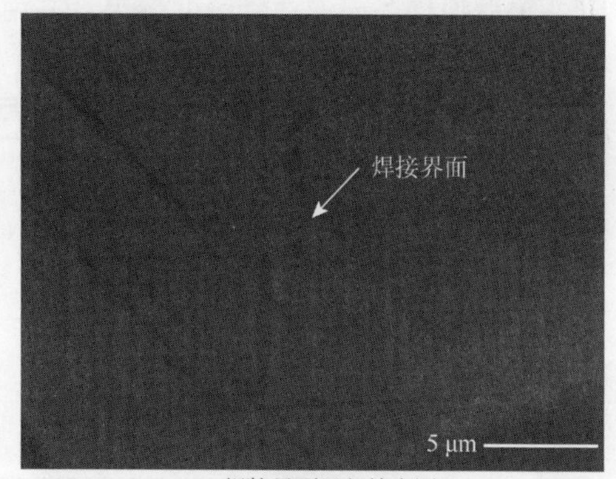

(b) 焊接界面局部放大图

图 4-45　$Zr_{55}Cu_{30}Al_{10}Ni_5$ 非晶合金扩散焊接接头 SEM 图样

对于焊后的非晶合金接头是否仍保持非晶特性，这里并未对接头进行 XRD 检测，但在 4.4.3 节中的保压保温实验中，对在 440 ℃-50 min-70 MPa 和 90 MPa 条件下的样品进行 XRD 检测，该条件与 Zr 基非晶合金扩散焊接工艺条件差不多，检测结果表明非晶合金样品仍为非晶合金特性，证明 $Zr_{55}Cu_{30}Al_{10}Ni_5$ 非晶合金在 440 ℃-30 min-80 MPa 工艺条件下具有良好的可焊性，且焊后的样品仍为非晶特性，为大尺寸块体非晶合金的制备提供了实验指导。

4.4.5　Zr 基非晶合金与铝合金的扩散焊接研究

前面的实验证明了 $Zr_{55}Cu_{30}Al_{10}Ni_5$ 非晶合金的可焊性，接下来进行 $Zr_{55}Cu_{30}Al_{10}Ni_5$ 非晶合金与晶态合金的扩散焊接。Zr 基非晶合金与晶态合金的扩散焊接研究并不多见，本节以 $Zr_{55}Cu_{30}Al_{10}Ni_5$ 与铝合金扩散焊接为例，重点讨论扩散焊接的工艺参数(温度、压力与时间)对扩散焊接的影响。

利用切片机将非晶合金与铝合金切成 18 mm×18 mm×0.5 mm 尺寸，对样品进行表

面处理，在研磨机上依次用粒度为 800#、1200#和 1500#的砂纸对样品表面进行研磨，去掉样品表面的氧化层，最后用抛光布进行抛光，达到镜面效果。研磨抛光后将样品放入丙酮溶液中超声清洗，除去表面附着的杂质，再用乙醇和去离子水彻底清洗，清洗完之后将样品放入乙醇溶液中隔绝空气保存，防止二次氧化。在扩散焊接前，将样品从乙醇溶液中取出，把非晶合金与铝合金样品经过处理后的表面相对接触，放置在样品夹具内，放入真空扩散焊接试验机的真空炉内。然后抽真空，当真空度达到工作真空度 4×10^{-3} Pa 时，真空炉内开始升温，加热速率为 20 K/min。总共有六组实验，实验参数如表 4-10 所示，样品 1 为对比试验。实验完成后，把真空炉断电停止保温，让样品在真空炉内自然冷却，当冷却温度达到 80 ℃时，将样品从真空炉内取出。利用切片机将焊后的样品切开，进行镶样，在研磨机上依次用粒度为 800#、1200#和 1500#的砂纸对样品表面进行研磨，然后依次用粗糙度为 9 μm、3 μm 和 0.5 μm 的抛光布对研磨后的表面进行抛光处理，最后使样品表面达到镜面效果，并用 SEM 和 TEM 对样品进行检测。

表 4-10　非晶合金与铝合金扩散焊接实验参数

样品编号	温度/℃	时间/min	压力/MPa
1	410	70	90
2	430	30	70
3	430	50	70
4	430	50	90
5	440	50	70
6	440	50	90

样品 1～6 接头的 SEM 结果如图 4-46 所示，样品 1～6 分别对应图 4-46(a)～(f)。从图中可知，样品 1 的焊接界面有一条明显的缝隙，分别在整个接头界面上，缝隙的宽度为 3 μm 左右。样品 1 的保温温度为 410 ℃，低于非晶合金的玻璃化转变温度 T_g(412 ℃)。在该温度下，非晶合金不能发生塑性变形，而塑性变形有利于原子的接触和钝化膜的破碎，对扩散焊接来说是一个必要条件，因此接头不能形成有效连接，焊接失败。同时在非晶区域还出现了裂纹，这是由于温度过低，非晶合金的脆性在一定保温保压作用下增大，在比较大的外力(90 MPa)下，最终导致裂纹。图 4-46(b)中，样品 2 的接头扩散焊接保温温度为 430 ℃，压力为 70 MPa，时间为 30 min，当温度升高时，接头连接界面的缝隙明显变窄，但仍然存在于铝合金与非晶合金的结合面上，宽度为 1 μm 左右，这是由扩散焊接的时间过短而导致的，30 min 内界面还没有形成牢固的连接，导致焊接失败。样品 3 的接头如图 4-46(c)所示，样品 3 的工艺参数为 430 ℃-50 min-70 MPa，与样品 2 相比，扩散焊接的时间延长了 20 min，达到 50 min。从图中可知，贯穿整个接头的缝隙消失了，但在放大图内仍可看到某些部位有缝隙，说明焊接不充分，连接不完全。当压力由 70 MPa 升到 90 MPa 后，样品 4 的接头如图 4-46(d)所示，此时焊接界面的缝隙完全消失，焊接成功。通过样品 2～4 对比发现：当保温温度一定时，延长扩散焊接的时间或者增加保压压力都有利于扩散焊接，扩散焊接的时间延长时，原子的扩散更加

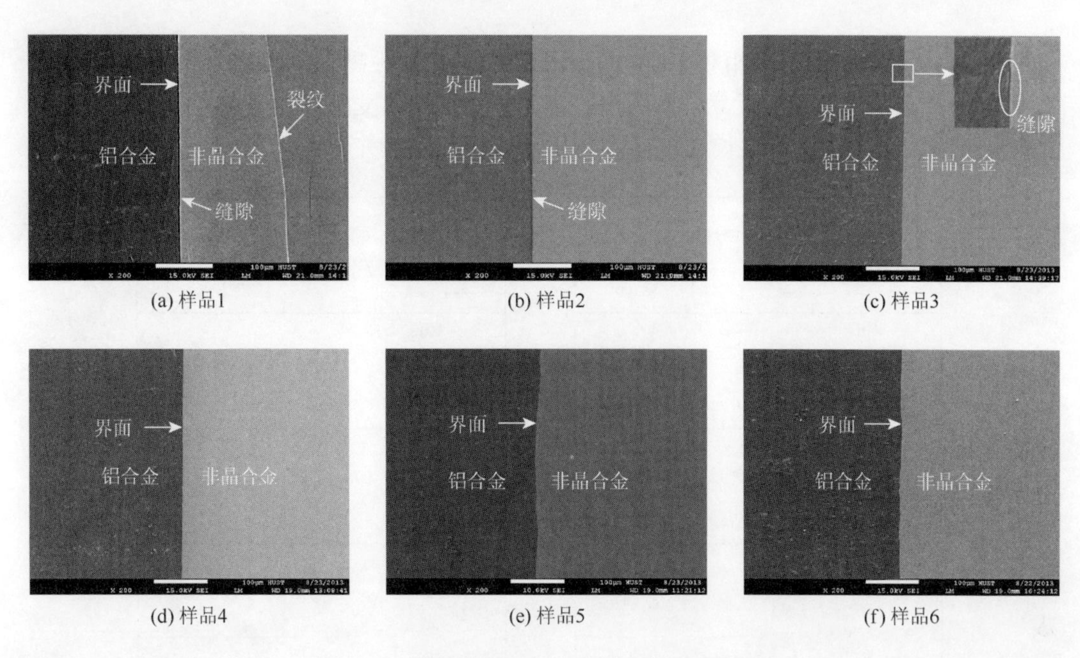

(a) 样品1　(b) 样品2　(c) 样品3

(d) 样品4　(e) 样品5　(f) 样品6

图 4-46　非晶合金与铝合金接头的 SEM 图样

充分，扩散的距离更远，形成的接头更牢固，而压力增大有利于非晶合金的塑性变形和样品表面钝化膜的破碎，使扩散界面紧密接触，扩大了原子扩散的通道，这些都促进非晶合金的扩散焊接。

当温度上升到 440 ℃时，样品 5 和样品 6 都形成了牢固的接头，结合界面没有焊接缺陷，如孔洞和缝隙，焊接非常成功。与样品 3 和样品 4 对比，样品 5 和样品 6 的界面有一些弯曲，这是由塑性变形导致的。当扩散焊接的温度升高时，非晶合金塑性变形更明显，接头的变形更加不平整，而塑性变形有利于样品表面钝化膜的破碎及原子间的接触。同时扩散焊接的温度升高时，根据原子的扩散系数 $D = D_0\exp[-H/(k_BT)]$，其中，D_0、H、k_B、T 分别为指前因子、活化焓、玻尔兹曼常量以及温度，温度 T 越高，原子的扩散系数 D 越大，原子的扩散能就越强，扩散越剧烈。无疑，温度升高导致的更明显的塑性变形和更强的扩散能都有利于扩散焊接，因此，在一定温度范围内，温度越高，非晶合金与铝合金扩散得越充分，形成的接头就越牢固。

为了观察焊接界面原子的扩散情况，对焊接质量较好的样品 3～6 的焊接界面进行 EDS 检测，检测结果如图 4-47 所示。从图中可知，在各个工艺条件下各个元素均有一定程度的扩散，以 Zr 元素为例，样品 3 工艺参数为 430 ℃-50 min-70 MPa，样品 3 中 Zr 元素扩散了 10 μm 左右，当保压压力从 70 MPa 升至 90 MPa 时，从图 4-47(b) 可以看出，样品 4 中 Zr 元素的扩散距离有所增加，但浓度并未改变。这说明增加压力有利于元素的扩散，压力的增加使界面的原子接触更加紧密，原子更容易扩散。当温度升高时，从样品 5 和样品 6 的检测结果(图 4-47(c) 和(d))可以看出，Zr 元素的扩散距离并未有大幅度的增加，扩散曲线仍然较陡，这些说明在非晶合金与晶态合金的扩散焊接中，Zr 元素的扩散活性比较低。Al 元素的扩散距离也比较短，与 Zr 元素的扩散方式相同。Cu

元素和 Ni 元素的扩散距离相对 Zr 和 Al 来说要长，扩散距离为 10～20 μm，说明 Cu 和 Ni 元素是扩散活性较强的元素。从图中可知，O 元素的浓度曲线在整个区域平缓，在扩散界面并未出现明显上升，说明焊接界面在扩散的过程中并未氧化。

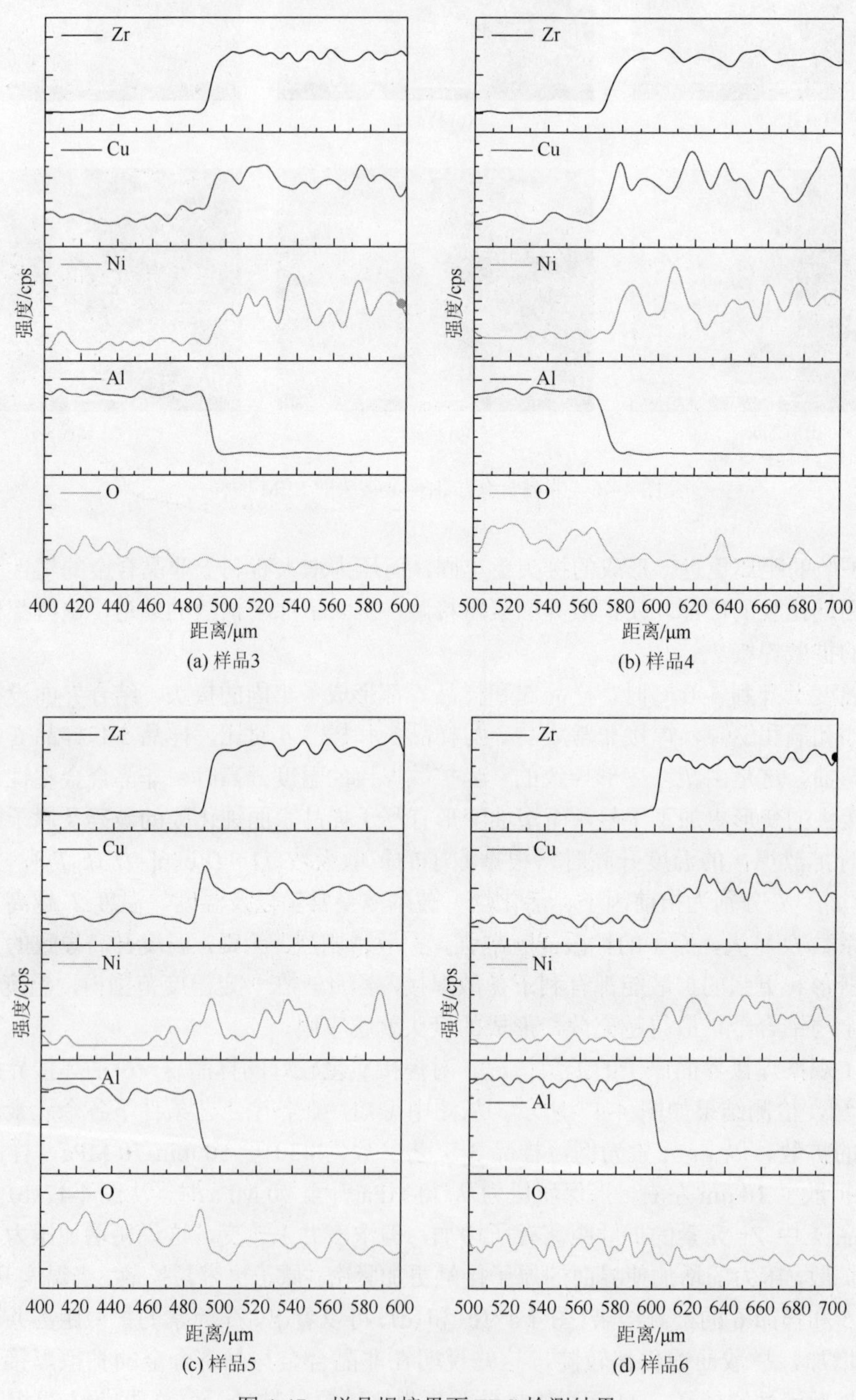

图 4-47　样品焊接界面 EDS 检测结果

为了分析扩散焊接对非晶合金内部结构的影响，对焊接质量较好的样品 3～6 进行了 TEM 检测，包括选取 SAED、明亮区域图像(bright field image，BFI)以及 HRTEM，检测结果如图 4-48 所示。图 4-48(a)～(d)分别对应样品 3～6，从图中可知，样品 3～5 的 HRTEM 图像显示非晶合金中的原子无序排布，没有形成有序排布的原子区域，BFI 图样中也没有观测到晶体，另外 SAED 图样为典型的非晶衍射环，这些现象都表明样品 3～5 的非晶合金内部结构没有发生变化，仍为非晶态结构。样品 6 的 SAED 和 HRTEM 观测结果也表明样品 6 整体仍为非晶态结构，但 BFI 图样显示样品 6 中出现了少量的晶粒，晶粒的尺寸小于 20 nm，一般把尺寸小于 100 nm 的晶粒称为纳米晶，表明样品 6 中的非晶合金在扩散焊接的过程中产生了纳米晶。

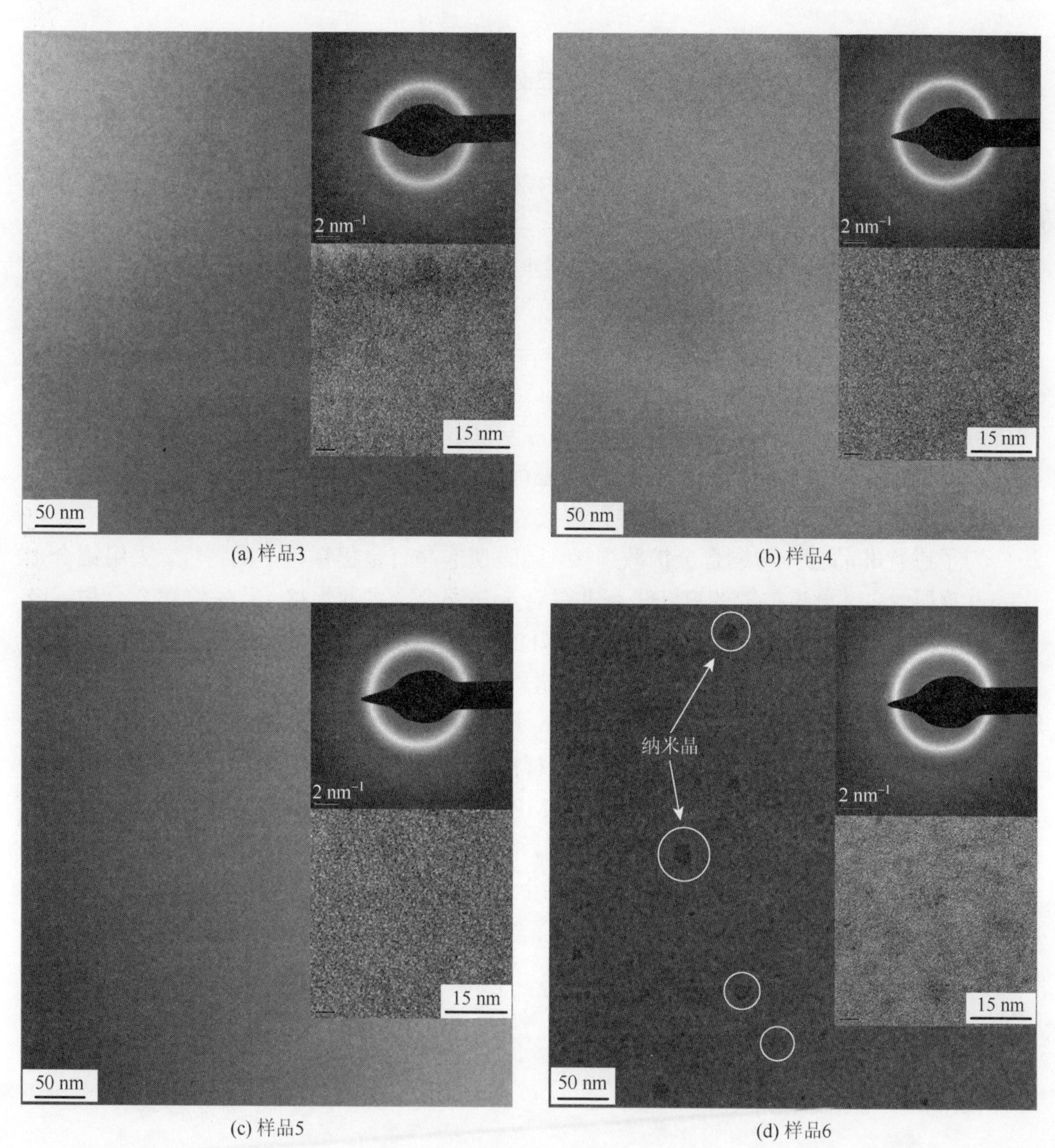

(a) 样品3　(b) 样品4　(c) 样品5　(d) 样品6

图 4-48　焊接接头的 TEM 图样

与样品 4 相比，样品 6 的保压压力和扩散焊接时间都一样，样品 6 中出现的纳米晶可以表明，当保温温度升高时，将有可能在非晶合金内部产生纳米晶；样品 5 和样品 6 具有相同的保温温度和扩散焊接时间，而样品 6 的压力比样品 5 高，这些表明当温度和时间一定时，增大保压压力可能会导致非晶合金的纳米晶产生。样品 6 整体为非晶态结构，夹杂着少量的纳米晶，而纳米晶能够改善非晶合金的力学性能，如硬度，所以样品 6 也符合扩散焊接的要求。

以上研究结果表明，$Zr_{55}Cu_{30}Al_{10}Ni_5$ 非晶合金与铝合金在保温温度为 430 ℃和 440 ℃、扩散焊接时间为 50 min、保压压力为 70 MPa 和 90 MPa 条件下能通过扩散焊接形成焊接质量良好的接头，这种方法可以用于大批量制备非晶合金和晶态合金的复合材料。

4.4.6 Zr 基非晶合金的多层扩散焊接研究

非晶合金由于具有特殊的原子结构，内部没有晶态合金中的晶界、位错等缺陷作为原子扩散的通道，其扩散焊接相对于晶态合金更加艰难，而且非晶合金并不是与所有的晶态合金都能进行扩散焊接。晶态合金焊接时其焊接温度 $T=(0.6\sim0.8)T_m$，T_m 为晶态合金的熔点，单位为℃。而非晶合金的扩散焊接温度在其过冷液相区，如果晶态合金的熔点 T_m 过高，其焊接温度 T 有可能并不在非晶合金的过冷液相区，此时按照晶态合金的焊接温度 T 进行扩散焊接很有可能导致非晶合金晶化。如铜合金，实验中所用的 OFC 的熔点在 1 083 ℃，按照焊接温度的公式：$T=(0.6\sim0.8)T_m$，扩散焊接时所需的温度 T 在 600 ℃以上。如果在保温温度 600 ℃下进行非晶合金和铜合金的扩散焊接，无疑非晶合金将会晶化，失去其非晶特性，导致焊接没有意义。

为了进行非晶合金与铜合金扩散焊接，同时使非晶合金仍保持非晶特性，采用铝合金作为过渡层，通过分步扩散的方法进行非晶合金与铜合金扩散焊接。首先将铜合金与铝合金在较高的扩散焊接温度下连接，再将连接好的接头中的铝合金与非晶合金在较低的扩散焊接温度下连接，此时非晶合金与铜合金就顺利地连接上了。利用切片机将非晶合金与铝合金和铜合金切成 18 mm×18 mm×0.5 mm 尺寸，按照之前的扩散焊接实验表面处理方法将这三种材料样品的表面处理好，铜合金样品双面都进行表面处理，然后将铜合金的正反面与两块铝合金样品在 500 ℃-30 min-10 MPa 的工艺条件下扩散焊接在一起，接着对焊好的样品上面的铝合金进行减薄和表面处理，除去在扩散焊接过程中的氧化膜，再将经过表面处理的非晶合金与焊好的铜铝合金样品上的铝合金进行扩散焊接，焊接的工艺参数为 440 ℃-30 min-80 MPa，整个非晶合金与铜合金的扩散焊接流程示意图如图 4-49 所示。

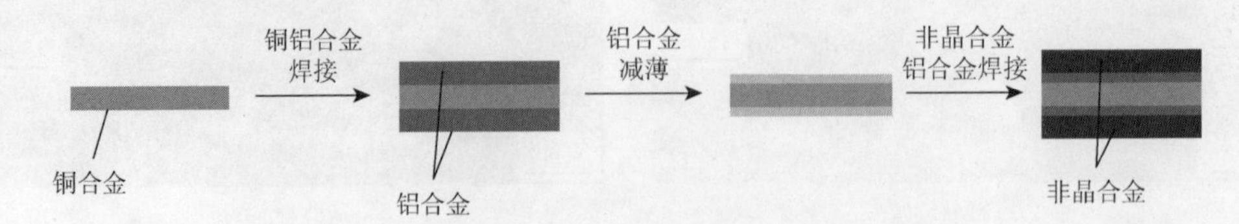

图 4-49　非晶合金与铜合金扩散焊接流程示意图

扩散焊接后的五层样品如图 4-50 所示，从图中可知，非晶合金与铜合金的接头一共有五层，中间的铜合金厚度为 250 μm 左右，上边的铝合金厚度为 160 μm 左右，下边的铝合金厚度为 450 μm 左右，外层的两层非晶合金的厚度大概为 980 μm。为了检测样品的焊接状况，将多层接头进行镶样、研磨与抛光，利用 SEM 和 EDS 对样品进行检测。

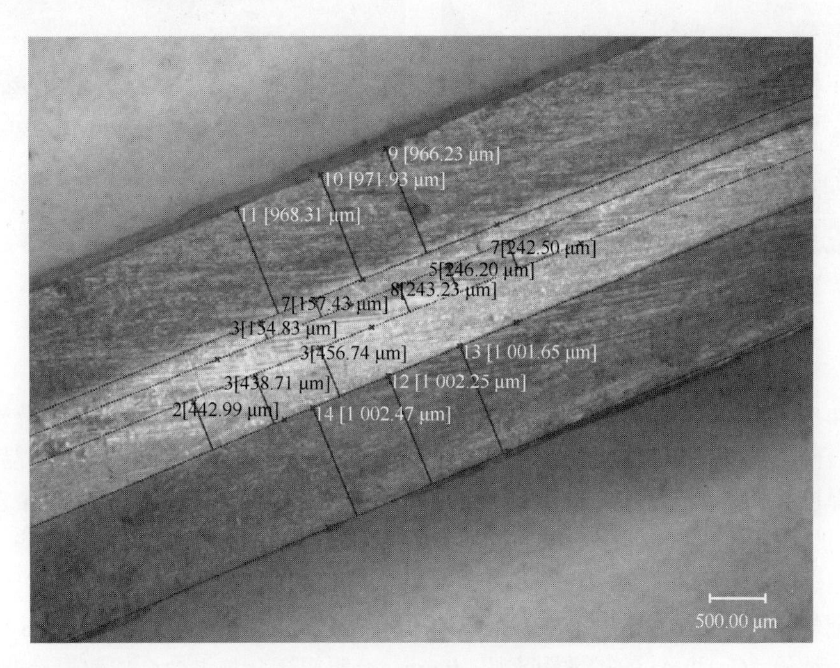

图 4-50　非晶合金与铜合金焊接接头

SEM 检测结果如图 4-51 (a) 中可以看出焊接的接头一共有四个焊接界面，分别是非晶合金-铝合金、铝合金-铜合金、铜合金-铝合金以及铝合金-非晶合金，从图 4-51 (b) 和 (c) 中可知，每个界面都焊接完好，没有缝隙、孔洞等焊接缺陷，铝合金与铜合金的焊接界面出现了浸润层，说明焊接质量很好，以上检测结果表明非晶合金多层复合扩散焊接成功。

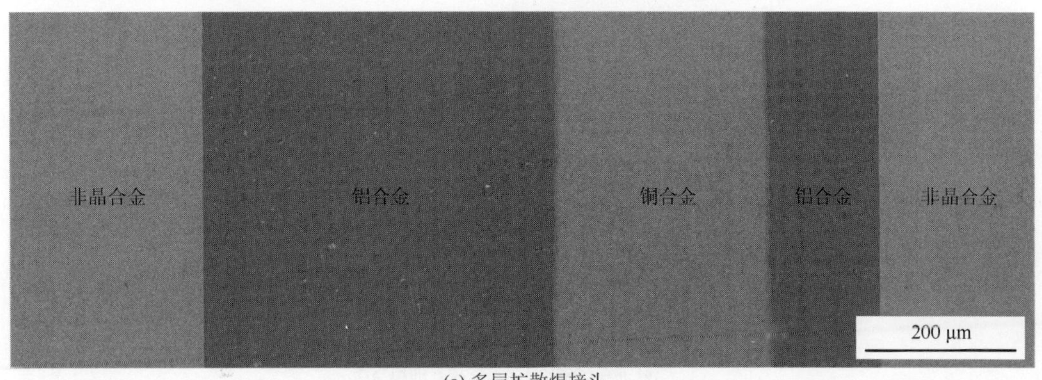

(a) 多层扩散焊接头

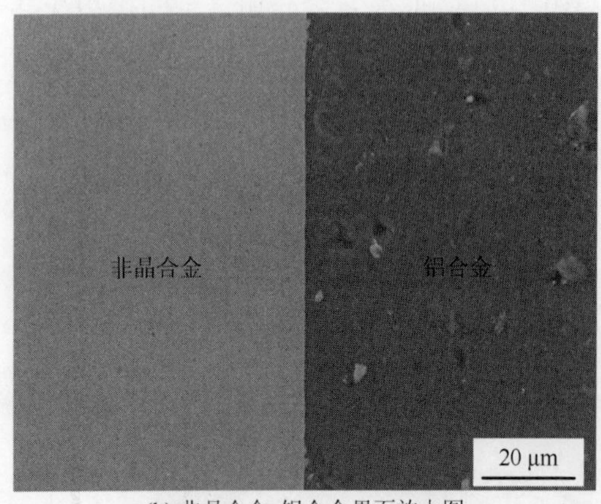

(b) 非晶合金-铝合金界面放大图

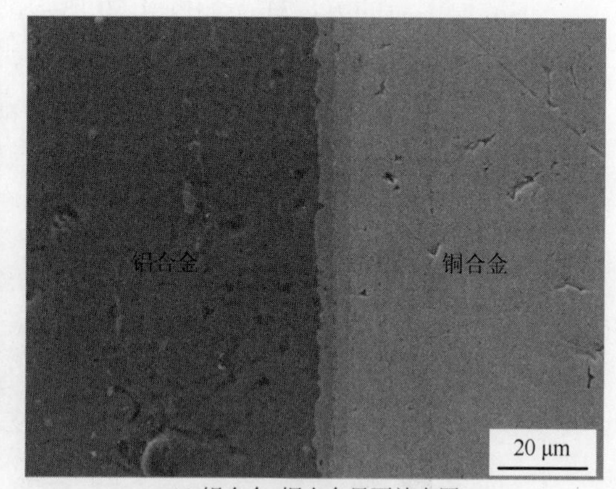

(c) 铝合金-铜合金界面放大图

图 4-51　非晶合金多层扩散焊接样品接头的 SEM 检测结果

图 4-52 为非晶合金多层扩散焊接样品 EDS 检测结果，图 4-52(a)和(b)分别是非晶合金-铝合金、铝合金-铜合金的焊接界面的 EDS 图。从图 4-52(a)中可知非晶合金-铝合金的焊接界面各个元素都有一定程度的扩散，但扩散距离比较短，为 3 μm 左右，Zr 与 Al 的扩散距离相对于 Ni 与 Cu 要远些，这是因为 Zr 与 Al 元素的含量高些，更多的原子参与了扩散，所以扩散得远的原子更多。从图 4-52(b)的 SEM 图样中可以明显地看到铝合金与铜合金的固溶层，说明铝合金与铜合金之间的扩散非常充分，EDS 检测也验证了这一结论，Cu 和 Al 的扩散距离达 10 μm，表明铝合金与铜合金扩散焊接非常成功。从 EDS 结果可知：非晶合金与晶态合金之间的扩散程度没有晶态合金与晶态合金之间的扩散程度充分，这是因为非晶合金内部为非晶态结构，没有位错、晶界等结构缺陷作为扩散通道，导致非晶合金的扩散焊接相对晶态合金更艰难。

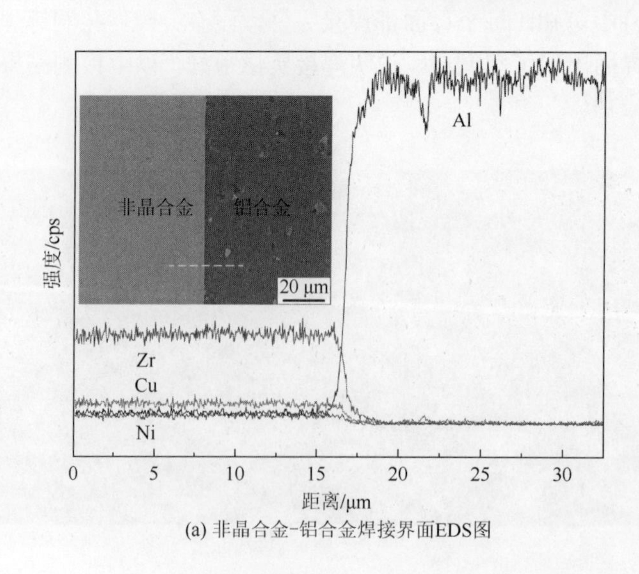

(a) 非晶合金-铝合金焊接界面EDS图

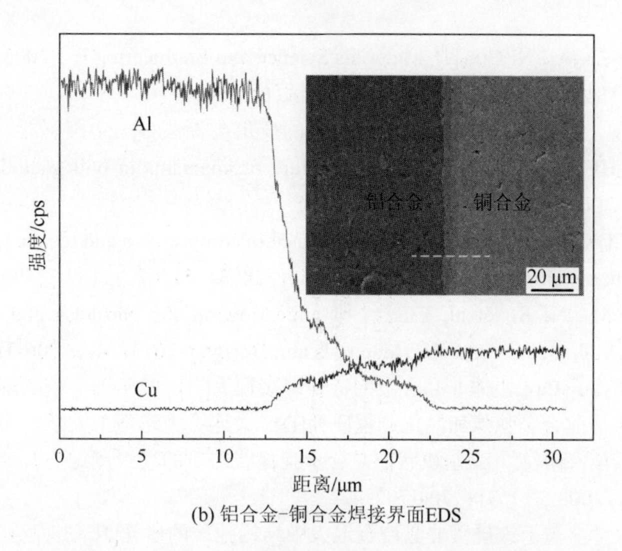

(b) 铝合金-铜合金焊接界面EDS

图 4-52　非晶合金多层扩散焊接样品 EDS 检测结果

参考文献

[1] WONG C H，SHEK C H. Friction welding of $Zr_{41}Ti_{14}Cu_{12.5}Ni_{10}Be_{22.5}$ bulk metallic glass[J]. Scripta Materialia，2003，49(5)：393-397.

[2] WANG G，HUANG Y J，SHAGIEV M，et al. Laser welding of $Ti_{40}Zr_{25}Ni_3Cu_{12}Be_{20}$ bulk metallic glass[J]. Materials Science and Engineering A，2012，541(9)：33-37.

[3] LI B，LI Z Y，XIONG J G，et al. Laser welding of $Zr_{45}Cu_{48}Al_7$ bulk glassy alloy[J]. Journal of Alloys and Compounds，2006，413(1)：118-121.

[4] 李波. 块体锆基非晶合金焊接物理冶金机理的研究[D]. 武汉：华中科技大学，2005.

[5] 惠希东，陈国良. 块体非晶合金[M]. 北京：化学工业出版社，2007.

[6] SPAEPEN F. Thermodynamics and kinetics of metallic alloy formation by picosecond pulsed laser irradiation[J]. High Temperature Materials and Processes，1986，7(2/3)：91-100.

[7] BARANDIARÁN J M，COLMENERO J. Continuous cooling approximation for the formation of a glass[J]. Journal of Non-Crystalline Solids，1981，46(3)：277-287.

[8] COLMENERO J，BARANDIARÀN J M. Crystallization of $Al_{23}Te_{77}$ glasses[J]. Journal of Non-Crystalline Solids，1979，30(3)：263-271.

[9] COLMENERO J，BARANDIARÁN J M. Thermal properties and crystallization processes in semiconducting AlAsTe glasses[J]. Physica Status Solidi，2010，62(1)：323-330.

[10] SCHROERS J，MASUHR A，JOHNSON W L，et al. Pronounced asymmetry in the crystallization behavior during constant heating and cooling of a bulk metallic glass-forming liquid[J]. Physical Review B Condensed Matter，1999，60(17)：11855-11858.

[11] 谷建生，魏炳忱，李磊，等. 结构弛豫对 $Zr_{64.13}Cu_{15.75}Ni_{10.12}Al_{10}$ 块体非晶合金硬度和剪切带特征的影响[J]. 稀有金属材料与工程，2008，(a4)：699-703.

[12] SIEGEL R W. Nanostructured materials-mind over matter[J]. Nanostructured Materials，1993，4(1)：121-138.

[13] KAWAHITO Y，TERAJIMA T，KIMURA H，et al. High-power fiber laser welding and its application

to metallic glass $Zr_{55}Al_{10}Ni_5Cu_{30}$[J]. Materials Science and Engineering B，2008，148(1)：105-109.

[14] 陈玉喜. 材料成型原理[M]. 北京：中国铁道出版社，2002.

[15] 张哲峰，伍复发，范吉堂，等. 非晶合金材料的变形与断裂[J]. 中国科学，2008，(4)：349-372.

[16] ZHANG Z F，HE G，ECKERT J，et al. Fracture mechanisms in bulk metallic glassy materials[J]. Physical Review Letters，2003，91(4)：045505.

[17] ZHANG Z F，ECKERT J，SCHULTZ L. Difference in compressive and tensile fracture mechanisms of ZrCuAlNiTi bulk metallic glass[J]. Acta Materialia，2003，51(4)：1167-1179.

[18] GU J，SONG M，NI S，et al. Effects of annealing on the hardness and elastic modulus of a $Cu_{36}Zr_{48}Al_8Ag_8$ bulk metallic glass[J]. Materials and Design，2013，47：706-710.

[19] 王刚. $Ti_{40}Zr_{25}Ni_3Cu_{12}Be_{20}$ 块体非晶合金的特种焊接行为[D]. 哈尔滨：哈尔滨工业大学，2012.

[20] 李霞. Zr 基大块非晶合金弛豫和晶化过程研究[D]. 大连：大连理工大学，2002.

[21] 孙少瑞，林光明，石燦鸿. Zr 基块状非晶合金弛豫状态下的模量测定与有效原子作用势[J]. 中国有色金属学报，2003，13(3)：704-707.

[22] 俞静，伍瑜，王润. 关于铁硅硼非晶合金退火中结构弛豫的研究[J]. 工程科学学报，1982，(s1)：136-141.

[23] 丁鼎. Zr-Cu 基大块金属玻璃的形成、稳定性和力学性能研究[D]. 上海：上海大学，2011.

[24] 丁鼎，夏雷，单绍泰，等. Long-term thermal stability of binary $Cu_{50.3}Zr_{49.7}$ bulk metallic glass[J]. 中国物理快报（英文版），2011，25(1)：306-309.

[25] LIU L，WU Z F，ZHANG J. Crystallization kinetics of $Zr_{55}Cu_{30}Al_{10}Ni_5$ bulk amorphous alloy[J]. Journal of Alloys and Compounds，2002，339(1)：90-95.

[26] 李波，夏春，何可龙，等. 非晶合金晶化曲线的研究[J]. 稀有金属材料与工程，2009，38(3)：447-450.

[27] DU H，HU L，LIU J，et al. A study on the metal flow in full penetration laser beam welding for titanium alloy[J]. Computational Materials Science，2004，29(4)：419-427.

[28] GOLDAK J，CHAKRAVARTI A，BIBBY M. A new finite element model for welding heat sources[J]. Metallurgical Transactions B，1984，15(2)：299-305.

[29] 王煜，赵海燕，吴甦，等. 高能束焊接双椭球热源模型参数的确定[J]. 焊接学报，2003，24(2)：67-70.

[30] 张书权. 基于 SYSWELD 的 T 型接头焊接温度场和应力应变场的数值模拟[D]. 芜湖：安徽工程大学，2011.

[31] YAMASAKI M，KAGAO S，KAWAMURA Y，et al. Thermal diffusivity and conductivity of supercooled liquid in $Zr_{41}Ti_{14}Cu_{12}Ni_{10}Be_{23}$ metallic glass[J]. Applied Physics Letters，2004，84(23)：4653-4655.

[32] 王丽. 块体非晶合金 $Zr_{45}Cu_{48}Al_7$ 激光焊接及数值模拟[D]. 武汉：华中科技大学，2007.

[33] SCHROERS J，BUSCH R，MASUHR A，et al. Continuous refinement of the microstructure during crystallization of supercooled $Zr_{41}Ti_{14}Cu_{12}Ni_{10}Be_{23}$ melts[J]. Applied Physics Letters，1999，74(19)：2806-2808.

[34] 张黎楠，谌祺，柳林. $Zr_{55}Cu_{30}Al_{10}Ni_5$ 块体非晶合金在过冷液态区的流变行为及本构关系[J]. 金属学报，2009，45(4)：450-454.

[35] GEBERT A，ECKERT J，SCHULTZ L. Effect of oxygen on phase formation and thermal stability of slowly cooled $Zr_{65}Al_{7.5}Cu_{17.5}Ni_{10}$ metallic glass[J]. Acta Materialia，1998，46(15)：5475-5482.

[36] WANIUK T A，SCHROERS J，JOHNSON W L. Critical cooling rate and thermal stability of Zr-Ti-Cu-Ni-Be alloys[J]. Applied Physics Letters，2001，78(9)：1213-1215.

[37] SOMEKAWA H，INOUE A，HIGASHI K. Superplastic and diffusion bonding behavior on Zr-Al-Ni-Cu

metallic glass in supercooled liquid region[J]. Scripta Materialia，2004，50(11)：1395-1399.
[38] WANG D，XIAO B L，MA Z Y，et al. Friction stir welding of ZrCuAlNi bulk metallic glass to Al-Zn-Mg-Cu alloy[J]. Scripta Materialia，2009，60(2)：112-115.
[39] CHEN H Y，CAO J，SONG X G，et al. Pre-friction diffusion hybrid bonding of $Zr_{55}Cu_{30}Ni_5Al_{10}$ bulk metallic glass[J]. Intermetallics，2013，32(2)：30-34.
[40] CAO J，CHEN H Y，SONG X G，et al. Effects of Ar ion irradiation on the diffusion bonding joints of $Zr_{55}Cu_{30}Ni_5Al_{10}$ bulk metallic glass to aluminum alloy[J]. Journal of Non-Crystalline Solids，2013，364(4)：53-56.
[41] WANG D，SHI T，PAN J，et al. Finite element simulation and experimental investigation of forming micro-gear with Zr-Cu-Ni-Al bulk metallic glass[J]. Journal of Materials Processing Tech，2010，210(4)：684-688.

第 5 章

CuZr 非晶合金成形与焊接分子动力学模拟

分子动力学模拟技术是通过对原子体系的运动方程进行时间积分来追踪原子运动轨迹的一种原子模拟技术[1]。1957 年，Alder 和 Wainwright[2]第一次在硬球模型下，采用分子动力学模拟技术研究了材料的宏观性质。此后，人们对这种基于经典牛顿力学来模拟微观粒子运动的方法进行了诸多改进，但由于早期计算能力的限制，分子动力学模拟在时间和空间尺度上也受到了极大限制。直到 20 世纪 80 年代，随着计算机科学的飞速发展，计算能力得到了极大提升，加上多体势能函数的提出和发展，人们开始能很容易地对百万个原子体系进行纳秒量级的分子动力学模拟，这才拓展其在材料科学领域的应用范围。

在实际实验中，尤其是在微纳米制造领域，实验现象与实验细节都不可能观测或者很难直接观察，很多局部物理量，如温度、密度、应力、应变也无法通过简单方法测量。实验过程成为黑箱，人们只能通过实验结果推测实验过程中的变化机理，而且实验中环境和过程都很难精确控制，常常会出现不可控的偶然性误差，这些误差往往会掩盖人们关注的现象。此外，有些实验时间长，成本高，不适合进行多次重复。而分子动力学模拟恰能弥补实验的这些弊端，它能从原子和分子层面模拟实验过程，直接观察微观细节、分析实验环境、提取局部物理量，这为分析实验现象、探求变形机理、指导实际实验提供十分有效的手段。在材料科学领域，分子动力学模拟已经广泛应用于研究晶体的结构、位错、滑移和晶界等问题[3]。随着非晶合金的出现和发展，分子动力学模拟也成为研究非晶合金的有效工具。

5.1 CuZr 非晶合金制备过程模拟

自非晶合金诞生之日起，其制备技术就一直是非晶合金的研究热点。淬冷法是目前最为主流的制备技术，该技术与传统铸造过程十分类似，都需要将合金熔化再注入型腔中冷却，不同的是在制备非晶合金时添加了特殊冷却设备，增大了冷却速率，避免样品晶化。玻璃形成是一个复杂的非平衡态临界现象[4, 5]，材料从液态到非晶态的转变对各种内因、外因十分敏感，而且转变时间短，可控因素少，所以目前稳定地制造出大尺寸、均匀的非晶合金依然存在较大困难。另外，非晶合金形成理论缺失和实验研究局限性也是非晶合金制备技术短板的重要原因。目前尚没有统一、精确的非晶合金玻璃化转变理论可以指导非晶合金研究。用于研究原子结构的 XRD 和中子散射等传统实验研究方法也很难直接观测到非晶合金玻璃化转变时原子的迁移行为。计算机模拟技术不受实验条件限制，非常适合研究非晶合金玻璃化转变过程，实际上在早期就出现了大量基于分子动力学模拟的非晶合金玻璃化转变过程研究[6-8]，直到最近，关于该过程的探索也很常见[9]。了解非晶合金玻璃化转变过程对研究非晶合金加工工艺十分有意义，较宽的玻璃化转变区间和较低的玻璃化转变温度能够为非晶合金加工提供宽松的环境。本节将使用分子动力学模拟制备非晶合金，分析体系内原子排布的短程有序和中程有序结构，研究其玻璃化转变过程中样品性能变化，并引入几种非晶合金内部结构表征方法，为后续研究非晶合金成形和连接提供参考。

5.1.1 非晶合金的制备及过程建模

实验中常使用淬冷法制备非晶合金，我们已经能自主制备出 $Zr_{55}Cu_{30}Al_{10}Ni_5$ 和 $Zr_{65}Cu_{17.5}Ni_{10}Al_{7.5}$ 等多元非晶合金，主要过程如下：

(1) 根据非晶合金元素配比，切割并称量各种原材料；

(2) 将配比好的金属材料在氩弧炉内反复熔炼，形成元素均匀的合金锭；

(3) 通过真空管路将合金熔融液体吸入水冷铜模中快速冷却，制得非晶合金。

参照实验过程，使用分子动力学模拟制备了多种尺寸的 $Cu_{46}Zr_{54}$ 非晶合金。模拟中，铜和锆之间作用关系采用 EAM 势能来进行描述。所用势能是 2009 年由 Mendelev 等[10]开发的 CuZr 全新半经验式势能，该势能已经在多个场合得到了广泛应用[11]。具体过程如下：

首先，建立一个尺寸为 67 Å×67 Å×67 Å、包含 16 000 个原子的 CuZr 晶体模型，将原子比例调节为 Cu∶Zr = 46∶54。模型的三个维度上均采用周期性边界，并使用 NPT 系综，压强保持为 0 MPa，模拟步长设为 1 fs，温度通过 Nose-Hoover 方法控制。随后，CuZr 合金被加热至 2100 K 熔化，并在该温度下保持 200 ps，使不同元素充分混合。最后，样品以 2 K/ps 被快速冷却至 300 K，熔融合金凝固为非晶固体。该冷却速率远远高于实验室所能得到的冷却速率，所以为了得到更接近真实实验的结果，在冷却过程中每下降 100 K 后会进行 50 ps 弛豫，使原子在冷却过程中接近于稳态。图 5-1 是分子动力学模拟中非晶合金制备过程示意图。

5.1.2 非晶合金玻璃态结构分析

1. 短程有序结构

径向分布函数是表征液体和非晶态结构的最常用手段之一，它的意义是距离某粒子 r 处出现其他粒子的概率。实现方法就是以给定粒子坐标为球心画球体，统计半径在 r 和 $r+\Delta r$ 间球壳内出现原子的概率，其表达式为

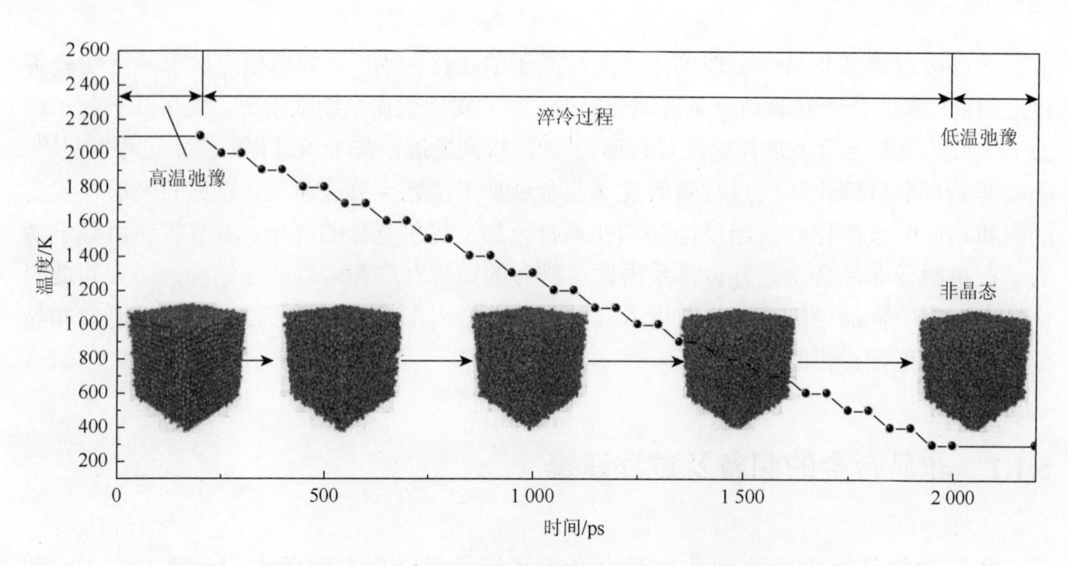

图 5-1 分子动力学模拟制备非晶合金过程示意图

$$g(r) = \frac{V}{N} \frac{n(r)}{4\pi r^2 \Delta r} \tag{5-1}$$

式中，V 为体系体积；N 为原子数目；$n(r)$ 为原子数目。

图 5-2 是 $Cu_{46}Z_{54}$ 块体在冷却至 300 K 后原子的径向分布函数，其中包括 Zr-Zr、Cu-Cu 和 Zr-Cu 三个分量。虽然模拟中所使用的冷却速率为 2 K/ps，远高于实验室所能达到的冷却速率，但在玻璃化转变过程中不同冷却速率所导致的原子排布变化趋势是类似的，只是在玻璃化转变温度和自由体积变化上有细微不同，后面将对冷却速率对结构的影响进行具体分析。故可以通过模拟结果来研究非晶合金块体的原子结构排布。图中三条曲

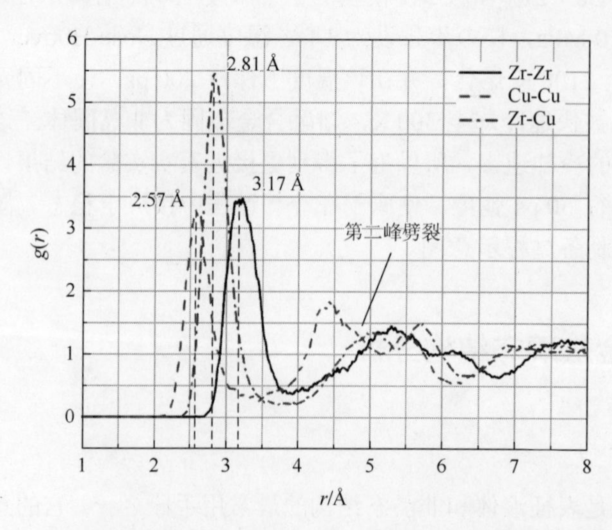

图 5-2 $Cu_{46}Z_{54}$ 块体在冷却至 300 K 后原子的径向分布函数

线在第二峰处均发生不同程度的劈裂现象，这是典型的非晶化体系特征，这意味着通过淬冷得到的块体处于非晶态。由三条曲线的第一峰的位置，可以得到 Zr—Zr、Cu—Cu 和 Zr—Cu 三种键对的长度，其中 $r_{Cu-Cu}=2.57$ Å，$r_{Zr-Zr}=3.17$ Å，$r_{Cu-Zr}=2.81$ Å。这与实验和模拟结果相符合[12, 13]，说明本模拟中所使用的势能函数可以合理地描述 CuZr 非晶合金。

径向分布函数主要着眼于原子对之间的距离，并不关注原子之间的相对位置关系，虽然可以用来判断材料的状态，但无法清楚地体现非晶合金短程有序而长程无序的结构。以下分别介绍并使用 Honecutt-Andersen (HA) 键型指数法[14]和 Voronoi 分析方法[15]来分析体系中原子的拓扑结构。

HA 键型指数法是通过分析局部原子的结合方式来表征原子局部排列情况的一种方法。它是目前描述非晶材料中的短程有序结构和固液转变以及非晶化转变过程中结构演变的重要方法之一。HA 键型指数法中，每个原子的局部结构关系都由四个参数 ($ijkl$) 来描述，第一个参数 i 表示 A、B 两个原子是否成键，成键时 $i=1$，不成键时 $i=2$，而判断两个原子是否成键的依据是 A 原子是否处于 B 原子的第一近邻位，即两个原子键的距离是否小于截断半径；第二个参数 j 表示 A、B 原子共有的近邻原子数目；第三个参数 k 表示 A、B 共有的近邻原子之间成键的数目。当 i, j, k 还不能唯一确定原子的局部空间结构时，就需要第四个参数 l 进行区分。图 5-3 是几种典型的原子局部空间结构及其 HA 键型指数[14]。

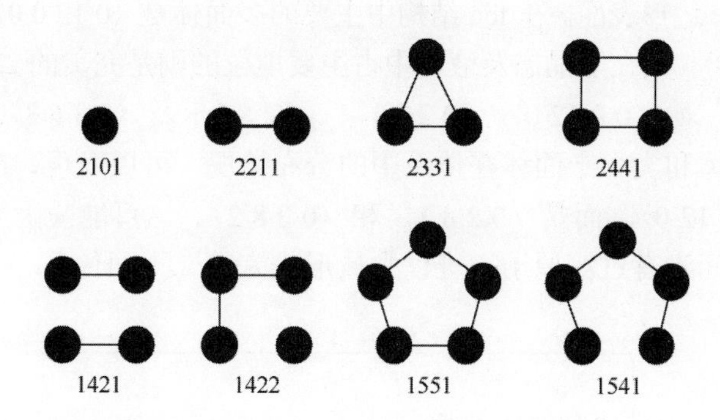

图 5-3　在非晶材料中常见的几种原子局部空间结构和其 HA 键型指数

在材料中，不同的局部原子排列将对应特定的 HA 键型指数。例如，密排六方 (hcp) 结构内主要是 1421 和 1422，面心立方 (fcc) 结构内 1421、2211、2010 和 2441 的比例为 2∶4∶2∶1，而体心立方 (bcc) 结构内主要是 1441 和 1661。不同于晶体结构，在非晶态结构中键型指数的比例并不是确定的，冷却速率、压力等诸多因素都会影响体系内键型指数的分布情况，但可以确定的是具有五次对称的 1551 和 1541 键型指数通常表示密排的二十面体，1431 键型指数也是非晶态体系中普遍存在的键型指数，这三种键型指数密集出现将意味着材料处于非晶态。如图 5-4 所示，1431、1551 和 1541 占据总键型指数比例的 70%，表明通过淬冷得到的样品处于非晶态。此外，1422 键型指数在整个体系中占比也不容忽视，这说明 hcp 结构在样品中也存在。

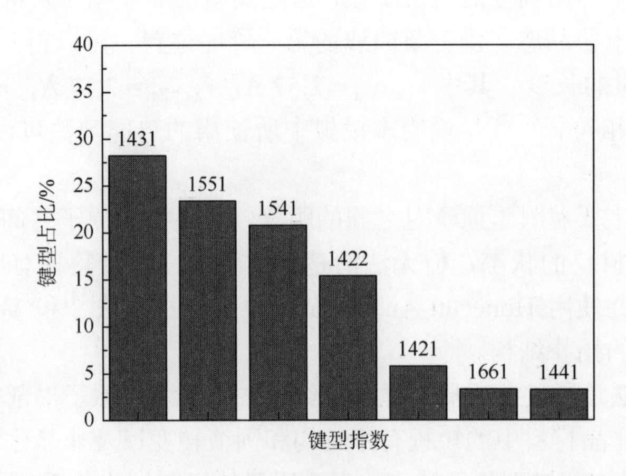

图 5-4　$Cu_{46}Zr_{54}$ 合金体系在 300 K 时的 HA 键型指数分布情况

另外一种分析原子拓扑结构的方法是 Voronoi 分析方法。众所周知，非晶合金的短程有序结构主要表现为二十面体团簇，而各种完美二十面体和类二十面体可以直接使用 Voronoi 分析方法(泰森多边形)来进行描述[16]。在 Voronoi 分析方法中，铜原子和锆原子的半径分别设置为 1.28 Å 和 1.60 Å，每一个原子的坐标位置都作为一个中心来绘制多面体。众多繁复的多面体可以使用泰森参数（$\langle n_3, n_4, n_5, n_6\rangle$）来表征，这里 n_x 表（$x=3, 4, 5, 6$）示多面体拥有 n 个 x 边形表面。在 fcc 结构中主要的多面体是〈0 12 0 0〉，bcc 结构内主要的多面体是〈0 6 0 8〉，而在非晶态及液体中占主要地位的则是完美的二十面体〈0 0 12 0〉及众多类二十面体，如〈0 0 12 0〉、〈0 2 8 1〉、〈0 2 8 2〉及〈0 3 6 3〉。图 5-5 展示的就是几种完美二十面体和类二十面体在体系中的分布情况。可以发现，在体系中占比最高的团簇并不是〈0 0 12 0〉，而是〈0 2 8 1〉和〈0 2 8 2〉。这可能是因为铜原子和锆原子尺寸相差较大，中间没有过渡原子，难以大量形成完美二十面体。

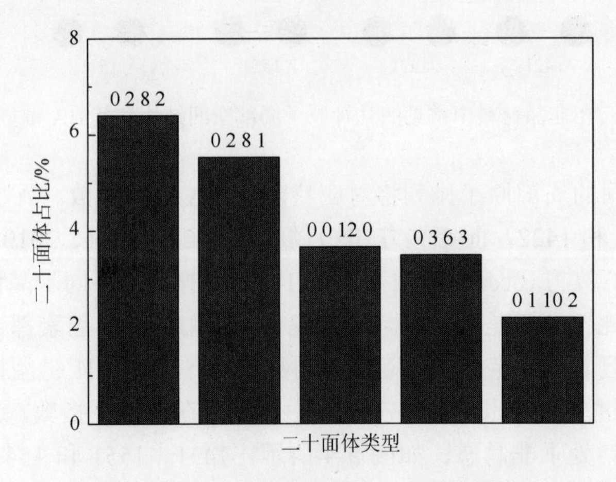

图 5-5　$Cu_{46}Zr_{54}$ 合金体系在 300 K 时几种完美二十面体和类二十面体的分布情况

2. 中程有序结构

已有研究表明，五轴对称的完美二十面体对非晶合金的性能起着决定性的作用[17]。图 5-6 是样品中〈0 0 12 0〉中心原子的分布情况。

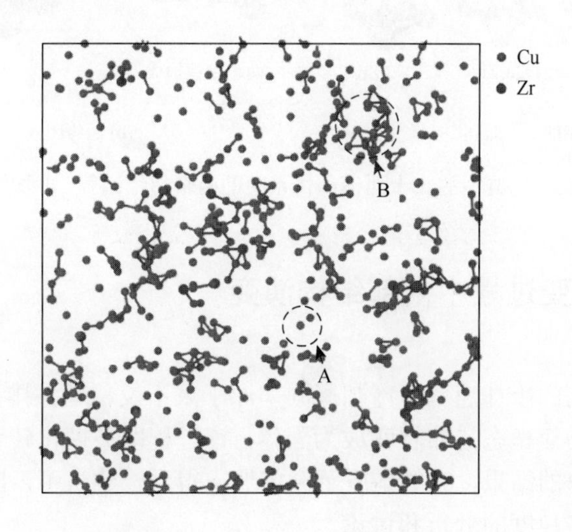

图 5-6　$Cu_{46}Zr_{54}$体系中〈0 0 12 0〉中心原子的分布情况(见彩图)

不难看出，在 $Cu_{46}Zr_{54}$ 体系中以铜原子为中心的二十面体占据了主要地位，只有极少数的二十面体是以锆原子为中心的。这是因为锆原子比较大，其结构上的配位原子数往往多于 12 个，所以难以形成完美二十面体。而体系中铜原子的平均配位原子数约为 12 个，恰能形成二十面体。需要指出的是此处所提到的配位原子并不仅是原子的最近邻原子，也包括次近邻原子。

图 5-7(a)是体系中几种典型的〈0 0 12 0〉团簇，分别是 Cu_7Zr_6、Cu_6Zr_7、Cu_8Zr_5 及 Cu_5Zr_8。体系中，Cu_7Zr_6 和 Cu_6Zr_7 所占比例较多，而 Cu_5Zr_8 比较少而且多以锆原子为中心，这是由原子体积差异和空间拓扑决定的。实际上在体系中并不是所有的二十面体都是以单独形式存在的，如图 5-6 所示 A 处，大部分的二十面体中心原子之间距离很近，它们通过共面、共边、共原子等方式或者本身就是对方配位原子的形式复合在一起，形成超级团簇，从而构成二十面体最密堆积结构[18]。在模拟盒子中，甚至发现了成员数高达 16 个的二十面体超级团簇。如果考虑其他缺陷二十面体，这种短程有序的二十面体的多重复合现象更加显著。在这样的超级团簇内，原子会受到多个二十面体的约束，原子间键能较大，具有很强的局部稳定性，所以这样的结构也被认为是非晶合金的中程有序结构。相比于单个团簇区域，在非晶合金块体中，超级团簇区域会更加稳定，这可能是非晶合金局部不均匀的重要原因。图 5-7(b)是体系中的两个超级团簇，左边的由两个二十面体组成，右边的由四个二十面体构成。

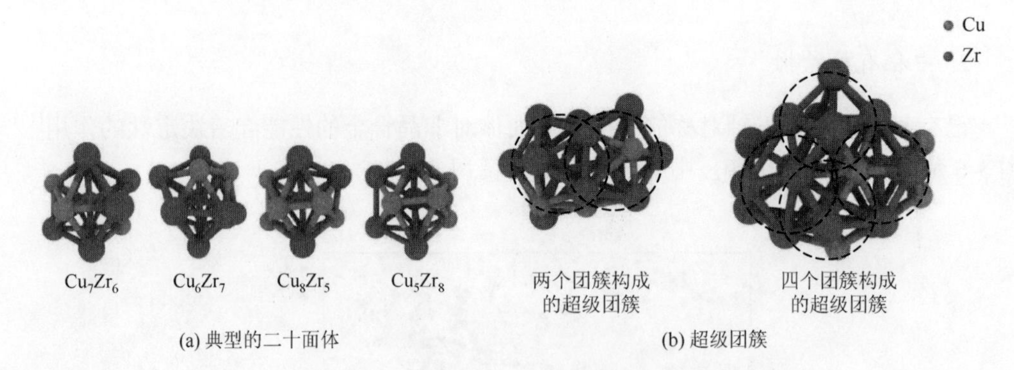

图 5-7　典型的二十面体和体系中的两个超级团簇(见彩图)

5.1.3　玻璃化转变过程中内部结构演变

熔融合金在极高的冷却速率下冷却凝固，原子来不及移动并排列成为规则的晶格，而是保持着液态时的亚稳态排布转变成为固体，该过程即玻璃化转变。这种特殊的凝固过程是多种机制竞争的结果，它的本质至今依然未得到一致认可，以下通过分子动力学模拟对此过程进行多角度的分析和讨论。

玻璃化转变的一个重要表现就是材料从液态变化为固态，这个过程中体积是一个非常敏感的参数。图 5-8 是淬冷法制备 $Cu_{46}Zr_{54}$ 非晶合金过程中原子平均体积随温度变化的情况。不同于晶态材料(如图中虚线所示)的体积会在熔点 T_m 发生突变，非晶合金往往能够在低于熔点的温度下依然保持液态，在玻璃化转变区间才逐渐变成固态。在玻璃化转变区间非晶合金的体积曲线也不会出现突变，只会发生一定程度弯曲，这是材料在固态和液态时体积对温度的敏感性不同所致，材料体积数据的转折暗示着玻璃化转变的发生，即非晶合金的形成[19]。图中直线段是固液曲线的拟合线段，其交点可以确定非晶合金的 T_g 大致位置，约为 839 K。这要比实验研究所得到的 T_g(696 K)高出许多，这一方面是因为本书使用的冷却速率较高，另一方面是因为测量 T_g 的方式有差异[20]。为了进一步检验计算结果，使用涨落法计算样品的剪切模量[21]。结果表明在 300 K 时，$Cu_{46}Zr_{54}$ 非晶合金的剪切模量约为 30 GPa，这与参考文献[22]吻合。插图展示的是非晶合金中铜原子和锆原子的自扩散系数随着温度变化情况。铜原子比较小，重量轻，所以它的自扩散系数始终比锆原子大。图中的拟合曲线表示在高温区域材料的扩散系数符合 Arrhenius 关系[23]：

$$\text{Rate} = D = D_0 \exp\left(-\frac{Q}{RT}\right) \tag{5-2}$$

式中，D 为扩散系数；D_0 为指前因子；Q 为激活能；R 为气体常数；T 为热力学温度。扩散系数的斜率与激活能相关。拟合曲线在玻璃化转变区间发生断裂，这说明样品在断裂区域附近转变为非晶固体。

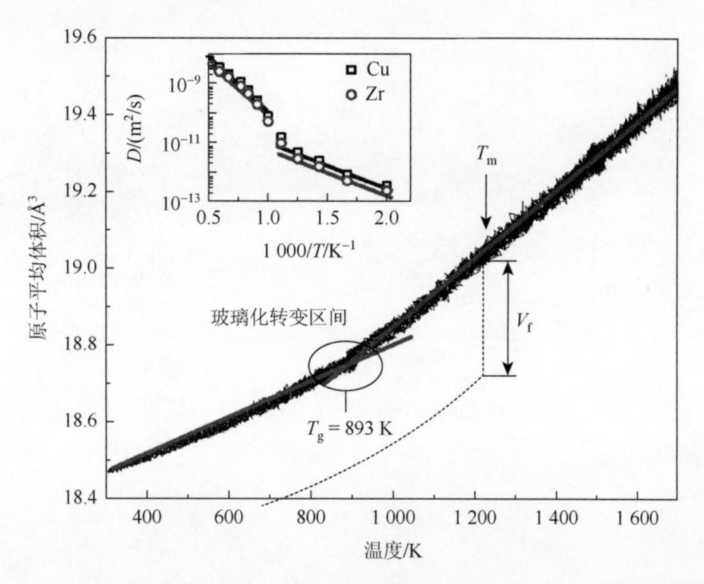

图 5-8　以 2 K/ps 的冷却速率淬冷制备 $Cu_{46}Zr_{54}$ 非晶合金过程中原子平均体积随温度变化的情况

V_f 指自由体积

1. 内部结构演变

图 5-9 是使用淬冷法制备 $Cu_{46}Zr_{54}$ 非晶合金时原子的径向分布函数随温度变化情况，其中图 5-9(a)是 Zr-Cu 的偏径向分布函数，图 5-9(b)是 Cu-Cu 的偏径向分布函数，图 5-9(c)是 Zr-Zr 的偏径向分布函数。从图中可以看到，随着温度的降低，热运动的影响逐渐减弱，图 5-9(a)、(b)和(c)中的第一峰的峰值都变得更高更狭窄，而第二峰发生了明显劈裂。其中图 5-9(a)和(c)中劈裂大约开始于 1 100 K，而图 5-9(b)大约开始于 1 300 K。很显然，劈裂时体系的温度高于非晶合金的玻璃化转变温度(839 K)。有研究认为这是高温区域的热运动效应掩盖了劈裂现象。随着温度的降低，原子趋于稳定，峰谷变深，劈裂才逐渐显现[24]。实际上该过程体现的是原子在冷却过程中的重配位过程，这个过程应该理解为非晶转化的序曲或者铺垫。由径向分布函数还可以得到原子的配位数。由图 5-8 的数据计算得到，Cu-Cu 的配位数在 2 100 K 时为 3.98，降温至 300 K 时

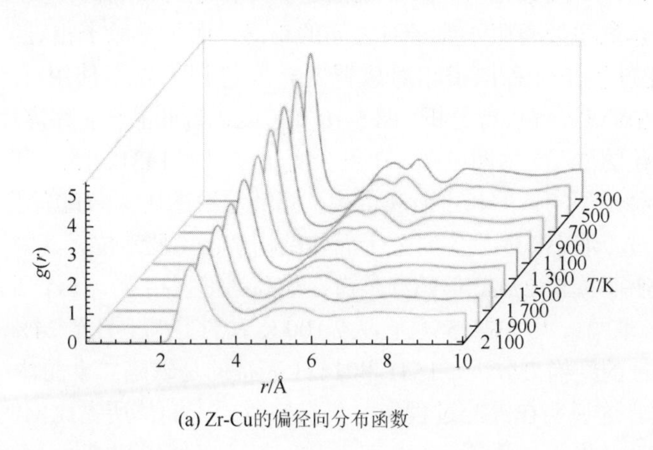

(a) Zr-Cu的偏径向分布函数

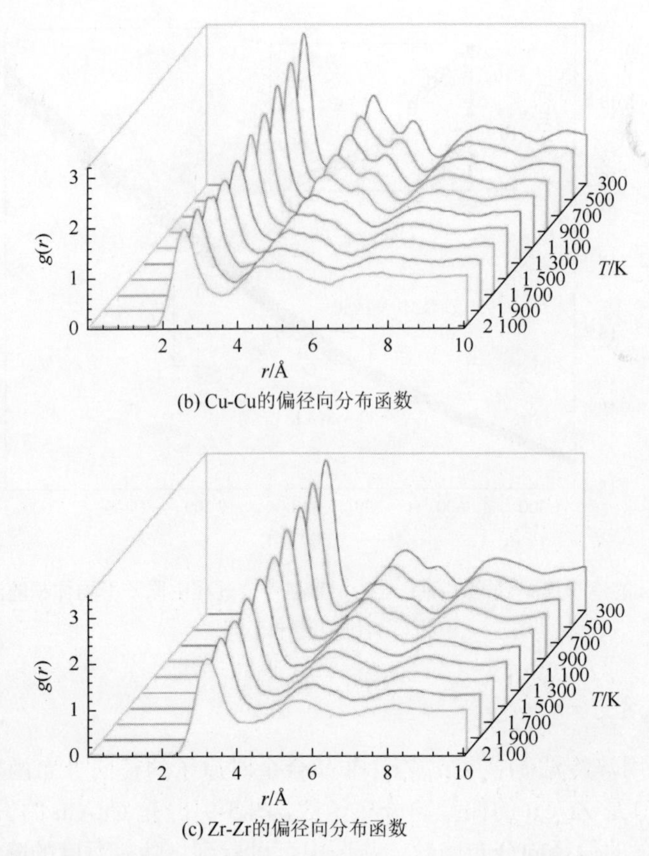

(b) Cu-Cu的偏径向分布函数

(c) Zr-Zr的偏径向分布函数

图 5-9　$Cu_{46}Zr_{54}$ 非晶合金在淬冷过程中原子径向分布函数的变化情况

下降为 3.42。Zr-Cu 的配位数在 2 100 K 时为 7.02，降温至 300 K 时增大为 7.50。Zr-Zr 的配位数在 2 100 K 时为 7.42，降温至 300 K 时增大为 7.62。虽然配位数变化并不明显，但趋势中只有 Cu-Cu 的配位数减小了，表明在冷却过程中 Cu—Cu 键发生了断裂，这可能是因为随着体系冷却，原子排布趋于紧密，而铜原子体积比较小，被大体积的锆原子隔离开来，部分铜原子间距被拉大。

很显然，径向分布函数并不能具体地描述非晶合金的玻璃化转变过程中原子的重排过程，径向分布函数主要着眼于原子对之间的距离，而不是原子相对位置关系。非晶合金的玻璃化转变过程是一种原子相对位置的转变过程，以下使用 HA 键型指数法和 Voronoi 分析方法对该过程进行分析。图 5-10 是 $Cu_{46}Zr_{54}$ 非晶合金在淬冷过程中键型指数分布随着温度变化的情况。由图可知，在整个变化过程中 1431、1551 和 1541 始终占据了主要地位，这三种键型指数的和占所观察键型指数总数的比例一直高于 70%，这说明材料在熔融状态、过冷液态以及固态时二十面体结构都占主要地位。其中 1431 所占比例在降温过程中从 36%下降至 27%，但始终是占比最高的键型指数。1541 所占比例变化不大，维持在 20%左右。增幅最大的是 1551，它从 2 100 K 时的 10%上升至 24%，增幅高达 140%。从键型指数所表征的结构来分析，1541 和 1431 表征的是缺陷二十面体，而 1551 表征的是完美二十面体。这说明在淬冷过程中，只有完美二十面体所占比例明显增加。

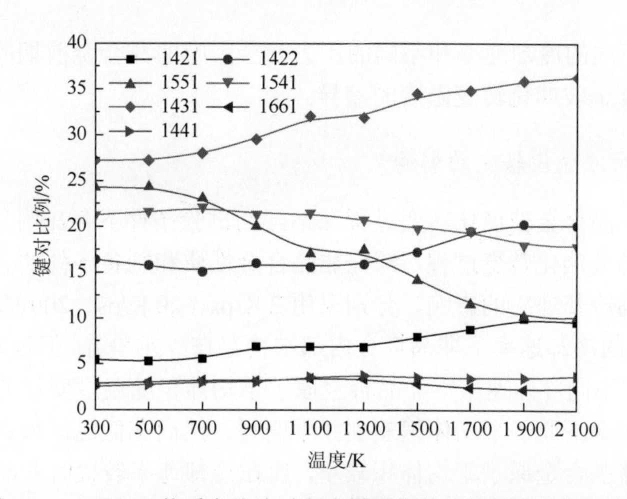

图 5-10　$Cu_{46}Zr_{54}$ 体系在淬冷过程中键型指数随着温度变化的情况

图 5-11 是使用 Voronoi 分析方法记录的非晶合金内五个主要的短程有序结构团簇在淬冷制备过程中随着温度变化的情况，其中包括完美二十面体〈0 0 12 0〉和四种类二十面体〈0 1 10 2〉、〈0 2 8 1〉、〈0 2 8 2〉、〈0 3 6 3〉，所得结果与文献[25]十分吻合。随着温度的降低，样品的体积缩小，原子排布更加密集，完美二十面体原子和类二十面体原子在玻璃化转变温度左右大幅上升。其中〈0 0 12 0〉增幅最大，约 368%，而〈0 2 8 2〉次之，也高达 147%，〈0 2 8 2〉也升高了 132%。在冷却到 300 K 时，〈0 2 8 2〉是占比最多的团簇。不难看出这与图 5-10 中所得结果类似，在玻璃化过转变过程中完美二十面体是变化最明显的团簇，这暗示着完美二十面体的形成和玻璃化转变过程密切相关。另外值得注意的是非晶合金内部结构变化过程并不是在玻璃化转变区间突然发生的。从 1 400 K 开始体系内短程有序结构就逐渐增多，而且增多过程一直持续到玻璃化转变区间，这可能与图 5-10 中第二峰劈裂过程有关，所以整体来看，非晶合金的玻璃化转变过程是质变到量变的过程，这也就能够解释非晶合金的玻璃化转变温度在不同的条件下并

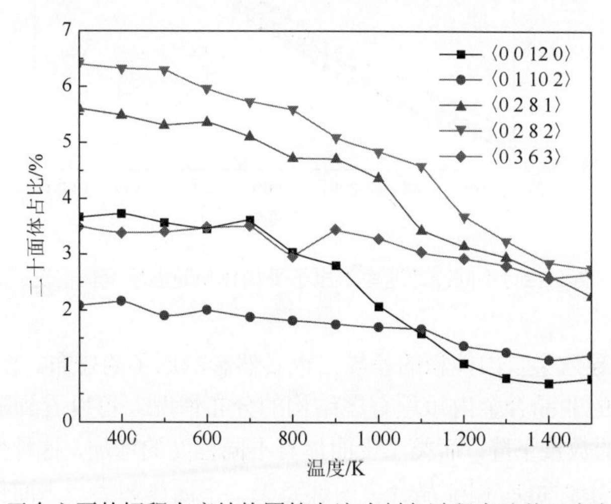

图 5-11　五个主要的短程有序结构团簇在淬冷制备过程中随着温度变化的情况

不一致的原因。不同的冷却速率和不同的压力都会影响非晶合金前期的结构演变，最终将会体现为非晶合金玻璃化转变温度的差异。

2. 冷却速率对玻璃化转变的影响

前面提到，非晶合金玻璃化转变过程在不同的试验条件下存在明显差异。为了进一步了解非晶合金的玻璃化转变过程，探究非晶合金性质和制备条件的关系，并分析分子动力学模拟中极高冷却速率的影响，分别采用 2 K/ps、20 K/ps、200 K/ps 重复上述制备过程，发现在不同的冷却速率下非晶合金内部结构存在一定差异，但没有发生本质变化。

图 5-12 是在不同冷却速率下非晶合金原子平均体积随温度变化的趋势。在高温区域，不同的冷却速率下原子平均体积差别并不明显，然而在低温区域三者明显分开。在冷却速率较慢时非晶合金原子平均体积较小，而在冷却速率较快时非晶合金原子平均体积较大。这种体积上的差异可以用自由体积理论进行描述[26, 27]。非晶态体系中自由体积理论最早由 Fox 和 Flory[28]提出，他们认为固体和液体的总体积由两部分组成，一种是占有体积，另一种是自由体积。占有体积 V_0 就是原子或者分子实际占有体积，自由体积 V_f 指分布在体系中大小不同的分子间间隙组成的空穴，关系是 $V = V_0 + V_f$。以晶体为参照，可以将图 5-8 中非晶化转变曲线和晶化转变曲线固相部分的差理解为自由体积，这部分体积是在快速冷却过程中液相遗留在非晶合金内的。在较快的冷却速率下，材料熔融液体凝固为固态时原子重排时间较短，体系没有足够的时间弛豫并消除更多自由体积，所以非晶体系的能量和熵相比于晶体会更高。

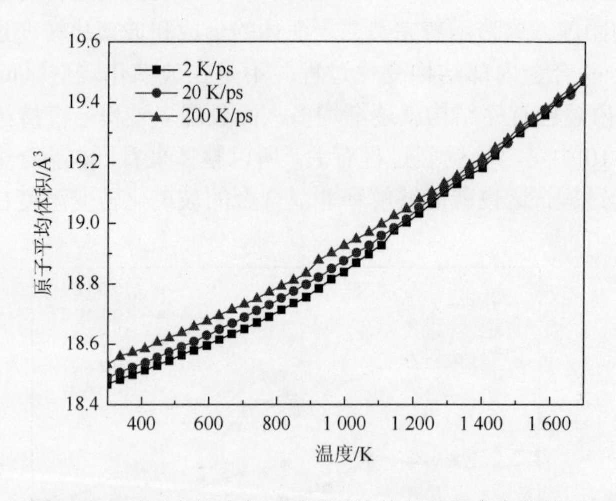

图 5-12 不同冷却速率下原子平均体积随温度变化情况

不同冷却速率导致了自由体积的差异，也必然影响原子的排布。图 5-13 是在不同冷却速率下制备得到的非晶合金内短程有序结构的分布情况。可以看到随着冷却速率的增加，完美二十面体的数量下降，而类二十面体有不同程度的增加，这种变化会在一定程度上影响非晶合金的物理性能。但非晶合金内部完美二十面体和类二十面体结构依然占据了主要位置，而且占比在不同冷却速率下都呈现出类似的趋势，这说明不同的冷却速率制备的非晶合金没有本质区别，对其进行模拟实验可以研究非晶合金块体的加工性能。

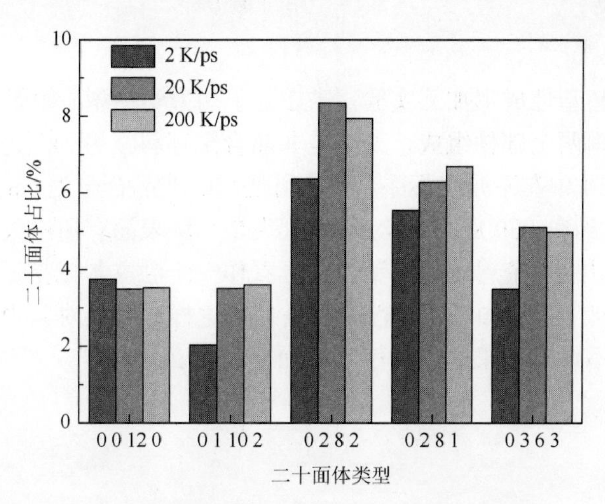

图 5-13　不同冷却速率下制备所得非晶合金内短程有序结构分布情况

5.2　CuZr 非晶合金成形过程模拟

超塑性成形技术是一种得到充分研究的加工工艺，人们已经采用实验、有限元模拟[29]和分子动力学模拟[30, 31]等手段对影响成形过程的因素进行了广泛且深入的研究，探讨了压力、黏度、温度和压头尺寸等多种因素对成形质量的影响。这些研究大部分针对聚合物材料和金属、合金材料，较少关注非晶合金，对非晶合金超塑性成形机理的研究更是少见。Kumar 等[32]曾尝试通过哈根-泊肃叶方程(Hagen-Poiseuille equation)对非晶合金超塑性成形过程进行描述，并首次探讨了纳米尺度表面张力作用对充型过程的影响，为指导实验提供了重要理论依据。但此理论并没有考虑到非晶合金材料特殊性，也没有讨论超塑性成形过程内在机理。在微尺度上，材料黏附作用、流变机理、毛细力以及非晶合金特殊内部结构所造成的影响是不容忽视的。深入研究这些微观因素对理解非晶合金充型过程十分必要。另外，非晶合金经历变形后的性能变化也是值得关注的问题。常规材料（如钢铁）经受挤压变形之后，会发生晶粒变形，其性质随之发生变化。但非晶合金没有晶界和晶粒，挤压变形将如何影响非晶合金性质？非晶合金内部原子排布序列决定了非晶合金宏观表现，分析超塑性成形过程中微观结构演变过程将可以充分理解和衡量成形过程对非晶合金性能的影响。

本节将使用分子动力学模拟非晶合金超塑性成形过程，关注材料充型速度和质量，重点分析充型过程中非晶合金黏附作用、流变机理、毛细力以及非晶合金特殊内部结构对超塑性成形过程造成的影响，从原子层面理解非晶合金充型过程，为超塑性成形加工工艺参数优化提供理论支撑。另外，将研究超塑性成形过程中非晶合金微观结构演变，讨论挤压变形对非晶合金性质的影响。

5.2.1 过程建模

参照非晶合金超塑性成形加工实验，建立分子动力学模型。如图 5-14 所示，非晶合金超塑性成形模型由两个部件组成，一个是非晶合金坯料，另一个是硅压头，模拟的空间坐标关系如图 5-14 中左下角坐标系所示。所使用的非晶合金为 $Cu_{46}Zr_{54}$ 非晶合金，其玻璃化转变温度 T_g 约在 839 K(图 5-8)。硅压头是一块表面有栅格纹理的硅片，其纹理是周期性图案，可以将单个周期的超塑性成形看作一个独立封闭挤压过程。为了提高计算效率，x 和 y 方向上都施加了周期性边界条件，这样只需要对其中一个周期进行数字化建模，就可以在不影响结果的前提下大幅简化模型。

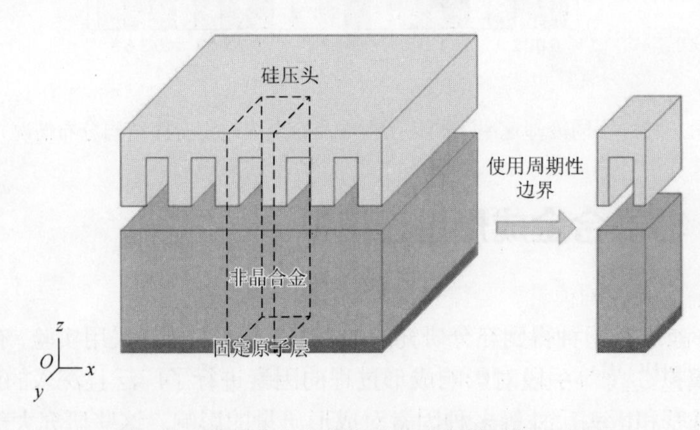

图 5-14　非晶合金超塑性成形过程模型的示意图

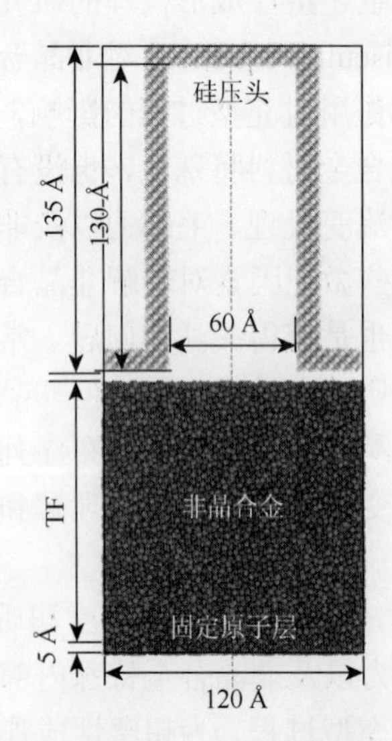

图 5-15　标注有各种尺寸的模型原子视图
(见彩图)

模拟中，时间步长被设置为 1 fs，温度设置在 800 K。将温度设置为 800 K 是为了确保非晶合金在作业温度处软化，而略低于 T_g 的温度又不会让非晶合金过快晶化。在此温度下，硅有着良好刚度，所以模拟中压头被设定为刚体，并删除不与非晶合金接触的硅原子，进一步简化计算模型。模型的最终尺寸如图 5-15 所示，x 方向长度为 120 Å，y 方向长度为 25 Å，凹槽宽度(W_g)和深度分别为 60 Å 和 130 Å，薄膜厚度为 TF。

模型中 Cu-Zr 作用力使用 EAM 势能描述，Si 原子之间相互作用则使用 Tersoff 势能描述，考虑到 Si-Zr 以及 Si-Cu 作用力主要是范德瓦耳斯力，它们之间的关系使用 L-J 势能描述。表 5-1 是 Zr、Cu 和 Si 三种元素的 L-J 势能参数[33]，其中不同原子间对参数通过 Lorenz-Berthelot 混合法则得到[34, 35]。

表 5-1　Zr、Cu、Si 的 L-J 势能参数

样品	ε/eV	σ/ Å
Zr	0.738 2	2.931 8
Cu	0.409	2.338
Si	0.017 5	3.826
Si-Zr	0.113 7	3.378 9
Si-Cu	0.084 6	3.082

注：ε 为势阱深度，σ 为势能函数零时分开间距离。

Lorenz-Berthelot 混合法则是通过几何学分析方法来提供两个不同原子之间作用力的常用方法。其表达式如方程(5-3)和方程(5-4)所示：

$$\sigma_{ij} = \frac{\sigma_{ii} + \sigma_{jj}}{2} \tag{5-3}$$

$$\varepsilon_{ij} = \sqrt{\varepsilon_{ii} + \varepsilon_{jj}} \tag{5-4}$$

热压过程采用力控制模式，这种控制模式在实验中广泛使用。首先，压头被控制在最高处保持 1 ps，随后对压头施加竖直向下压力，压头在力作用下向下运动并挤压材料，促使材料对凹槽填充。选取 45～300 Å 多种厚度非晶合金坯料，并使用 32 nN、48 nN 和 64 nN 多种压力进行成形，拟分析非晶合金超塑性成形加工过程中坯料厚度与压力对充型速度和质量的影响。模拟过程中通过记录栅格顶端原子和底端原子的坐标差求得栅格高度 H，并同时记录压力、密度以及其他数据。需要说明的是由于分子动力学模拟在时间尺度上的限制，我们采用的压力较大，这是为了能在可接受时间内完成充型被迫做出的选择。

5.2.2　非晶合金超塑性流变行为研究

1. 基本流变过程

图 5-16 是非晶合金超塑性成形加工过程中不同时间模型的原子截面图，其中坯料初始厚度为 120 Å，施加的压力为 48 nN，温度为 800 K。图 5-16(a)是模型的初始状态，此时压头保持静止。静止 1 ps 后，压头在压力的作用下向下运动并挤压非晶合金，使之发生变形。图 5-16(b)是成形 10 ps 时的原子截面图，此时非晶合金坯料并没有填充进入凹槽，而是在凹槽入口处形成独特的拱形结构，该结构与毛细力作用有关，并在后续充型过程中一直存在于栅格顶端，后面将详细分析其成因。图 5-16(c)中标注了充型过程中非晶合金和硅模具之间的动态接触角(约 134°)。图 5-16(d)是充分填充后的原子截面图，可以看到凹槽角落部分依然未能完全填充，栅格顶端维持着拱形结构。

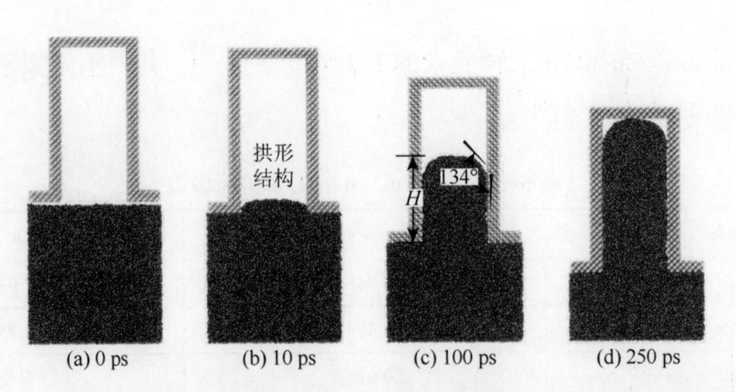

图 5-16 非晶合金超塑性成形过程中不同时间模型的原子截面图(见彩图)

图 5-17 是对应时刻非晶合金原子在 1 ps 内的位移矢量图，箭头表示原子的运动方向，长度表示运动距离。如图 5-17(a)所示，非晶合金内部原子在 800 K 下基本保持静止，只有少数原子发生了超过一个原子位置的迁移，而且其运动方式十分特别。在晶体材料中原子迁移过程通常表现为晶格位置间的单个原子跳跃。而在非晶合金中除了这种单原子

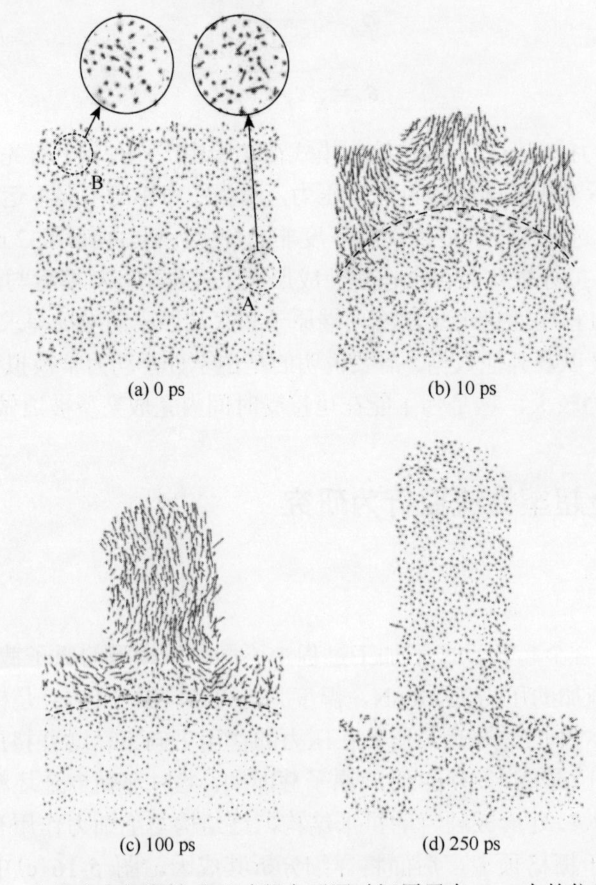

图 5-17 非晶合金超塑性成形过程中不同时间原子在 1 ps 内的位移矢量图

跳跃(A 处)外，还有一种需要多个原子参与的协作运动(B 处)，该运动模式与液体流动十分相似，表明了固态非晶合金的液态本质。随后压头开始挤压非晶合金，拱形结构出现，此时表层原子运动剧烈，但底层原子依然保持稳定，运动原子和非运动原子之间形成了明显分界线，如图 5-17(b)和(c)中虚线所示。这种流动方式表明该成形过程是一个典型反挤压充型过程，只有接近于入口的原子才会运动。随着时间推移，充型过程趋于稳定，表面运动区域随之减小，最后保持在 30 Å 左右。

图 5-18 是使用 48 nN 压力进行超塑性成形时基底的受力情况。压力由 0 ps 时的 0 nN 在 10 ps 内迅速增加至 70 nN，然后围绕 48 nN 振动，直到 50 ps 后才趋于稳定。振动是由压头和坯料接触时界面消失引起的，所以主要体现在接触表面，距离界面较远的基底对这种振动并不敏感，接触表面的振动在 50 ps 之后会依然存在，这在后续密度曲线中得到了体现。这种振动是图 5-17(b)与(c)中表面运动区域差异的根本原因。图中虚线是基底受力平均大小，它几乎等于压头施加的力(48 nN)，这说明充型过程是一个近似稳态的运动过程。

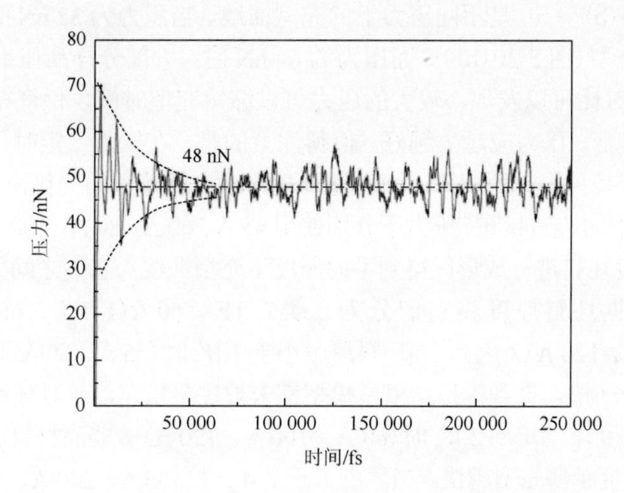

图 5-18　使用 48 nN 压力进行超塑性成形时基底受力情况

图 5-19(a)展示了成形栅格高度 H 与时间之间的关系。可以看到，成形栅格高度随着时间推移单调上升，直到 230 ps 达到完全充型。这条曲线呈现出上凸趋势，表明填充速度在逐渐减缓。图 5-19(b)是充型过程中坯料密度变化情况，其中实线是模拟数据，虚线是经过平滑处理的数据。在不稳定充型的影响下，密度数据出现了剧烈振动，仅仅可以从平滑曲线中了解到非晶合金在挤压过程中密度变化趋势。在自由状态下，非晶合金的密度约为 6.65 g/cm^3，随着压头向下挤压，非晶合金的密度在 40 ps 内上升至 7.00 g/cm^3 并一直保持到成形结束。这意味着在超塑性成形加工过程中，非晶合金发生了一定的体积压缩。

在多种温度、压力和坯料厚度条件下进行成形模拟。图 5-20(a)是初始厚度为 120 Å、压力为 48 nN 时，不同温度下的充型曲线。900 K 时，非晶合金完全填充只需要 125 ps，而 700 K 时，材料在 250 ps 时依然未能完全填充。不难看出，温度对充型过程有着显著影响，温度较高时，材料黏度较低，更容易流动充型。在确保不发生晶化的前提下，成形温度应

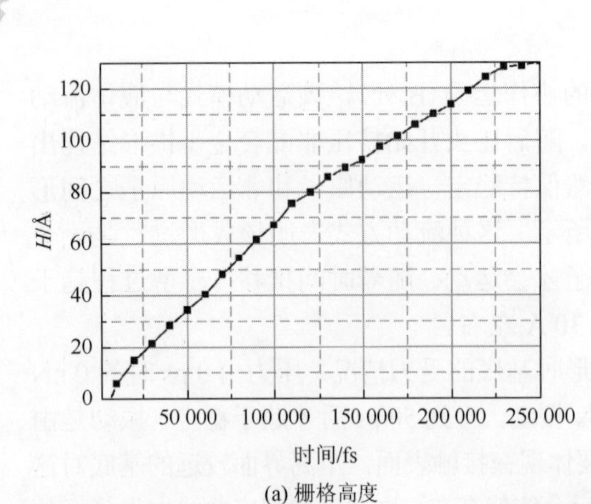

(a) 栅格高度

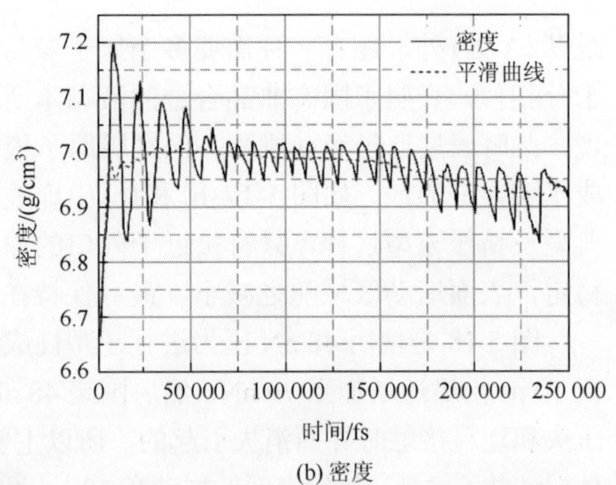

(b) 密度

图 5-19 超塑性成形时(a)栅格高度 H 和时间的关系，(b)残余非晶合金密度随时间变化的情况

越高越好。图 5-20(b)～(d)是不同压力下的充型曲线。当压力为 32 nN 时，所有样品都未能在 250 ps 完全充型(图 5-20(b))，而压力为 64 nN 时，大部分样品在 100 ps 就完成了充型(图 5-20(d))。对比可以发现，较大的压力可以缩短充型时间，保证充型质量。在确保模具不破碎的前提下，压力应越大越好。值得注意的是，在压力一定时，不同厚度坯料的成形曲线之间有着某种固定的规律，而且这种规律不会随着压力变化而改变。

以图 5-20(c)为例，在 48 nN 压力下分别使用 45 Å、60 Å、80 Å、100 Å、120 Å、180 Å、240 Å、300 Å 厚度坯料进行成形，得到不同厚度下充型曲线，它们之间关系十分复杂。为了方便分析，根据坯料厚度将它们分为三类：TF≤60 Å(1 W_g)、60 Å(1 W_g)＜TF≤120 Å(2 W_g)和 TF＞120 Å(2 W_g)。当坯料厚度小于 1 W_g 时(45 Å、60 Å)，由于非晶合金材料不足以填充整个凹槽，直到模拟结束，模型都未被完整填充，这时坯料厚度越大对充型越有利。当坯料厚度在 1 W_g～2 W_g 时(80 Å、100 Å、120 Å)，非晶材料已经足以填充整个凹槽，此时坯料厚度越薄充型越快。当厚度大于 2 W_g 时(180 Å、240 Å、300 Å)，非晶材料不仅能够满足填充需要，而且残余厚度较大。这时充型速度的规律比较复杂，较厚坯料的充型曲线在初期生长十分缓慢，但随后迅速增加并在 1.5 W_g 左右超过较薄厚度坯料的充型曲线。这种相对关系在图 5-20(b)和(d)中也同样出现。压力虽然改变了充型时间和充型效果，但并没有影响不同厚度曲线之间相互关系。对比图 5-20(b)和(d)，不难发现在压力较小时，曲线之间的差别更加明显，厚度对充型的影响也更加分明。在实际实验中，为了防止硅模具碎裂，通常使用的压强只有 50 MPa 左右，这时坯料厚度对充型过程的影响将不能忽视。

在非晶合金超塑性成形加工工艺中，时间是一个十分重要的参数。由于非晶合金是一种亚稳态材料，在长时间高温弛豫后会发生晶体转变，这将造成其性能快速下降。将时间提取出来重新绘制充型时间、坯料厚度与充型高度之间的关系图，这样可以直观地观察其他因素对成形时间的影响。如图 5-21 所示，横轴表示非晶合金坯料厚度，纵轴为充型高度，而颜色表示达到相应充型高度所需要的时间，左上角部分表示无法填充，白色部分表示数据缺失。在图中可以很容易地发现在 60 Å(1 W_g)左右出现了明显峰值区域(阴影)，在该区域里非晶合金会更快地填充至理想高度。当 H＞1.5 W_g 时，大厚度模型

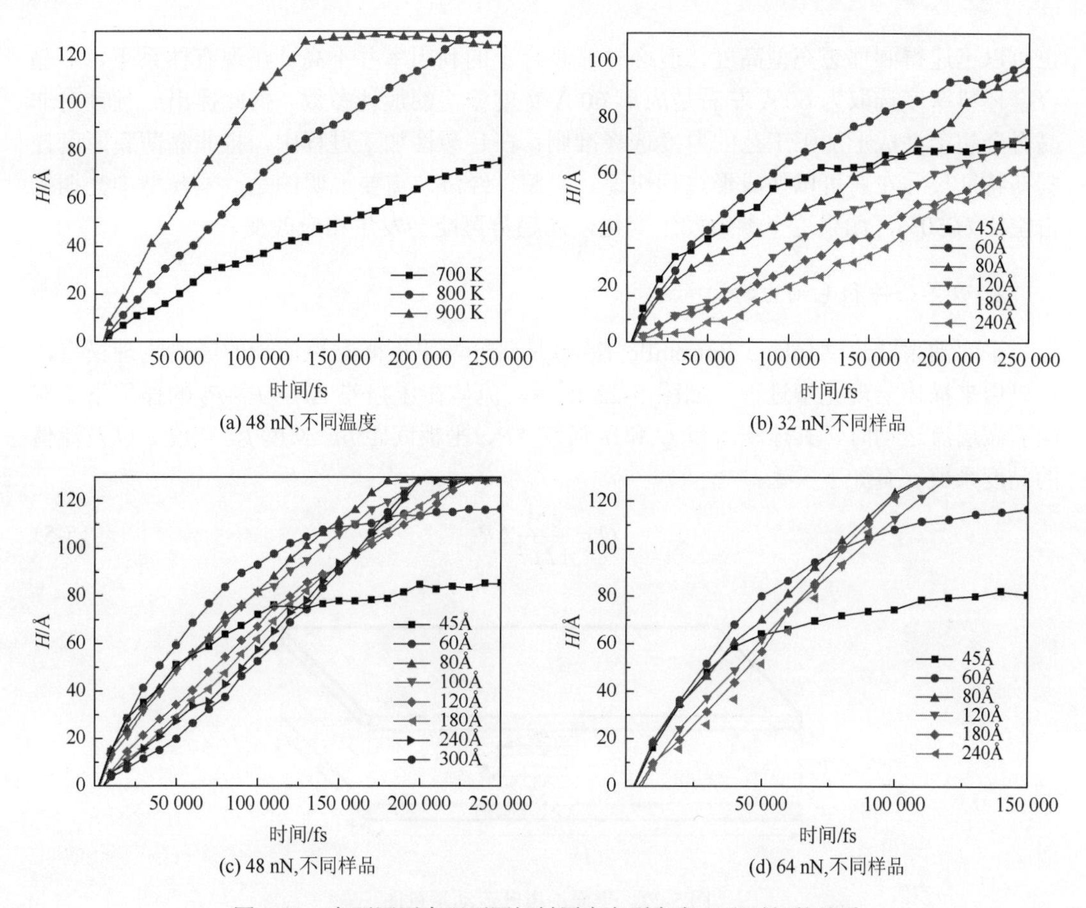

(a) 48 nN,不同温度　(b) 32 nN,不同样品

(c) 48 nN,不同样品　(d) 64 nN,不同样品

图 5-20　在不同压力下不同坯料厚度充型高度 H 和时间的关系

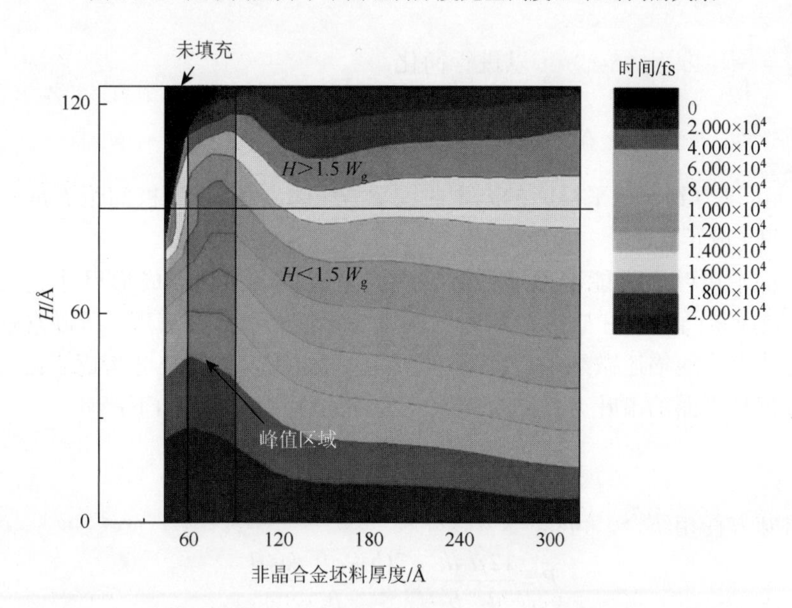

图 5-21　填充时间、坯料厚度与充型高度之间的关系图(见彩图)

也可以迅速得到理想充型高度，但这时非晶合金的利用率并不高。在现有体系下，非晶合金坯料厚度选取为 60 Å 左右是成形 60 Å 宽度栅格的最佳参数。据此提出一种针对非晶合金超塑性成形加工工艺的厚度选择准则：在超塑性加工过程中，将非晶薄膜厚度控制在特征尺寸左右可以使成形过程快速、完整、经济。需要说明的是，本模型中光栅的占空比为 50%，如果这个参数发生变化，此趋势可能会发生相应改变。

2. 边界条件和毛细力的影响

平面泊肃叶流动(plane Poiseuille flow)是研究两平板间黏性流动的经典物理模型，可以用来描述宏观充型过程。如图 5-22 所示，流体在压强差 $\Delta P = P_1 - P_2$ 的作用下由左向右做层流运动时，其体积流量 Q 和压强差 ΔP、平板间距 b、长度 l、宽度 c 以及流体的黏度系数 μ 有如下关系：

$$Q = \frac{cb^3}{12\mu l}\Delta P \tag{5-5}$$

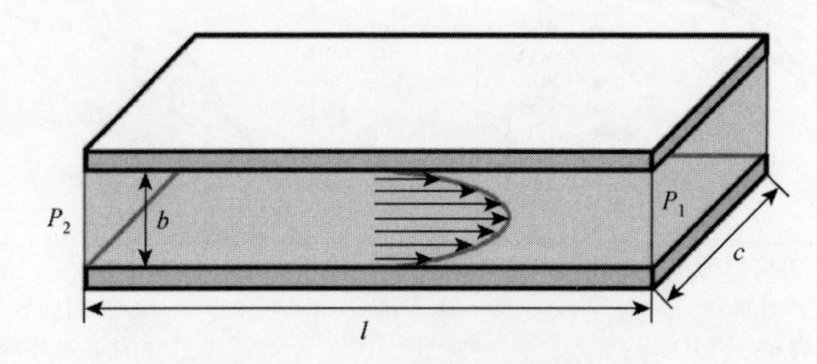

图 5-22　平面泊肃叶流动示意图

由于 $Q = \dfrac{V}{t}$，方程（5-5）可以进行简化：

$$\Delta P = \frac{12\mu lV}{cb^3 t} = \frac{12\mu l \cdot bch}{cb^3 t} = \frac{12\mu}{t}\frac{lh}{b^2} \tag{5-6}$$

由方程(5-6)可以得到平行平板间的充型时间 t 与压强差 ΔP、平板间距 b 成反比，与需要填充的长度 l 成正比。

虽然平面泊肃叶方程能准确地预测宏观充型过程，但随着成形尺寸进入微纳米尺度，毛细力效应将凸显，图 5-16 中拱形结构就是毛细力的外在表现，所以常规的平面泊肃叶方程无法准确地描述微纳米尺度下超塑性成形过程。为了充分考虑毛细力的作用，将毛细力方程与平面泊肃叶方程结合起来。毛细力作用表达式如下：

$$P = \frac{2(b+c)\gamma\cos\theta}{bc} \tag{5-7}$$

与平面泊肃叶方程相结合，可得

$$P = \frac{12\mu}{t}\frac{lh}{b^2} - \frac{2(b+c)\gamma\cos\theta}{bc} \tag{5-8}$$

式中，μ 为非晶合金的黏度；γ 为非晶合金和真空的表面张力；θ 为动态接触角；t 为填充所需要的时间；P 为所需要的驱动压力。根据方程(5-8)，动态接触角 θ 决定了毛细力作用的方向。当接触角小于 90°时，毛细力的贡献是正值，充型过程对 P 值要求变低，这将有利于填充。而当接触角大于 90°时，毛细力的贡献是负值，充型过程对 P 值要求会变高，这将阻碍填充过程。如图 5-16 所示，非晶合金与硅压头之间的接触角为 134°(大于 90°)，所以毛细力将阻碍非晶合金的填充过程，如果超塑性加工过程中压力过小，材料可能将无法填充成形。为进一步分析毛细力的作用，对超塑性加工过程中样品的静水压力进行分析。静水压力 P_{hy} 可以通过式(5-9)计算：

$$P_{\mathrm{hy}} = -\frac{1}{3}(P_{xx} + P_{yy} + P_{zz}) \tag{5-9}$$

式中，P_{xx}、P_{yy} 和 P_{zz} 为应力张量的对角线元素。图 5-23 是在 48 nN 压力下不同厚度非晶合金超塑性成形过程中样品的应力云图，其中正应力代表被挤压，负应力代表被拉伸。可以看出在超塑性加工过程中非晶合金样品整体被挤压，由于施加在压头上的压力较高，非晶合金内部的局部压力高达 3 GPa。图 5-23 中，非晶合金栅格的顶端一直包裹着一层负应力薄带，这就是非晶合金的表面张力，其在非晶合金与压头接触边界上的作用就体现为毛细力，这是拱形结构出现的直接原因，它始终阻碍着非晶合金的充型。

结合图 5-17 和图 5-23，可以直观地认识到材料在压力差驱动下向低压力端(凹槽内)流动的过程。如果对非晶合金填充过程进行简单抽象，该过程可以描述为一个平面泊肃叶问题和一个类似过程的结合，这样整个超塑性成形过程都可以使用式(5-8)进行分析。如图 5-23(g)所示，A 区域是一个典型的平面泊肃叶流动问题，而 B 区域是一个半开放流动问题，也可以近似地看作一个拥有无限宽度的平面泊肃叶流动问题。以下对两个区域进行单独分析。在 B 区域中，原子迁移只受到上边界(硅压头)影响，非晶原子在与硅原子接触后，在范德瓦耳斯力作用下黏附在一起，限制了接触面原子的流动性。当坯料厚度大幅大于 1 W_{g} 时，成形结束后残余非晶材料的厚度依然较大，这时 B 区域的流动场不会发生变化。但如果坯料厚度与 1 W_{g} 相近，随着时间推移，B 区域中流道宽度会减小，下边界也会影响原子运动，进而增加流动阻力，这时 B 区域也会变成一个典型的平面泊肃叶流动问题，如图 5-23(a)～(d)所示。不过 B 区域中的流动过程并没有固体-真空表面，所以方程(5-8)中的毛细力项不起作用。这时在相同压力差驱动下，流动所需时间会随着流道宽度收窄大幅增加，所以填充速度会随着残余材料厚度变化而改变，最终造成了 TF＜2 W_{g} 时填充曲线的上凸趋势。

在 A 区域中，流道宽度是固定的，毛细力项发生作用。根据方程(5-8)，由于毛细力作用，在外力较小时，材料将无法进入凹槽。随着压头挤压，入口压力差逐渐增大，直到 P 大于毛细力项时，即压力差克服毛细力作用后，材料才会开始进行填充。图 5-24 是不同厚度非晶合金超塑性成形时前 40 ps 内坯料密度和时间的关系。在 120 Å 和 300 Å 曲线上发现了不寻常的台阶(三角形)，60 Å 曲线很陡直，所以台阶并不明显。原子轨迹图显示在这个台阶出现之前，填充过程阻滞不前，而在台阶出现之后非晶材料就开始进入凹槽。不难理解，在台阶出现的时刻，入口压力差超过毛细力，原子进入了凹槽，压力得到一定程度的释放，形成了台阶。虽然使用的压力相同，但三种不同厚度坯料形

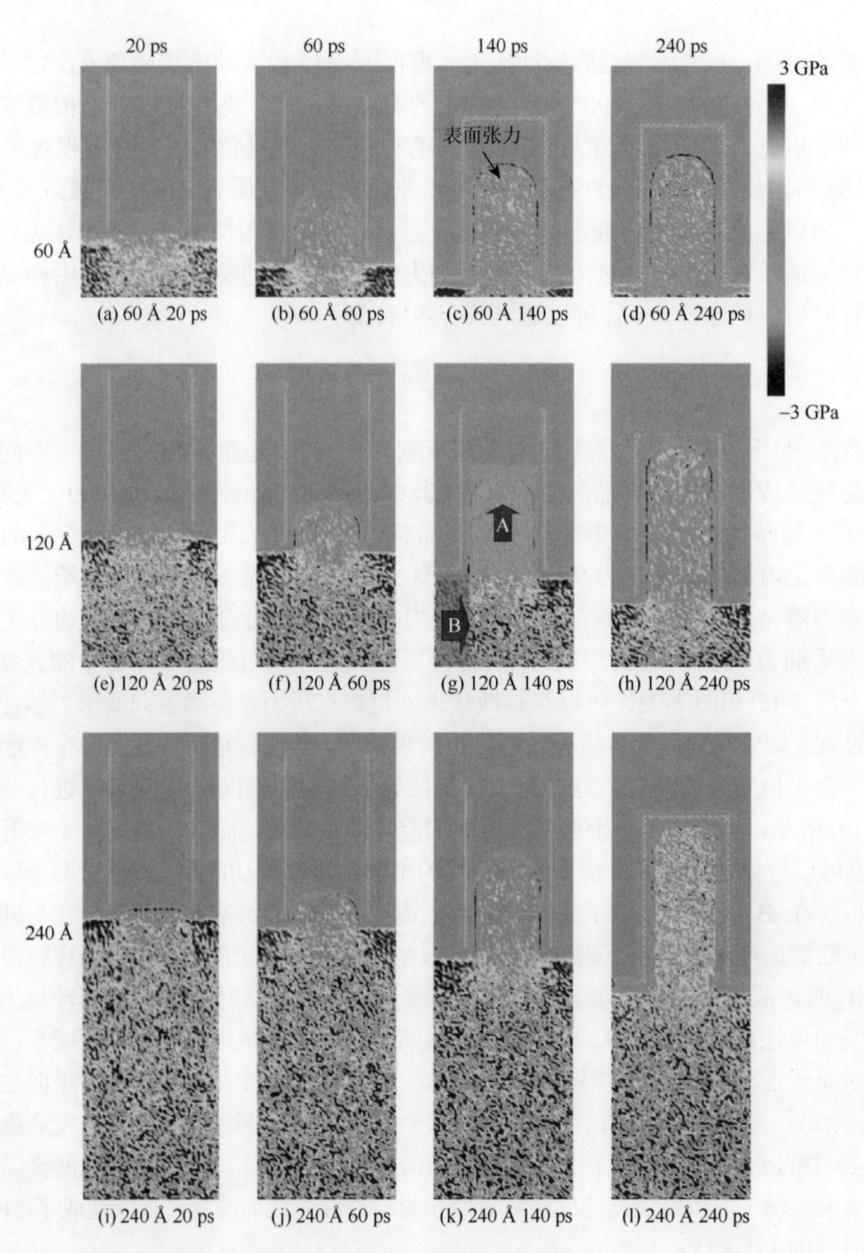

图 5-23　使用不同厚度非晶合金坯料超塑性成形过程中样品的压力云图(见彩图)

成的压力差超过毛细力的时间并不相同。300 Å 曲线明显需要更多时间来到达台阶和第一个峰值(菱形)，这说明在非晶合金坯料较厚时，材料需要更多的时间超过表面张力，所以填充的起点会更迟，填充初期速度也要更慢。该趋势得到了图 5-20 的印证。在同样的压缩能力下，较厚的坯料拥有更大的压缩空间，所以需要更多时间来完成压力差的聚集，这种效果可以作为一种系统延迟。在实际实验中，所使用的压力会更小，而挤压过程也无法做到完美的闭式挤压，这种延迟可能会更加明显。因此，在使用超塑性成形工艺制备非晶合金纳米结构时，选择一个合适厚度十分重要。

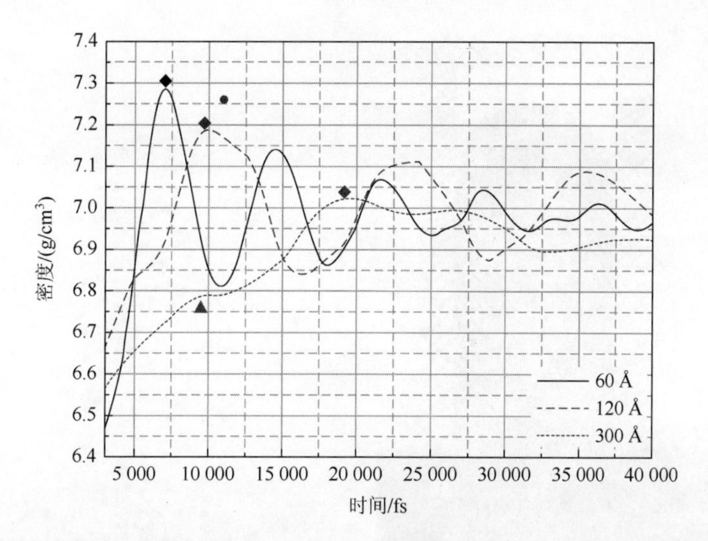

图 5-24　使用不同厚度非晶合金超塑性成形时前 40 ps 坯料密度和时间变化情况

5.2.3　内部结构演变和性质变化

非晶合金作为一种无晶胞结构的材料，内部的短程有序结构可以使用 Voronoi 分析方法来进行描述。图 5-25 是超塑性成形过程中某时刻原子图和利用 Voronoi 分析方法计算出来的二十面体中心原子分布情况。可以很直观地看出，充型过程中栅格中二十面体明显少于残余材料，而且残余材料中的二十面体倾向于聚集出现，栅格中的二十面体较为分散(图 5-25 中圆圈)。这种内部短程有序结构的差异必然会造成材料性质转变。

图 5-26 定量地统计了各种短程有序结构在 300 K 坯料、800 K 坯料、残余材料、生长中栅格和充型完成栅格这五种状态下的分布情况。在坯料从 300 K 加热至 800 K 的过程中，由于热运动影响，原子会更容易振荡脱离原有位置，此时各种短程有序结构数量都有所下降。特别的是，坯料被加热到 800 K 时，其内部结构与淬冷制备过程中样品在 800 K 时并不一致，虽然它们都处于非静态而且成分相同，但 800 K 坯料经历了淬冷和升温过程。这种从一种固态非晶结构向另一种固态非晶结构变化的过程是非晶合金非稳态结构的直接体现。随后压头向下进给，在非晶合金坯料上产生了约 3 GPa 的压力。如图 5-23 所示，部分非晶合金坯料被挤压进入凹槽内形成栅格，其内部压力得以释放，余下的非晶合金则依然处在压缩状态。残余材料在压力的作用下，原子排列会更加紧密，所以其短程有序结构相比不施加压力时明显上升。与残余材料不同，被挤压进入压头凹槽的非晶合金栅格受到压力影响较小，其短程有序结构数量有所下降。虽然在完全充型之后，非晶合金栅格内部压力会逐渐回升至 1 GPa 左右，但其短程有序结构却没有恢复到坯料中的水平。无论是生长中栅格还是充型完成栅格中短程有序结构都要比坯料少，其中〈0 0 12 0〉的含量相比于 800 K 坯料中的含量少了近 28%。压力的恢复没有引起短程有序结构的恢复，这说明这种结构演变与压力没有直接关系，而是材料变形流动和原子重新组合的结果。

图 5-25　超塑性成形过程中某时刻的原子图和二十面体中心原子分布情况（见彩图）

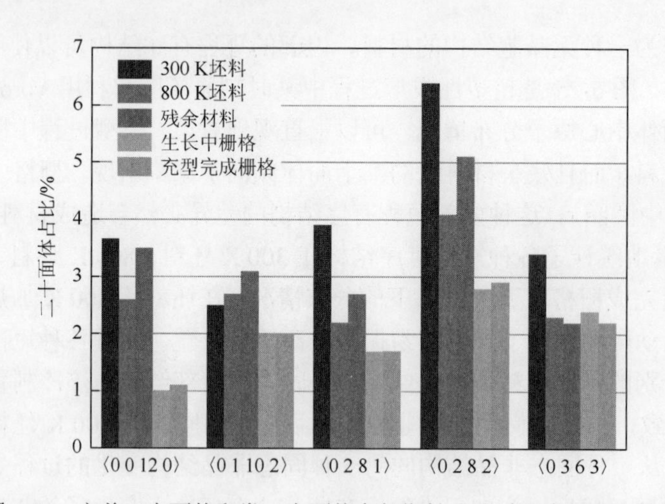

图 5-26　完美二十面体和类二十面体在超塑性成形过程中的分布情况

在非晶合金中，二十面体并不是独立存在的，它们相互叠加起来形成包含多个二十面体的网状团簇，这是非晶合金的中程有序结构[36]。为了描述这种有序结构，将完美二十面体中心原子坐标导出来进行分析，如果两个中心原子是最近邻原子，那么这两个中心原子所属二十面体就被定义处于同一超级团簇。图 5-27 就是超级团簇在完全充型样品和坯料中的分布情况。对比完全充型样品和坯料发现，完全充型样品中单独二十面体占比约为 47%，比坯料中占比高（约 41%）。完全充型样品中两个和三个成员组成的超级团簇也比坯料中多。但大尺寸超级团簇（拥有大于三个成员的团簇）在坯料中则更为常见。坯料中甚至拥有包含十二个成员的超级团簇。根据现有研究分析，完美二十面体具有抵抗塑性变形的特性，它的数量可以作为表征非晶合金塑性变形能力的指标，而且这种抵抗效果在超级团簇中会更为显著[17, 37]。较大的超级团簇在局部区域内拥有更多的键，这些键将原子束缚在一起阻碍原子运动，所以原子在跳跃时需要更多激活能量。本书中经历过热压流动后的非晶合金拥有更少的完美二十面体和更小的超级团簇，这预示着经过热压流动后的非晶合金将拥有更好的塑性表现。

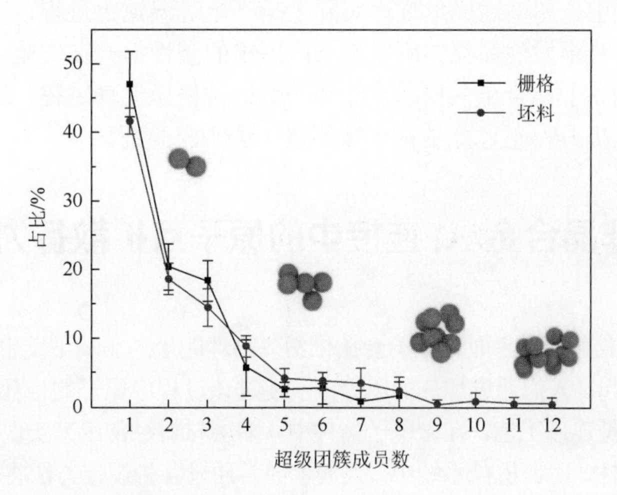

图 5-27　二十面体超级团簇在完全充型样品和坯料中的分布情况

为了验证此猜想，将成形后的样品冷却到 300 K，并弛豫 20 ps 至其能量和体积稳定，随后对其进行拉伸测试。拉伸测试样品尺寸为 50 Å×25 Å×120 Å，y 和 z 方向都施加了周期性边界，如图 5-28 中插图所示。在 z 方向上施加 10^8 的应变速度，观察样品的应力

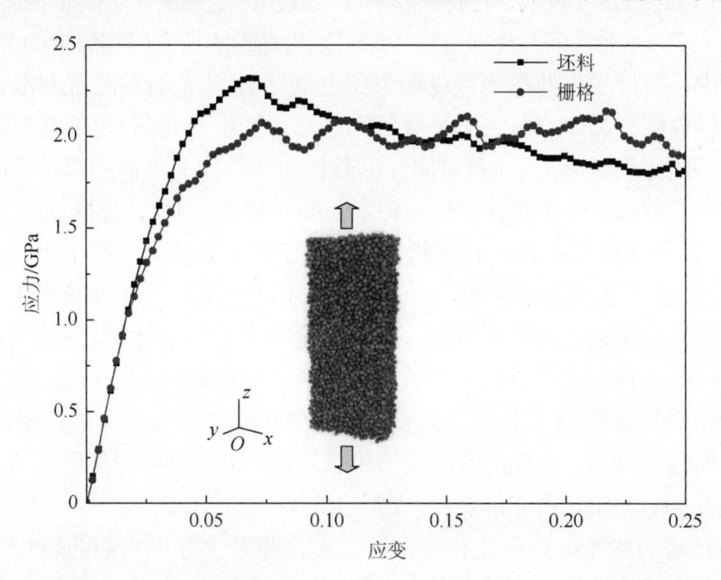

图 5-28　完全充型样品和坯料在拉伸过程中的应力–应变曲线

表现。如 5-28 所示，坯料在应变为 0.068 时到达极限拉伸应力(约为 2.4 GPa)，随后单调下降。而栅格的应力-应变曲线与之不同，其极限拉伸应力虽出现在 0.07 左右，但只有 2 GPa，而且在随后的应变过程中应力值并没有发生明显下降，这体现出其具有更好塑性。当然，分子动力学模拟有着其本身的时空限制，体系比较小，所施加的应变速率较大，但其揭示的趋势依然可以从某种程度上表明经过超塑性成形的非晶合金拥有更好塑性。在实际实验中，超塑性成形过程实际上是一个等温退火过程，这个过程会导致非晶合金结构弛豫，甚至发生晶化，所以本书所提出的塑性提升在实验中很难发现，但如果在利用淬冷法制备非晶合金的同时，添加一个机械挤压流动过程，这时非晶合金的塑性可能会出现明显提升，不过此结论还需要进一步实验验证。

5.3 CuZr 非晶合金/Al 连接中的原子互扩散行为研究

不同材料相互接触时，界面处原子会在化学或物理能量的驱动下发生运动，进而相互混合，最终连接在一起。人们通过加热加压等方法促进该过程中原子的相互混合行为，使材料更快地结合，这就是连接工艺。在微电子器件中，多层材料经常用来实现复杂功能，互连的强度决定了其可靠性。而在机械系统中，人们也经常通过各种焊接方法将多种特性的材料连接起来，得到力学性能优异的复合材料。对于非晶合金，连接工艺也有着十分具体的现实意义。前面提到，非晶合金连接技术可以将多个二维零件连接为一个整体，是制造三维复杂非晶合金零件的重要手段。另外，非晶合金在常温下基本没有宏观塑性，十分易碎。直接将非晶合金和其他材料结合起来是增加塑性的有效方法。目前，多种连接方法已经应用于连接非晶合金，其中扩散连接温度较低、材料热影响区域较小，最为适合连接非晶合金。原子互扩散行为是固相焊接的本质，研究连接过程中原子行为是理解所有固相焊接的关键。

现代科学中，对原子扩散研究可以追溯到 19 世纪。人们目前已经对晶体材料、非晶材料及液态材料内部和晶体材料之间扩散行为进行了系统研究，但对非晶材料和晶体材料之间的扩散了解还比较匮乏。晶体材料间互扩散行为通常由非平衡相以及界面内缺陷导致的热力学能量落差驱动。而非晶合金是一种本征的非稳态、不均匀材料，它的参与将改变互扩散作用方式，产生独特的原子迁移机理。扩散连接中非晶合金原子会以扩散的方式渗透进入晶态材料，形成新的非晶态相，然而目前并不清楚原有的非稳态系统将通过何种方式进行元素的重新分配来达到平衡。此外，非晶合金并不存在晶体扩散理论中的重要元素，如晶格、缺陷等，那么原子将会以何种方式进行迁移？这些疑问都需要进一步研究来解释。

本节将使用模拟方法研究非晶合金和晶体铝的扩散连接过程。通过提取扩散过程中元素浓度与界面迁移速度，分析扩散区域的生长过程。使用改进的位移均方差函数(mean square displelement，MSD)和玻尔兹曼-俣野(Boltzmann-Matano，B-M)解法粗略计算扩散过程中各种元素的禀性扩散系数和互扩散系数，并对比分析它们的趋势。研究扩散区域材料性质变化，观察扩散区域短程有序结构演变，探索扩散系数和材料原子结构之间的内在关系。

5.3.1　过程建模

扩散连接模型由 $Cu_{46}Zr_{54}$ 二元非晶合金与晶体铝构建。铜、锆和铝之间作用力由 EAM 势能来描述[9]。选择 CuZr 非晶合金和晶体铝作为扩散偶基本材料主要基于以下两点考虑：一方面，铜、锆和铝是典型的三元非晶合金体系，铝能很好地融入 CuZr 非晶合金体系中形成稳定的三元非晶合金[38]。铝和非晶合金元素之间负的混合热确保了扩散连接过程中有稳定的驱动力。另一方面，非晶合金主要构成原子都不活跃，运动性差，非晶合金之间不存在能量落差，直接连接非晶合金需要较长的时间，很难得到牢固的焊接接头，而铝是一种广泛应用的湿润层，可以作为非晶合金之间或者非晶合金和其他金属扩散焊接中间层材料，如 MG-Al-Cu 和 MG-Al-W。因此将铝与非晶合金连接在一起有实际应用需求。

为了避免体系不对称性影响扩散结果，本节所建立的扩散偶模型是一个三明治结构，中间是非晶合金，两侧是晶体铝(图 5-29)。非晶合金的尺寸为 121 Å×121 Å×100 Å，铝的尺寸为 121 Å×121 Å×80 Å。非晶合金通过淬冷法制备得来，晶体铝则在 300 K 下建立并弛豫至能量稳定。非晶合金和晶体铝以 20 K/ps 加热速率分别被加热至 700 K 并弛豫 10 ps。随后，将这两种材料小心地组合在一起，并调节相对位置，使它们之间间隙尽量狭小，以便得到理想的初始状态。考虑到铝的尺寸是晶格常数的整数倍，扩散偶非晶合金被裁切至铝晶格常数的整数倍以便匹配晶体铝。模拟选用 NPT 系综，步长设为 1 ps，体系的三个维度都施加以周期性边界，扩散时压力被控制在 0 MPa，温度设定为 700 K。将温度设置为 700 K 是因为在此温度下可以得到一个合适的时空观察窗口，有利于对原子

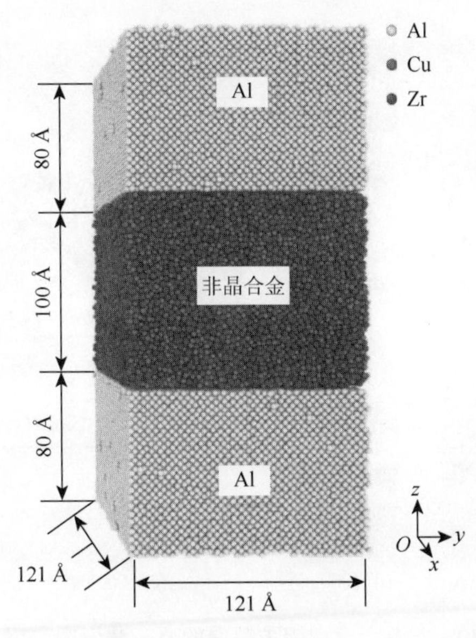

图 5-29　$Cu_{46}Zr_{54}$ 非晶合金和晶体铝构成的扩散偶模型(见彩图)

运动模式的观察及分析。另外，实验中扩散连接温度一般被控制在(0.6～0.8) T_m(T_m是材料的熔点)。对于非晶合金而言，作业温度则应保持低于其玻璃化转变温度，以避免材料过度活跃造成内部结构晶体化。扩散偶中铝的熔点为 933 K，非晶合金的玻璃化转变温度为 839 K，所以 700 K 是较为合适的温度。

在扩散连接实验中，连接材料通常会被夹持在一起，再升温扩散。在升温过程中，由于异种材料热膨胀系数的差异，材料间界面会随着温度的升高发生错位进而产生应力，这会在一定程度上影响扩散。本节主要关注的是原子的互扩散行为，为了便于讨论扩散机制以及材料相变，将材料先分别加热再放在一起进行连接，避免了应力的引入。实际上也根据实验过程(先接触再加热)进行了模拟与分析，结果表明两种扩散过程没有本质区别，只是扩散速率会有所不同。本书后面将详细分析内部应力的产生和分布。

5.3.2 原子运动规律和扩散系数计算

1. 非对称扩散

当扩散开始后，观察三种原子在界面处的迁移行为。图 5-30 是非晶合金和铝扩散分别进行了 0 ps、200 ps、2000 ps、4000 ps 和 6000 ps 后的原子截面图。在 0 ps 时(图 5-30(a))，原子还未运动，铝和非晶合金间的界面清晰可见，将此时原子的排列情况作为参考。当扩散进行了 200 ps 后(图 5-30(b))，非晶合金和铝间的分界线变得模糊，形成狭窄界面。此时，非晶合金和铝相互接触，原有自由表面消失，所引入的能量造成剧烈的原子相互运动。随后，更多原子参与扩散，原本狭窄的界面逐渐演变成为宽厚的

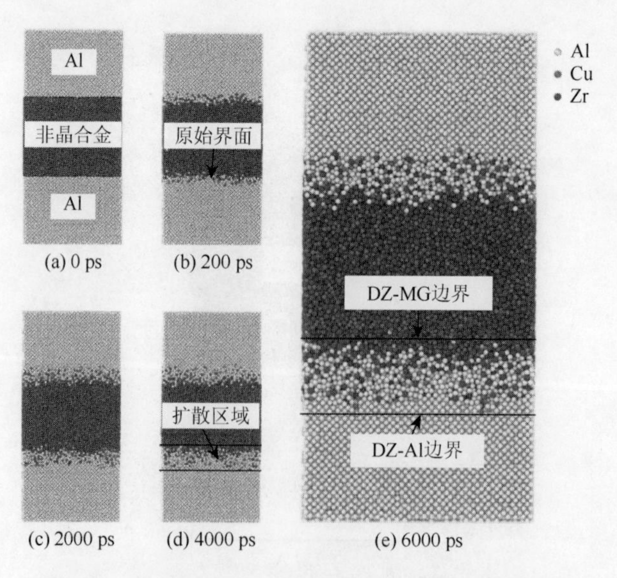

图 5-30　非晶合金和铝扩散偶的原子截面图(见彩图)

扩散区域(图 5-30(c)～(e))。不难看出，扩散区域呈现为明显的非晶态。在图 5-30(d)和(e)中，使用实线标注了扩散 4000 ps 和 6000 ps 后扩散区域和非扩散区域的边界。扩散区域拥有两个边界，为了方便讨论，将扩散区域和铝的边界称为 DZ-Al 边界，扩散区域和非晶合金的边界称为 DZ-MG 边界，如图 5-30(e)所示。

对比图 5-30(a)与(e)，不难发现扩散过程呈现出明显的非对称性，只有少量铝扩散进入非晶合金中，却有大量非晶合金原子扩散进入铝块。这种不对称原子运动机制直接导致了扩散区域边界迁移速度的差异。DZ-MG 边界迁移速度缓慢，DZ-Al 边界迁移速度明显更快，最终形成了图 5-30(e)中非对称的扩散偶。

随着非对称扩散过程的进行，扩散区域向外扩张，晶体铝逐渐被扩散区域吞噬。在非晶合金原子的影响下，晶体铝原子脱离了晶格位置，运动进入扩散区域，有序的 fcc 结构转变成为无序的非晶态排列，这个过程称为晶体铝的非晶化过程。为了直观地了解该过程，采用静态结构因子 $S(k)$来进行表征，它常用于衡量体系内原子排列结构的结晶程度，其表达式如下：

$$S(k)=\left\langle \frac{1}{N^2}\left|\sum_{j=1}^{N}\exp(\mathrm{i}k\cdot r_j)\right|^2\right\rangle \tag{5-10}$$

式中，k 为沿 fcc 结构的(111)面的波矢。在完美的 fcc 结构晶体中 $S(k)$为 1，而在非晶态体系中 $S(k)$接近于 0。通过计算，得到整个体系在 6 000 ps 时的结晶度表现，如图 5-31 所示。其中图 5-31(a)是扩散偶的原子图，图 5-31(b)是结晶度云图，颜色代表 $S(k)$数值。可以看出晶体铝的结晶度较高，而非晶合金的结晶度较低。扩散区域的结晶度也很低，几乎与原生非晶合金相同，这说明扩散区域处于高度非晶态。值得注意的是铝和扩散区域的界限十分明显，这体现了界面推移和结构状态的统一性。

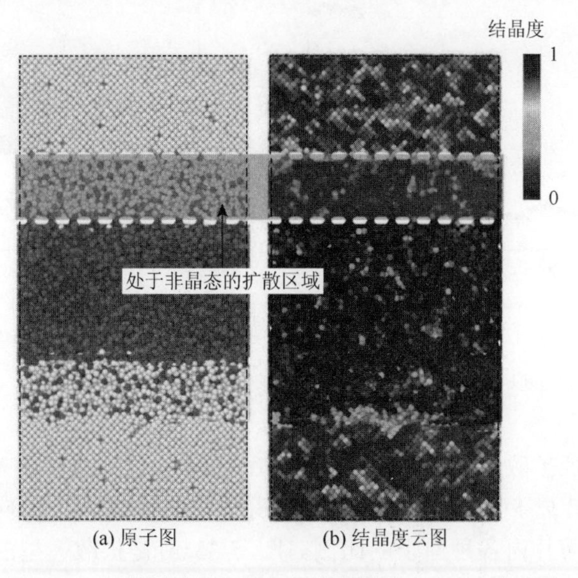

图 5-31　扩散偶的原子图和整体的结晶度表现(见彩图)

扩散偶是一个非均匀体系，为了定量地分析整个体系的有序性，将扩散偶沿着扩散方向(z 方向)分割成若干薄片，并分别计算出各个薄片 $S(k)$ 平均值。图 5-32 是扩散进行了 0 ps、2000 ps、4000 ps 和 6000 ps 后，扩散区域沿着 z 方向的静态结构因子分布情况。图中显示非晶合金内部 $S(k)$ 约为 0.1，接近于 0，表现出很低的结晶度。在原子热运动的影响下，晶体铝的 $S(k)$ 略小于 1，只有 0.8 左右。随着时间推移，低 $S(k)$ 区域逐渐拓展，部分晶态区域向非晶态转变，这与图 5-30 中的现象一致。图 5-32(d)中的插图分别是非晶合金、扩散区域、晶体铝三个区域内原子排布图的快速傅里叶变换(fast Fourier transform，FFT)图样，它有着和 SAED 同样的物理意义，直观地体现出了非晶化过程原子结构的转变。

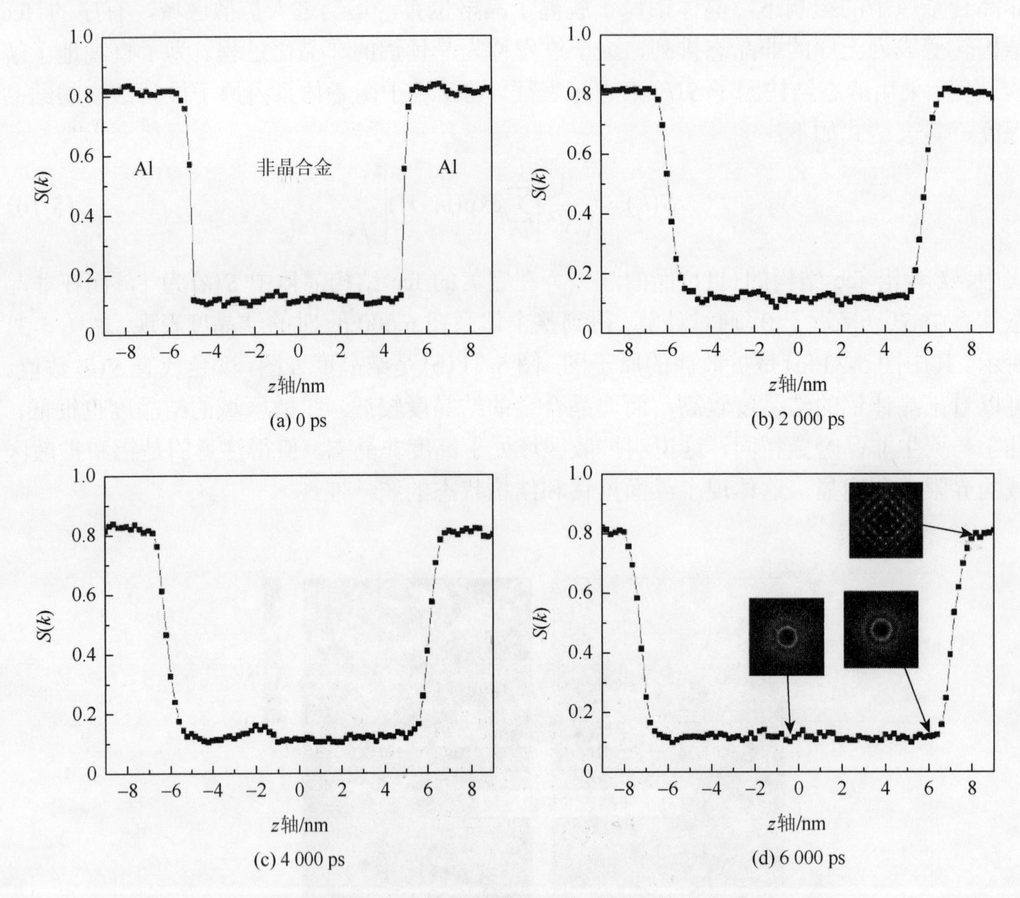

图 5-32　扩散后扩散区域静态结构因子的分布情况

为了进一步表征扩散过程，计算铜、锆、铝三种元素沿着扩散方向的比例分布图，如图 5-33 所示。和计算 $S(k)$ 时一样，首先将体系沿着扩散方向(z 方向)分割成若干薄片，然后分别计算各个薄片内各种原子的比例。图 5-33(a)是扩散模型的初始状态，非晶合金与铝的界限分明。扩散进行 1 000 ps 后(图 5-33(b))，扩散区域厚度增长为 2 nm，扩散进行 6 000 ps 后(图 5-33(g))，扩散区域厚度增长至 4.4 nm。很明显，相比于后续扩散过程，前 1 000 ps 界面迁移速度十分迅速，原子的运动速度已经远远超过了固体内原子自由扩散速度，甚至超过液体内原子自由扩散速度，这不是原子的扩散行为，而是由界面消失时表面能引起的原子搅动。这种影响会延伸到 1 000 ps 后，和本质的扩散运动一起驱动界面推移，后面在计算扩散系数时会详细分析。

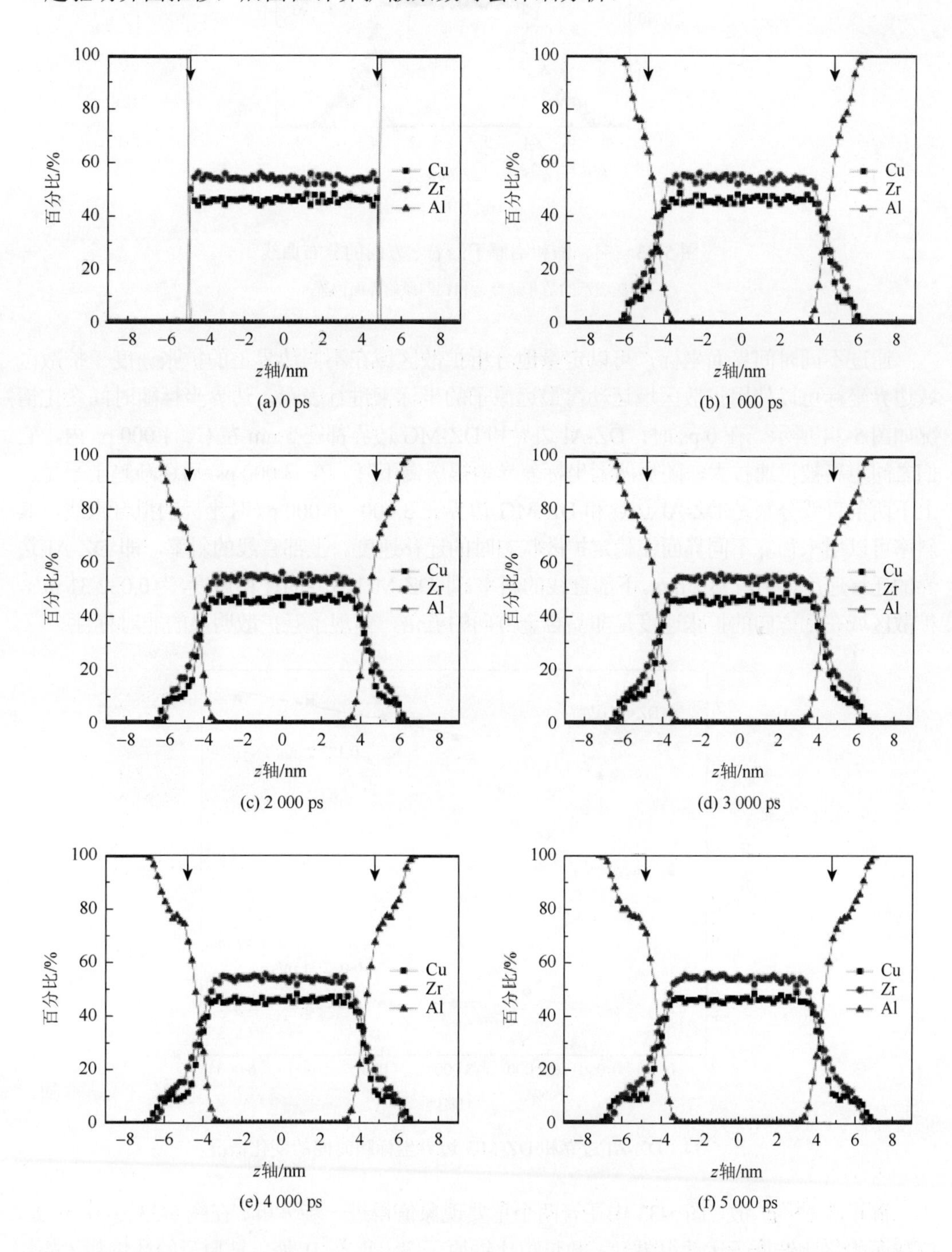

(a) 0 ps
(b) 1 000 ps
(c) 2 000 ps
(d) 3 000 ps
(e) 4 000 ps
(f) 5 000 ps

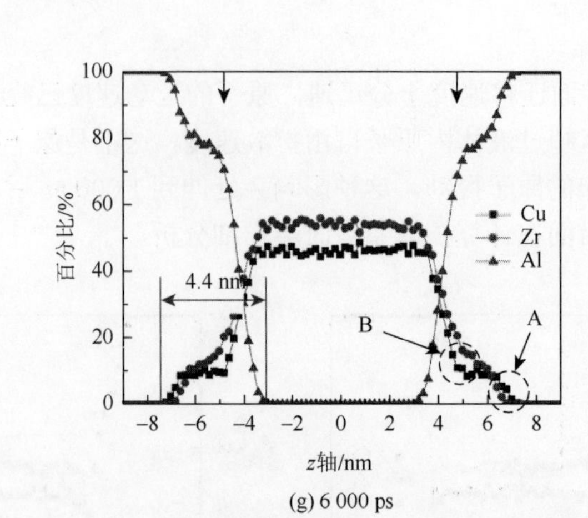

(g) 6 000 ps

图 5-33　铜、锆和铝原子沿着 z 方向的分布曲线

箭头表示的是非晶合金和铝的原始界面位置

通过不同时间界面坐标，可以定量地分析扩散区域在不同边界上的扩张速度。扩散区域边界坐标可以使用扩散区域运动得最远原子的坐标来进行表示。边界坐标随时间变化情况如图 5-34 所示。在 0 ps 时，DZ-Al 边界和 DZ-MG 边界都在 5 nm 左右。1 000 ps 内，它们之间距离被迅速拉大，随后两者坐标差异增幅缓慢下降，在 3 000 ps 后逐渐趋于平稳。上下两条直线分别是 DZ-Al 边界和 DZ-MG 边界在 3 000～6 000 ps 时坐标的拟合直线，其斜率可以用来估算不同界面在稳定扩散状态时的迁移速度。上部直线的斜率，即 DZ-Al 边界的迁移速度，为 0.173 2 m/s。下部直线的斜率，即 DZ-MG 边界的迁移速度，为 0.032 31 m/s。扩散区域在铝方向的扩张速度是非晶合金方向的五倍，体现了互扩散明显的非对称性。

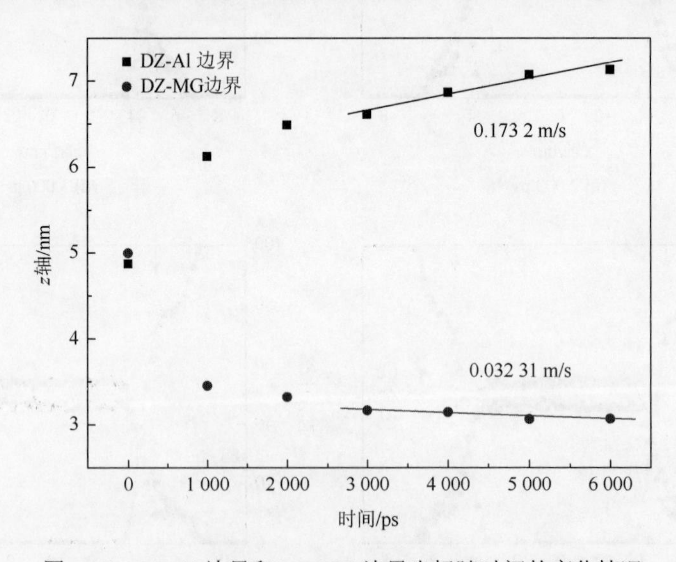

图 5-34　DZ-Al 边界和 DZ-MG 边界坐标随时间的变化情况

除了非对称扩散，图 5-33 中还有两个重要现象值得进一步分析。在图 5-33(g) 中 A 处，铜原子始终比锆原子运动得更远，数量也比锆原子多。而在 B 处，锆原子的数量却大幅超

过了铜原子。一般来说，铜原子比锆原子更轻，体积也更小，所以铜原子比锆原子更活跃，这能很好地解释 A 处的现象，却很难解释 B 处的现象。那么铜和锆原子的扩散机理究竟如何，才会造成 A 和 B 两处不同的现象呢？另外，在 1 000 ps 后，成分曲线上出现了明显的台阶，台阶的位置位于铝占比为 70%～80%时。在扩散偶中，成分曲线斜率突然转变以及平台通常都意味着出现了新相。但查询了铜、铝和锆之间的相图，在这个配比下并没有稳定相，而且原子轨迹图中也没有出现有序结构。那么该台阶究竟是如何形成的？第一个问题涉及铝的非晶化过程，将在后面章节中详细说明。本节将说明台阶产生的机理。

2. 扩散系数计算

扩散过程中原子在单位时间内的位移可以反映出原子扩散能力。通过对比两个时刻原子位置，可以得到原子位移矢量图。在扩散进行 200 ps、2 000 ps、4 000 ps 和 6 000 ps 时计算得到原子此前 200 ps 内的位移情况，如图 5-35 所示。在晶体中和原生非晶合金

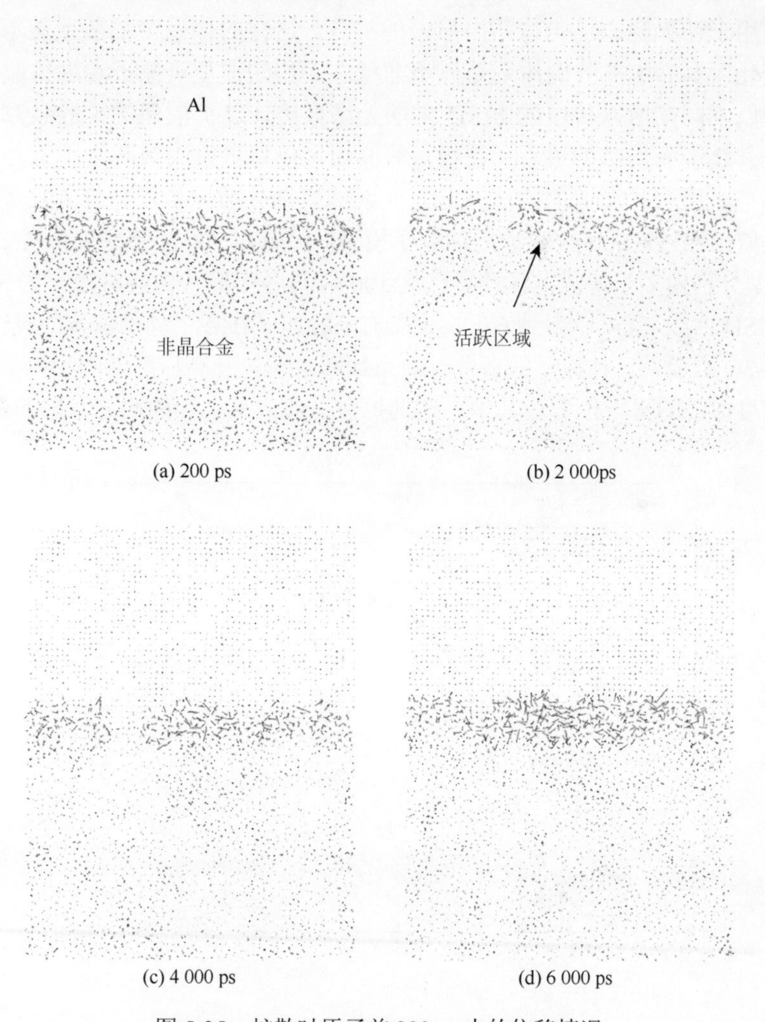

(a) 200 ps　(b) 2 000ps

(c) 4 000 ps　(d) 6 000 ps

图 5-35　扩散时原子前 200 ps 内的位移情况

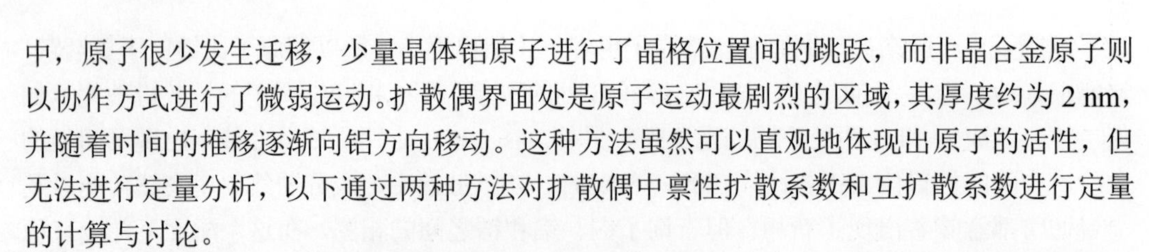

中，原子很少发生迁移，少量晶体铝原子进行了晶格位置间的跳跃，而非晶合金原子则以协作方式进行了微弱运动。扩散偶界面处是原子运动最剧烈的区域，其厚度约为 2 nm，并随着时间的推移逐渐向铝方向移动。这种方法虽然可以直观地体现出原子的活性，但无法进行定量分析，以下通过两种方法对扩散偶中禀性扩散系数和互扩散系数进行定量的计算与讨论。

在分子动力学中原子的禀性扩散系数可以通过原子 MSD 来定量计算。MSD 常用来描述原子的自由运动，其表达或如下：

$$\mathrm{MSD} = \langle (x - x_0)^2 \rangle = \frac{1}{T}\sum_{t=1}^{T}(x(t) - x_0)^2 \tag{5-11}$$

式中，T 为用于平均的总时间；x_0 为原子的参考位置，那么原子的禀性扩散系数为

$$D = \mathrm{MSD}\frac{1}{2Nt} \tag{5-12}$$

式中，N 为空间的维度；t 为时间。可以看出 MSD 曲线的斜率和扩散系数成正比。但这种方法主要用于计算稳态均匀体系内原子的扩散。这样的体系下扩散系数不随时间、浓度和位置变化。本书中扩散偶体系是一个非稳态不均匀模型，原子参加扩散的时间和所处状态都有所不同，所以传统的 MSD 方法无法直接计算扩散偶的扩散系数。考虑到扩散是一个极其缓慢而局部的过程，在极短时间内，模型可以大致认为不存在相变也不存在界面推移，采用一种近似的方法来测定元素的禀性扩散系数。计算方法如下：

首先提取出经过 6 000 ps 扩散后的原子模型，然后在 700 K 下额外保持 100 ps。沿着 z 方向将模型分割为多个薄片，并计算在这 100 ps 内各个薄片内各种原子的 MSD 曲线。根据这些 MSD 曲线，就可以得到 6 000 ps 左右三种原子在各个局部位置的禀性扩散系数，结果如图 5-36 所示。三种原子的禀性扩散系数都呈现先升高后降低的趋势，峰值区域恰好位于铝浓度曲线的平台位置。其中，铜的扩散系数最大，铝的次之，锆的最小。铜和

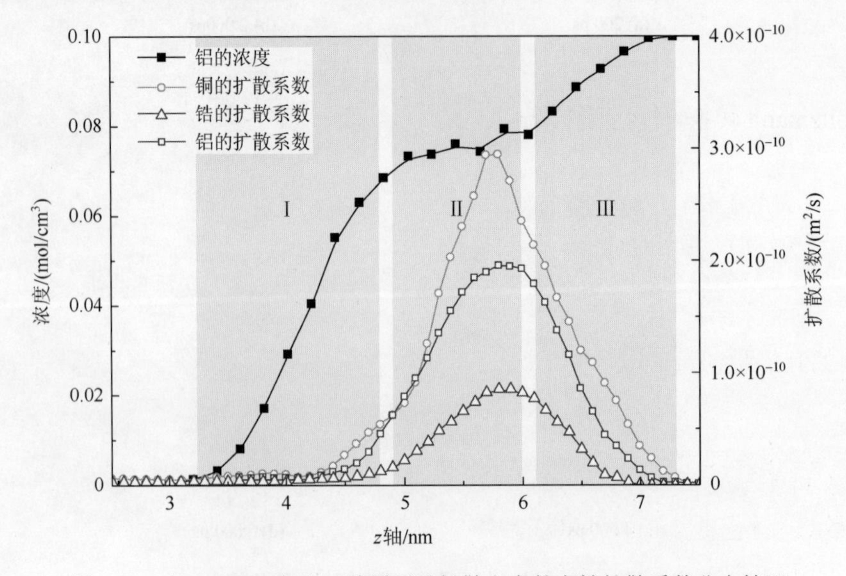

图 5-36　在 6 000 ps 左右三种原子沿扩散方向的禀性扩散系数分布情况

铝的禀性扩散系数的差异是非对称扩散的本质。这种方法虽然可以计算出各种元素的禀性扩散系数，但是只反映出了原子的固有特性，并没有考虑到互扩散中复杂的环境以及相变。为了进一步分析和印证分子的运动状态，引入另一种互扩散系数的计算方法。

扩散偶在实验中常用来计算互扩散系数。不同材料放置在一起进行加热扩散后被快速冷却下来，然后通过实验方法记录材料沿着扩散方向的浓度分布，最后互扩散系数就可以根据浓度曲线计算得出。如果将非晶合金材料看作一种单质材料，就可以使用 B-M[39]方法粗略地计算互扩散系数。其表达式如下：

$$D = \frac{1}{2t}\frac{\int_{C^+}^{C^{(z)}}(z-z_0)\mathrm{d}C}{\mathrm{d}C/\mathrm{d}z} \tag{5-13}$$

式中，z_0 为 Matano 平面的位置；C^+（或 C^-）为扩散偶两端的边界浓度；$C^{(z)}$是指在位置 z 处的浓度。Matano 平面就是指满足以下条件的平面：

$$\int_{C^+}^{C^-}(z-z_0)\mathrm{d}C = 0 \tag{5-14}$$

只需要找到 Matano 平面位置，就可以得到各个位置的互扩散系数。但应用 B-M 方法存在前提：

$$\begin{cases} C = C^+, & z<0, t=0 \\ C = C^-, & z>0, t=0 \end{cases} \tag{5-15}$$

如图 5-30 所示，在非晶合金和铝扩散初期，界面消失时表面能引起了原子的剧烈运动，这并不是原子扩散行为的真实体现。为了得到准确的互扩散数据，初期扩散过程需要被排除，但 B-M 方法对初始状态存在限制（方程(5-15)），无法直接用于计算扩散系数。为此，对该方法进行改进，过程描述如下。

首先引入互扩散通量 $\tilde{J}$。自扩散开始，z 位置的扩散通量可以直接根据浓度曲线求得

$$\tilde{J} = \frac{1}{2t}\int_{C^+}^{C^{(z)}}(z-z_0)\mathrm{d}C \tag{5-16}$$

根据 Boltzmann 转换，引入变量 $\lambda = (z-z_0)\sqrt{t}$，这时式(5-16)就可以写为

$$\tilde{J} = \frac{1}{2\sqrt{t}}\int_{C^+}^{C^{(\lambda)}}(\lambda-\lambda_0)\mathrm{d}C \tag{5-17}$$

然后在时间尺度上对通量 $\tilde{J}$ 积分[40]得

$$\int_0^t \tilde{J}\mathrm{d}t = 2t\cdot\tilde{J} = \int_{C^+}^{C^{(z)}}(z-z_0)\mathrm{d}C \tag{5-18}$$

t_1～t_2 内的互扩散通量 $\tilde{J}$ 可以表示为

$$\int_{t_1}^{t_2}\tilde{J}\mathrm{d}t = \int_{C^+}^{C^{(z_2)}}(z_2-z_2^0)\mathrm{d}C - \int_{C^+}^{C^{(z_1)}}(z_1-z_1^0)\mathrm{d}C \tag{5-19}$$

图 5-34 显示扩散偶浓度曲线的斜率在扩散进行到 2 000 ps 后就基本保持不变。这表明当扩散进入稳定阶段之后，$\mathrm{d}C/\mathrm{d}z$ 对时间并不敏感，所以这时 $\tilde{J}$ 可以认为是定值。结合 Fick 定律，推导得到扩散系数：

$$\tilde{D} \approx -\frac{1}{2(t_2 - t_1)} \frac{\left[\int_{C^+}^{C^{(z_2)}} (z_2 - z_2^0)\mathrm{d}C - \int_{C^+}^{C^{(z_1)}} (z_1 - z_1^0)\mathrm{d}C\right]}{\mathrm{d}C / \mathrm{d}z} \tag{5-20}$$

选取 $t_2 = 6\,000$ ps 以及不同的 t_1 来计算互扩散系数。当 $t_1 > 3\,000$ ps 后，扩散系数开始收敛，这说明互扩散过程在 3 000 ps 后趋于稳定，对扩散系数的简化计算误差逐渐减小。图 5-37 是选取 $t_1 = 3\,000$ ps、$t_2 = 6\,000$ ps 时计算的互扩散系数分布情况。图中互扩散系数首先随着铝浓度增加单调上升，在平台位置达到峰值，随后降低。插图是互扩散系数和铝浓度的关系，可以看到扩散系数随成分大幅变化，峰值则出现在富铝端。结合图 5-36 和图 5-37 发现，互扩散系数与禀性扩散系数呈现出统一趋势。根据扩散系数的变化，扩散区域被分为三个部分，在图中使用Ⅰ、Ⅱ、Ⅲ进行标注，并用阴影表示。其中区域Ⅰ和Ⅲ的扩散系数较小，而区域Ⅱ(对应着平台区域)的扩散系数较高。区域Ⅱ中扩散系数的量级已经十分接近液体内自由扩散的量级，为了探究此处高扩散系数的成因，以下着重对区域Ⅱ中材料状态进行研究。

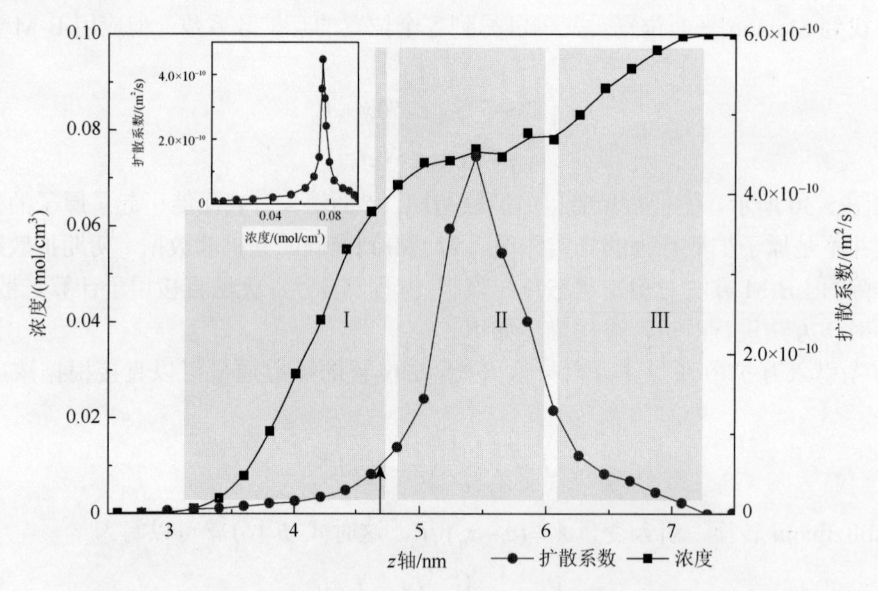

图 5-37　根据浓度曲线计算的互扩散系数分布情况

插图是互扩散系数和铝浓度的关系

5.3.3　原子互扩散行为机理研究

1. 过冷液体

图 5-36 和图 5-37 显示扩散系数在扩散区域并不是平滑变化的，它在平台区域出现了极高峰值。该区域的扩散系数比其他区域高出近一个数量级，是材料充分融合的关键，所以材料在这个区域的表现会直接影响连接强度。从 B-M 方法原理角度来看，直

接导致此处极高互扩散系数的原因是平台区域 dC/dz 非常小，但这种数学解释没有任何物理意义支撑。通过对区域Ⅱ材料状态进行研究，发现平台区域的产生与互扩散引起的相变有关。

CuZr 非晶合金是一种玻璃形成能力极强的二元非晶体系，在早期就被开发出来，并且得到了广泛研究。大量研究表明在 CuZr 二元体系中加入少量铝(浓度＜10%)会进一步强化其性能[38]，但很少有人研究富铝的 CuZrAl 三元体系。在铝侧扩散区域，晶体铝逐渐脱离晶体结构，与扩散前端的铜、锆原子混合，形成了富铝的 CuZrAl 合金，而图 5-32 中静态结构因子 $S(k)$ 结果表示，这种富铝的 CuZrAl 合金也是一种非晶态的物质。此处材料的玻璃化转变极有可能和平台区域的异常扩散系数有关。测试一系列和扩散区域合金成分类似的 CuZrAl 体系，如图 5-38 所示，其中包含 $Al_x(Cu_{46}Zr_{54})_{(1-x)}$，$x = 0, 0.1, 0.2, 0.3, 0.4, 0.5, 0.6, 0.7, 0.8$。

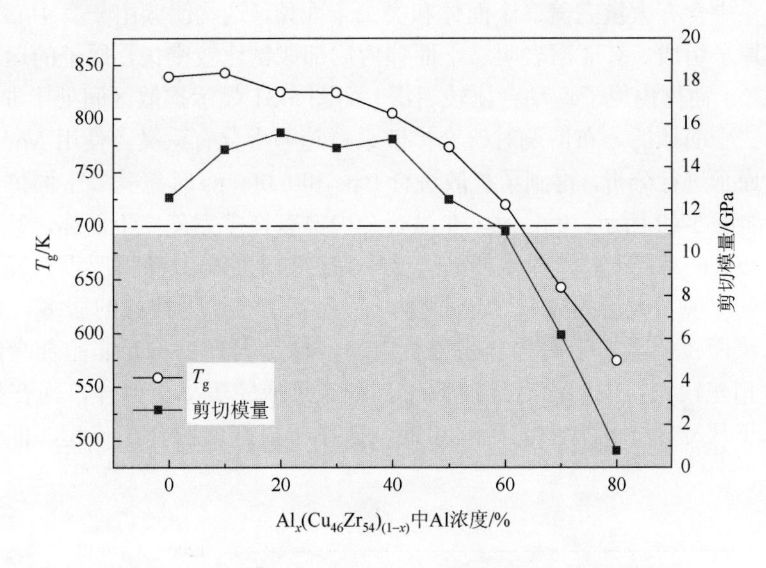

图 5-38　不同成分非晶合金的 T_g 和 700 K 时的剪切模量

其中虚线表示工作温度

结果表明在铝浓度小于 10%时，合金的 T_g 有小幅上升，这和前人的工作十分吻合。而铝浓度大于 10%后，T_g 单调递减。剪切模量也呈现出相似的趋势，即先升后降。T_g 与体系中键的强度相关，铝原子加入初期，三种原子融合形成大量二十面体，T_g 有所上升，但大量铝原子的加入削弱了整个体系里键的平均强度，所以在富铝的合金里 T_g 会随着铝的增多而单调下降。当铝浓度大于 60%时，合金的 T_g 低于工作温度(700 K)，这意味着此处的合金在扩散过程中进入玻璃化转变区间。非晶合金在玻璃化转变区间呈现液态，所以原子的运动速度快，进而导致此区间元素浓度梯度极低，这合理地解释了浓度曲线上的平台区域以及该处扩散系数的异常变化。不过需要指出的是，由于直接测量狭窄扩散区域合金材料性能难度较大，图 5-38 中计算的 T_g 和剪切模量都是基于淬冷法制备的样品。因此，CuZrAl 三元非晶合金落入玻璃化转变

区间时，铝的浓度可能会向右漂移，这也是图 5-33 (g) 中平台区域开始于铝浓度为 70% 左右的原因。

2. 内部结构对扩散连接过程的影响

除了理解区域Ⅱ中过冷液体造成的平台区域，区域Ⅰ和区域Ⅱ中扩散系数表现也同样值得关注。区域Ⅰ和区域Ⅲ中扩散系数都比较小，而且呈现出非对称性。DZ-Al 边界附近的扩散系数要比 DZ-MG 边界略大一些，这在禀性扩散系数与互扩散系数中都有所体现，是直接导致扩散区域的非对称性的原因。实际上，影响原子扩散的因素有很多，为了找出扩散系数非对称分布的根本原因，就必须了解其中机理。其中最重要的是二十面体序列，然后是 fcc 结构和铝浓度，图 5-39 将这些因素集合起来。随后将详细解释各种因素在扩散过程中扮演的角色。

非晶体系中含有大量完美二十面体和类二十面体，这些团簇由一个中心原子核和十二个最近邻原子组成。有证据表明二十面体内局部成键比较密集，原子的运动激活能量较高，所以二十面体内原子运动会比较迟缓。而图 5-31 显示扩散区间处于非晶态，所以分析区间内二十面体的分布情况对研究扩散系数趋势十分有意义。使用 Voronoi 分析方法对体系内原子进行分析，得到了扩散进行 0 ps 和 6 000 ps 时完美二十面体中心原子的分布情况，如图 5-40 所示。0 ps 时，非晶合金内部有许多完美二十面体，其中大部分以铜原子为核心。6 000 ps 时，原生非晶合金中完美二十面体分布情况没有发生变化，但在扩散界面处出现了大量的完美二十面体，而且以铝原子为核心的居多。此时扩散区域中完美二十面体明显多于原生非晶合金内的，这是因为在二元非晶合金内铜原子和锆原子尺寸相差较大，中间没有过渡原子，较难形成完美二十面体，而在扩散区域新加入的铝原子尺寸居于两者中间，能和铜、锆原子很好地融合在一起，催生了更多完美二十面体。

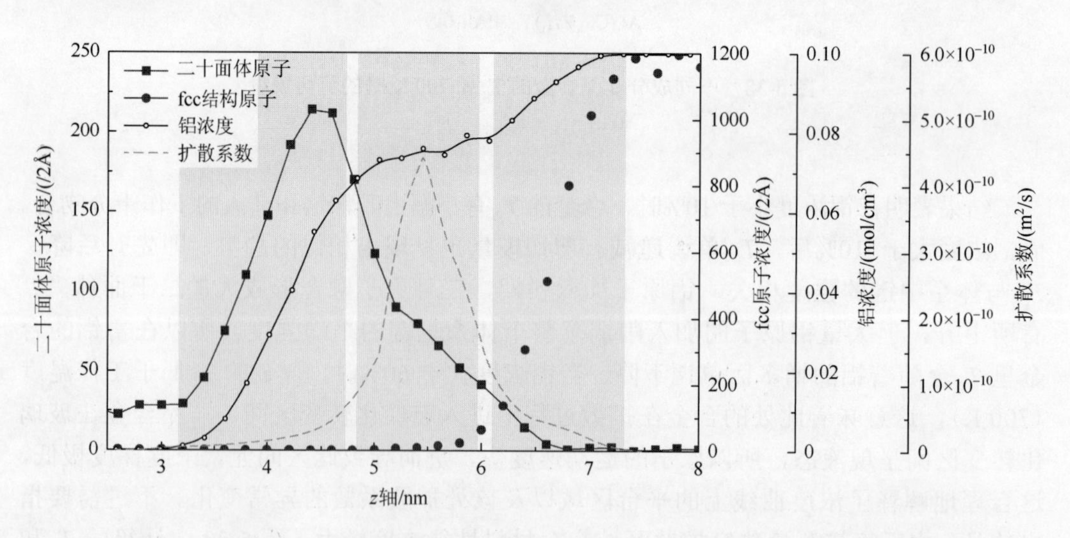

图 5-39　铝的浓度、二十面体、fcc 结构原子和互扩散系数沿 z 轴方向的分布情况

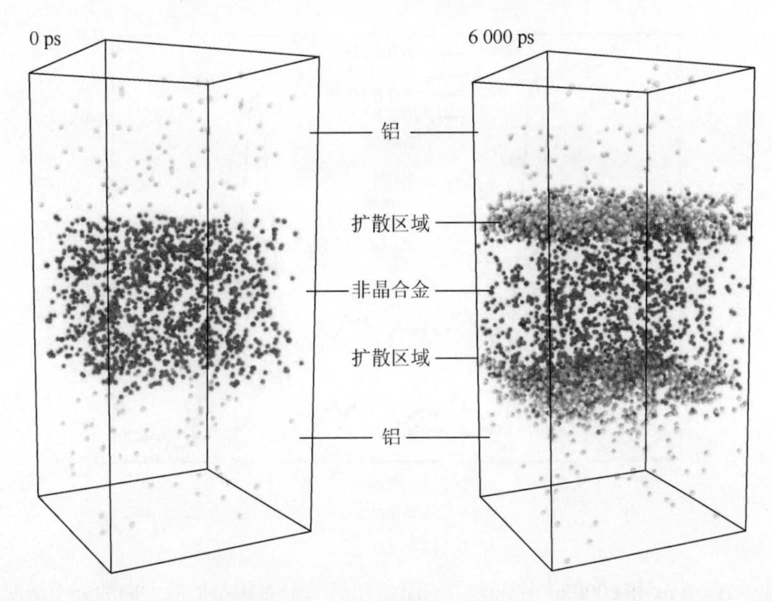

图 5-40　扩散进行 0 ps 和 6 000 ps 时的完美二十面体中心原子的分布情况(见彩图)

为了定量地分析短程有序结构，进一步研究几种主要的类二十面体：〈0 1 10 2〉、〈0 2 8 1〉和〈0 2 8 2〉。图 5-41 展示了 0 ps 和 6 000 ps 时各种二十面体沿扩散方向的分布情况。结果表明在原生非晶合金内占主导地位的是〈0 1 10 2〉和〈0 2 8 1〉。经过 6 000 ps 扩散之后，原生非晶合金内部并未发生明显变化，但扩散区域中，〈0 0 12 0〉、〈0 1 10 2〉和〈0 2 8 2〉都出现了峰值，相比原生非晶合金，其中〈0 0 12 0〉和〈0 1 10 2〉数量增幅高达 400%左右，〈0 2 8 2〉也增加了 37%。

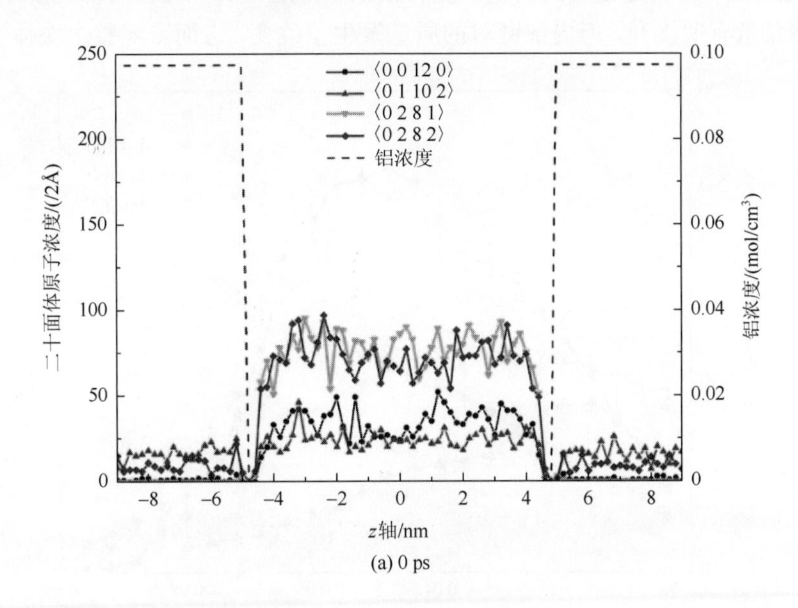

(a) 0 ps

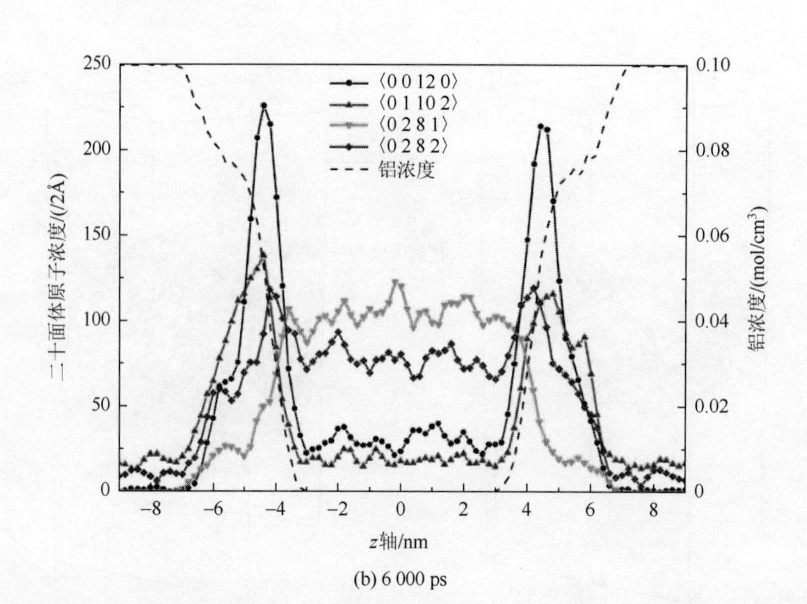

(b) 6 000 ps

图 5-41　0 ps 和 6000 ps 时完美二十面体和类二十面体在扩散方向的分布情况

图 5-42 是根据多个时刻数据绘制的完美二十面体和类二十面体与铝浓度的关系图。可以看到〈0 0 12 0〉在铝浓度为 0.05 mol/cm^3 时出现了峰值，〈0 1 10 2〉的峰值则在 0.06 mol/cm^3，〈0 2 8 2〉的峰值为 0.03 mol/cm^3，而〈0 2 8 1〉的数量随着铝浓度升高单调降低。结果表明铝浓度直接影响合金内短程有序结构。前面提到二十面体对扩散有抑制作用，但区域 I 内结果似乎并不符合此结论——在区域 I 中，随着铝浓度的增加，完美二十面体和类二十面体总量都显著提升，但扩散系数却持续上升。这是因为我们忽视了一个关键因素，那就是键对的质量。随着铝原子渗透，二十面体内部元素组成发生了变化，虽然总量有所提升，但内部键对的质量发生了改变，进而影响整个块体的稳定性。

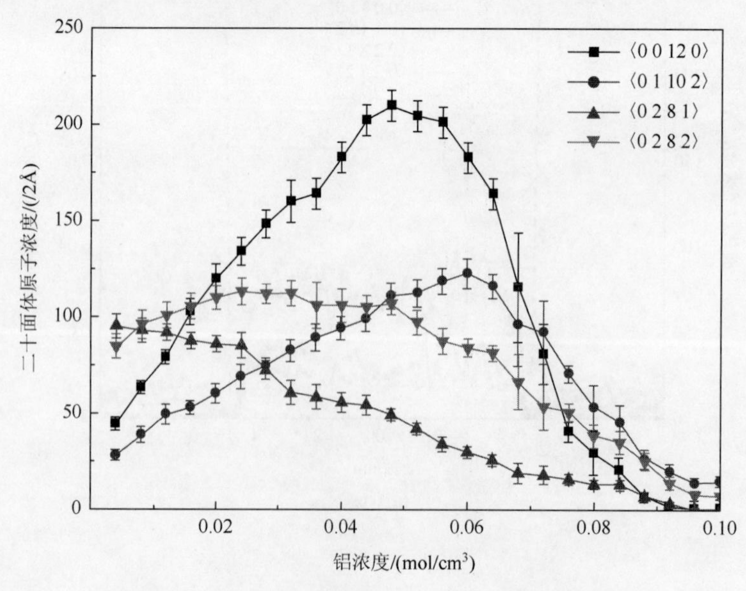

图 5-42　完美二十面体和类二十面体与铝浓度的关系

通过统计方法可以直接地观察短程有序结构对扩散的影响。原子运动是持续而且随机的，所有原子理论上都会在热运动影响下发生位置迁移。为了衡量扩散的强弱，定义在 100 ps 内运动超过了一个原子尺寸(3 Å)的原子为发生了“扩散”的原子。随后，观察了二十面体内原子和二十面体外原子在 100 ps 内发生扩散的概率，用以衡量二十面体结构对扩散的影响。如图 5-43(a)所示，在区域 I 内，二十面体内原子发生扩散的概率一直低于二十面体外原子发生扩散的概率，这印证了二十面体抑制原子运动的理论。此外，为了表征铝渗透对二十面体结构的影响，引入形成能(heat of formation)来表示它的稳定性。形成能是指不同原子从其单质状态生成化合物过程中释放或者吸收的热量，其表达式如下：

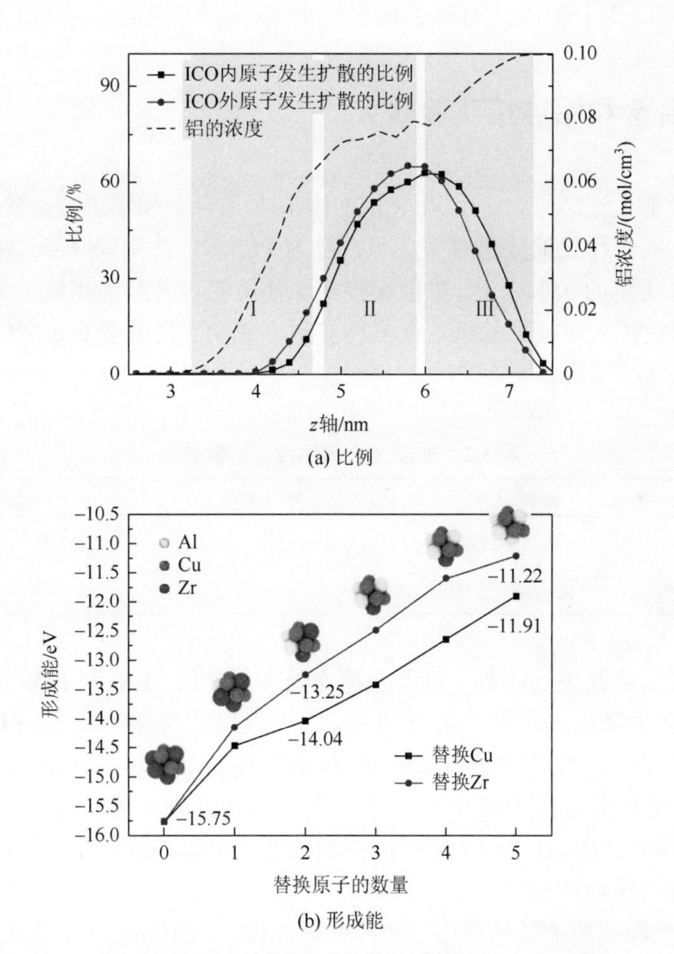

(a) 比例

(b) 形成能

图 5-43　(a)二十面体内和二十面体外原子在 100 ps 内发生扩散运动的比例，(b)典型二十面体的形成能随着成分变化的情况

$$\Delta H = E_{\mathrm{A}_x\mathrm{B}_{(1-x)}} - xE_{\mathrm{A}} - (1-x)E_{\mathrm{B}} \tag{5-21}$$

式中，$E_{\mathrm{A}_x\mathrm{B}_{(1-x)}}$ 为生成物的能量；E_{A} 和 E_{B} 为单质状态下的能量。如图 5-43(b)所示，计

算一个典型的二十面体(由七个铜原子和六个锆原子构成)的形成能随着成分变化情况。随着原子逐个被铝原子替代，二十面体形成能呈现单调上升趋势，而且在替换锆原子时变化更大。结果表明，随着铝原子加入二十面体，稳定性持续减弱。因此区域Ⅰ中二十面体的数量虽然增加了，但二十面体内键对质量被削弱了，无法有效地束缚原子运动，造成了扩散系数升高。

但这个趋势在区域Ⅲ中发生了变化，这里二十面体内的原子更容易扩散，这是晶体铝 fcc 结构影响的结果。如图 5-39 所示，fcc 结构从晶体铝内延伸至区域Ⅲ，它是主导该区域的有序结构。由于铝的加入，二十面体形成能绝对值大幅降低，其结构变得不再稳定。而进入区域Ⅲ之后，fcc 结构影响逐渐凸显，其束缚能力渐渐强于二十面体。这时，二十面体外的原子往往处于 fcc 结构束缚下，反而不容易迁移。

5.3.4　非晶合金和铝连接实验研究

为了分析验证上述结果，使用 $Zr_{55}Cu_{30}Ni_5Al_5$ 非晶合金和铝进行扩散连接实验研究。其中非晶合金购买于比亚迪股份有限公司，T_g 为 412 ℃，T_x 为 489 ℃，铝为 2Al2 合金，其中铝元素占总质量的 95%以上。扩散焊接实验使用的设备是锦州航星集团有限公司生产的 ZRY-40 真空扩散焊接试验机。在多种参数下成功实现非晶合金和铝的扩散连接，其工艺参数如表 5-2 所示。

表 5-2　非晶合金和铝合金扩散参数

样品编号	温度/℃	时间/min	压力/MPa
1	430	50	70
2	430	50	90
3	440	50	70

将焊接得到的样品进行切割、打磨及抛光处理后使用 SEM 和 EDS 进行详细分析，得到图 5-44，其中竖线表示宏观界面位置，阴影表示扩散区域。从 EDS 曲线不难看出，样品 1 的扩散区域宽度约为 7 μm，明显宽于样品 2 和样品 3(3.5 μm)，这是因为样品 1 作业温度较低且压力较小，非晶合金和铝并没有紧密结合，在打磨抛光后出现了空隙(图 5-44(a)插图)，拉大了扩散区域范围。尽管如此，在三个样品中依然发现了两个共有特征与模拟结果吻合。

(1)非晶合金和铝的扩散呈现出了明显非对称性，扩散区域向铝侧偏移。图 5-44(b)、(d)、(f)显示，扩散区域向非晶合金拓展了不到 1 μm，而向铝拓展距离则超过了 2.5 μm，这与图 5-33 中的非对称扩散过程十分吻合。

(2)铝的EDS曲线可以定性地表征铝的浓度，与图5-33中模拟结果类似，图5-44(b)、(d)、(f)中 EDS 曲线在靠近纯铝的扩散区域中出现了一个可见的平台。根据之前的分析，这是材料发生相变进入过冷液态导致的。

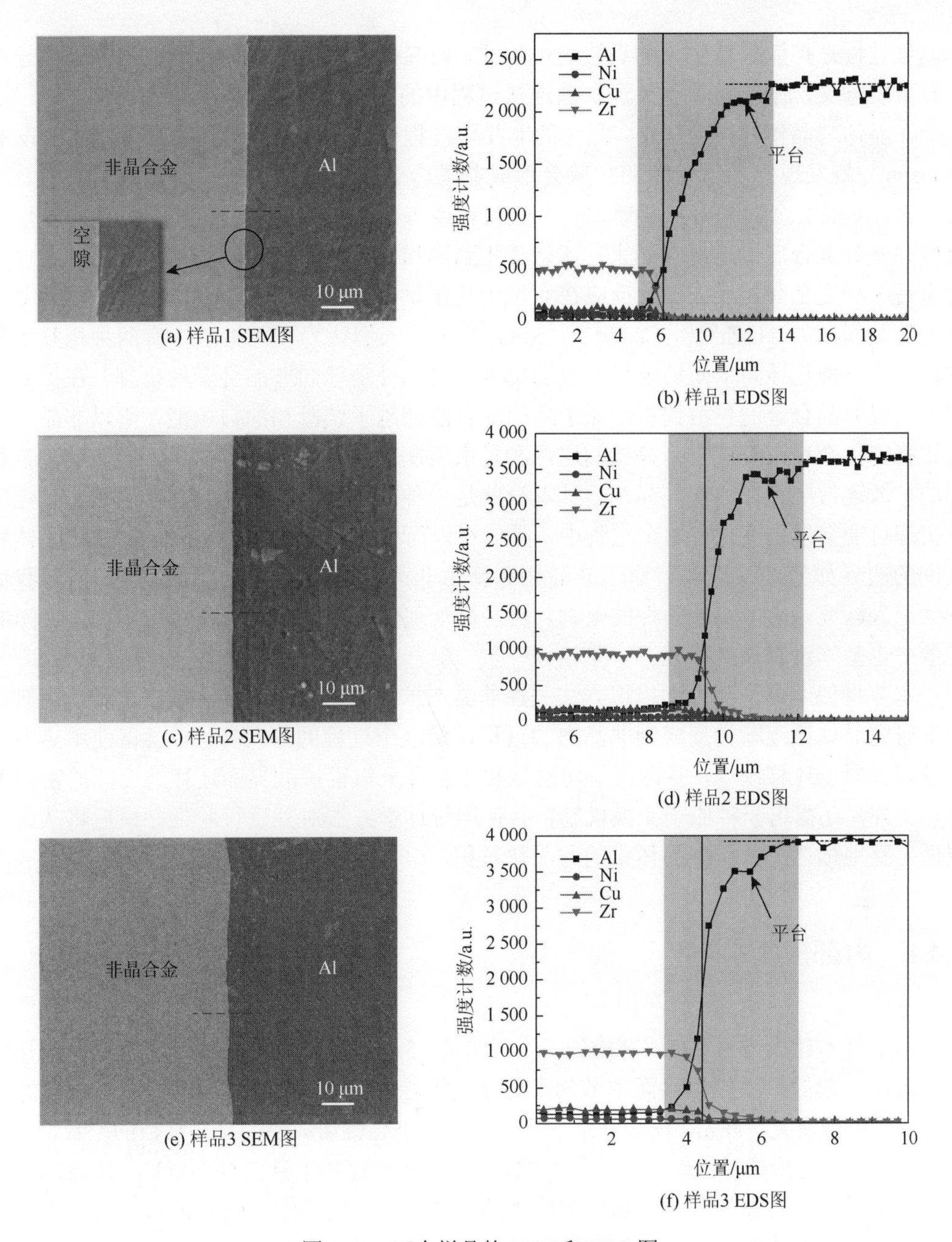

(a) 样品1 SEM图

(b) 样品1 EDS图

(c) 样品2 SEM图

(d) 样品2 EDS图

(e) 样品3 SEM图

(f) 样品3 EDS图

图 5-44　三个样品的 SEM 和 EDS 图

5.4　CuZr 非晶合金/Al 连接中的非晶化过程研究

非晶相和晶体相的扩散连接是一个极少被关注的过程。5.3 节讨论了非晶合金和铝连接工艺中的扩散行为，着重研究了扩散偶中原子互相扩散机理。有结果显示晶体相的

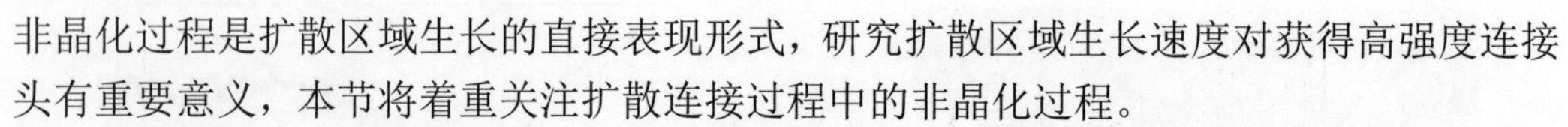

非晶化过程是扩散区域生长的直接表现形式，研究扩散区域生长速度对获得高强度连接头有重要意义，本节将着重关注扩散连接过程中的非晶化过程。

在晶体与晶体的扩散偶中，晶体的非晶化过程得到充分的研究。1983 年 Schwarz 和 Johnson[41]就发现了晶体之间的扩散会形成非晶合金，这吸引了众多研究者的兴趣。一般而言，非晶合金的制备主要通过将合金材料或者不同组分的多种单质晶体加热至熔化温度并充分混合后快速冷却而来，这是液相到固相的变化过程。而互扩散方法制备非晶合金是一种完全固相反应。此反应在后续十几年里得到广泛研究，人们得到了多种非晶化的扩散偶，如 Ni/Zr[42]、Co/Zr[43]、Si/Ge[44]等。人们认为在互扩散中有两种相互竞争的机制，一种是导向平衡稳定化合物的机制，另一种是导向非晶合金的机制。在扩散过程中出现非晶合金的扩散偶里，原子之间混合热超越了结晶相的自由能，所以非晶化反应比稳定化合反应更快[45]。晶体间这两种扩散机制的起点都是晶体材料，但非晶合金和铝的扩散连接中存在原生非晶相，其本身就是一种非稳态的化合物，所以这里非晶化反应机理可能会发生变化。这个过程中，晶体将以何种方式变成非晶态？非晶相和晶体相之间的边界如何持续运动？原生非晶相和新生非晶相是否有明显界限？这都值得我们继续深入探究。由于实验条件的限制，这些微观现象很难观察到，在晶体和晶体之间的扩散中也基本没有得到研究。

本节将使用分子动力学模拟方法关注非晶态扩散区域和晶体铝之间界面演变机理，着重研究晶体铝逐渐转变成为非晶态的过程以及这个过程的各向异性。尝试使用热力学理论解释原子迁移规律，并讨论剪切模量和非晶合金与铝扩散界面迁移速度间的密切关系。另外，还提出一种原子交换机制，并使用统计学方法对其进行验证。最后将从原子层面完整地描述扩散偶中晶体铝的非晶化过程。

5.4.1 内部应力分布

本节基本建模方法和 5.3 节类似。不同的是，5.3 节为了避免引入应力采用先分开加热后放在一起的扩散过程，而本节为了更接近实验过程，将首先把材料叠合在一起然后进行加热扩散研究。首先，在 300 K 下非晶合金被小心裁切成铝的晶格常数的整数倍，并与铝装配在一起形成扩散偶。随后扩散偶在 20 K/ps 的速率下升温至 700 K，开始扩散。

以下详细探讨加热对扩散偶内部应力的影响。可以根据原子应力张量计算非晶合金和铝中的内应力变化。这里 σ_{hy} 表示静水应力(hydrostatic stress)：

$$\sigma_{\mathrm{hy}}(i)=\frac{1}{3}[\sigma_{xx}(i)+\sigma_{yy}(i)+\sigma_{zz}(i)] \tag{5-22}$$

σ_{vm} 表示 von Mises 应力(剪切应力)：

$$\sigma_{\mathrm{vm}}(i)=\left(\frac{1}{2}\{[\sigma_{xx}(i)-\sigma_{yy}(i)]^2+[\sigma_{yy}(i)-\sigma_{zz}(i)]^2+(\sigma_{xx}(i)-\sigma_{zz}(i))^2+6(\sigma_{xy}^2+\sigma_{zy}^2+\sigma_{zx}^2)\}\right)^{1/2} \tag{5-23}$$

图 5-45 是扩散连接初期扩散平面内材料应力 σ_{xx} 和 σ_{yy} 的均值(二维静水应力)随时间变化的情况。由于扩散连接初期，材料相互接触引起体系振动，平面内的应力也发生了剧烈振荡，图 5-45 中的数据已经经过了平滑处理。可以看到，自非晶合金和铝相互接触后，两者的应力就开始升高而且方向相反。这是因为建模初期非晶合金和铝之间存在间隙，在界面能驱动下两者被迫接触在一起，这时材料被拉伸，而 $Cu_{46}Zr_{54}$ 的杨氏模量(65 GPa)略小于铝(70 GPa)，所以非晶合金更容易变形，最终形成应力差。这种机理造成的应力差较小，而且会在后续过程中恢复，它的影响并不明显。影响内应力的主要因素是材料之间的热膨胀系数差异。可以看到随着体系被加热到 700 K，非晶合金和铝的内部应力出现了巨大差异(内部应力上升了约 200 Mpa)。铝的热膨胀系数是 $2.3\times10^{-5}\ k^{-1}$，而 CuZr 非晶合金的热膨胀系数约在 $1\times10^{-5}\ K^{-1}$ [20]。这意味着当体系加热到 700 K 时，铝要比非晶合金宽约 0.5 Å。因此非晶合金会被拉伸，而铝会被压缩。

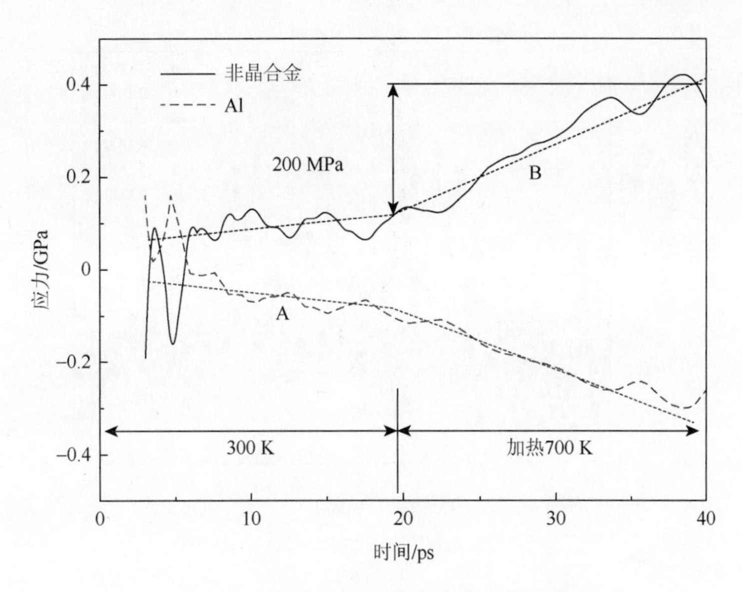

图 5-45　在加热过程中内部应力的变化情况

另外，关注扩散不同时间时，扩散偶中应力的分布情况，如图 5-46 所示。图 5-46(a)和(b)是使用先加热后接触扩散方法制备的扩散偶的应力状态。可以看到静水压力基本保持为 0 MPa，而 von Mises 应力也保持在很低的水准。需要说明的是，由于分子动力学模拟体系较小而且温度较高，应力张量会出现波动，而 von Mises 应力的定义方程(5-23)对波动十分敏感，所以其数值并不为 0 MPa。图 5-46(c)和(d)是使用扩散偶的应力状态，其中非晶合金和铝的应力状态差距十分明显。非晶材料的静水应力高达 300 MPa，而铝的静水应力为−300 MPa。非晶合金 von Mises 应力基本保持在 200 MPa，而铝的 von Mises 应力则高达 1 GPa。von Mises 应力表现的是剪切应力，所以晶体铝有发生剪切变形的趋势，但相比于材料的体模量，这些应力较小，并没有在材料中引起滑移等缺陷。实际上应力并未对扩散的本质机理造成影响。

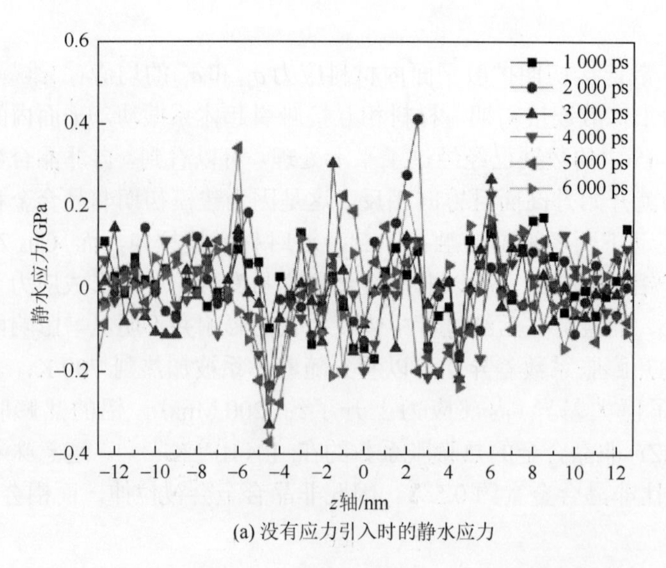

(a) 没有应力引入时的静水应力

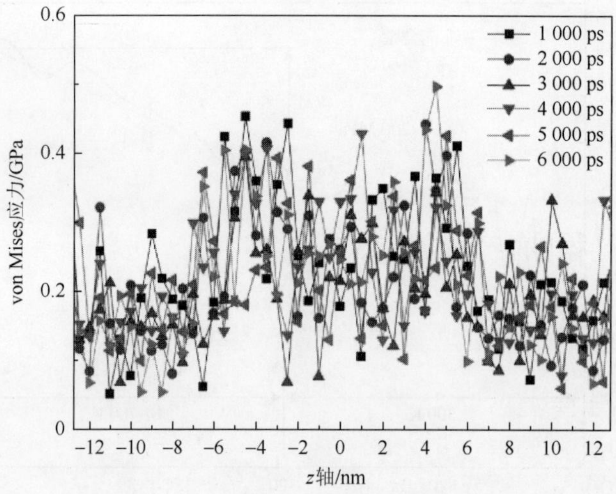

(b) 没有应力引入时的von Mises应力

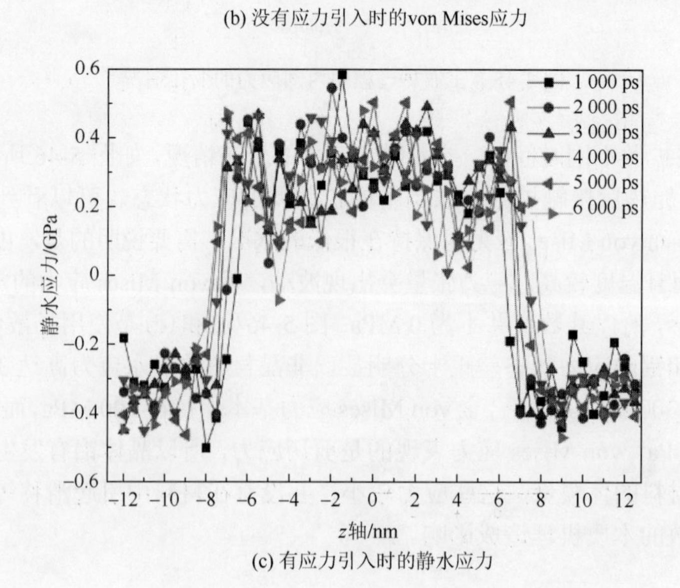

(c) 有应力引入时的静水应力

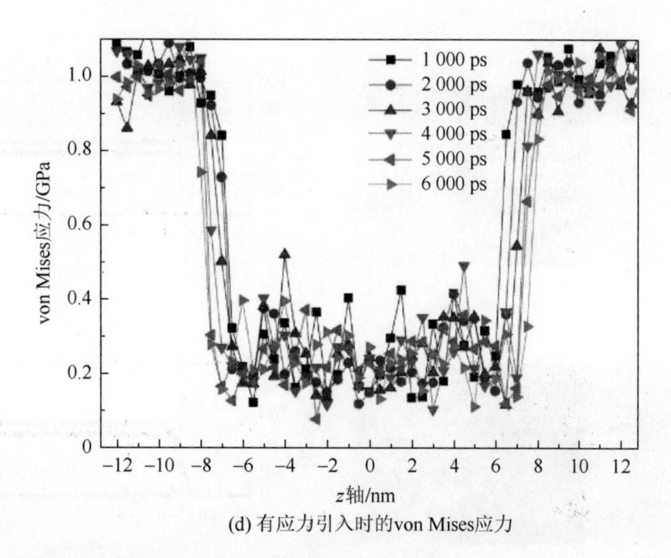

(d) 有应力引入时的von Mises应力

图 5-46　(a) 和 (b) 是没有应力引入时不同时间的静水应力和 von Mises 应力分布情况，(c) 和 (d) 是有应力引入时不同时间的静水应力和 von Mises 应力分布情况

5.4.2　非晶化过程的各向异性分析

1. 非晶化过程

为了探究扩散连接过程，本节同样引入原子截面图、浓度曲线和 $S(k)$ 分布情况来讨论扩散偶中界面的演变过程，如图 5-47 所示。其中图 5-47(a)～(e) 展示的是初始状态、0 ps、2 000 ps、4 000 ps、6 000 ps 时非晶合金和铝的原子截面图。不同于 5.3 节的扩散过程，在初始状态下，原子的温度为 300 K，不同材料间界限分明。当样品被加热到 700 K 时，边界已经开始模糊，这表示在 700 K 之前材料间扩散运动已经开始，而且十分迅速，原子运动速度远远超过常规固体材料内原子的运动速度，这种现象在 5.3 节中进行过讨论，是界面消失时表面能引起的原子搅动。图 5-47(a) 说明这种现象还可以在较低温时出现，合理地利用此机制可能实现低温焊接，本书不对此进行深入探讨。图 5-47(f)～(j) 是扩散过程中原子浓度的变化情况，图中显示 0 ps 时扩散区域原始厚度只有 1 nm，而在 6 000 ps 时已经增长为 4.9 nm。扩散区域在铝方向上增长了 2.8 nm，而在非晶合金侧则只增长了 1.1 nm。图 5-47(k)～(o) 是材料沿着扩散方向的静态结构因子 $S(k)$ 的分布情况。不难看出晶体铝随着扩散区域的扩张逐渐失去其原有晶体结构，转变为非晶态。从扩散区域整体生长趋势来看，其拓展主要体现在铝侧，所以研究铝侧边界上铝演变成为非晶合金的机制是理解扩散连接过程的关键。

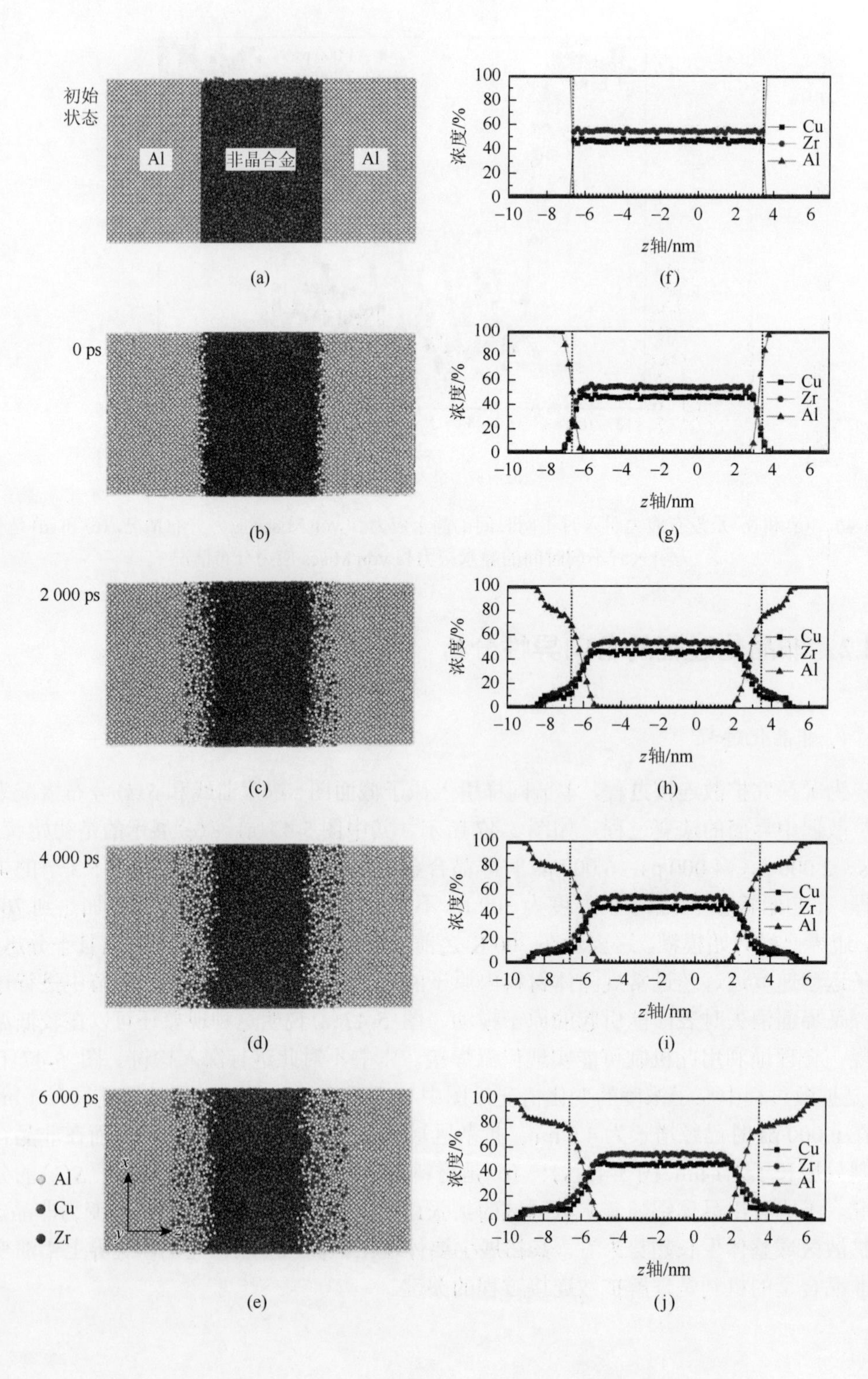

初始状态
Al
非晶合金
Al
0 ps
2 000 ps
4 000 ps
6 000 ps
Al
Cu
Zr
x
y
z
浓度/%
z轴/nm
Cu
Zr
Al
(a)
(b)
(c)
(d)
(e)
(f)
(g)
(h)
(i)
(j)

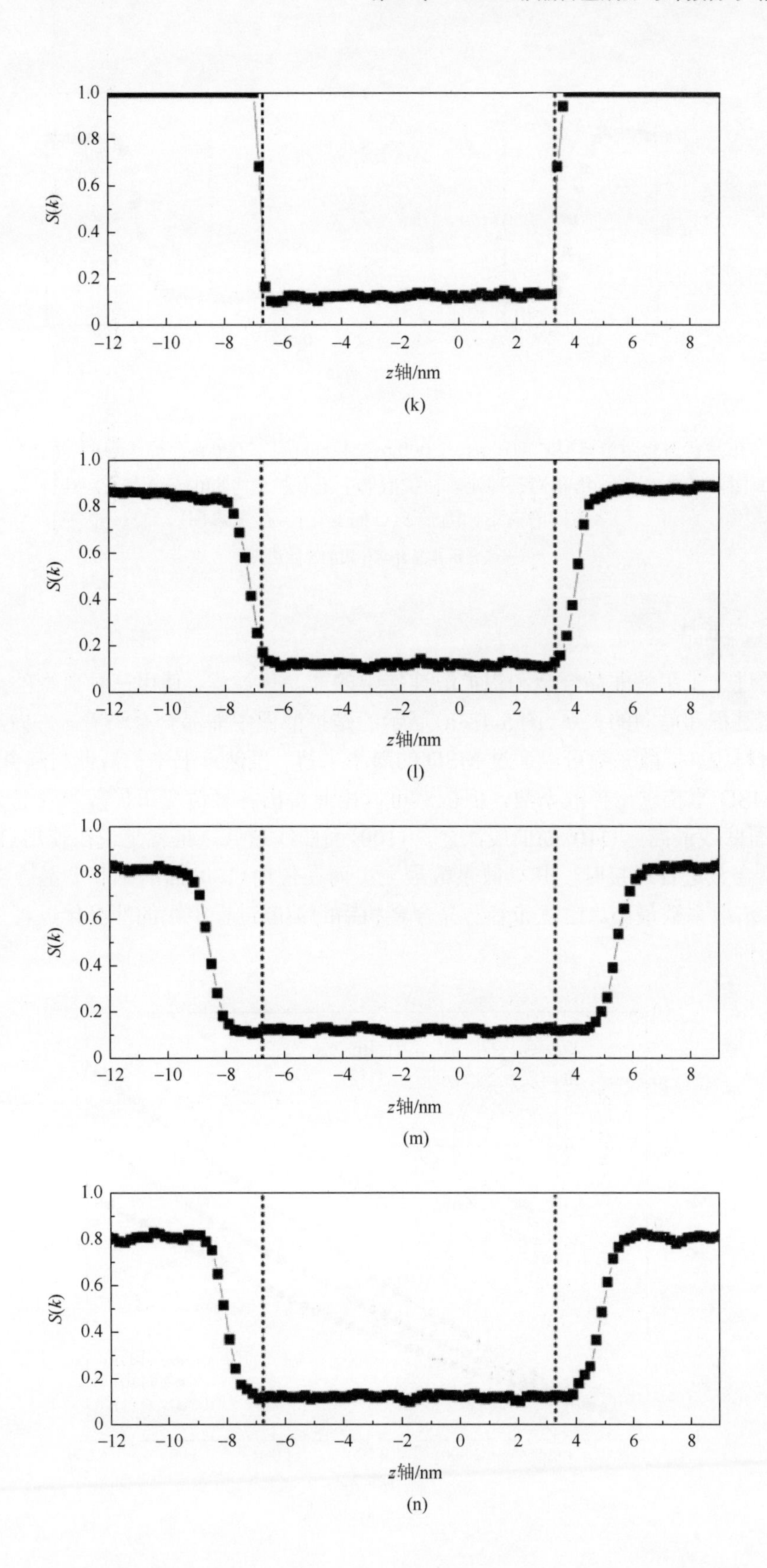

(k)

(l)

(m)

(n)

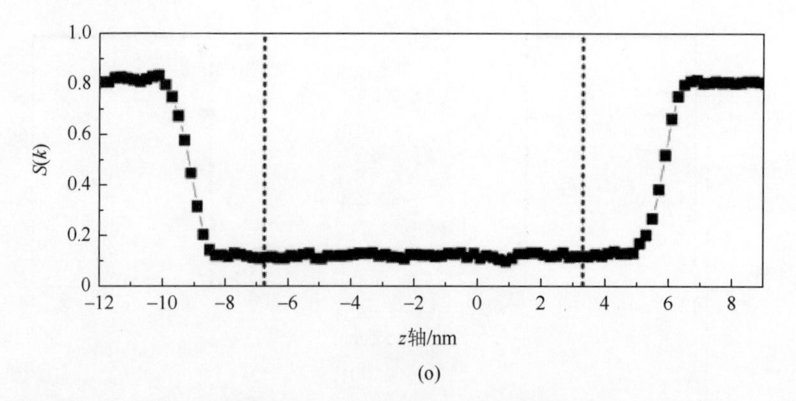

图 5-47 在初始状态和四个典型时刻(0 ps、2 000 ps、4 000 ps、6 000 ps)(a)～(e)非晶合金-铝扩散偶的原子截面图，(f)～(j)铜、锆和铝三种元素在扩散偶中沿着扩散方向的分布情况，(k)～(o)沿着扩散方向静态结构因子 $S(k)$ 的变化情况(见彩图)

虚线表示非晶合金和铝的原始边界

2. 各向异性

为了进一步了解非晶合金和铝扩散连接中的非晶化过程，使用三种典型的晶面来研究非晶化过程和晶向的关系。图 5-48(a)展示的是扩散偶中非晶合金沿着 z 方向的 MSD。在均匀材料中，扩散系数可以通过 MSD 的斜率求得。虽然本书中扩散偶材料并不均匀，无法由 MSD 直接求出扩散系数，但依然可以由此得出各种情况下扩散的强弱。我们发现(111)面曲线最高，(110)面曲线次之，(100)面曲线最低。也就是说在使用(111)面的铝与非晶合金进行连接时，其扩散系数最大；而在使用(100)面的铝和非晶合金进行扩散时，其扩散系数最小。这意味着非晶合金和铝的扩散过程中铝的非晶化过程体现出明显各向异性。

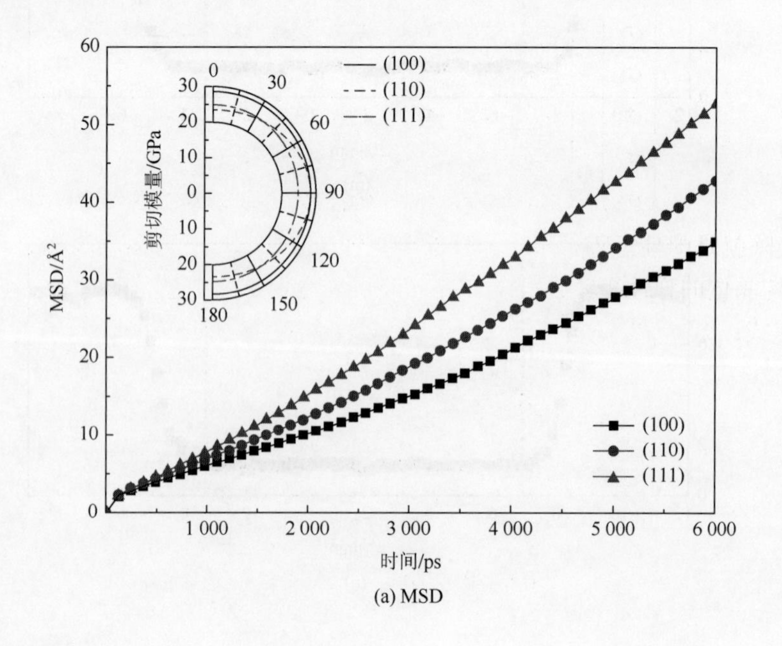

(a) MSD

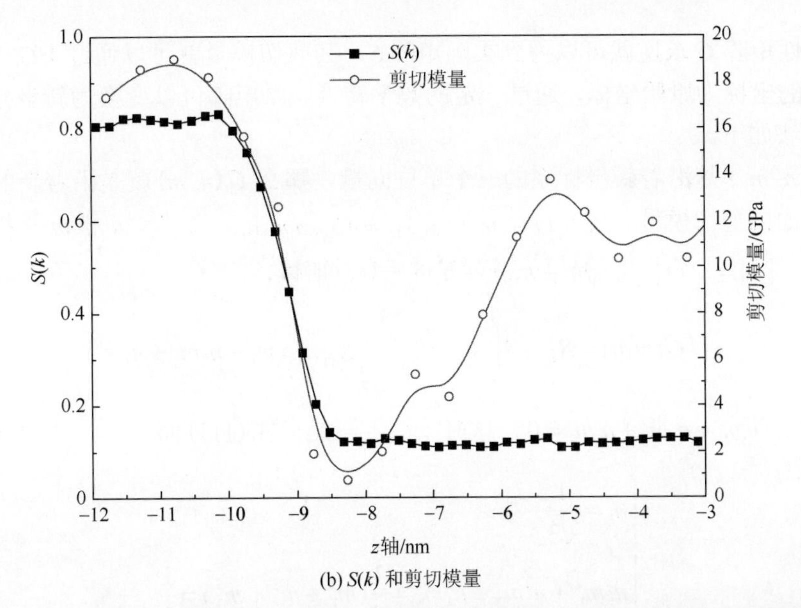

(b) $S(k)$ 和剪切模量

图 5-48　(a) 使用不同晶向((100)、(110)和(111))的铝与非晶合金进行互扩散时，非晶合金的 MSD 在 z 方向的分量，插图是铝各个晶向的剪切模量，(b) 在扩散进行了 6 000 ps 时非晶合金和铝的扩散区域 $S(k)$和剪切模量的分布情况

材料的非晶化过程和剪切模量密切相关[46]。扩散区域静态结构因子 $S(k)$ 和剪切模量的分布情况如图 5-48(b)所示。剪切模量在扩散区域迅速下降，进入非晶合金后才缓慢回升。$S(k)$ 也在扩散区域快速下降，而且它们在下降过程中基本重合，这暗示着非晶化过程和剪切模量确实存在某种关联。为了探讨它们之间的关系，对铝各个晶向剪切模量了分析。广义胡克定律可以表示为矩阵形式：

$$\sigma = \begin{pmatrix} \sigma_1 \\ \sigma_2 \\ \sigma_3 \\ \sigma_4 \\ \sigma_5 \\ \sigma_6 \end{pmatrix} = \begin{pmatrix} \sigma_{11} & \sigma_{12} & \sigma_{13} & \sigma_{14} & \sigma_{15} & \sigma_{16} \\ \sigma_{21} & \sigma_{22} & \sigma_{23} & \sigma_{24} & \sigma_{25} & \sigma_{26} \\ \sigma_{31} & \sigma_{32} & \sigma_{33} & \sigma_{34} & \sigma_{35} & \sigma_{36} \\ \sigma_{41} & \sigma_{42} & \sigma_{43} & \sigma_{44} & \sigma_{45} & \sigma_{46} \\ \sigma_{51} & \sigma_{52} & \sigma_{53} & \sigma_{54} & \sigma_{55} & \sigma_{56} \\ \sigma_{61} & \sigma_{62} & \sigma_{63} & \sigma_{64} & \sigma_{65} & \sigma_{66} \end{pmatrix} \begin{pmatrix} \varepsilon_1 \\ \varepsilon_2 \\ \varepsilon_3 \\ \varepsilon_4 \\ \varepsilon_5 \\ \varepsilon_6 \end{pmatrix} = C\varepsilon \tag{5-24}$$

式中，$\boldsymbol{C}$ 矩阵就是弹性矩阵，由于晶体的对称性，其中一部分元素为零，而有些元素相等。fcc 结构晶体的弹性矩阵只有三个独立的常数，即 C_{11}、C_{12} 和 C_{44}，于是铝的弹性矩阵有如下形式：

$$\boldsymbol{C} = \begin{bmatrix} C_{11} & C_{12} & C_{12} & 0 & 0 & 0 \\ C_{12} & C_{11} & C_{12} & 0 & 0 & 0 \\ C_{12} & C_{12} & C_{11} & 0 & 0 & 0 \\ 0 & 0 & 0 & C_{44} & 0 & 0 \\ 0 & 0 & 0 & 0 & C_{44} & 0 \\ 0 & 0 & 0 & 0 & 0 & C_{44} \end{bmatrix} \tag{5-25}$$

对弹性矩阵 $\boldsymbol{C}$ 求逆就可以得到柔顺矩阵 $\boldsymbol{S}$，其剪切模量就可以通过 $1/G = S_{44}$ 得到。此时系统的坐标为原始坐标，通过一定的数学转换，原矩阵可以变换为新坐标下柔顺矩阵 S^*，方法如下。

如果 n, m, t 是沿着新坐标系的三个单位向量，那么 $G(n, m)$ 就是沿着新的坐标系中 (x_1^*, x_2^*)-平面的剪切模量。其中 $1/G(m,n) = S_{44}^* = 4S_{ijkl}n_i m_j n_k m_l$ [47, 48]。n 和 m 是相互垂直的单位向量，$|n|=1, |m|=1, n_1m_1 + n_2m_2 + n_3m_3 = 0$，所以，

$$1/G(m,n) = S_{44} + 4\left(S_{11} - S_{12} - \frac{1}{2}S_{44}\right)(n_1m_1 + n_2m_2 + n_3m_3) \tag{5-26}$$

在(100)面，$n_1m_1 + n_2m_2 + n_3m_3 = 0$，这时 $1/G_{100} = S_{44}$。在(111)面，

$$\begin{cases} n_i = \dfrac{1}{\sqrt{3}} \\ n_1^2m_1^2 + n_2^2m_2^2 + n_3^2m_3^2 = \dfrac{1}{3}(m_1^2 + m_2^2 + m_3^2) = \dfrac{1}{3} \end{cases} \tag{5-27}$$

所以，

$$1/G(m,n) = S_{44} + 4\left(S_{11} - S_{12} - \frac{1}{2}S_{44}\right) \times \frac{1}{3} \tag{5-28}$$

在(110)面，$n_1^2m_1^2 + n_2^2m_2^2 + n_3^2m_3^2$ 不是定值，所以在(110)面上，剪切模量也是各向异性的。

经过计算得到三种晶向的剪切模量，结果如图 5-48(a)插图所示，$G_{100} = 28.5$ GPa，$G_{111} = 24.8$ GPa，$G_{110} = 23.3$～28.5 GPa(平均值为 25.7 GPa)。结果表明(111)面的剪切模量最小，而(110)面的平均剪切模量居中，(100)面剪切模量最大。剪切模量可以用来评价晶面的机械稳定性，所以(111)面是三种晶向中最不稳定的面，而(100)面比较稳定，这将表现在晶格畸变难度，所以在实验中 fcc 结构晶体中(111)面最容易发生滑移。在应力作用下，(111)面会发生轻微形变，原子渗透进入所需要的能量就降低了，最终表现为(111)面接触扩散的扩散率最大。这种现象也在铜-铜低温键合实验中得到了印证，(111)晶面占比较高的铜表面可以在极低温度下进行键合[49]。

熔化和凝固过程是物理学中另外一个广泛研究的非晶态和晶态之间转化过程。非晶合金由液态合金材料在快速冷却过程中原子来不及排布而被固化得来。非晶合金和液态材料有着很多的相似之处，所以也称为液态金属。熔化、凝固和扩散连接的界面从本质上都是晶态相和非晶态相之间的界面。实际上，人们早已探索过熔化和固相非晶化过程之间的关系[50, 51]。在晶体熔化过程中，物质的剪切模量随熔化质量分数变化的行为是一个失稳过程，当熔化质量分数达到某一临界值之后，剪切模量会快速下降[52]，这个趋势恰好与互扩散过程的趋势吻合。也有人指出固相的非晶化过程可以看作一种低温的熔化。如果不考虑固相非晶化过程和熔化过程间巨大温度差异，这两个过程中晶面原子都处于相似状态下，都需要受到外部非晶态相的影响，抵抗晶格畸变。

5.4.3　界面处原子交换机制分析

虽然扩散连接过程和熔化过程有着诸多相似之处，但前者的内在机制要更加复杂一些，目前尚无完善的物理模型可以描述此过程。在液体中原子分布是均匀的，拥有充分的活跃性。而扩散连接是一个固相过程，原子受到周围原子的禁锢，很难自由运动。除此之外，扩散连接模型拥有多种元素，而且各种元素呈现明显的梯度分布，复杂的状态对整个非晶化过程会产生巨大影响。更为重要的是，熔化过程的驱动力本质上是固态和液态之间的自由能差，而扩散焊接中非晶化过程的驱动力应该是原子之间大的负混合热和原子热运动。

图 5-47(j) 是扩散 6 000 ps 后铜、锆和铝三种元素在扩散偶中沿着扩散方向的分布情况，在扩散区域靠近铝的边界上，铜原子明显比锆原子运动得更远。这可以简单地理解为锆原子比铜原子更重，体积也更大，所以它需要更多能量来穿越势垒，但实际上其中机理要更为复杂。锆原子在整个扩散区域并不总落后于铜原子。在 $z = 3$ nm 处，锆原子的数量明显超过了铜原子，原子体积和重量差异不可能造成此现象。从能量角度来看，Al-Cu 的混合热为–1 kJ/mol，而 Cu-Zr 和 Al-Zr 的混合热分别为–23 kJ/mol 和–44 kJ/mol[53]。铝和锆之间大的负混合热决定了它们之间存在较大作用力，驱使铝和锆相互靠近，促进互扩散。原子间的混合热能很好地解释局部区域内锆原子的扩散模式，但却又无法说明 DZ-Al 边界附近原子的扩散模式。扩散连接是多种机制共同作用的结果，铝原子和锆原子在非晶化过程中扮演着不同的角色。

通过观察扩散过程原子轨迹图，我们发现了一种统一的原子迁移规律，这可以合理地解释上述多种现象。由于扩散偶的环境温度为 700 K，在剧烈的热运动影响下，原子的替换过程变得十分难以表征，所以使用示意图来表示。图 5-49(a) 表示的是非晶合金和晶体铝在原始状态下的界面状态，铝原子规则排列，铜原子和锆原子混合排列。图 5-49(b) 表示原子在扩散一段时间后的运动情况。其中，铝和锆之间较大的混合热将铝原子(2) 拉向锆原子(3)，留下的晶格空位被附近的铜原子(1) 占据。扩散过程也可能以更复杂的形式发生：两个铝原子(5，6) 被锆原子(7) 吸引并逐渐脱离其原来的晶格位置，

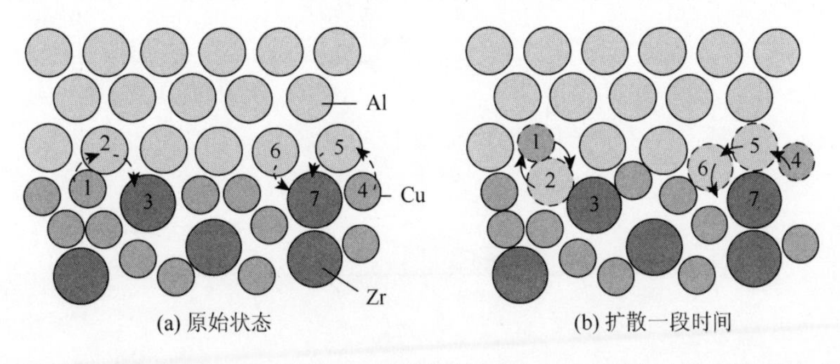

图 5-49　(a) 非晶合金和晶体铝在原始状态下的界面状态和 (b) 原子在扩散一段时间后的运动情况

附近的铜原子(4)逐渐占据晶格位置。随着原子的替换，铝块中发生晶格畸变，进而非晶化。不难看出原子替换过程是铜原子和锆原子共同作用的结果。由于锆和铝之间混合热较大，锆原子显著地影响了铝晶格稳定性。但是锆原子比较重，体积比较大，难以移动并渗透进入晶体中。而铜原子相对来说更轻更小，而且和铝有着良好相容性，所以铜原子可以很容易渗透进入铝块内占据铝原子的晶格位置。

为了更为定量地表征在扩散连接过程中铜原子和锆原子所扮演的角色，使用统计的方法来进行进一步分析。图 5-50(a)是非晶合金和铝的扩散区域中原子径向分布函数的 Al-Zr 和 Al-Cu 分量。径向分布函数基于扩散区域计算所得，所以曲线的第二峰出现断裂。根据径向分布函数可以确定铝原子与铜原子和锆原子间的距离，包括第一近邻位、第二近邻位、第三近邻位和远距离。随后使用共近邻分析法找出模型中处于 fcc 结构的铝原子，并计算出距离它最近的铜原子和锆原子的位置。这样 fcc 结构的铝原子可以分为十六种类型(最近的铜原子处于第一近邻位和最近的锆原子也处于第一近邻位、最近的铜原子处于第一近邻位和最近的锆原子处于第二近邻位……铜原子和锆原子都处于远距离)。

观察这十六种铝原子在扩散进行 100 ps 后是否依然保持 fcc 结构。图 5-50(b)是统计结果，柱状图高度表示这十六种原子在 100 ps 后依然保持 fcc 结构的概率。当铜的位置不发生变化时，保持 fcc 结构的概率随着锆原子的靠近迅速降低。当锆原子处于第一近邻位时，铝原子依然保持 fcc 结构的概率只有不到 40%，而当锆原子处于远距离时，这个概率可以达到 80%，后者是前者的两倍。但当锆原子位置保持不变时，铝原子保持 fcc 结构的概率却并没有随着铜原子的位置变化而剧烈变化。铜处于第一近邻位和远距离时，概率差距在 20%以内。这表明锆原子才是降低晶体铝稳定性的主要因素。另外，在统计过程中发现，很少有锆原子能够比铜原子更靠近铝原子。当最近的铜原子处于远距离时，没有锆原子可以靠近铝原子。这说明锆原子的运动渗透和铜原子的位置有

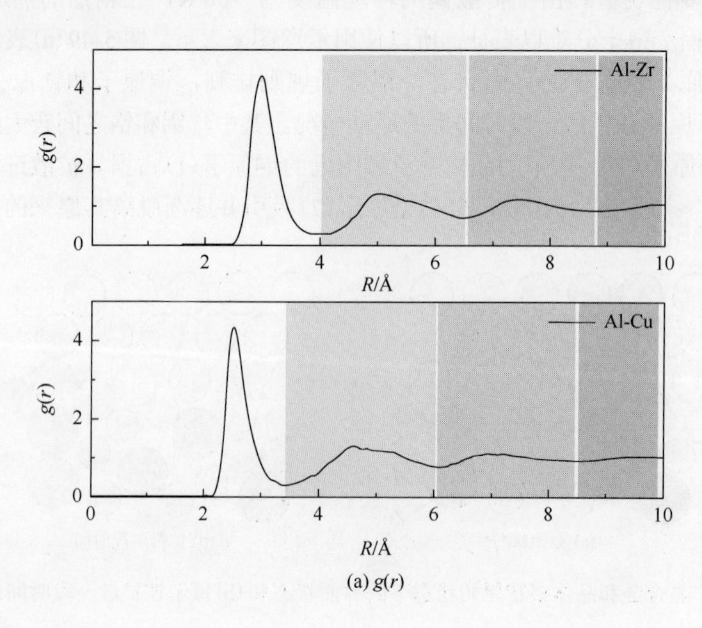

(a) $g(r)$

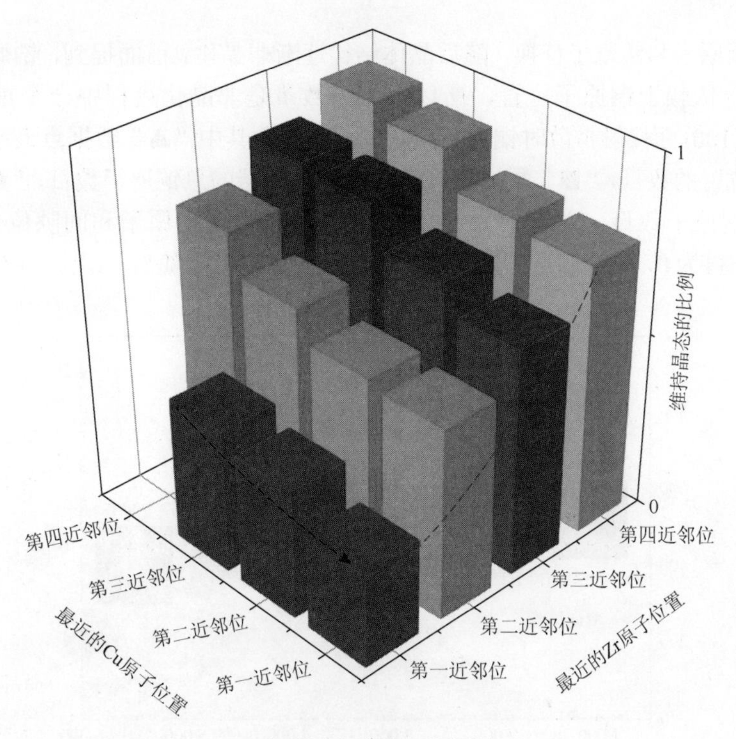

(b) 各种铝原子保持fcc结构的概率

图 5-50　(a) 非晶合金和铝的扩散区域中原子径向分布函数的 Al-Zr 和 Al-Cu 的分量，(b) 各种铝原子保持 fcc 结构的概率

较大关系。联合考虑上述现象，不难看出铜原子和锆原子相互协助才最终造成了铝的非晶化。锆原子影响铝晶格的稳定性，为铜原子提供了占据铝晶格位置的机会。随着铜原子的渗透，原有的 fcc 结构晶格逐渐畸变，这又反过来降低了锆原子接近铝原子的势垒。这里只考虑最近非晶合金杂质原子和铝原子的距离，并未考虑原子的数目，虽然这显然对问题进行了简化，但统计结果还是能够为铜、锆在非晶化过程中相互合作机制提供重要支撑。

5.4.4　晶面非晶化过程的机理研究

5.4.3 节已经探讨了局部原子的迁移机理，为了进一步探索非晶合金和铝的扩散过程，本节从整体角度出发进一步研究铝的非晶化。非晶化过程可以粗略地划分为三个子过程：原子渗透、原子跳跃和晶面坍塌。

1. 原子渗透

为了比较直观地观察原子的渗透，扩散过程中某一薄层原子被单独提取出来，并时刻关注其结构的变化，这个区域包含三个原子层。从扩散 0 ps 时刻开始，铝块体中一部分

原子逐渐被铜原子和锆原子替换，随后晶体结构逐渐非晶化。前面提到，锆原子在铝块体中的延伸十分依赖于铜原子位置，所以铜原子数量是非晶化过程中一个重要参量。图5-51(a)是在(100)面接触扩散时铜原子数量变化情况。其中“▲”数据点表示铜原子占据铝原子晶格位置的数目，“■”数据点表示渗透进入薄层的总铜原子数目，“■”阴影部分是间隙位置铜原子数目。总的铜原子数目(包含晶格位置铜原子和间隙位置铝原子)在800 ps之前一直为0，这说明薄层在这之前一直是纯晶体铝。随后，铜原子渗透进入薄层。

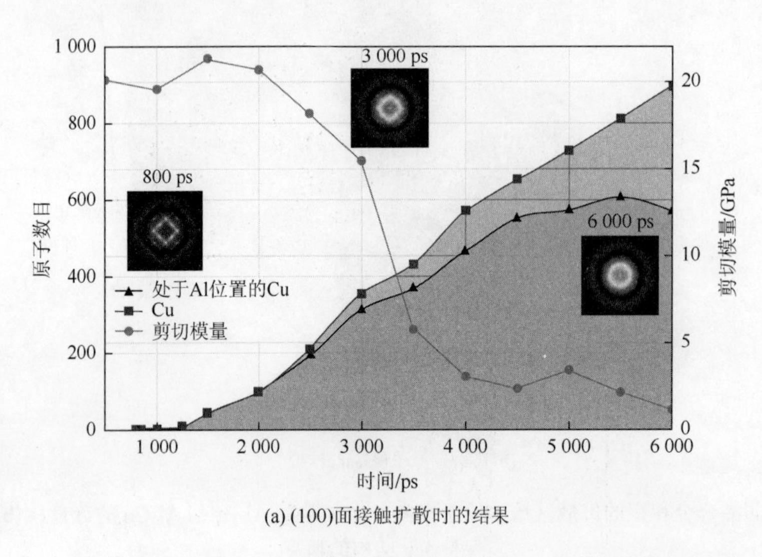

(a) (100)面接触扩散时的结果

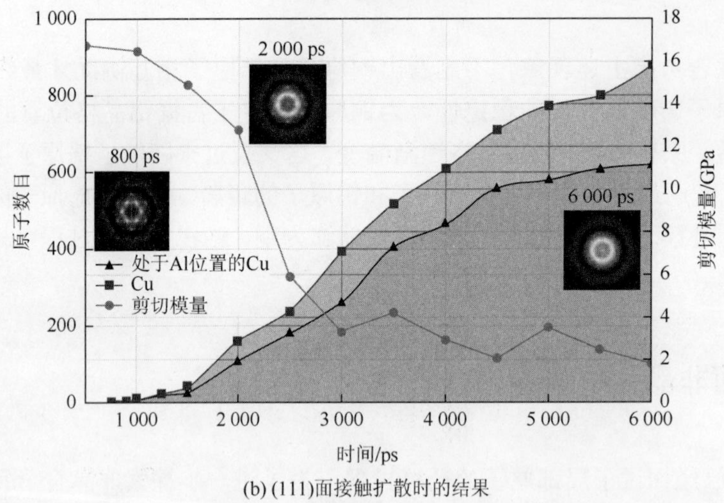

(b) (111)面接触扩散时的结果

图 5-51　扩散过程中，渗透进入薄层铜原子总数和处于铝晶格位置铜原子数随时间变化情况(见彩图)

从图5-51中可以看出，在2 500 ps之前，总铜原子曲线和晶格位置铜原子曲线高度重合在一起，薄层中几乎没有间隙位置铜原子，也就是说所有的铜原子都处于铝晶格位置上。这时薄层中虽然含有大量杂质原子，但是依然维持着完美晶格排布。2 500 ps之后，“■”和“▲”曲线逐渐分开，这时间隙位置铜原子大量出现。在关注原子排布的同时，每间隔 500 ps 对这个区域的剪切模量进行计算。可以发现在薄层处于完美铝单晶时(＜800 ps)剪切模量维持在 20 GPa 左右，随着晶格位置铜原子增多，剪切模量并没有明显变化，但当间隙位置铜原子出现时(2 500 ps)，薄层的剪切模量从 18.2 GPa(2 500 ps)降低到了 5.8 GPa(3 500 ps)，这说明薄层在这个时间段内发生了非晶化。非晶化过程发生之前，已经有接近 200 个铜原子渗透进入薄层，这会引起一定的晶格畸变，但未造成非晶化。这说明铝晶面对非晶化过程有一定的抗性，而在 2 500 ps，铝晶面达到了临界点，随后晶面在 1000 ps 内快速非晶化。插图是薄层原子排布图的 FFT 图样，它有着和 SAED 同样的物理意义，这可以为非晶化过程提供更直观的视角。

同时观察(111)面接触扩散连接时扩散区域演变过程，如图 5-51(b)所示。此时，晶格位置铜原子数目曲线和总铜原子数目曲线在 1 500 ps 就发生了分离，远远早于(100)面接触扩散时的分离时间。薄层的剪切模量快速降低区域依然发生在两条曲线分开的时间段内，但在薄层非晶化之前，只有 40 个铜原子渗透进来，少于(100)面接触扩散时的数量。这也就说明了(111)面比(100)面更容易发生混乱，与之前晶向对扩散过程影响的讨论是相符的。较大的剪切模量意味着有较好的机械稳定性，即较强的抵抗应力变形的能力。因此，在有应力引入的前提下，剪切模量可以用来评价体系抵抗非晶化的能力，是扩散连接的重要指标。

2. *原子跳跃*

铜原子的渗透过程和晶面非晶化过程密切相关，铜原子渗透进入铝块体之后，并非原地不动，它随后的行为值得密切关注。提取两个相差 10 ps 的瞬间中铜原子的坐标，并计算其差，就可以得到每个铜原子在 10 ps 内的运动距离。然后按照运动距离对原子数目进行统计，得到铜原子运动距离概率图，如图 5-52 所示。图 5-52(a)是(100)面接触扩散时，DZ-Al 边界处铜原子在 10 ps 内运动距离概率图，可以清晰地发现在 0.8 Å、2.8 Å 和 4.2 Å 处有三个峰。由于 fcc 铝在室温下的晶格常数是 4.05 Å[54]，2.8 Å 是第一近邻位而 4.05 Å 则是第二近邻位，正好与后面两个位置对应。为了确认 0.8 Å 峰值的意义，统计 10 ps 内非晶态扩散区域内铜原子的运动距离分布情况，如图 5-52(b)所示。图中只出现了一个处于 0.8 Å 的峰，这说明这个峰是原子在 10 ps 内普遍的运动距离或者说是热运动结果。处于第一近邻位和第二近邻位的峰说明了铜原子在渗透进入晶体铝内后并非静止不动，而是在其铝晶格位置上进行进一步跳跃。统计 DZ-Al 边界处晶体铝原子在 10 ps 内原子运动距离概率图，如图 5-52(a)插图所示。其中并没有出现第一近邻峰和第二近邻峰，这确认这种跳跃不是晶体内正常的原子迁移。实际上，铝块体内大部分区域处于完美单晶状态，只有少部分区域由于铜的渗透发生了畸变，这些铜原子有着比铝原子更好的运动性，使得这些区域比处于单晶状态的区域更不稳定，是进一步发生非晶化的突破点。另外，在固态扩散中，两个原子直接交换会引入巨大畸变，需要大量激活能，所以很难发生。通常扩散会通过多个原子协作的方式进行(链式或者环式)，如图 5-52(b)插图所示。在晶格上跳跃的铜原子很可能就是这种协作扩散的一环，铜原子的跳跃扩大了晶格畸变范围，同时为其他原子的渗透提供了机会，这大幅降低了原子进一步渗透进入铝块体的势垒，是进一步非晶化的重要推手。

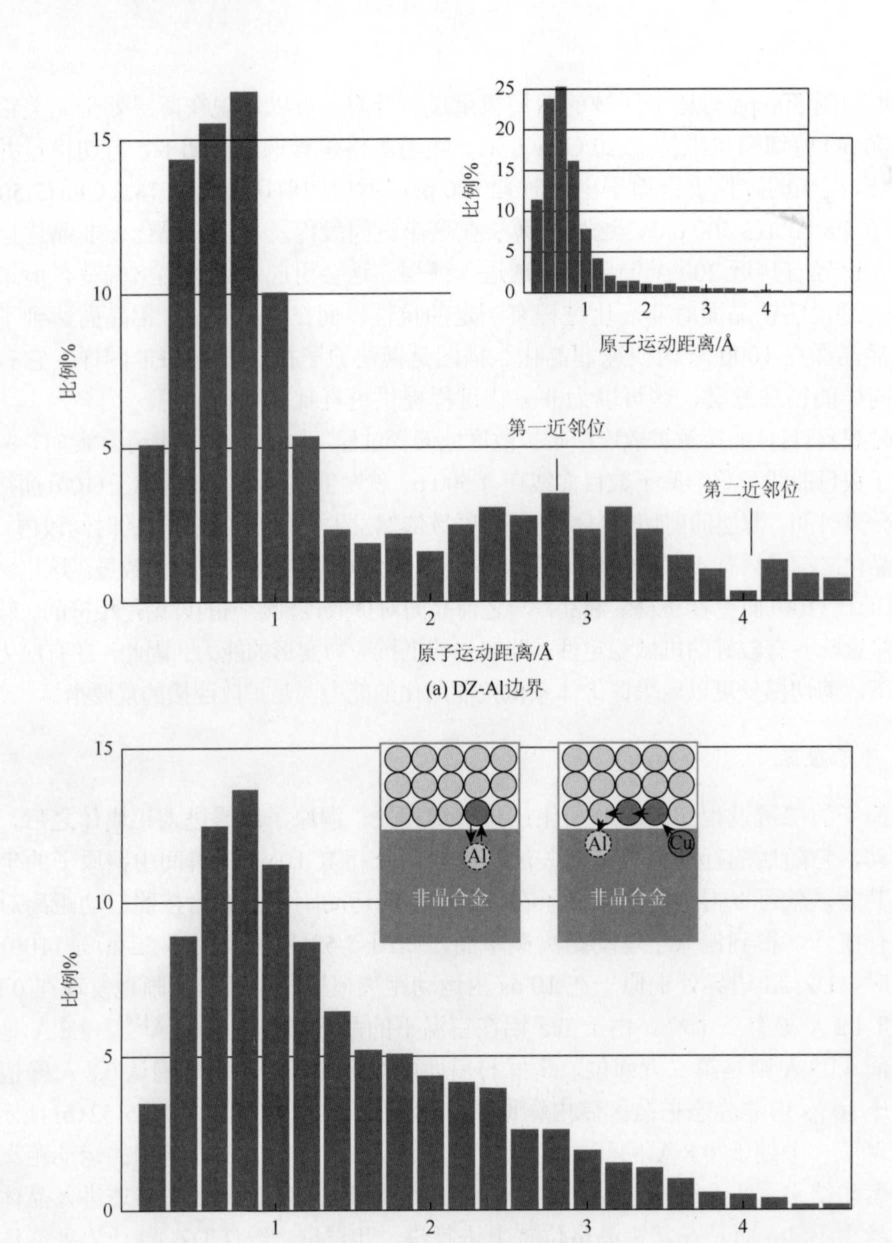

图 5-52　在 DZ-Al 边界和扩散区域中铜原子运动距离概率图

3. 晶面坍塌

了解了非晶化过程中原子渗透和跳跃后，着重关注晶面行为。原子的密度图可以清楚直观地展示晶面的非晶化过程。原子密度图可以通过如下方法计算得到：样品沿着扩散方向(*z* 轴)被切成 0.1 Å 的薄片，然后统计每个薄片内各种原子的数目，最后除以体积得到原子的密度图。图 5-53 是(100)面接触扩散时，0 ps、700 ps、2 700 ps 和 5 700 ps

时扩散区域铝原子的原子密度图，其中峰值区域表示晶体铝的晶面，晶面距离约为2.1 Å。在左侧晶体铝区域，晶面峰十分明显，其高度为 0.22 $Å^{-3}$，随着扩散区域靠近，晶面峰逐渐降低，最后完全消失在扩散区域。对比 0 ps、700 ps、2 700 ps 和 5 700 ps 的曲线可以发现，晶态相和非晶态相的界限(即 DZ-Al 边界)随着时间推移在由右向左运动，在初期高耸的晶面峰逐渐降低，最后被扩散区域吞没。

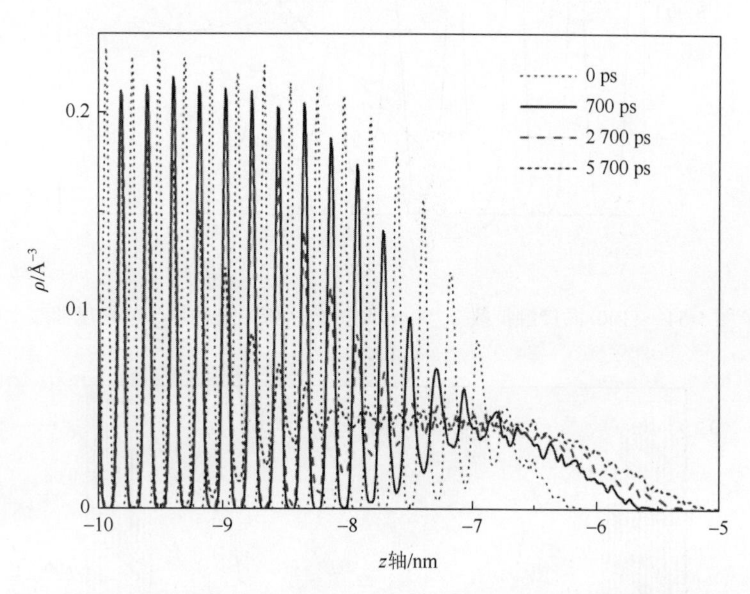

图 5-53　(100)面接触扩散连接进行 0 ps、700 ps、2 700 ps 和 5 700 ps 时扩散区域铝原子的密度曲线

图 5-54 是 2700 ps 时扩散区域三种原子的密度曲线。铜属于非晶合金组成原子，所以在非晶合金内并没有晶面峰出现，但是在扩散顶端，如 $z = -8.6$ nm 处，铜原子密度曲线在高耸的铝原子密度峰值下也出现较小峰值，这说明少数铜原子渗透进入了铝晶格，但并没有影响晶面晶态排布。在 $z = -8.6$ nm 处，锆原子峰并没有出现，在 $z = -8.3$ nm 处锆原子峰却出现了，这是因为锆原子的渗透往往依赖于铜原子，所以铜原子比锆原子渗透得更远更深更多。图 5-54 中的插图是局部放大图。在 $z = -8.3$ nm 处，铜原子、锆原子和铝原子密度曲线的峰值并不完全重合。相比于铝晶面，铜原子密度峰值更偏向左边，而锆原子密度峰值更靠近右边。这可能是由铜、锆和铝原子间半径差异造成的，锆原子较大，无法合理地排布在狭窄的铝晶面中；而铜原子较小，可以排列得更紧密。另外，邻近晶面原子挤压也可能是重要因素。这些不匹配现象随后就引起了晶面畸变最终非晶化。

图 5-55 为原子密度和铝浓度曲线对比图。非晶化过程发生在靠近区域III中，并没有延伸到整个扩散区域。图中原子密度曲线上的虚线环标示出了晶面峰消失的位置，这与铝浓度曲线上虚线环标注浓度转折处相对应。5.3 节中提到二十面体结构随着铝原子的加入逐渐虚弱，在区域III，铝晶格逐渐成为维持材料体系的主要力量。随着铝晶面峰在非晶合金原子的影响下下降，非晶态的扩散区域逐渐向晶体铝方向推进。

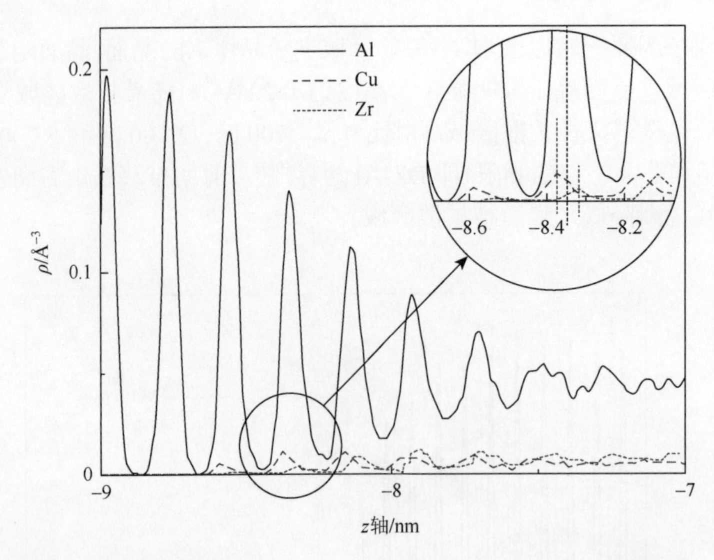

图 5-54 （100）面接触扩散 2 700 ps 时扩散区域中三种原子的密度曲线

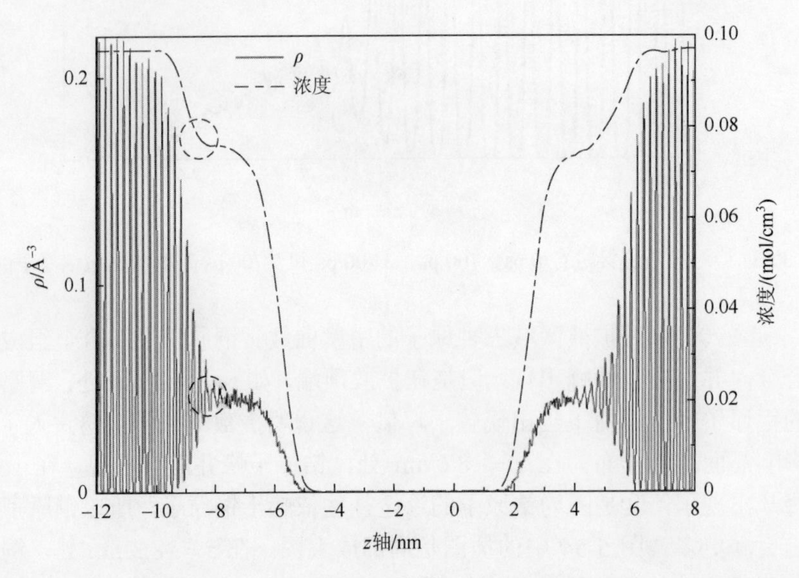

图 5-55 原子密度曲线和铝浓度曲线的对比图

为了更细致地分析晶体铝的非晶化过程，挑选出一个铝原子密度晶面峰进行单独观察，如图 5-56 所示。需要指出的是扩散过程中晶面峰会发生小幅移动，为了方便比较，使用平移手段将 0～6 000 ps 的数据重合起来。可以看到，峰值在 3 000～4 000 ps 时发生明显坍塌。在 3 000 ps 前晶面峰比较明显，而在 4 000 ps 之后晶面峰就变得十分平缓。插图是晶面峰和时间的关系，其中虚线是拟合直线，在 3000～4000 ps 处拟合直线发生明显断裂，这说明在此时间段内晶体快速转换成非晶体。这个现象与图 5-51 十分吻合，在杂质原子渗透初期，晶面保持晶态，但随着杂质原子增多，晶面不堪重负在一段时间内发生了非晶化。

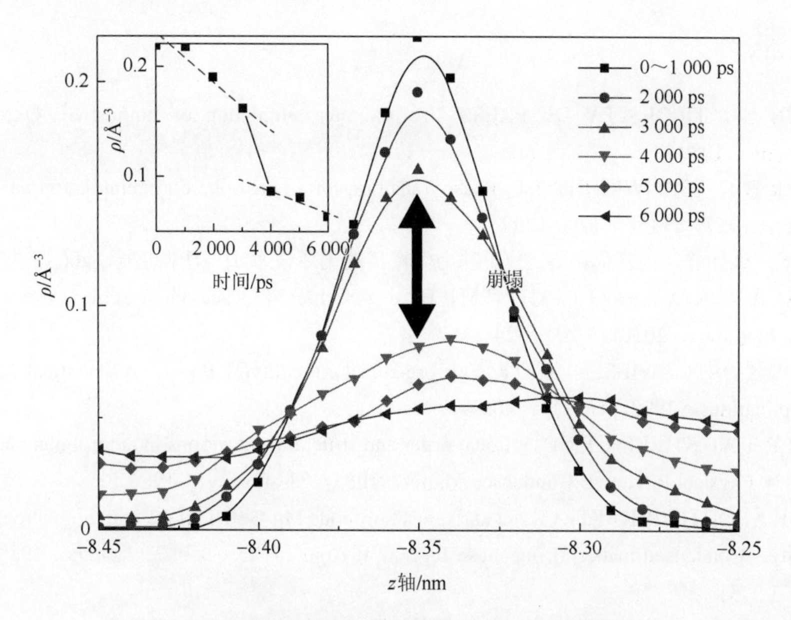

图 5-56　铝原子密度晶面峰随着时间的演变过程

为了对比(111)面和(100)面接触扩散时界面推移规律，(111)面接触扩散时原子密度图也被提取出来，如图 5-57 所示。(111)面是 fcc 结构晶体中的密排面，它的晶面间距为 2.4 Å 左右。与(100)面接触扩散时相同，非晶态相和晶态相的边界随着时间的推移向晶体铝方向持续移动，只是其推移速度明显快于(100)面接触扩散时，在接近铝的扩散区域顶端，铜、锆和铝峰同样发生了重合，而且铜峰靠左，锆峰靠右。

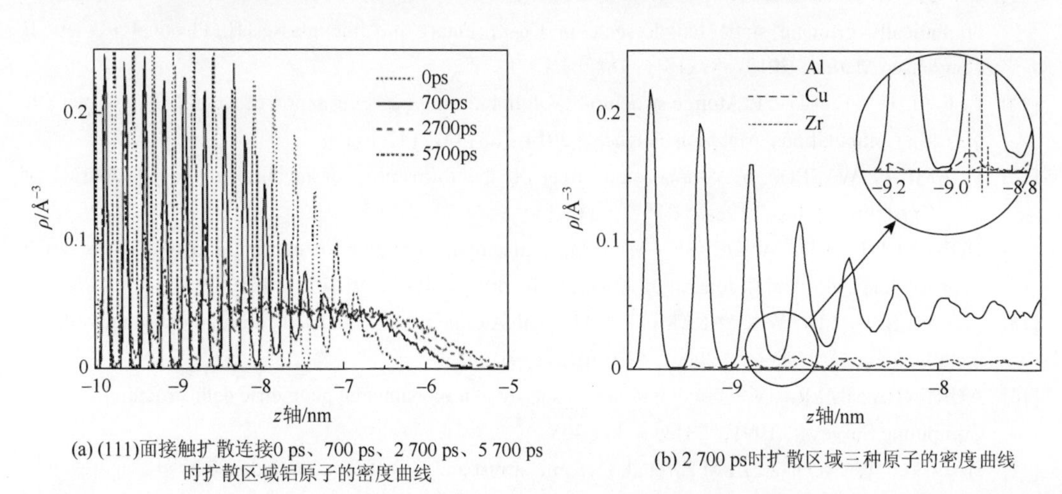

图 5-57　(a) (111)面接触扩散连接 0 ps、700 ps、2700 ps、5700 ps 时扩散区域铝原子的密度曲线，(b) 2700 ps 时扩散区域三种原子的密度曲线

参考文献

[1] ALLEN M，TILDESLEY D，PRESS U. Computer simulation of liquids[M]. Oxford：Oxford University，1989.

[2] ALDER B J，WAINWRIGHT T E. Phase transition for a hard sphere system[J]. Journal of Chemical Physics，1957，27(5)：1208-1209.

[3] 文玉华，朱如曾，周富信，等. 分子动力学模拟的主要技术[J]. 力学进展，2003，33(1)：65-73.

[4] TANAKA H，KAWASAKI T，SHINTANI H，et al. Critical-like behaviour of glass-forming liquids[J]. Nature Materials，2010，9(4)：324-331.

[5] BAK P，TANG C，WIESENFELD K. Self-organized criticality[J]. Physica A Statistical Mechanics and Its Applications，1990，163(1)：403-409.

[6] WEBER T A，STILLINGER F H. Local order and structural transitions in amorphous metal-metalloid alloys[J]. Physical Review B Condensed Matter，1985，31(4)：1954-1963.

[7] INOUE A，OHTERA K，KITA K，et al. New amorphous Mg-Ce-Ni alloys with high strength and good ductility：Condensed matter[J]. Japanese Journal of Applied Physics.Pt.2：Letters，1988，27(12)：L2248-L2251.

[8] MASSOBRIO C，PONTIKIS V，MARTIN G. Molecular-dynamics study of amorphization by introduction of chemical disorder in crystalline $NiZr_2$[J]. Physical Review B Condensed Matter，1990，41(15)：10486-10497.

[9] PENG H L，LI M Z，WANG W H，et al. Effect of local structures and atomic packing on glass forming ability in Cu_xZr_{100-x} metallic glasses[J]. Applied Physics Letters，2010，96(2)：21901.

[10] MENDELEV M I，KRAMER M J，OTT R T，et al. Development of suitable interatomic potentials for simulation of liquid and amorphous Cu-Zr alloys[J]. Philosophical Magazine，2009，89(11)：967-987.

[11] SOKLASKI R，NUSSINOV Z，MARKOW Z，et al. Connectivity of the icosahedral network and a dramatically growing static length scale in Cu-Zr binary metallic glasses[J]. Physical Review B Condensed Matter，2013，87(18)：184203.

[12] LI F，LIU X J，LU Z P. Atomic structural evolution during glass formation of a Cu-Zr binary metallic glass[J]. Computational Materials Science，2014，85(4)：147-153.

[13] EGAMI T，WASEDA Y. Atomic size effect on the formability of metallic glasses[J]. Journal of Non-Crystalline Solids，1984，64(1)：113-134.

[14] HONEYCUTT J D，ANDERSEN H C. Molecular dynamics study of melting and freezing of small Lennard-Jones clusters[J]. Journal of Physical Chemistry，1987，91(19)：4950-4963.

[15] SHENG H W，LUO W K，ALAMGIR F M，et al. Atomic packing and short-to-medium-range order in metallic glasses[J]. Nature，2006，439(7075)：419-425.

[16] AURENHA MMER F. Voronoi diagrams：A survey of a fundamental geometric data structure[J]. ACM Computing Surveys，1991，23(3)：345-405.

[17] HAO S G，WANG C Z，LI M Z，et al. Dynamic arrest and glass formation induced by self-aggregation of icosahedral clusters in $Zr_{1-x}Cu_x$ alloys[J]. Physical Review B，2011，84(6)：1855-1866.

[18] TOMIDA T，EGAMI T. Molecular-dynamics study of orientational order in liquids and glasses and its relation to the glass transition[J]. Physical Review B Condensed Matter，1995，52(5)：3290-3308.

[19] DEBENEDETTI P G，STILLINGER F H. Supercooled liquids and the glass transition[J]. Nature，

2001，410(6825)：259-267.

[20] DUAN G，XU D，ZHANG Q，et al. Molecular dynamics study of the binary $Cu_{46}Zr_{54}$ metallic glass motivated by experiments：Glass formation and atomic-level structure [J]. Physical Review B，2005，71(22)：224208.

[21] PARRINELLO M，RAHMAN A. Strain fluctuations and elastic constants[J]. Journal of Chemical Physics，1982，76(5)：2662-2666.

[22] LU Z，LI J，SHAO H，et al. The correlation between shear elastic modulus and glass transition temperature of bulk metallic glasses[J]. Applied Physics Letters，2009，94(9)：91907.

[23] ARRHENIUS S. Über die dissociationswärme und den einfluss der temperatur auf den dissociationsgrad der elektrolyte[J]. Zeitschrift Für Physikalische Chemie，1889，4：226-248.

[24] BAILEY N P，SCHIøTZ J，JACOBSEN K W. Simulation of Cu-Mg metallic glass：Thermodynamics and structure[J]. Physical Review B，2004，69(14)：1124-1133.

[25] WARD L，DAN M，WINDL W，et al. Structural evolution and kinetics in Cu-Zr metallic liquids[J]. Physical Review B，2013，88(13)：134205.

[26] COHEN M H. Liquid-glass transition，a free-volume approach[J]. Physical Review B，1979，26(11)：6313-6314.

[27] COHEN M H，TURNBULL D. Molecular transport in liquids and glasses[J]. Journal of Chemical Physics，1959，31(5)：1164-1169.

[28] FOX T G，FLORY P J. Second-order transition temperatures and related properties of polystyrene. I. Influence of molecular weight[J]. Journal of Applied Physics，1950，21(6)：581-591.

[29] HIRAI Y，FUJIWARA M，OKUNO T，et al. Study of the resist deformation in nanoimprint lithography[J]. Journal of Vacuum Science and Technology B Microelectronics and Nanometer Structures，2001，19(6)：2811-2815.

[30] WOO Y S，DONG E L，LEE W I. Molecular dynamic studies on deformation of polymer resist during thermal nano imprint lithographic process[J]. Tribology Letters，2009，36(3)：209-222.

[31] KANG J H，KIM K S，KIM K W. Molecular dynamics study on the effects of stamp shape，adhesive energy，and temperature on the nanoimprint lithography process[J]. Applied Surface Science，2010，257(5)：1562-1572.

[32] KUMAR G，BLAWZDZIEWICZ J，SCHROERS J. Controllable nanoimprinting of metallic glasses：Effect of pressure and interfacial properties[J]. Nanotechnology，2013，24(10)：126-130.

[33] XIE L，BRAULT P，THOMANN A L，et al. Molecular dynamic simulation of binary Zr_xCu_{100-x} metallic glass thin film growth[J]. Applied Surface Science，2013，274(6)：164-170.

[34] LORENTZ H A. Nachtrag zu der abhandlung：Ueber die anwendung des satzes vom virial in der kinetischen theorie der gase[J]. Annalen Der Physik，2010，248(1)：127-136.

[35] BERTHELOT D. Sur le mélange des gaz[J]. Journal De Physique Théorique Et Appliquée，1898，126：164-170.

[36] ZINK M，SAMWER K，JOHNSON W L，et al. Plastic deformation of metallic glasses：Size of shear transformation zones from molecular dynamics simulations[J]. Physical Review B，2006，73(17)：172203.

[37] CHENG Y Q，CAO A J，SHENG H W，et al. Local order influences initiation of plastic flow in metallic glass：Effects of alloy composition and sample cooling history[J]. Acta Materialia，2008，56(18)：5263-5275.

[38] CHEUNG T L，SHEK C H. Thermal and mechanical properties of Cu-Zr-Al bulk metallic glasses[J].

Journal of Alloys and Compounds，2007，434：71-74.

[39] MATANO C. On the relation between the diffusion-coefficients and concentrations of solid metals (the nickel-copper system) [J]. Japanese Journal of Physics，1933，8 (3)：109-113.

[40] DAYANANDA M A. Average effective interdiffusion coefficients and the Matano plane composition[J]. Metallurgical and Materials Transactions A，1996，27 (9)：2504-2509.

[41] SCHWARZ R B，JOHNSON W L. Formation of an amorphous alloy by solid-state reaction of the pure polycrystalline metals[J]. Physical Review Letters，1983，51 (5)：415-418.

[42] COTTS E J，MENG W J，JOHNSON W L. Calorimetric study of amorphization in planar，binary，multilayer，thin-film diffusion couples of Ni and Zr[J]. Physical Review Letters，1986，57 (18)：2295-2298.

[43] DÖRNER W，MEHRER H. Tracer diffusion and thermal stability in amorphous Co-Zr and their relevance for solid-state amorphization[J]. Physical Review B Condensed Matter，1991，44 (1)：101-114.

[44] DONOVAN E P，SPAEPEN F，TURNBULL D，et al. Calorimetric studies of crystallization and relaxation of amorphous Si and Ge prepared by ion implantation[J]. Journal of Applied Physics，1985，57 (6)：1795-1804.

[45] COTTS E J，WONG G C，JOHNSON W L. Calorimetric observations of amorphous and crystalline Ni-Zr alloy formation by solid-state reaction[J]. Physical Review B Condensed Matter，1988，37 (15)：9049-9052.

[46] LI M，JOHNSON W L. Instability of metastable solid solutions and the crystal to glass transition[J]. Physical Review Letters，1993，70 (8)：1120-1123.

[47] HAYES M，SHUVALOV A. On the extreme values of Young's modulus，the shear modulus，and Poisson's ratio for cubic materials[J]. Journal of Applied Mechanics，1998，65 (3)：786-787.

[48] TING T C T. On anisotropic elastic materials for which Young's modulus $E(n)$ is independent of n or the shear modulus $G(n, m)$ is independent of n and m[J]. Journal of Elasticity，2005，81 (3)：271-292.

[49] LIU C M，LIN H W，CHU Y C，et al. Low-temperature direct copper-to-copper bonding enabled by creep on highly (1 1 1) - oriented Cu surfaces[J]. Scripta Materialia，2014，78/79 (2)：65-68.

[50] LONG Z L，SHAO Y，DENG X H，et al. Cr effects on magnetic and corrosion properties of Fe-Co-Si-B-Nb-Cr bulk glassy alloys with high glass-forming ability[J]. Intermetallics，2007，15 (11)：1453-1458.

[51] 汪卫华. 非晶态物质的本质和特性[J]. 物理学进展，2013，33 (5)：177-351.

[52] 冉宪文，汤文辉，谭华，等. 物质剪切模量在固液混合相区内的临界行为[J]. 中国科学：物理学 力学 天文学，2007，37 (5)：631-635.

[53] TAKEUCHI A，INOUE A. Classification of bulk metallic glasses by atomic size difference，heat of mixing and period of constituent elements and its application to characterization of the main alloying element[J]. Materials Transactions，2005，46 (12)：2817-2829.

[54] DAVEY W P. Precision measurements of the lattice constants of twelve co mmon metals[J]. Physical Review，1925，25 (6)：753-761.

第 6 章

Zr 基非晶合金微小零件测试

微齿轮作为 MEMS 器件的重要组成部分，目前正在朝着复杂化和微型化方向发展，其精度和可靠性问题也变得越来越突出，普通的金属材料、高分子聚合物已无法满足需求。与传统晶态合金相比，非晶合金在化学、物理以及力学方面都具有优异的性能，如高强度、高硬度、优异的软磁性、耐腐蚀性以及良好的生物相容性等。同时，其独特的玻璃化特性使得在过冷液相区间具有超塑性，是制造微齿轮的理想材料。因此，利用非晶合金加工制备复杂微齿轮并应用于 MEMS 领域，已成为极具发展前景的研究方向[1-8]。然而，目前针对非晶合金微齿轮静态及动态特性研究较少，因此需要找到一种检测非晶合金微齿轮的手段，对所制备齿轮的形貌、力学性能及动态性能进行评价。

本章将利用硅模具制备微齿轮并检测制备齿轮的形貌及力学性能。在制备微齿轮的基础上，设计微齿轮传动平台并实现微齿轮的装配与传动。之后通过长时间连续运转试验，验证微齿轮及传动机构的可靠性，为制备及装配复杂微传动系统提供工艺指导。

6.1 Zr 基非晶合金微齿轮形貌检测

非晶合金微齿轮的形貌直接决定了微齿轮的使用性能，良好的齿轮形貌可以保证齿轮在实际运转过程中的流畅性。为了验证成形齿轮形貌能够达到实际运转要求，需要对微齿轮进行形貌检测。激光共聚焦显微镜作为一种微结构观测仪器，可用来观察微齿轮三维形态和样貌，也可以测量多种微小的尺寸，如微齿轮的体积、面积、厚度、线粗糙度和面粗糙度等。因此本章选择激光共聚焦显微镜对 Zr 基非晶合金微齿轮的形貌进行观察和检测。

激光共聚焦显微镜可以把微齿轮分为若干光学断层，并通过逐层扫描，从而得到具有高清晰度的最终图像。非晶合金微齿轮的厚度作为齿轮的外形参数之一，决定了微齿轮的应用情况。不同厚度的微齿轮应用情况不同，厚度较小的微齿轮可应用于装配空间狭小、承受载荷较小的情况，厚度大的微齿轮则应用于承受载荷较大、装配空间相对充足的情况。ICP 刻蚀时，由于刻蚀时间不同，硅模具的刻蚀深度也不同，成形出的零件厚度就有所差异。因此对于微齿轮，首先进行厚度检测，从而确定成形微齿轮厚度参数。激光共聚焦显微镜可以通过不同焦距下的微齿轮图层拟合出微齿轮的 3D 图像，并得到微齿轮的厚度参数，图 6-1 为硅模具在不同刻蚀时间下所成形的齿轮。当模具刻蚀时间为 1 h 时，成形出的微齿轮最大厚度为 225.4 μm；当模具刻蚀时间为 2 h 20 min 时，成形出的微齿轮最大厚度为 501.9 μm。

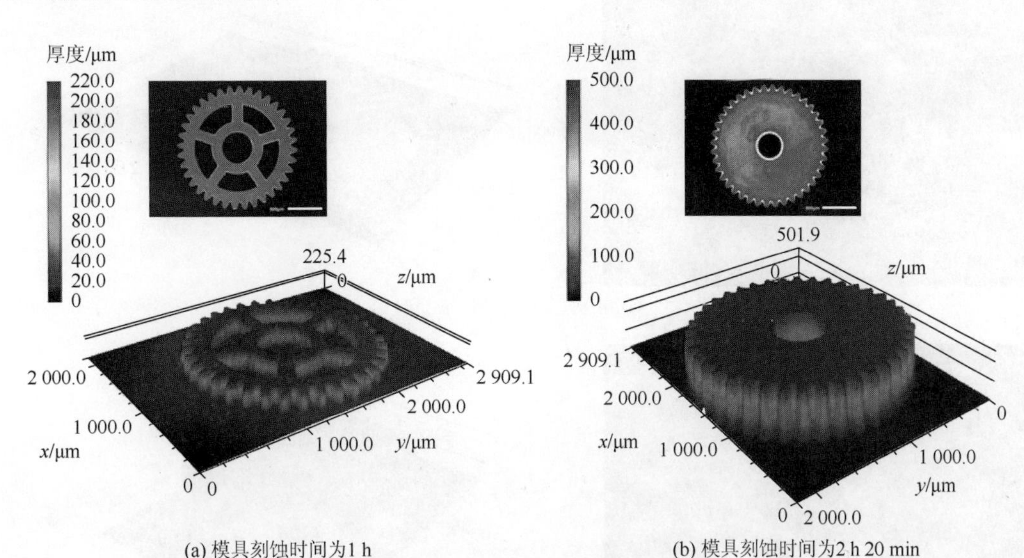

(a) 模具刻蚀时间为1 h　　(b) 模具刻蚀时间为2 h 20 min

图 6-1　利用不同刻蚀时间的模具所成形微齿轮 3D 图像

除了厚度参数，齿轮端面倾斜程度也影响了微齿轮的性能。在齿轮磨除飞边时，如果出现两端受力不均，则会导致齿轮端面出现倾斜。在齿轮实际运转过程中，如果齿轮端面出现倾斜，则会导致齿轮啮合不完整，转动过程中出现偏心等问题。为了验证成形齿轮的精密性，需要对齿轮端面倾斜程度进行检测。利用激光共聚焦显微镜拟合出 3D 图像，在此图像中间进行截面，截面要通过齿轮的最大高度与最小高度处，通过对截面的分析，可以检测到齿轮端面倾斜程度。

图 6-2 为激光共聚焦显微镜拟合的 3D 图像截面位置，图 6-3 为截面所得的图像。由截面图像可以得到此截面处最大高度与最小高度的差值，图 6-3(a)的微齿轮截面最大高度差异达到了 33 μm，相当于端面处有 1°的倾斜。图 6-3(b)的微齿轮整个端面几乎水平，无角度倾斜。齿轮在实际应用时，其端面应保证水平无倾斜，激光共聚焦显微镜提供了一种方便快捷的检测手段。

在齿轮运转过程中，其端面的粗糙度会对运转产生影响。光洁的齿轮端面使得齿轮运转流畅，而且与基底之间磨损少、阻力小；粗糙的齿轮端面使得齿轮与基底之间磨损大，而且运转时阻力大，容易出现停滞。磨除飞边时选择砂纸的颗粒度较大，加上 ICP 刻蚀的模具底面并不十分平整，因此需要对微齿轮端面进行抛光，降低其粗糙度。图 6-4 为激光共聚焦显微镜对抛光前和抛光后微齿轮线条粗糙度及表面粗糙度的检测。

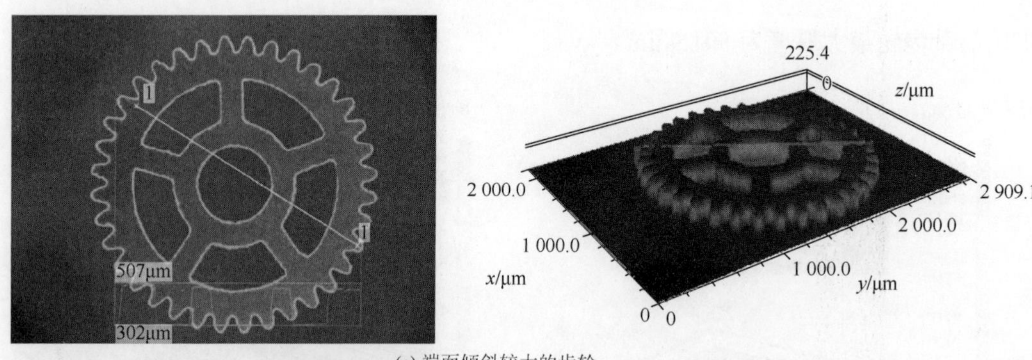

(a) 端面倾斜较大的齿轮

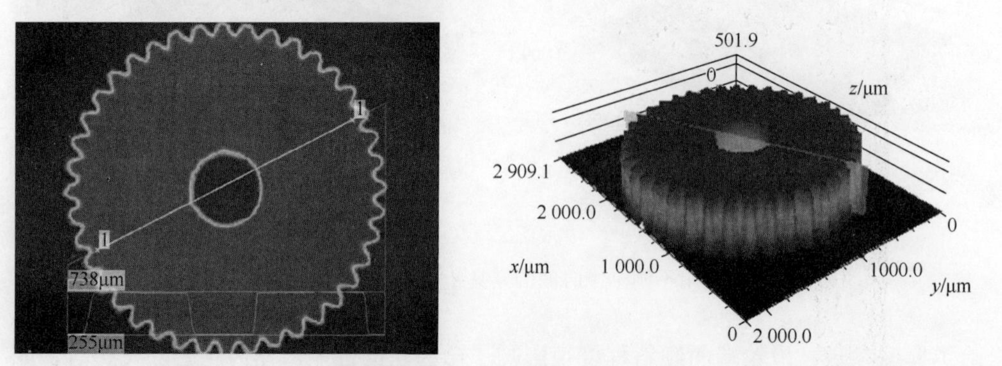

(b)端面几乎无倾斜的齿轮

图 6-2　截面位置

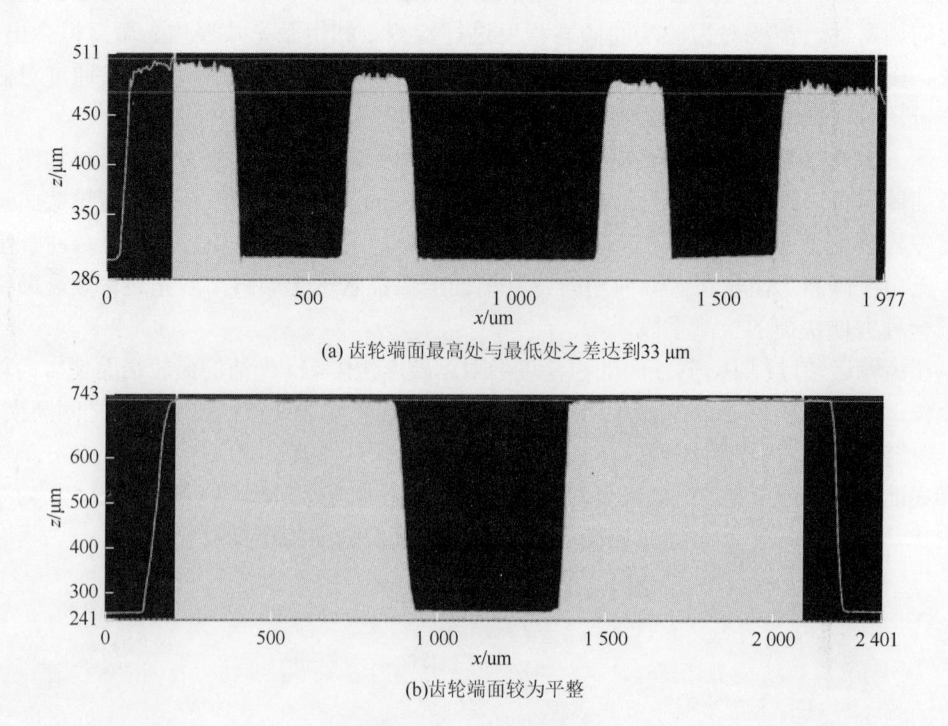

(a) 齿轮端面最高处与最低处之差达到33 μm

(b)齿轮端面较为平整

图 6-3　3D 图像截面图

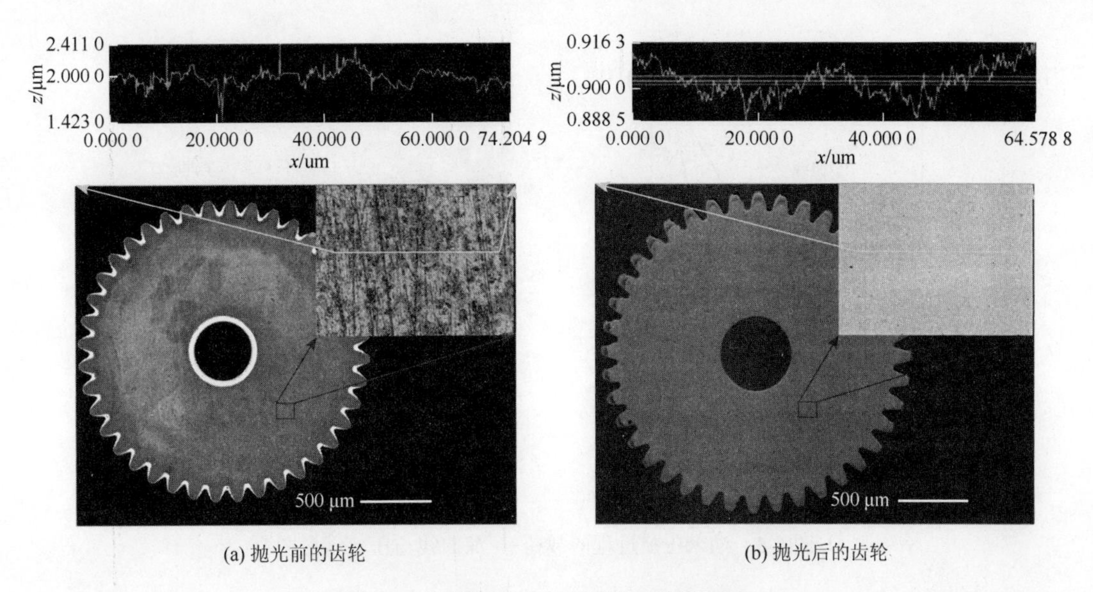

(a) 抛光前的齿轮　　(b) 抛光后的齿轮

图 6-4　微齿轮线条粗糙度及表面粗糙度

利用激光共聚焦显微镜进行粗糙度检测时，较高的放大倍数可以保证检测结果的准确性，因此需要将物镜转至 150 倍，并移至测试区域进行粗糙度检测。检测结果显示，抛光前齿轮端面 $Rz = 2.51$ μm，抛光后齿轮端面 $Rz = 0.55$ μm，通过表面粗糙度级别对照表可知，抛光后的表面已经达到了最光面的程度。这说明微齿轮的表面处理工艺具有很好的效果，为微齿轮的实际应用进一步奠定了基础。

6.2　Zr 基非晶合金微齿轮力学性能检测

不仅微齿轮的形貌对使用性能有较大的影响，微齿轮的力学性能也影响其使用性能。在微齿轮实际应用前，需要对其力学性能进行测试，从而使非晶齿轮能够最大限度得到应用。由于齿轮尺度较小，微结构的检测方法较少，能够得到的性能参数更少。原位纳米压痕仪作为一种比较成熟的检测仪器，可以测试微齿轮的微纳硬度 H 和杨氏模量 E，目前已在微纳领域得到广泛使用。原位纳米压痕仪根据 Oliver 和 Pharr 建立的理论和方法，通过载荷-压深变化规律进而测量材料的微纳硬度和杨氏模量。其工作原理如图 6-5 所示。

计算杨氏模量和微纳硬度时，其计算关系由 Oliver 方程给出

$$S = \frac{\mathrm{d}P}{\mathrm{d}h} = \frac{2}{\sqrt{\pi}} E_{\mathrm{r}} \sqrt{A} \tag{6-1}$$

式中，S 为卸载曲线顶部的斜率；A 为压头与样品的接触面积；E_{r} 为样品和压头抵抗变形能力的约化弹性模量，其与杨氏模量的关系为

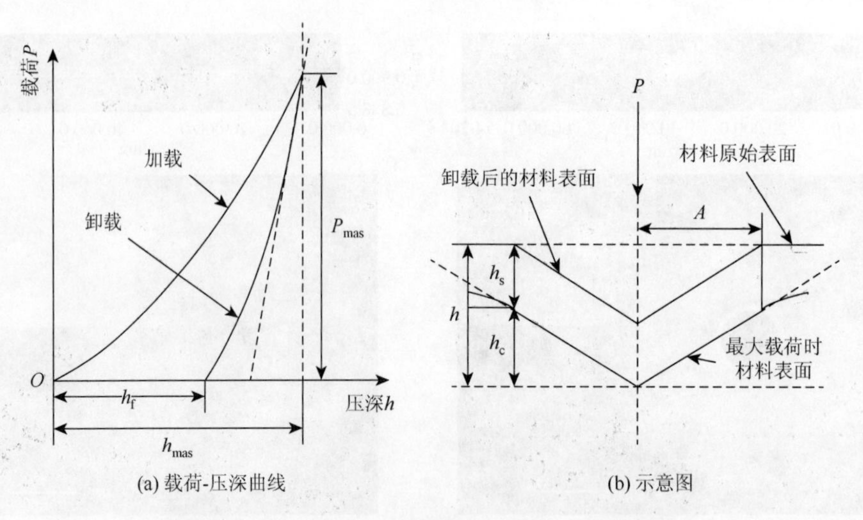

图 6-5　纳米压痕过程的载荷-压深曲线与压痕示意图

$$\frac{1}{E_r}=\frac{1-v^2}{E}+\frac{1-v_i^2}{E_i} \tag{6-2}$$

式中，E 和 v 为样品的杨氏模量和泊松比；E_i 和 v_i 为压头材料的杨氏模量和泊松比。压头与样品的接触面积可以由式(6-3)计算：

$$A=\sum_{n=0}^{8}C_n(h_c)^{2-n}=c_0h^2+c_1h+c_2h^{1/2}+\cdots+c_nh^{1/2^{(n-1)}}+\cdots+c_8h^{1/128} \tag{6-3}$$

式中，$c_0, c_1, \cdots, c_8$ 为常量，可以由曲线拟合程序确定；h_c 为压痕接触深度；h_s 为压头与被测样品接触周边材料表面的位移量，如图 6-5(b) 所示。h 与 h_c 和 h_s 之间的关系为

$$h=h_c+h_s \tag{6-4}$$

一旦接触面积确定，硬度可以由式(6-5)得到

$$H=\frac{P_{max}}{A} \tag{6-5}$$

基于上述理论，材料的硬度和杨氏模量都可以计算出来。

利用 Hysitron 公司生产的 TI750 原位纳米力学测试系统，对非晶微齿轮的硬度和杨氏模量进行检测，测试时采用玻氏压头。共进行三组实验，分别在加载速率 0.1 mN/s、0.5 mN/s 和 1 mN/s 下进行纳米压入实验，加载压力为 8 mN，每种加载速率进行五组实验。加载点采用直线分布，点与点之间间隔为 8 μm。测得每组硬度及杨氏模量分布如图 6-6 所示。由图可得，微齿轮的硬度及杨氏模量分别在 5 GPa 和 90 GPa 左右随机分布，说明微齿轮性能均匀，无较大波动。之后分别在每种加载速率下选取一组数据，比较微齿轮在不同加载速率下的载荷-位移图，如图 6-7 所示。

通过载荷-位移图可得，在相同的载荷下，随着加载速率的不断增加，压入越来越深，产生位移越来越大。考虑到实际应用情况，微齿轮在高速运转状态下会承受更高的加载速率，因此需要对高速运转状态下的微齿轮进行检测，验证其在高速运转时是否持续稳定。

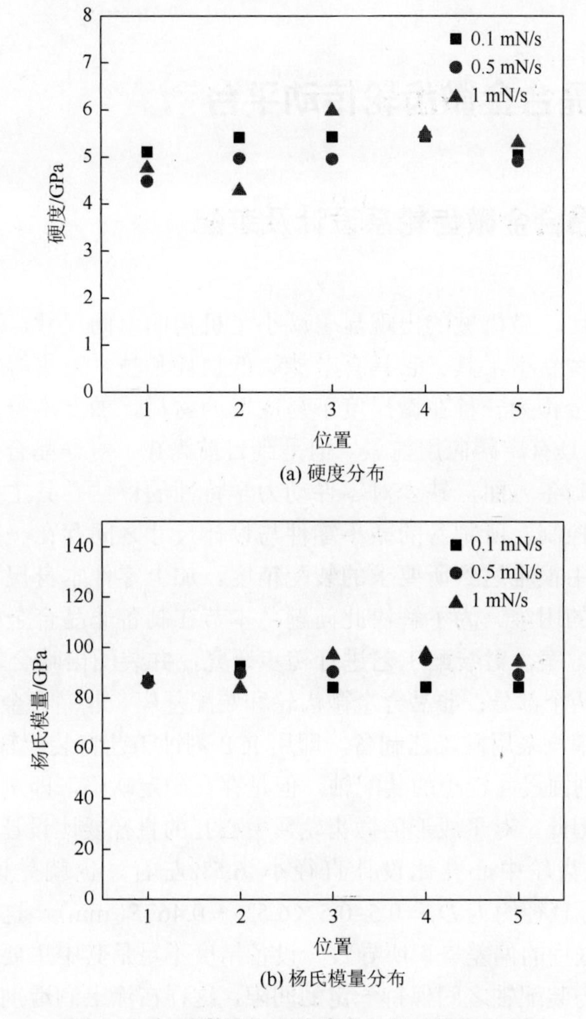

(a) 硬度分布

(b) 杨氏模量分布

图 6-6　每组测量位置的硬度及杨氏模量分布

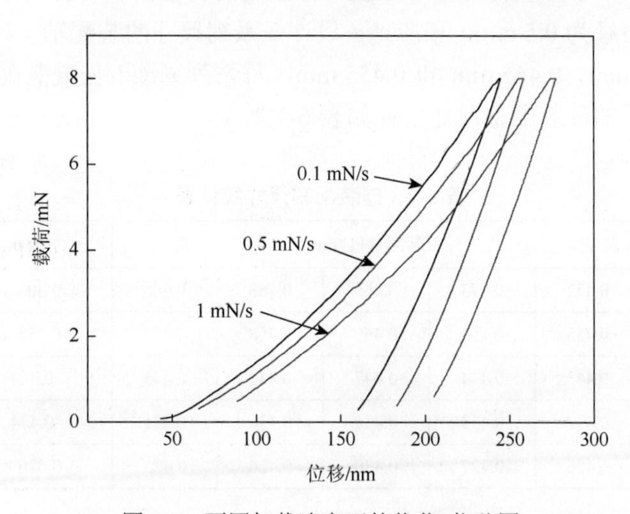

图 6-7　不同加载速率下的载荷-位移图

6.3 Zr 基非晶合金微齿轮传动平台

6.3.1 Zr 基非晶合金微齿轮系设计及装配

与传统机构相比，微机械的出现显著减小了机构的空间尺寸，已成为在微尺度内改造普通机械的一种新型工具。它具有节能、低损耗和技术密集等特点，受到人们的广泛关注。非晶合金作为一种在微尺度下易成形的材料，加上本身固有的优良力学性能，在 MEMS 领域具有广阔应用前景。但是到目前为止，对非晶合金在微尺度下的研究大都集中在零件制备方面，缺少对零件动力学特性的评估。其主要原因是在微尺度下的成形工艺不易控制，所制备的微小零件与设计尺寸之间存在一定偏差，造成了微小零件在后续装配中很难达到所要求的装配精度。加上零件本身尺寸较小，这就为零件装配带来了更多的困难。为了解决此问题，本节在制备非晶合金微齿轮的基础上设计微齿轮系的装配方案，对装配工艺进行初步研究，并装配出啮合较好的微齿轮系。

微齿轮系分为两个部分：非晶合金微齿轮和装配基座。非晶合金微齿轮用超塑性成形工艺制备。装配基座采用硅工艺制备，即用 ICP 刻蚀工艺将装配轴刻蚀在硅片表面。ICP 刻蚀工艺可以刻蚀尺寸较小的装配轴，但是存在一定缺陷，即刻蚀的装配轴要比实际设计尺寸略小。因此，对于成形的微齿轮，中心孔的直径要比设计直径偏小。通过光学显微镜测量，微齿轮中心孔比设计直径小 6.5%左右。也就是说，如果设计直径 $D = 0.5$ mm，则实际直径约为 $D_a = 0.5-0.5 \times 6.5\% = 0.4675$ (mm)。这种较大的偏差主要由光刻、ICP 刻蚀过程的偏差累积所导致，设备精度不足是其中主要的因素。微齿轮在实际运转时，需要与装配轴之间保持一定的间隙，这样在涂上润滑剂后可以保证与装配轴较少出现碰撞。为了尽量排除偏差干扰，探索较为合适的轴与孔的配合尺寸，这里设计齿轮的中心孔直径为 0.5 mm，相应地，设计一系列尺寸的装配轴，分别为 0.495 mm、0.485 mm、0.475 mm、0.465 mm 和 0.455 mm，每系列刻蚀五根硅装配轴。利用光学显微镜，将刻蚀之后的硅装配轴尺寸统计如表 6-1 所示。

表 6-1　硅装配轴尺寸统计表

设计尺寸/ mm	实际测量值/ mm					均值/ mm	平均偏差/%
0.495	0.472	0.473	0.465	0.468	0.466	0.468 8	5.3
0.485	0.455	0.453	0.460	0.458	0.452	0.455 6	6.1
0.475	0.443	0.444	0.447	0.443	0.443	0.444	6.5
0.465	0.432	0.433	0.438	0.436	0.431	0.434	6.7
0.455	0.426	0.427	0.430	0.426	0.425	0.426 8	6.2

根据表 6-1 的统计结果，绘制装配轴设计值与测量平均值的比较图，如图 6-8 所示。由图可得出装配轴尺寸在一定偏差范围内波动，这个偏差范围较大而且属于系统误差，无法直接消除。因此，需要通过实际操作来验证尺寸系列中哪个值较为理想，或者哪个值使得装配相对容易。

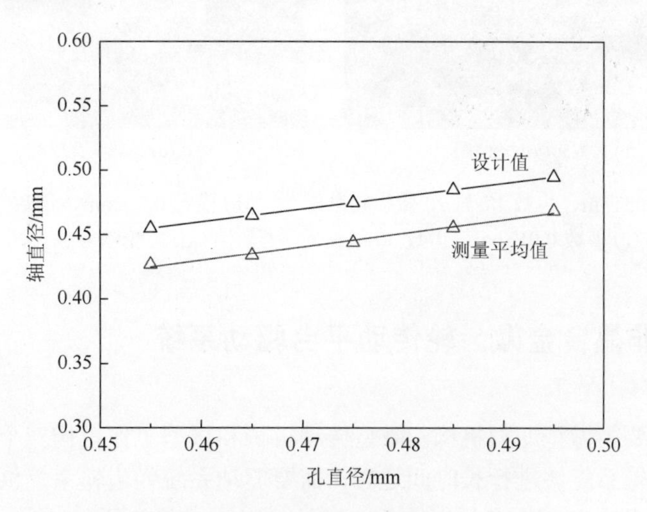

图 6-8　硅装配轴设计值与测量平均值的比较

分别将中心孔设计尺寸为 0.5 mm 的齿轮装配至装配轴上，经过实际验证，设计尺寸为 0.495 mm 的轴装配困难，甚至不能保证微齿轮能够配合到每一个轴上。设计尺寸为 0.485 mm 的轴装配较为困难，不易操作，但装配后轴与孔之间的间隙较小，装配位置更加精确。设计尺寸为 0.475 mm 的轴装配相对容易，虽然装配轴与孔之间存在一定间隙，但能够保证齿轮与齿轮之间的啮合。设计尺寸为 0.465 mm 与 0.455 mm 的轴装配容易，但间隙较大，不适合作为配合轴使用。图 6-9 为齿轮装配图，其中图 6-9(a)为模数 0.05 mm、齿数 17 与 20 的微齿轮之间的装配图，图 6-9(b)为模数 0.05 mm、齿数 20 的微齿轮之间的装配图，图 6-9(c)为模数 0.05 mm、齿数 30 的微齿轮之间的装配图，图 6-9(d)为齿轮啮合放大图，可以看出微齿轮之间能够很好地啮合，说明了工艺的可行性。

(a) 齿数17与20微齿轮装配

(b) 齿数20微齿轮装配

(c) 齿数30微齿轮装配

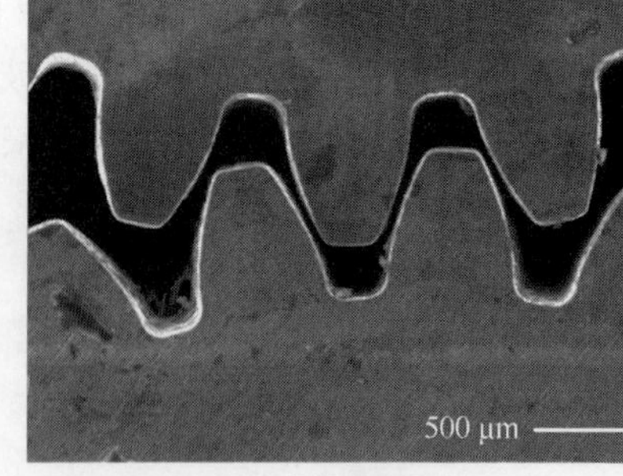

(d) 齿轮啮合放大

图 6-9 (a) 模数 0.05 mm、齿数 17 与 20 微齿轮装配图；(b) 模数 0.05 mm、齿数 20 微齿轮装配图；(c) 模数 0.05 mm、齿数 30 微齿轮装配图；(d) 齿轮啮合放大图

6.3.2 Zr 基非晶合金微齿轮传动平台驱动系统

微型机构主要由微型动力机构、微型传动机构和微型工作机构三个部分组成。为了使非晶合金微齿轮系能够进行长时间运转，需要驱动系统为齿轮系提供动力。采用微型步进电机作为动力机构，从而使齿轮传动时转速可控，其总体尺寸为ϕ5 mm×20 mm，输出轴为公称直径为 1.5 mm 的螺纹轴，如图 6-10 (a) 所示。与微齿轮相比，步进电机尺寸较大，因此驱动轮不宜选用尺寸过小的齿轮。选择模数 0.05 mm、齿数 40、中心孔设计直径 1 mm 的非晶齿轮作为驱动轮。由于步进电机输出轴与非晶微齿轮很难实现过盈配合或单纯的机械连接，采用胶接工艺实现驱动轮与步进电机输出轴之间的安装。具体操作为：首先将步进电机打开，在 3 000 r/min 的高转速下将其头部磨成锥形，旋转研磨可以保证锥形头部与输出轴之间的同轴度。然后将步进电机竖直放置，在 12 r/min 的低转速下，将微齿轮中心孔与锥形头部贴合，贴合时注意观察微齿轮的转动情况，保证其上表面始终在同一平面内旋转，这样即可满足齿轮与输出轴之间同轴度的要求。最后停止转动步进电机，将胶涂在接合部位，实现驱动轮与输出轴之间的胶接安装，如图 6-10 (b) 所示。

(a) 微型步进电机

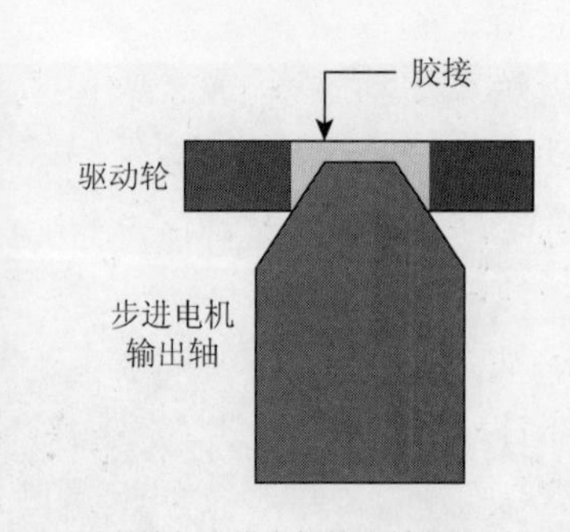

(b) 驱动轮与步进电机输出轴装配示意图

图 6-10 微型步进电机与驱动轮与步进电机输出轴装配示意图

在实际实验过程中，为了能够更好地评估齿轮性能，需要知道当前驱动轮转速以及运转时间等参数，因此驱动轮转速需可调且能够输出显示当前转速和运转时间。步进电机可接收外界施加的脉冲信号，并转化为角位移，其步距角和脉冲信号之间存在线性关系，可通过改变脉冲信号的频率及脉冲数来改变电机的转速。采用 89c52 单片机产生控制信号，并将信号传输至二相步进电机的驱动电路，从而实现转速可控，并同时输出电机转速与运转时间。图 6-11 为 89c52 单片机，其中 6 位发光二极管(light emitting diode，LED)数码管中的前 2 位输出电机每秒的运转圈数，最大为 50 r/s，即 3 000 r/min；后 4 位 LED 数码管输出电机的运转时间，其输出方式可自行编程设置。控制部分可实现步进电机的开关、换向和加减速。

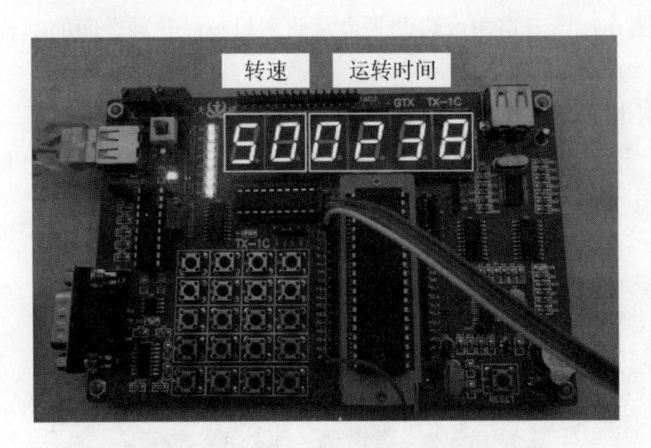

图 6-11　二相步进电机控制及显示部分

6.3.3　Zr 基非晶合金微齿轮传动平台搭建

微型动力机构和微型传动机构分别搭建好以后，需要进行对接，从而实现驱动轮与微齿轮系之间的啮合传动。为了使对接过程更加精确可控，设计三自由度微动平台，包括可以进行 x 方向和 y 方向运动的平面运动平台及可以进行 z 方向运动的垂直运动平台，如图 6-12 所示。安装时，要保证两平台平面的水平，从而消除两平台平面之间的夹角，确保微齿轮系的装配精度。之后将步进电机竖直安装在平面运动平台上，将齿轮系安装在垂直运动平台上。装配轴的安装采用胶接方式，把装配基座胶接在传动平台的平面上。步进电机及齿轮系安装好以后，进行动力机构和传动机构对接，首先调节 z 轴，使齿轮系与驱动轮调节至同一平面，然后调节 x 轴和 y 轴，实现驱动轮与齿轮系上主动轮之间的啮合。图 6-12 为齿数 40 的驱动轮与齿数 30 的齿轮系之间的啮合情况，可以看到相互之间啮合紧密，说明三自由度微动平台的实用性及可操作性。

安装后整个微齿轮传动平台如图 6-13 所示，包括三自由度微动平台、步进电机控制及显示部分、步进电机驱动器。整个平台可以实现齿轮系在不同转速下的传动，运转稳定，并能够记录运转时间。经过长时间 3 000 r/min 的高速运转，整个平台未出现任何缺

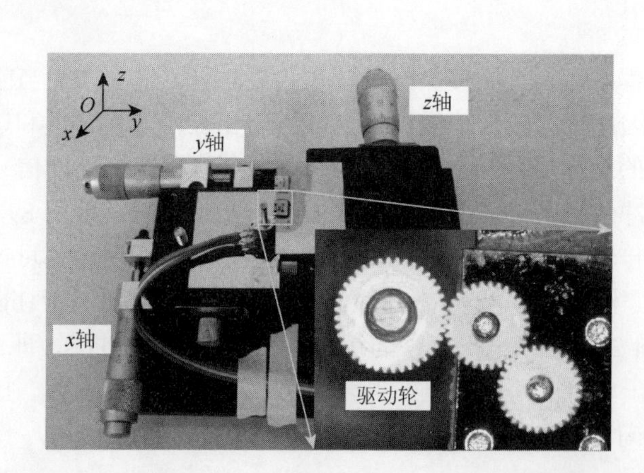

图 6-12　三自由度微动平台及驱动轮与齿轮系之间的啮合

陷，说明本章所使用的齿轮系装配方案和动力与传动机构对接方案完全可以满足齿轮系的传动条件。同时，运转时驱动轮始终稳定地固定在步进电机输出轴上，说明胶接工艺在微系统领域具有很高的可靠性及应用价值。

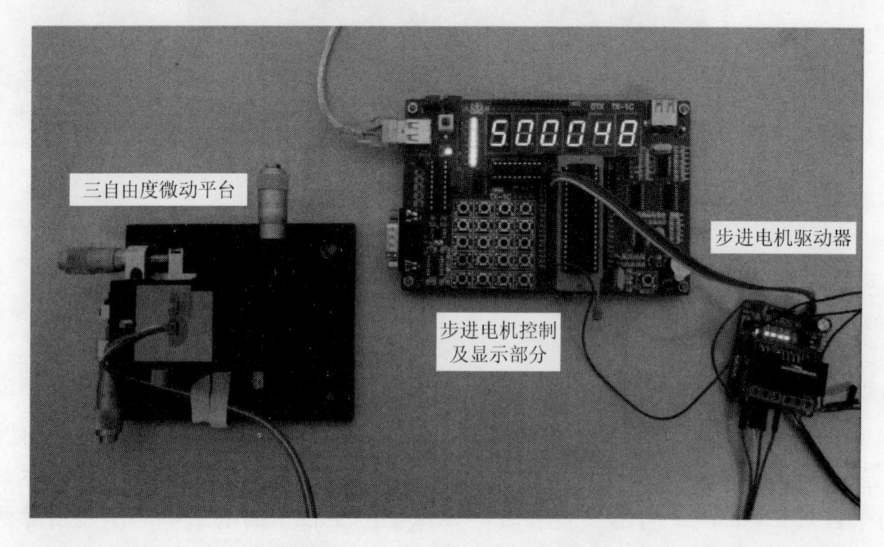

图 6-13　微齿轮传动平台整体图

6.4　Zr 基非晶合金微齿轮高速运转性能检测

为了检测平台的可靠性及 Zr 基非晶合金微齿轮的运转性能，设计了长时间高速运转实验。实验采用模数 0.05 mm、齿数 40 的驱动轮与模数 0.05 mm、齿数 30 的两个齿轮啮合传动。其中驱动轮的转速为 3 000 r/min，根据传动比计算公式 $i = z_2/z_1 = n_2/n_1$，齿轮系上齿数 30 的两个齿轮转速为 4 000 r/min。为了保证齿轮传动机构的连续运转，齿轮与轮轴之间采用润滑剂。之后分别观察齿数 30 的主动轮与从动轮在连续运转 10 h 和 100 h 后的磨损情况。图 6-14 和图 6-15 分别为齿轮系上主动轮与被动轮运转后的 SEM 图像，其中图 6-14(a) 和图 6-15(a) 为运转之前的齿轮整体图及齿形放大图，图 6-14(b) 和图 6-15(b) 为运转 10 h 后的齿轮整体图及齿形放大图，图 6-14(c) 和图 6-15(c) 为运转 100 h 后的齿轮整体图及齿形放大图。由图可得，无论主动轮还是从动轮，在 4 000 r/min 高转速下，经过 100 h 连续运转后齿形依然保持完好，轮廓清晰。这说明非晶合金微齿轮在运动状态下依然保持良好的特性，而且耐磨性好，不易磨损。此外，啮合的齿轮可以连续运转，说明齿轮的成形精度可以达到装配及使用要求，验证了超塑性成形工艺的精密性及可使用性，为非晶合金微齿轮在微纳领域的推广提供了指导。

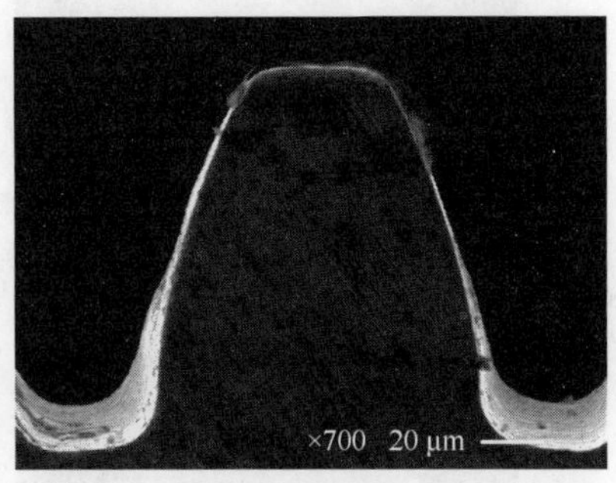

(a) 运转之前的齿轮

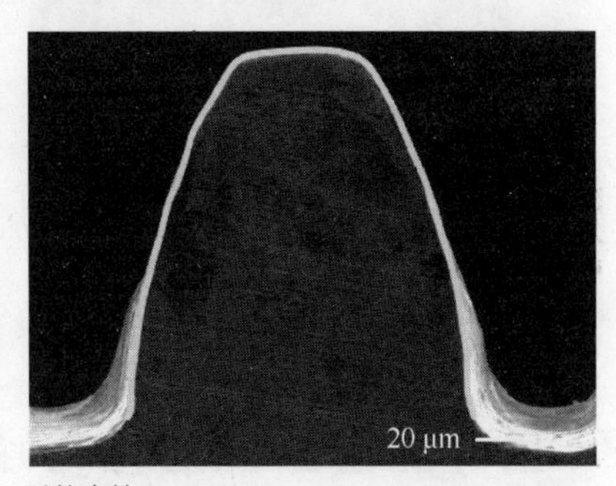

(b) 运转10 h后的齿轮

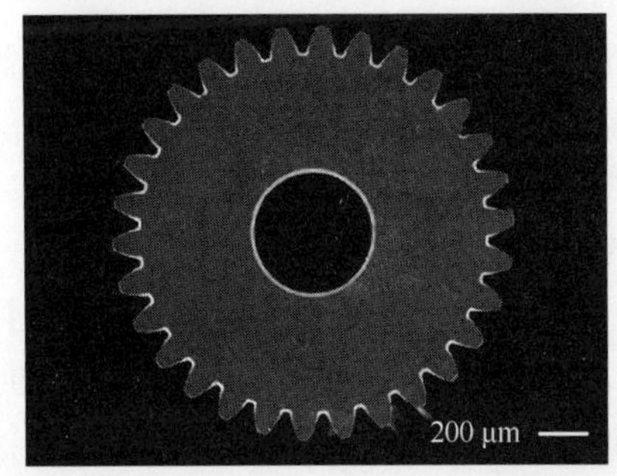

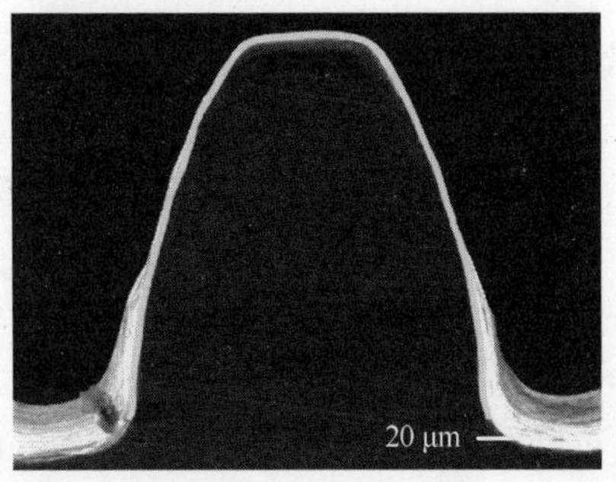

(c) 运转100 h后的齿轮

图 6-14　主动轮 SEM 图

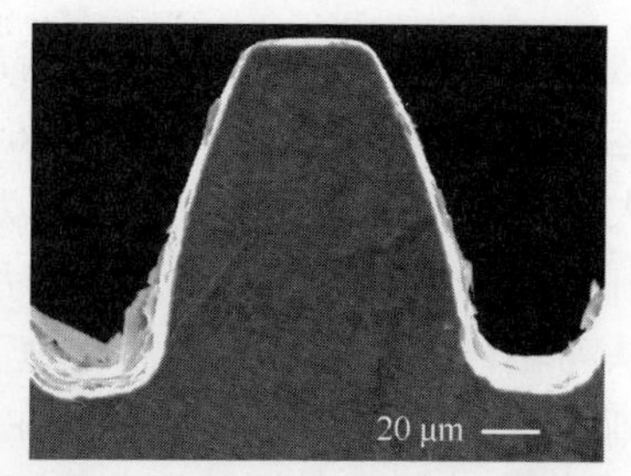

(a) 运转之前的齿轮

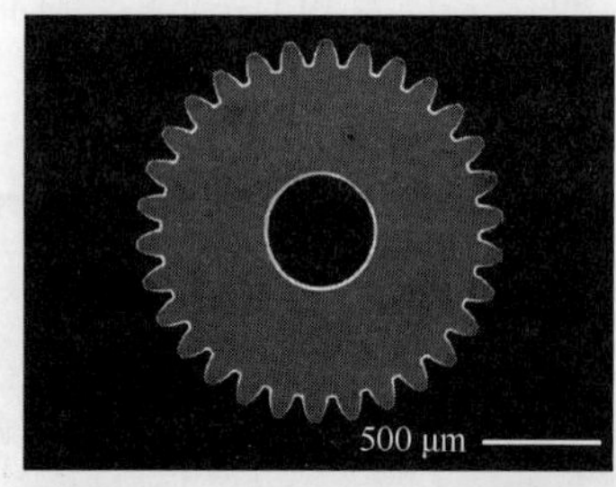

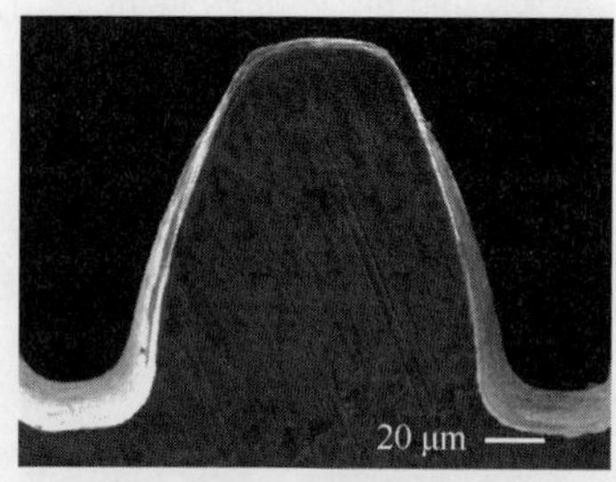

(b) 运转10 h后的齿轮

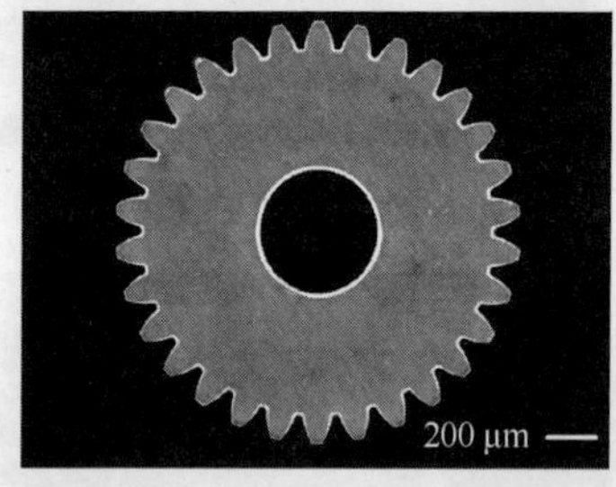

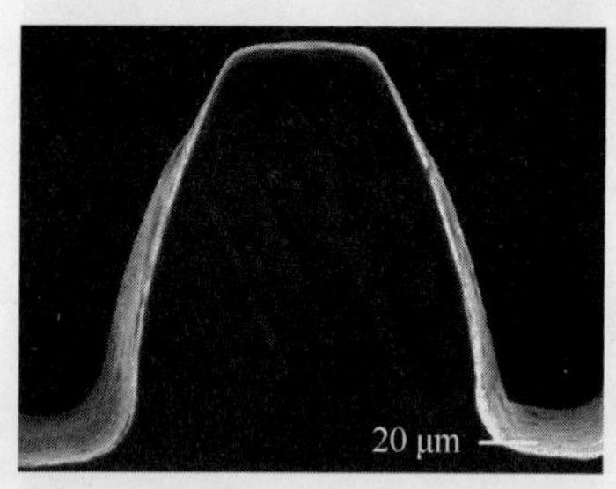

(c) 运转100 h后的齿轮

图 6-15　从动轮 SEM 图

6.5　Zr 基非晶合金微齿轮与硅齿轮啮合运转分析

在微尺度下，硅工艺的精密性高，技术比较成熟，因此硅齿轮也可作为微尺度下的齿轮进行装配。为比较硅齿轮与非晶合金齿轮性能的差异，本节采用硅齿轮与非晶合金齿轮啮合传动的方法。硅齿轮采用 ICP 刻蚀制备，工艺方法与刻蚀硅模具基本相同，唯一区别是硅齿轮刻蚀时采用厚度为 150 μm 的硅片。刻蚀时将硅片刻穿，之后用丙酮清洗掉残余光刻胶，即得到微型硅齿轮。图 6-16 为齿轮系装配图，其中硅齿轮和非晶合金齿轮模数为 0.05 mm，齿数为 20。传动时，调节驱动轮转速为 3 000 r/min，相应地，硅齿轮和非晶合金齿轮转速为 6 000 r/min。同样，硅齿轮和非晶合金齿轮啮合传动时采用润滑剂，以减少其中心孔与装配轴之间的接触磨损。在 6 000 r/min 的高转速下，齿轮系可以长时间稳定运转，说明硅齿轮与非晶合金齿轮的运转精度可以达到使用要求。

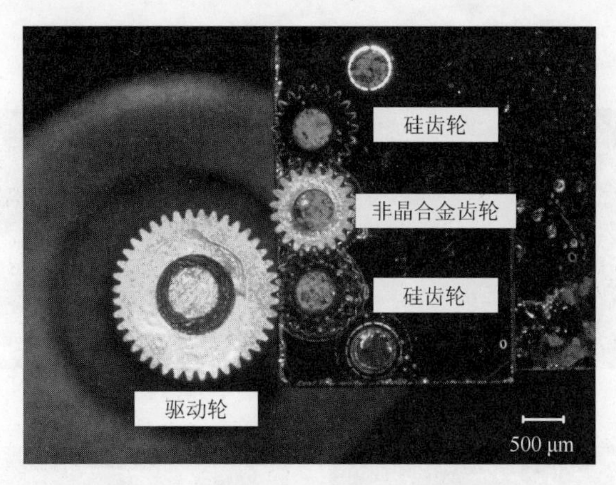

图 6-16　硅齿轮与非晶合金齿轮啮合传动

单独将一个硅齿轮与一个非晶合金齿轮啮合后在 6 000 r/min 的转速下连续运转，分别记录齿轮啮合运转后 1 h 与 10 h 的轮齿磨损情况。运转过程中为保证硅齿轮与非晶合金齿轮受力情况相同，分别将非晶合金齿轮和硅齿轮一半时间作为主动轮，一半时间作为从动轮。图 6-17 为非晶合金齿轮运转后齿形的 SEM 图像，其中图 6-17(a)为齿轮整体图，图 6-17(b)为运转之前的图像，图 6-17(c)为运转 1 h 后的齿形图像，图 6-17(d)为运转 10 h 后的齿形图像。由图可知，非晶合金齿轮与硅齿轮啮合传动时依然能够保持良好的力学性能，这一点与单纯的非晶合金齿轮啮合是一致的。图 6-18 为硅齿轮运转后齿形的 SEM 图像，其中图 6-18(a)为齿轮整体图，图 6-18(b)为运转之前的图像，图 6-18(c)

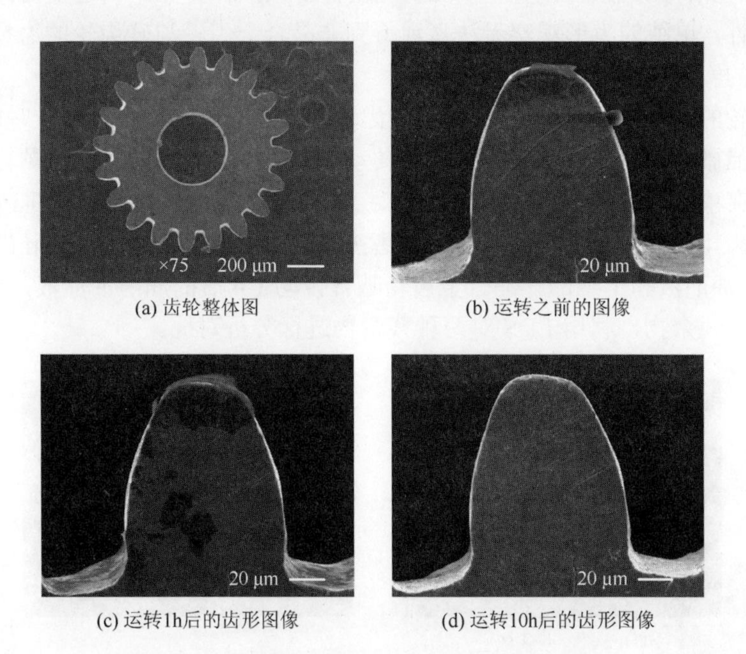

(a) 齿轮整体图　(b) 运转之前的图像

(c) 运转1h后的齿形图像　(d) 运转10h后的齿形图像

图 6-17　啮合运转后非晶合金齿轮 SEM 图像

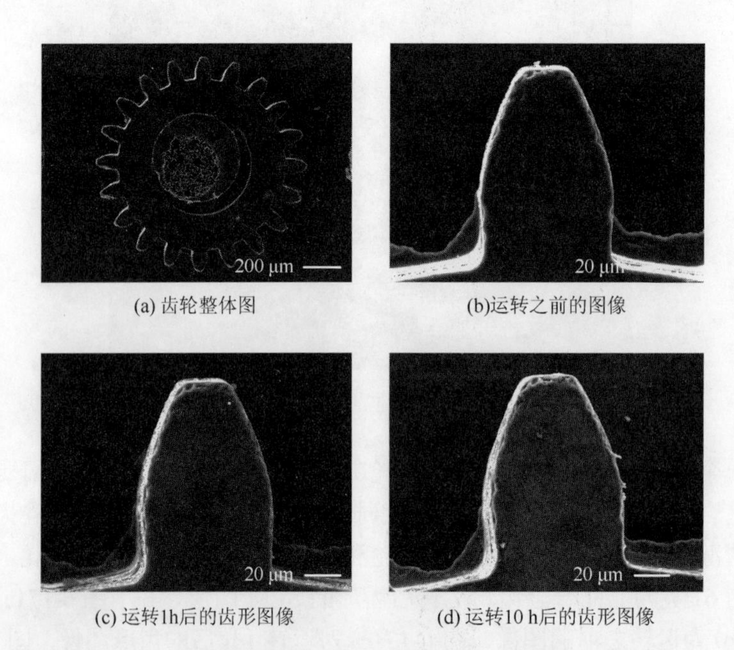

(a) 齿轮整体图 (b)运转之前的图像

(c) 运转1h后的齿形图像 (d) 运转10 h后的齿形图像

图 6-18 啮合运转后硅齿轮 SEM 图像

为运转 1 h 后的齿形图像，图 6-18(d)为运转 10 h 后的齿形图像。由图可知，尽管硅齿轮在运转之后有少许的磨损，但并不明显，轮齿齿形依然保持完整。这说明硅齿轮也具有良好的耐磨性，单纯的齿形观察无法直观得到非晶合金齿轮与硅齿轮的磨损情况，因此需要进一步的实验探索。

尽管齿轮的SEM图像无法直观说明硅齿轮与非晶合金齿轮啮合运转时的磨损情况，但通过光学显微镜可以清晰观察到在啮合传动 1 h 后齿轮表面出现很多颗粒粉尘，而这种颗粒粉尘在单纯的非晶合金齿轮啮合传动 1 h 时是观察不到的，如图 6-19 所示。为进一步验证硅齿轮与非晶合金齿轮啮合后的磨损情况，取非晶合金齿轮与硅齿轮啮合传动 1 h 后的润滑油油液和单纯的非晶合金齿轮啮合传动 1 h 后的润滑油油液，并将两种油液烘干，只留下残余物，利用 EDS 对两种残余物进行分析对比。

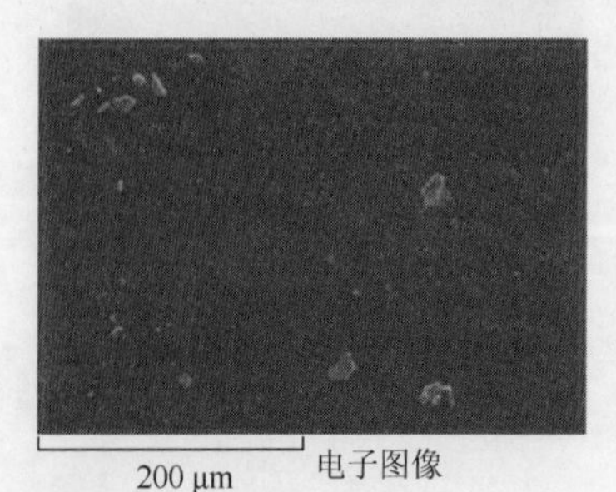

(a) 硅齿轮与非晶合金齿轮啮合后润滑油残余物SEM图

(b) 硅齿轮与非晶合金齿轮啮合后润滑油残余物EDS分析

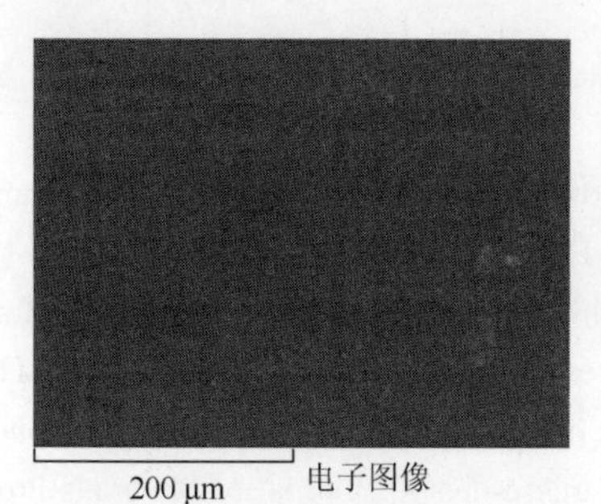

(c) 单独非晶合金齿轮啮合后润滑油残余物SEM图

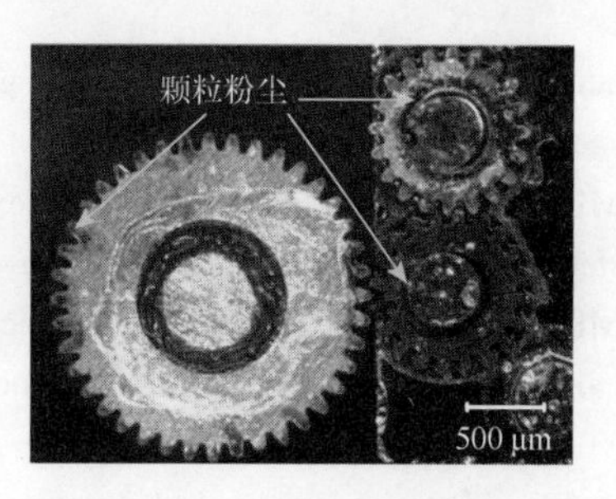

(d) 齿轮表面出现颗粒粉尘

图 6-19　(a), (b) 硅齿轮与非晶合金齿轮啮合传动 1 h 后的润滑油油液残余物 SEM 图及其 EDS 分析；(c) 单独非晶合金齿轮啮合传动 1 h 后的润滑油油液残余物 SEM 图；(d) 齿轮表面出现颗粒粉尘

图 6-19 (a) 为硅齿轮与非晶合金齿轮啮合传动 1 h 后的润滑油油液残余物 SEM 图，对此区域进行 EDS 分析，得到图 6-19 (b)，从中可清晰看到润滑油油液残余物中存在 Si 颗粒。图 6-19 (c) 为单独非晶合金齿轮啮合传动 1 h 后的润滑油油液残余物 SEM 图，通过对此区域 EDS 分析，除 C、O 元素以外未发现 Si 元素的存在，对比图 6-19 (a) 可知硅齿轮与非晶合金齿轮啮合运转时硅齿轮存在一定量的磨损。而两部分选择区域 EDS 图均未发现 Zr 元素的存在，说明非晶合金齿轮传动时磨损量极小，几乎检测不到。

为进一步对比非晶合金齿轮与硅齿轮的力学性能，用驱动轮分别对两种齿轮施加冲击载荷，使驱动轮在 3 000 r/min 高速运转情况下急停与急开，并且在高速运转时分别与两种齿轮进行啮合和分离操作。如此反复几次，硅齿轮由于韧性低，脆性大，无法承受较大的冲击载荷，出现断齿现象，如图 6-20 所示。非晶合金齿轮在经过反复几次冲击之后，依然可以保持齿形完整，说明与硅齿轮相比，非晶合金齿轮具有较好的抗冲击载荷能力。

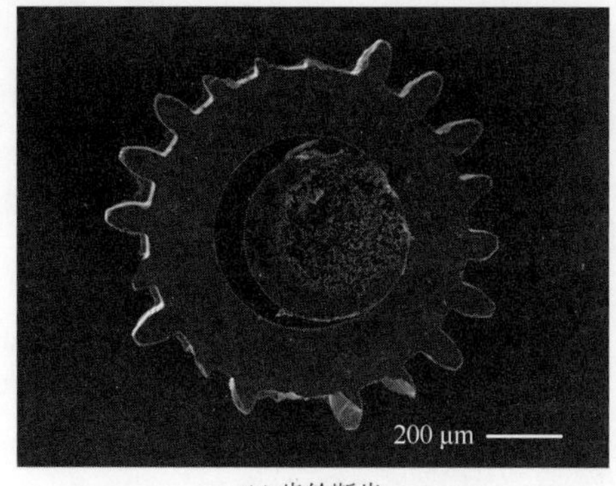

(a) 齿轮断齿

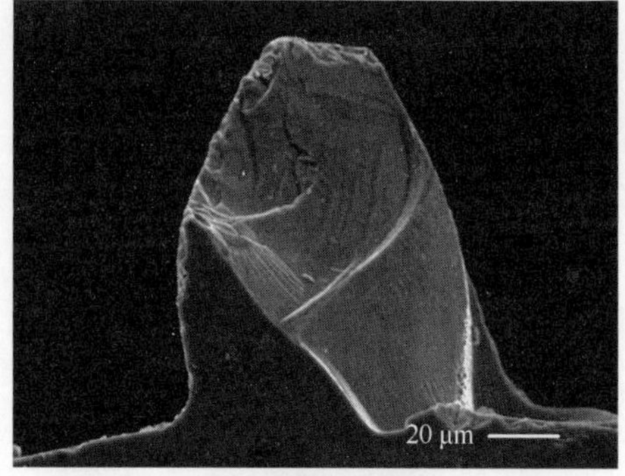

(b) 齿轮断齿放大图

图 6-20　在冲击载荷下，硅齿轮发生断齿现象

参考文献

[1]　CUCINELLI M，UGGOWITZER P J，DO MMANN A. Preparation of high aspect ratio surface

microstructures out of a Zr-based bulk metallic glass[J]. Microelectronic Engineering，2003，67(20)：405-409.

[2] SAOTOME Y，IWAZAKI H. Superplastic extrusion of microgear shaft of 10 μm in module[J]. Microsystem Technologies，2000，6(4)：126-129.

[3] SAOTOME Y，IWAZAKI H. Superplastic backward microextrusion of microparts for micro-electro-mechanical systems[J]. Journal of Materials Processing Tech，2001，119(1)：307-311.

[4] SAOTOME Y，MIWA S，ZHANG T，et al. The micro-formability of Zr-based amorphous alloys in the supercooled liquid state and their application to micro-dies[J]. Journal of Materials Processing Tech，2001，113(1)：64-69.

[5] SAOTOME Y，HATORI T，ZHANG T，et al. Superplastic micro/nano-formability of $La_{60}Al_{20}Ni_{10}Co_5Cu_5$ amorphous alloy in supercooled liquid state[J]. Materials Science and Engineering A，2001，304(1)：716-720.

[6] SAOTOME Y，IMAI K，SHIODA S，et al. The micro-nanoformability of Pt-based metallic glass and the nanoforming of three-dimensional structures[J]. Intermetallics，2002，10(11/12)：1241-1247.

[7] KAWAMURA Y，OHNO Y. Superplastic bonding of bulk metallic glasses using friction[J]. Scripta Materialia，2001，45(3)：279-285.

[8] WONG C H，SHEK C H. Friction welding of $Zr_{41}Ti_{14}Cu_{12.5}Ni_{10}Be_{22.5}$ bulk metallic glass[J]. Scripta Materialia，2003，49(5)：393-397.

彩 插

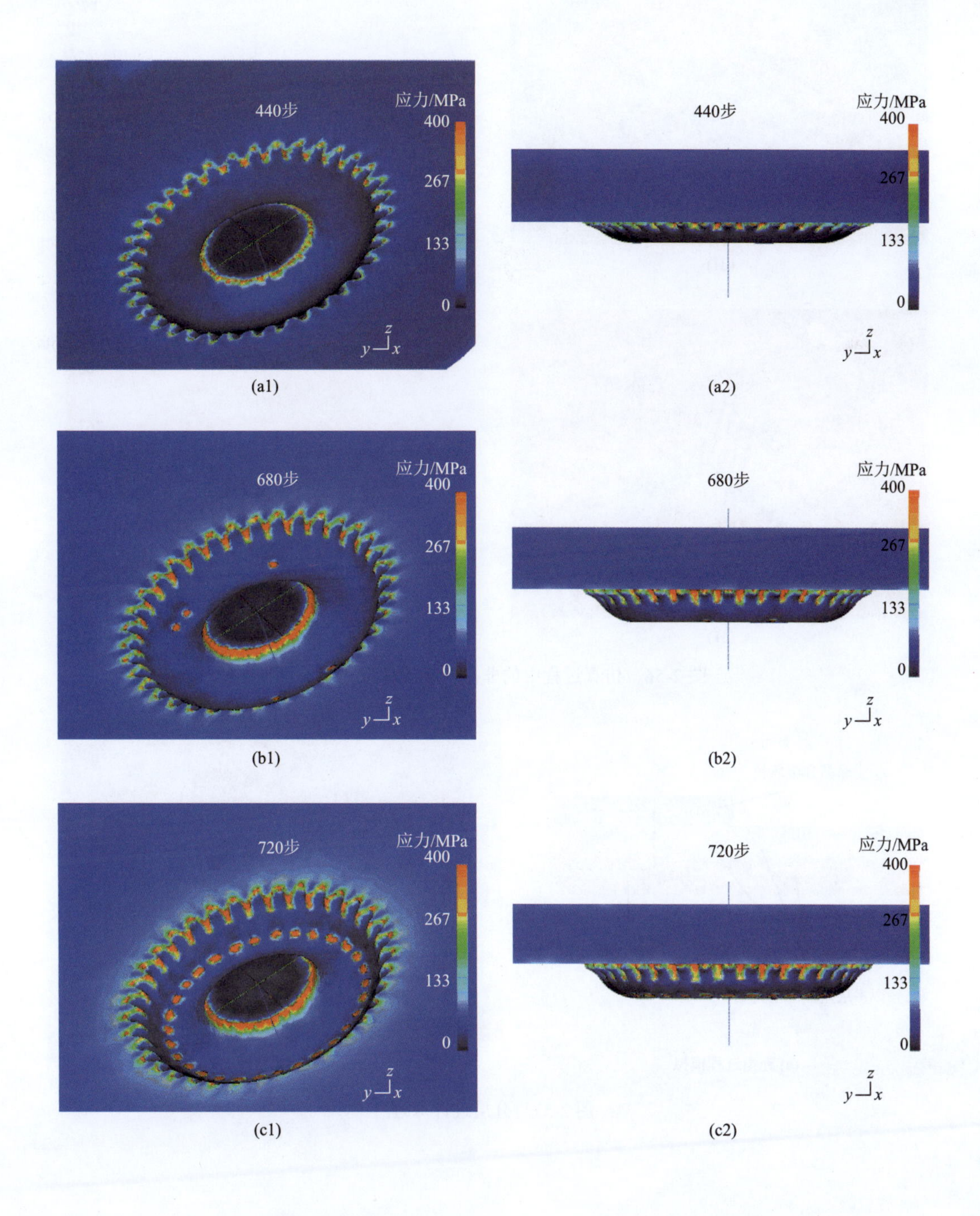

(a1) (a2)

(b1) (b2)

(c1) (c2)

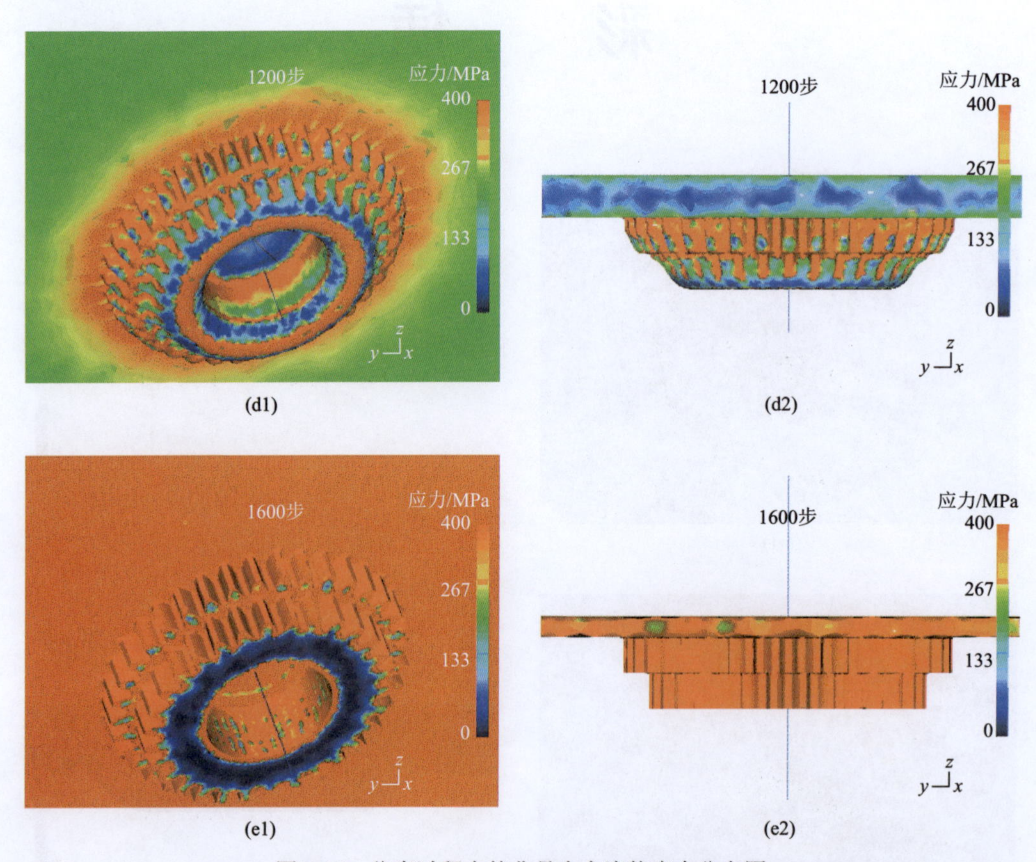

图 2-56　仿真过程中的非晶合金流体应力分布图

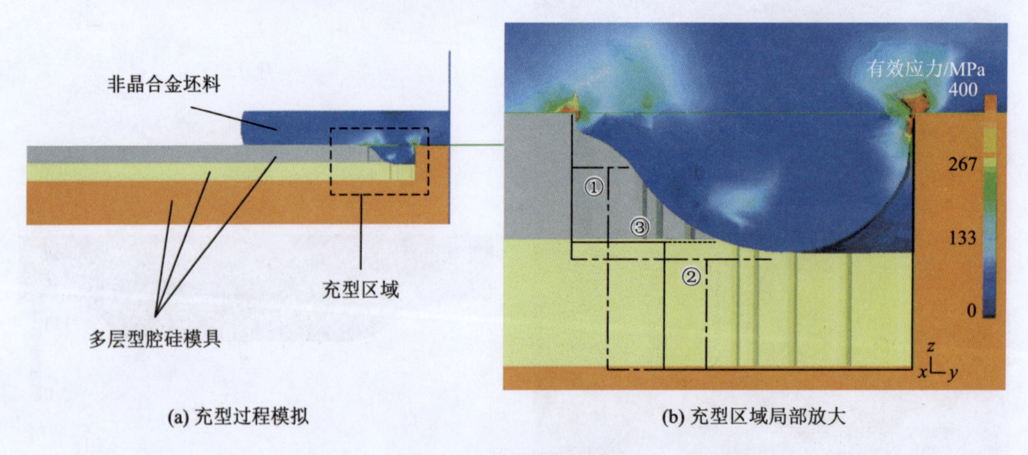

图 2-57　分层设计原理

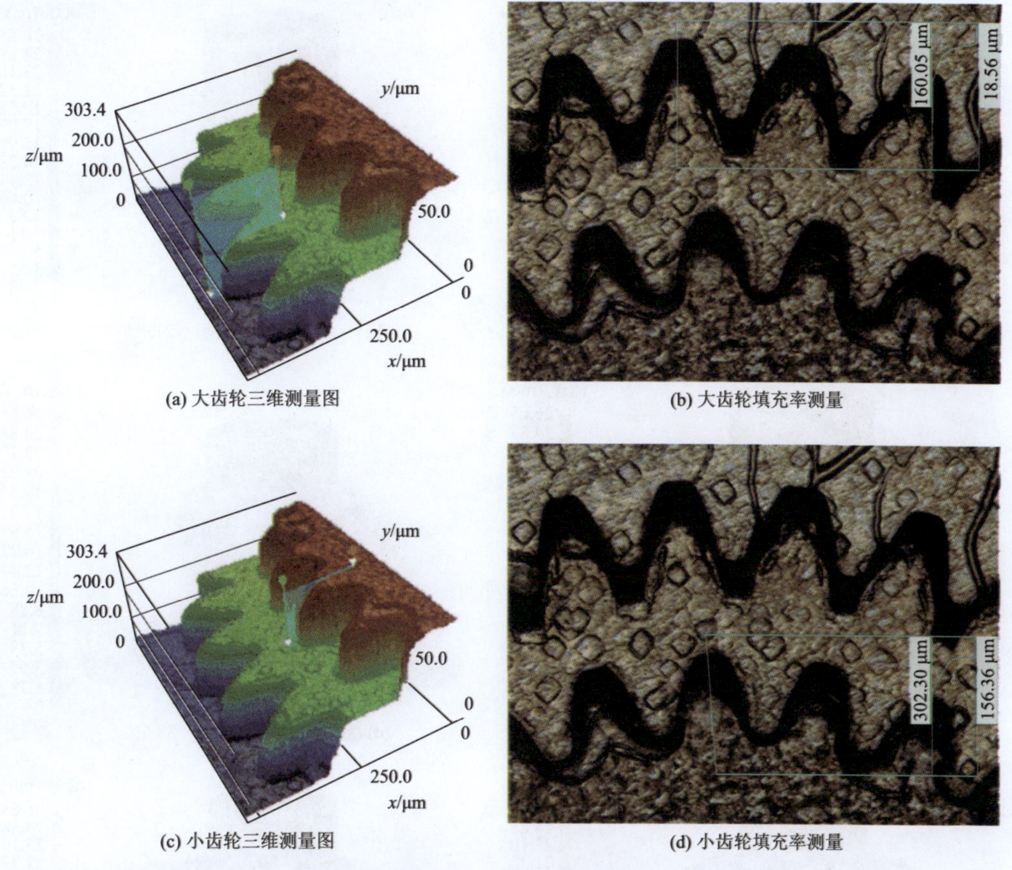

(a) 大齿轮三维测量图　(b) 大齿轮填充率测量

(c) 小齿轮三维测量图　(d) 小齿轮填充率测量

图 2-78　激光共聚焦图

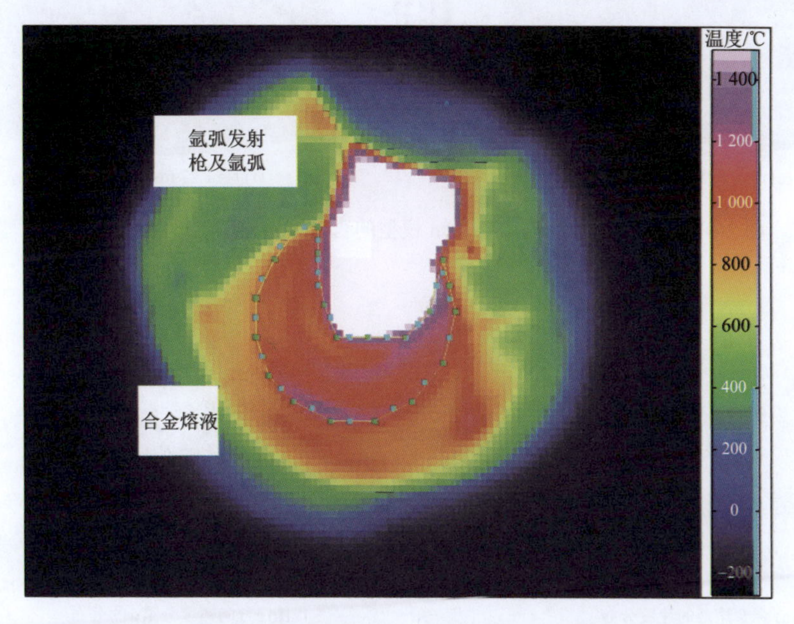

图 3-4　氩弧加热下合金熔液的红外热成像

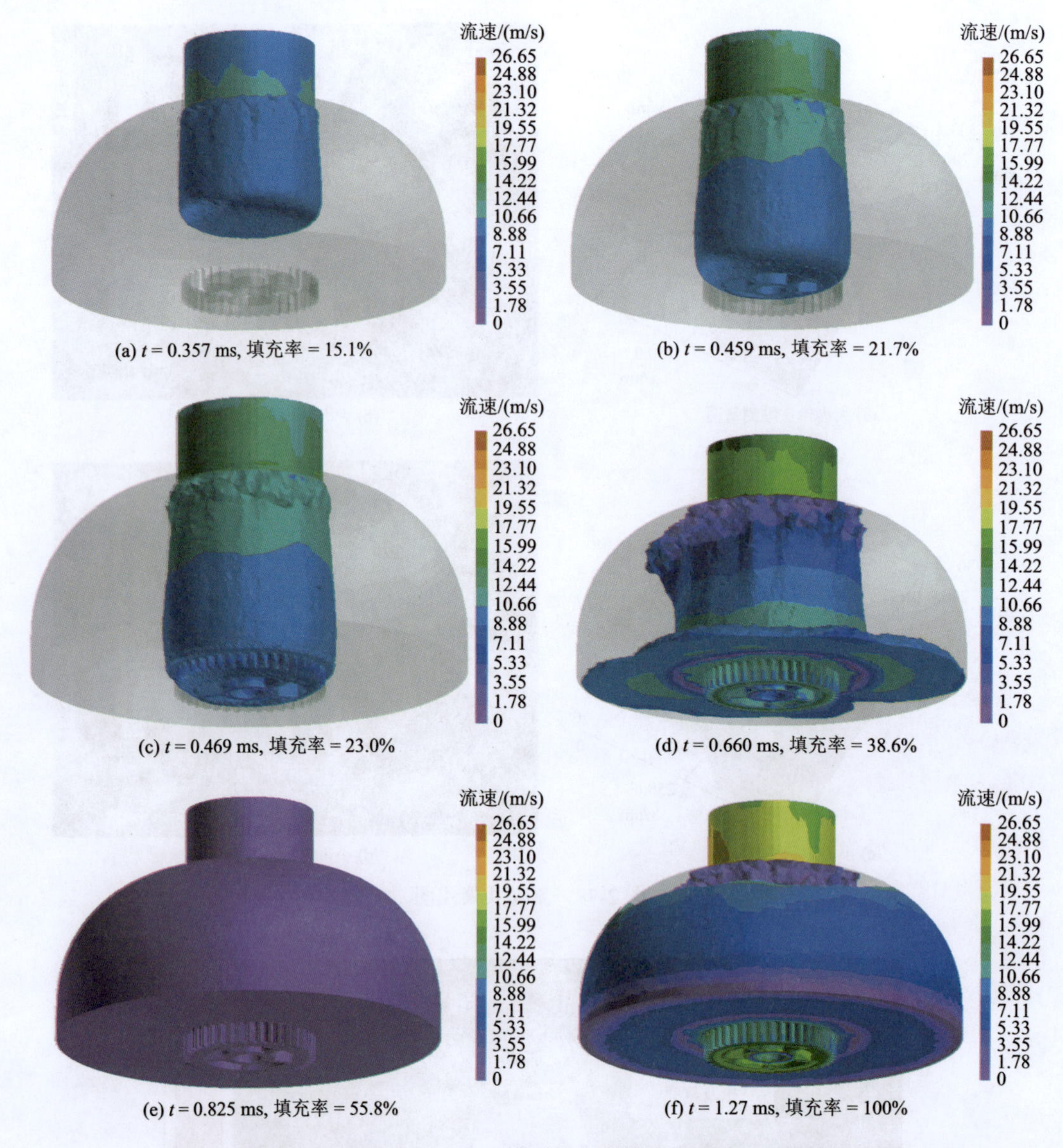

(a) $t = 0.357$ ms, 填充率 = 15.1%

(b) $t = 0.459$ ms, 填充率 = 21.7%

(c) $t = 0.469$ ms, 填充率 = 23.0%

(d) $t = 0.660$ ms, 填充率 = 38.6%

(e) $t = 0.825$ ms, 填充率 = 55.8%

(f) $t = 1.27$ ms, 填充率 = 100%

图 3-6　铸件尺寸长度 $L = 2.5$ mm 模型的合金熔液流动过程三维模拟结果

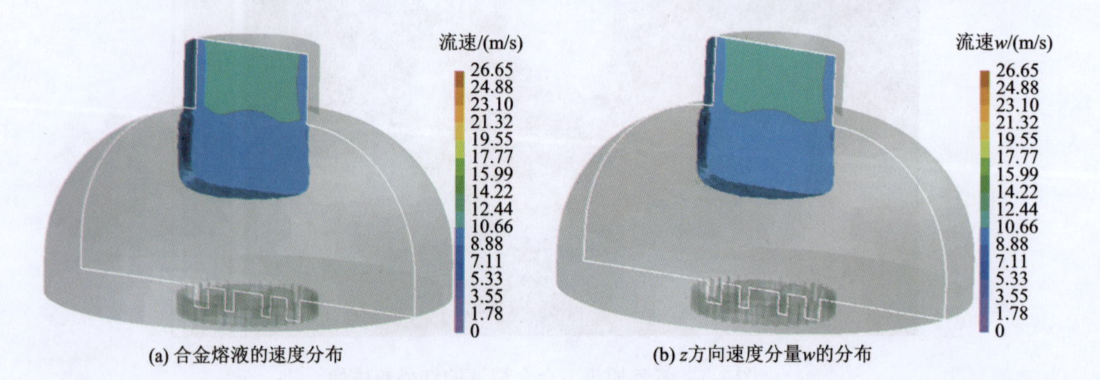

(a) 合金熔液的速度分布

(b) z方向速度分量w的分布

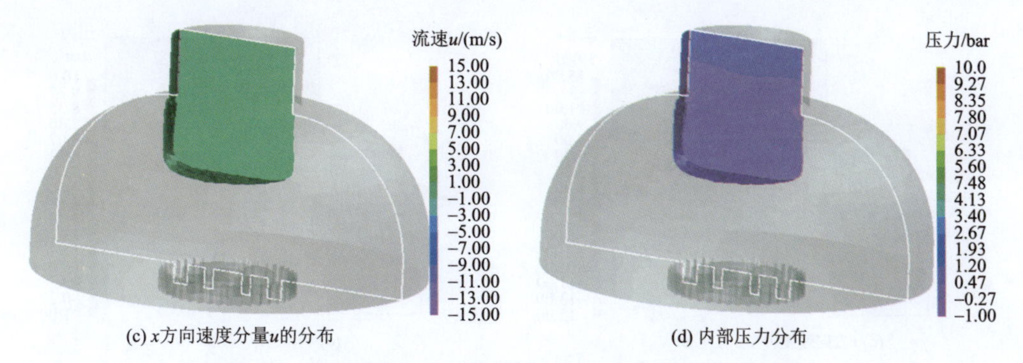

(c) x方向速度分量u的分布　　(d) 内部压力分布

图 3-7　$t = 0.286$ ms 时刻的模拟结果(填充率达到 11.0%)

1 bar = 10^5 Pa

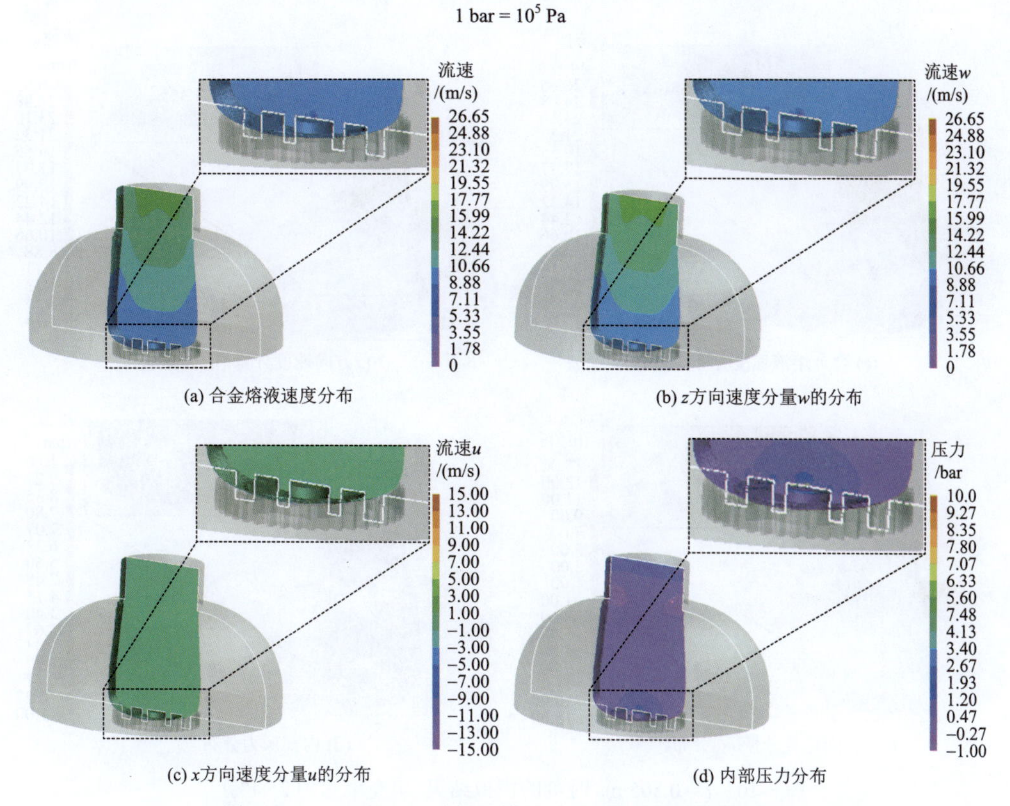

(a) 合金熔液速度分布　　(b) z方向速度分量w的分布

(c) x方向速度分量u的分布　　(d) 内部压力分布

图 3-8　$t = 0.455$ ms 时刻的模拟结果(填充率达到 21.4%)

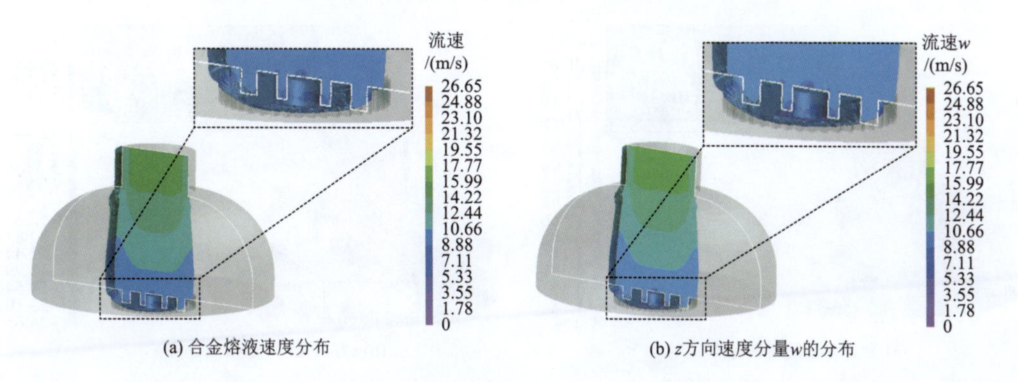

(a) 合金熔液速度分布　　(b) z方向速度分量w的分布

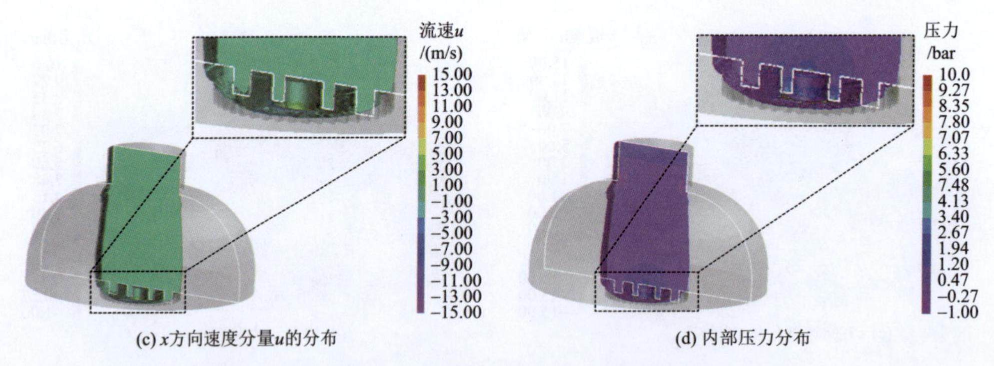

(c) x方向速度分量u的分布　　(d) 内部压力分布

图 3-9　$t = 0.477$ ms 时刻的模拟结果(填充率达到 23.0%)

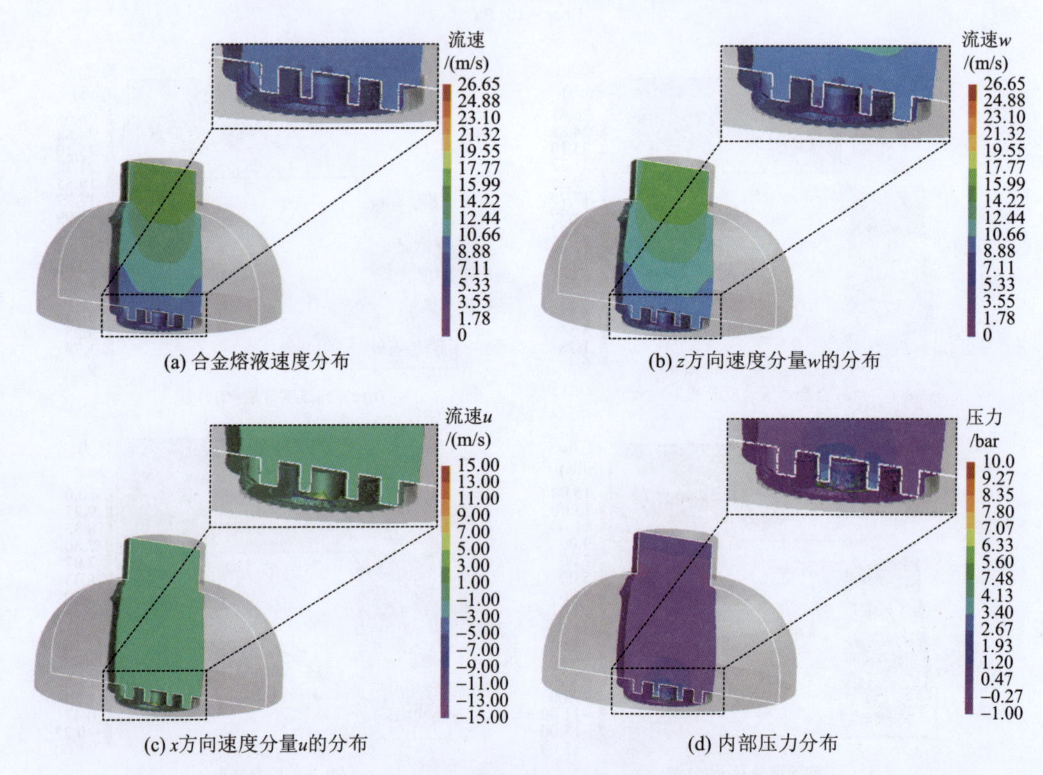

(a) 合金熔液速度分布　　(b) z方向速度分量w的分布

(c) x方向速度分量u的分布　　(d) 内部压力分布

图 3-10　$t = 0.505$ ms 时刻的模拟结果(填充率达到 25.1%)

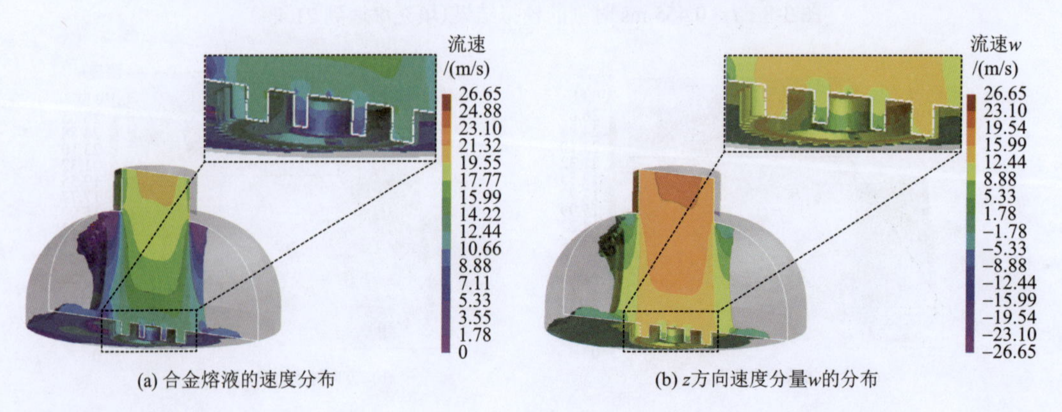

(a) 合金熔液的速度分布　　(b) z方向速度分量w的分布

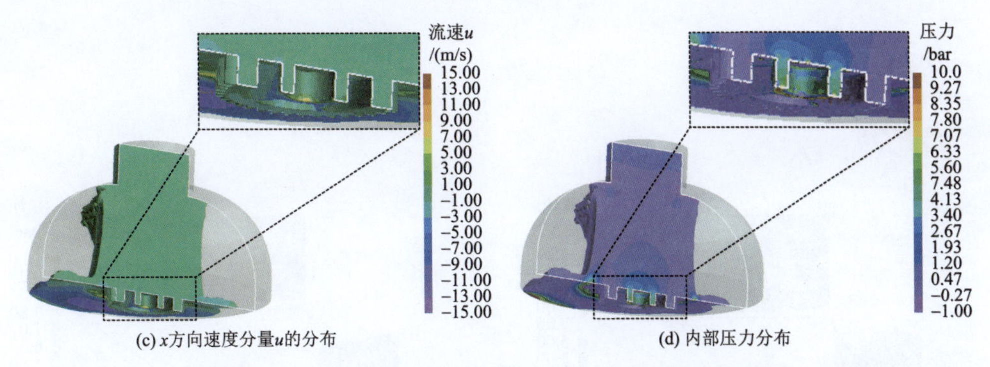

(c) x方向速度分量u的分布　　(d) 内部压力分布

图 3-11　$t = 0.673$ ms 时刻的模拟结果(填充率达到 39.7%)

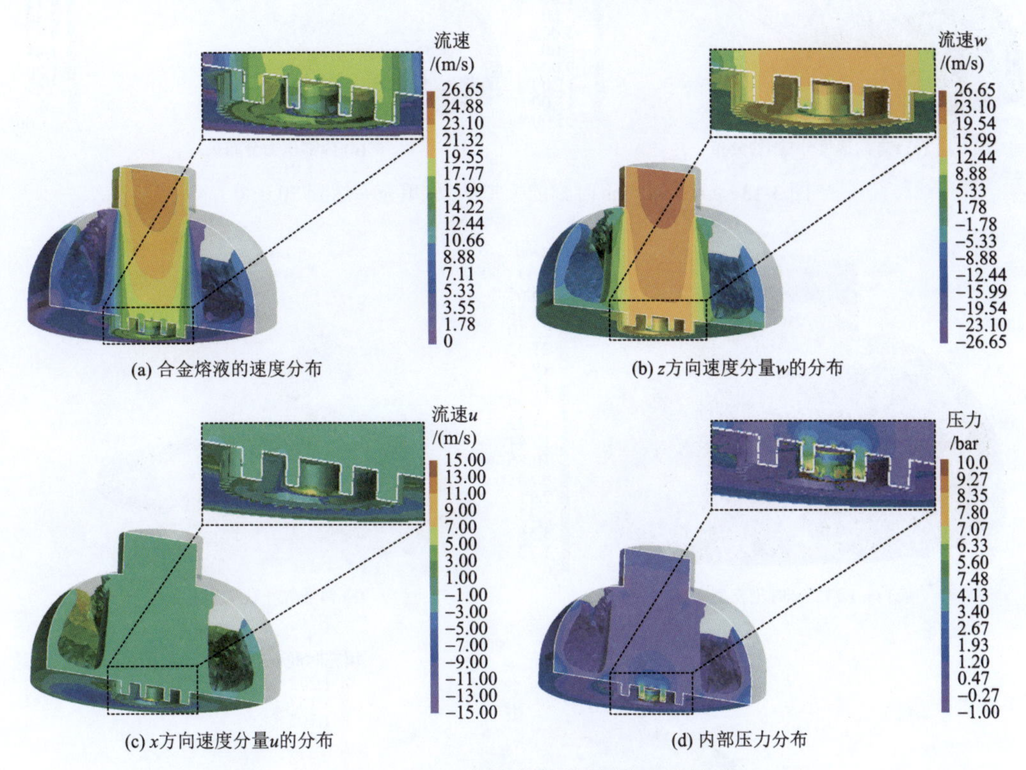

(a) 合金熔液的速度分布　　(b) z方向速度分量w的分布

(c) x方向速度分量u的分布　　(d) 内部压力分布

图 3-12　$t = 0.844$ ms 时刻的模拟结果(填充率达到 57.8%)

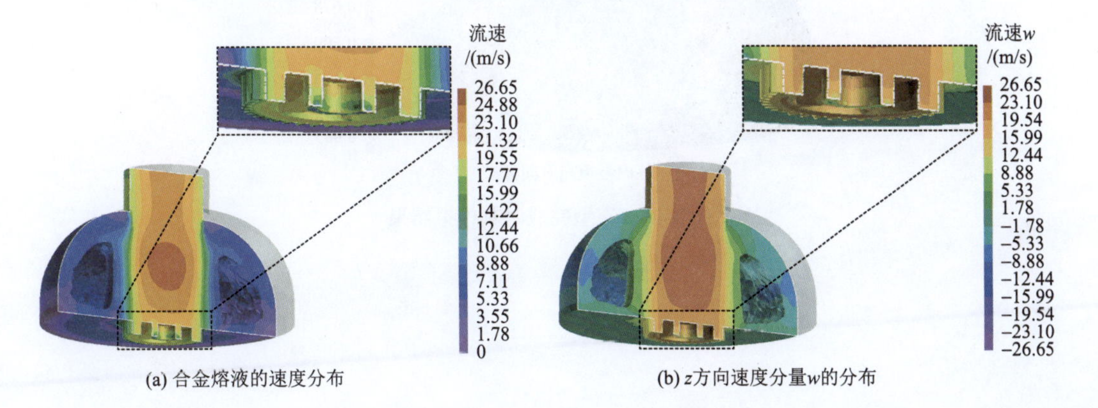

(a) 合金熔液的速度分布　　(b) z方向速度分量w的分布

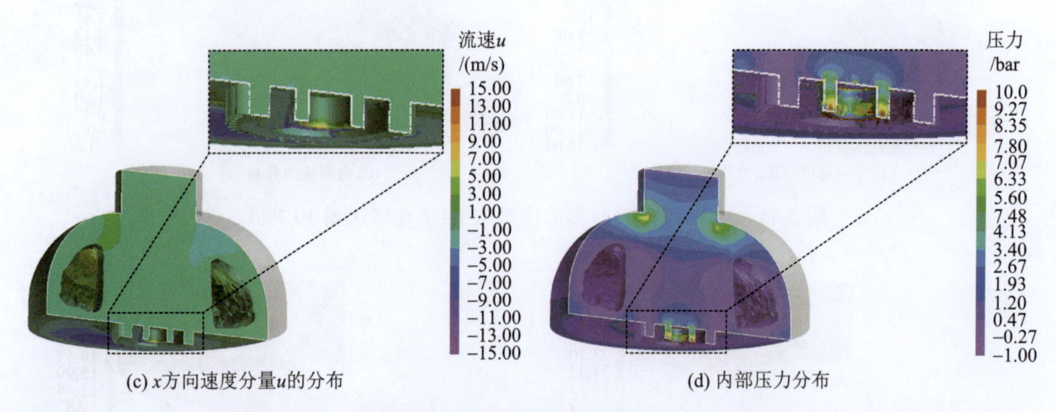

(c) x方向速度分量u的分布　　(d) 内部压力分布

图 3-13　$t = 0.948$ ms 时刻的模拟结果(填充率达到 70.0%)

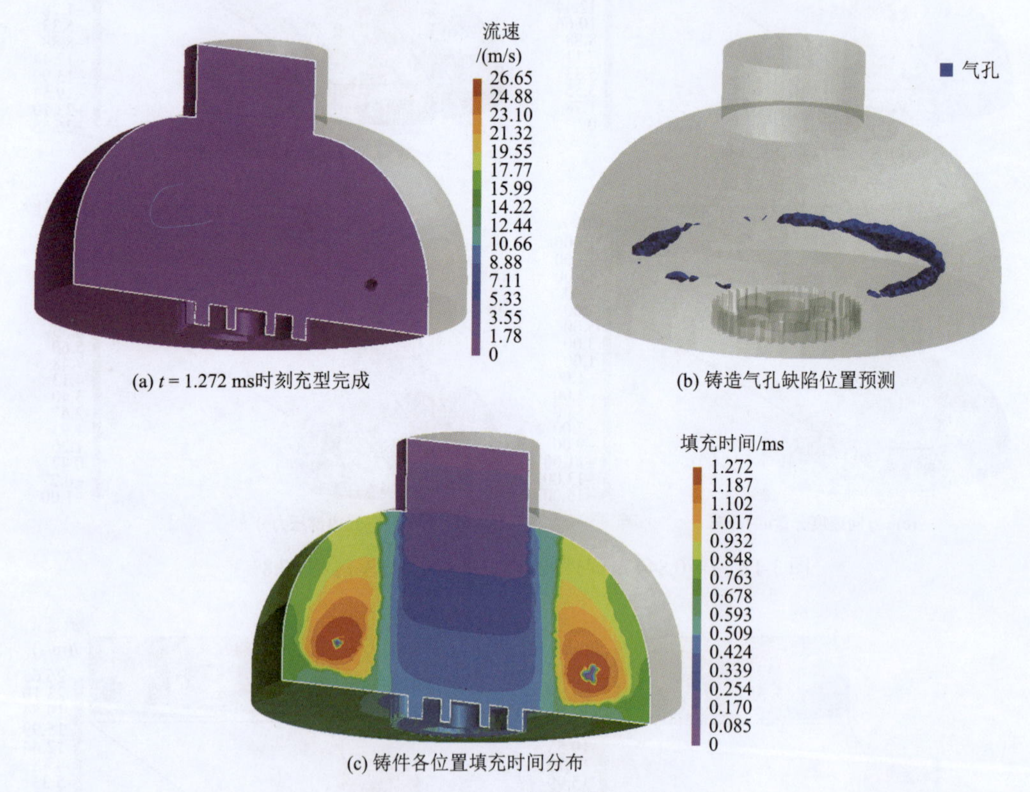

(a) $t = 1.272$ ms时刻充型完成　　(b) 铸造气孔缺陷位置预测

(c) 铸件各位置填充时间分布

图 3-14　充型完成时刻模拟结果

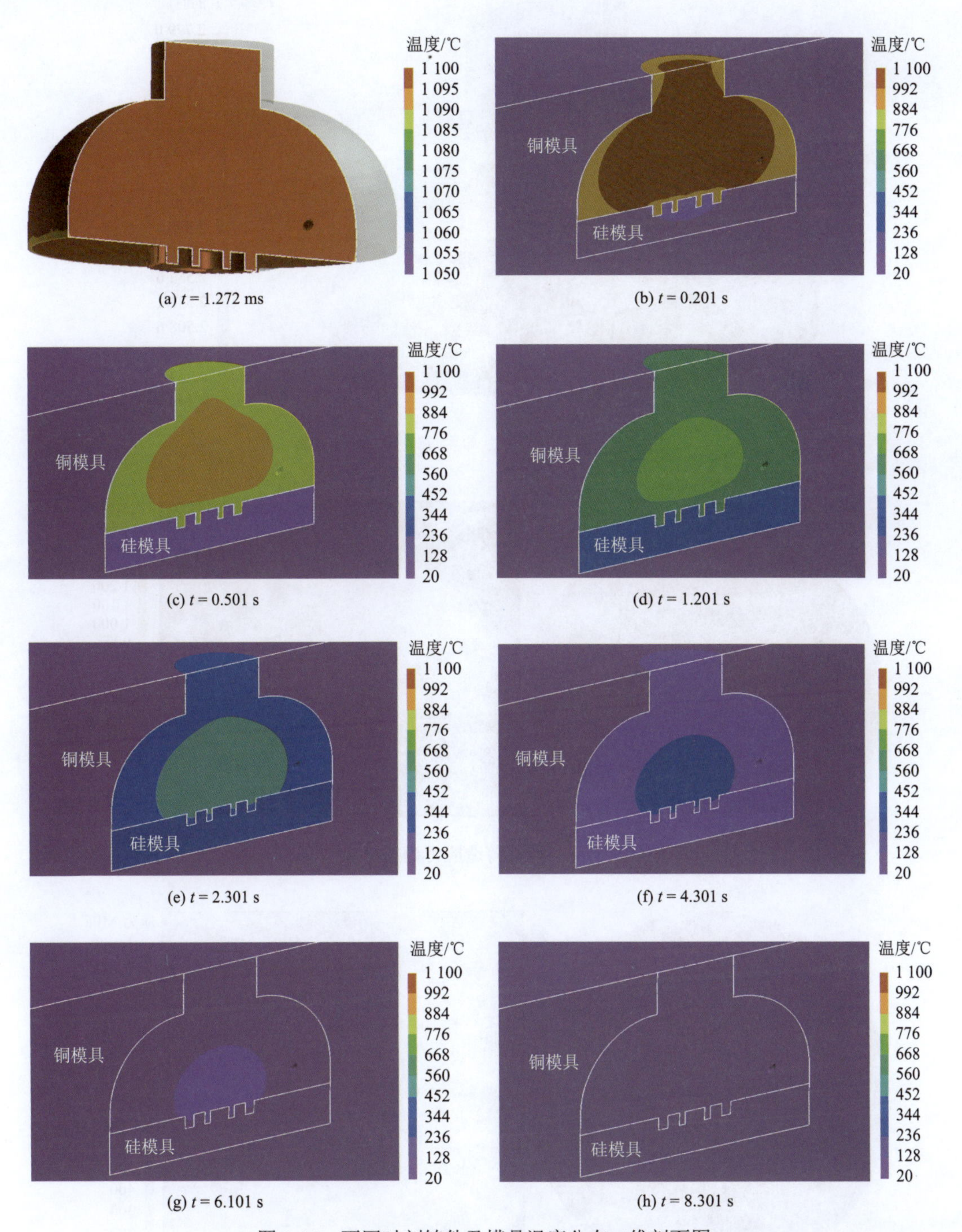

图 3-15　不同时刻铸件及模具温度分布二维剖面图

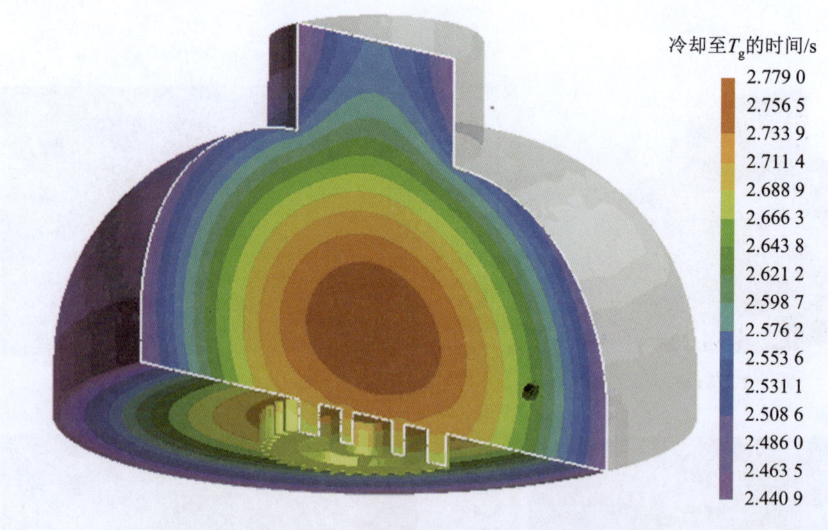

图 3-16　铸件从 T_m 冷却至 T_g 的时间分布图

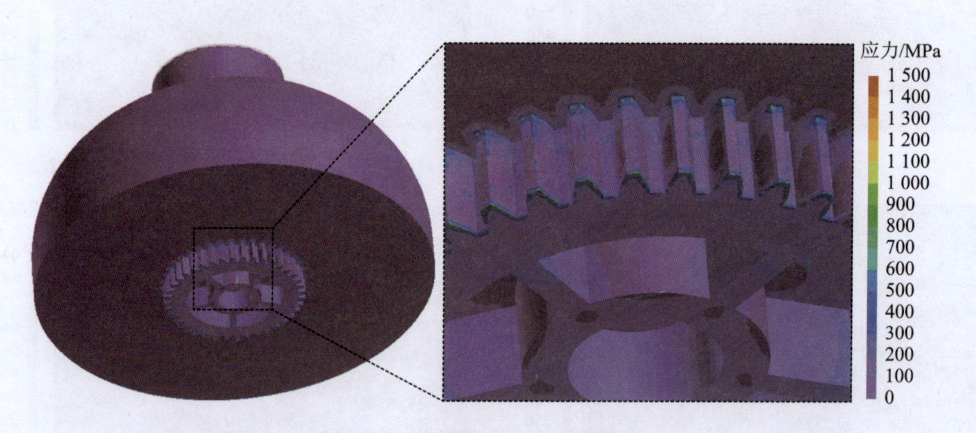

图 3-18　铸件铸造应力模拟结果

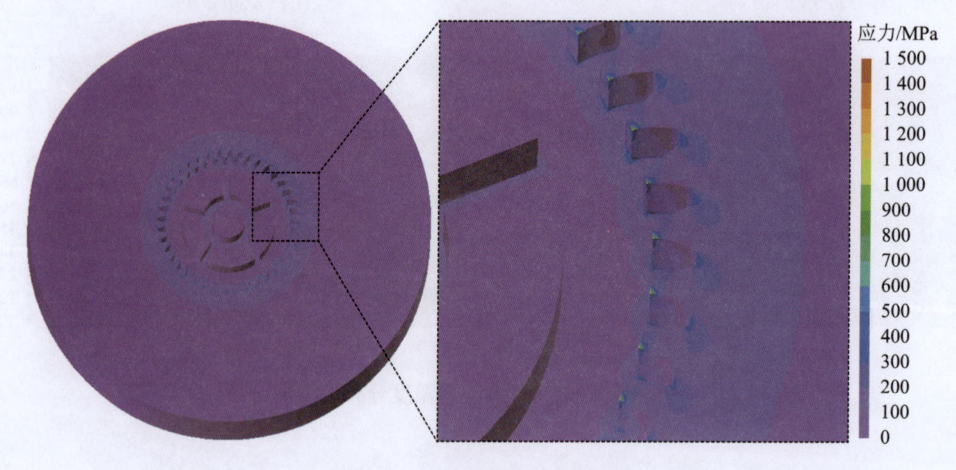

图 3-19　硅模具应力模拟结果

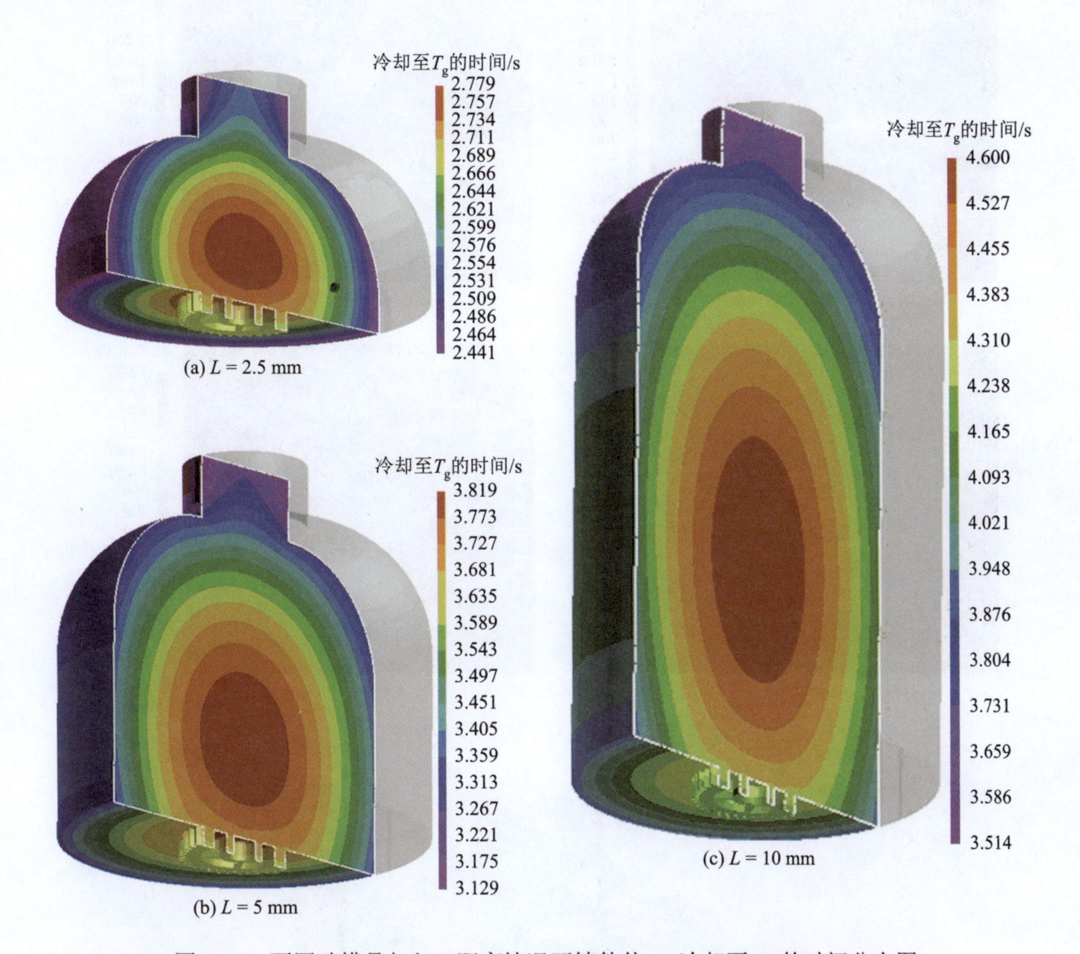

图 3-20　不同硅模具与入口距离情况下铸件从 T_m 冷却至 T_g 的时间分布图

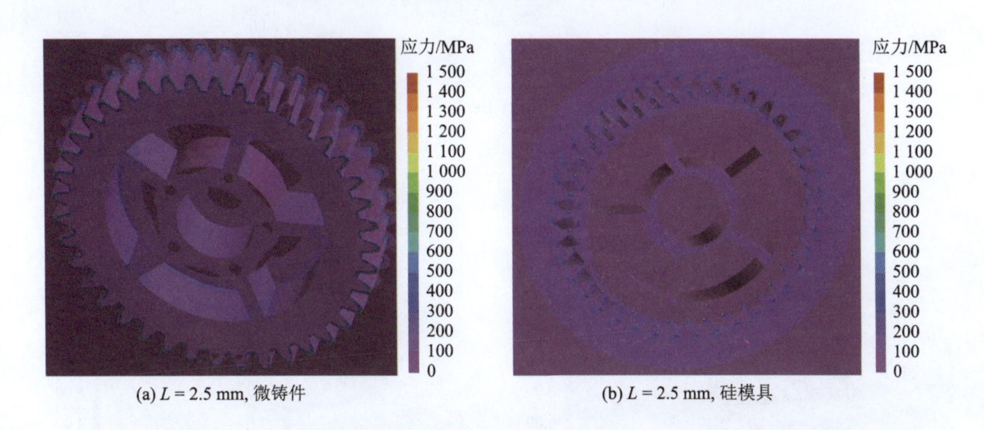

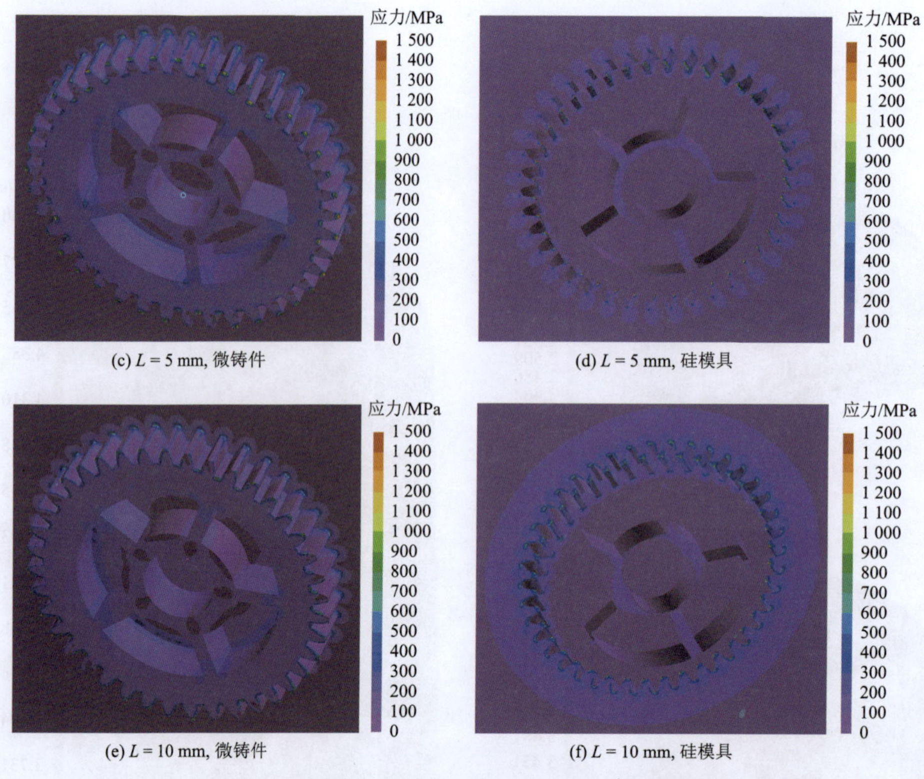

(c) L = 5 mm, 微铸件　(d) L = 5 mm, 硅模具

(e) L = 10 mm, 微铸件　(f) L = 10 mm, 硅模具

图 3-21　不同硅模具距入口距离(L)下微小零件及硅模具的应力分布

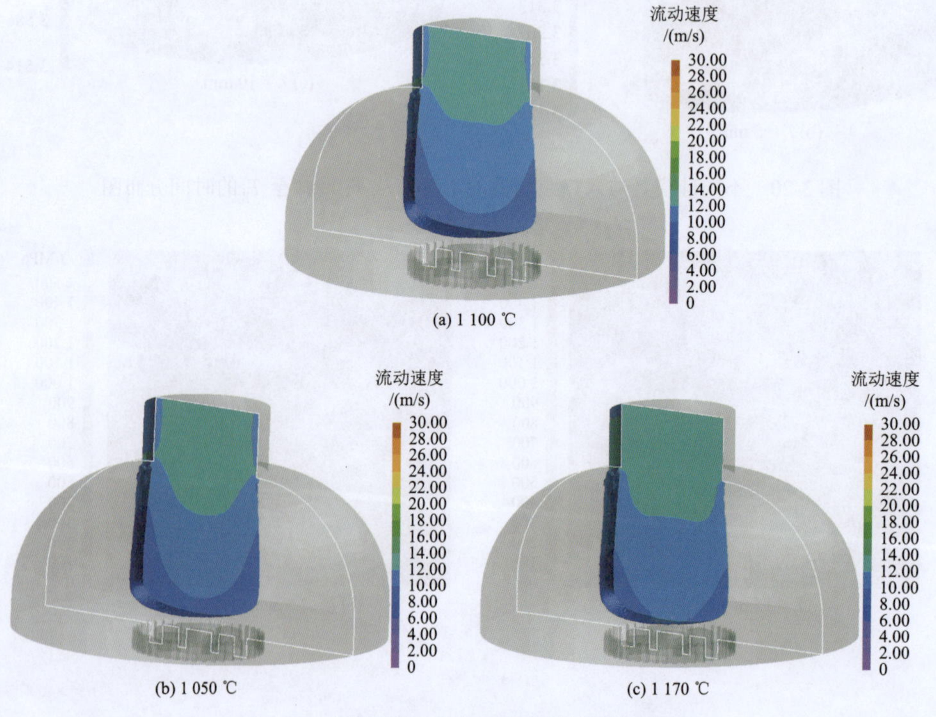

(a) 1 100 ℃

(b) 1 050 ℃　(c) 1 170 ℃

图 3-22　不同吸铸温度下合金熔液吸入速度

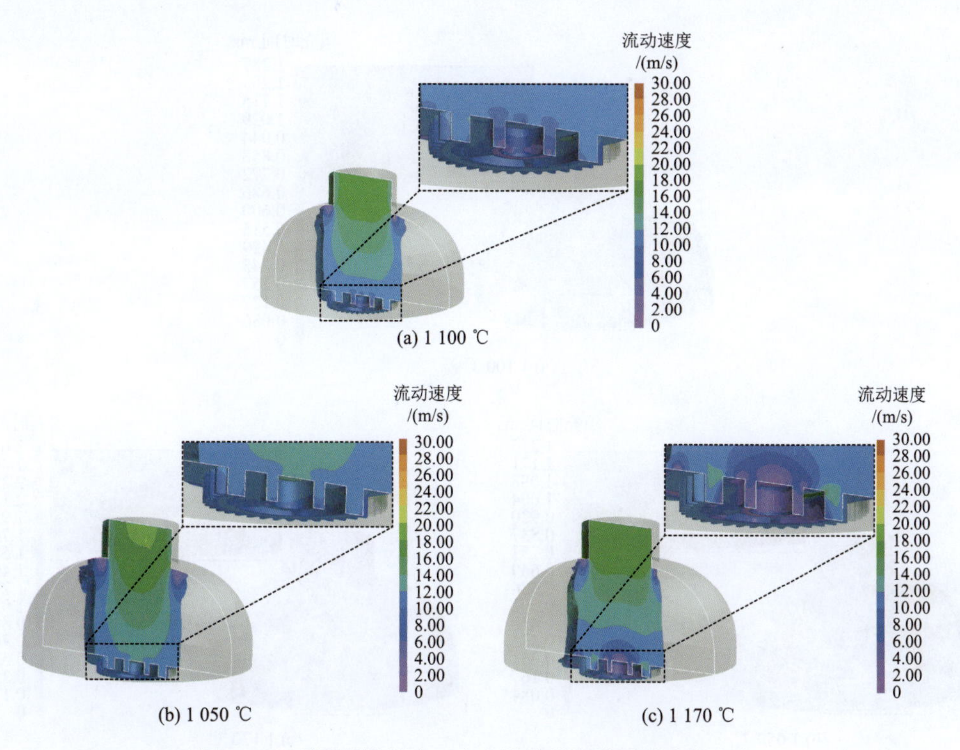

图 3-23　不同吸铸温度下合金熔液填充微型腔速度分布

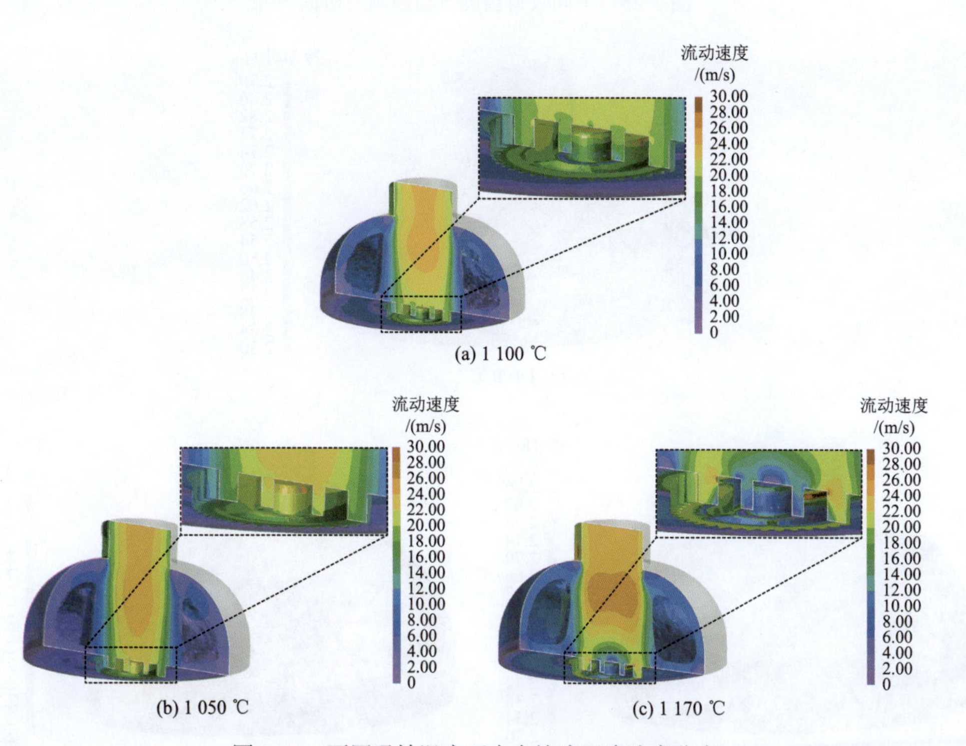

图 3-24　不同吸铸温度下合金熔液回流速度分布

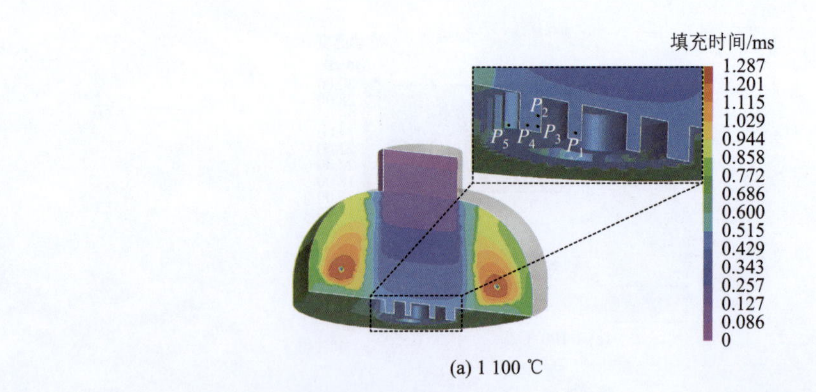

(a) 1 100 ℃

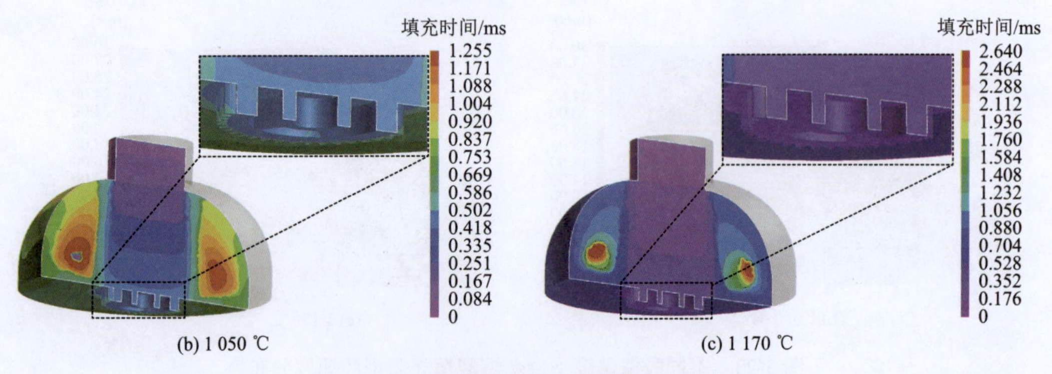

(b) 1 050 ℃　　(c) 1 170 ℃

图 3-25　不同吸铸温度下型腔填充时间分布

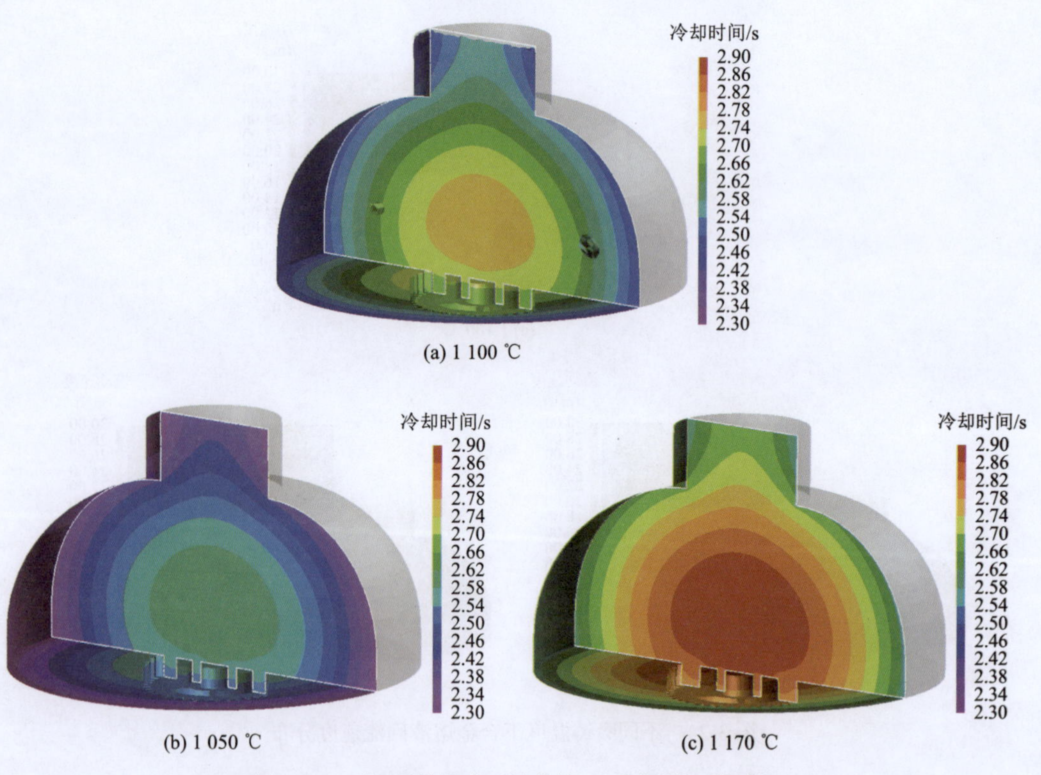

(a) 1 100 ℃

(b) 1 050 ℃　　(c) 1 170 ℃

图 3-27　不同吸铸温度下铸件从 T_m 冷却至 T_g 的时间

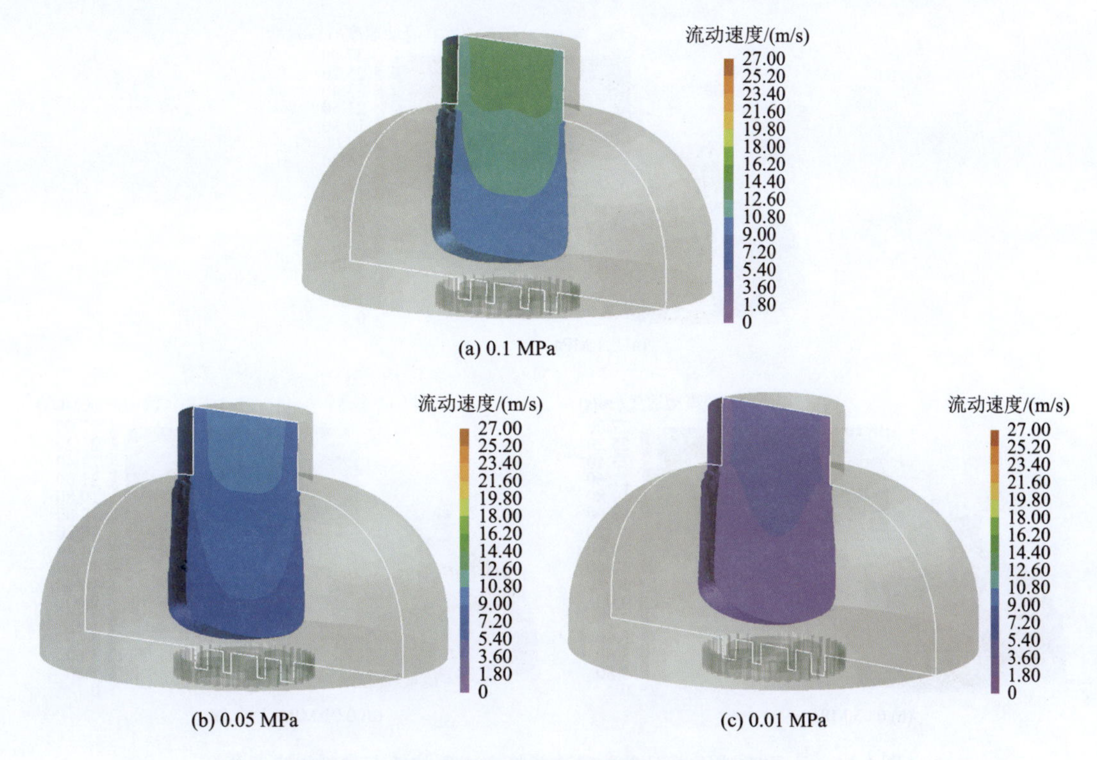

图 3-28　不同吸铸压力下合金熔液的吸入速度分布

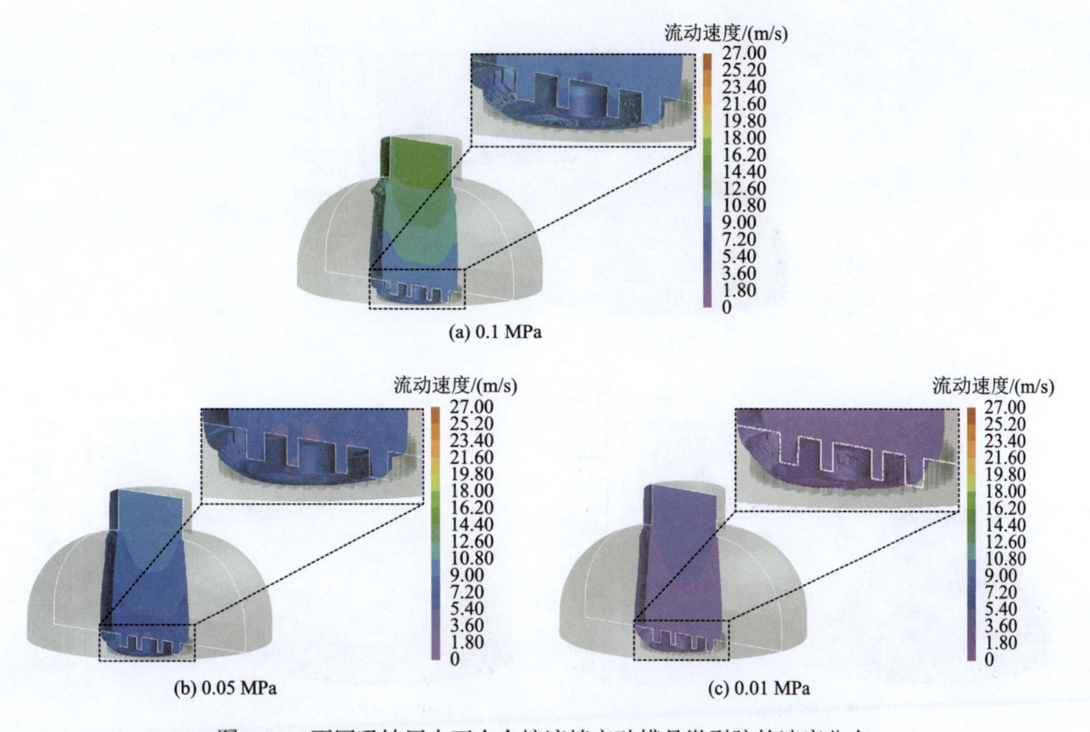

图 3-29　不同吸铸压力下合金熔液填充硅模具微型腔的速度分布

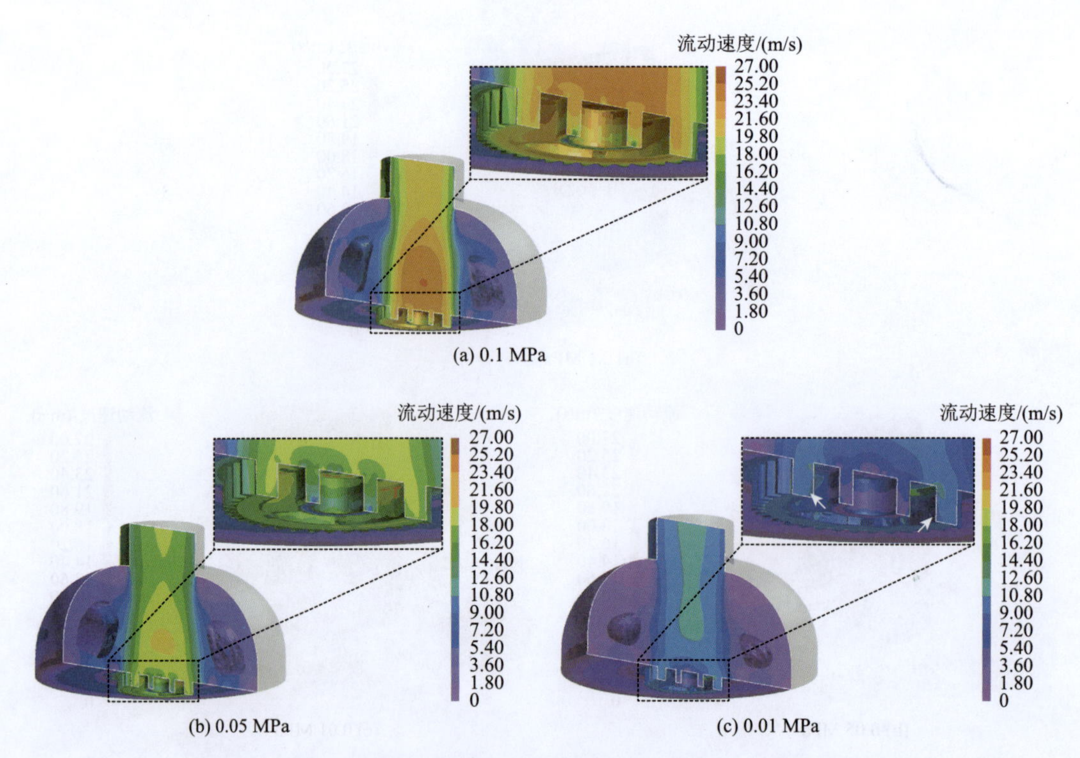

图 3-30　不同吸铸压力下合金熔液即将完成型腔填充时刻的速度分布

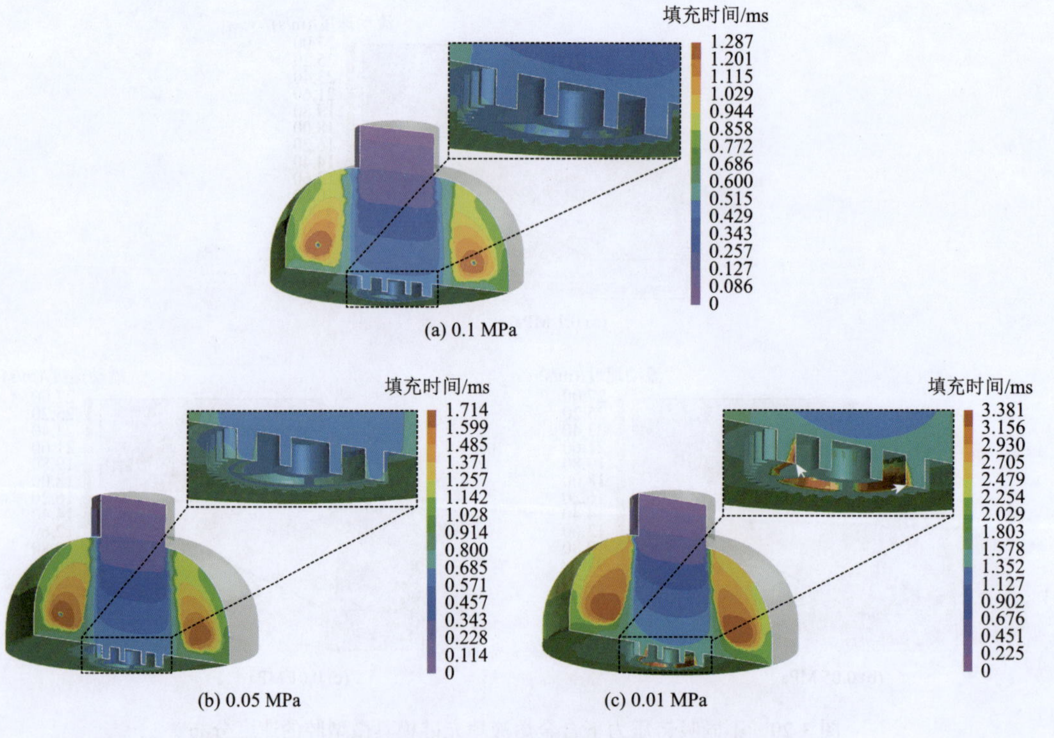

图 3-32　不同吸铸压力下合金熔液型腔填充各位置时间分布

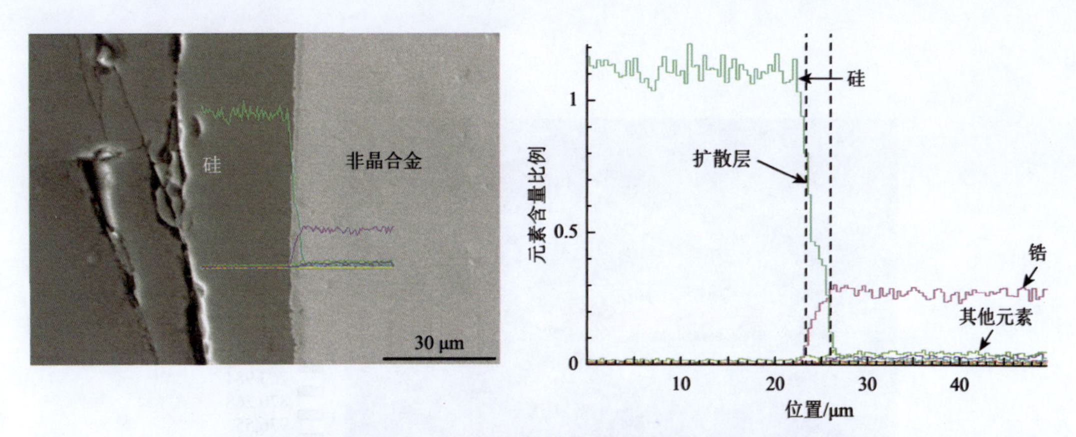

图 3-52　非晶合金与硅模具界面的 EDS 扫描

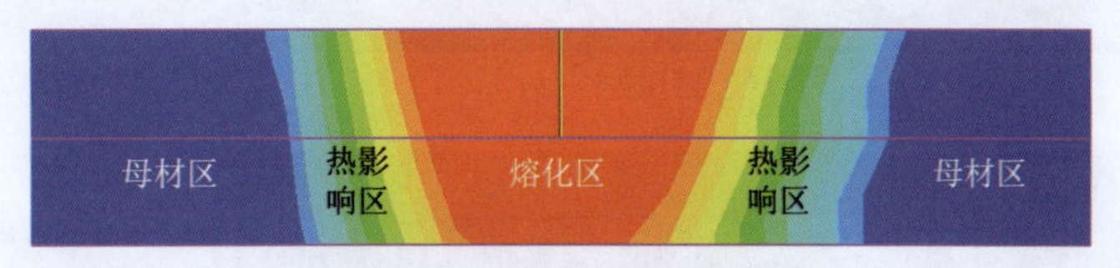

图 4-30　校核的热源模型

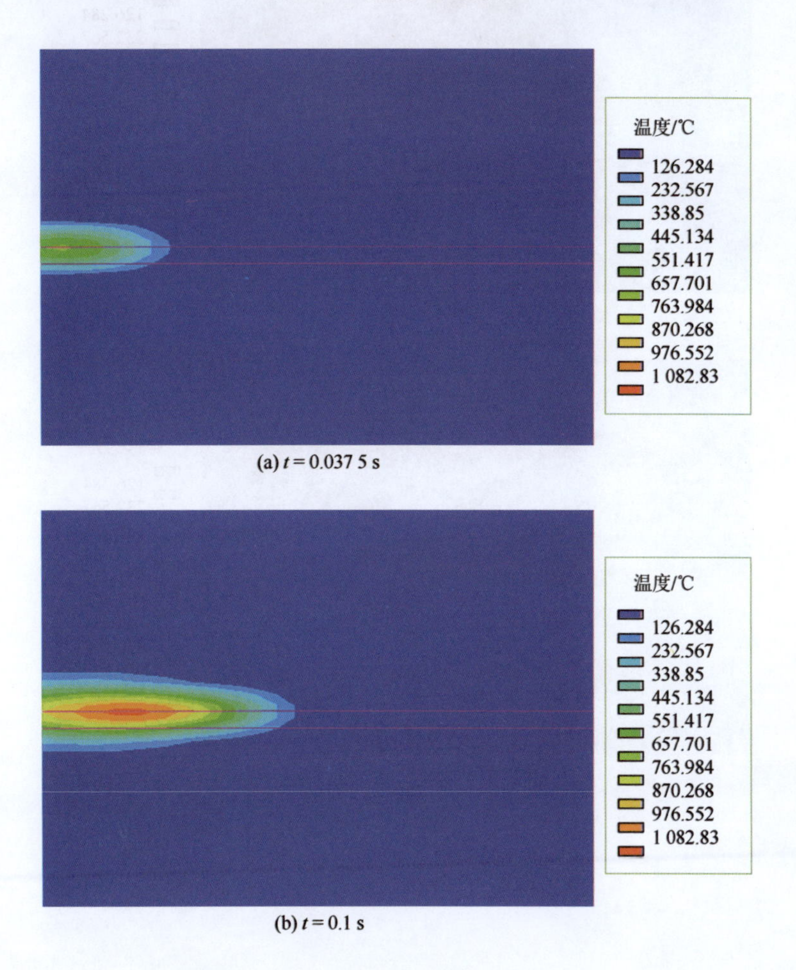

(a) $t = 0.037\ 5$ s

(b) $t = 0.1$ s

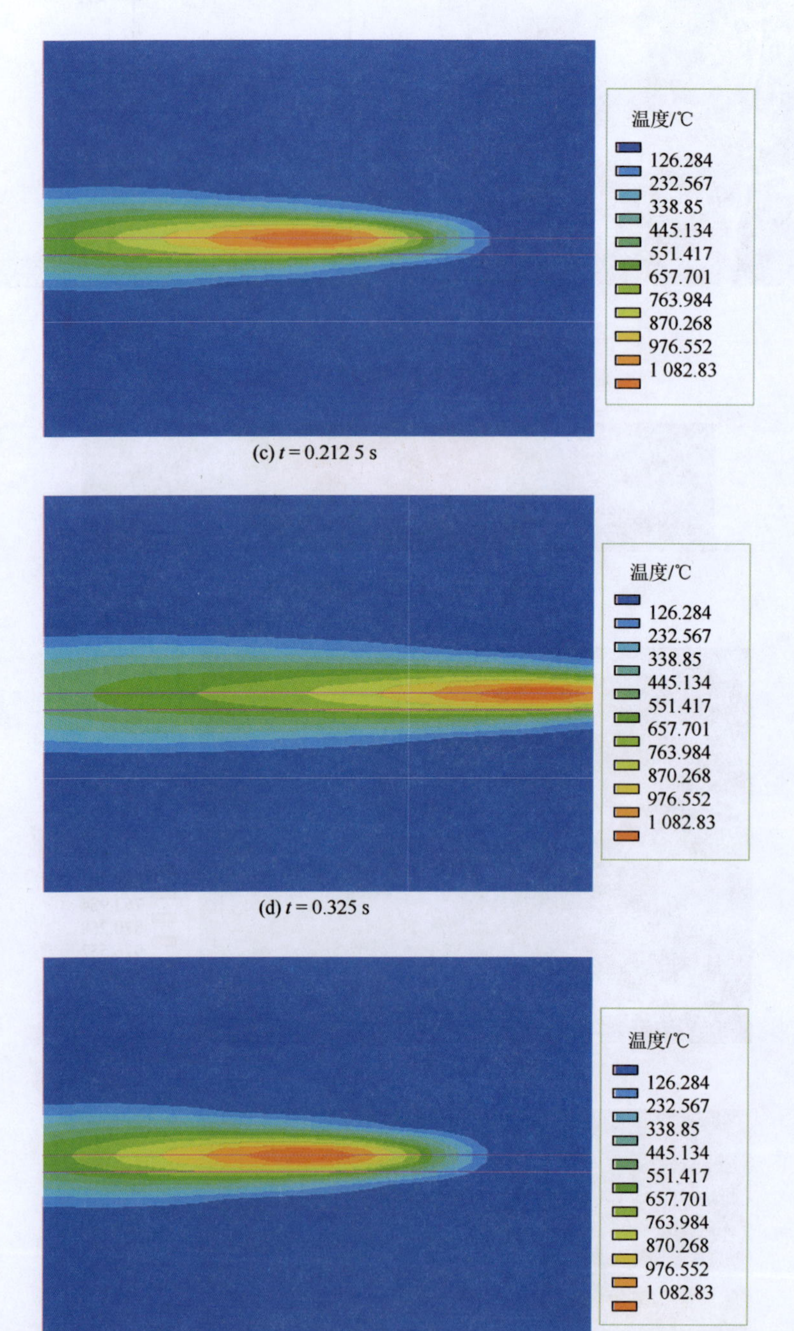

(c) $t = 0.212\ 5$ s

(d) $t = 0.325$ s

(e) $t = 0.476\ 563$ s

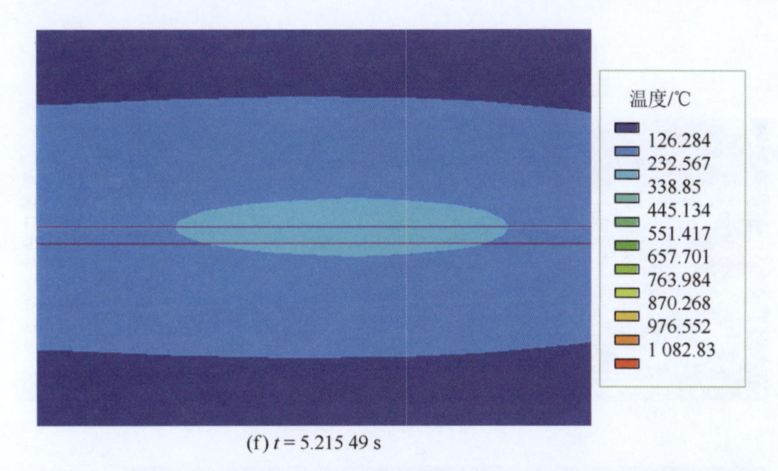

(f) $t = 5.215\ 49$ s

图 4-31　$Zr_{41}Ti_{14}Cu_{12}Ni_{10}Be_{23}$ 低速激光焊接温度场分布(焊接速度 7 m/min)

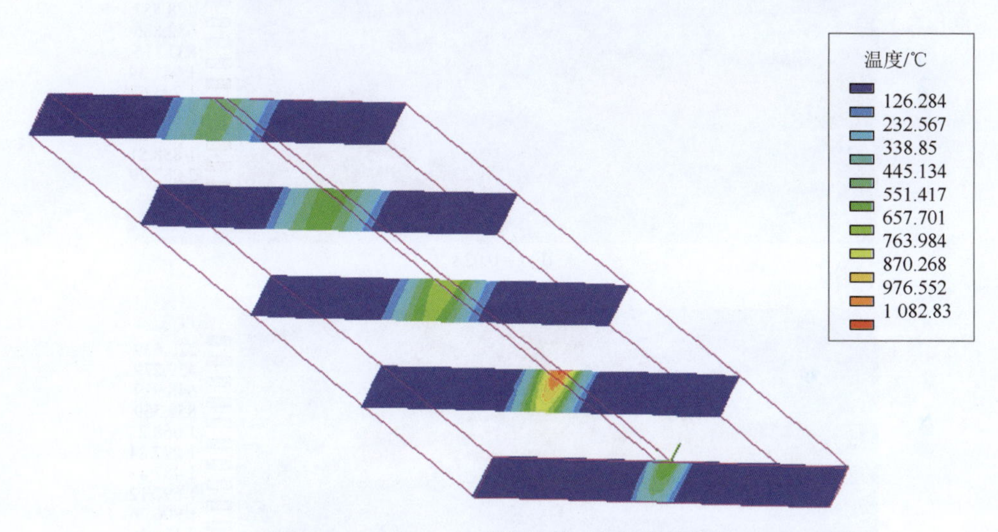

图 4-32　$t = 0.375$ s 时样品截面的温度场分布

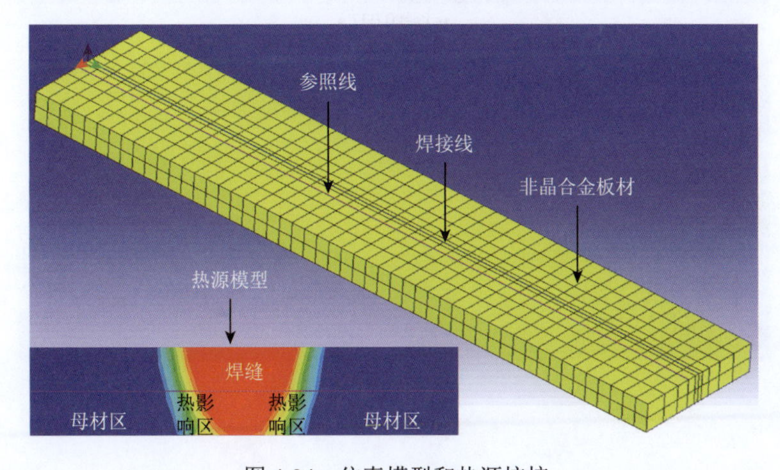

图 4-34　仿真模型和热源校核

(a) $t = 0.002$ s

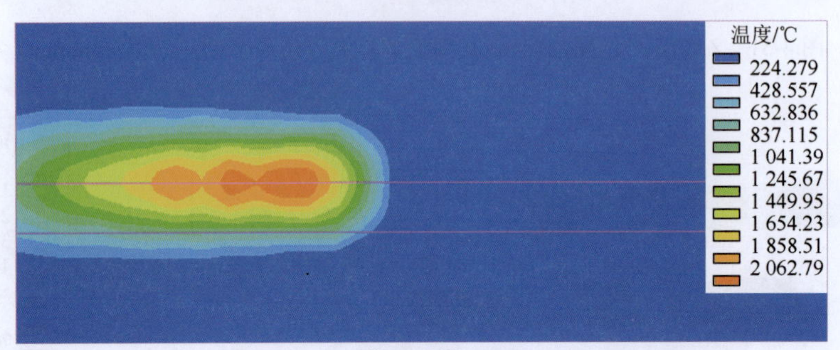

(b) $t = 0.02$ s

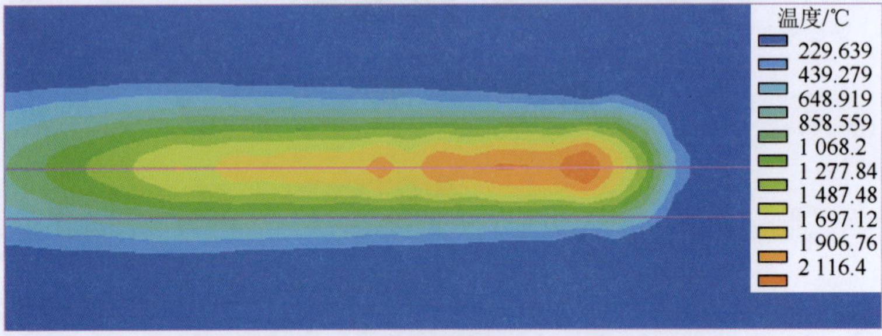

(c) $t = 0.037$ s

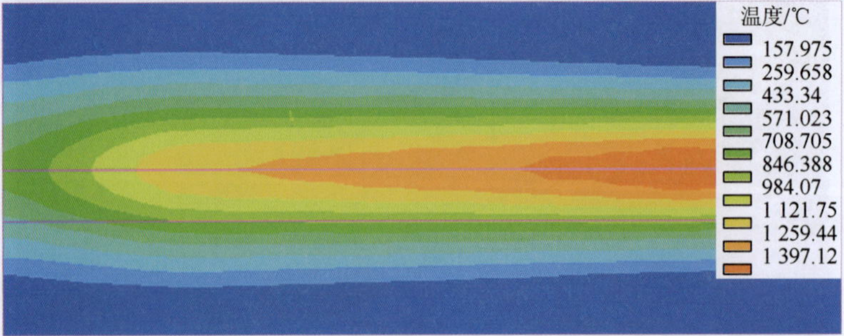

(d) $t = 0.088$ s

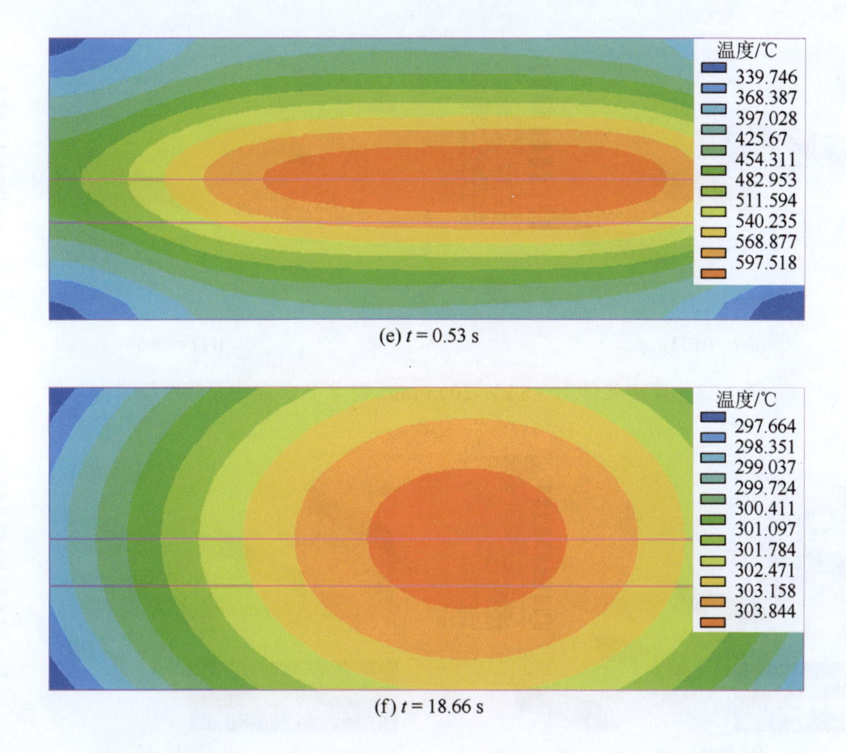

(e) $t = 0.53$ s

(f) $t = 18.66$ s

图 4-36　焊接条件为 3.8 kW-20 m/mim 时非晶合金平面温度场云图

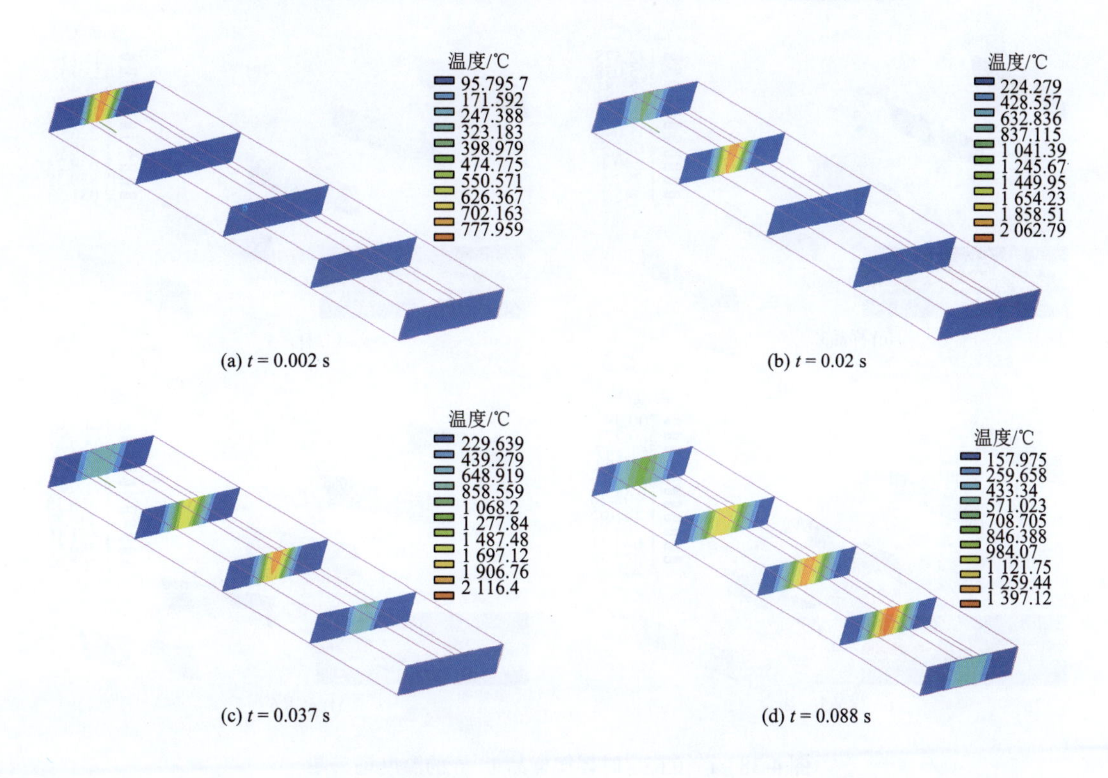

(a) $t = 0.002$ s

(b) $t = 0.02$ s

(c) $t = 0.037$ s

(d) $t = 0.088$ s

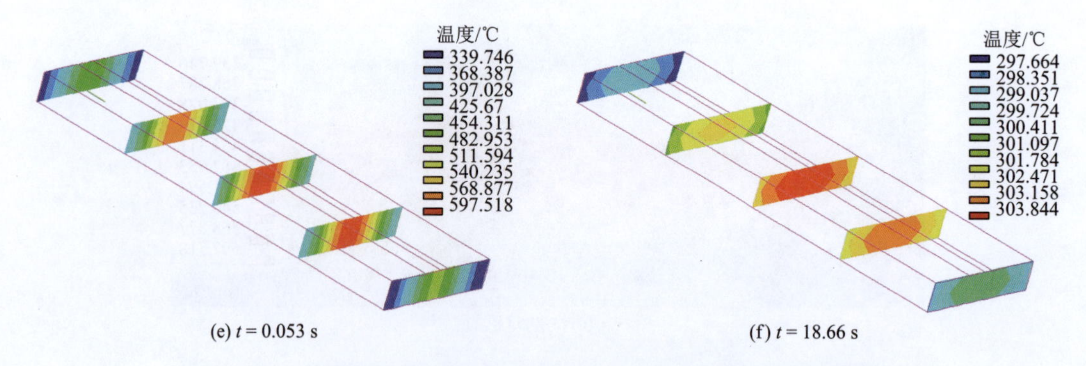

(e) $t = 0.053$ s　　(f) $t = 18.66$ s

图 4-37　焊接条件为 3.8 kW-20 m/mim 时非晶合金截面温度场云图

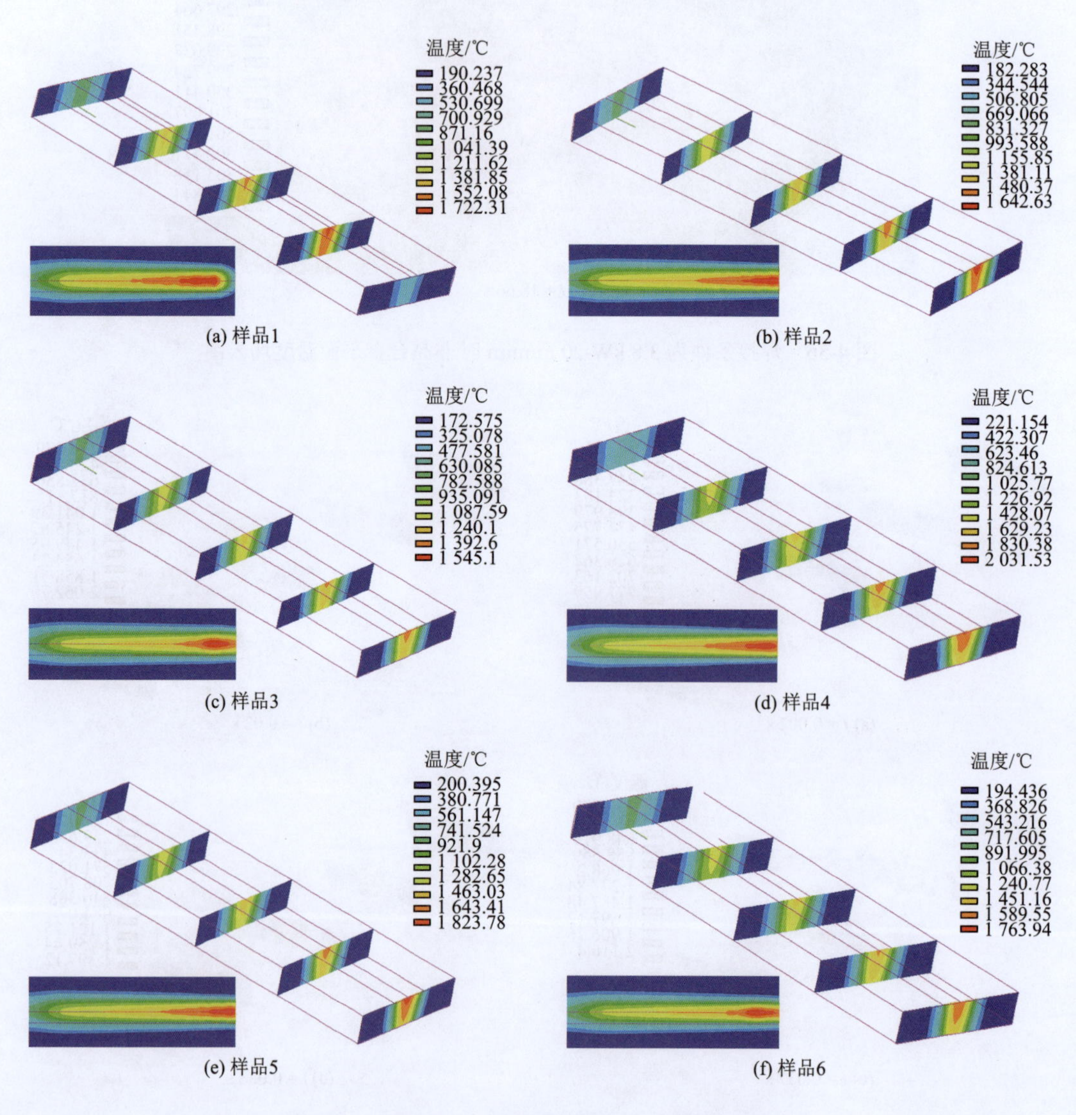

(a) 样品1　　(b) 样品2

(c) 样品3　　(d) 样品4

(e) 样品5　　(f) 样品6

图 4-38　$t = 0.65$ s 时焊接样品 1～6 的温度场云图

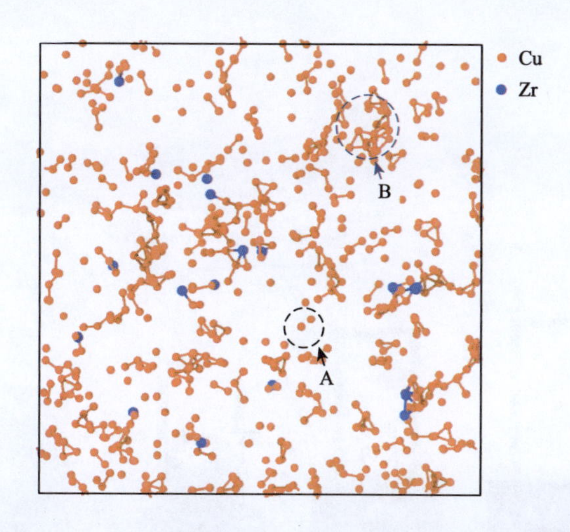

图 5-6　$Cu_{46}Zr_{54}$ 体系中〈0 0 12 0〉中心原子的分布情况

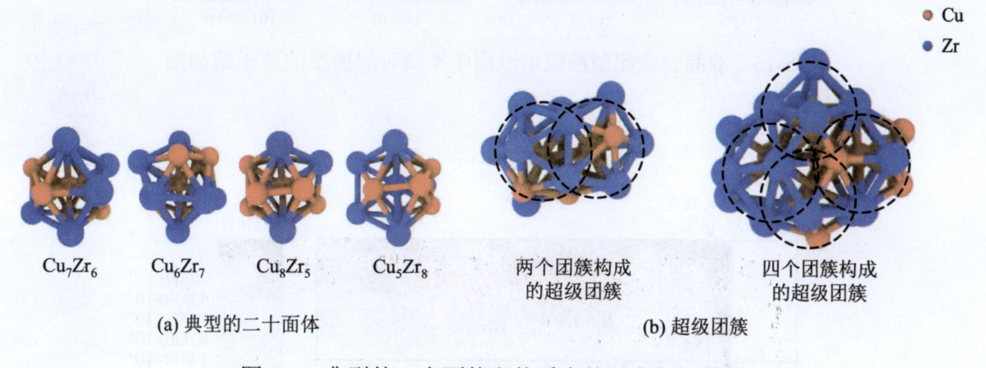

图 5-7　典型的二十面体和体系中的两个超级团簇

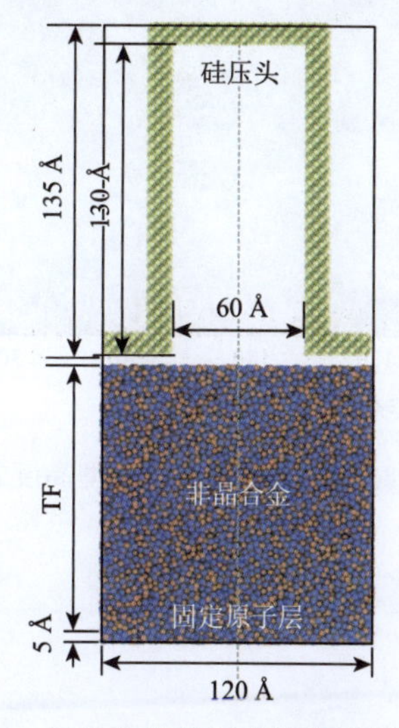

图 5-15　标注有各种尺寸的模型原子视图

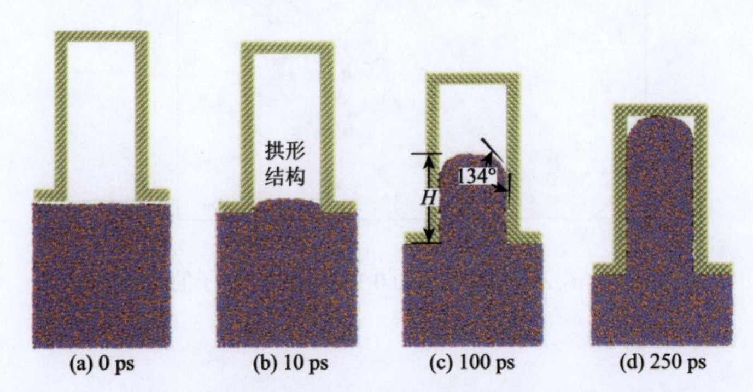

图 5-16 非晶合金超塑性成形过程中不同时间模型的原子截面图

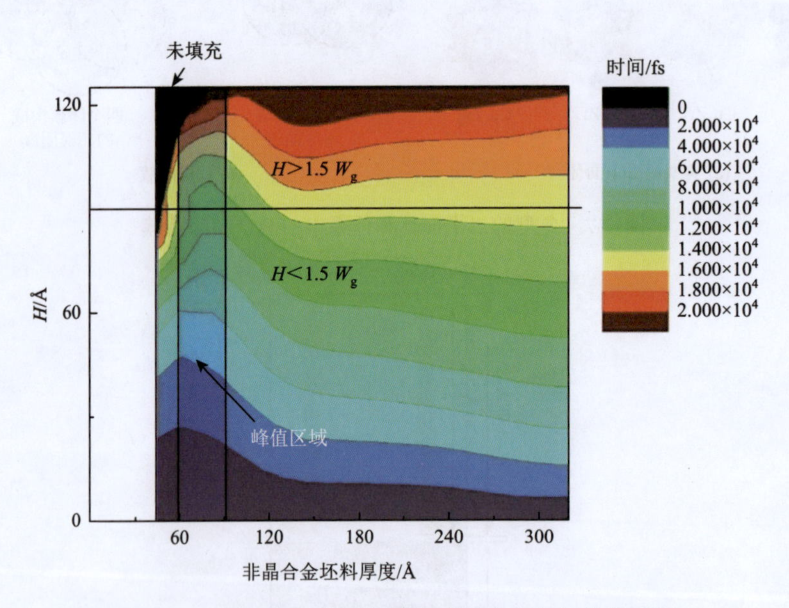

图 5-21 填充时间、坯料厚度与充型高度之间的关系图

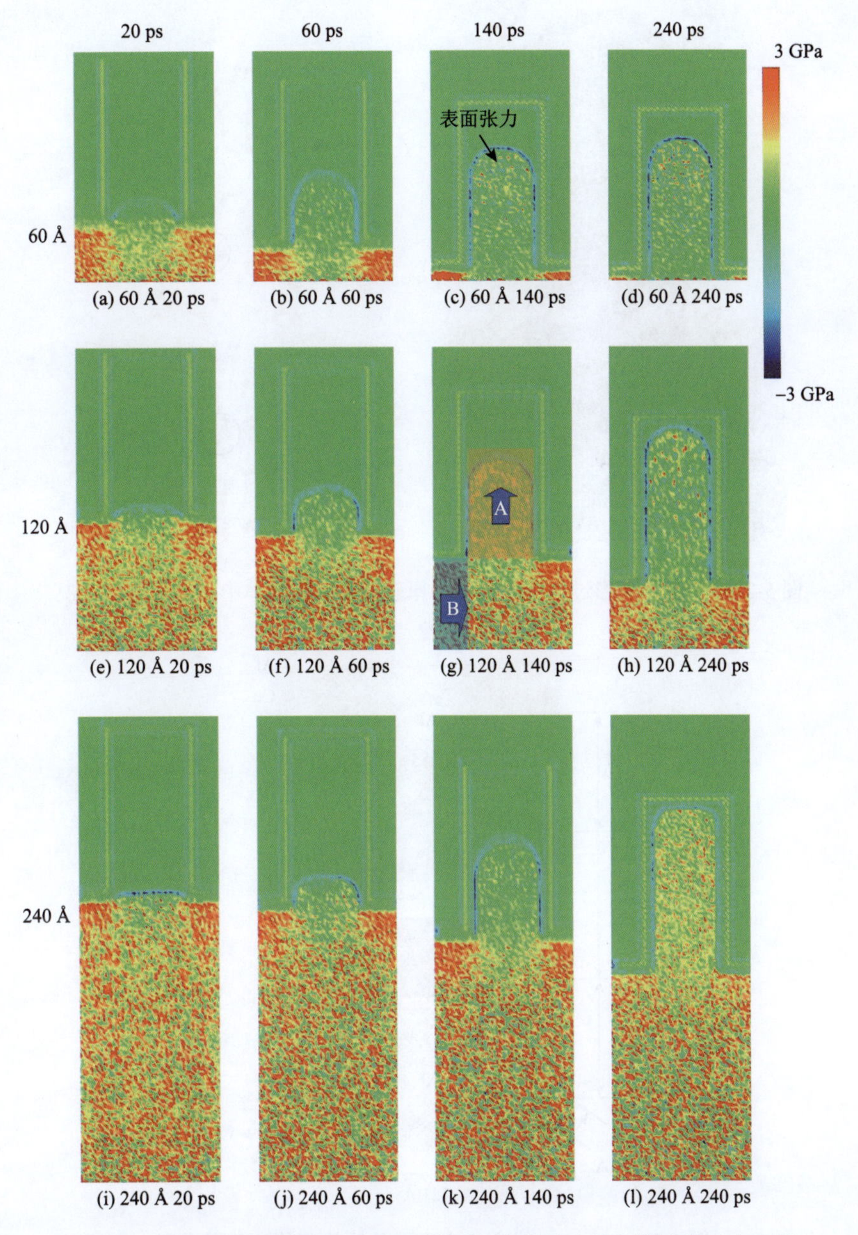

图 5-23　使用不同厚度非晶合金坯料超塑性成形过程中样品的压力云图

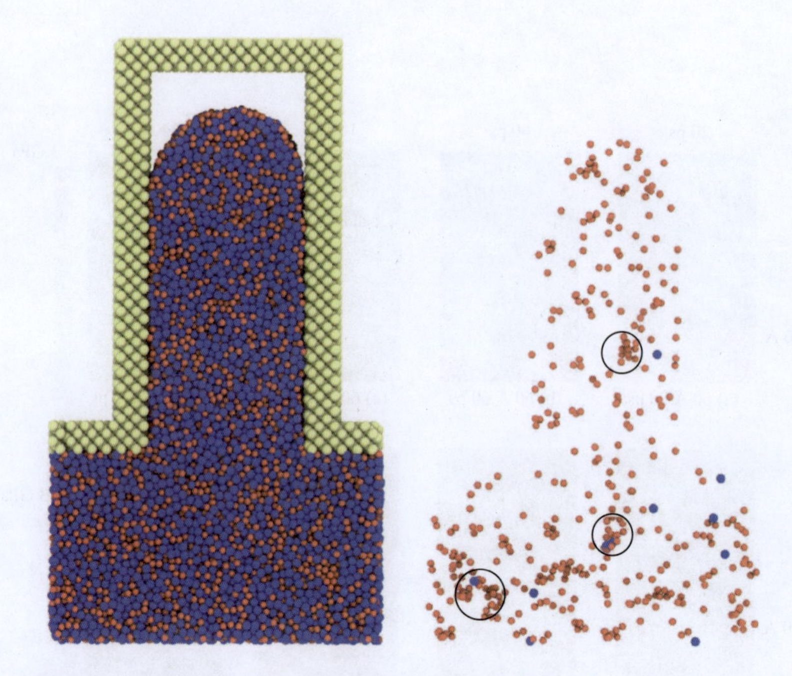

图 5-25　超塑性成形过程中某时刻的原子图和二十面体中心原子分布情况

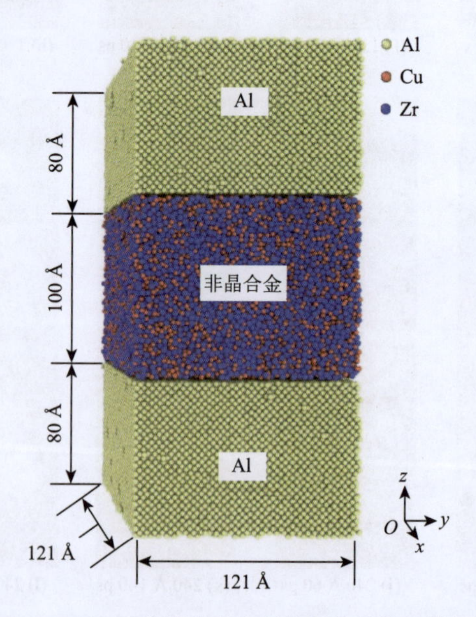

图 5-29　$Cu_{46}Zr_{54}$ 非晶合金和晶体铝构成的扩散偶模型

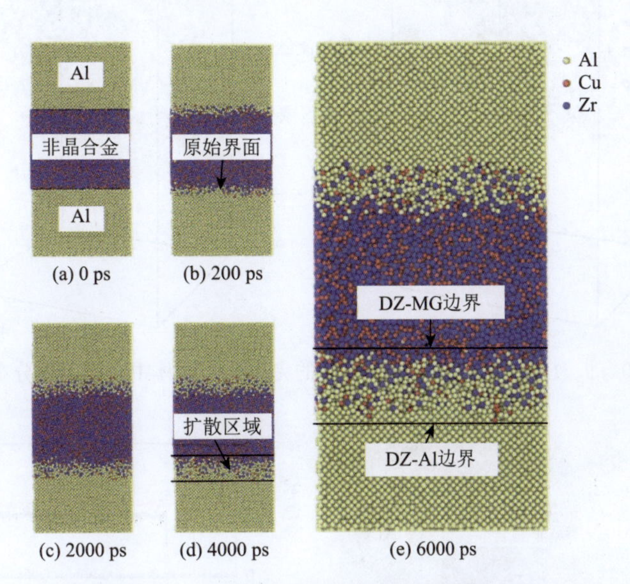

图 5-30　非晶合金和铝扩散偶的原子截面图

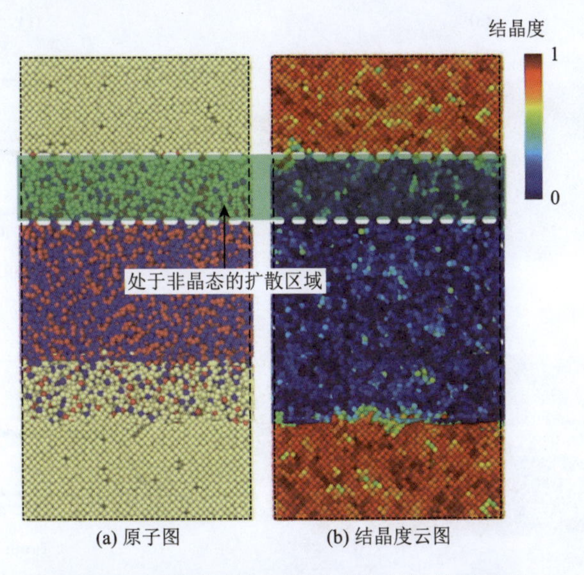

图 5-31　扩散偶的原子图和整体的结晶度表现

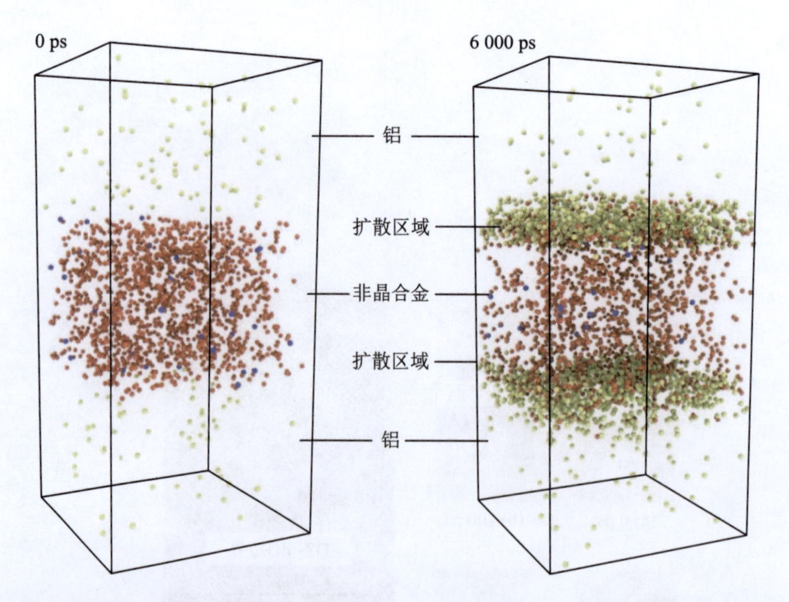

图 5-40　扩散进行 0 ps 和 6 000 ps 时的完美二十面体中心原子的分布情况

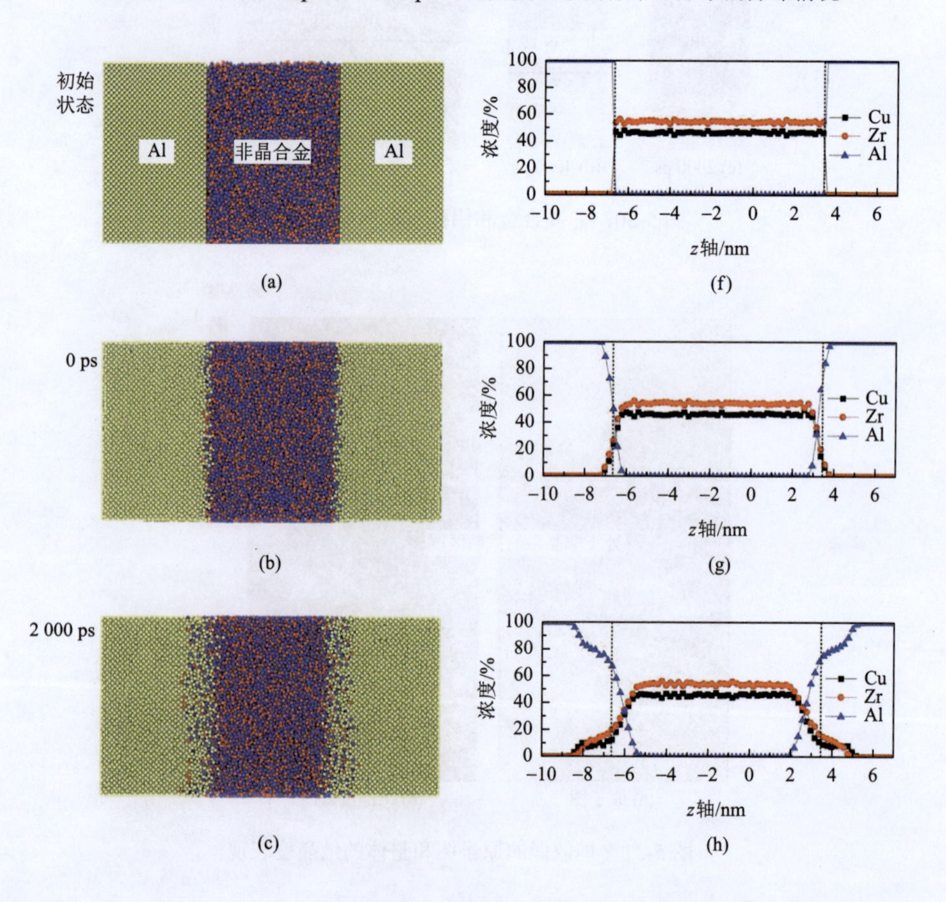

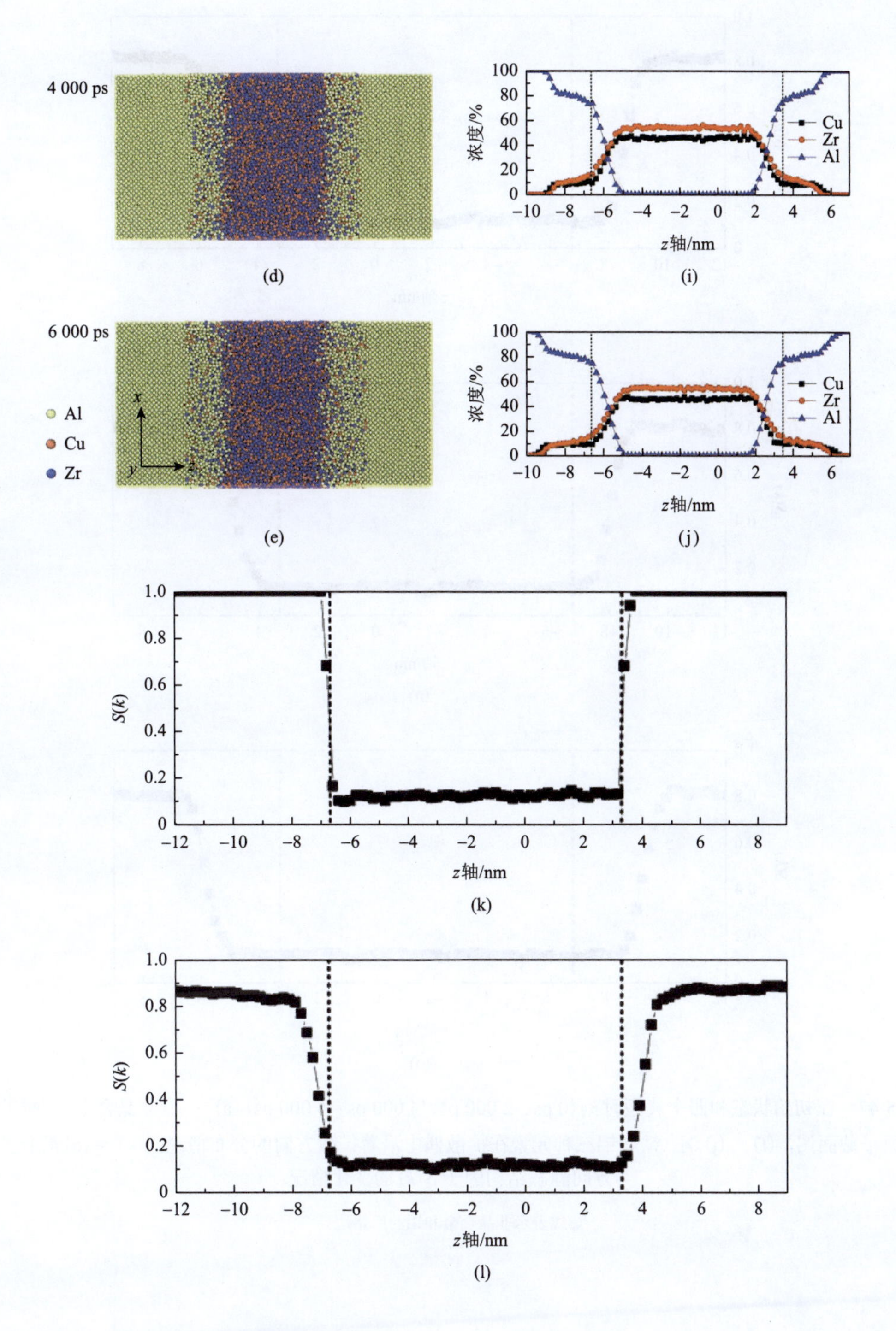
4 000 ps
100
80
60
40
20
0
浓度/%
−10 −8 −6 −4 −2 0 2 4 6
z轴/nm
Cu
Zr
Al
(d)
(i)
6 000 ps
Al
Cu
Zr
x
y
z
(e)
(j)
1.0
0.8
0.6
0.4
0.2
0
S(k)
−12 −10 −8 −6 −4 −2 0 2 4 6 8
z轴/nm
(k)
(l)

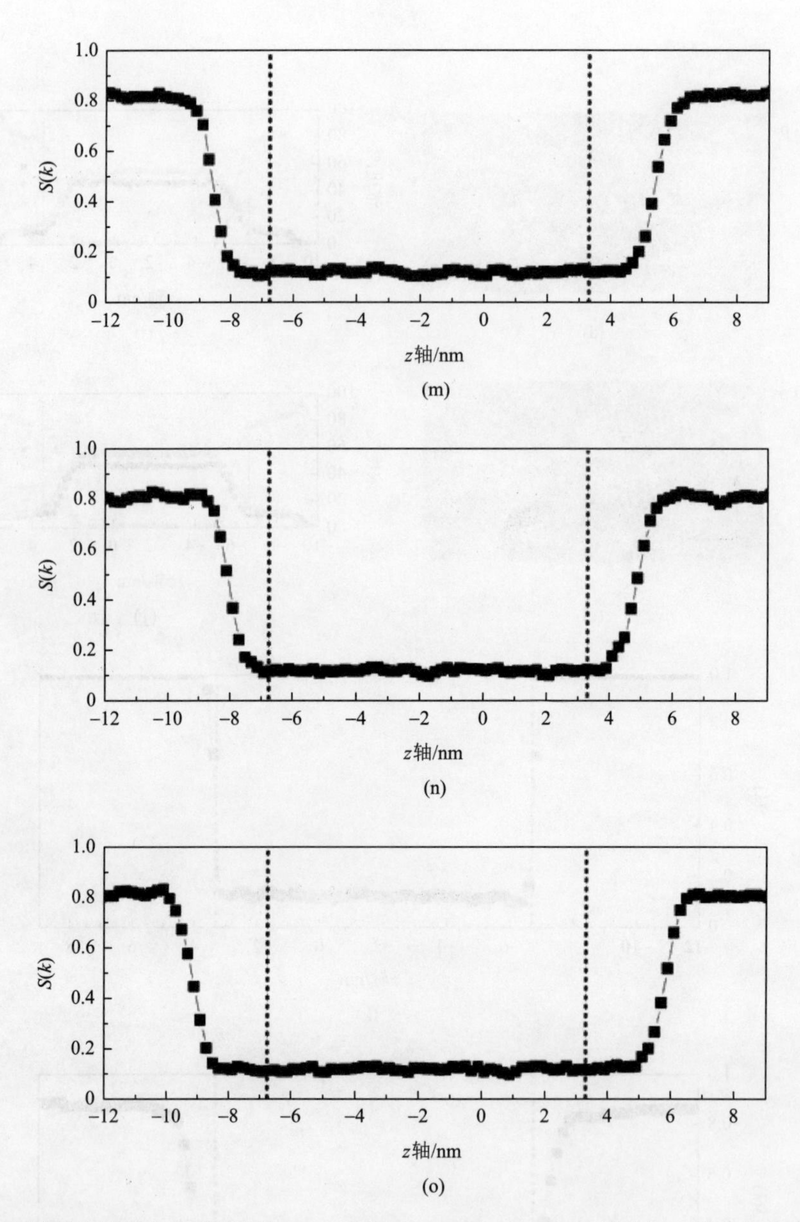

图 5-47　在初始状态和四个典型时刻(0 ps、2 000 ps、4 000 ps、6 000 ps)(a)～(e)非晶合金-铝扩散偶的原子截面图，(f)～(j)铜、锆和铝三种元素在扩散偶中沿着扩散方向的分布情况，(k)～(o)沿着扩散方向静态结构因子 $S(k)$ 的变化情况

虚线表示非晶合金和铝的原始边界

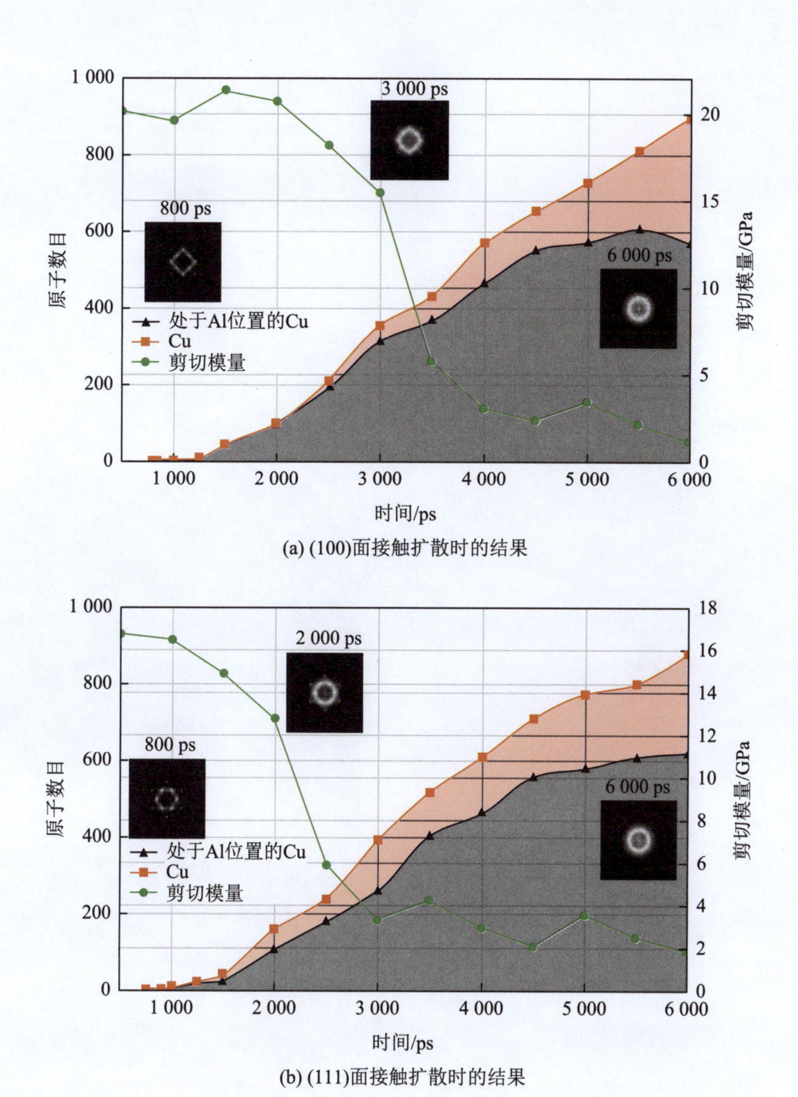

(a) (100)面接触扩散时的结果

(b) (111)面接触扩散时的结果

图 5-51　扩散过程中，渗透进入薄层铜原子总数和处于铝晶格位置铜原子数随时间变化情况